Radical por naturaleza

La vida revolucionaria de
Alfred Russel Wallace

RADICAL POR NATURALEZA

La vida revolucionaria de Alfred Russel Wallace

James T. Costa

Traducción:
Ana González Hortelano

Libros del Jata
2025

Título original: *Radical by nature: The revolutionary life of Alfred Russel Wallace*

Copyright © 2023 by Princeton University Press

© de esta edición:
    Libros del Jata S.L., 2025
    Alameda Recalde 27, 1º
    48009 Bilbao
    www.librosdeljata.com

© de la traducción: Ana González Hortelano
Tratamiento digital de las ilustraciones: Nerea Vilalta

Primera edición: julio de 2025

Ilustraciones de la cubierta: Frontal, ave del paraíso esmeralda chica, tomada de R. B. Sharpe, *Monograph of the Paradisaeidae…* Vol. 1, 1891-8. Trasera, el longicornio *Dysiatus melas*, recogido por Wallace en Macasar (Célebes), tomado de F. P. Pascoe, *Longicornia malaya*, 1864-9, Lám. XXIV. Solapa frontal, v. pp. 248, 561.

IBIC y THEMA: PDX

ISBN: 978-84-16443-24-6
Depósito legal: BI 768-2025

Impreso en España. Impresión: Grafilur

A Leslie, mi compañera en todo

ÍNDICE DE CAPÍTULOS

PREFACIO

Multitudinario

¿Me contradigo acaso?
Muy bien, me contradigo.
(Soy inmenso, contengo multitudes).

Walt Whitman, *Canto de mí mismo* (1855)[1]

N *CANTO DE MÍ MISMO*, el poeta estadounidense del siglo XIX Walt
Whitman declaraba que «contenía multitudes», cantaba a una
inmensidad de espíritu, perspectivas, creencias e intereses tan
amplia que en ella cabían las contradicciones, y él lo admitía con ecuanimidad. Nos sirve igualmente para describir a Alfred Russel Wallace, el
consumado naturalista de ideología humanitaria; seguramente por eso,
en 1904, el escritor y crítico G. K. Chesterton se las vio y se las deseó para
decidir entre Wallace y Whitman quién era «la figura más importante
y significativa del siglo XIX». Este libro, un homenaje a Wallace para
conmemorar el bicentenario de su nacimiento, aspira a que se reconoz-
can todas esas «multitudes»: que se reconozca al Wallace preeminente
naturalista de campo, evolucionista, viajero, biogeógrafo, explorador y
escritor de éxitos de ventas, y al Wallace a la vez topógrafo, constructor,
ensayista, reformista y crítico social. Al Wallace esotérico y aficionado
a las sesiones de espiritismo, y al Wallace marido, padre y amigo. Al
Wallace célebre e insigne, y al Wallace radical condenado al ostracismo,
que luchaba contra el sistema, tanto científico como social.

Si hubiera que elegir una palabra para resumir a Wallace, puede que
«radical» sea la más indicada. No un radical de los que se dedican a
lanzar bombas, claro; no era de los que echan abajo verdades incues-
tionables ni instituciones gratuitamente. No, este radical era más de los
que se dedican a ir un paso más allá, un explorador, filósofo, observador

y activista que ponía a la sociedad frente al espejo; un naturalista de principios humanitarios y dado a la independencia de pensamiento en su búsqueda de verdades sobre el mundo natural *y* la condición humana. Para Wallace, al fin y al cabo, eran dos caras de una misma moneda; la frontera entre el mundo humano y el no humano era permeable según el ángulo desde el que se mirara la cuestión. Era algo muy característico en él: su vida estaba marcada por límites, fronteras y líneas de demarcación literales y figuradas, líneas que dibujaba y líneas que borraba, líneas que respetaba y líneas que transgredía, líneas que descubría y líneas que creía que había descubierto. Piensen en esa maraña de líneas tan wallaceana…

Wallace nació siendo un extraño en tierras extrañas, el «pequeño sajón» en una frontera célticogalesa —una demarcación no exenta de disputas—, pero luego, como viajero que vivió y trabajó (y, en más de una ocasión, casi murió) entre los lugareños de los confines más perdidos de tierras remotas, llegó a apreciar la naturaleza humana común a todas las gentes. Había alcanzado la mayoría de edad a uno de los lados de una frontera social como trabajador, ya fuera de aprendiz de topógrafo y carpintero, o bien de profesor y constructor, pero, autodidacta brillante, cruzó esa línea en su ascenso a los niveles más altos del logro científico y del prestigio social, fue aclamado internacionalmente, obtuvo medallas y premios concedidos por las sociedades más instruidas de entre las instruidas y hasta por la corona, y títulos honoríficos otorgados por prestigiosas instituciones. Dibujó líneas para ganarse la vida en un momento dado como topógrafo, pero después, consciente de que servían para desposeer, renegó de ellas como nacionalista de la tierra y socialista y, en un gesto elocuente, abogó por su supresión. Era un materialista convencido que terminó entendiendo el mundo físico como algo incompleto, porque sentía que había una división que separaba lo material de una especie de tierra prometida espiritual que estaba más allá. Llegó a entender que exactamente igual que las fronteras políticas y culturales cambian en el tiempo y el espacio con el auge y la caída de reinos e imperios, también cambia esa escenificación dinámica en el mundo natural, un mundo en el que percibía líneas extraordinarias, fantasmas de geografías pasadas. Descubrió, como bien es sabido, una impresionante línea de demarcación entre dos grandes reinos faunísticos que habla de la historia de la Tierra y la vida, pero también intuyó que estos se transforman a lo largo del tiempo geológico, y sus fronteras se reducen, aumentan, se disuelven y se vuelven a formar a medida que cambian los ciclos y las especies del planeta. Y en el contexto de esa visión evolutiva estaba su descubrimiento, aún más consabido, del *mecanismo* de cambio de las especies, un descubrimiento que lo vio conquistar la barrera de las especies, defendida con uñas y dientes, para luego levantar otro cordón alrededor de la mente humana. Sí, Wallace era multitudinario, desde luego: tenía cabida suficiente para contener contradicciones y radicalidad suficiente para que cada una de ellas fuese increíblemente original.[2]

———————

Pero todo esto se conoce ya de Alfred Russel Wallace, ¿no? Así que ¿por qué este libro? ¿Por qué ahora? De acuerdo. Es una pregunta razonable, pero diría que buena parte de ello no se conoce *bien*; no *lo bastante* bien, desde luego. Sí, en las últimas décadas han aparecido al menos una docena de libros sobre Wallace, entre los que cabe destacar las excelentes obras *Alfred Russel Wallace: A Life* (2001), de Peter Raby; *In Darwin's Shadow: The Life and Science of Alfred Russel Wallace* (2002), de Michael Shermer; *An Elusive Victorian: The Evolution of Alfred Russel Wallace* (2004), de Martin Fichman; *Alfred Russel Wallace: Explorer, Evolutionist, Public Intellectual* (2013), de Ted Benton, y por supuesto el indispensable *The Heretic in Darwin's Court: The Life of Alfred Russel Wallace* (2004), de Ross Slotten. Por no mencionar las antologías prácticas e instructivas de Jane Camerini (*The Alfred Russel Wallace Reader: A Selection of Writings from the Field*, 2002) y, particularmente, de Andrew Berry (*Infinite Tropics: An Alfred Russel Anthology*, 2002), además de volúmenes colectivos enriquecedores que ofrecen una inmersión más profunda en diversas facetas de los amplios intereses de Wallace: *Natural Selection and Beyond: The Intellectual Legacy of Alfred Russel Wallace* (2008), de Charles Smith y George Beccaloni, y *An Alfred Russel Wallace Companion* (2019), que tuve el privilegio de coeditar junto con Charles Smith y David Collard.

Sí, son obras encomiables en las que hay mucho que aprender, pero no son la historia de Wallace y de su vida y su época que yo realmente quería contar, ni tienen el estilo con el que quería contarla. En vista de la cantidad de tesoros que han desenterrado los nuevos estudios desde el centenario de su muerte en 2013 y que nos asoman a la vida y pensamiento de Wallace —manuscritos y cuadernos ahora disponibles, la digitalización de su correspondencia por parte de *The Wallace Correspondence Project* y escritos suyos recién descubiertos, entre otros—, y en conmemoración del ducentésimo cumpleaños de Wallace, yo quería contar una historia *actualizada* de su vida tal como él la vivió, en un relato que trace el arco de las extraordinarias aventuras, la conmovedora vida personal y el impresionante alcance del pensamiento de este hombre singular. Y quería proyectar esta vida dinámica sobre el trasfondo dinámico del planeta y los paisajes evocadores que entusiasmaron a Wallace, así como en su contexto cultural. El libro que tienen entre las manos, por lo tanto, no es propiamente ni un análisis detallado de las circunstancias ni una biografía crítica; tales trabajos propios de los historiadores de la ciencia tienen su lugar, pero no en este libro. Antes bien, como biólogo profesional familiarizado con la ciencia en su sentido más amplio, y entregado durante casi tres décadas al estudio de Wallace y Darwin, aspiro a altos niveles de rigor académico, tanto científico como histórico, a la vez que aspiro a contar una buena historia, a hacer justicia a la vida de este extraordinario individuo y a inspirar, porque ¡qué es la historia de la vida de Alfred Russel Wallace sino inspiradora! Mi estilo es coloquial, íntimo, como si lo contara tomando un par de pintas (o tres). O un whiskey, si lo prefieren. O ambas cosas, al fin y al cabo es una historia larga… un relato épico de una vida bien vivida, épica y fascinante. Casi mejor déjenos la botella.

———

Existen otras motivaciones para este libro: la cuestión del lugar de Wallace en el mundo y de las lecciones que nos ofrece. ¿Y esa docena amplia de obras sobre Wallace del último par de décadas? Una cifra bastante respetable —a quién no le gustaría que lo recordasen así un siglo después de su muerte—, aunque seguramente unas mil veces menos que las obras sobre Darwin. No pretendo tirarle piedras a Darwin. Como incluso Wallace reconoció, el sabio de Down lo había entendido todo desde mucho antes, y sus laureles están más que merecidos. Pero como he defendido en otras ocasiones, Wallace y Darwin fueron *juntos* nuestros primeros guías de la evolución. El descubrimiento de Wallace fue totalmente independiente del de Darwin; y puede que su periplo para lograrlo fuera todavía más extraordinario teniendo en cuenta su situación desventajosa: Wallace, el autodidacta, lo tenía todo en contra para convertirse en una de las voces científicas más respetadas —si no *la más* respetada— de su época. Pero a diferencia de Darwin, que estaba centrado al cien por cien en su ciencia, con tan buenos resultados, Wallace era multitudinario, una red de difracción de ideas. Lejos de estar centrado al cien por cien, él perseguía una infinidad de intereses científicos (a menudo con muy buenos resultados, también) y campañas sociales (algunas aplaudidas hoy, otras no tanto). Pero lo peor es que era aficionado al aparente sinsentido del espiritismo y su terreno pantanoso hacia el evolucionismo teísta. Y de aquí vendría el eclipse de Wallace.

O casi. Es verdad que Alfred Russel Wallace es quizá la figura científica menos conocida, el más misterioso de los grandes exploradores naturalistas, pero su estrella es luminosa. ¿Importa que el tan aclamado «primer darwiniano» cayera en un relativo olvido? Yo diría que sí importa. Quiero demostrar que Wallace no solo *contenía* multitudes, sino que *pertenece* a las multitudes: un hombre cuya vida de triunfos, tragedias y cualidades personales nos ofrece lecciones hoy en día. Mucho más que un simple modelo de cómo armarse de valor y salir adelante, de ingenio y determinación, el alma generosa de Wallace, su sentido de la justicia y su natural aceptación de pueblos no occidentales, de creencias, culturas, costumbres y tradiciones distintas, lo diferencian de la mayoría de sus contemporáneos. Se ha dicho de él, certeramente, que fue un «naturalista de la clase trabajadora», una versión victoriana de un intrépido mochilero, un sencillo recolector-filósofo que viajaba sin apenas dinero, vivía entre los lugareños y honraba sus costumbres y creencias (aunque tuviera que desarrollar una paciencia infinita para lograrlo), mientras hacía algunos de los mayores descubrimientos en la historia de las ciencias biológicas. Recorriendo miles de kilómetros, primero en la Amazonía y luego en el archipiélago malayo, Wallace sacó a la luz científica una plétora de especies raras y preciosas, y al mismo tiempo se financiaba su atrevida persecución de grandes cuestiones filosóficas: nada menos que la naturaleza y el origen de las especies.

Sin embargo, hoy le honramos no solo por su perseverancia, sus observaciones científicas incisivas y sus contribuciones que marcaron un antes y un después —entre las que destacan el descubrimiento conjunto del principio de la selección natural y la fundación del campo de la biogeografía evolutiva—, sino también por su inagotable humanidad y activismo de por vida por la justicia social. Es verdad que la naturaleza sincera y confiada de Wallace (que a veces rayaba en la ingenuidad) le resultó en ocasiones contraproducente, con efectos desde la cuasitragedia hasta la comedia, pasando por la mera ridiculez. Y es verdad que Wallace vivió en la época del imperio colonial y se benefició ampliamente de su sistema, que facilitaba sus viajes y colecciones. Sí, es importante entender a Wallace en el contexto de su tiempo y lugar y es igual de importante entender que es mucho más que «de su tiempo»: que su vida es un estudio del mantenerse firme contra viento y marea, un hombre cuya genialidad, perseverancia, ecuanimidad, humildad y generosidad ofrecen lecciones inestimables a los actuales aspirantes a naturalistas… y a todos nosotros, en realidad.

Cullowhee, Carolina del Norte, y Princeton, Nueva Jersey
Mayo de 2022

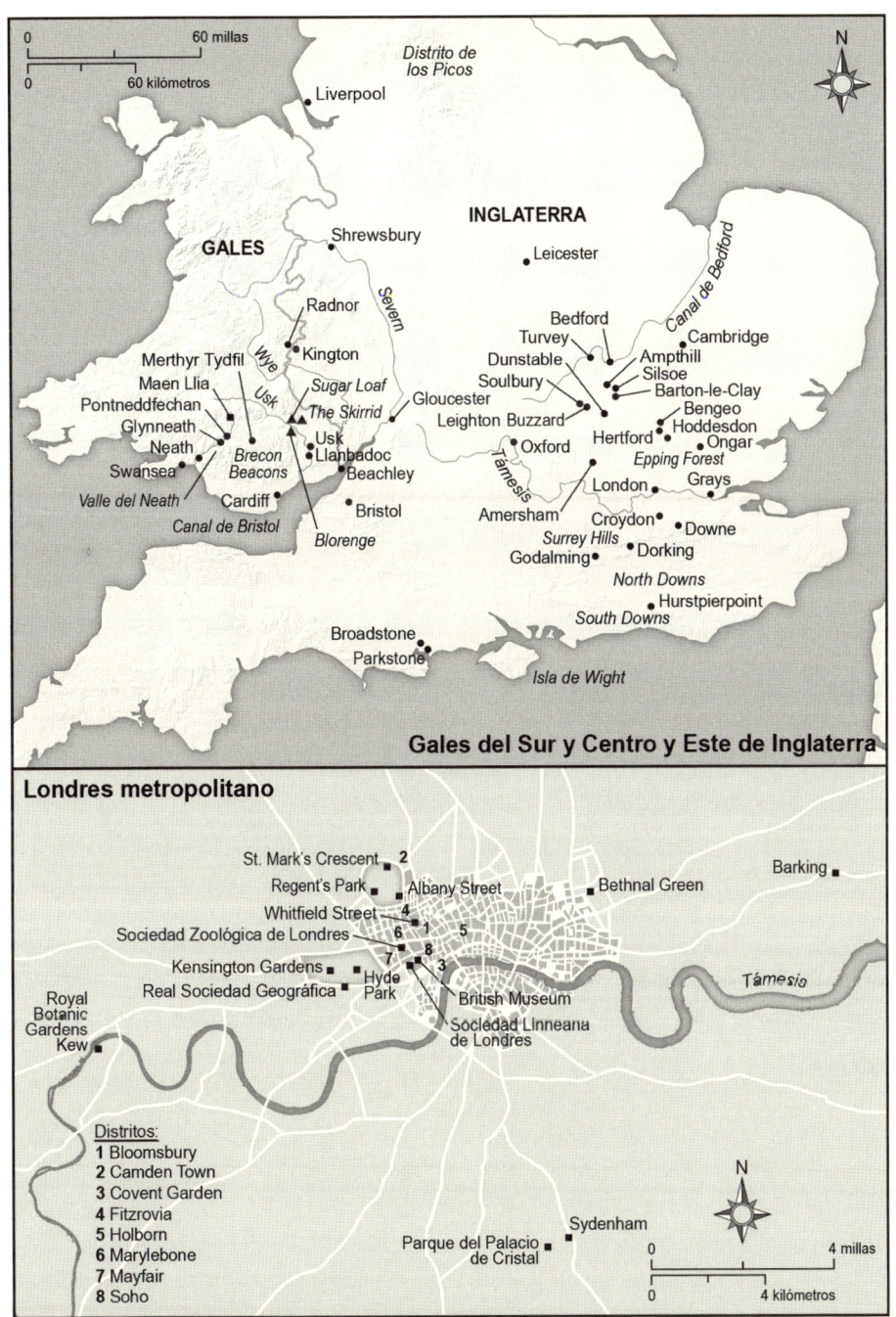

Gales del Sur y Centro y Este de Inglaterra

0 — 60 millas
0 — 60 kilómetros

N

Liverpool

Distrito de los Picos

INGLATERRA

GALES

Shrewsbury

Leicester

Radnor

Severn

Bedford

Turvey

Cambridge

Kington

Dunstable

Ampthill

Merthyr Tydfil

Sugar Loaf

Soulbury

Silsoe

Maen Llía

Gloucester

Barton-le-Clay

Pontneddfechan

The Skirrid

Leighton Buzzard

Bengeo

Glynneath

Usk

Hoddesdon

Neath

Usk

Oxford

Hertford

Ongar

Swansea

Brecon Beacons

Llanbadoc

Epping Forest

Valle del Neath

Beachley

London

Grays

Cardiff

Bristol

Amersham

Croydon

Downe

Canal de Bristol

Surrey Hills

Dorking

Blorenge

Godalming

North Downs

Hurstpierpoint

South Downs

Broadstone

Parkstone

Isla de Wight

Wye

Támesis

Canal de Bedford

Londres metropolitano

St. Mark's Crescent — 2

Regent's Park

Albany Street

Bethnal Green

Barking

Whitfield Street — 4

Sociedad Zoológica de Londres — 6 1

Kensington Gardens — 7

Real Sociedad Geográfica — 8

Hyde Park

5

Támesis

3

British Museum

Sociedad Linneana de Londres

Royal Botanic Gardens Kew

Distritos:
1 Bloomsbury
2 Camden Town
3 Covent Garden
4 Fitzrovia
5 Holborn
6 Marylebone
7 Mayfair
8 Soho

Parque del Palacio de Cristal

Sydenham

N

0 — 4 millas
0 — 4 kilómetros

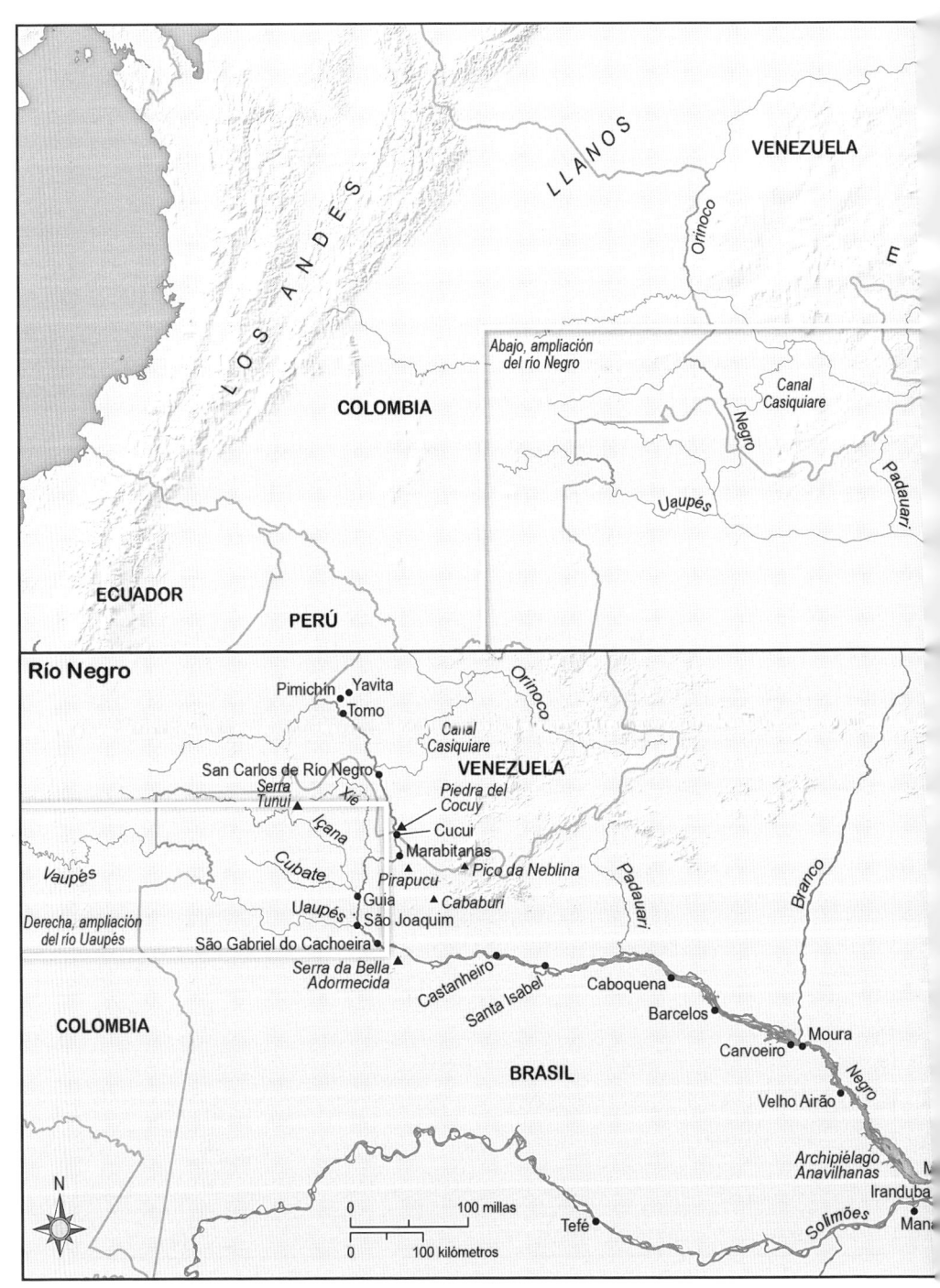

[Compárese con el mapa elaborado por A. R. Wallace, en pp. 170-1]

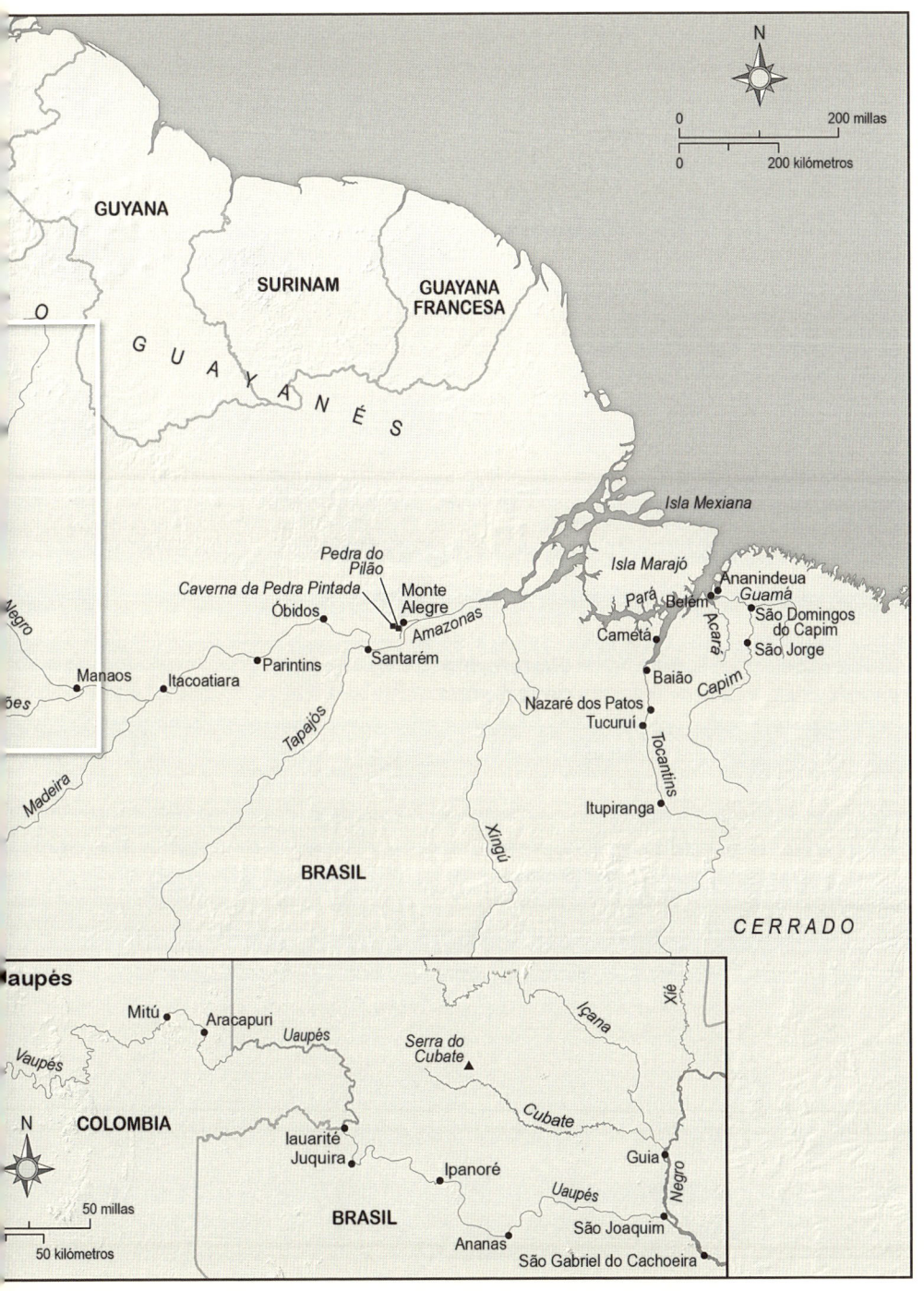

GUYANA

SURINAM

GUAYANA FRANCESA

G U A Y A N É S

Isla Mexiana

Pedra do Pilão
Caverna da Pedra Pintada
Óbidos
Monte Alegre
Amazonas
Santarém

Isla Marajó
Pará
Belém
Cametá
Baião

Ananindeua
Guamá
São Domingos do Capim
São Jorge
Acará
Capim

Negro

Manaos
Itacoatiara
Parintins

Nazaré dos Patos
Tucuruí

Tapajós

Madeira

ões

Xingú

Itupiranga

Tocantins

BRASIL

CERRADO

aupés

Mitú
Aracapuri
Uaupés

Serra do Cubate

Içana

Xié

Vaupés

N

COLOMBIA

Iauarité
Juquira
Ipanoré

Cubate

Guia

Uaupés

Negro

50 millas

50 kilómetros

BRASIL

Ananas

São Joaquim

São Gabriel do Cachoeira

N

0   200 millas
0   200 kilómetros

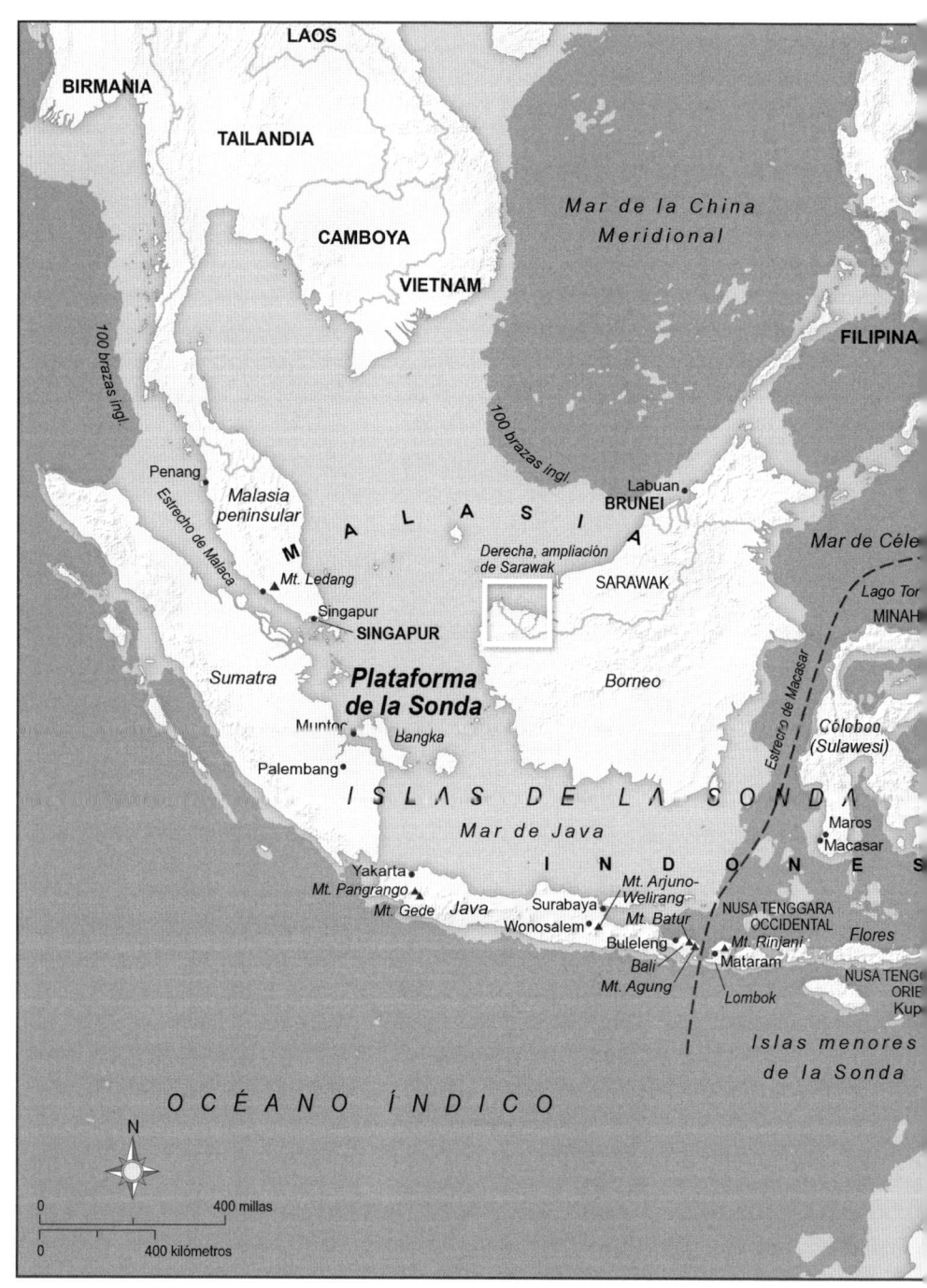

[Compárese con el mapa elaborado por A. R. Wallace, en pp. 332-3]

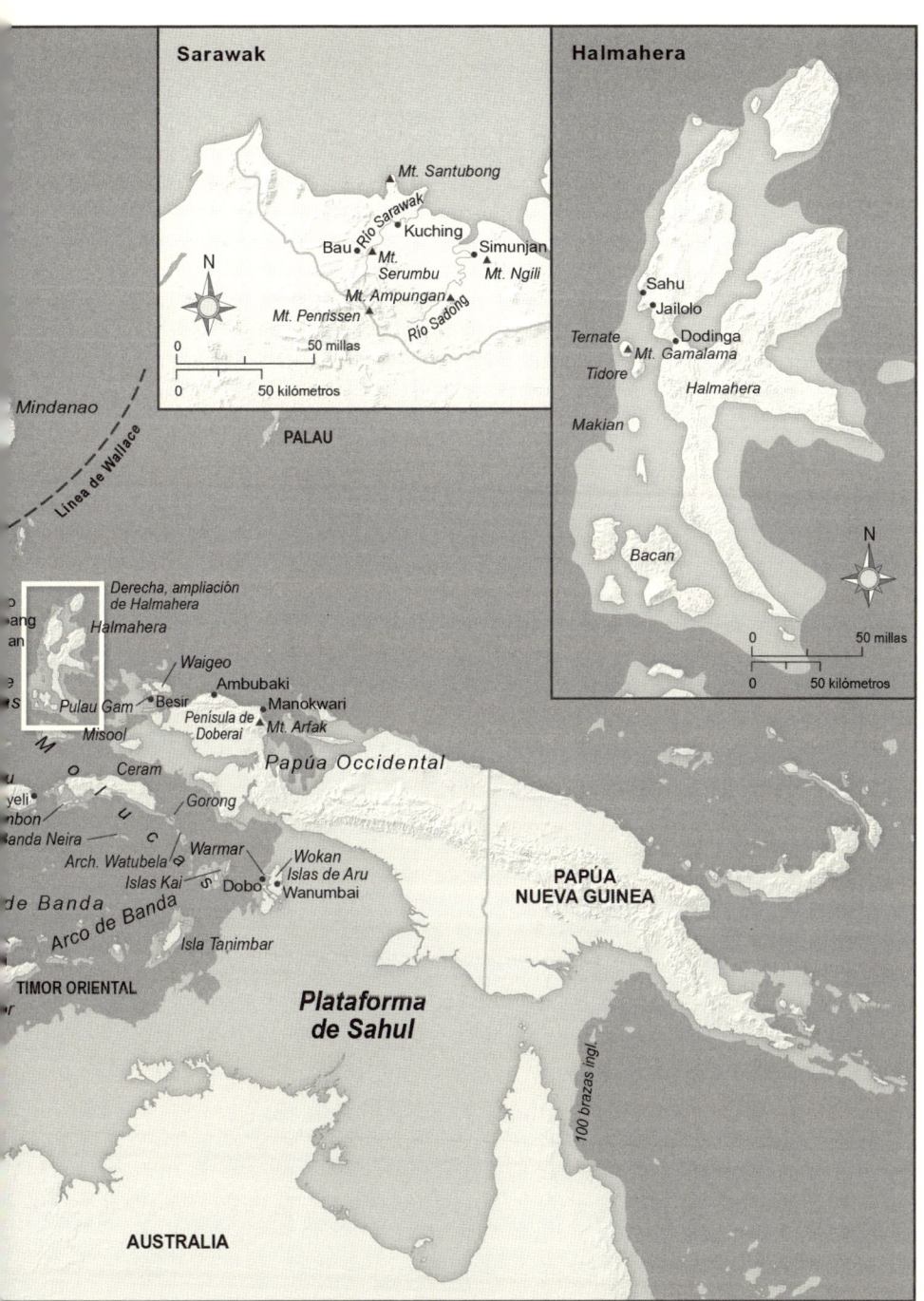

Sarawak

Mt. Santubong

Río Sarawak

Bau Kuching Simunjan

Mt. Serumbu

Mt. Ngili

Mt. Ampungan

Mt. Penrissen

Río Sadong

N

0   50 millas

0   50 kilómetros

PALAU

Halmahera

Sahu

Jailolo

Ternate Dodinga

Mt. Gamalama

Tidore

Makian Halmahera

Bacan

N

0   50 millas

0   50 kilómetros

Mindanao

Línea de Wallace

Derecha, ampliación de Halmahera

ang Halmahera

an

e

s

Waigeo

Ambubaki

Pulau Gam Besir Manokwari

Misool Península de Doberai Mt. Arfak

Ceram Papúa Occidental

M o l u c a s

yeli

nbon

Banda Neira

Arch. Watubela Warmar Wokan

Islas Kai Dobo Islas de Aru

de Banda Wanumbai

Arco de Banda

Isla Tanimbar

PAPÚA NUEVA GUINEA

TIMOR ORIENTAL

r

Plataforma de Sahul

100 brazas ingl.

AUSTRALIA

1

Una familia feliz, pero cada vez más pobre

S ABIENDO LO QUE SABEMOS que llegaría a lograr Alfred Russel Wallace en biogeografía y evolución, resulta de lo más indicado que naciera en una frontera del espacio y el tiempo. Llegó al mundo el 8 de enero de 1823, en una modesta casa de campo en la aldea de Llanbadoc, cerca de Usk, en el sur de Gales, a orillas del río Usk. Era el octavo de los nueve hijos que acabaron teniendo Thomas Vere Wallace y Mary Ann Greenell Wallace, y uno de los seis que llegaron a la edad adulta. Tres hermanas murieron siendo niñas o bebés, una tragedia que no era inusual por aquel entonces y posiblemente el motivo por el que sus padres no tardaron en «medio bautizar» al pequeño Alfred Russel en la cercana iglesia de Llanbadoc, como precaución hasta que se pudiera celebrar un «bautizo completo» como dios manda. Una cuarta hermana, Eliza, murió cuando era joven, y los hermanos que sobrevivieron fueron William, el mayor (unos catorce años mayor que Alfred), Frances («Fanny», diez años y medio), John (cuatro y medio) y el hermano pequeño, Herbert («Edward»), que nació en 1829, cuando Alfred tenía seis años.

El hogar familiar, que ahora se llama Kensington Cottage, era una casa modesta pero bonita situada en la orilla oeste del río, cuyas espaldas resguardaba una loma alargada y escarpada que se extendía de norte a sur, y estaba a tan solo cuatrocientos metros del precioso puente de ladrillo y de cinco arcos que llevaba al centro de Usk. Aunque el enclave era pintoresco y bucólico, no tenía nada destacable en apariencia, pero en realidad, el bellísimo lugar de nacimiento de Wallace es una frontera en el tiempo geológico, un paraje que señala colisiones continentales, antiguos mares creciendo y decreciendo, levantamientos, deformaciones e incalculables eones de erosión, y todo ello había producido la curiosa geografía de los primeros años de Wallace. Allí, entre la loma y el río, nació Wallace sobre la falla de Llanbadoc, una profunda fractura en la corteza terrestre que encontró el río Usk en su sinuoso deambular desde las tierras altas de los Brecon Beacons hasta el canal de Bristol.

La falla se extiende por el margen oriental del gran *inlier* de Usk, un afloramiento geológico del periodo Silúrico, hace unos 420 millones de años, que ocupa un área más o menos ovalada truncada en el noroeste y que mide unos seis kilómetros y medio en su parte más ancha, de este a oeste, y trece kilómetros en su parte más larga, de norte a sur.[1] En términos geológicos, un *inlier* es básicamente una formación de roca antigua rodeada de roca más reciente que suele formarse por la erosión de la roca reciente que la cubre, dejando al descubierto la más antigua de debajo. Puede formarse —como sucede con el *inlier* de Usk— cuando las capas horizontales de roca son presionadas por los lados y empujadas hacia arriba, creando un domo arqueado, proceso que en el caso que nos atañe dio comienzo hace unos 350 millones de años. A medida que la erosión, sin prisa pero sin pausa, va haciendo su labor, los estratos curvados quedan expuestos como una serie de franjas rocosas más o menos concéntricas con una clara secuencia de edades: las más antiguas en el centro y las franjas de roca consecutivamente más recientes hacia fuera. Los distintos tipos de roca que conforman las capas tienen durezas distintas y, por lo tanto, se erosionan a un ritmo diferente. Las rocas más duras se deshacen más lentamente que las más blandas y, con el tiempo, se convierten en un terreno más elevado: como la larga loma tras la casa de la infancia de Wallace, un pedacito de antiguo lecho marino silúrico en brusca pendiente y repleto de briozoos, corales y braquiópodos fósiles. Este escarpe con aspecto de muro de los primeros recuerdos de Wallace está compuesto por las rocas más recientes y exteriores del afloramiento de Usk, calizas de 420 millones de años que contrastan con el terreno del otro lado del río, más bajo, más reciente y con una geología totalmente distinta: areniscas rojas antiguas del Devónico que se extienden varios kilómetros a la redonda y representan un fragmento de la vieja Avalonia, como los paleogeógrafos llaman ahora a aquel antiguo continente, en honor al paraíso insular del rey Arturo.

Es imposible que Wallace supiera nada de esta historia, por supuesto, no solo por lo joven que era, sino porque la propia ciencia de la geología estaba todavía en pañales. Eso no quiere decir que no podamos apreciar su relevancia: el hombre cuya mayor contribución a la ciencia fue descifrar la interacción entre fuerzas geológicas y biológicas que originan el árbol filogenético en constante ramificación a través del tiempo y que determinan la distribución de las especies tal y como las vemos ahora —el hombre de la epónima línea de Wallace, que demarca dos de los grandes reinos biogeográficos del planeta— nació precisamente sobre una gran división, una frontera que marca el encuentro de continentes y otros cataclismos a cámara lenta en el remoto Paleozoico y que crearon la singular geografía de su niñez.

Kensington Cottage, Usk, hacia 1900.

Durante su infancia, fue la geografía la que imprimió la huella más duradera en su memoria. Sus recuerdos de niño en Llanbadoc y Usk eran muy visuales y, como señalaba en su autobiografía, todas las características principales de *lugar* —la casa de campo delimitada por el río y la empinada ladera, el viejo puente, una cantera al otro lado de la loma, las montañas a lo lejos— eran más vívidas en sus recuerdos que las personas de su vida. Se acordaba perfectamente de haber trepado por la pendiente muchísimas veces con sus hermanos, como en una ocasión en la que John, su hermano mayor, inspirado por el libro infantil de Thomas Day *The History of Sandford and Merton*, uno de sus favoritos, se los llevó de aventura al otro lado de la loma: «John se hizo con una caja de cerillas, sal y patatas, y después de trepar por la empinada ladera de detrás de nuestra casa, como solíamos hacer, y cruzar uno o dos campos hasta donde empieza el bosque, para mi inmensa alegría, hicimos un fuego y nos dimos un banquete de patatas con sal, como hacían Sandford y Merton».[2]

Era uno de los muchos recuerdos felices que tenía de la casa donde pasó su infancia en lo más profundo de Gales, a pesar de las dificultades económicas que, en un principio, habían llevado a la familia a aquel lugar. Su padre, Thomas Wallace, tenía el título de abogado, pero nunca ejerció;

aquel joven se inclinaba más por actividades literarias y artísticas. Era un hombre con buen gusto, disfrutaba del teatro y de los juegos de palabras, pero también era un tanto vividor, subsistía gracias a una herencia y, durante la temporada, frecuentaba villas termales como Bath. En 1807 se casó con Mary Ann Greenell, de una próspera familia de Hertford, y para 1810 la pareja ya tenía dos hijos. Cuando los imperativos de una familia en aumento motivaron a Thomas a buscar otra fuente de ingresos, se mudaron a Marylebone, el dinámico y céntrico barrio londinense en el que tantos personajes destacados, reales y ficticios, se han instalado a lo largo de los años. El artista J. M. W. Turner y el polímata matemático e ingeniero Charles Babbage vivieron allí en la misma época que Wallace, y Charles Dickens, Frederic Chopin, Elizabeth Browning y hasta Sherlock Holmes fueron vecinos de la zona en diferentes momentos más adentrado el siglo (Baker Street estaba a dos pasos de Wimpole Street, en Marylebone, donde Arthur Conan Doyle tenía su consultorio de oftalmólogo); Paul McCartney y John Lennon estuvieron entre las celebridades de Marylebone en el siglo XX. En vez de recurrir al ejercicio de la abogacía, Thomas Wallace se embarcó en el primero de lo que llegarían a ser una sucesión de negocios desastrosos, poniendo en marcha una nueva revista ilustrada de gran formato sobre arte, antigüedades y literatura que era, en palabras de su hijo, «una de las inversiones literarias más arriesgadas». Como era de esperar, enseguida se fue al traste, por el coste de los fastuosos grabados y los índices de suscripción pertinazmente bajos. Mientras tanto, la familia seguía creciendo, con otros dos niños que nacieron en Marylebone. No tardaron en mudarse a Southwark, en el sur de Londres, que era un poquito más asequible. Pero con más bocas que alimentar y la economía aún más deteriorada, la familia se vio impulsada a mudarse otra vez, en esta ocasión a un lugar «donde vivir fuese lo más barato posible». Y se marcharon al campo de Gales del Sur, al pintoresco pueblo de Usk, en Monmouthshire, donde llegaron Alfred y después su hermano Herbert Edward. En su autobiografía, Wallace comenta lo barato que era vivir allí: los alquileres y los suministros de todo tipo estaban a la mitad de precio que en Londres, y su padre abastecería a la familia con su propio huerto y enseñaría a los niños a trabajarlo con él. Wallace estaba convencido, según entendería después, de que aquella época había sido la más feliz en la vida de su padre.

Y seguramente también en la de su madre. De niño, Wallace no sabía casi nada de las penurias económicas de sus padres, acaso porque ni ellos mismos se inmutaban. A todas luces, su matrimonio era muy feliz, caracterizado por un gran cariño y respeto mutuos. No, lo que percibía el joven Alfred era seguridad y alegría en ese momento de su vida. Su padre les leía por las noches a Shakespeare, la poesía de William Cowper, Sandford y Merton y, por supuesto, los cuentos y leyendas clásicos: «Jack, el matagigantes», «Caperucita roja», «Jack y las habichuelas mágicas», «Las fábulas de Esopo» y demás. Wallace recordaba lo mucho que le impresionó la fábula de Esopo del zorro y el cántaro. Más conocida como la del cuervo y el cántaro, es la historia de un cuervo con sed que le da vueltas a la manera de llegar al agua de un cántaro estrecho, a un nivel frustrantemente bajo. La solución del astuto pájaro es ir tirando una piedrecita tras otra en el cántaro, desplazando el agua hasta alcanzar un nivel lo bastante alto para beber. Ya fuese un zorro o un cuervo, el truco le «parecía arte de magia» a Wallace con tres o cuatro años. Decidió probar el experimento de primera mano. Vertió un par de dedos de agua en un cubo y con una palita fue echando piedras y guijarros (y seguramente algo de tierra). El experimento resultó un auténtico fiasco: «En vez de subir el agua, lo que hizo fue convertirse en barro; y cuanto más echaba, más se embarraba y parecía que había todavía menos agua que al principio». La moraleja de esta historia para Wallace fue que no iba a creerse nunca los experimentos sacados de cuentos, pero demuestra la curiosidad de su espíritu.[3]

De nuevo, el lugar es imborrable en su recuerdo: el escenario del experimento, el pequeño patio entre la cocina y la ladera empinada y rocosa, «esa imagen siempre la he tenido clara en la mente», escribiría Wallace después. El río también permanecía vívido en su cabeza. Recordaba a los pescadores meciéndose en el río Usk en sus *coracles*, las barquitas tradicionales para una sola persona que parecen una gran cáscara de nuez flotando. O quizás «un caparazón de tortuga» sea más acertado: el *coracle* suele llevarse cargado a la espalda, y los hombres que lo transportan parecen una versión bípeda de una tortuga gigante. Fabricados con varas de sauce abiertas, atadas con corteza y cubiertas de pieles animales impermeabilizadas, los *coracles* están diseñados para ríos poco profundos y se usaban tradicionalmente para pescar en Gales, el West Country inglés, Irlanda y Escocia. El nombre deriva del galés *cwrwgl*, que cuenta con cognados en el *currach* escocés y gaélico irlandés, todavía hoy en uso.

Wallace y sus hermanos también pescaban de vez en cuando, pero no en *coracles*. Grandes bloques de caliza de una cantera cerca de casa, donde la empinada loma del *inlier* de Usk está más próxima al río, les servían a los niños de cómodas plataformas de pesca. Wallace recordaba las estremecedoras sacudidas de las explosiones en la cantera, donde alguna vez, las cargas más grandes que se usaban antaño habían arrojado enormes bloques al río. Provistos de palanganas y cacerolas viejas, Alfred y compañía sacaban emocionados jóvenes lampreas con aspecto de anguilas que se dirigían en bancos de vuelta al mar. Las lampreas son peces anádromos, que desovan en el lecho de piedras de arroyos y ríos de agua dulce pero viven la mayor parte de su vida en medios marinos. Se comen y están buenas, así que las capturas de los pequeños Wallace solían acabar fritas en la mesa de la cena, para deleite de Alfred.

Pescador galés cargando con su *coracle* como si fuera una tortuga.

Otro recuerdo vívido era el precioso y fascinante castillo de Usk, en cuya casa del guarda, adosada a las antiguas ruinas, vivían unos amigos de la familia. Ubicado estratégicamente en una colina que da a la cara norte del pueblo, el castillo normando (que allí sigue hoy en día) data de principios del siglo XII, aunque ya los romanos supieron apreciar la posición dominante de la colina y tuvieron en su época una fortaleza en el mismo sitio. Pintoresco y evocador, el antiguo castillo inevitablemente le hacía imaginar caballeros, gigantes y prisioneros en mazmorras lúgubres al joven Alfred. Mientras que la mayoría de los niños han de contentarse con castillos de mentirijillas cuando juegan, los pequeños Wallace y sus amigos montaban sus batallas simuladas en los parapetos de uno de verdad.

Los compinches de Alfred en sus gestas diarias a esa edad solían ser su hermano John y una o dos de sus hermanas. John fue el compañero de juegos fiel, ya que dos hermanas, Mary Anne (sí, escrito diferente al nombre de la madre) y Emma, murieron siendo niñas, con cinco y ocho años, y Frances (de apodo Fanny) y Eliza, once y trece años mayores que Alfred, hacían más de niñeras que de secuaces. El mayor de los hermanos, William, que ya tenía catorce años cuando nació Alfred, se había marchado de casa para ser aprendiz de topógrafo en Kington, Hertfordshire. Sus visitas a casa eran motivo de celebración en la

El romántico castillo de Usk, grabado de 1838.

familia, que estaba muy unida, y Wallace recordaba la estima en la que tenían a su hermano. Además de su talento como topógrafo en ciernes y hombre de negocios, William era un joven de gustos literarios y científicos que llegó a aventurarse, como su padre, en una empresa editorial: una revista mensual de literatura, ciencias y actividades locales. Puede que la revista no fuese el desastre económico que fue la de su padre, pero está claro que no tuvo éxito, pues no parece que durase mucho. Alfred recordaba a su hermano mostrando a la familia números de la revista, señalando un artículo en particular que quizá hubiera firmado él y valiéndose de esquemas para explicar cómo el reflejo de las remotas colinas se veía a veces en el río, dependiendo de pequeñas diferencias en el nivel del agua. Dice mucho que Wallace se acordara de eso a pesar de no entender los principios implicados: era un curioso fenómeno natural del lugar.

Aquellas remotas colinas eran también en buena medida elementos fijos del paisaje, y Wallace recordaba bien las preciosas vistas desde lo alto del valle fluvial, donde las características cumbres del Sugar Loaf, el Blorenge y el Skirrid, en lo que es ahora el espectacular Parque Nacional de los Brecon Beacons, marcaban «el comienzo de la desconocida tierra de Gales, de la que yo también había oído hablar alguna vez».[4] Porque de alguna manera, los Wallace eran extraños en una tierra insólita pero hermosa y acogedora: la familia no era de origen galés, y de niño, al rubí-simo Alfred los del pueblo lo apodaron «el pequeño sajón». De hecho, hasta el propio pueblo era territorio incierto. El estatus del condado de Monmouthshire llevaba mucho tiempo en disputa, en ocasiones consi-derado parte de Gales y en ocasiones, parte de Inglaterra, una identidad doble que se refleja en el lema del condado: *Utrique fidelis*, «Fiel a los dos». Así que resulta oportuno considerar que el paisaje que vio nacer a Wallace era una frontera por partida doble, la geológica de tiempos remotos subyacía a la político-cultural a escala de tiempo humano. La doble personalidad de Monmouthshire se mantuvo durante siglos, hasta que el condado quedó ubicado definitivamente en Gales en virtud de la Ley de Administración Local de 1972.

Tales fronteras puede que sean más políticas que naturales, pero aun así dejan su huella en forma de culturas, lenguas y espíritus dobles, cuando no divididos. La cuestión de la «nacionalidad» de Wallace, si era galesa o inglesa, sigue siendo motivo de discordia para algunas personas, pues aunque Gales fuese el lugar de nacimiento de Wallace, se le suele considerar inglés —como él mismo se sentía—, claro que mantuvo su cariño hacia Gales y el pueblo galés.[5] Dada la afición de Wallace por los idiomas, es una pena que nunca aprendiera a hablar la lengua gale-sa, aunque la leía bastante bien. Seguro que habría sido un experto de haberse quedado más tiempo en Gales, pero su idilio infantil terminó en 1828, a la edad de cinco años, cuando su madre recibió una herencia de su madrastra, Rebecca Greenell. La familia enseguida se trasladó a su ciudad de origen, Hertford, en Inglaterra.

———

Llegar allí fue todo un acontecimiento: un trayecto que hoy dura unas tres horas en coche y menos de cinco en tren era entonces un viaje de varios días, aunque la ruta era prácticamente la misma. Empieza con el paso de Gales a Inglaterra cruzando el amplio estuario del río Severn. El Severn es el río más largo de Gran Bretaña y resulta que, en su cuenca alta, es también el río de la juventud de Charles Darwin, pues discurre por la fronteriza ciudad de mercado de Shrewsbury, el punto más alto navegable. Una amplitud de marea particularmente alta —tal vez la segunda mayor después de la de la bahía de Fundy, en Canadá— y su gran velocidad, además de las intensas y variables corrientes unidas a vientos fuertes e impredecibles, hacían del cruce de kilómetro y medio del Severn una travesía peligrosa incluso a bordo de un vapor. Wallace recordaba el camino «un poco espantoso» y tenía buenos motivos para mostrarse intranquilo. Esta ruta se conocía como el Paso Antiguo y cruzaba por la parte más estrecha, desde Beachley en el lado galés, junto a la desembocadura del Wye, hasta Aust en el lado inglés, básicamente el mismo paso que en los días de la Britania romana.

Aunque se había abierto un servicio de transbordador a vapor en 1827, los Wallace cruzaron a vela, y el joven Alfred recordaba que el barquito se escoraba bruscamente y tenían que agacharse para esquivar la botavara, que se balanceaba de un lado para el otro. Era la manera más peligrosa de abordar las que sin duda son las aguas más traicioneras de la región, en las que se han perdido multitud de barcos a lo largo de los años. En el siglo XVIII, a Daniel Defoe, que algo sabía de naufragios, le asustó «el estado lamentable de los barcos» que se ofrecían en Aust. «El mar era tan extenso, la fama de la marea tan tremenda, el agua tan revuelta por el viento y, lo que era peor, los barcos (…) parecían tan penosísimos» que su equipo y él se negaron a coger el «inquietante, peligroso y muy inconveniente transbordador» y prefirieron utilizar un paso más seguro un buen trecho río arriba, en Gloucester.[6] Los transbordadores a vapor eran más seguros que la vela, pero seguían siendo peligrosos: una década después de que los Wallace cruzaran a salvo, el transbordador entre Beachley y Aust se hundió con todos sus pasajeros a bordo, el 1 de septiembre de 1839, y otro se perdió cinco años después.

Se podría considerar esta la primera de las muchas travesías marítimas peligrosas de Alfred Russel Wallace. Por suerte, transcurrió sin sobresaltos, aun con miedo, y la familia consiguió llegar a Londres, donde hicieron una primera parada para visitar a unos familiares en Dulwich, en el centro-sur, cerca de su antiguo barrio de Southwark. Mientras Thomas Wallace dejaba todo arreglado con la casa de Hertford, Alfred se quedó temporalmente en un internado en Ongar, en Essex, de donde recordaría tanto infortunios (como cuando se le escapó un rodillo de piedra de jardín a toda velocidad colina abajo hasta caer en un estanque) como pedacitos fascinantes de historia natural: belemnites, los esqueletos internos fosilizados, el llamado rostro, de unos parientes extintos del calamar. Situado en vida en el extremo posterior del animal, donde probablemente contribuía al equilibrio, el rostro rígido y con forma de bala es todo lo que queda de estas criaturas que pululaban por los mares del Jurásico y el Cretácico que cubrían buena parte de Gran Bretaña. Wallace y sus amigos recogían los «rayos» de entre las piedras —contaba la leyenda que los belemnites caían en las tormentas eléctricas— y seguro que buscaba los mejores especímenes para llenar una caja o un bote, en lo que quizá fuese su primera colección. No sabría nada de sus verdaderos orígenes, pero despertaban su curiosidad, aunque fueran fragmentos tubulares desgastados y rotos. A veces con el borde liso y a veces irregular, en el corte transversal se apreciaba un agujero central del que partían líneas brillantes, como un montón de radios cristalinos.

No tardó la familia en mudarse al número 1 de Saint Andrew's Street, en Hertford, la bulliciosa ciudad de mercado de Hertfordshire al norte de Londres. La familia de su madre llevaba generaciones viviendo en la zona, en calidad de comerciantes y profesionales de asentada clase media, con un sinfín de abogados, arquitectos, molineros y algún que otro concejal y alcalde. Ubicada en pleno centro del pueblo, la casa (ahora el número 11, una consulta médica) era un edificio robusto de ladrillo de tres plantas, la mitad de una especie de pareado con un pasillo cubierto entre casas en espejo. No le llevó mucho tiempo al joven Alfred conocer a los vecinos: un niño pequeño, más o menos de su edad, se asomó por el murete del jardín y le saludó con un «¡Hola! ¿Cómo te llamas?». Era George Silk, que se convertiría en un amigo para toda la vida. Al cabo de un año, más o menos, la familia se mudó a una casa más amplia, subiendo la calle, en Old Cross (ahora el número 23, una barbería). Esta era el paraíso, con un patio lateral, un jardín lleno de flores en la parte de atrás y, lo más emocionante, un establo con un altillo que enseguida se convirtió en el cuartel general de Alfred y John. «Era casi como una cueva de bandidos», recordaría luego Alfred, «donde mejor nos lo pasábamos». Era su guarida, su escondrijo, su laboratorio y su taller, donde se pasaban innumerables horas jugando, leyendo e inventando.

Sin embargo, el aire libre era su escenario principal de diversiones. De nuevo, su sentido del espacio era fuerte, sus recuerdos están plagados de imágenes de arroyos y ríos con grandes molinos en marcha fluyendo a través de un paisaje variado de tierras de cultivo, bosques y prados llenos de flores. «Una de las capitales de condado más agradables de Inglaterra por su ubicación», declararía Wallace, un paisaje ondulante y frondoso representativo del «verde y grato suelo» de Blake.[7] La geografía de Hertford en los recuerdos de Wallace era un mapa de los sitios donde más le gustaba jugar y que más le llamaban la atención, surcados por ríos, caminos y pistas. Situada en el extremo occidental de la región del Este de Inglaterra, Hertford se encuentra en la confluencia de cuatro valles fluviales, el punto en el que el río Lea, el principal, que atraviesa el pueblo, se une con el río Beane y el Rib, que vienen del norte, y el Mimram, que viene del oeste. El Lea, que fluye del este, gira hacia el sur convertido en el canalizado Lea Navigation, en dirección a Londres y el Támesis. Su poza favorita en el Beane fue el lugar del primer encontronazo de Alfred con la muerte poco después de que llegara la familia, cuando un amigo haciendo el tonto lo empujó al agua. Se vio en apuros y bien podría haberse ahogado de no ser por su hermano John, que no dudó en saltar a sacarlo. Aunque en el momento pasó miedo, el incidente no alteró mucho su afinidad por los ríos, o por el agua en general. Los cuatro años y medio que separaban a Alfred y a John fueron perdiendo importancia a medida que John se convertía en su compañero más fiel de expediciones y aventuras.

Recordaba vívidamente sus rincones preferidos en el pueblo y los alrededores. Estaba Hartham Common, hoy el mismo extenso prado comunal en un terreno elevado entre el Lea y el Beane, que era para Wallace una zona de recreo y un campo de críquet «de primera»... Seguro que se quedaría pasmado con la variedad de deportes que se ofrecen allí ahora, desde fútbol, rugby y tenis hasta piragüismo en kayak o en canoa por los ríos. También cuenta con gimnasio y piscina. Justo detrás de Hartham y el Beane, al norte, había una ladera empinada y boscosa que Wallace, John y sus amigos conocían como el Warren, sobre la que descansa la preciosa aldea de Bengeo. Al oeste del pueblo, junto al Mimram, estaban Hertingfordbury y Panshanger Park, antaño la finca de los condes de Cowper. Wallace no menciona la gran casa Panshanger, todavía en pie por entonces. En cambio, un espectáculo aún más grande para él era el impresionante roble que databa de la época de la reina Isabel I. Ya con 5,8 metros de circunferencia cuando Wallace era joven, «una de las atracciones del distrito», el venerable árbol llegaría a los 7,6 metros[8] antes de que su deterioro hiciera que lo retirasen en 1978.[8] En Hertford también había un castillo, aunque no era ni de lejos tan evocador como el de Usk. El pueblo es de origen medieval, con registros de una fortificación en terraplén del siglo X que protegía el vado del Lea de los vikingos y posteriormente un castillo que levantaron los normandos y reconstruyó Enrique II en el siglo XII. Para el siglo XIX, del viejo castillo solo quedaban parte de las murallas y la preciosa casa del guarda, bastante imponente de por sí. Los chavales trepaban por el parapeto y se imaginaban a los saqueadores frenados por el foso que antaño rodeaba el castillo, con flores que marcaban donde el agua desviada del Lea habría frustrado a los aspirantes a invasores y, quién sabe, a lo mejor señalaban algunas de sus tumbas. Luego estaba el «campo de carreras» cerca de Bayfordbury, uno de sus lugares favoritos para jugar, puede que cerca de lo que es hoy el moderno observatorio y los invernaderos de la Universidad de Hertford y, cerca del paseo flanqueado de olmos Morgan's Walk, la «cueva de tiza», un profundo hueco en la ladera de creta, bien escondido tras la vegetación colgante y surtido a base de bien con velas, yescas, patatas y pertrechos varios, donde Alfred, John y sus cómplices imaginaban que eran bandoleros escondidos en su guarida secreta. Para saciar la sed, se escabullían hasta el manantial bordeado de ladrillos que borboteaba en la finca de Dunkirk's Farm, justo al final de Morgan's Walk: «Rara vez pasábamos por allí sin bajar corriendo a echar un trago de agua y admirar su pureza y la manera en que brotaba de la tierra».

La zona era conocida por la pureza de sus manantiales, sobre todo el Chadwell Spring, una enorme fuente circular y borboteante que da origen al New River, que no es un río natural, sino un extraordinario acueducto del siglo XVIII que sigue el desnivel de treinta metros a lo largo de unos sesenta kilómetros hasta Islington, en Londres. El manantial era famoso por sus aguas turquesas verdiazuladas, un tono que dice mucho sobre la geología de la zona: lecho de creta y caliza cubierto de suelo calcáreo y grava, lo que refleja al menos dos épocas de la historia geológica. La creta y la caliza se depositaron en mares del Cretácico (nombre que proviene del latín *creta*, 'greda' o, por analogía, 'tiza'), mientras que la grava, mucho más reciente, es producto de la lenta pulverización y el arrastre de rocas por los glaciares del Pleistoceno. Los minerales disueltos y el carbonato de calcio suspendido del lecho reflejan la luz del extremo azul del espectro, lo que le confiere un vivo tono verdiazulado a nuestros ojos. Aunque Wallace recordaba en el manantial los «exquisitos matices de azul y verde en gradaciones que no paraban de cambiar», también lamentaba en su autobiografía que después lo destrozasen con una irreflexiva perforación de pozos en la zona, que alteró la hidrología: «Así destruye nuestra civilización malsana las obras más hermosas de la naturaleza». De hecho, durante algún tiempo a principios del siglo XX, se llegó a secar del todo el manantial, al haber desviado sus aguas subterráneas. Hoy vuelve a brotar, pero ya no luce el color «extraordinariamente hermoso» que recordaba Wallace. La creta fue una característica imperante del paisaje de la juventud de Wallace, nunca estaba muy profunda en el subsuelo y asomaba en afloramientos de un blanco inmaculado por aquí y por allá. «Sin tener absolutamente ningún tipo de conocimiento sobre la naturaleza por aquel entonces, me daba la impresión, a mí y a la mayoría de los demás chavales, sin duda, de que de alguna manera la creta era la sustancia natural y universal de la que estaba hecha la Tierra, la única cuestión era cuánto había que profundizar para llegar a ella».[9]

———

El prodigioso «conocimiento de la naturaleza» por el que Wallace se hizo posteriormente famoso tenía aquí sus orígenes, pero no de la manera que uno se imagina. Fue un proceso lento de absorción, producto de las semillas de comentarios y observaciones casuales esparcidas a voleo, algunas de las cuales fueron a caer por casualidad en la tierra fértil de su mente. Tierra fértil que estaba enriquecida principalmente por el juego, los libros y una vida familiar llena de cariño, y menos por la instrucción formal. El colegio era un dolor. Un año después de que la familia se mudara a Old Cross, más o menos, Wallace empezó a ir a la escuela primaria de Hertford, cuyo director, Clement Henry Crutwell, era «un hombrecillo bastante irascible». John ya asistía a sus clases, lo que ayudó a facilitar la transición. El colegio, fundado en 1617, tenía una única aula alargada para unos ochenta chicos, una chimenea abierta en cada extremo, mesas para cuatro profesores a los lados y filas de pupitres para los chavales en el centro. La educación consistía en los fundamentos habituales de latín, historia, geografía y un poquito de francés, todo ello con un énfasis fuerte (y tedioso) en la memorización. La jornada escolar empezaba a las 7 de la mañana y tres días a la semana se alargaba hasta las 5 de la tarde, por lo que comenzaba y terminaba a media luz, cuando no de noche en pleno invierno, y los chicos tenían que llevar sus propias velas junto a las que trabajar. A «alboroto Wallace», como lo llamaban sus compañeros de colegio, le gustaba mucho más escuchar al «viejo Cruttle», el director, recitar a Homero o Cicerón que «meter la pata» con los cuarenta o cincuenta renglones que les solían asignar a él y a sus compañeros.[10] «Cuando nos sacaban a la pizarra, era cuestión de suerte que saliéramos airosos o escarmentados». La palabra «penoso» aparece siete veces en los recuerdos de Wallace de sus días de colegio, pero es evidente que lo hizo bien porque, unos años después, ayudaba dando clase de lectura, redacción y aritmética a los más pequeños, aunque no era una labor que le entusiasmara. 313 años después, en 1930, la escuela, que no paraba de crecer, se trasladó a dependencias más amplias y se renombró en honor a su fundador, Richard Hale, un próspero comerciante del siglo XVII. Sí, el colegio era un dolor, pero a pesar de ello, al antiguo alumno más famoso de la Richard Hale School le emocionaría saber que a él también se le honra hoy en día, pues han puesto su nombre a uno de los seis edificios de la escuela y, lo que es aún más conmovedor si bien hubiera sido absolutamente inconcebible para el joven Wallace: a una beca anual para financiar la movilidad de los alumnos y los estudios en el extranjero. ¿Qué mejor homenaje a uno de los mayores viajeros científicos en tiempos modernos?

Como el propio Wallace admitiría después, su verdadera educación se produjo fuera del colegio, como suele suceder en las familias que animan a la lectura ecléctica y dan a los niños rienda suelta para perseguir sus inquietudes creativas. Ambas condiciones se cumplían en la familia Wallace. A pesar de su falta de ambición, Thomas Wallace tenía la casa bien surtida de libros, a lo que se sumó que aceptara en su momento un puesto en la biblioteca municipal. El pueblo contaba con varias asociaciones o clubs de lectura financiados por suscriptores anuales, los libros circulaban entre los miembros y en algunos casos se ampliaba el préstamo a familias locales no suscritas. No una sino dos salas de lectura estaban disponibles, bien abastecidas de periódicos, revistas especializadas y generales. Una de aquellas salas era para los «caballeros del condado» y la otra para el público general.[11] En consecuencia, por la casa corría un flujo constante de revistas y libros, entre los que había clásicos, relatos, obras de teatro y diarios de viaje: Milton, Pope, Defoe, Fenimore Cooper, Byron, Scott, Swift, Goldsmith, Bunyan, Dante, Cervantes, Shakespeare,

Mungo Park y muchos más. Esperaban con entusiasmo las novelas por entregas, como *Los papeles póstumos del Club Pickwick*, de Dickens, y la familia devoraba los números de *Rambler*, la nueva versión del *Spectator*, y de *Hood's Comic Annual*, su gran favorito. Thomas Wallace leía en alto en casa, y cuando trabajaba en la biblioteca, Alfred solía acompañarlo —sobre todo tras la marcha de John a Londres— y le ayudaba a buscar o colocar libros, aunque normalmente estaba leyendo en un rincón.

Como tal vez fuera esperable, los eclécticos gustos literarios de la familia parecían ir de la mano con la tolerancia, por lo menos hasta cierto punto. Aunque eran miembros muy ortodoxos de la Iglesia de Inglaterra y visitaban la iglesia dos veces los domingos, en su círculo de amigos —amigos tan íntimos que los Wallace a veces asistían a sus servicios religiosos— había disidentes y cuáqueros. Aburrido del silencio reinante en las reuniones de los cuáqueros, Alfred encontraba mucho más entretenida la capilla de los disidentes. Las oraciones y plegarias espontáneas, los cantos apasionados y los rotundos sermones eran bien recibidos como alternativa a los actos sosegados de los anglicanos, por no hablar de los cuáqueros. La experiencia llegó incluso a despertar cierto sentimiento religioso en él, pero al carecer de una «base suficiente de hechos inteligibles o razonamientos conectados para satisfacer mi intelecto», el sentimiento no le duró mucho y nunca volvió a aflorar; aunque unos treinta y cinco años después se convertiría en otro tipo de disidente en su faceta de espiritista, que tuvo tintes cuasirreligiosos. Se empapaba de todas las experiencias, como hacen los niños, por lo que la exposición de Alfred en aquel entonces a las comunidades religiosas inconformistas del pueblo seguro que le dejó huella y contribuyó a la creación de su conciencia social, cada vez mayor. Por aquellos años, también, tuvo la ocasión de presenciar audiencias en el tribunal de *assizes*, y recordaba el juicio de unos ladrones de ovejas, consciente de que la pena bien podría ser la deportación: el exilio de por vida a alguna remota colonia penitenciaria, una pena que dejó de aplicarse en la década de 1850. A los nueve años, Alfred tuvo que sentir la emoción que se palpaba por todo el pueblo tras la aprobación de la Gran Ley de Reforma de 1832, celebrada con una enorme fiesta al aire libre para las familias de clase obrera de Hertford. La ley cambiaba drásticamente el sistema electoral y acababa con siglos de tradiciones como el sufragio de los cuarenta chelines (por el que el derecho a voto estaba basado en la posesión y el valor de propiedades) y con la multitud de municipios comprados o «corrompidos», que se hacían con escaños reservados (y, por ende, influencia) en el Parlamento aunque el municipio tuviera pocos habitantes o incluso ninguno.[12] Puede que el rechazo de su padre a la ley provocara en Alfred las primeras sospechas de división política y vientos de cambio social, más que evidentes cuando al miembro radical del parlamento Thomas Slingsby Duncombe lo llevaron ceremoniosamente a hombros por las calles tras su victoria electoral.[13]

Alfred propondría mucho después sus propias reformas sociales y políticas radicales (que su padre no habría aprobado, seguro), pero por aquel entonces, de niño, para lo que Alfred vivía a diario en realidad y lo que recordaba más vivamente en etapas posteriores de su vida eran las infinitas distracciones con su hermano en su querido altillo del establo, su laboratorio y guarida particular durante los pocos años en los que la familia estuvo viviendo en Old Cross. John tenía un talento natural para la ingeniería, un don para los artilugios mecánicos y la carpintería. Seguramente le explicaría el funcionamiento del gran molino de linaza del pueblo que fascinaba tanto al hermano pequeño que este recordaba nítidamente las enormes ruedas verticales dando vueltas y la pala curva moviéndose constantemente de un lado a otro, triturando las semillas y convirtiéndolas en una harina cada vez más fina. El contiguo molino de pisón para comprimir la harina de linaza en tortas era todavía más impresionante: unas dos docenas, por lo menos, de grandes mazos verticales subiendo y bajando en movimiento cíclico, golpeando y rebotando a distintas velocidades y creando un escándalo de engranajes mecánicos tan ensordecedor como curiosamente musical. Alfred recordaba aquellos momentos jugueteando y experimentando con su hermano como «indudablemente los más interesantes y puede que los de provecho más indefinido» de toda su infancia.

The Boy's Own Book, de William Clarke, una enciclopedia para el «entretenimiento y la educación» de los «hombres en miniatura», era su manual de referencia para todo tipo de inventos y juegos.[14] Publicado por primera vez en 1828, esta popular guía práctica ofrecía instrucciones detalladas para hacer cosas que serían la pesadilla de cualquier abogado que trabaje para una editorial hoy en día. Provistos de pólvora, azufre, carbón, limaduras de hierro y nitrato potásico, por ejemplo, John y Alfred estaban listos para hacer fuegos artificiales caseros: los buscapiés, las sartas de petardos, las bengalas y las girándulas (espectaculares cuando no salían en llamas y se acabó) eran sus favoritos, sobre todo en fiestas como el día de Guy Fawkes. No recordaba que nadie se hiciera daño, ni siquiera cuando «de tanto en tanto» a algún desdichado le explotaba un petardo o un buscapiés en el bolsillo. Tampoco se lastimaron, por suerte, cuando dispararon el cañón de latón de quince centímetros que consiguieron en un trueque, máxime teniendo en cuenta que les gustaba cargar la recámara «hasta la mismísima boca» y luego, con cuidado, dejar un caminito de pólvora que se alejaba unos centímetros, lo que les daba un poco de tiempo para salir pitando a ponerse a salvo después de encenderlo. La explosión hacía que les pitaran los oídos y al cañón saltar por los aires. Los «cañones de llave» en miniatura que construían eran relativamente inofensivos en comparación. Sirviéndose para la recámara de la caña o cánula hueca de una vieja llave de latón, los cañoncitos hacían un ruido decente: «Les abríamos un agujerito, les partíamos la cabeza y los montábamos en un soporte, y ya podíamos disparar salvas o darle un susto a nuestra hermana o a la criada, para nuestro gran alborozo». Más inofensivas eran las escopetas de juguete que hacían con ramas de saúco huecas y las elaboradas pistolas de muelle en miniatura que disparaban guisantes (estaban hechas con tanta habilidad que John las vendía en el colegio por al menos un chelín). También tenían juguetes más constructivos y hasta educativos, claro: John y Alfred hacían sus propias pelotas de críquet, y hacer cadenas de huesos de cereza y sellos para el pan con adornos tallados estaba entre sus manualidades favoritas. Su padre compró la maqueta de un puente con piezas de madera que ilustraba el principio del arco y la clave, y la familia se pasaba horas analizando grandes pedazos recortados de mapas de Europa e Inglaterra, estímulo que tenía la ventaja adicional de instruir a los niños en geografía. Alfred atribuía su eterno amor por los mapas a aquellos rompecabezas.

Wallace pensaba que su padre había vivido su época más feliz durante aquellos años en Old Cross, cultivando el huerto, haciendo cerveza y vino de sus propias parras, extensas y productivas, trabajando en la biblioteca, leyendo para la familia. No es que fuese idílico: Alfred sufrió un episodio serio de escarlatina, y recordaba la profunda tristeza de la familia cuando su hermana mayor Eliza sucumbió a la tuberculosis en 1832, a los veintidós años. También por esas fechas, la hermana que quedaba, Fanny, se fue de casa para trabajar de institutriz con una familia en la localidad vecina de Hoddesdon. La economía familiar tampoco iba del todo bien, pero no era algo de lo que fuese siquiera vagamente consciente. Aunque pronto lo sería.

———

Si no se había dado cuenta antes, Alfred supo que algo pasaba cuando la familia volvió a mudarse. El problema surgió a finales de 1833 o en 1834, una tormenta perfecta de debacle financiera estaba a punto de desatarse. El cuñado de Mary Ann Wallace, Thomas Wilson, representante legal y uno de los albaceas del patrimonio de su padre, invirtió imprudentemente lo poco que quedaba de los bienes familiares en un proyecto inmobiliario especulativo en Londres, y se arruinó. No se sabe cómo, la herencia de Mary Ann —y la de sus hijos— también fue víctima de la quiebra, lo que redujo drásticamente los ingresos de la familia. Las cosas fueron de mal en peor cuando los ahorros de Thomas Wallace se perdieron en inversiones poco meditadas, y la familia se vio obligada a cambiar su cómoda residencia en Old Cross por parte de una vieja casa cerca de

All Saint's Church, la antigua vicaría que entonces era a medias estafeta, y a medias vivienda. No tardaron en presentarse otras coyunturas: por esa misma época se desencadenaron una serie de vertiginosos cambios, uno tras otro, en un periodo de tiempo relativamente corto. Las fechas exactas no están claras, pero en el espacio de los pocos años que van de más o menos 1834 a 1836, su hermana Fanny se fue a Lille a perfeccionar su francés, a John lo enviaron a Londres de aprendiz de carpintero y la familia se mudó a una casa más pequeña en Saint Andrews Street y luego a la parte de la vieja casa cerca de Saint Andrews Church. Esta última, por lo menos, tenía la doble ventaja de contar con George Silk, el amigo de Alfred, que volvía a vivir en la casa de al lado, y con una enorme morera cargada de frutos en el jardín a la que les encantaba subirse y darse «suntuosos festines».

Mary Ann Wallace estaba preocupadísima por el hundimiento de la fortuna familiar, sobre todo por la cuestión de la módica parte que quedaba para los niños del legado de su abuelo. Escribía cartas cada vez más urgentes a su cuñado: «El objetivo de la presente no es hostigarte, sino solicitarte que me indiques cómo debo actuar con respecto a los derechos que tienen mis hijos, delegados en ti como albacea de su abuelo». Encomendaba a su honor que hiciese «lo mejor por mis queridos hijos y reconozcas la deuda con ellos contraída». Fanny necesitaba fondos para quedarse en Francia, ya que no había recibido su herencia, y qué hacer con John: debía medio año de pensión en su puesto de aprendiz de carpintero y lo iban a echar si no pagaba. Y al pobre William le daba miedo asomar la cabeza por Londres, donde «ese Elkin, el boticario, amenaza con arrestarlo por una deuda de veinte libras. (…) Supondría la ruina más absoluta de William si algo así llegara a suceder».[15] Recurrió a Louisa Draper, la hija de Richard Draper, amigo de la familia y el otro albacea del patrimonio, en busca de consejo, rogándole que no se sintiera «ofendida ante esta solicitud en nombre de mis pobres hijos, pues es poco lo que tienen ¡y es muy duro que ese poco (todo su haber) se pierda! Es un asunto delicado saber cómo actuar entre amigos, pero en una situación como la que nos atañe debo actuar en favor de mis hijos y hacer todo lo que esté a mi alcance para recuperar lo que parece perdido por la negligencia de uno de los fideicomisarios. (…) Es una situación muy desagradable en la que me veo agobiada por todas partes».[16]

Los fondos terminaron por llegar, pero tardaron un tiempo, y aun así era demasiado poco y demasiado tarde para mantener a la familia unida. Fanny regresó de Francia y a Alfred lo mandaron a un internado con otros veinte o treinta niños en casa del viejo Cruttle, en Fore Street, durante unos seis meses, hasta que Fanny recuperó su puesto de institutriz en Hoddesdon. Como la economía familiar era cada vez más precaria, Alfred tuvo que ayudar a cubrir su matrícula escolar dando clases a chicos más pequeños (para su tremendo bochorno). Para principios de 1837, la familia se vio obligada a mudarse una vez más, y abandonaron Hertford para instalarse en una casita llamada Rawdon Cottage, en Hoddesdon, cerca de Fanny. Era demasiado pequeña para que Alfred y Edward vivieran allí, y ya no podían permitirse los gastos escolares y de internado de Alfred. A regañadientes, lo sacaron del colegio y lo mandaron a Londres con John, una medida provisional hasta que William pudiera contratarlo como aprendiz de topógrafo en Gales. A sus catorce años, fue lo mejor que le podía haber pasado a Alfred Wallace.

Exactamente al mismo tiempo que Alfred llegó a Robert Street, en el cruce con Hampstead Road, para compartir tanto habitación como cama con John en la casa de Mr. Webster, el maestro de obras del que John era aprendiz, un joven que le doblaba la edad acababa de mudarse a un alojamiento bastante coqueto justo a kilómetro y medio al sur, al número 36 de Great Marlborough Street. Charles Darwin, que solo hacía cinco meses que había regresado de su viaje alrededor del mundo, estaba encantado de mudarse a dos pasos de su querido hermano Erasmus. Es una coincidencia asombrosa: el adolescente pelado y futuro aprendiz de topógrafo y el joven caballero adinerado y naturalista viviendo a un kilómetro y medio el uno del otro, ambos instalados en marzo de 1837.[17] Fue el mismo mes en que Darwin tuvo su revelación transmutacional, cuando ató cabos y de repente vio que señalaban clarísimamente al hecho de que las especies tenían que cambiar. Era un momento en el que la mente de Alfred Russel Wallace estaba también a punto de abrirse de par en par, y de señalar su propio camino a futuras revelaciones, camino que se cruzaría inevitablemente con el de Darwin. Pero eso sería al cabo de otros veintiún años; en el ínterin, les iban a ocurrir muchas cosas a los dos.

2

Tomando medidas
en la frontera

LLEGAR AL CENTRO DE LONDRES tuvo que impresionar a un Alfred Russel Wallace de catorce años que se mudaba de una ciudad de mercado de unos diez mil habitantes al corazón de una metrópoli de más de dos millones. Su hermano John llevaba para entonces unos dos años y medio viviendo bajo el techo de Mr. Webster, de quien era aprendiz —y quien también sería su futuro suegro—. La pequeña empresa de aserradores y carpinteros de Webster en Albany Street hacía toda clase de estructuras y ensamblajes, desde el corte de los maderos hasta la elaboración artesanal de ventanas, puertas, armarios y escaleras, de seis de la mañana a cinco y media de la tarde, con una hora y media para comer, seis días a la semana. De Alfred no se esperaba que hiciera gran cosa; estaba allí temporalmente, un huésped discreto y económico que compartía habitación con John hasta poder empezar a formarse con su hermano mayor William en el oficio de topógrafo. Pasaba los días merodeando por la carpintería de Mr. Webster, ayudando con alguna que otra labor y asistiendo a las chanzas de los trabajadores, conociéndolos mejor. Por las tardes y en los días libres, John le llevaría a los lugares emblemáticos del distrito, sobre todo hacia Regent's Park, cuyo lado este llevaba solo dos años abierto, con una amplia panorámica verde rodeada de hileras largas de elegantes adosados, las *terraces*. Verían el vivero llamado Jenkin's Nursery, en el Inner Circle, con el lago al fondo, y sus expediciones probablemente los llevarían por el canal de Regent en la parte norte del parque, donde se encontraba la casa de fieras de la Sociedad Zoológica de Londres. Por aquel entonces solo se permitía el acceso a los socios, no obstante, así que como mucho disfrutarían de lejos la estampa irresistible de las criaturas exóticas que allí había. John también le enseñó las tiendas más a la moda, donde se paraban a mirar los esca-

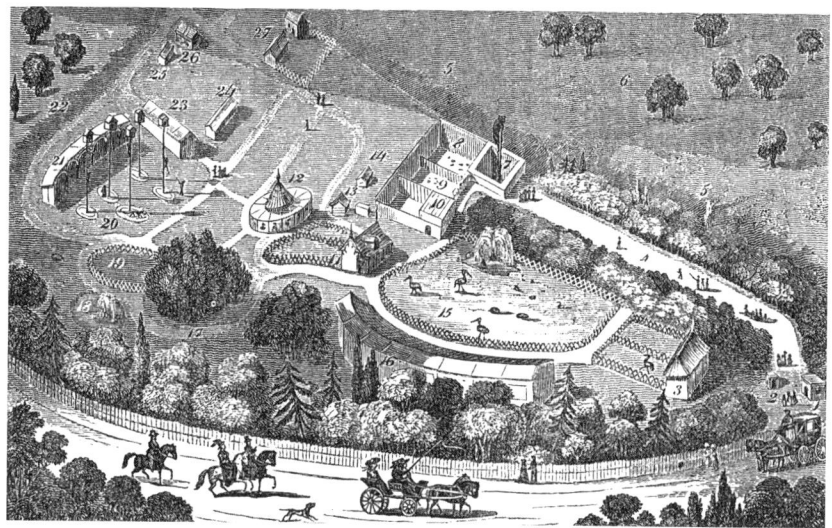

Jardines Zoológicos en Regent's Park, hacia 1828.

parates, y estas expediciones los llevarían por Tottenham Court Road hasta Leicester Square y más lejos, quizá se desviaran en alguna ocasión un poquito al oeste para admirar el imponente edificio neoclásico en construcción del British Museum para volver subiendo por Piccadilly y Regent Street, bordeando el Soho. Puede que en el camino se cruzaran con un distraído Charles Darwin, un joven con prisas aún desconocido que en esa época frecuentaba la Real Facultad de Cirugía en Lincoln's Inn Fields, la Sociedad Zoológica en Leicester Square y la Sociedad Geológica junto a Piccadilly.

Pero por lo general, se pasaban las tardes en el Hall of Science, no muy lejos de allí, en John Street, cerca de Tottenham Court Road. Eran los buenos tiempos, en los que se propagaban por el Reino Unido los salones de ciencia e institutos de mecánica: una nueva clase de instituciones que fomentaban la superación personal mediante la educación y que habían comenzado en Edimburgo y Glasgow a comienzos de la década de 1820.[1] Al principio eran una especie de escuelas técnicas libres para trabajadores, con conferencias abiertas sobre ciencia, fenómenos naturales y descubrimientos novedosos. Pero pronto evolucionaron hasta convertirse a partes iguales en biblioteca, escuela técnica y centro cívico, en los que ciencia, política y reforma social iban de la mano. Ciencia era sinónimo de reforma, educación e ideas progresistas, lo que para muchos pasó a significar estar en contra de la religión y a favor de la racionalidad, en contra de la clase dirigente y a favor de la clase obrera. En aquella época la educación superior estaba dirigida a la élite, pero las clases más desfavorecidas tenían un tremendo apetito de conocimiento y se apuntaban por miles a clases y conferencias, la mayoría de ellas gratuitas. Para 1837, cuando John le presentó a su impresionable hermano pequeño el Hall of Science en John Street, había cientos de institutos de mecánica por todo el Reino Unido, y en ellos fluían con libertad el café y las ideas radicales.[2]

Con diferencia, la experiencia más memorable que el adolescente Alfred Wallace sacó de aquel revelador contacto con el Hall of Science en John Street fue empaparse de las enseñanzas del reformista y socialista utópico Robert Owen y sus discípulos. Llegó incluso a tener la oportunidad de escuchar una vez al venerable Owen en persona, entonces un «tipo alto y enjuto» de sesenta y tantos años con «la cabeza muy erguida, y magnánimos semblante y modo de hablar».[3] Owen, que, como Wallace, había nacido en Gales, era fabricante de textiles, filántropo y, por lo que quizá se le conozca más, un reformista social afamado (difamado por algunos) por ser el fundador del movimiento socialista en el Reino Unido. Adelantadísimo a su tiempo, Owen hizo campaña por la reforma educativa y obrera (por ejemplo, por la Ley de Fábricas y Molinos de Algodón de 1819), propuso por primera vez políticas tan «ultrajantes» como la jornada laboral de ocho horas, una guardería para los trabajadores (en vez de mandar a los niños a trabajar a las fábricas), la prevención de riesgos laborales y la educación universal. Los paralelismos entre Owen y Wallace, además de su cuna galesa, son curiosos: los dos eran los penúltimos de una prole de hermanos, recibieron poca educación reglada antes de que los mandaran a aprender un oficio, leían con voracidad, eran en buena medida autodidactas y pasaron a adoptar el laicismo, el socialismo y por último el espiritismo. Los dos eran, además, propensos a ganar dinero para acabar perdiéndolo, pero con grandes diferencias en cuanto a cantidades y circunstancias.

El owenismo entraba justo en su fase más importante cuando Wallace llegó a Londres; sus principios se habían expuesto por primera vez en una serie de ensayos publicados con el título *Nueva visión de la sociedad: Ensayos sobre la formación del carácter humano* hacía dos décadas, en 1813-1814. Ante todo estaba la convicción de Owen de que «el hombre es un ser complejo cuyo carácter está formado por su constitución, u organización de nacimiento, y por los efectos que circunstancias externas tienen sobre esta, desde que nace hasta que muere» y de que «tal organización original e influencias externas están constantemente actuando y reaccionando unas ante otras». En términos actuales, el idealista Owen creía firmemente que la educación junto con las condiciones de vida [*nurture*] superaban a la natura [*nature*] en lo referente al desarrollo del potencial humano, y su objetivo era mejorar la calidad de vida desde la misma infancia para fomentar una sociedad libre de conflictos y delitos.

Despotricaba contra los terratenientes y los clérigos, que se aseguraban de que la sociedad británica permaneciera rigurosamente estratificada y, en tanto que la delincuencia, la miseria y la degeneración que afligían a las clases bajas eran producto directo de sus condiciones de vida, achacaba toda la responsabilidad de estos males a la élite.

Predicando con el ejemplo, Owen acometió experimentos sociales a gran escala. El primero fue en New Lanark, en las fábricas de hilaturas del río Clyde, al sur de Glasgow, en Escocia (ahora Patrimonio de la Humanidad de la Organización de las Naciones Unidas para la Educación, la Ciencia y la Cultura [UNESCO]), donde en 1800 instauró por primera vez reformas como la jornada laboral de ocho horas, una escuela primaria y una escuela para trabajadores (el Instituto para la Formación del Carácter). Fue un gran éxito, y demostró que la productividad y la rentabilidad no tenían por qué estar reñidas con el trato humano hacia los trabajadores; de hecho, las fábricas de New Lanark estuvieron operativas hasta 1968. Pero aquello fue solo el principio. New Lanark era para Owen la prueba de que el método funcionaba, y a mediados de la década de 1820 invirtió la mayor parte de su fortuna en una versión a mayor escala en Estados Unidos: un «Poblado de Unidad y Cooperación Mutua» llamado New Harmony [Nueva Armonía], a orillas del río Wabash, en Indiana.

Fue un impresionante experimento utópico, un nuevo modelo de sociedad que, según anunció ante una multitud rebosante de ilustres personajes congregados en el Capitolio de Estados Unidos, iba a «comenzar un nuevo imperio de paz y de buena voluntad entre los hombres, fundado sobre otros principios, y conducente a otras prácticas distintas de las del pasado o de las del presente, y cuyos principios, a su debido tiempo y con el paso de los años, llevarán a un estado de virtud, de inteligencia, de disfrute y de felicidad, en la práctica, (…) como ya ha sido predicho por los sabios de tiempos pasados».[4] Por desgracia para Owen, los pequeños detalles siempre marcan la diferencia, y había cierta desconexión entre sus principios y la planificación, así como entre su visión de reforma y la de las gentes a las que pretendía reformar. Puede que el elemento laico e intensamente antieclesiástico de la visión owenista fuese lo más problemático para el movimiento en los Estados Unidos de los años 1820, sumidos entonces en el segundo Gran Despertar, una época de fervor religioso extremo que disponía de su propio estilo de utopismo social.[5] El experimento de New Harmony fracasó tras solo dos años, pero muchos de los que creían en el proyecto se quedaron, entre ellos varios hijos adultos de Owen. El pueblo se convirtió, si no en una utopía socialista, en un centro científico en parte gracias a sus esfuerzos: dos de sus hijos llegaron a ser destacados geólogos (uno fue además el presidente fundador de la Universidad Purdue) y otro se dedicó a la política y ayudó a fundar la Smithsonian Institution en calidad de congresista de Estados Unidos. William Maclure, amigo y defensor estadounidense de Owen y presidente de la Academia de Ciencias Naturales de Filadelfia, también merece reconocimiento: convenció a un grupo distinguido de artistas, educadores y naturalistas para que se mudaran a New Harmony con él, y estos idealistas no tardarían en navegar el Ohio en la barcaza Philanthropist, apodados la «Dotación del Conocimiento».[6]

La mayoría de ellos se quedaron después de que se malograra el experimento social, pero Owen regresó enseguida a Londres. Sin dejarse intimidar por el fracaso de New Harmony, para mediados de los años 1830 Owen lanzó un semanario llamado *New Moral World* (Nuevo Mundo Moral), un periódico socialista que abogaba por los sindicatos, la revolución pacífica y las comunidades utópicas, y fundó ambiciosos sindicatos de trabajadores con nombres que apuntaban a las altas expectativas y elevados ideales que representaban, como el Gran Sindicato Nacional Unificado de Trabajadores (1834), la Asociación de Todas las Clases de Todas las Naciones (1835) y la Sociedad Comunitaria Universal de Religionistas Racionales (1839), para que se hagan una idea. Esta última se fundó el mismo año que Owen realizó su gran experimento social utópico final, Harmony Hall, posteriormente Queenwood College, en Hampshire.[7] También fracasaría en unos años, pero el movimiento siguió vivo (y sigue vivo aún, en la multitud de cooperativas que funcionan y las leyes que regulan las condiciones laborales, la salud pública y la educación).

En 1837, cuando Alfred Russel Wallace escuchó a Owen, el futuro era prometedor ante las posibilidades no solo de reforma sino de utopía socialista; 1837 fue, de hecho, el comienzo de una nueva era de owenismo británico. Tengamos en cuenta que al menos veintitrés secciones owenistas provinciales abrieron por todo el país en 1837 y otras veintidós en 1838. El Instituto Metropolitano abrió en John Street en 1837 (sección owenista número 32, el Hall of Science de Wallace, que se dio a conocer como el Instituto de John Street), así como la Sociedad de Materialistas (sección A1), a tan solo un par de manzanas de distancia, en Cleveland Street. Docenas de sociedades owenistas de libre pensamiento florecieron *solo* en Londres entre los años 1837 y 1866. El Instituto de John Street no era más que uno de los muchos «salones infieles», así los llamaban los detractores, como la *London City Mission Magazine*. Era electrizante para Wallace, de catorce años, que ya se mostraba escéptico ante la religión organizada; en el Instituto de John Street, luego escribiría, «a veces asistíamos a conferencias sobre las doctrinas de Owen, o los principios de laicismo y agnosticismo, como se conocen ahora. (…) Fue aquí donde empecé a familiarizarme con los escritos de Owen, y sobre todo con el trabajo maravilloso y filantrópico que llevó a cabo durante muchos años en New Lanark. También adquirí mis primeros conocimientos de los argumentos de los escépticos y leí, entre otros libros, *La edad de la razón*, de Paine».[8]

La fuerza de *La edad de la razón* de Paine armonizó bien con Wallace, por su apaleamiento lírico y lúcido de la religión organizada y su condena de la corrupción de la Iglesia y la manipulación del sacerdocio: «Todas las instituciones eclesiásticas nacionales, ya sean Judías, Cristianas o Turcas, me parecen nada menos que invenciones humanas creadas para horrorizar y esclavizar a la humanidad, y monopolizar el poder y el lucro».[9] Esto no significa que el tratado fuese ateo; como se indica en el subtítulo (*Una investigación sobre la teología verdadera y la fabulosa*), Paine presenta argumentos deístas y defiende la razón por encima de la supuesta revelación, la «religión natural» por encima de la organizada. Se trata de una parte muy importante de la filosofía owenista, que quizá explicó mejor el hijo mayor de Owen, Robert Dale Owen. Wallace recordaba haber leído la obra del Owen más joven *Lecture on Consistency* [Lección sobre la coherencia], una crítica irrefutable de la condena eterna, se podría decir. En un mensaje clave —«La única religión verdadera y totalmente benéfica era la que inculcaba el servicio a la humanidad y cuyo único dogma era la fraternidad del hombre»— resuena el credo personal de Paine: «Mi patria es el mundo, mi religión hacer el bien».[10] «Así se plantaron los cimientos de mi escepticismo religioso»,[11] escribiría Wallace.

Ese escepticismo iba de la mano con la ferviente creencia de Wallace tanto en la dignidad inherente del individuo como en la injusticia inherente del sistema social y político imperante. La influencia de Owen en Wallace es indudable. Fue su «primer maestro de filosofía de la naturaleza humana» y su «primer guía a través del laberinto de las ciencias sociales». Cuando un periodista de Nueva York le pidió, siendo ya mayor, que nombrara a sus diez «grandes ideólogos humanitarios» favoritos del siglo XIX, no es de sorprender que Owen encabezara la lista por ser «un auténtico amante del ser humano, el más sabio y más práctico de los trabajadores».[12] La semilla de las políticas socialistas que Wallace defendería después con pasión y elocuencia, sobre todo sus aspectos más utópicos, se sembró sin lugar a dudas en aquellos meses formativos en Londres y, como veremos, llegó a influir hasta cierto punto en su visión del mundo natural y en su posterior lectura de Thomas Robert Malthus, uno de los primeros economistas políticos además de religioso.[13] Al dedicarle nada menos que dos terceras partes de las más de veintitrés páginas del capítulo 6 en su autobiografía a Owen, el «mejor de los reformistas sociales y el verdadero fundador del socialismo moderno», Wallace confiaba en que esto no importase a sus lectores;[14] lo mismo digo yo del espacio que he dedicado a la desmedida influencia de Owen sobre Wallace.

———

La estancia de Alfred en Londres terminó aquel verano, cuando se despidió de John para convertirse en ayudante de topógrafo con William en Bedfordshire. Su educación en el Hall of Science y en la carpintería de Mr. Webster aportó unos buenos cimientos a todos los efectos a lo que vino después: un aprendizaje de seis años no solo en topografía y cartografía sino en observación, reflexión y descubrimiento de la ciencia. Resulta paradójico que precisamente las mismas políticas y fuerzas sociales contra las que despotricaban los owenistas fuesen también las responsables del sustento de William y, por extensión, de Alfred, por ser el aprendiz de ayudante de su hermano mayor. Había mucho trabajo topográfico por aquella época, en parte debido a la expansión de líneas ferroviarias y canales, pero eran muchísimo más importantes los cambios drásticos en el uso del suelo derivados de los cerramientos y, de manera más inmediata, la conmutación del diezmo. No tenía ni idea de que era cómplice de un delito, como lo vería después.

Los cerramientos, *inclosures*, según se escribía en la época, consistían en cercar lo que habían sido terrenos comunales desde tiempo inmemorial. El cercado con vallas o setos, que llevaba siglos produciéndose a nivel local, se aceleró enormemente en los siglos XVII y XVIII. Para entonces, los cerramientos por legislación parlamentaria se habían convertido en algo común, con casi cuatro mil leyes aprobadas con esta finalidad solo entre 1750 y 1819. Pero la Ley de Cerramientos de 1773, «para la mejora en el cultivo, desarrollo y regulación de los campos comunales cultivables, baldíos y pastos comunales del reino», los elevaron prácticamente al nivel de política nacional: «En toda parroquia o paraje del reino donde haya campos comunales o abiertos, todas las tierras cultivables o labrantíos que se encuentren en dichos campos comunales o abiertos han de ser ordenados, cercados, cultivados y recuperados».[15] Como parece indicar el léxico utilizado, lo que movía a todo esto era el aprovechamiento agrícola, y los cerramientos en efecto fomentaron la introducción de innovaciones agrícolas incompatibles con el uso comunal de los terrenos, como los estrictos sistemas de rotación de cultivos (el nuevo sistema de rotación en cuatro tiempos de trigo → nabos → cebada → trébol y centeno era una técnica novedosa que eliminaba la necesidad de un año en barbecho), así como la experimentación con fertilizantes y técnicas de labranza. Y claro, el beneficio económico del aumento de la productividad suponía una motivación subyacente para los terratenientes (que podían cobrar mayor alquiler a los arrendatarios) y para los agricultores arrendatarios bien afincados y con derechos de acceso (cuyas tierras aumentaban de valor), de modo que ambos colectivos ejercieron presión en favor de los cerramientos. Los que salían perdiendo eran los campesinos y los arrendatarios menos pudientes, acostumbrados a buscarse las habichuelas en terrenos comunales llevando a pastar a unas cuantas vacas o plantando un modesto huerto.[16]

La conmutación del diezmo se consideraba otro golpe a las clases trabajadoras. Durante siglos, los que trabajaban la tierra pagaban una renta anual en especie, normalmente una décima parte de la producción del terreno en forma de grano, ganado, lana, pescado, madera, miel y cosas por el estilo. Al principio, la Iglesia era la propietaria principal, pero con el tiempo (sobre todo después de la disolución de los monasterios), se abrió el horizonte a muchos terratenientes laicos, a menudo aristócratas, que incluso podían comprar y vender derechos de diezmo. Sin embargo, el sistema de diezmo se consideraba ineficaz y llevaba a interminables disputas sobre qué era dezmable y cómo y cuándo se tenía que realizar el pago. El diezmo siempre había supuesto una carga para los trabajadores pobres, que ya iban apurados, pero la conmutación al pago en efectivo lo fue aún más. Los defensores de los cerramientos llevaban mucho tiempo abogando por el pago monetario de la renta en sustitución del diezmo, bajo la premisa de que conducía a una mejora de la productividad agrícola, por lo que muchas leyes de cerramientos también estipularon la conmutación del diezmo en los terrenos que se iban cercando, un doble golpe a las clases trabajadoras del campo. La Ley del Diezmo de 1836 aspiraba a eliminar definitivamente los diezmos que quedaran, cambiando «todos los diezmos sin conmutar, participaciones y dividendos de diezmos (…) y pagos prescriptivos y consuetudinarios» por una renta anual regulable sujeta al precio medio septenal del trigo, la cebada y la avena.[17] Las rentas variaban bastante de una parroquia a otra, además de que algunas partes de las parroquias estaban exentas de renta y otras no, así que la ubicación exacta de los deslindes cobraron suma importancia… y los topógrafos estaban muy demandados.

Alfred no era consciente entonces de lo que impulsaba todo ese trabajo topográfico, por supuesto: «Esas ideas ni se me pasaban por la cabeza. Claro que me parecía una pena cercar un brezal silvestre, pintoresco, empantanado y estéril, pero daba por sentado que existía *algún* derecho y razón para hacerlo, y no que fuese, como indudablemente era, algo injusto, insensato y cruel». Llegaría a arrepentirse del papel que había desempeñado sin darse cuenta, en lo que vio como una expropiación de los que menos tenían desde un principio: «Y para llevar a cabo ese robo despiadado, ¿cuántos pobres han sufrido? ¿Cuántas familias se han visto arrastradas de la comodidad a la penuria, u obligadas a emigrar a pueblos y ciudades abarrotados y a mandar a sus mayores al asilo para pobres, cuántos se han convertido en indigentes por obra de la ley?».[18] Sin embargo, entonces le encantaba el trabajo, tanto los largos días deambulando por la belleza del campo como la satisfactoria precisión de las matemáticas aplicadas y la cartografía de aquel oficio.

Era una existencia itinerante, el trabajo perfecto para un naturalista en ciernes que empezaba a prestar mayor atención al mundo que lo rodeaba, y con un poquito añadido de antropología. El año siguiente, más o menos, lo pasó en el condado de Bedfordshire, al norte de Londres, donde William había conseguido una serie de encargos centrados en la topografía de parroquias para la conmutación del diezmo. Barton, Turvey, Silsoe, Soulbury, Leighton Buzzard... Se hospedaban en pequeñas pensiones rurales o en casas de familias locales y, cada cierto tiempo, Alfred caminaba los treinta o cuarenta kilómetros que le separaban de Hoddesdon para pasar breves vacaciones con sus padres. Se alojaron en la posada Coach and Horses de Barton-le-Clay, en Bedfordshire (donde Alfred solía sentarse «en el bar con los comerciantes y peones para charlar un rato o escuchar sus canciones o baladas, las cuales no he tenido la ocasión de escuchar en ningún otro lugar»);[19] en el Tinker of Turvey, en la vecina aldea de Turvey; en la posada de Mr. Carter, en Silsoe, y en otros tantos sitios más.[20] Trabajaban largas jornadas, se levantaban temprano para desayunar y salían con el equipo topográfico a cuestas, además de «un buen surtido de pan y queso y medio galón de cerveza» para darse un copioso almuerzo al abrigo de un seto. Formaba parte de esta rutina exigente pero satisfactoria para William disfrutar de los placeres del tabaco después de comer, así que sacaba su pipa del bolsillo. Alfred supuso que él también debería empezar a fumar y acompañó a su hermano en unas cuantas caladas, hasta que un día se le fue la mano: «Sufrí tal vomitona y dolor de cabeza que se me quitaron las ganas de una vez y por todas de volver a fumar»; echando la vista atrás, ¡seguramente fuese bueno para él y para la ciencia![21] Además de aprender el oficio de topógrafo (y a no fumar), Alfred recordaba aquella época como una especie de despertar, en la que empezaba a percibir la geología de la zona y a devorar obras introductorias de mecánica y óptica, parte de la serie Library of Useful Knowledge [Biblioteca de Conocimientos Útiles] publicada por la Sociedad para la Difusión de Conocimientos Útiles. Esta Sociedad, por así decirlo criatura del miembro del Parlamento Henry Brougham, se había fundado en Londres en 1826 con el objetivo de producir volúmenes educativos asequibles sobre diversas materias científicas para la superación personal: literatura para los institutos de mecánica.[22]

La geología se revelaba imponente: volvía a estar en una zona fronteriza del tiempo geológico, unos cien millones de años de la era Mesozoica desplegándose por un paisaje de terrazas erosionadas en el centro de Bedfordshire. No es que él pudiera saberlo, pero el paraje hablaba de eones. Las colinas calizas del Cretácico Superior que se yerguen 182 metros sobre Barton —donde William le enseñó a Alfred fósiles de *Gryphaea*, un género extinto de moluscos bivalvos, y belemnites, los alargados rayos de piedra de su infancia—, dan paso a formaciones cretácicas más antiguas y más bajas al norte, alrededor de Ampthill, cerca de Silsoe. Ampthill, por su parte, se encuentra en lo alto de una loma de arenisca que supera los cien metros y se asoma sobre el amplio valle de Marston, al norte, una llanura de suaves ondulaciones y arcillas ricas en fósiles todavía más antiguos, del Jurásico Superior. El compacto pueblo de Bedford se sitúa en el mismo extremo norte del valle, donde el río Ouse ha abierto un tajo que profundiza más en el pasado, hasta la caliza de mediados del Jurásico, a menos de treinta metros sobre el nivel del mar, compuesta de característicos microsferoides de carbonato cálcico.

Recordaba las obras en la calzada más al sur, cerca de Dunstable, donde los trabajadores excavaban la creta suavizando la pendiente para que la Holyhead Road, la carretera que llegaba por el noroeste, pudiera ascender los Dunstable Downs (conocidos hoy como Chalk Hill, la Colina de Creta) y entrar en el pueblo por Watling Street. William se había hecho con una buena muestra de creta de la excavación y, junto con un compañero topógrafo con el que se habían encontrado, se las ingeniaron para medir su densidad relativa, lo que fascinó a Alfred: «Este pequeño experimento me interesó muchísimo y me despertó las ganas de saber más de mecánica y física». Después, en Soulbury, donde se hospedaron en una escuela con el maestro y su hermana, no pudo evitar fijarse en la enorme roca caliza que había justo delante del edificio de ladrillo rojo, un hito local que sigue estando allí, en el mismo cruce.[23] En su autobiografía, conjeturaba (con razón) que como este tipo de piedra no se encuentra en la región, tenía que haber sido arrastrada montones de millas y depositada allí por la glaciación. Muchos de los llamados bloques erráticos glaciales como este salpicaban el campo. Luego le daría que pensar que, cuando William y él vivieron en Soulbury, los vecinos atribuyeran la roca a cierta leyenda antigua, pues la existencia de las glaciaciones y los glaciares continentales no se había descubierto todavía.[24] ¿Qué explicación habrían encontrado más increíble los lugareños? Para Wallace, la respuesta estaba clara: le entusiasmaban el razonamiento y el método científico y vivía en una época de impresionantes avances y descubrimientos. No eran menores los de la geología, que estaba entonces ampliando los límites del tiempo a medida que cartografiaba y ponía nombres en la extraña topografía del pasado de la Tierra. Buena parte de ese trabajo se estaba desarrollando allí mismo, en aquella frontera y en el cercano Gales, donde los geólogos Roderick Murchison y Adam Sedgwick delinearon en 1835 lo que habían bautizado como los periodos Silúrico y Cámbrico e iban a crear el Devónico (por el condado inglés de Devon) en 1840.

Sí, la geología era absolutamente fascinante, pero también lo eran otros campos en los que estaba deseando formarse, quizá sobre todo en botánica. En sus paseos iba prestando más atención a la naturaleza y era cada vez más consciente de lo poco que sabía: ni siquiera los nombres vulgares, por no hablar de los científicos, de las flores silvestres, los árboles y los arbustos que se encontraba a diario. Recordaba lo mucho que le sorprendió de niño, en Hertford, que una vecina anunciara haber encontrado en los alrededores una planta rara, una *Monotropa*. Sin duda se trataba de *M. hypopitys*, denominada indistintamente pipa de indio, espárrago borde o jopo, un céreo remedo zombi de planta sin clorofila que vive de parasitar ciertos hongos del suelo. «Qué bonito tiene que ser saberse los nombres de plantas raras cuando te las encuentras», pensaba. Dedicaría más tiempo a la botánica un poco más adelante, tras un intervalo de nueve meses como aprendiz de relojero. Resultó que el topógrafo que William y él habían conocido cuando estuvieron midiendo la densidad relativa de la creta de Dunstable, Mr. Matthews, se dedicaba a la topografía como actividad complementaria, pero su profesión principal era la relojería. Cuando el trabajo de topógrafo empezó a aflojar, decidieron que Alfred probara suerte con aquel oficio, y se hospedó con la familia Matthews en Leighton para aprender. Fue una buena experiencia, pero en absoluto satisfactoria. El panorama había pasado de los campos verdes y ondulantes de Bedfordshire a la ventana de una lupa, y a medir piñones y muelles en vez de campiñas, prados y bosques. Lo dejó antes de que surgiera el compromiso de un aprendizaje formal, para regresar a la topografía con su hermano, en lo que más tarde consideraría «el primero de varios puntos de inflexión en mi vida». Era el otoño de 1839, y a Alfred solo le quedaban unos meses para cumplir los diecisiete.

———

El bloque errático de Soulbury, un evocador viajero geológico.

Volvió a la vida itinerante del topógrafo, desplazándose de acá para allá por la frontera anglo-galesa, sextante, brújula, vara y cadenas a cuestas. Con Kington como base, a lo largo de los dos años siguientes cartografiaron parroquias y fincas en Shropshire, Inglaterra, y en Radnorshire (ahora Powyshire), Brecknockshire y Glamorganshire, en Gales. Kington era una ciudad de mercado pequeña y agradable entre el río Arrow y su afluente, el arroyo Gilwern, un lugar a caballo entre dos regiones, que se había pasado el último milenio más o menos en el oeste de Inglaterra pero aún más tiempo en el este de Gales, pues se encuentra en el lado occidental de la muralla de Offa (Clawdd Offa, en galés), un enorme terraplén de más de ciento veinte kilómetros de largo que marca la frontera entre Inglaterra y Gales y que empezó a levantarse quizá ya en los años 500. Está también a la sombra de la prominente Hergest Ridge, una loma con un pie en Inglaterra y el otro en Gales, hoy inmediatamente al oeste. Alfred no menciona haberla visitado, pero la proximidad de la alargada colina que alcanza los 426 metros, abundante en rocas silúricas con numerosos fósiles y salpicada de bloques erráticos glaciales, tuvo que ser irresistible para semejantes entusiastas de la geología.

Entre expedición y expedición, escribía a la familia y a los amigos, y celebró la llegada del Penny Post en verso en una carta dirigida a John: «Viva, viva el Penny Post, | que ahora podemos escribir a destajo | y que no nos dé un pasmo | cuando el cartero llame | y anuncie que una carta hay que pagarle». Las cartas que escribía a John y a su amigo de la infancia George Silk eran exuberantes, llenas de relatos evocadores de sus paseos por el campo, cotilleos y retahílas de preguntas para sonsacarles noticias. A George, que seguía en Hertford, le preguntaba cómo le iba a Mr. «Crut'll» («¿Sigue teniendo chavales?») y si había chicas guapas en el pueblo («Por aquí hay un buen montón, supongo que pronto empezarás a buscar *esposa*»). Contaba anécdotas graciosas de la vida con su casero y su casera, «el edil» Wright, armero, y su mujer: él, orondo y parsimonioso, y ella, supersticiosa y parlanchina, con «una lengua larga que le pierde cosa bárbara».[25]

En todo este tiempo, la actividad topográfica se vio enriquecida por un interés cada vez mayor en la geología que lo rodeaba, desde curiosidades como la ígnea y empinada loma Stanner Rocks (ahora declarada Reserva Natural Nacional y que alberga numerosas plantas raras) hasta las sorprendentes formaciones de areniscas rojas por el óxido de hierro, la Old Red Sandstone, tan comunes en South Shropshire, que ahora entendemos como sedimentos del Devónico con estratos entrecruzados tan claros que recuerdan a grandes dunas congeladas en el tiempo (que es lo que son). Esta arenisca es también la roca de los majestuosos Brecon Beacons, los picos más altos de Gales del Sur. Al ascender el macizo, a Wallace le sorprendieron las dos llamativas cimas gemelas separadas por un pequeño collado. Tardó mucho en encontrarle sentido. Le llevaría un tiempo aún poder leer la historia en el libro del paisaje, pero así, aprendiendo a ver, es como comienza esta formación en el abecé lyelliano, la base para interpretar los paisajes que el distinguido geólogo Charles Lyell empezaba a explicar con tanta pasión a partir de los años 1830. Tenemos que percibir patrones para tratar de deducir procesos, pues no podemos plantear preguntas sobre aquello en lo que ni siquiera hemos reparado. Enseguida descubriría a Lyell. Para la más que probable frustración de su hermano William, la labor topográfica por los alrededores de lugares como Ludlow, en Shropshire, iba a paso de tortuga, porque Alfred no podía resistirse a inspeccionar todos y cada uno de los afloramientos rocosos que se encontraban. Se dio cuenta de que la zona de Ludlow era especial en términos geológicos, una frontera entre dos grandes formaciones: «Me paraba unos instantes ante cualquier trocito de roca que aparecía durante nuestro trabajo para examinarla de cerca y ver a cuál de las formaciones pertenecía».[26] De hecho, si hubiese pasado más tiempo en Ludlow, seguramente habría percibido que podía estudiarse la geología de la zona «leyendo» los propios edificios, ya que prácticamente todos los materiales de construcción del pueblo —desde ladrillos, bloques y fachadas ornamentales de piedra hasta tejas, adoquines y bordillos— eran de roca sacada de las formaciones de alrededor.[27]

Encontraba fascinante también la cultura y la historia galesas, y sobre todo el gaélico, ¡hasta iba a la iglesia, no para recibir enseñanzas espirituales, sino para escuchar la «lengua rica y expresiva» en la que predicaba el pastor! Estos intereses a veces confluían en cierto modo con la geología, como cuando realizó un peregrinaje al nacimiento del río Llia, más allá del valle de Neath, donde el Maen Llia, una enorme plancha de arenisca, se yergue como un centinela sobre los valles de alrededor. No es un bloque glacial errático, sino un monumento impresionante erigido por algún pueblo de la antigüedad. Exactamente quiénes y cuándo son datos que se han desvanecido en el tiempo: puede que fuesen los siluros prerromanos o sus vecinos los ordovicos, antiguas tribus celtas que dieron nombre a los periodos Silúrico y Ordovícico.[28] Maen Llia se erguía en una antigua zona fronteriza. «Estas extrañas reliquias de la antigüedad siempre me han interesado mucho», escribiría Wallace después, «y como esta fue la primera que había visto nunca, me produjo una impresión que se mantiene vívida e imborrable».[29]

Finalmente, los hermanos fueron a parar a Gales del Sur, en Neath, Glamorganshire, a tan solo unos sesenta kilómetros en línea recta (o en cadena topográfica recta) de Usk, donde había nacido Alfred; y tras cruzar de camino el río Usk, celebró su (relativa) vuelta a casa en verso:

De Kington a este enclave hemos llegado,
para muchos un lugar largo afamado,
si ya de apenas nombradía,
por montañas lóbregas y sombrías
y valles con arboledas que el fin de año
de dulce pardo teñía;
y con el nuevo sol de la mañana,
bellezas por doquier se revelaban,
alcanzamos Brecon, la villa;
vadeamos el Usk, mi arroyo natal,
un río cristalino y claro,
qué escena tan hermosa y tan querida
a mis ojos obnubilados.[30]

Los dos años siguientes en Neath, desde finales de 1841 hasta finales de 1843, fueron testigos de cierta transformación en Alfred Russel Wallace. Se hospedó la mayor parte de ese tiempo en la hacienda de Bryn-coch ('colina roja' en galés), justo al norte del pueblo, y su casero era un tal David Rees, un agricultor galés fuerte como un roble que también era administrador de la finca Duffryn. A sus diecinueve y veinte años, crecía la confianza en sí mismo, no solo en cuanto a sus intereses y conocimientos (con un apetito siempre insaciable), sino a sus ganas de compartirlos. Él mismo señalaría después sobre este periodo: «Tengo motivos para creer que fue el punto de Inflexion en mi vida, la ola que me arrastró no a la fortuna, pero sí a la reputación que he alcanzado, sea cual sea».[31]

En los periodos, a veces largos, entre un encargo topográfico y otro, con su hermano intentando conseguir trabajo por las parroquias del distrito, Alfred se quedaba a sus cosas. Sus intereses eran diversos: además de la geología, mostraba interés por la astronomía, y se fabricó su propio telescopio para observar el paisaje lunar y los satélites de Júpiter, se hizo experto en el uso de un sextante de bolsillo y en las técnicas trigonométricas de topografía y, poco a poco, fue dirigiendo su atención hacia la botánica, «cada vez más el solaz y deleite» de sus paseos por el campo y, cada vez más la responsable de que tomara conciencia de «la variedad, la belleza y el misterio de la naturaleza que se manifiesta en el reino vegetal», como dijo él mismo.[32] Compró un libro barato de introducción a la botánica publicado por la Sociedad para la Difusión de Conocimientos Útiles y empezó a prensar plantas para hacer un herbario casero, identificándolas lo mejor que podía. Como estaba deseando saber más, le llamó la atención un anuncio del libro *Elements of Botany*, de John Lindley, mientras hojeaba uno de los números de *The Gardener's Chronicle* de Mr. Rees, y decidió darse el capricho de pedir un ejemplar, para luego darse cuenta de que era más un tratado académico que una guía de campo práctica. Charles

Hayward, el simpático librero, se compadeció y le prestó un ejemplar de la popular *Encyclopaedia of Plants* de Loudon, para que copiase las características principales de las especies británicas en los amplios márgenes del volumen de Lindley y se hiciese así su propia guía de identificación.

Por aquella época también consiguió un ejemplar de *Treatise on the Geography and Classification of Animals*, de William Swainson. Sus anotaciones tanto en el *Treatise* de Swainson como en el *Elements* de Lindley son reveladoras. Swainson, destacado ornitólogo, admiraba el efímero sistema de clasificación «quinario» de William Macleay, que adoptaba un enfoque cuasimístico para organizar (léase 'meter con calzador') las especies en grupos anidados de cinco categorías, cada una de ellas en un círculo. Macleay y sus seguidores, como el propio Swainson, pensaban que su ordenamiento era «natural», en el sentido de la teología natural, por entonces en boga, de acercarnos al supuesto plan del Creador. Wallace discrepaba rotundamente. «¡¡Qué hipótesis más absurda, qué poco filosófica!!», manifestaba en una de sus muchas anotaciones marginales, a lo que añadía: «¡A qué teorías ridículas llegan los hombres de ciencia tratando de conciliar el saber con las escrituras!». A pesar de este defecto, el volumen de Swainson contenía abundante información de gran valor, como muestran muchas otras anotaciones de Wallace. En cuanto al de Lindley, se convirtió en el manual de referencia para Wallace en su recién descubierta pasión por la botánica, y en un alarde de entusiasmo juvenil, copió extensas citas del *Journal of Researches* [*El viaje del Beagle*] de Darwin de 1839 en la portadilla: igual que una persona que entiende los detalles de las notas musicales, la melodía y la armonía aprecia mejor una composición en su conjunto, «me inclino firmemente a creer que (…) también aquel que analiza cada parte de un hermoso paisaje puede asimismo comprender plenamente todo su efecto conjunto. De ahí que un viajero deba ser *botánico*, pues en todos los paisajes las plantas forman el embellecimiento capital»; con el énfasis de Wallace en 'botánico'.[33]

Supo a través de su madre que a William no le gustaba la obsesión con las plantas que estaba desarrollando y, es más, que lo consideraba una pérdida de tiempo (seguramente después de que William descubriese lo que su hermano se había gastado en ese libro de Lindley: diez chelines y seis peniques, ¡casi treinta y dos libras al cambio actual y el salario de unos dos días de entonces!). Le molestó también que su hermana Fanny opinara que se escaqueaba de trabajar por la botánica, lo que provocó una respuesta a la defensiva: «Por mucho que pienses que pierdo el tiempo con la Botánica y estudios por el estilo», comentaba airado, «me encantaría saber que te has aficionado a ellos, pues resulta imposible expresar el placer que te procurarían en un viaje a un país tropical». A continuación, pasaba a entusiasmarse con la flora y la fauna de los remotos trópicos, en particular con la Guayana [British Guiana], y a alabar el «placer constante», la «interesante ocupación» y hasta el «exquisito provecho» que proporcionaba la botánica. Además, recriminaba a su hermana: «Algunos de estos conocimientos empiezan a considerarse en todo el mundo parte necesaria de una buena educación».[34] A su padre, Thomas, le pareció gracioso y lo copió en un cuaderno, anotando que era de Alfred «para su única hermana, en defensa de la ciencia Botánica», y también salía en defensa de Fanny: «N.B.: Obsérvese que la hermana no desmerecía la ciencia Botánica, sino que deseaba que su hermano reservara una parte de sus horas de esparcimiento al estudio de las Lenguas modernas que a ella le habían resultado tan prácticas viajando por el Continente».[35]

La carta de Alfred demuestra que, más allá de expresar su pasión por las plantas, empezaba a pensar a lo grande, a imaginar con anhelo las maravillas botánicas de los trópicos. Resulta curioso que mencione precisamente la Guayana. Tendría fresca en la memoria la popular obra de Charles Waterton *Wanderings in South America* (1825), que narraba las expediciones del naturalista en la Guayana Británica (hoy Guyana), donde llevaba las fincas de su tío en las proximidades de Georgetown: un texto que se encontraba en las estanterías de la biblioteca de Neath por aquel entonces, según un catálogo recopilado en 1842.[36] Podría haber mencionado perfectamente Brasil, pues para entonces ya había leído el relato de Darwin del viaje del Beagle —que estaba en la misma biblioteca local—, donde se recrea hablando de la Sudamérica tropical.

Aunque Alfred no habla mucho de ello, se ve que Neath tenía recursos culturales, y científicos, excepcionales para una ciudad de su tamaño. Además de una biblioteca con unos treinta y siete mil volúmenes, entre los que se contaban una impresionante selección de artículos, revistas y textos científicos, había una Sociedad Filosófica y Literaria fundada en 1834 (que disponía de biblioteca y un repertorio de destacados oradores), y alrededor de la época en la que Alfred y William llegaron a la ciudad, ya estaban en marcha los planes para crear un instituto de mecánica, planes que dieron frutos en octubre de 1843, cuando abrió el instituto en una sala del ayuntamiento.[37] La ciudad vecina de Swansea, a escasos kilómetros de distancia, presumía de un capital intelectual aún mayor y albergaba la Royal Institution of South Wales, además de tener una Sociedad Científica y Literaria y un instituto de mecánica propios, cada uno de ellos con su museo y biblioteca. Los miembros de las sociedades de Neath tenían acceso a las de Swansea, y Alfred aprovechó la ocasión.

No es coincidencia que en este mismo periodo encontremos los primeros escritos y conferencias que se conocen de Alfred. Una de ellas versó sobre el tema que empezaba a ser su favorito, la botánica, motivada por «un botánico de la zona de cierta reputación» que lo mató de aburrimiento con una charla que «me pareció tan insulsa, tan poco interesante y tan rematadamente contraria a lo que debe ser una ponencia que quise probar si yo no sería capaz de hacerlo mejor».[38] El soso orador era a buen seguro James Ebenezer Bicheno, botánico y antiguo secretario de la Sociedad Linneana de Londres, que se había trasladado a la zona en calidad de cofundador de la cercana siderurgia Maesteg. A Bicheno se le daba mejor la práctica científica que la comunicación. El propio Wallace tenía todavía poca experiencia como orador, pero el borrador de esta conferencia lo muestra pletórico (y porfiado), entregado a su compromiso con la ciencia y a sus ideales educativos.[39]

Otra muestra del aumento de confianza en sí mismo es una carta que remitió por estas fechas al polímata e inventor británico William Henry Fox Talbot, pionero en los inicios de la fotografía. Como había leído un artículo de Talbot titulado «On the Improvement of the Telescope» [Sobre la mejora del telescopio] en *Reports of the British Association for the Advancement of Science* de 1843, Wallace envió al inventor un artículo en el que proponía soluciones técnicas originales para la fabricación de grandes espejos para telescopios, planos y curvos, a base de mercurio, ideas que se adelantaban a la tecnología de la época pero que ya anticipaban el galvanizado moderno para cubrir espejos, así como los telescopios de espejo líquido giratorio.[40] No está claro si Talbot llegó a contestar, y el artículo de Wallace no parece que se presentara en público ni se publicara, pero la iniciativa que mostró Wallace entonces es digna de mención, pues demuestra que incluso con esa edad —y su relativa pobreza y falta de formación reglada— no le asustaba contactar con figuras consagradas si creía que tenía algo que señalarles de valor intelectual. La misma consideración merecen sus esfuerzos posteriores por comunicarse con Charles Lyell, entonces el geólogo más destacado del Reino Unido. Reflejan un rasgo de personalidad característico en Wallace: siempre estaba dispuesto a entablar conversación o debate con otros cuando sentía que dominaba un asunto, independientemente de la reputación o posición social. Esta cualidad trasluce cierto owenismo en Wallace: poner el énfasis en el poder de la razón y a la vez quitárselo a la clase o posición social.

Esto no significa, de todas formas, que fuese inmune a la arrogancia de la juventud, y cierta pedantería condescendiente, en otros aspectos tan poco característica de él, se desprende claramente de algunos de sus primeros textos. Por estas fechas también escribió «El agricultor de Gales del Sur» —del que hizo escarnio—, un artículo que envió a un editor de una revista en Londres, por si colaba.[41] Basándose en los años que había vivido en el Gales rural rodeado de agricultores galeses y mezclado entre ellos, se sentía en condiciones de «comparar la agricultura de alto nivel de los condados patrios [Inglaterra] con la de los ignorantes galeses». Ya ven por dónde va. El texto es poco halagador, por no decir otra cosa, todo un vilipendio con aires de superioridad por la supuesta ignorancia, pobreza, superstición, moral laxa e incompetencia de los agricultores montanos. A lo mejor intentaba hacer gala de humor negro, señalando con ironía que a estos agricultores les parecía «un refinamiento innecesario» quitar las malas hierbas de sus campos o que las grietas en los suelos de tablones en bruto de sus casas infestadas de pulgas permitían «oportunamente» que se escuchara «y casi se viera» todo lo que ocurría en las habitaciones superiores, pero resulta bastante desagradable para las sensibilidades de hoy en día.

El tema del artículo resulta también bastante desconsiderado para un protowenista. Se le ocurrió que, a tenor de los recientes «disturbios de Rebeca» en Gales, aquellas gentes pertenecían a una clase que «generaba gran interés», por lo que iba a ofrecer un retrato a la curiosidad de los lectores. Las revueltas o rebeliones de Rebeca se llamaron así porque los sublevados se disfrazaban de mujeres, en representación de la Rebeca bíblica del Génesis 24: 60, «Y bendijeron a Rebeca, y le decían: "Oh hermana nuestra, que llegues a convertirte en millares de miríadas, y conquiste tu descendencia la puerta de sus enemigos!"».[42] El levantamiento empezó así en 1839, con ataques a barreras de peaje, pero enseguida escalaron a protestas (algunas mortales) que se extendieron hasta 1842 y 1843 contra la extrema pobreza del campo en Gales y las ruinosas políticas gubernamentales y eclesiásticas a las que hacían responsables.[43] Cabría esperar que Wallace se mostrase más compasivo con los agricultores oprimidos. Sí que reconoce sus virtudes en la conclusión, dos escasos párrafos que coronan quince páginas de crítica despiadada. El editor rechazó el artículo, y Wallace no trató de moverlo más (e hizo bien).

Otros de los primeros escritos de Wallace parecen encajar más en el espíritu generoso y optimista del owenismo, centrados en su compromiso con la ciencia y la búsqueda de conocimiento para la superación personal. El primero, «El mejor método para dirigir el Instituto de Mecánica de Kington», lo presentó a un concurso de ensayos que celebraba la institución y ganó un premio.[44] El ensayo, que se incluyó en una historia de Kington publicada en 1845, es digno de mención por centrarse en la creación de una biblioteca científica de primer orden, empezando por limitar la literatura general para poder adquirir tantas publicaciones de «Historia Natural y Filosofía Natural» como sea posible. Wallace recomienda que se suscriban a informes científicos de verdad, como los de las reuniones de la British Association, y que se hagan con obras de referencia como la *Cabinet Cyclopaedia* y la *Encyclopaedia of Agriculture* de Loudon. En cuanto a los libros, la colección debía contar con una amplia selección de obras de calidad: *Principles of Geology*, de Lyell; *Silurian System*, de Murchison; *Natural System of Botany*, de Lindley; *Introduction to Entomology*, de Kirby y Spence; *Chemistry*, de Brande; *Viaje a las regiones equinocciales del Nuevo Continente*, de Humboldt; *Constitution of Man*, de George Combe, y muchos más. Una vez que contase con ellos, el

THE WELSH RIOTERS.

«Rebeca y sus hijas» atacando una barrera de peaje, 1843.

instituto debía empeñarse en «despertar el interés en actividades científicas y literarias». Las conferencias eran indispensables, además de lo cual los miembros podían turnarse para leer artículos originales o iniciar una discusión científica, con lecturas recomendadas. De esa manera se sembraba el germen intelectual que quizá fructificase en grandes descubrimientos e inventos: «Todos los que han llegado a ser grandes de verdad han tenido el deseo y, hasta cierto punto por lo menos, los medios para obtener conocimiento». El Wallace idealista veía un gran bien social en ello. Fomentar la felicidad individual y beneficiar a la comunidad, criar al próximo Herschel o Watt, recompensaría a la sociedad con creces. Con esta conclusión Wallace cerraba el círculo con el mensaje owenista del epígrafe del ensayo: «El conocimiento es poder».[45]

El mensaje tiene claros ecos del tema de otro de sus ensayos, «Las ventajas del conocimiento variado», del que solo han sobrevivido fragmentos. Se cree que procede de una conferencia de alrededor de 1843, es más reflexivo y ofrece una perspectiva filosófica de la búsqueda de conocimiento. Según argumenta Wallace, tenemos casi el imperativo moral de esforzarnos por comprender el mundo que nos rodea. Anticipándose curiosamente al hilo de sus posteriores argumentos espiritistas pero también usando un lenguaje con connotaciones casi religiosas, plantea que no estamos «cumpliendo el propósito de nuestra existencia si dejamos que tantas maravillas y bellezas de la creación a nuestro alrededor nos pasen desapercibidas » y que tantas leyes de la naturaleza nos sean «desconocidas y nos dé igual».[46] Hemos de saber, y hacer, más y mejor, nos insta Wallace: lo que nos falta no es el poder de buscar conocimiento, sino la voluntad. De hecho, el que tenemos se lo debemos a las generaciones pasadas; ¿cómo *podemos* «permitir que este enorme cúmulo de riqueza mental se desperdicie, que no nos genere rendimientos, mientras nuestros mayores potenciales y capacidades se oxidan por falta de uso?». ¿Y qué ganaremos si nos ponemos a ello? Bueno, ¿cabe alguna duda de que mejorando las «facultades más nobles de nuestra naturaleza en este mundo» estaremos mucho mejor preparados «para enfrentarnos y disfrutar de cualquier nueva condición existencial que nos depare el futuro »?[47] Vaya vehemencia, para un aprendiz de topógrafo de veinte años.

———

Thomas Vere Wallace murió en Hoddesdon en abril de 1843, a los setenta y dos años, y la situación ya de por sí precaria que provocaban los apuros económicos de la familia no hizo sino empeorar. Aguantaron durante un tiempo, pero al final tuvieron que dispersarse. Al año siguiente, la madre, Mary Ann, se mudó a Isleworth para servir en la casa de una familia acomodada, y Fanny emigró a Estados Unidos para dar clases en un colegio episcopal en Montpelier Springs, cerca de Macon, en Georgia. El joven Edward tuvo que dejar la academia de Mr. Perry y se colocó de aprendiz con un artesano de baúles en Londres. John seguía trabajando en Londres y William se quedó en Neath, luchando por mantener su negocio a flote: la mayor parte del trabajo topográfico para la conmutación del diezmo se había completado para entonces y los encargos escaseaban. Los cambios terminaron llegando para Alfred también: su estancia en Neath terminó cuando la obstinada lentitud del negocio topográfico obligó a William a despedirlo a finales de 1843. Pasó las navidades de aquel año de visita en Hoddesdon, preparándose para mudarse a Londres, donde se quedaría con John un tiempo mientras buscaba trabajo; pensaba postularse para dar clases en algún colegio. Acababa de cumplir veintiún años, y aunque recibió una pequeña herencia de cien libras, eran tiempos de incertidumbre. Aunque entonces no podía saberlo, no tardaría en regresar a Neath, solo que, antes, un nuevo acontecimiento fortuito iba a alterar drásticamente el curso de su vida. Llevaba ya varios años cruzando fronteras literales; lo que le esperaba a continuación era el preámbulo a unas fronteras de tipo más filosófico, pues iba a poner a prueba los límites de la ortodoxia en la ciencia.

———

3

De escarabajos
y grandes preguntas

L AS PERSPECTIVAS DE ALFRED RUSSEL WALLACE no eran muy halagüeñas a principios de 1844, el año de sus veintiuno. A lo largo de las idas y venidas de los últimos siete años cruzando de un lado a otro la frontera entre Gales e Inglaterra, regresaba con frecuencia a casa: no al lugar donde había nacido ni a la casa de sus más preciados recuerdos de infancia en Hertford, sino al pequeño Rawdon Cottage de ladrillo rojo en el pueblecito de Hoddesdon, donde estaban sus padres, cerca de su hermana Fanny. Su casa era donde estuviesen sus padres. Era donde iba a descansar y en los días de fiesta, donde lo mimaban con ropa nueva una vez al año, donde lo cuidaron hasta que se recobró de una grave enfermedad, una infección pulmonar contraída tras haber caído una vez en un pantano y de la que tardó dos meses en recuperarse con generosas dosis de amor parental (a buen seguro más beneficiosas que las sanguijuelas que le prescribió su anticuado médico). Era donde podía volver a escuchar la cadencia de la voz de su padre leyendo en alto a Scott o a Shakespeare o a algún otro clásico familiar, o la de su madre los domingos leyendo a la familia sus pasajes favoritos de la Biblia. Pero ahora su padre estaba muerto, Rawdon Cottage ya no era suyo y la familia estaba totalmente dispersada. Su madre y sus hermanos estaban desperdigados entre Londres y Gales, y para finales de verano su hermana estaba surcando las aguas del Atlántico a bordo del Quebec, en dirección a Estados Unidos.

William no encontraba suficiente trabajo topográfico para seguir contando con su hermano, así que tras unas últimas navidades agridulces juntos en Hoddesdon, el recién desempleado Alfred se dirigió a Londres para quedarse con John y buscar trabajo, la primera vez que tenía que apañárselas solo de verdad. Estaba preocupado, sin duda; ¿cuáles eran sus perspectivas? Wallace no dice nada de la nefasta situación económica y social que afectaba entonces a la gente como él, trabajadores con pocos recursos. A mediados de la década de 1840 los precios de los alimentos estaban inflados, a causa de las denominadas Leyes del Cereal, que blindaban a los terratenientes privilegiados y a los grandes agricultores contra la competencia extranjera del cereal en grano e hicieron estallar las protestas generalizadas de la Liga Contra las Leyes del Cereal y otros grupos. El movimiento cartista, que hacía campaña por el alivio económico y la reforma política que la Gran Ley de Reforma no había conseguido implantar, alcanzó un punto culminante en 1842, con huelgas y protestas violentas por todo el país y sus consecuentes respuestas inmediatas y a veces agresivas del Gobierno, que metió en la cárcel a los cabecillas. Cuando Wallace cumplió la mayoría de edad en enero de 1844, el exaltado líder cartista Thomas Cooper, condenado por conspiración sediciosa, estaba terminando en prisión su poema épico *The Purgatory of Suicides* [El purgatorio de los suicidas], en recuerdo del movimiento radical y su represión. Entretanto, la presión aplastante a la que sometían las leyes de cerramientos, inexorables como una serpiente constrictora, llevaban a que cada vez más gente abandonara los distritos rurales en pos de las ciudades, una lenta y asfixiante despoblación del campo. Lo que les esperaba era la explotación laboral y viviendas sórdidas sin ningún tipo de higiene, la miseria que inmortalizó Charles Dickens.

¿Cómo lo llevaba Wallace, a sus veintiún años? No le faltaba resiliencia, aunque esta cualidad no se encontraba entre los rasgos de personalidad positivos que vería en sí mismo unos sesenta años después, al redactar «Observaciones sobre mi personalidad a los veintiuno» en su autobiografía. En este capítulo, los defectos que se achaca ¡son casi tres veces más que las virtudes! Mientras que, por un lado, creía tener buena capacidad de razonamiento, talento para escribir con claridad y un sentido desarrollado tanto de la estética como de la justicia, por el otro, se recriminaba la falta de ingenio y de habilidad alguna para la música, las matemáticas, los idiomas y la oratoria. Ah, y también adolecía de falta de confianza, y la lista continúa con su «déficit de asertividad y brío físico», «fragilidad del sistema nervioso y de constitución» y, para colmo, «aversión general al sobreesfuerzo físico, bueno, físico o mental». Se pinta a sí mismo como un verdadero zopenco, una auténtica mediocridad según su autorretrato. Claro que una autoevaluación así de dura refleja otro rasgo que puede ser tanto ventaja como lacra: modestia hasta decir basta. Además, era de los que veían el vaso medio lleno, ¿no debería haber incluido «optimismo» en la columna de cosas buenas? Veía la virtud en la adversidad: los mismísimos rasgos que provocaban su timidez y reticencia podrían causarle cierto «desagrado», pero en conjunto eran beneficiosos, porque le permitían sumergirse en «la naturaleza salvaje»

THE TORY GOVERNMENT ON A SEA OF TROUBLES.

Caricatura satírica del «mar de problemas» creado
por los movimientos sociales, 1843.

El título dice: «El gobierno tory en un mar de problemas»; el viento: «Liga en
contra de las leyes del cereal»; en la vela se lee: «Puseyismo, Cartismo,
Derogación de la Unión, Disolución de la Iglesia de Escocia»; en la
roca, «Libre comercio»; y en las cajas, nombres de periódicos.

del «hombre sin cultivar», donde las oportunidades de leer, estudiar,
meditar y reflexionar conducían a súbitas revelaciones.

Esta percepción de sí mismo se mantenía totalmente inmutable en
1844, cuando se preparaba para encontrar empleo remunerado. Dado que
la topografía y la cartografía, profesiones en las que tenía más experiencia,
estaban entonces en declive, pensó en probar suerte con la enseñanza.
Su primera entrevista se torció cuando le pidieron traducir un pasaje de
Virgilio. Seguramente le estremeciese el recuerdo de «meter la pata» con
aquellos cuarenta o cincuenta renglones de *La Eneida* bajo la mirada tor-
va del viejo Crut'll, cuando «era cuestión de suerte que saliéramos airosos o escarmentados». En esta ocasión no salió airoso. Pero su segunda

entrevista fue mucho mejor y enseguida le ofrecieron un trabajo para que enseñase a leer, a escribir y aritmética, además de un poquito de topografía y dibujo, en el Collegiate School de la ciudad de Leicester, dirigido por el amable reverendo Abraham Hill.

Llegó más o menos en la Semana Santa de 1844. Frente a los anteriores, estos fueron tiempos felices: estaba hospedado en la residencia de los Hill, donde tenía una habitación cómoda en la que encendían fuego todas las tardes en invierno, y tenía tiempo suficiente para prepararse las clases y cultivar sus propios intereses. Seguramente no le hiciese mucha gracia que el reverendo descubriera que sabía algo de latín y le pidiera encargarse de la clase que peor iba, pero inmediatamente refrescó lo más básico para ir siempre un paso o dos por delante de sus estudiantes. Estaba hecho para superarse a sí mismo, así que Wallace aceptó la oferta del director, que había estudiado matemáticas en Cambridge, de recibir de él clases de álgebra, trigonometría y cálculo. No llegó muy lejos con este último porque la «jungla prácticamente impenetrable» de las ecuaciones se le hacía un lío. Quería desesperadamente entender las matemáticas avanzadas, pero es que no les encontraba el sentido. Luego especularía que por mucho que lo hubiera intentado, bajo la tutela del reverendo Hill o de cualquier otro, lo más seguro es que nunca hubiera adquirido mucha habilidad con las matemáticas; comparándolo con el oído musical, adoptó la actitud de «lo tienes o no lo tienes». Hay una parte de determinismo en esta forma que tenía Wallace de enjuiciarlo, pero era la época en la que la frenología —la idea de que las protuberancias y formas del cráneo reflejaban distintos grados de desarrollo en los diversos lóbulos o regiones del cerebro que había debajo— causaba furor. Como se creía, además, que los gustos, talentos y aspectos de la personalidad se proyectaban en el cerebro, una protuberancia (un lóbulo supuestamente hipertrofiado) por aquí o una hendidura (uno enclenque) por allá solo podía significar que esos rasgos estaban también desarrollados o subdesarrollados. Como muchos en su época, Wallace aceptaba estas ideas, y es probable que avivaran su interés en el *mesmerismo*, ya que no solo estaba fascinado con libros como el influyente *Constitution of Man* [La constitución del hombre], de George Combe, sino que descubrió que él mismo tenía un don para «mesmerizar» a las personas. El mesmerismo —hipnotismo en términos actuales— lleva el nombre del médico alemán del siglo XVIII Franz Mesmer, que estudió un fenómeno que denominaba «magnetismo animal» y decía ser una fuerza natural invisible (*Lebensmagnetismus*) inherente a todos los organismos vivos. Tras asistir a una conferencia y demostración en el instituto de mecánica de Leicester, Wallace probó suerte con la técnica. Para su sorpresa, tuvo cierto éxito, y el reverendo Hill le animó a continuar. Enseguida se dio cuenta de que podía mesmerizar a algunos de sus alumnos e inducirlos a centrar la atención y que respondieran a la sugestión. Era increíble; a Wallace le parecía que realmente había algún tipo de fuerza psíquica en juego. Por entonces, la analogía del magnetismo era irresistible: ¿Quién entendía la fuerza invisible y aun así palpable que parecía emanar de ciertos metales (magnetizados) y que afectaba a otros? ¿O la relación misteriosa entre el magnetismo y la electricidad (entonces denominada galvanismo)? Había *algo* que parecía emanar de una mente para afectar a otra. De hecho, el paralelismo entre mesmerismo y magnetismo metálico y galvanismo iba más allá de la analogía. Muchos creían que había una correspondencia directa e incluso llegaban a utilizar distintos tipos de metales en experimentos «mesméricos» para canalizar la energía o la electricidad animal. Precisamente de esto trata la primera publicación que se conoce de Wallace, una carta al editor en el número del 10 de mayo de 1845 de la revista londinense *Critic*, que tenía una columna habitual titulada «Diario de Mesmerismo». Wallace escribe: «Como he visto en su revista el informe de un lector acerca de unos experimentos mesméricos con metales, me permito enviarle una breve relación de unos cuantos experimentos que he llevado a cabo sobre el mismo tema y cuyos resultados, sin embargo, no coinciden con los de su lector».[1]

Su fascinación con el mesmerismo y la frenología contribuyó sin duda a las convicciones espiritistas a las que ya sabemos que Wallace se adheriría, pero lo más importante es que contribuyó, seguro, a su vena iconoclasta. Aunque este rasgo lo condujera a veces por algún camino erróneo desde nuestro punto de vista hoy en día —el del espiritismo, por ejemplo—, también le llevó a grandes hallazgos científicos, pues tenía más fe en su propio poder de razonamiento y observación que en la mera autoridad de la opinión predominante. Como expresaba en su autobiografía, lo más importante de su pequeña aventura en el mesmerismo fue que le convenció «de una vez por todas de que lo anteriormente increíble podía no obstante ser verdad».[2] Fíjense en ese maravilloso giro: lo que antes parecía increíble puede llegar a admitirse al final como verdad; no tanto por disponer de más y mejores datos, permítaseme añadir, sino más a menudo por ver la cuestión con otros ojos. El episodio le convenció aún más de que los dictámenes de «los hombres de ciencia no deberían tener peso alguno frente a las observaciones y declaraciones minuciosas de otros hombres (...) que hayan presenciado y puesto a prueba el fenómeno». Valorar la experiencia directa y estar dispuesto a desafiar a otros, fuesen o no autoridades, si creía que tenía razón, fueron elementos clave de la personalidad de Wallace. Vemos la expresión incipiente de estos rasgos en la carta al editor de *Critic*.

También resulta interesante reparar en cómo el determinismo que plantea la frenología cuadra con su arraigada creencia en la capacidad humana de superación y los efectos beneficiosos del entorno. La opinión de Wallace en realidad no dista mucho del criterio actual de que nacemos con ciertas capacidades, la mayoría dentro de la media, pero otras bastante por encima o por debajo en diferentes tipos de habilidades: la música, por ejemplo, o el dibujo, la rapidez de aprendizaje o la facilidad para los idiomas. En algunos casos, el trabajo duro puede compensar una capacidad mediana y hacer de uno un experto; en otros, no tanto. Pero en cualquiera de ellos, unas condiciones ambientales pobres pueden impedirnos de entrada alcanzar nuestro potencial máximo, sea el que sea, mientras que unas buenas condiciones de vida y la oportunidad de desarrollo físico y mental solo pueden ser de ayuda.

El Collegiate School de Leicester, desde luego, parecía ofrecer precisamente eso. Era una escuela bien dirigida y un entorno armonioso donde vivir y trabajar. Después recordaría las largas excursiones con alumnos y profesores, como el viaje que hicieron en una ocasión con la diligencia para ir a ver el evocador castillo Kenilworth, de novecientos años, en Warwickshire, o aquel otro por carretera y canales, del que recordaba la salida de un túnel fluvial largo y oscuro para ir a dar a los campos verdes y pintorescos que rodeaban Wirksworth, en Derbyshire (Lutudarum para los romanos, el centro de sus minerías de plomo). Allí, los exploradores treparon por la colina Crich Hill, de trescientos metros, para disfrutar, desde el emplazamiento en el que hoy se yergue una torre conmemorativa a los caídos en las guerras, de unas privilegiadas vistas del valle Derwent y ocho condados por todo alrededor, además de la adyacente cantera de caliza, que abrieron los romanos.

Más habitualmente, Wallace y unos cuantos estudiantes se embarcaban en caminatas locales, por la hermosa campiña de Leicestershire. Uno de sus enclaves favoritos era Bradgate Park, al noroeste de la ciudad, pegado al bosque de Charnwood, «un terreno salvaje y abandonado con las ruinas de una mansión y un montón de buenos árboles y bosques y laderas llenas de helechos o matorrales». Antaño una reserva medieval de venados, los tres kilómetros y medio cuadrados del Bradgate Park tienen sin duda un aspecto salvaje: un paisaje ondulado de colinas azotadas por el viento y salpicadas de abruptos afloramientos rocosos. Las ruinas que Wallace recordaba no eran las de la torre Old John, en realidad una falsa ruina: un capricho del conde de Stamford levantado en la década de 1780 para que pareciesen unas ruinas románticas y antiguas en lo alto de una colina en el parque. Más bien serían las auténticas ruinas de lo que había sido la majestuosa Bradgate House, terminada hacia 1520. Esta fue una de las primeras grandes haciendas rurales inglesas construidas totalmente con ladrillo rojo, y en ella nació Lady Jane Grey [Juana I de Inglaterra, la reina de los nueve días], cuyo tétrico destino añade algo más que un toque de melancolía a la belleza romántica de la mansión derruida.

A base de frecuentar Bradgate, Wallace tuvo que darse cuenta de que la geología de allí era bastante diferente a la de Kington o Neath. Era otro tipo de frontera del tiempo geológico, como indican las dioritas ígneas y cristalinas, una roca blanquecina de miles de millones de años de antigüedad, formada por cuarzo y feldespato y profusamente salpicada de minerales muy negros. Estas rocas fueron empujadas hacia arriba e inclinadas, y quedaron expuestas en las colinas del parque entre materiales más recientes, de comienzos del Paleozoico. Nada menos que cuatro formaciones rocosas de edades y composiciones diferentes se extienden cerca de las ruinas de Bradgate House, a lo largo de una enorme fractura en la corteza terrestre que los geólogos modernos han apodado la falla inversa de Groby. La mayor parte de este paisaje geológico está bien escondido bajo un manto pedregoso de till glaciar, pero los afloramientos y las canteras que salpican la zona revelan distintos tipos de roca que hablan de acontecimientos cataclísmicos en el pasado remoto. Si a Wallace le desconcertaron las extrañas marcas alargadas formadas por una sucesión de capas cóncavas en las areniscas y lutitas de Bradgate, no lo mencionó en sus escritos. Sin embargo, tuvo que verlas y le habría fascinado descubrir que estos icnofósiles misteriosos, denominados *Teichichnus* en la década de 1950 cuando se creía que eran los restos de galerías superficiales de gusanos marinos, llegaron a considerarse en todo el mundo marcadores del periodo cámbrico, los mismísimos albores de la era Paleozoica.

Pensándolo bien, a lo mejor no les prestó atención porque justo en aquella época lo tenía fascinado una nueva obsesión: los escarabajos. Un mundo nuevo acababa de abrírsele a Wallace de la mano de un alma gemela que había conocido en la ciudad, Henry Walter Bates. Dos años menor que Wallace, Bates, igual que él, provenía de una familia culta de clase media, en Leicester. También igual que Wallace, su escolarización formal había terminado más o menos a los trece años, cuando se hizo aprendiz de calcetero (el negocio familiar y la industria dominante en Leicester por entonces), pero a diferencia de Wallace, tenía más bien poco interés por el oficio familiar. Los dos compartían la pasión por la naturaleza. Se conocieron en la biblioteca pública o en la del instituto de mecánica —dónde si no— y acto seguido estaban intercambiando aventuras de coleccionista, valiosos hallazgos y lecturas recomendadas. Bates era aficionado a la entomología y le interesaban sobre todo las mariposas y los escarabajos. A Wallace le encandilaba la enorme colección de escarabajos de Bates, lo tenía sorprendido por partida doble: no solo por su diversidad y belleza, sino por saber que Bates había recogido todos esos escarabajos allí mismo, en Leicester y sus alrededores. «Si me hubieran preguntado antes cuántos tipos de escarabajos diferentes se encontraban en una pequeña zona cualquiera cerca de una ciudad», escribiría después, «seguramente habría aventurado que cincuenta o a lo sumo cien, y habría considerado que daba un margen muy generoso». Sin embargo, por increíble que parezca: «Ahora sé que tranquilamente se pueden recoger muchos cientos, y que lo más seguro es que hubiera mil tipos diferentes en diez millas a la redonda del pueblo».[3] Wallace no era consciente entonces, pero le acababan de presentar uno de los mayores grupos animales del planeta: para que nos hagamos una idea, el número de especies de escarabajos anda a la par que el de todas las demás especies animales *juntas*. Esto quiere decir que, hasta en una zona relativamente pobre en especies como las islas británicas, los escarabajos representan un grupo (en proporción) abundante y diverso. En el presente, se han registrado casi 4100 especies de escarabajos de más de cien familias en el Reino Unido. Compárese con las cincuenta y tantas especies de árboles y el probable puñado de cientos de plantas herbáceas.

Wallace estaba prácticamente salivando, impaciente por guardar su equipo de coleccionar plantas y prepararse para ir a buscar escarabajos (aunque, claro está, nunca abandonaría del todo la botánica). Pero la entomología era nueva y emocionante, y más que un guía, Bates era un modelo a seguir que hasta había publicado artículos cortos sobre los insectos que había recogido en una revista científica nueva y respetada, *Zoologist*, además de una carta fascinante al editor preguntándole si admitiría «comunicaciones de naturaleza crítica general» que tuviesen que ver con sistemas de clasificación. (Sí, el editor «estaría complaci do» de escuchar las opiniones de sus lectores sobre el tema).[4] Bates le recomendó equipo a Wallace y le llamó la atención sobre el *Manual of British Coleoptera* de James Francis Stephens, cargado de descripciones de todas las especies británicas; a Wallace le salió a cuenta, además, ya que lo sacó a precio de mayorista a través del librero del reverendo Hill. Leicester está casi en el centro geográfico de Inglaterra, situado entre dos distritos de colinas en el amplio valle del sinuoso río Soar, con su sistema de innumerables afluentes y bifurcaciones, y Alfred y Henry deambulaban por el pueblo y el campo recogiendo especímenes en sus días libres. Había hábitats maravillosamente variados donde encontrar escarabajos dando un paseíto por los límites de la ciudad, dentro y fuera, con incalculables prados, pantanos, parques y pozas en el valle, rodeados de un mosaico ondulante de bosques y terrenos de cultivo, cada uno de ellos perfectamente delimitado con tupidos setos, refugio y autovía para flores silvestres y bichitos, incluidos escarabajos.[5]

Cuando no estaban al acecho de escarabajos, con redes, botellas y fichas a cuestas, a los dos se los podía encontrar en la biblioteca del instituto de mecánica o de alguna de las otras sociedades locales. Tenían un amigo que trabajaba prácticamente en todas ellas, lo que les facilitaba el acceso. Para cuando Wallace aterrizó en Leicester en 1844, la ciudad también contaba con una Sociedad Filosófica y Literaria y salas de prensa general, y se fundó una Sociedad Atenea al año siguiente. Hoy solo queda la Sociedad Filosófica y Literaria (la venerable y vibrante Lit. & Phil.), pero todas ellas interpretaron un papel colectivo en la educación y edificación de los ciudadanos de toda condición a mediados del siglo XIX. Si la existencia de tantas sociedades de subscripción parece algo excesiva o redundante en una ciudad del tamaño de Leicester (cuya población apenas rozaba los 39 000 habitantes en 1841), es porque lo era. Pero había motivos: su origen refleja las divisiones sociales y políticas de la época.[6] El Instituto de Mecánica de Leicester, fundado en 1833, no solo servía de medio educativo a artesanos que aspiraban a la clase media, a los que ofrecía diversas charlas y clases de lo básico (según la vieja escuela) en lectura, escritura y aritmética, además de francés, latín, música y dibujo, sino que también hacía las veces de foro cada vez más díscolo para los defensores de una reforma política y social. En palabras de un historiador, para mediados de la década de 1830, «la división envenenada en Leicester no consistía solo en dónde acudía uno a rezar o a quién votaba: hasta el sitio donde se reunían tenía un sentido político».[7] Como la prensa local los acusaba reiteradamente de «mero sindicato político», el número de miembros del instituto de mecánica fue decayendo a medida que sus simpatizantes de clase media más liberales (entre ellos, sus fundadores) buscaban empezar de cero en otro sitio. Dos años después, en 1835, ayudaron a fundar la Sociedad Filosófica y Literaria de Leicester, para «la lectura y discusión de artículos sobre obras científicas y literarias, y la formación de un museo y una biblioteca de obras científicas».[8] Los temas políticos y teológicos estaban abiertamente prohibidos, y la presidencia se la turnaban todos los años los partidos Conservador y Liberal.

La diferencia de filosofía entre las dos sociedades no les impidió cooperar: el museo rudimentario de la Lit. & Phil. se albergó inicialmente con el instituto de mecánica en el New Hall, un precioso edificio neoclásico de 1831 diseñado por el arquitecto local William Flint. Hoy en día, el edificio y la elegante construcción semicircular anexa, en su origen una capilla de disidentes, funciona como biblioteca de préstamo y centro de educación para adultos, como parece lógico. El espacio enseguida quedó pequeño, y cuando el Parlamento aprobó la Ley de Museos en 1845, que proporcionaba fondos para la creación de museos públicos en grandes municipios, el Instituto de Mecánica fue una de las tres instituciones que pidieron al ayuntamiento de Leicester apoyo para la solicitud del museo de la Lit. & Phil., que les fue concedida. El museo se creó en 1849 (y actualmente goza de éxito). Wallace y Bates ya habían abandonado la ciudad para entonces, pero seguro que conocían el plan que había en marcha: puede que hubiera quienes se burlaban de la Ley de Museos y la llamaran «la Ley del Escarabajo», mofándose de los intereses de una panda de empollones coleccionistas de insectos... ¡pero es justo lo que les hubiera encantado a los aplicados jóvenes entomólogos!

Ni idea tenían entonces de que ambos regresarían, años después, a dar conferencias en la Sociedad Filosófica y Literaria, Bates en 1862 y Wallace en 1878. Sin embargo, en 1844-5 Bates y Wallace no eran más que unos jóvenes a los que les gustaban los escarabajos, y todas las sociedades de Leicester tenían unas tarifas de suscripción que estaban por lo general fuera de su exiguo alcance. Por aquella época, los pelagatos Wallace y Bates a lo mejor podían permitirse el instituto de mecánica, que costaba dos chelines al trimestre para suscriptores «artesanos» (en comparación con la libra o más de los miembros de pleno derecho). Aunque fuese una ganga —por aquel entonces era más una biblioteca y no tanto un púlpito o escenario político, con una colección impresionante de bastantes más de dos mil volúmenes, además de unas tres docenas de periódicos y revistas—, la mayoría de los libros que les interesaban se podían encontrar en la biblioteca pública, bien surtida y accesible por una tarifa de suscripción menor. Fue allí donde Wallace leyó varias obras que, según escribiría después, «influyeron en mi futuro».[9]

La primera que menciona es *Viaje a las regiones equinocciales del Nuevo Continente*, de Alexander von Humboldt, que documenta los viajes del gran naturalista por América del Sur entre 1799 y 1804: «el primer libro que despertó en mí el deseo de visitar los trópicos». Se queda un poquito corto: el libro de Humboldt tuvo un efecto electrizante en lectores como Wallace (y Darwin). Era *el diario de viajes* de la época, la crónica de una travesía épica desde el eterno verano exuberante de las tierras bajas tropicales hasta las cimas de los Andes coronadas de glaciares, observando, midiendo, buscando datos suficientes para que al unir los puntos revelasen patrones y procesos: nada menos que nuevas leyes de la naturaleza estaban ahí fuera esperando a que las descubrieran. Nada se escapaba al dominio de Humboldt: botánica, zoología, geología, astronomía, meteorología, etnología... todos ellos temas, qué casualidad, que emocionaban a Alfred Russel Wallace a sus veintiún años, y que analizaba con tanta sensibilidad estética como científica: «La propia naturaleza es de una elocuencia sublime», declaraba Humboldt en su famoso *Viaje a las regiones equinocciales del Nuevo Continente*. «Las estrellas que brillan en el firmamento nos colman de deleite y éxtasis, y sin embargo, todas ellas se desplazan en órbita marcada con precisión matemática». Inspiraba el pensamiento holístico, la amplitud de miras, buscaba interconexiones, relaciones y la necesidad de viajar, explorar y experimentar en persona la maravilla y el misterio. Wallace sintió el «deseo de visitar los trópicos», desde luego.

Wallace también recordaba leer «*Historia de la conquista de México*, de Prescott; *Historia del reinado del emperador Carlos V*, de Robertson, así como su *Historia de la América*, y otra serie de obras de referencia». Concluía asegurando: «Pero quizás el libro más importante que leyera fuese *Ensayo sobre el principio de la población, de* Malthus, hacia el que sentí gran admiración por la maestría con la que resume los datos y la lógica con la que induce conclusiones».[10] Estos volúmenes son reveladores. Tal vez fuese consciente, o tal vez no, de la relación entre los relatos históricos de Prescott y Robertson y el ensayo sobre población del reverendo Malthus, que marcó un antes y un después: todos trataban de conflicto, lucha y el desplazamiento de unos a manos de otros. Cuesta imaginar que semejantes lecturas no tuvieran mayor repercusión en el clima de conflicto del que había sido testigo durante la última media docena larga de años formativos en la frontera anglo-galesa: el levantamiento rebequita y los disturbios cartistas, huelgas, cerramientos, la agitación de disidentes e inconformistas y la acritud de *tories* conservadores y *whigs* liberales, por no mencionar el drama de los irlandeses, presas de la Gran Hambruna, con millones obligados a emigrar. La doctrina malthusiana a buen seguro caló hondo en su cabeza, y salió a la superficie unos doce años después.[11]

Además de leer y coleccionar con voracidad, Wallace disfrutaba de su momento con las clases en el Collegiate School, donde inevitablemente se convirtió en parte esencial de la comunidad escolar. Realizaban caminatas periódicas con los estudiantes y celebraban premios a mediados de verano (a los que Wallace contribuyó con unos versos), e incluso escribió una obra de teatro cómica titulada *Guy Faux*[12] para las fiestas de fin de año, en la que deslumbra su humor con divertidos anacronismos. Todo iba bien: la escuela era distinguida y tenía un director que le caía bien y lo apoyaba, tenía acceso a conferencias y libros y al instituto de mecánica, y disfrutaba de lo lindo de la «coleopteromanía» con su recién descubierto compinche Bates. Podría haberse quedado indefinidamente, pero la tragedia volvió a cebarse con él.

A principios del nuevo año, 1845, su hermano William murió de repente, un verdadero golpe para la familia. Había estado en Londres en calidad de perito topográfico para un comité parlamentario analizando propuestas para el recorrido de la vía férrea del South Wales Railway. Era una época de rápida expansión del ferrocarril alimentada por una especulación económica desmedida, motivada más por las oportunidades de transportar bienes que personas: crear más comercio expeditivo y vías de correo con Irlanda y más allá y transportar carbón y hierro de Gales del Sur a mercados que los estaban esperando.

Se presentó una primera propuesta en 1844 que planteaba una línea que, siguiendo más o menos la costa sur de Gales, se unía a la vía del

Great Western Railway desde Bristol y Gloucester. Uno de los debates por entonces era por dónde cruzar el río Severn y cómo hacerlo: ¿con un puente o un túnel?, ¿más cerca del mar, en Fretherne, donde el río es más ancho pero la ruta sería más corta, o más lejos río arriba, en Gloucester? Conocer bien el terreno y los posibles desniveles de las rutas era importante, y esa era la competencia de William. Pero al regresar a Gales desde Londres aquella tarde de enero, eligió —o solo se pudo permitir— un vagón abierto de tercera clase y cogió un fuerte resfriado que enseguida derivó en lo que seguramente fuese neumonía. Alfred partió a Neath a encargarse de los asuntos de su hermano.[13] Enseguida decidió montar su propio negocio topográfico y hasta lo amplió para incluir arquitectura básica, construcción e ingeniería, después de convencer a John para que dejara Londres y se uniera a él. En Semana Santa se fue de Leicester, triste pero con determinación, aunque el año largo que había pasado allí, según reflexionaría después, «puede que fuese el más importante de mi juventud».

En 1845 y 1846 el auge del ferrocarril mantuvo atareados a los hermanos Wallace, y el éxito de su negocio afortunadamente permitió que casi toda la familia que quedaba volviera a reunirse. Tras alojarse en un principio con la familia del fotógrafo Thomas Sims en New Street durante unos meses (y hacer amistad con Thomas Sims Jr., que luego se casaría con su hermana Fanny), alquilaron una casa de campo cerca de la antigua iglesia de época normanda de Saint Illtyd, donde habían enterrado a William, en el extremo norte de Neath, que daba al río y al canal y tenía vistas al valle del otro lado. Primero su madre y luego, en otoño de 1847, su hermana Fanny se fueron a vivir con ellos; también estaba Edward, porque William le había conseguido un trabajo en el taller de moldes de la fundición en Neath Abbey, mucho más de su agrado que la elaboración de baúles en Londres. Fanny había pasado casi tres años enteros en Estados Unidos, primero de profesora en el Instituto Montpelier de Montpelier Springs, al noroeste de Macon, en Georgia, y después de directora en un colegio de reciente inauguración en Robinson Springs, cerca de Montgomery, en Alabama. Su viaje a Estados Unidos, una travesía de veintiocho días, no empezó con buen pie: el Quebec estuvo a punto de naufragar en el canal de la Mancha dos veces, la primera cuando un barco mucho más grande se le vino encima en medio de una densa niebla y luego cuando un vendaval lo empujó peligrosamente cerca de la costa francesa. Por si esto fuera poco, el capitán evitó por casualidad que el barco se incendiara: le pareció que un armario olía sospechosamente y, al abrir la puerta, el algodón que había dentro y que se estaba combustionando lentamente saltó en llamas. Pero consiguieron llegar a Nueva York y luego navegaron a bordo del Exact hasta Savannah, en Georgia, donde a Fanny le inquietó la cantidad de tiendas que exhibían féretros en sus escaparates, convertidos en artículos de lujo en aquella «época insalubre». Salieron corriendo a Macon en tren y luego en una diligencia traqueteante hasta el corazón del condado de Monroe, en lo más profundo de los pinares de Georgia. Hizo amigos; estaba a gusto y contenta, daba clases de música, aritmética y gramática inglesa dos veces a la semana a veinticuatro señoritas y enseñaba francés por las tardes. Pero tan solo medio año después, cambió Montpelier Springs por Robinson Springs, más al oeste, en Alabama, donde la contrataron para ayudar a fundar un colegio nuevo. Las profesoras jóvenes y con talento recién llegadas de la madre patria estaban muy demandadas.[14]

Las cartas que Fanny mandaba a casa están llenas de optimismo, esperanza y algo de ingenuidad: optimismo por sus expectativas y esperanza de que le fuera bien en su nueva aventura, y de convencer a Alfred, a John y con el tiempo al resto de la familia de que la acompañaran al joven país, donde, con talento y perseverancia, uno podía ganarse la vida de verdad. Pero a pesar de insistirles a John y a Alfred, en una carta tras otra, en que se mudaran a Alabama, y aún intensificando sus súplicas tras la muerte de William, perdió la esperanza de llegar a convencerlos nunca. John, como veremos, sí que terminó emigrando y se iría a California convertido en todo un buscador de oro del 49. Alfred también terminó yendo a Estados Unidos en una gira triunfal unos cuarenta años después y se reuniría felizmente con su hermano. Ya llegaremos a ese punto, en el capítulo 13, pero por el momento, a mediados de la década de 1840 ninguno de los dos tenía intención alguna de abandonar su país natal a pesar de las súplicas de Fanny. Pensar que podía convencer a sus hermanos para cruzar el Atlántico quizá fuera un poco ingenuo por parte de Fanny, teniendo en cuenta que su madre acababa de enviudar, pero la auténtica ingenuidad venía de otra parte. Las escuelas en las que trabajaba las habían construido esclavos, que también se encargaban de su mantenimiento, y aunque Fanny no fuese defensora a ultranza de la práctica, tampoco estaba dispuesta a ofender a sus anfitriones y empleadores, de modo que parecía ver las vidas de los esclavos a través de un filtro indiscutiblemente de color de rosa: estaban contentos, ¿no?, y agradecidos de que los cuidaran tan bien. Sin embargo, al ver un día a un grupo de esclavos, hombres, mujeres y niños, a los que llevaban al mercado, las lágrimas que le inundaron los ojos denotan que sabía que no era así.[15] Deseó poder agitar una varita mágica y liberar a los esclavos, según comentaba. Pero la venganza que imaginó por parte de los esclavos en contra «incluso de los amos de buen corazón» le frenó la mano. «Qué engreídos somos los mortales», se reprendió a sí misma, «siempre aspirando a alturas que rara vez alcanzamos».[16]

En septiembre de 1847, Fanny regresó a casa, seguramente vencida por la nostalgia y por no poder contar con que su familia la acompañara, pero quizá también por el malestar que le generaba la calamidad de la esclavitud. Las cartas de su familia no se conservan, así que no sabemos exactamente por qué Alfred y John se negaban rotundamente a emigrar. Pero estaban saliendo adelante en Neath; su aventura empresarial iba bastante bien y su madre se había ido a vivir con ellos; no era el mejor momento para desarraigarse. Para cuando llegó Fanny, Alfred y John contaban con varios logros comerciales en su haber, y Alfred no solo se había metido de lleno en la vida intelectual de Neath y Swansea, sino que continuaba tenazmente con su autoaprendizaje y el estudio de los escarabajos.

El primer logro topográfico de Alfred en su nuevo escenario surgió del boom del ferrocarril. Consiguió un trabajo bien pagado con una empresa radicada en Swansea —¡dos guineas al día más gastos!— de encargado de un equipo para cartografiar un trayecto que básicamente seguía lo que es hoy la autopista A465, que sube por el valle de Neath y se dirige al este hasta la ciudad de Merthyr Tydfil, uno de los principales centros siderúrgicos a los pies de los Brecon Beacons. Estaba en su elemento a la intemperie: eran largas jornadas de topografía, lloviera o tronase, que se alargaban aún más por las frecuentes distracciones entomológicas (y es que trabajaba con el material de captura a cuestas, incapaz de resistirse a perseguir un buen escarabajo o una mariposa). Aunque el trabajo indudablemente le venía muy bien en ese momento, después llegaría a darse cuenta de lo que había detrás de la creciente fiebre del ferrocarril: una burbuja bursátil, que alcanzó su cota más alta en 1846. Solo se completó una pequeña parte de los 15 300 kilómetros de las nuevas vías propuestas en nada menos que 260 leyes parlamentarias diferentes (el ferrocarril del valle de Neath entre ellos, inaugurado en 1851), y muchos especuladores se arruinaron cuando estalló la burbuja.[17] No tenía más que una vaga sensación por aquel entonces de que algo va mal en un sistema que permite semejante despilfarro. Peor aún sería la lección de primera mano sobre los costes humanos de la conmutación del diezmo.

Había conseguido un encargo topográfico para la conmutación de Gnoll Estate, una hermosa finca del siglo XVIII al este de Neath, hoy en día un precioso parque público de cuarenta hectáreas. Pero en cuanto hubo terminado y entregado un mapa meticulosamente trazado de la finca, le dijeron que fuese a recaudar los impuestos que se debían. Alfred aborrecía ese trabajo, se sentía un odioso cobrador de impuestos de los viejos tiempos, chapurreando a duras penas en galés para sacarles la pasta a un puñado de agricultores de subsistencia, desorientados y pobres de solemnidad, que no hablaban inglés. A la vez debía defender su trabajo, porque había que dar notificación oficial de las nuevas delimitaciones,

TITHE COMMUTATION.

PARISH OF NEATH.

NOTICE is hereby given, that the MAP and DRAFT APPORTIONMENT of the PARISH of NEATH, in the County of Glamorgan, is deposited at the Office of Mr. Wallace, Surveyor, New-street, Neath, and can be seen by all parties interested therein.

The APPEAL MEETING will be held at the CASTLE INN, NEATH, on the 30th day of MARCH instant, at ten o'clock in the forenoon.

ALFRED R. WALLACE, } Apportioners.
DAVID REES, {

Notificación legal de la conmutación del diezmo publicada por A. R. Wallace en *The Cambrian*, 13 de marzo de 1843:

Conmutación del Diezmo. / Parroquia de Neath. / Por la presente se notifica que el MAPA y DELIMITACIÓN TRAZADA de la PARROQUIA de NEATH, en el condado de Glamorgan, se encuentran en la oficina de Mr. Wallace, topógrafo, New-street, Neath, y todas las partes interesadas pueden ir a verlos. / El ENCUENTRO DE APELACIONES se celebrará en el CASTLE INN, NEATH, el día 30 del presente mes de marzo, a las diez de la mañana. /

ALFRED R. WALLACE, DAVID REES, delimitadores.

para lo que se celebraban sesiones de llamamientos públicos en las que Alfred y sus codelimitadores tenían que estar presentes para responder a las objeciones.[18]

Mucho más satisfactorios fueron los contratos de construcción que consiguieron John y él, entre ellos el de una casita de campo para un cliente y un nuevo edificio para el Instituto de Mecánica de Neath en la tranquila Church Place. Cofundado en 1843 por el afable empresario industrial William Jevons, propietario de la fundición Cwmgwarch Venallt, el Instituto de Mecánica de Neath se había estado reuniendo en el ayuntamiento, un edificio que recordaba a un templo griego, con un pórtico de cuatro columnas flanqueado por dos frontones. La comunidad compartía los ideales del instituto, uno de los al menos ocho establecidos en el Gales del Sur por aquella época, y muchas tiendas del barrio cerraban a las 8 de la tarde los martes y los viernes (hablamos de mucho antes de la jornada laboral normativa de ocho horas) para que sus empleados pudieran asistir a las conferencias y clases vespertinas.[19] En agosto de 1846 se destinaron seiscientas libras a un plan para construir un edificio nuevo, tan solo unos solares más arriba del ayuntamiento, y el contrato para diseñarlo fue asignado a los hermanos Wallace, pues Jevons guardaba muy buen concepto de su difunto hermano William y tenía a Alfred en alta estima.[20] Jevons, de hecho, le prestaba con frecuencia a Alfred libros de su extensa biblioteca e intentaba convencerlo para que diese conferencias sobre física elemental y otros temas en el Instituto de Mecánica de Neath. Por aquella época, Alfred no tenía mucha confianza en sí mismo como conferenciante y dudaba de su eficacia (recordemos la lista de los defectos que se achacaba). Así que imaginen la alegría que le dio, unos cincuenta años después, recibir una carta de un tal Matthew Jones, «deseando saber si es usted el mismo Mr Alfred Wallace que impartía las clases de Ciencia por las tardes a los artesanos e ingenieros que trabajaban en Neath Abbey y en Neath, en Gales del Sur». Jones lo colmaba de elogios: «Aprendí más en sus clases, si es usted el mismo, Mr A. Wallace, de mecánica práctica, termodinámica, estática, etc., etc., de lo que nunca me enseñaron en la escuela y siempre había deseado agradecerle a usted y a los profesores del Instituto de Mecánica de Neath el provecho que mis compañeros y yo sacamos de ellas»; el tipo de carta que le ablanda el corazón a cualquier profesor.[21]

Por muy buenas que fueran sus conferencias, Alfred seguía siendo más estudiante que profesor, ¿o no sería las dos cosas ya que, como autodidacta, se enseñaba a sí mismo según iba leyendo, estudiando y observando? Por muy ocupado que estuviera con la topografía y los proyectos periódicos de construcción, estaba totalmente entregado a los libros, los escarabajos y la asistencia a conferencias, tanto en Neath como en la vecina, y mayor, Swansea, que contaba con un instituto de mecánica, la Sociedad Literaria y de Superación de los Trabajadores, y, más importante aún, la Royal Institution de Gales del Sur, que solían visitar destacados y consumados naturalistas para impartir conferencias.[22] Todo ese tiempo mantuvo la correspondencia con Bates, que seguía en Leicester. La mayoría de sus cartas empiezan con un «Estimado señor», seguido de todo tipo de asuntos entomológicos, desde colecciones a recomendaciones de libros y diseños de cajas para especímenes: «Adjunto a esta misiva una caja de duplicados que espero que contenga algunos especímenes aceptables (...) ¿Qué libros ofrece la Ray Society? (...) He descubierto una larva estupenda de polilla esfinge morada (...). Me estoy planteando seriamente montar mi propio gabinete este invierno (...). A veces pierdo la esperanza de llegar a tener nunca una buena colección de polillas (...). Os estaría muy agradecido si pudierais enviarme un buen espécimen de cualquiera de los siguientes (...). He retomado un plan que comencé hace dos o tres años, pero dejé interrumpido. El de llevar un diario de historia natural (...). Desde entonces, me hice con unos alfileres [para insectos] y los uso para todos mis coleópteros (...). Estoy deseando recibir una carta vuestra llena de nuevas entomológicas».[23] Le sentaba un poco mal que Bates se tomara su tiempo para responder: «Espero que no haya ocurrido

Instituto de Mecánica de Neath, diseñado y construido por John y Alfred Wallace en 1847.

ninguna catástrofe que demorara vuestra correspondencia entomológica», comentaba con ironía después de una pausa de dos meses.[24]

Alfred daba largos paseos (a veces con John, al que le encantaban los reptiles y las aves) y se fijaba en todo: escarabajos, botánica y su primera pasión, la geología. «No me viene a la cabeza un solo valle», llegaría a referir, «que (...) comprenda paisajes tan hermosos y pintorescos y tantas peculiaridades interesantes como el valle de Neath».[25] Fue en una excursión memorable con John, en la que hicieron noche, cuando vivió uno de sus primeros triunfos entomológicos. Siguiendo valle arriba el Alfon Pyrddin, un afluente del río Neath, iban buscando la cascada Sgwd Gwladus y la roca en balancín, un bloque errático glacial de arenisca del Carbonífero en un equilibrio tan perfecto que se podía mover ligeramente hacia delante y hacia atrás (aunque lamentablemente ha dejado ya de «mecerse»). Allí se topó con el precioso escarabajo abeja *Trichius fasciatus*. Entonces, como ahora, estos escarabajos peludos de franjas negras y amarillas eran raros en Gran Bretaña, y Wallace le relató a Bates que había «tenido la buena fortuna de encontrarme con uno de los coleópteros británicos más locales y hermosos».[26] Redactó a toda prisa una nota para informar de esta y de otras capturas y la envió al *Zoologist*, que la publicó debidamente en el número de abril de 1847, aunque al editor no le parecían gran cosa la mayoría de sus descubrimientos:

> *Captura de Trichius fasciatus cerca de Neath*: Cogí un único espécimen de este precioso insecto en una flor de *Carduus heterophyllus* cerca de las cascadas en la parte alta del valle de Neath. *Alfred R. Wallace, Neath.* [Los demás insectos en la lista del lector no vale la pena publicarlos. E. Newman].[27]

Era consciente del papel que desempeñaba la geología en la creación de las «peculiaridades» de aquel paisaje extraordinario. En su parte baja, el valle discurre por los enormes yacimientos de carbón del Carbonífero de Gales del Sur, cuyos estratos se alternan con otros de areniscas, lutitas y limolitas en un patrón que los geólogos denominan actualmente ciclotemas. Desplazarse valle arriba, pasado Glynneath, hacia el pueblo de Pontneddfechan y más allá, es viajar atrás en el tiempo, a medida que la cuenca carbonífera va dando paso a areniscas de grano grueso, más antiguas y duras, grandes pliegues levantados de caliza y, por último, formaciones masivas de arenisca roja antigua, de modo que se retrocede del periodo Carbonífero al Devónico. La zona se conoce hoy en día como la región de las cascadas de Gales del Sur, en la que cuatro ríos corren por profundos desfiladeros boscosos hasta confluir con el río Neath, creando a su paso una serie de cascadas escalonadas de todos los tamaños, desde «Niágaras en miniatura» (en palabras de Alfred) y saltos de agua discontinuos hasta caídas libres de treinta metros. Es un paisaje que habla de cataclismos, patentes sobre todo en las formaciones de caliza marcadamente inclinadas como la Roca Dinas (Fortaleza, en galés) y la vecina Bwa Maen (el Arco de Piedra), con sus gruesos estratos doblados por la mitad en un impresionante pliegue geológico. Hay grandes arcos de caliza y está el espectacular Porth-yr-Ogof (la Entrada a la Cueva), donde el río Mellte desaparece bajo tierra. Por algo la singular parte occidental del Parque Nacional de los Brecon Beacons, con Pontneddfechan a sus puertas, está hoy reconocida por la UNESCO como Geoparque Fforest Fawr, el primer geoparque de Gales.[28]

Sí, Alfred era consciente de estas maravillas geológicas, pero quizás no entendiera que estaba de nuevo en una frontera del tiempo y el espacio. Es un revoltijo en su extremo norte, una zona de transición de paisajes antiguos en acordeón. El valle del Neath que lleva hasta allí se extiende a lo largo de una enorme fractura en la corteza terrestre, una falla que los geólogos hoy en día denominan Neath Disturbance (la Perturbación de Neath). Dicha perturbación se prolonga desde Swansea hacia el noreste siguiendo el valle y llega hasta Hereford, en el oeste de Inglaterra. Hace honor a su nombre, pues es un registro de tumultos geológicos, producidos cuando dos placas continentales en colisión comprimieron y plegaron los estratos depositados mucho tiempo antes en mares someros y deltas de ríos. Las rocas solo se doblan hasta cierto punto y terminan por romperse, provocando que enormes bloques de terreno friccionen entre sí y creen una topografía de formaciones onduladas y desplazadas. Posteriormente esculpido por ciclos glaciales de avance y retroceso de los hielos, el paisaje actual del largo valle del Neath fue emergiendo poco a poco, producto de una línea de debilidad en la corteza terrestre: una antigua línea de falla que hoy ocupa el río Neath. Y la falla todavía es geológicamente activa: el terremoto del 17 de junio de 1906, uno de los más fuertes del pasado siglo en Gran Bretaña, tuvo su epicentro en el valle del Neath.[29]

Aunque algunas de las cartas de Alfred a su amigo Bates tratan de la fascinante geología de la zona, en la mayoría predominan las extensas relaciones de capturas de coleópteros: triunfos y fracasos, duplicados y rarezas nuevas, escarabajos a los que admirar y de los que presumir, escarabajos que anhelar y, por supuesto, escarabajos para intercambiar, pues ambos acordaron pasarse una lista todos los meses. Sin embargo, queda patente en sus cartas que Alfred no piensa simplemente como un ávido coleccionista, sino como *estudiante* de sus colecciones. Su «organización» le resulta importante. El grupo es tan diverso que controlarlos a todos es imposible. «Creo que es mucho mejor ceñirse a algunas familias en concreto al principio e investigarlas a conciencia», aconseja. Una «serie perfecta» de ciertas familias bien representadas sería instructiva, pero ¿de qué?[30] Patrones, procesos. En unas cartas en las que hablaba del diseño de bandejas y cajas para ordenar especímenes, Wallace pregunta casi de pasada a Bates: «¿Has leído *Vestiges of the Natural History of Creation* [Vestigios de la Historia Natural de la Creación] o está fuera de tu línea?».[31] La yuxtaposición no es fortuita: el infame *Vestiges*, una obra sensacionalista publicada de forma anónima el año anterior (1844), defendía el cambio transmutacional de unas especies en otras, como parte de una visión cósmica global de cambio material en todas las cosas, estrellas y planetas y especies y sociedad humana. La transmutación, como se llamaba por entonces la evolución, no era un concepto nuevo: llevaba unos cuantos siglos pululando, el ejemplo más reciente y conocido era el del naturalista francés Jean-Baptiste Lamarck, de finales del siglo XVIII y principios del XIX. Pero la idea nunca se tomó en serio por falta de un mecanismo plausible y, lo que era aún más problemático, por su materialismo. En buena medida debido a su aspecto materialista, el concepto de transmutación que se había gestado en la Francia posrevolucionaria llegó a ser fuertemente rechazado en el Reino Unido, no solo por socavar la veracidad de las escrituras y, por tanto, de la religión en general, sino porque, al hacerlo, socavaba el mismísimo tejido de la sociedad.[32] A fin de cuentas, ambos asuntos iban de la mano en el Reino Unido de la Iglesia y el Estado, donde el monarca reinante era (y es) la cabeza de la Iglesia de Inglaterra. A medida que la transmutación se iba politizando, para muchas figuras del sistema era escandalosa y sediciosa a partes iguales. Este era el contexto sociopolítico en el que apareció *Vestiges* en 1844, como un cometa literario que atraviesa de repente la escena intelectual; y como sucedía con los cometas en los viejos tiempos, a unos les pareció deslumbrante y magnífico, y a otros, repulsivo y terrorífico.[33]

Pero ¿qué es lo que daba tanto miedo en *Vestiges*? El mayor pecado del libro residía en el hecho de que la «historia natural de la creación» en el título consistía enteramente en relaciones, transiciones y *transmutaciones* por ley natural, rechazando de forma explícita la implicación activa del Dios de las escrituras. No es que el libro fuese ateo, como afirmaban las falsas acusaciones de sus críticos más acérrimos. No, el Creador Divino está patente en sus páginas: de una forma más deísta, aceptaba el papel de un Creador que no interviene ni supervisa personalmente el origen, las acciones y el destino de todas y cada una de las especies e individuos. El creador, en el deísmo, actúa a través de la ley natural (creada por «Él»), un concepto hijo de la Ilustración, que alumbró tantos descubrimientos científicos impresionantes en todos los campos y fue una época de esplendor en la que los mismos límites de espacio y tiempo, de lo posible, se ensancharon cada vez más y más.[34] El mundo bajo nuestros pies y el cielo sobre nuestras cabezas y todo lo que hay entre medias se expandió de repente y de manera impresionante en aquella época extraordinaria, desde lo microscópico hasta lo astronómico y lo paleontológico. Fue un periodo de progreso, de dilucidar «leyes naturales» que regulaban con precisión matemática el mecanismo del universo y de exhumar, literalmente, la historia de nuestro mundo. Es comprensible que, cuando los astrónomos europeos cartografiaron las estrellas del hemisferio sur, que les habían sido desconocidas durante tanto tiempo, inmortalizaran sus invenciones y sus instrumentos de descubrimiento en las mismas constelaciones que dibujaban: no nos sorprende que Microscopium y Telescopium formen parte de las trece constelaciones dadas a conocer en la década de 1750 por el astrónomo francés Nicolas-Louis de Lacaille en conmemoración de las artes y las ciencias de la Ilustración.[35] El francés bien podría haber añadido Geologorum Malleus, el martillo de geólogo.

Todo esto estaba muy bien, porque hasta el más pío en la Alta Iglesia anglicana apreciaba la belleza de las leyes naturales y se sentía impresionado por el progreso en las artes, las ciencias y la industria. Lo que lo cambiaba todo era lo que se pensaba de esas leyes, lo que uno consideraba que eran sus implicaciones filosóficas. ¿Cuánto interviene Dios exactamente, a fin de cuentas? Según la ortodoxia cristiana, interviene *mucho*, de manera íntima y personal. A los heterodoxos y deístas les parecía inútil e innecesario que un creador tuviera que intervenir activamente y orquestar literalmente todo, cuando las metódicas leyes naturales de la naturaleza se encargan de los entresijos del funcionamiento del universo. El mecanismo de un reloj es una buena analogía. Dale cuerda y marcará automáticamente las horas y los minutos sin necesidad de que estemos ahí moviendo las manecillas. Dejamos que las leyes de la física hagan el trabajo por nosotros. Ese era el tipo de creador de don Vestiges: su teoría era que se podía deducir de forma lógica que, así como la formación de la Tierra y de otros planetas del sistema solar no requirió de «ningún empeño personal ni inmediato por parte de la Deidad», sino que fue el resultado de «leyes naturales que son extensión de su voluntad», del mismo modo debió de surgir la gran panoplia de seres orgánicos. «¿Cómo podemos suponer que el Ser augusto que dio forma a innumerables mundos mediante el simple establecimiento de un principio natural que surgió de su mente iba a intervenir personal y especialmente cada vez que un nuevo crustáceo o reptil fuese llevado a la existencia en *uno* de esos mundos?», se preguntaba. «Está claro que la idea es demasiado ridícula para tomarla siquiera en consideración». ¿Impío? En absoluto: «Lo razonable», continuaba don Vestiges, «es que los atributos Divinos aparezcan, sin disminuir ni reducirse en modo alguno, al suponer una creación por ley, pero infinitamente elevada».[36]

El hecho de que *Vestiges* defendiera un origen material y natural de todas las cosas, especies incluidas, conforme a una ley de desarrollo, ¿qué implicaba para la humanidad? Estaba claro: El libro llegaba incluso a analizar los orígenes humanos en el contexto del desarrollo de otras formas de vida «inferiores», por ejemplo en el capítulo sobre la «Historia temprana de la humanidad», en el que el autor señala que, según una teoría, «cabría esperar que el hombre se originara allá donde se encuentra la mayor diversidad de especies de cuadrumanos». ¿Y quiénes somos nosotros para criticar al creador? «Pues cabría preguntarse que si Él, tal como parece, ha elegido emplear organismos inferiores como medio generativo para la producción de otros superiores, *incluidos hasta nosotros mismos*, ¿qué derecho tenemos nosotros, sus humildes criaturas, a buscarle defectos?» (la cursiva es mía).[37] Para los teólogos británicos, esto ya se pasaba de castaño oscuro y fue lo que tanto enfureció al sistema: semejante rechazo a la creencia cristiana generalizada en un Dios inmanente que interviene de forma regular y activa en los asuntos de todas las cosas y que tiene en especial consideración a la única especie creada a «Su» imagen. Por eso tuvo que publicarse de forma anónima: el autor de un libro tan deleznable se habría visto hundido social y económicamente, sin ninguna duda, y es muy posible que también encarcelado. Sin embargo, aunque los predicadores condenaran el libro por vergonzoso, ofensivo, satánico y cosas peores, el revuelo y la sensacional publicidad

Había buenas razones para que el *Vestiges of the Natural History* se publicara anónimamente.

En la puerta se lee: «Inclusa», y en el sombrero que lleva el libro (*Vestiges*): «Se busca padre».

que alcanzó tuvo el efecto, como suele ocurrir, de generar un número de lectores aún mayor del que hubiera tenido si sencillamente lo hubieran ignorado. Hasta el príncipe Alberto se lo leía en alto a la reina Victoria.[38] El anonimato del libro aumentaba su atractivo y se desató la especulación: ¿lo había escrito un clérigo deshonrado?, ¿un ateo anárquico?, ¿una mujer?[39] Paradójicamente, *Vestiges* se popularizó y terminó por normalizar una idea en apariencia reprobable. Era transmutación para el pueblo.

Igual que el libro tuvo una amplia resonancia en la sociedad, seguro que también tuvo un efecto explosivo en Wallace. La semilla de esta hipótesis heterodoxa cayó en tierra fértil, una mente iconoclasta labrada ya por la reforma owenista contraria al sistema y por los argumentos antieclesiásticos de los seguidores de Paine. La *hipótesis del desarrollo* le parecía más que probable, una idea que se podía demostrar reuniendo pruebas. La respuesta de Bates no se ha encontrado, pero por lo visto, *Vestiges* le era indiferente. Lo calificó de «simplificación precipitada» (léase: idea sin madurar), lo que provocó cierta regañina por parte de Wallace, que dijo que de precipitada no tenía nada y que era una «hipótesis ingeniosa, basada firmemente en hechos notables y analogías». Obviamente, hacían falta más pruebas: más investigación, más datos. «Sea como fuere, plantea un asunto al que todo observador de la naturaleza debería prestar atención; todo hecho que observe ha de contribuir a su ratificación o refutación, por lo que supone tanto una invitación a reunir datos como un propósito al que aplicarlos una vez reunidos».[40] Wallace acompañaba estas palabras con un torrente fascinante de reflexiones sobre el tema. ¿Es que no sabía Bates que «muchos escritores ilustres brindan amplio apoyo a la teoría del desarrollo progresivo de las especies animales y vegetales»? Wallace citaba obras «interesantes y filosóficas» como *Lectures on Physiology, Zoology and the Natural History of Man* (1819), de Sir William Lawrence, y *Researches into the Physical History of Man* (1813), de James Cowles Pritchard, ambos tratados sobre la variación humana y su origen. En su carta hablaba de la naturaleza de las especies y las variedades —tocando temas que constituyen la mismísima esencia de la organización sistemática de las especies— y llegaba a la conclusión de que hasta «el venerable Humboldt apoya tales teorías en casi todos sus detalles».[41]

En otra carta escrita el siguiente mes de abril, en 1846, le agradaba saber que Bates apreciaba el *Principles of Geology* de Charles Lyell y el *Journal of Researches* de Darwin también: «Leí el *Journal* de Darwin por primera vez hace tres o cuatro años y últimamente lo estoy releyendo; como diario de un viajero científico ocupa un segundo lugar únicamente detrás del *Viaje a las regiones equinocciales del Nuevo Continente* de Humbolt (sic), como obra de interés general puede que le sea superior. Es ferviente admirador y un defensor de lo más competente de las opiniones de Mr Lyell. Admiro enormemente su estilo en la escritura, tan liberada de esfuerzo, afectación y egotismo y, sin embargo, tan llena de ideas interesantes y originales».[42] Iba a pronunciarse sobre «la representación y la analogía» —de nuevo, relacionadas con la organización sistemática—, pero se quedó sin papel. Las cartas revelan la profundidad y la envergadura del programa personal de estudio que tenía Alfred en Neath entre 1845 y 1847: exóticos viajes científicos, grandes procesos y leyes naturales, cuestiones filosóficas profundas.

———

Cuando Fanny volvió a casa en septiembre de 1847, se llevó a sus hermanos de vacaciones a Londres y a París para celebrarlo, un viaje que incluyó las visitas a dos de los mejores museos del mundo: el British Museum (que entonces aún albergaba las colecciones de historia natural) y el Muséum National d'Histoire Naturelle. En sus cartas posteriores a Bates, Wallace

Alfred Russel
Wallace a los
veinticuatro años..

describe los distinguidos monumentos y costumbres de Paris, como es natural (incluso llegó a dar una conferencia sobre el tema en el instituto de mecánica), pero sabía que Bates querría enterarse de todo lo relacionado con el Jardin des Plantes y el gran Muséum, por lo que brinda descripciones detalladas de la exhibición y disposición de los especímenes. Sin embargo, fueron las cinco horas que pasó en la colección de insectos del British Museum las que más le impresionaron. Allí pudo ver, personalmente y por vez primera, una colección a escala mundial. Se quedó atónito con la asombrosa diversidad de los escarabajos, y manifestó que la infinita variedad de los escarabajos arcoíris *Phanaeus*, los negrísimos escarabajos peloteros *Copris*, los enormes escarabajos Goliat y los escarabajos de las flores (subfamilia Cetoniinae) con sus colores brillantes era «indescriptiblemente magnífica». Escarabajos fabulosos recogidos por todo el mundo, todos cuidadosamente prendidos y etiquetados, bien ordenados en una fila tras otra, en una bandeja tras otra, una caja tras otra, ¡justo lo que se necesita para una investigación exhaustiva! Pero ¿de qué? De la naturaleza de las especies y las variedades, sí, pero entonces el pensamiento de Wallace estaba virando hacia cuestiones aún más grandes y filosóficas —y cargadas de complejidad—. La carta que le escribe a

Bates concluye con una declaración extraordinaria: «Empiezo a sentirme algo insatisfecho con una simple colección local. Poco se aprende de ella. Me gustaría escoger alguna familia y estudiarla detenidamente, sobre todo con vistas a la teoría del origen de las especies. De ese modo, estoy firmemente convencido de que llegaría a obtener resultados precisos».[43]

«Con vistas a la teoría del origen de las especies». Un año antes, los dos naturalistas aficionados habían comentado por encima la idea de viajar al extranjero en pos de su pasión coleccionista. Ahora había una motivación añadida para ese viaje. *Vestiges* les había abierto los ojos y había inspirado una transmutación de otro tipo, transformando a unos entusiastas aplicados (aunque dispersos, en el caso de Wallace) en unos naturalistas decididos a contribuir a los grandes asuntos científicos del momento. Wallace tenía veinticuatro años, Bates veintidós, y ninguno de los dos contaba con grandes fondos. No obstante, inspirados por el «desarrollo» del *Vestiges* y embelesados con las visiones de Humboldt de exuberantes paraísos tropicales, regiones de diversidad ilimitada y exquisita belleza en las que recoger y estudiar toda clase de especies, empezaron a soñar. Y luego a planear.

4

Paraíso ganado…

«¡UN PLAN DESCABELLADO!». Esas fueron las palabras que le vinieron a la cabeza al padre de Charles Darwin, Robert, al que no le gustaban las tonterías, cuando su díscolo hijo sugirió pasarse años viajando por el mundo a bordo de un navío de la Marina Real, justo cuando parecía estar a punto de convertirse en un respetable clérigo. Las mismas palabras bien podrían describir el ambicioso plan que los jóvenes Wallace y Bates acababan de tramar a su vez: un viaje a la América del Sur tropical, donde iban a recoger insectos tanto para venderlos como para su estudio. En efecto, su plan era de lo más descabellado, puesto que apenas tenían nada de dinero, educación formal, prestigio profesional ni contactos. Pero compensaban cada una de esas deficiencias a su manera: habían ahorrado un poquito, lo suficiente para llegar a Sudamérica, y una vez allí, esperaban sufragarse el viaje vendiendo especímenes. Puede que careciesen de mucha educación *reglada*, pero como hemos visto, no eran ningunos ignorantes, para entonces ya llevaban años devorando los libros y las conferencias disponibles en los institutos de mecánica y centros similares. Eran aficionados con talento, naturalistas en ciernes con cierta inclinación filosófica, tan a la última en las minucias taxonómicas de sus grupos favoritos como en las ideas y teorías que en el momento debatían naturalistas como Humboldt, Lyell, Lawrence, Darwin, Pritchard, Swainson y compañía. En cuanto al prestigio profesional y los contactos para abrirles puertas y ayudarlos con los preparativos, efectivamente no tenían más que su juventud, su honradez y su ingenuidad (y algo de suerte).

Las ganas de viajar y recoger y estudiar especímenes habían ido aumentando en los jóvenes naturalistas desde hacía tiempo ya. En cuanto a dónde dirigirse, tenían bastante claro que preferían América del Sur, después de leer a Humboldt y a Darwin, y el libro que terminó de convencerlos en ese camino fue *A Voyage up the River Amazon: Including a Residence at Pará* (1847, Un viaje remontando el río Amazonas: incluida una estancia en Pará), de William Edwards, que sin duda leyeron en la biblioteca del instituto de mecánica. Era un libro con una prosa no exenta de pomposidad, que se recreaba un poco más en el lirismo que en el rigor en lo que respecta a la flora y la fauna, pero aun así veraz. Edwards, un estadounidense que se ganaba la vida en una mina de carbón pero cuya pasión eran las mariposas (más adelante escribiría el laureado *Butterflies of North America*, Mariposas de Norteamérica), remontó el Amazonas hasta la actual Manaos en 1846 y quedó cautivado. En sus memorias se mostraba sorprendido de que tan pocos viajeros hubieran visitado el «continente del sur», tan prometedor para los «amantes de las maravillas»: una tierra de «montañas altísimas», «cielos de lo más radiante» y «ríos en sumo grado caudalosos» que corren «majestuosamente por selvas primigenias de extensión ilimitada».[1] La «tierra de sol, aves y flores» de Edwards estaba repleta de coatíes «revoltosos», monos «juguetones» y ardillas que «corretean eufóricas (…) incapaces de contener la alegría». Era un lugar en el que «aves con plumaje de lo más llamativo revolotean por los árboles» y el «sinfín de insectos de vistosos mantos» que se ven de día se intercambian por la noche con «innumerables luciérnagas» y enormes fulgóridos que pasan disparados como meteoritos. Le asombraba la profusión de mariposas, «casi todas más llamativas que cualquiera de las que tenemos en el norte», especialmente la morfo azul iridiscente, famosa por su impresionante brillo metálico.

Si sus relatos de abundancia en especies exóticas y maravillosas no eran suficiente aliciente para los jóvenes viajeros entusiastas, Edwards también se deshacía en elogios al encanto y amabilidad de sus gentes, la facilidad del viaje, el clima saludable (además de la plétora de medicinas naturales) y lo sencillo que era aprender la lengua, por no mencionar a las «hermosas indias» que aparecían por ahí «como una visión». Para cualquier naturalista o amante de la aventura que hubiera entre sus lectores y estuviera interesado en viajar allí, ofrecía amablemente orientación sobre indumentaria y otros bártulos prácticos. El libro zanjaba la cuestión: decidieron inmediatamente que se irían a Sudamérica y escribieron a Edward Doubleday, conservador de mariposas y polillas en el British Museum, para pedirle consejo. Es probable que Wallace hubiera conocido a Doubleday el año anterior, en su visita al museo con Fanny y con John. Doubleday estaba por entonces enfrascado en lo que iba a ser su gran obra, *The Genera of Diurnal Lepidoptera* [Los géneros de lepidópteros diurnos], una colección tamaño folio exquisitamente ilustrada que compuso en colaboración con el entomólogo John O. Westwood. Con muestras de ánimo y complicidad, Doubleday informó a Wallace y a Bates de que el norte de Brasil se conocía poco y había demanda para todos los insectos, aves, mamíferos y caracoles diferentes que pudieran recoger, lo que fácilmente les costearía los gastos.

Cada uno por su parte contaba con unos modestos ahorros, y el padre de Bates se ofreció a prestarles algo de dinero. En marzo de 1848 quedaron en Londres para estudiar las colecciones del British Museum y reparar en vacíos que hubiera que llenar, y Doubleday incluso les presentó al mismísimo Edwards, que casualmente estaba en Londres en aquel momento y le faltó tiempo para darles todavía más ánimos, asesoramiento y cartas de recomendación. También los remitieron a Thomas Horsfield, colega estadounidense de Edwards y autor de *Zoological Researches in Java, and the Neighbouring Islands* (1824, Investigaciones zoológicas en Java e islas próximas). Miembro de la Royal Society y activo tanto en la Sociedad Zoológica como en la Entomológica de Londres, Horsfield era entonces conservador en el museo de la Compañía de las Indias Orientales, en Londres, y estaba encantado de poner su experiencia y consejo a disposición de los principiantes en cuanto al diseño de cajas para el transporte de especímenes. Estas relaciones institucionales, además, ayudaron a Wallace y a Bates a entrar en contacto con un agente excelente, Samuel Stevens: amable, diligente y también él entomólogo aficionado y colaborador habitual con notas en el *Zoologist*. No podían estar en mejores manos. Stevens, que venía a ser un agente en historia natural que representaba a una serie de naturalistas viajeros, tenía habilidad para estar pendiente de sus clientes, los promocionaba y encontraba centros que pagaran bien sus colecciones, mantenía al corriente a la comunidad científica de sus viajes, aseguraba sus envíos y los tenía bien provistos de dinero y de las últimas noticias científicas nacionales, todo a cambio de una comisión del veinte por ciento de las ventas más un cinco por ciento para cubrir seguros y envíos.[2] Además, ofrecía valiosos consejos prácticos, siendo como era coleccionista experto.

Indudablemente, sus contactos también influyeron a la hora de conseguirles audiencia con Sir William Jackson Hooker, director fundador de los Reales Jardines Botánicos de Kew. Aunque no los contrató, como a otros de los muchos coleccionistas de campo que tenía, ellos prometieron enviar remesas de plantas a Kew y le pidieron a Hooker una carta oficial de suma importancia: «Nos serviría para demostrar que somos las personas que decimos ser y nos facilitaría en gran medida el avance por el interior».[3] Les hizo el favor no con una carta, sino con dos, una al ministerio británico de Exteriores, lo que les permitió obtener pasaportes, y otra a las autoridades brasileñas, para facilitarles los desplazamientos en el país.

Las cartas fueron vitales para abrirles puertas burocráticas que, de lo contrario, habrían encontrado cerradas así como para poder contar con ayuda en la zona. A pesar de ser prácticamente unos desconocidos con poca experiencia en viajes, Wallace y Bates se beneficiaron sin duda de la red global de «ciencia imperial» que siglos de comercio y colonialismo habían hecho posible, respaldada por el poder militar del Reino Unido en aquella época. Las instituciones científicas de su país —museos, universidades, casas de fieras, jardines botánicos, herbarios, asociaciones académicas y entes similares, junto con la red humana de conservadores, profesorado, mecenas, editores, impresores, agentes de ventas, aseguradores y los bancos que los vinculaban— estaban conectadas mediante vapores y veleros con asentamientos coloniales y bases remotas. Estas bases se comunicaban a su vez por barcazas y canoas, mulas y caballos, con campamentos aún más remotos, puestos de comercio y aldeas donde residía el profundo saber local, en forma de guías y recolectores indígenas, garantes definitivos del viaje seguro por los reinos legendarios donde se encontraban las codiciadas rarezas. Tendemos a ver a Wallace y Bates en sus trabajos de recolección como si fueran trabajadores de campo en primera línea. Pero aunque en buena medida eso eran, verdaderamente pegados al terreno, su confianza con los lugareños los convertiría en realidad en intermediarios entre los que de verdad conocían la zona en profundidad, a menudo indígenas, y los coleccionistas e instituciones en su país.[4]

Su plan iba tomando forma: reservaron pasaje en un barco que salía de Liverpool, el bricbarca Mischief, con destino a Pará, en la desembocadura del Amazonas. Los padres de Bates invitaron a los dos a pasar una última semana con ellos en Leicester, donde continuaron su curso acelerado en recogida y conservación de especímenes, practicando tiro, desollado, taxidermia, etiquetado... Tenían amplia experiencia en montar insectos con alfileres y asuntos así, pero ninguno de los dos había hecho gran cosa con aves ni mamíferos. Libros como el *Treatise on Taxidermy* (1840), de William Swainson, eran una buena guía práctica en técnicas de conservación, pero se les acababa el tiempo, estaba previsto que su barco zarpase pronto, y su aprendizaje estaba a punto de pasar a ser formación *in situ*. Tras asistir a la boda de su amigo John Plant, se dirigieron a Londres, con un breve desvío hacia Derbyshire para ver los invernaderos de orquídeas y palmeras de Chatsworth House, la magnífica hacienda del duque de Devonshire. El extraordinario jardinero, arquitecto, editor de una revista de horticultura e ingeniero Joseph Paxton había abierto nuevos caminos en el diseño de invernaderos aprovechando los avances en fundición y cristalería. En Chatsworth, Paxton supervisaba la construcción del Gran Invernadero, la estructura de cristal más grande del mundo en aquel entonces, modelo para su propio diseño del Palacio de Cristal de la Gran Exposición de 1851 (por el que fue nombrado caballero). En 1848, cuando Wallace y Bates lo visitaron, Paxton había empezado a levantar el Muro de Invernaderos, una magnífica serie de cien metros de largo y dos de ancho, formada por doce invernaderos escalonados en una ladera y adosados a un muro.

El gran invernadero de Chastworth

Llegaron a Liverpool al día siguiente, tras un «viaje frío y bastante lamentable en el exterior de una diligencia», y subieron su equipaje y herramientas a bordo del barco. Una noche más de hospedaje «de lo más exiguo» y zarpaban. Levaron anclas el 26 de abril de 1848.

No queda claro cómo se lo tomó la familia de Wallace. No había pasado tanto tiempo desde que por fin habían vuelto a reunirse en Neath, y Mary Ann observaba preocupada el comienzo de otra dispersión, quizás permanente, mientras las fuerzas sociales y económicas centrífugas iban separándolos de nuevo, poco a poco pero sin vuelta atrás. Con Alfred fuera y el negocio cerrado, John decidió probar suerte con la ganadería lechera. Alquiló cerca del pueblo una casa de campo con pastos, y su hermana y su madre lo acompañaron durante un tiempo, mientras que Edward permanecía en la fundición de Neath. Pero, como era de esperar, el resto de la familia fueron siguiendo uno a uno el ejemplo de Alfred y se dispersaron: tan solo un año después de que Alfred zarpara, John iba de camino a los yacimientos de oro de California, incapaz de ganarse la vida con la ganadería, y Edward decidió abandonar Neath y marcharse al Amazonas a ayudar a su hermano; llegó en julio. En febrero, Fanny se había casado con el fotógrafo en ciernes Thomas Sims, el hijo mayor del casero de John y Alfred en Neath, y se mudaba a Somerset, donde Mary Ann los acompañó tras la partida de John.[5] Todavía habría un reencuentro parcial, pero muy difícilmente podría haberlo imaginado Mary Ann Wallace, con todos sus hijos vivos desperdigados por tres continentes.

Los intrépidos y jóvenes viajeros Alfred Russel Wallace y Henry Walter Bates, de veinticinco y veintitrés años respectivamente, entraron de inmediato a formar parte de las filas de navegantes a causa de un vendaval que se levantó en el golfo de Vizcaya y les brindó la experiencia tan generalizada como desagradable del mareo agudo en alta mar. Los diez primeros días, más o menos, tan pronto estaban postrados en sus literas como doblados por las arcadas por encima del pasamanos. Pero los mares se calmaron, y el veloz barco de tres palos los surcó impulsado por los vientos alisios. Se adentraron en otra clase de frontera, de una belleza exquisita, donde la infinidad del cielo se encuentra con la del océano. De día les maravillaba el vasto mar de los Sargazos —una zona intermedia que en cierto modo es más tierra que mar, una inmensa «isla» que va girando lentamente formada por algas pardo rojizas del género *Sargassum* y bullente de artrópodos, moluscos, gusanos, peces y un sinfín de habitantes más—, mientras que de noche, al resplandor etéreo de la Vía Láctea sobre sus cabezas respondían unas aguas bañadas por la luz conjunta de incontables miríadas de organismos fosforescentes. El primer signo de estar aproximándose a tierra, aún lejana en el horizonte, fue un cambio en el color del mar; el azul marino se fue tornando verdoso, luego oliva, y fue dando paso a un tono amarillo aceitunado a medida que se acercaban a la costa: el agua del mar cargada de sedimento, la tierra de los majestuosos Andes, a unos tres mil kilómetros de distancia.

Veintinueve días después de zarpar de Liverpool, atracaron en Pará (la actual Belém), a escaso grado y medio al sur del ecuador, en la confluencia de los ríos Marajó y Guamá, al sureste de la desembocadura de más de sesenta kilómetros de ancho del mismísimo Amazonas. Era la mañana del 26 de mayo de 1848. ¿Cuál fue la primera impresión que se llevó Wallace del puerto? El sol de la mañana iluminaba un pueblo compacto en tierras bajas, la actual Cidade Velha (el casco antiguo), edificios encalados, chapiteles de iglesias que sobresalían en la luz y una fortificación maciza del siglo XVIII en primer plano, el Forte do Presépio, construido (y reconstruido) por colonos portugueses con la esperanza de mantener a raya las incursiones de holandeses y franceses. Las «exuberantes producciones tropicales», prominentes palmeras y bananeras, hacían las vistas «el doble de hermosas», pero el pueblo debía de parecer también bastante insignificante, apelotonado frente a un imponente muro verde de selva. Hoy es una ajetreada ciudad portuaria de más de dos millones y medio de habitantes, pero Belém entonces era un pueblo de apenas quince mil vecinos, más o menos. Cuando al fin consiguieron desembarcar, a Wallace le pareció «extravagante», calles no pavimentadas, edificios bonitos pero «ruinosos», de estilo renacentista y con cercos amarillos y azules en puertas y ventanas, alrededor de plazas cubiertas de maleza. Abundaban las palmeras y los frutales, así como las gentes de «todas las tonalidades».[6] Era exótico, desde luego, pero ¿dónde estaban todos esos coatíes revoltosos y monos juguetones? No había gran cosa en cuanto a aves llamativas revoloteando por los árboles ni un sinfín de insectos de colores vistosos.

En general, fue un poco decepcionante, después de las grandes expectativas que habían despertado Humboldt, Darwin, Edwards y demás viajeros de los trópicos. «El clima no era tan cálido, las gentes no eran tan peculiares y la vegetación no era tan impresionante como en la imagen ferviente que me había creado en la cabeza».[7] Muchos viajeros han tenido esta experiencia en su primer encuentro con los trópicos, sobre todo con la selva, donde la inmensidad y la densidad conspiran para dar la falsa sensación de homogeneidad. Lleva un tiempo entrenar la mirada, aprender a ver, hasta que, súbitamente, el océano verde de selva se convierte en tal diversidad que quita el aliento. Es un mundo de diversidad increíblemente alta pero de baja densidad, por lo que también lleva un tiempo descubrir las maravillas de la flora y la fauna y, en cuanto a esta última, poder capturarla. Wallace se dio cuenta después de que ese era el motivo por el que las narraciones de viajes que había leído estaban engañosamente llenas a rebosar de maravilla tras maravilla y recriminaba a los «viajeros que aglomeren en una sola descripción todas las maravillas y novedades que ellos tardaron semanas y meses en observar», lo que genera inevitablemente «una impresión errónea en el lector, y hace que, cuando visita el lugar, experimente una gran decepción».[8]

Las expectativas mejoraron al desplazarse unos ochocientos metros fuera de la ciudad, a un pueblecito llamado Nazaré: hoy en día apenas una parada de autobús en una plaza de la actual Belém, que no para de crecer, pero entonces una aldea cercana al muro verde de la selva, por la que corría un inmenso laberinto fluvial con un sinfín de arroyos trenzados grandes y pequeños que atravesaban una selva en apariencia infinita. Tuvieron la suerte de contratar como cocinero a un exesclavo llamado Isidoro, que demostró ser gran conocedor de plantas y sus usos medicinales, entre otras aplicaciones, y también los ayudó Vicente, probablemente esclavo, que tenía un auténtico don para capturar *bichos* (insectos, reptiles y otros animalillos). Continuaban con su formación: portugués, flora, fauna, las costumbres y los ritmos que rigen tanto la vida en una pequeña base colonial en el trópico como los de la selva. Sus primeras capturas exóticas les abrieron el apetito: ocho especies de papiliónidos, tres de fabulosas morfos azules, grandes arañas cazadoras de pájaros (llamadas tarántulas en Sudamérica), mántidos y tres especies de las bellísimas mariposas *Epicalia* (hoy, *Catonephele*), increíblemente ornamentadas con bandas azul marino y naranja sobre un negro intenso y aterciopelado. Hicieron dos excursiones a Manguari (hoy, parte de Ananindeua, una localidad al este de Belém), donde las cartas de recomendación de Edwards les consiguieron una invitación para visitar los molinos de arroz. En los veinte kilómetros a pie que llevaban al lugar, pasaron por una selva densa de imponentes árboles, altísimos y engalanados de epífitas, y al alzar la vista, observaron a través de los ojos de Humboldt la hermosa frondosidad de la cubierta tropical recortada a lo lejos contra el cielo azul y recordaron las vivas descripciones del naturalista prusiano de un espectáculo como aquel. Por allí recogieron plantas adornadas con plantas («parásitas sobre parásitas, y estas, sobre más parásitas») y se toparon con los primeros monos, víboras y un montón de aves preciosas: tucanes, benteveos, jacanas zancudas. Y se cobraron preciadas mariposas: la exquisita *Cithaerias andromeda* de alas transparentes, más morfos azul metálico, riodínidas de impresionantes alas con marcas «metálicas». También descubrieron por la fuerza lo rápido que las marabuntas de hormigas, que estaban por todos sitios, convertían en trofeos sus capturas. Un día, Wallace dejó su caja de recolección a un lado para charlar un momento y quedó horrorizado cuando la vio plagada de hormigas voraces que ya habían desguazado más de una docena de sus mejores especímenes. Pero a Wallace, que siempre veía el vaso medio lleno, le pareció que había una ventaja pese a todo: «Me costó muchísimo conseguir que renunciaran a sus presas, pero adquirí una valiosa experiencia a costa de las capturas de medio día productivo».[9] Efectivamente, Bates y él tuvieron que aprender a pasos acelerados a proteger los especímenes que tanto les costaba conseguir de las depredaciones constantes de las hormigas, que, en hordas de innumerables millones, representaban un estómago colectivo tan inmenso como insaciable. Un truco del oficio era poner las patas de la mesa en tazas de agua, lo que creaba pequeños fosos que ayudaban a impedir que las hormigas escalaran el parapeto. Además de su repertorio de insectos y aves, ambos tenían una espléndida colección de plantas, también. A los tres meses de su aventura amazónica, enviaron su primera remesa a Inglaterra: un enorme baúl abarrotado con 3635 especímenes de insectos de más de 1400 especies para Samuel Stevens, y la friolera de doce baúles con cien pliegos de plantas, sobre todo palmeras, para el nuevo Museo de Botánica Económica de William J. Hooker en Kew.[10] Quizás creyeran que les había costado arrancar, pero esta primera remesa era prodigiosa.

Una vez puesto el pie en la selva amazónica en Manguari, Wallace y Bates no tardaron en meterse hasta la cintura, con una travesía de un mes por el río Tocantins en compañía del canadiense Charles Leavens, uno de los encargados de los molinos de arroz. Leavens también era comerciante maderero e iba en busca del valioso cedro americano (*Cedrela odorata*), una madera noble apreciada, entonces igual que ahora, por su aroma y su resistencia a la descomposición. Con una carta de recomendación del Senhor João Augusto Correio, comandante de Belém, para ir abriéndoles paso, los tres zarparon Tocantins arriba a finales de agosto de 1848 en

La selva amazónica.

una *vigilinga* alquilada, una especie de canoa robusta de siete metros y dos mástiles con un «toldo», una cubierta de hojas de palma secas, en un extremo.[11] El Tocantins, uno de los ríos más largos de Sudamérica, fluye de sur a norte a lo largo de más de dos mil quinientos kilómetros, desde las praderas del Cerrado hasta la cuenca amazónica, a través de un extenso valle flanqueado por escarpados despeñaderos rocosos, restos de una antigua e imponente meseta de arenisca. Se trataba de otra frontera del tiempo geológico, una frontera doble, incluso: una región en la que los continentes sudamericano y africano estuvieran otrora unidos formando parte del vasto supercontinente meridional de Gondwana y un territorio geológicamente diverso en el que confluyen tres antiguas provincias del continente que cuentan con formaciones coincidentes en África. Wallace iba anotando siempre que asomaba el sustrato rocoso, normalmente bien escondido bajo una densa capa de vegetación tropical.

Los exploradores viajaron unos doscientos cincuenta kilómetros río arriba, hasta llegar a los rápidos de Aroyas, la actual Itupiranga. No era nada sencillo luchar contra corrientes cada vez más enérgicas y rápidos plagados de rocas a medida que subían en altitud. Fue una lección práctica que les enseñó lo difícil que resultaba la recolección científica en zonas de interior: contratiempos como que Wallace perdiera sus anteojos huyendo despavorido de la furia de unas avispas diminutas y vengativas; la fatalidad de que se le cayera la escopeta al agua; o bien que, pensando que habían conseguido matar un caimán, agarraran por una pata al reptil más que vivo y encolerizado y que a punto estuvo de hundir la canoa. Por otro lado, su ayudante de campo se mostraba indolente. Las personas que habían contratado (o que habían intentado contratar), indígenas miriti-tapuyo y mestizos *pardos* y caboclos, iban a lo suyo y tenían sus propias prioridades, entre las que no entraba el tremendo esfuerzo que requería remar contra las fuertes corrientes y arrastrar una enorme canoa por encima de furiosos rápidos una y otra vez para unos extranjeros mal ataviados que perseguían *bichos* —imagen tan irrisoria como absurda—. Se mostraban muy serviciales, pero al parecer en lo que sobre todo podían confiar era en lo poco que se podía confiar en ellos, que desaparecían en cualquier momento sin decir ni mu, siempre que, para empezar, los pudieran convencer de unirse a la fiesta. No se les puede echar la culpa: los tratos con los *brancos* casi nunca salían bien para los nativos.

Por todo ello, aquella breve incursión que Bates denominaría después «la simple galopada del turista»[12] fue un éxito a medias. Se hicieron con bastantes mariposas nuevas, entre ellas impresionantes heliconinas de largas alas, piéridos y papiliónidos, además de escarabajos y cigarras, caracoles y mejillones de río, y un variado regimiento de especímenes aviares: loros, añaperos y jacamarás, además del hoatzin, de aspecto decididamente prehistórico y una de las pocas aves en todo el mundo que se alimentan de hojas. Otros, como el magnífico guacamayo azul, *araruna* para los indígenas, permanecieron, para su tormento, fuera de su alcance. Sin embargo, puede resultar revelador el hecho de que Wallace dedicara el mismo tiempo a inspeccionar la geología de la zona que a perseguir aves e insectos. Observaba la aparición de rocas volcánicas metamorfizadas y rocas sedimentarias a medida que remontaban el río: conglomerados de grano grueso y rocas ígneas oscuras cerca de donde hoy se encuentra la presa de Tucuruí, luego areniscas cristalinas cerca del asentamiento abandonado de Alcobaça. Llamaron su atención las «inmensas masas de roca volcánica» en las cataratas y los atronadores rápidos de Tapaiunaquára y Guaribas, donde estratos «muy retorcidos y confusos» con «masas volcánicas que se levantaban entre medias» suponían una «prueba evidente de actividad volcánica violenta en algún periodo anterior». Los indicios de cataclismos pasados despertaron el asombro en Wallace, pero aún en mayor grado lo inspiraban las observaciones geológicas y lo llevaban a pensar en un marco más amplio: en particular, se preguntaba por el vínculo entre la geología local y el preciado guacamayo azul que hasta entonces los había esquivado. Estas aves son escasas río abajo y desaparecen por completo más allá de Baião, mientras que abundan río arriba. «¿Cuáles pueden ser las causas que limiten de forma tan precisa la distribución de un ave con semejante potencia de vuelo?», se preguntaba. «Aparece con la roca, y no cabe duda de que con ella hay un cambio correspondiente en los frutos de los que se alimentan las aves». Reflexiones ecológicas que revelan que en su mente bullían algunas ideas en torno a la interconexión entre especies, así como entre el territorio y la vida que alberga. Las relaciones e interdependencias siempre están ligadas a la geografía: todo es cuestión de líneas, fronteras, confines.

Los exploradores desanduvieron sus pasos a regañadientes río abajo, amenizados con las voces de monos aulladores, cigarras, ranas que emitían cantos que en absoluto parecían de rana —uno les recordaba a un tren aproximándose desde la lejanía, otro a los martillazos de un herrero— y el zumbido constante de los mosquitos. Las capturas eran escasas, pero se hicieron con una fragata (ave), una rapaz y más ejemplares buenos de papiliónidos y heliconinas. A mitad de camino se detuvieron en la plantación de cacao del comandante local, el Senhor Seixus, donde el sueño amazónico de Wallace estuvo a punto de tocar a su fin de forma brusca: al ir a coger despreocupadamente su escopeta por el cañón, se le disparó. La sangre brotó antes que el dolor y tuvo suerte de perder tan solo un trocito de la mano cerca de la muñeca y de que no alcanzase la arteria (ni a las personas que había detrás de él). Cuando Wallace regresó a Belém, estaba sumido en un abismo de dolor, tenía la mano gravemente inflamada. Lo trató un médico, que le puso el brazo en cabestrillo y le dio órdenes estrictas de no hacer nada con esa mano durante dos semanas. No podía ni montar un insecto con alfileres, y eso le hacía sentirse «totalmente abatido». Pero el lado bueno de esta situación potencialmente mortal era que tenía tiempo para observar, y pensar. Como solía ocurrir cuando Wallace contaba con un descanso impuesto por un motivo u otro, en su cabeza la rueda no paraba de girar, por lo que tenía sorprendentes revelaciones. En este caso, mientras se recuperaba en la hacienda del cónsul suizo, Monsieur Borlaz, e intentaba capturar pajarillos de distintos grupos que parecían alimentarse de la misma forma, reflexionó sobre la adaptación, las relaciones taxonómicas, la distribución y la competencia. Fue por entonces, cuando ya había capturado un gran número de aves además de insectos y las había diseccionado para inspeccionar el contenido de sus tripas, cuando surgió el enigma. A Wallace le parecía que toda la historia natural giraba en torno a las maravillosas adaptaciones de los animales a su ambiente: la forma de buscar alimento, las costumbres, el comportamiento. Pero había algo más: «Los naturalistas empiezan a ir un paso más allá y consideran que debe de haber algún otro principio que regule las infinitas y variadas formas de vida animal». ¿Qué pasa con los grupos no relacionados de aves e insectos que apenas se asemejan unos a otros, pero viven en la misma zona y se alimentan de lo mismo? «Debería sorprender *a cualquiera*», manifestaba, que estos grupos «no pueden haberse formado y ornamentado de manera tan diferente con ese único propósito».[13] Chocaba con lo que se daba por sentado en aquella época, que todas las especies están precisamente adaptadas en todos los aspectos, incluida su fuente alimentaria particular. Sin embargo, todas esas especies no relacionadas, con formas sorprendentemente diferentes, terminan al final comiendo lo mismo en los mismos sitios, compitiendo directamente unas con otras. El alimento, en realidad, es limitado, no es superabundante. De ahí que, cuando un árbol tropical en particular está en fruto, «se encuentran aves de lo más variado en estructura y de todos los tamaños de visita en el mismo árbol». Cogen lo que pueden, compiten por lo que hay. Si las especies no están específicamente diseñadas para su nicho en la vida, ¿qué principio regula «las infinitas y variadas formas de vida animal»?

Estas reflexiones aparecen casi como acotaciones, pero revelan una investigación constante para entender el patrón y el proceso. ¿Qué pensaba Bates de estas cavilaciones? No lo sabemos; algo pasó en el viaje por el Tocantins y ambos decidieron separar sus caminos. Un amigo común, el botánico Richard Spruce, que llegó el verano siguiente en busca de especímenes para William Jackson Hooker, de Kew, comentaba en una carta que habían discutido.[14] Es posible. Apenas se menciona a Bates en la narración del viaje que hizo Wallace después y, en la de Bates, solo aparece Wallace por cortesía, y en contadas ocasiones. Sea lo que sea lo que precipitó la separación, Wallace y Bates se mostraron bastante reservados al respecto, si bien mucho después darían a entender que su decisión de separarse estaba basada más en el pragmatismo que en la acritud. Divide y vencerás: buscar especímenes en regiones diferentes minimiza la multiplicación de esfuerzos, lo que tiene sentido para recolectores que se guían por la biogeografía y cuyas ganancias dependen de las rarezas que puedan venderse. Sea como fuere, aunque no cabe duda de que siguieron siendo amigos toda la vida, en aquel momento su amistad puede que se viera algo enrarecida.

Antes de separarse, no obstante, trabajaron juntos para preparar la segunda remesa para Stevens, que la publicitó como se merecía y publicó un extracto de su carta: «Los Sres. Wallace y Bates, dos jóvenes con iniciativa y mérito, salieron del país el pasado abril en una expedición a Sudamérica para estudiar algunas de las regiones inmensas e inexploradas de la provincia de Pará, de la que dicen que goza de una gran riqueza y variedad en sus manifestaciones de historia natural».[15]

———

Durante los cinco meses siguientes, Wallace permaneció en la desembocadura del Amazonas, principalmente en la gran isla de Marajó y en la isla Mexiana, mucho más pequeña y al norte de la anterior. Ambas cabalgan el ecuador, con terrenos bajos, de campo abierto e irregular: ranchos salpicados de caballos y ganado rodeados de una selva densa a la que diques naturales separan de la costa. Supervisados por pastores africanos esclavizados, o *vaqueiros*, los ranchos abiertos debían de ofrecer una imagen extraña, caballos famélicos y ganado hostigado y con manchas de sangre producidas por los feos mordiscos de murciélagos vampiro y a menudo mermado por jaguares y caimanes. Pero Wallace estaba concentrado en las aves: estridentes bandadas de cotorras, verdes con las alas blancas y naranjas, se lanzaban en picado y salían disparadas de enormes árboles frutales, y garrapateros aníes de un lustroso color negro y cucos de cola larga que sonaban como bisagras oxidadas volaban de árbol en árbol. Los insectos escaseaban a aquellas alturas del año, pero la captura de aves iba bien: no solo había águilas y otras rapaces, garzas y cigüeñas en ingentes cantidades, sino también elegantes ibis escarlata y espátulas rosadas, colibríes alas de sable que parecían pedrería, espectaculares loicas pechirrojas y turpiales, y hermosos tucanes ataviados con un distinguido traje de noche en blanco y negro que presumían de enormes y coloridos picos. Se alimentaba de cola de caimán y pirarucú, un gigantesco pez de agua dulce. El número extraordinario de caimanes que había en una zona le hizo reflexionar sobre la naturaleza de los registros fósiles: algunos geólogos interpretan la gran cantidad de fósiles de caimanes como una prueba de que estos reptiles eran superabundantes y poblaban un mundo esencialmente acuático en una época anterior a que surgiesen la mayoría de animales terrestres. Sin embargo, estaríamos ante una conclusión precipitada: «Porque, como es evidente que los restos de estos caimanes se encontrarían acumulados en el mismo sitio si una alteración de la Tierra provocara su muerte, resultaría que tales definiciones se basan en datos insuficientes y que una parte considerable de la Tierra podría haber estado tan elevada como lo está en el presente».[16] Un análisis muy lyelliano que habría gustado a sus amigos del instituto de mecánica, allá en el Reino Unido. De hecho, los tenía en mente, y les escribió poco después de esta expedición, como había prometido hacer cuando se fue, aunque más bien lo que hizo fue trazar un esbozo de la zona sin reflexiones científicas: paisaje, clima, flora, fauna y la diversidad de sus pueblos y costumbres. Invocando a la musa humboldtiana, se puso poético con la selva inmensa, en la que «nadie capaz de percibir lo magnífico y lo sublime queda decepcionado». Merece la pena citar su descripción en toda su extensión:

La lóbrega umbría, apenas iluminada por un único rayo directo, aunque se trate del sol tropical; el enorme tamaño y altura de los árboles, la mayoría de los cuales se yerguen como formidables columnas de al menos treinta metros sin echar una sola rama; los extraños contrafuertes que algunos tienen alrededor de su base, los troncos cubiertos de espinas o de surcos en otros árboles, curiosas y extraordinarias trepadoras de diferentes tipos, con tallos que se curvan y rodean los troncos y cuelgan como largas guirnaldas de rama en rama, y a veces se enroscan y retuercen en el suelo como grandes serpientes y luego ascienden a lo más alto de los árboles, para lanzar desde allí raíces y fibras que se quedan ondeando en el aire o que, al enrollarse entre ellas, forman cuerdas y cordeles de todas las variedades de tamaño, y a menudo de la más perfecta regularidad. Estas y muchas otras características novedosas —las plantas parásitas que crecen en troncos y ramas, la maravillosa diversidad del follaje, los extraños frutos y semillas que yacen pudriéndose en el suelo—, en conjunto superan toda descripción y producen sensaciones de admiración y asombro en el observador. Es aquí, también, donde se encuentran las aves más raras, los insectos más preciosos y los mamíferos y reptiles más interesantes. Aquí acechan el jaguar y la boa constrictor, y aquí, entre las más densas sombras, el campanero repica su tañido.[17]

El único comentario filosófico de la carta era una extensa condena a la esclavitud: «Una tropelía para el esclavo y una perversidad para el negrero y una obstrucción a la prosperidad del país en el que existe». La injusticia del sistema no se le iba de la cabeza casi nunca. Más o menos por esas fechas también escribió a la familia. Su hermano pequeño Edward seguía descontento trabajando en la fundición de la abadía de Neath y su propuesta de hacerse cargo de alumnos y enseñarles francés como su hermana Fanny no estaba yendo bien. Alfred había animado a su hermano pequeño a reunirse con él en Brasil y él, a regañadientes, decidió darle una oportunidad y escribió a su hermana: «Espero que esta sea una oportunidad mejor para mí; estamos condenados a ser una familia desperdigada y, si tiene que ser así, si las circunstancias así lo ordenan, asumámoslo con valentía y emprendamos el camino con honradez, resignados y contentos con los designios de la Providencia».[18]

Mientras Edward se preparaba para zarpar hacia Sudamérica, Alfred se mudó a otra casa en Nazaré, totalmente distanciado de Bates a pesar de vivir prácticamente puerta con puerta en la pequeña aldea. Allí conoció Wallace a un congoleño llamado Luiz con amplios conocimientos como recolector. Luiz había sido asistente de campo esclavo del naturalista austriaco Johann Natterer, que pasó unos dieciocho años capturando especímenes en Brasil, entre 1817 y 1835. Natterer lo liberó cuando se fue de Brasil con una colección enorme de animales preparados de todo tipo, y Luiz se había ganado bien la vida cazando, lo suficiente para ser dueño de un trocito de tierra y de un par de esclavos que ahora trabajaban para él. Alfred lo contrató por dos chelines y dos peniques al día para cazar aves con él por el río Guamá, que serpenteaba hacia el este desde Belém hasta llegar a São Domingos do Capim, en la confluencia del Guamá y su «afluente» el Capim, más largo. Quería navegar por aquel río, tanto por ver el legendario macareo, la *pororoca* para los locales, como por lo que pudiera recolectar: el trabajo empezaba a hacerse un poco monótono, era un constante desollar, montar con alfileres, sumergir en conservantes, etiquetar, empacar y preocuparse constantemente de proteger de los carroñeros o de ese estómago formícido colectivo e insaciable los especímenes que tanto le costaba conseguir. Aquel curioso fenómeno natural era justo la distracción que necesitaba. La *pororoca*, que alcanza su apogeo alrededor de las lunas nueva y llena equinocciales, es una subida de la marea que se desplaza cientos de kilómetros a contracorriente por el Amazonas y los ríos adyacentes formando una serie de olas sucesivas de hasta cuatro metros de alto que generan un gran estruendo. Es el sueño de todo surfero, la «ola infinita» que hoy atrae a participantes de todo el mundo en una competición por ver quién recorre más distancia en su tabla y a los que São Domingos do Capim les da la bienvenida con unos llamativos carteles que rezan: *SORRIA, você está a terra da pororoca* (Sonría, está usted en la tierra de la *pororoca*).[19] ¿Cómo iba a resistirse ningún naturalista? Wallace estaba entusiasmado: la ola enorme apareció «de repente como una avalancha», desplazándose rápidamente río arriba, y «levantó nuestra canoa igual que lo hubiera hecho una ola oceánica fuerte e inmensa».[20] Fiel a su estilo, observó el fenómeno con detenimiento y, como llegó a la conclusión de que las explicaciones que se daban no eran correctas, ofreció las suyas, diagrama incluido, en el relato de sus viajes por el Amazonas un par de años después.[21]

Reunir colecciones zoológicas también tenía su encanto, viajando en canoa a través de «selvas vírgenes salvajes, intactas y deshabitadas» entre una nube de morfos azul metálico y cazando con dardos martines pescadores verdes en compañía de indios y esclavos que trabajaban para el Senhor Calisto, un terrateniente solícito que ayudaba en la prestación de servicios a la expedición. Wallace apreciaba esta ayuda, pero tenía sus reparos con la servidumbre forzada, aunque se le dispensase un trato de lo más benevolente. Sus argumentos en contra de la esclavitud en aquel momento se basaban en los supuestos efectos edificantes del esfuerzo, la responsabilidad y la autonomía: la esclavitud mantiene a los individuos «en un estado de infancia adulta, de niñez irreflexiva», escribió.[22] Es la «lucha por la existencia» y el deseo de superación personal —beneficio, poder, adulación— el que pule las capacidades e inspira la genialidad. Sin embargo, los esclavos no tienen esperanza de superación, nada a lo que aspirar. Resulta interesante tener en cuenta que esta idea de los efectos edificantes del esfuerzo no se distancia mucho de sus ideas posteriores y las de Darwin sobre la selección natural.

Bien remontado el Capim, el grupo se cenó un guiso de jacú, un crácido (género *Penelope*) al que también llaman «pava», y colgaron las hamacas entre los vetustos árboles de la selva, donde, a la luz vacilante de una hoguera, los indios relataron sus hazañas de cacería y cómo habían escapado por los pelos de jaguares y serpientes. Wallace, tumbado en la hamaca y con la mirada perdida en las lejanas copas de los árboles allá arriba, apenas distinguía entre el titilar de las estrellas y las luciérnagas. En realidad no eran luciérnagas, sino elatéridos (escarabajos de resorte) del género *Pyrophorus*. Tienen unos órganos luminiscentes brillantes en ambos lados del tórax, como unas luces de posición, y emiten tanta claridad que Wallace leía el periódico sosteniendo uno de estos escarabajos sobre la página.

En poco más de un año, Wallace había llegado realmente muy lejos.

———

Edward atracó en Belém a principios de julio de 1849 a bordo del bergantín Britannia, en compañía, por casualidad, del botánico Richard Spruce y su ayudante. Natural de Yorkshire y con formación de maestro, como su padre, Spruce tenía la misma combinación de espíritu viajero y gusto por la historia natural que Wallace y Bates y no tardó en abandonar aquella profesión a la que estaba destinado. Al contrario que ellos, él contaba ya con una amplia experiencia en viajes y colección de campo[23] para cuando se dirigió a Brasil al servicio de William J. Hooker. En un mes, Spruce tenía varios cientos de especímenes prensados para Hooker, dos especies de palmera germinadas, frutos y flores de otras cuantas en proceso de secado, y estaba experimentando con orquídeas epífitas del

Leyendo a la luz del elatérido bioluminiscente *Pyrophorus noctilucus* (antiguamente, género *Elater*).

género *Fernandezia* para que creciesen sobre naranjos, lo cual, si funcionaba, sería una manera estupenda de propagarlas en Kew.[24] El afable Spruce enseguida estaba remontando el Amazonas hacia Monte Alegre y Santarém. Los hermanos Wallace planeaban también ir río arriba, pero no con Spruce; Alfred se mostraba al principio algo reservado y quería ir por libre, debido quizás a su discusión con Bates.

Elegir el momento oportuno era crucial para desplazarse río arriba, especialmente antes de la entrada de los barcos de vapor en 1853. Fuertes mareas subían por los ríos incluso a cientos de kilómetros aguas arriba, por lo que dependían de las mareas crecientes todos los días. Según la estación, los vientos podían ayudar. En la estación seca, más o menos de agosto a diciembre, se podían cubrir mil quinientos kilómetros en apenas cuarenta días empujados por el intenso *vento geral*, el viento alisio del este. Pero se tardaba más del doble en recorrer la misma distancia en la temporada de lluvias, de enero a julio, cuando los vientos fallaban y los ríos estaban desbordados y embravecidos. En esa estación era insoportablemente lento remontar el río en sus pequeñas *montarias* (otro tipo de canoa) y *vigilingas*. Por si esto no fuera suficiente, el río solía estar plagado de enormes marañas de árboles arrancados y otro tipo de vegetación que iba arrastrando. Las tormentas eran frecuentes, con potentes borrascas iluminadas de relámpagos y vendavales que generaban olas brutales. Había que esperar a que pasara el turbulento temporal y, entre uno y otro, la tripulación remolcaba lentamente los barcos a contracorriente, los aseguraban con cables del mástil al árbol robusto más cercano y tiraban de ellos hacia adelante. Echaban los cables una y otra vez, haciendo que el barco avanzase centímetro a centímetro río arriba enfrentándose a la virulenta corriente. Era mejor evitar los desplazamientos en la temporada de lluvias si cabía la posibilidad, pero los Wallace no podían permitirse ese lujo.

Tras los retrasos habituales, los hermanos consiguieron pasajes en un barquito vacío que se dirigía río arriba, pero a Edward seguramente no le hicieran mucha ilusión sus aposentos —que podrían catalogarse de «subtercera clase»—, ubicados en la bodega y apestando todavía al pescado en salazón que acababan de descargar en Belém. Emprendieron viaje a principios de agosto de 1849, por lo que al menos tuvieron vientos favorables en el río Pará; luego la marcha se ralentizó a medida que iban abriéndose camino en contra de la corriente a base de remar, impulsarse y tirar del barco por el laberinto de *igarapés* y *furos* que rodean la isla de Marajó, una serie de canales encajonados entre lo que a menudo se ha definido como muros de selva. Daba la impresión de ir viajando a través de una honda garganta verde, como bien lo describió Bates.[25] Dos semanas después, se adentraron por fin en el majestuoso Amazonas. Bien podría haberse tratado del océano, porque era tan ancho que las orillas se perdían de vista una vez internados en él. «Sentimos gran admiración y estremecimiento al contemplar el caudal de aquel río imponente y de fama mundial. La imaginación se disparaba hasta su nacimiento en los remotos Andes, hasta los incas peruanos de antaño, a las montañas de plata del Potosí y a los buscadores de oro españoles e indios salvajes que ahora habitan la región alrededor de sus mil fuentes». Era impresionante observar el «cúmulo de aguas en un curso de cinco mil kilómetros», y le maravillaba darse cuenta de que todos los ríos y arroyos, «que en una extensión de dos mil kilómetros drenaban los Andes cubiertos de nieve», se reunían en el vasto océano del río que entonces fluía ante él.[26]

Zarparon hacia Santarém, una base comercial a unos ochocientos kilómetros hacia el interior, en la confluencia del turbio Amazonas y el cristalino río Tapajós. Era un pueblito coqueto con calles de hierba (carecía de vehículos rodados y no había muchos caballos), el fuerte de rigor, una espléndida iglesia con dos torres de planta cuadrada, radiantes casas amarillas y blancas con puertas verdes y un montón de niños negros e indios «bastante anfibios» chapoteando en la playa: «no es que sea una Babilonia moderna en cuanto a tamaño y aspecto», bromeaba Edward en una carta dirigida a Fanny, «aunque la hierba que crece en las calles podría recordar a alguna ciudad desierta de la Antigüedad».[27] En Santarém vivía el extravagante capitán Hislop, un escocés que presidía un salón nocturno para expatriados británicos y estadounidenses en el Amazonas. Wallace tenía cartas de recomendación de sus contactos en Belém. Hubiera preferido contar con una más oficial del ministerio británico de Exteriores; le había pedido a Stevens en mayo que se la consiguiese para facilitarle los desplazamientos por el interior, pero todavía no había llegado.[28] Las cartas que tenían estaban bien, y el simpático Hislop estuvo encantado de ayudar. Merece la pena recordar que son pocos los que viajan solos de verdad, y a Alfred y Edward les ayudaban una red de brasileños y expatriados como el capitán Hislop: un juez local, comandantes, mercaderes, un tendero, ganaderos, un cura... y los esclavos y los indios, claro, que eran los que hacían el trabajo duro.

Con la ayuda de todos ellos, Alfred y Edward encontraban alojamiento por aquí, conseguían una *montaria* prestada por allá y contaban con quien les echase una mano a la hora de capturar especímenes, desollarlos, cocinar y remar. Además, a muchos les gustaba llevar a los naturalistas de excursión, o permitirles unirse a sus propias salidas o viajes comerciales. Aprovecharon una de esas invitaciones poco después de llegar a Santarém, pues el *juiz de direito* (magistrado) de la localidad ofreció a los hermanos Wallace una robusta canoa para viajar unos ochenta kilómetros río abajo hasta Monte Alegre, en la orilla norte, encaramada en lo alto de una colina y a la que se llegaba abriéndose paso a través de arenas movedizas entre gruesos cactus candelabro de diez metros de alto, un estrambótico contraste con los paisajes selváticos a los que estaban acostumbrados. La localidad no se había recuperado de la despoblación provocada en la década anterior por la *cabanagem*, una revuelta popular de los caboclos (de ascendencia mestiza entre europeos e indígenas brasileños), pardos (de ascendencia multirracial entre europeos, amerindios y africanos) y otros *ribeirinhos* oprimidos, habitantes de los palafitos desvencijados que salpicaban toda la ribera. Cuando su sufrimiento a manos de los blancos alcanzó un punto crítico, su ira invadió Belém y desencadenó entre 1835 y 1840 una auténtica guerra civil, que vio pueblos diezmados y haciendas y plantaciones quemadas por toda la provincia y dejó decenas de miles de muertos. Ahora Monte Alegre consistía en un puñado de casas destartaladas dispuestas alrededor de una iglesia de arenisca a medio terminar en una plaza central y «malezas y basura por todas partes, con alguna empalizada podrida cercando un corral de ganado».[29] Unos pocos habitantes eran ganaderos, pero la economía se basaba principalmente en el cacao. El juez, tan amable, les proporcionó cartas de recomendación para su amigo el Senhor Nunez, un mercader local que resultó hospitalario y muy servicial. Se quedaron alrededor de un mes en una casa de adobe en una hacienda ganadera, donde la comida era tan buena como las capturas de especímenes: guiso de tortuga y leche fresca para bajarlo. Las habitaciones en las que colgaban las hamacas estaban cerradas y eran sofocantes, pero por una buena razón: enjambres de mosquitos sedientos de sangre salían por la noche, y tenían que poner recipientes con bosta de vaca humeante en la puerta para intentar mantenerlos a raya. El truco no servía de mucho.

Alfred quería visitar la zona por los escarabajos, que hasta el momento se le estaban resistiendo. El viaje le decepcionó en ese aspecto, pero fue un gran éxito en otros. Además de resultar excelente en cuanto a recolección de aves y mariposas, disfrutó de la geología y la arqueología en las *serras* de los alrededores. Las pequeñas elevaciones justo al suroeste y norte del río son afloramientos rocosos del Paleozoico de casi dos mil millones de años de antigüedad. Se trata del margen meridional del Escudo Guayanés, uno de los tres cratones continentales que conforman la placa sudamericana. Wallace volvía a viajar por otra zona fronteriza del tiempo geológico: un precioso paisaje de arenisca del Carbonífero que se alza sobre el río, erosionada en formaciones alveoladas y chimeneas de hadas con amplios sombreretes de roca más resistente: la más destacable, la famosa Pedra do Pilão, un pináculo que se ve a lo lejos desde el pueblo. Es tierra de manantiales, cascadas y cuevas, entre ellas el que quizá sea el yacimiento arqueológico más famoso de Sudamérica, la Caverna da Pedra Pintada, que los hermanos Wallace visitaron con la ayuda del Senhor Nunez. Ahora protegida dentro del Parque Estatal de Monte Alegre, esta cueva de arenisca y sus formaciones asociadas dan testimonio de una presencia paleoindia que se remonta a hace unos 11 200 años, mucho antes de la fecha que se atribuía a la presencia humana en la cuenca amazónica.[30] Alfred y su hermano admiraron las espectaculares pinturas y pictogramas rupestres, cientos de figuras filiformes, plantillas de manos y diseños geométricos, los más antiguos que se conocen en las Américas. Edward describiría después su «viaje de descubrimiento» en una carta a su madre: «Nos detuvimos allí tres días, subimos a lo alto de las montañas, nos desollamos las espinillas en la accidentada roca, copiamos las curiosas figuras que tenía dibujadas... en suma, acometimos con nuestras piernas y manos todas esas hazañas formidables que los viajeros buscadores de maravillas suelen acometer».[31]

Edward se lesionó la pierna poco después, lo que le dejó postrado dos semanas. Pero Alfred aprovechó al máximo su estancia allí: las «frondosas arboledas» de las colinas alrededor de Monte Alegre «eran nuestro mejor campo de recolección de insectos». Dos rarezas en particular daban una pista de esos patrones de distribución misteriosos: dos mariposas patas de cepillo muy próximas en la familia ninfálidos, *Callithea* (hoy, *Asterope*) *lepreuri* y *C. sapphira*, deslumbrantes con la parte inferior de un tono metálico verdoso o azulado y de color negro con un intenso azul o naranja en la parte de arriba. Una se daba en la zona norte del río, donde se sitúa Monte Alegre, mientras que la otra se encontraba en la zona sur, y llegaba hasta Santarém y alrededores. «Aquí», escribiría Wallace mucho después, «conseguí la primera prueba de que el gran río limita la distribución de las especies».[32] Otra frontera, otra línea; ¿por qué? Puede que no sea tan terriblemente significativo encontrar una especie aquí y otra allá. Pero no iba a tardar mucho en darse cuenta de que la distribución geográfica de especies próximas taxonómicamente podría indicar algo de lo que el astrónomo Sir John Herschel denominaba «ese misterio de misterios», el origen de las especies.[33] Por aquel entonces, apenas empezaba a darse cuenta de semejantes patrones, y posteriormente se arrepentiría de no haber sido más cuidadoso al anotar cuál era la ribera exacta de los grandes ríos del Amazonas de la que provenían las distintas especies y variedades que había recogido. De momento, las mariposas de Monte Alegre y Santarém serían otro punto en sus observaciones que esperaba a conectarse con otros.

Poco después de regresar a Santarém, volvieron a encontrarse con Richard Spruce, que enseguida se convirtió en un amigo íntimo y para toda la vida. No tenían ni idea de que Bates había pasado por allí, también, mientras los hermanos Wallace estaban en Monte Alegre, pero había seguido río arriba inmediatamente. Wallace empaquetó una remesa para enviársela a Samuel Stevens, la primera desde que se separara de Bates. Puede que los escarabajos hubieran sido esquivos, pero tenía un montón de aves y, sobre todo, de mariposas: casi todas las especies eran distintas a las que había encontrado alrededor de Belém. Llamó la atención de Stevens, en particular, sobre la magnífica *C. sapphira*, que tanto le había costado conseguir, «la *cosa más hermosa* que he atrapado nunca

(...). Es muy difícil de capturar, pues casi siempre se posa en lo alto de los árboles; tuve que trepar y aguardar para coger dos especímenes; luego me serví de una vara larga que dejé en un árbol que frecuentaban y, a fuerza de perseverar con ella todos los días durante casi un mes, me hice con una buena colección». Como era de esperar, Stevens publicó la carta, y añadió una tentadora nota al pie sobre «la rara *Callithea Sapphira*» a compradores potenciales: «Hasta la fecha, parece que solo ha existido un ejemplar en las colecciones de este país».[34] Casi como si nada, Wallace incluyó también vértebras de caimán, pensando que a alguien podrían servirles para compararlas con fósiles de reptiles, y un ejemplar del nenúfar gigante dedicado a la reina Victoria, *Victoria amazonica*, el mismísimo emblema de la exuberancia botánica de los trópicos ante el que Bates y él se habían maravillado en los invernaderos de Chatsworth poco antes de su partida hacía un año y medio, y que ahora contemplaba en estado natural, cubriendo los pantanos bajo Monte Alegre.

Estaban en noviembre de 1849, y la estación de lluvias se había adelantado un poco. En continuo movimiento para tratar de ampliar sus colecciones, los naturalistas fueron entrecruzando sus caminos separados mientras remontaban el río hasta Barra, hoy la ciudad de Manaos. Óbidos, a unos ochenta kilómetros aguas arriba, donde el cauce del Amazonas es más estrecho, fue la primera parada. Al llegar, Alfred y Edward descubrieron que Spruce recién había llegado allí el día anterior, aunque había partido de Santarém diez días antes que ellos. Buen ejemplo de los azares de viajar por el Amazonas. Spruce tenía pasaje en un barco grande, pero se vieron retenidos por la falta de viento y porque, además, el propietario se negaba a navegar de noche, mientras que la canoa pequeña y agujereada de los hermanos Wallace había recorrido el trayecto en tres días. Ninguno de ellos lo sabía, pero Bates les había ganado a todos, porque solo le llevó un día alcanzar la localidad de Santarém, y hacía mucho que se había ido para cuando pudieron llegar sus compatriotas. Alfred y Edward avanzaron hasta Vila Nova da Rainha (la actual Parintins), donde los ayudó el padre Torquato de Souza, el que otrora acompañara en sus viajes al príncipe Enrique Guillermo Adalberto de Prusia en su expedición por el Xingú, otro gran afluente del Amazonas. La pequeña base de Serpa, o Itacoatiara, fue la siguiente (donde los Wallace, sin saberlo, volvieron a adelantar a Bates), y por fin llegaron a Manaos, en la enorme confluencia del río Negro y el Amazonas, el último día del año. El río Negro es el río de aguas negras más largo del mundo, con casi dos mil cuatrocientos kilómetros desde sus cabeceras en Colombia y Venezuela. Anuncia su presencia incluso antes de llegar a él. Debido a las diferencias de temperatura y densidad, las negrísimas aguas del río Negro, cuyo color deriva de la abundancia de taninos y otros compuestos, en realidad corren paralelas a las aguas amarillentas cargadas de sedimentos del Amazonas a lo largo de varios kilómetros a partir de la confluencia, con innumerables remolinos café con leche que los funden en uno.

Manaos, hoy una ciudad de más de dos millones de habitantes, no parecía gran cosa en aquella época, pues había quedado prácticamente destruida durante la *cabanagem*. Había dos iglesias, en mal estado, y el viejo fuerte que le había dado a la localidad su primer nombre, Barra, estaba reducido a un montículo y un fragmento de muralla. Casas bajas con cubiertas de teja roja, blancas o amarillas y con puertas verdes, como en Santarém, flanqueaban las calles trazadas con orden pero sin pavimentar, que estaban «onduladas y llenas de agujeros». Wallace no veía con buenos ojos a los lugareños: hasta los «habitantes más civilizados», principalmente comerciantes, «no tienen absolutamente ningún tipo de entretenimiento» —a menos que cuente la bebida y el juego— y «la mayoría de ellos no abren nunca un libro ni gozan de esparcimiento intelectual alguno». No es de extrañar, concluía Wallace, que «los valores morales en Barra se encuentren en el nivel más bajo posible de cualquier comunidad civilizada». Por «civilizada» se refería a occidental, europea, pero su comentario demuestra que entendía que eso era relativo en muchos sentidos. No tardaría en condenar la influencia corruptora de los elementos de dudosa moral de la sociedad occidental que tan a menudo eran con los que más contacto tenían los indígenas, y alabar los méritos del estilo de vida tradicional de estos últimos. Pero todavía quedaba un siglo y medio para que la sociedad occidental empezara a asumir el efecto destructivo de lo que Wallace consideraba las formas más benévolas de colonialismo. Para la multitud de culturas extirpadas activa o pasivamente, incluidos los antiguos habitantes de la región de Manaos, iba a ser demasiado tarde. Resulta estremecedor que el nombre de la ciudad venga del pueblo indígena de los manaós, una civilización que vivió allí durante milenios, probablemente, y cuya historia ha quedado relegada al Museu do Indio de la ciudad.

Los Wallace llegaron el último día de la década, y fueron recibidos de inmediato con los brazos abiertos por el Senhor Henrique Antonij, expatriado italiano, respetado comerciante y queridísimo amigo de todos los viajeros. El Senhor Henrique, como se le conocía, acogió a los hermanos «con tan suma hospitalidad que enseguida nos hizo sentir como en casa», como había hecho con William Edwards anteriormente. A sugerencia de Spruce, el Senhor Henrique posteriormente sería homenajeado con el género *Henriquezia*, un género que incluye «el árbol más bonito del Río Negro» y que da «una profusión de flores purpúreas magníficas semejantes a las digitales».[35] Además, estaban en el mismísimo corazón del Amazonas, a mil seiscientos kilómetros de Belém, en el mismísimo umbral de una *terra incognita* para los europeos. Alfred no tenía tiempo que perder: a pesar de la estación, organizó inmediatamente una expedición inicial de un mes para remontar el río Negro en busca del célebre paragüero ornado, *Cephalopterus ornatus*, una gran ave de aspecto córvido con un enorme tupé al estilo Elvis y una carúncula inflable, que frecuentaba las islas fluviales por encima de Manaos. Edward se quedó atrás, mientras que el Senhor Henrique le dio a Alfred una carta de recomendación para el Senhor Balbino, que vivía cerca de la actual Iranduba, en el lado oeste del río, a unos tres días a remo de Manaos. Balbino, a su vez, le presentó a Alfred a una familia india, que le ofreció una «pequeña habitación con una empinadísima cuesta por suelo» y tres puertas, una de las cuales hacía las veces de ventana.[36] Era lo único que necesitaba, pues la mayor parte del tiempo se la pasaba fuera buscando especímenes: Wallace y sus cazadores contratados trabajaban desde antes del amanecer hasta bien entrada la noche, y sus capturas no solo incluían paragüeros ornados (¡veintitrés, ni más ni menos!), sino varios ejemplares del poco común campanero blanco (*Procnias albus*), una especie curiosa que luce una carúncula larga y colgante y emite una llamada ensordecedora que recuerda a una campana y se considera la de sonido más fuerte de todas las aves.[37]

Al regresar a Manaos en febrero, los hermanos se reconciliaron con Bates, y los tres volvieron a recolectar juntos, entre aguaceros torrenciales, hasta que Bates partió a la base de Ega, a seiscientos cincuenta kilómetros subiendo por el río Solimões, como se llamaba el inmenso tramo del Amazonas que va desde Manaos hasta Perú. La amistad entre Wallace y Bates se había mantenido, por lo que su partida fue más amistosa esta vez.[38] Los hermanos Wallace, entretanto, continuaron padeciendo la temporada de lluvias, a la espera de la carta oficial que tanto se hacía de rogar del ministerio británico de Exteriores. Pasaban los días, pasaban las semanas, y seguían sin noticias. Sacaron el mayor provecho de la situación, y amenizaron la espera con la compañía de otros naturalistas y viajeros que también estaban atrapados allí, entre ellos un inglés coleccionista de aves cuyo ayudante indio les enseñó a usar la cerbatana, un arma mortal que consiste en un tallo de palmera hueco al que se le acopla una boquilla y con el que se disparan dardos afiladísimos impregnados de curare venenoso (extraído de la corteza de la trepadora *Strychnos toxifera*).

Wallace empaquetó la última remesa para Stevens, nada mala teniendo en cuenta la estación. Además de los campaneros y los paragüeros, había loros, rapaces, un raro tucán, trompeteros, tinamús, saltarines, patos y arasaríes, así como un surtido de peces, reptiles y, por supuesto, insectos. Stevens seleccionó pasajes de su carta para publicarlos en la revista científica *Annals and Magazine of Natural History*, excelente publicidad para el intrépido naturalista en tierras remotas.[39] A la Sociedad Zoológica también les remitió un pequeño artículo que había escrito Wallace —su primer artículo sobre el terreno— acerca de las costumbres del paragüero ornado: «Como he tenido la oportunidad de observar a esta ave singular en su región natural, puede ser que algunos comentarios sobre su carácter y costumbres no carezcan por completo de interés, ahora que se habrá recibido una remesa que he enviado a Inglaterra».[40] En la carta, Wallace también revelaba un ambicioso plan. Iba a remontar el río Negro prácticamente hasta su nacimiento, adentrándose en la República de Venezuela, y a la vuelta, se dirigiría a los altos Andes, ¡una ascensión al paraíso, los legendarios reinos que exploró el venerable Humboldt! Calculaba que, seguramente, no iba a poder emprender viaje «a las fronteras» hasta junio o julio, como pronto. Sería un viaje de dos meses subiendo el río Negro, sobre todo porque planeaba investigar por el camino, y se quedaría en el curso alto alrededor de un año.

Una vez enviada la cuarta remesa de especímenes río abajo en dirección a Inglaterra, Wallace volvía a esperar a que pasara la temporada de lluvias. Para escapar de la monotonía, se unió a un pequeño grupo en una excursión a Manaquiri, aguas arriba en el Solimões, donde le invitaron a visitar la hacienda del Senhor Antônio José Brandão, el suegro del Senhor Henrique. De camino, le asombró lo increíblemente crecidos que iban los ríos, entonces en la prodigiosa fase de inundación estacional que convierte las tierras bajas de la selva en un mundo acuático, el *gapó* (denominado *igapó* en la actualidad), «una de las características más particulares del Amazonas».[41] Estas inmensas extensiones de selva inundada se extienden entre treinta y cincuenta kilómetros a cada lado del Amazonas a lo largo de un tramo de dos mil setecientos kilómetros, y las aguas alcanzan los doce metros de profundidad durante seis meses al año. Wallace se percató de que los pueblos indígenas distinguían las peculiaridades de las selvas del *gapó*, que tienen especies que no se encuentran en tierra firme, como confirman los análisis florísticos modernos. Se fijó también en los animales característicos, atraídos por los abundantes frutos de los árboles del *gapó*, y le habría encantado saber (aunque quizá no le hubiera sorprendido) que las semillas de estos árboles no las dispersan principalmente las aves ni los mamíferos, ni siquiera la propia agua, ¡sino los peces! La floración y fructificación de muchas especies arbóreas del *gapó* coinciden con la gran inundación, y docenas de taxones de peces están coadaptados para alimentarse de esta abundancia anual de frutos y dispersarlos, una extraordinaria serie de relaciones ecológicas y evolutivas que no fueron bien descritas hasta principios del siglo XXI.[42]

El equipo estuvo un día entero remando, recorriendo tramos largos en la densa sombra de la selva inundada, desplazándose entre enormes troncos cilíndricos que surgían del agua como columnas, según contaba Wallace, mitigada aquí y allá la tristeza del lugar por elegantes orquídeas *Oncidium* de destellos dorados que parecían estar suspendidas en el aire. Las no pocas especies de este género se conocen vulgarmente como damas danzantes o lluvias de oro, y todas ellas exhiben numerosas flores de vivo color amarillo sobre un tallo largo y fino. De vez en cuando aparecían de repente en claros iluminados a medida que iban abandonando la selva y cruzaban amplios lagos salpicados de lentibularias de flores amarillas (*Utricularia*) y espigas de agua de flores azules (*Pontederia*). Una noche se detuvieron junto a un inmenso tronco flotante atrapado por la vegetación, y encendieron un fuego para asar pescado y preparar café. Podría haber sido un estupendo campamento acuático, solo que, sin darse cuenta, habían invadido el territorio flotante de una enorme colonia de hormigas de fuego, así llamadas no por ninguna afinidad por el fuego, sino por lo dolorosa que es su mordedura, que hace que a uno se le salten las lágrimas. A las inquietas hormigas no les hizo ninguna gracia ni los intrusos ni su hoguera humeante; abordaron la canoa como una marabunta y se lo hicieron pagar caro a aquel hatajo de inconscientes.[43]

Al día siguiente llegaron a Manaquiri y a la hacienda del Senhor Brandão, una finca algo destartalada de campos de caña y tabaco, huertos frutales y pastos. Allí pasó Wallace los dos meses siguientes observando y recolectando, con ayuda, lo que podía. Cayó en la rutina: se levantaba temprano y disfrutaba de una taza de café y un desayuno sencillo consistente en gachas de avena o chocolate con leche, luego se iba a recolectar a la selva o se sentaba a trabajar en lo que tuviese entre manos —montar insectos con alfileres, desollar aves y monos, y hasta una vez, diseccionar y analizar un manatí que había capturado el pescador—. Tomaba nota del comportamiento de los zopilotes negros perchados en las inmediaciones mientras se ocupaba de sus ejemplares. Las aves siempre hambrientas no le quitaban ojo, a la espera de cualquier «piscolabis» que pudiera generar la preparación de sus pieles. Estaba seguro de que se guiaban por la vista y no por el olfato, pues notaba que si le veían tirar un bocado que de algún modo quedaba oculto, se ponían a saltar alrededor buscándolo en vano. En cuanto a sus propias comidas, almuerzo y cena eran muy parecidos: el delicioso pescado *tambaquí* (*Colossoma macropomum*) era la base, a veces sustituido por aves, venado, manatí u otras piezas de caza, y se servía con arroz, frijoles y pan de maíz. Solía comer con el Senhor Brandão y su hija. Este había sido magistrado en Manaos, y su familia y él habían escapado por los pelos de la muerte a manos de una banda de saqueadores durante la *cabanagem*, hacía dos décadas, pero la hacienda había quedado prácticamente destruida. Años después, seguía sin haberse recuperado gran cosa; entonces viudo, al Senhor Brandão ya no le quedaban ganas. Vivía con sus sirvientes y la única hija que le quedaba sin casar, y pasaba los días atendiendo la finca y leyendo todos los libros que caían en sus manos, incluso en francés, que había aprendido a leer por su cuenta. La gran admiración de Wallace hacia el Senhor Brandão se veía quizás superada por la que tenía hacia su hija, bastante atractiva.

Había conocido a la *senhorita* y a su padre en Manaos; ella era una de tantas jóvenes con las que se había encontrado. Vestida con elegantes muselinas francesas, sin un pelo fuera de su sitio y adornada con flores, parecía una alucinación. Ahora la alucinación estaba allí, y resultaba incongruente: «se antojaba muy extraño ver a una jovencita bien vestida sentada en una esterilla sobre un suelo de barro muy irregular con media docena de indias a su alrededor haciendo labores de encaje».[44] Wallace no dice mucho más de la Senhorita Brandão en sus escritos, pero debía de estar bastante más prendado de ella de lo que dejaba ver: hace unos años salió a la luz una carta de su hermano John a su madre con un comentario de lo más intrigante:

> La comunicación de los planes de boda de Alfred es toda una noticia y quizás explique en cierta medida que no me haya escrito, pues estará dedicando todo su tiempo libre a otras reflexiones. Por mucho que me alegre de que haya encontrado a alguien que le asista y le haga compañía en esas tierras remotas, no puedo decir lo mismo de mí, porque en mis periplos no he visto todavía a ninguna que pueda compararse con «las alegres damas de Inglaterra, tan bonitas y hermosas».[45]

¡¿Cómo?!, ¡¿planes de boda?! Obviamente, John estaba contestando a las noticias que su hermano le había transmitido a su madre desde la remota Amazonía. Habida cuenta de las fechas, prácticamente la única ocasión que Alfred había tenido de estar en compañía de una joven el tiempo suficiente como para considerar casarse con ella había sido su estancia de dos meses en la hacienda del Senhor Brandão en Manaquiri. Tampoco es que sorprenda mucho: no es difícil imaginar a ese joven de veintisiete años, que vive principalmente entre una panda de tipos muy poco refinados, quedando embelesado, cuando menos, al ver a una joven dama tan encantadora como la Senhorita Brandão. Y como veremos en el capítulo 5, hubo momentos en sus viajes por el Amazonas en los que llegó a fantasear con asentarse y formar una familia en ese paraíso tropical.[46] En caso de que esta interpretación de la carta de John fuese correcta, todavía no se ha encontrado correspondencia de Alfred en la que cuente la gran noticia a su familia y lo confirme.

A medida que la estación de lluvias tocaba a su fin, Wallace se impacientaba. Se despidió del Senhor Brandão y de su hija y regresó a Manaos en mayo de 1850, ansioso por revisar el correo y continuar sus expediciones río arriba. Eso sí, sus planes no incluían a Edward. Cada vez quedaba más claro que su hermano pequeño no estaba hecho para los rigores del trópico ni tenía demasiado interés en la historia natural. La intención era dejarlo en Manaos, donde intentaría ganar suficiente dinero con algunas recolecciones para regresar a Belém y comprar un pasaje de vuelta a casa. Alfred se fue de Manaos en agosto de 1850, no sin antes darle a Edward diez libras, porque no podía prescindir de más. Edward escribió a la familia: «Estoy a mil millas de Pará y mi plan ahora mismo es el siguiente: contratar a un cazador de inmediato y adentrarme un par de meses en la selva para reunir una colección de aves e insectos que me sufraguen la travesía a Inglaterra, y espero quedarme con un puñado de libras en el bolsillo, además». Al parecer, se había discutido la posibilidad de que se reuniera con su hermano John en California, pero a Edward no le convencía: «Tengo planes para cuando llegue a Inglaterra, los cuales prefiero *contar* a *escribir*. No me gusta la idea de California por muchos motivos, aunque te agradezco mucho que lo comentes, igualmente». Deseaba ser «un poquito menos poético», pero llegaba a la conclusión de que «soy como soy, y he de intentar hacer lo que sea mejor para mí». Terminaba la carta en tono esperanzador, citando a Shakespeare: «¡Adiós, "simples menudencias"![47] Tengo asuntos de los que encargarme (…). P. D.: Contad conmigo para Navidades».[48] No iba a ser así; echando la vista atrás, los propios versos de Edward, escritos de regreso a Santarém, presagiaban su trágico final lejos de casa:

> Mañanas de sol placenteras,
> pero, ay, noches agotadoras,
> porque aquí en el Amazonas
> el terrible mosquito acecha:
> inflama la sangre con fiebre
> y asesina el plácido sueño,
> hasta que, exánime y en desconsuelo,
> ¡parte de mí lloriquear quiere!
> Y sin embargo, aunque torturan,
> sabemos que no te hacen morir;
> tan solo al oído nos susurran
> que estamos en Brasil.[49]

Edward no podía saber que la picadura del «terrible mosquito» inflama la sangre con fiebre en muchos sentidos, alguno de los cuales sí que te hacen morir: el papel de los mosquitos en la transmisión de enfermedades no se demostraría hasta cincuenta años después. En su ascenso al paraíso, Alfred no podía imaginar que no iba a volver a ver a su hermano.

5

…y paraíso perdido

ERA FINALES DE AGOSTO DE 1850, y la robusta canoa de diez metros de largo del comerciante João Antonio de Lima estaba cargada y lista para remontar el río. La agonía de meses mientras Alfred Russel Wallace sufría la temporada de lluvias preparando su viaje de un año por el curso alto del río Negro se había convertido en una agonía de semanas esperando la llegada de una canoa que trajese de su país el correo y la financiación necesaria. No podía partir sin ellos, de ninguna manera; y la canoa no llegaba. El Senhor Henrique ayudó a convencer al Senhor de Lima de que esperara un día más: las noticias viajaban por el Amazonas más rápido que las canoas, y habían llegado rumores de que el barco del comerciante irlandés Neill Bradley, que tanto esperaban, iba a llegar de un momento a otro con el correo. Así eran los avatares de la correspondencia en aquella época: en barcos de vela o de vapor, barcazas y canoas, los sacos con el correo se abrían camino despacio, inciertos, atravesando el océano y remontando ríos, en los que comerciantes y otros mensajeros ocasionales navegaban a vela, con pértigas o a remo por toda la Amazonía, ya fuera en *montaria*, *vigilinga* o en una piragüita denomi nada *igarité*.

El complaciente de Lima esperó; al final, justo antes de caer la noche, el aliviado Wallace recibió un paquete: unas veinte cartas en total, algunas de hacía más de un año para entonces, ¡por fin tenía noticias de su familia y amigos en Inglaterra y California (donde su hermano John, el buscador de oro, había ido a hacer fortuna) y de sus primos australianos! Era la primera vez que recibía correo desde que había salido de Belém. Le dieron las tantas de la madrugada leyéndolas, hasta que se le cerraban los ojos, y se levantó a las 5 de la mañana para contestar tantas como le fuera posible. El tiempo se le echaba encima; la agónica espera había dado paso en el último minuto a un frenesí para concretar detalles mientras el Senhor de Lima preparaba la partida. Wallace garabateó las últimas cartas, cogió cosas que no pretendía llevarse, reunió una caja de especímenes para Stevens y repasó los planes con su hermano una última vez antes de separarse, esperando volver a encontrarse algún día en Gales, de vuelta a casa, al otro lado del mundo. Por fin, «El último día de agosto de 1850, alrededor de las dos de una preciosa tarde soleada, me despedí de [Manaos] lleno de esperanza y expectación y con la mirada puesta en las regiones remotas y apenas conocidas a las que ahora me dirigía».[1] A la orden del Senhor de Lima y con un último empujón de las largas pértigas contra el muelle destartalado, la canoa comercial salió al río y se dirigió al noroeste. Wallace tenía veintisiete años.

Canoso y parlanchín, de Lima era un viejo lobo de río acostumbrado a recorrer los casi tres mil kilómetros que van de Manaos a Guia, y vuelta, comerciando con toda clase de artículos en su gran almacén flotante: hachas y cuchillos, telas e hilos, botones y abalorios, ese tipo de cosas; además de un buen suministro de víveres y *caxaça* (cachaza), el ron local. Su mujer, *mameluca* (mestiza indio-portuguesa), y sus hijos viajaban con él. A Wallace le sorprendió que fuese la segunda mujer de de Lima; a la primera, una mujer indígena, la había expulsado sin piedad por no poder enseñar portugués a sus hijos. Un sirviente llamado Viejo Jeronymo ayudaba en la cocina, y una tripulación de indígenas remaba e impulsaba la canoa con pértigas. Era una embarcación cómoda: había suficiente espacio entre cajas y bártulos para sentarse o tenderse bajo el toldo o la cubierta vegetal de hojas de palma, o para sentarse fuera, al fresco de la mañana o del atardecer, asimilando los ritmos del ancho y oscuro río. El río Negro puede ser un afluente del Amazonas, pero tal denominación apenas hace justicia al poderoso río: es gigantesco por derecho propio, tiene una anchura de kilómetros y corre mansamente —por lo menos en su curso bajo—, y además no alberga mosquitos, por fortuna, pues las larvas no sobreviven en aguas negras.

Llevaban cierta rutina. Salían todos los días antes del amanecer, a veces aún más temprano, paraban cuando se hacía de día a tomar café, galletas y mantequilla, y volvían a ponerse en marcha hasta el desayuno, alrededor de las diez o las once, cuando se zampaban lo que hubiesen capturado con anzuelo o escopeta esa mañana: una pava o un paují (jacús); o una *piraíba* (valentón), un pez siluriforme de diez o quince kilos; o algún otro delicioso pez de río cuyas características se encargaba Wallace de dibujar antes de que lo cocinaran. Volvían a ponerse en movimiento a mediodía hasta bien entrada la noche, momento en el que buscaban un rincón en tierra firme donde colgar sus *redes* —hamacas de hilo—, si es que podían, y dormir hasta las cuatro o cinco de la mañana, cuando volvían a embarcarse. Imaginen la larga canoa deslizándose en silencio por las oscuras aguas, quietas y profundas, Wallace sentado en una caja del equipo, «disfrutando del aire fresco y la grata perspectiva que brindaban las oscuras aguas de alrededor» mientras observaba a los añaperos descender en picado y a las mariposas revolotear.[2] Igual de inmóvil y profunda que el río, la selva era un océano verde de hondas sombras, del que de repente emergían por sorpresa gárrulas bandadas de loros. Por la noche, debían de sentir que navegaban por alguna especie de reino etéreo, con esos campos de estrellas rutilantes sobre sus cabezas reflejados en el río a sus pies. Wallace se quedaba dormido con el coro de las ranas arbóreas, los lejanos chillidos de los monos aulladores y los grillos y grillos de matorral (o esperanzas) preparándose para sus conciertos. Era un tipo de frontera extraña y hermosa, entre el río y el cielo, con el mismo cielo dividido en hemisferios conocido y desconocido para Wallace: él, aficionado ocasional a la astronomía, reconocería las constelaciones en sentido río arriba, viejas amigas que cubrían el cielo norte, mientras que las que quedaban detrás seguían siendo extrañas, recordándole lo lejísimos que estaba de casa.

Atravesaron el inmenso laberinto acuático del archipiélago Anavilhanas, una aparente infinidad de islas fluviales con densa vegetación: frondosos garabatos estrechos, serpenteantes y caprichosos, grandes y pequeños, moldeados por la corriente del río. El archipiélago forma parte del actual Parque Nacional de Anavilhanas, incluido a su vez en el Complejo de conservación de la Amazonia central. Navegaron sin saberlo por las tierras de los temibles waimiri-atroari, o pueblo kinja, que no tuvo contacto con occidentales hasta 1884, e iban haciendo paradas regulares para comerciar o visitar a amigos de de Lima en *sitios* desperdigados (casas de campo), y en una serie de pueblos y aldeas medio abandonados y en ruinas. La aldea que Wallace conoció como Ayrão, hoy Velho Airão, fue una de las primeras que visitó. Allí observó afloramientos de arenisca a lo largo del río, ahora identificados como sedimentos paleozoicos que reposan sobre la roca granítica mucho más antigua del Escudo Guayanés. Las areniscas se vuelven más cristalinas y se entremezclan con granito un poco más adelante, en Pedreiro (la actual Moura), más o menos frente a la desembocadura del río Branco, de aguas blancas, en la parte oriental de lo que es hoy el amplísimo Parque Nacional del Jaú. La zona es célebre por los elaborados petroglifos tallados en la roca a lo largo del río por pueblos antiguos en épocas desconocidas, con figuras humanas y animales entre hermosas espirales geométricas y laberínticas, algunos de ellos bordeados por una especie de grecas.[3] Absolutamente fascinado con semejantes reliquias, Wallace realizó minuciosas observaciones y reproducciones.

Carvoeiro, Barcellos, Caboquena, Santa Isabel, Castanheiro... una aldea «mísera» y «en ruinas» tras otra, deprimentemente despobladas todas por la *cabanagem* y sus sangrientas consecuencias, a las que solo les

Petroglifos dibujados por Wallace en el río Uaupés.

quedaban unos pocos personajes pintorescos aunque de dudosa reputación. Pero la historia natural era cada vez más interesante. Barcellos, que ahora se escribe con una sola ele, era un ejemplo de la tensión incómoda que se respiraba entre la desolación humana y la historia natural: había aspirado a ser la capital del río Negro, pero Wallace encontró el pueblo casi desierto, los abandonados bloques de mármol que se importaron desde Portugal para la construcción de grandes edificios públicos representaban las esperanzas y planes frustrados del lugar. Fue allí donde se fijó también por primera vez en una palmera esbelta y elegante que crecía en pequeñas agrupaciones a orillas del río. Hizo un dibujo; era una *Mauritia*, una especie nueva, pensó (luego la describiría como *Mauritia gracilis*, aunque resulta que ya Humboldt la había denominado *M. aculeata*; en todo caso Wallace describiría varias palmeras nuevas antes de irse). Poco después, el cambio en la geología llamó su atención: al bajar de la canoa y poner el pie «en la ladera de una maravillosa meseta granítica» veteada de venas de cuarzo, quedó impresionado por el nuevo carácter del río. ¿Había relación entre este y la aparición de la palmera allá donde comienza el granito?

Desde que partieran de Manaos, Wallace también se había dedicado escrupulosamente a sus habilidades topográficas. Brújula, sextante y reloj en mano, se dedicaba a medir posiciones a la mínima oportunidad, «no solo del rumbo de la canoa, sino también de todo punto visible, casa o colina o canal entre islas, para poder cartografiar este río poco conocido». Posteriormente, de regreso al Reino Unido, trazaría un mapa de extraordinaria precisión basado en sus medidas y se lo presentaría a la Real Sociedad Geográfica.[4] Además de la geografía del río, el mapa de Wallace representa también la geografía de los pueblos, la geología, las selvas y las especies clave a lo largo de su recorrido, señala los territorios de los indios manaós, los macus y los numerosos pueblos a lo largo del Uaupés, dónde aparecen por primera vez aquellas palmeras *Mauritia* y los delatores afloramientos graníticos, los límites de distribución del paragüero ornado y la extensión de las llanuras aluviales en la orilla sur del río y en la norte el *igapó*: la extraordinaria selva inundada que se extiende cientos de kilómetros, ese mundo al revés en el que los peces dispersan las semillas de árboles y trepadoras cuando lo terrestre se convierte en acuático seis meses al año. Cartografió las *serras*, las montañas graníticas de empinadas laderas que se yerguen formidables de entre la espesura de la selva: la solitaria Cababuris (Cauaburi), la larga cadena de Pirapucó (hoy, Pirapucu) al norte del río y los tres picos espectaculares de Serra Curicuriarí (hoy, Serra da Bela Adormecida) (v. pp. 170-1).

Cuando el río se hizo más estrecho, más rocoso y más rápido, cambiaron la canoa larga por dos más pequeñas; repletas hasta arriba, parecían angustiosamente inestables. La tripulación indígena tenía que saltar de tanto en cuanto a empujar y tirar de las embarcaciones para sortear salientes rocosos o pasar entre ellos. Pero no era más que el preludio del auténtico desafío: el primero de los grandes rápidos del río Negro cerca de la actual Saõ Gabriel da Cachoeira, que marca la línea de falla del Escudo Guayanés, donde había que navegar por un laberinto de rocas, salientes y estrechos canales que hacían de embudo con torrentes de agua. Zigzagueando por el río, de un kilómetro y medio de ancho, los indios hacían el trabajo duro, se zambullían en los rápidos y en las espirales de remolinos con cuerdas de estopa en las manos, arrastraban y empujaban las pesadas barcas por canales de agua atronadores y trepaban por escarpadas rocas para pasarse la cuerda de unos a otros. Luego estaba el tramo más difícil del difícil pasaje: había que empujar, usar las pértigas y alzar las barcas sorteando imponentes rocas que canalizan la feroz corriente, intentando llegar a salvo y descansar en las aguas más tranquilas al socaire de rocas e islas antes de enfrentarse al siguiente torrente de espuma. Tardaban horas en recorrer cincuenta metros. Se detenían a pasar la noche, exhaustos. Y más de lo mismo al día siguiente. Pero no para Wallace: mientras los indios batallaban en el laberinto de roca y aguas bravas, él contemplaba las vistas de la parte «más pintoresca» del río: «El brillo del sol, el reflejo de las aguas, las extrañas y fantásticas rocas y las islas fragmentadas cubiertas de bosques eran una fuente constante de interés y disfrute para mí».[5] Otra prueba de que hasta los viajeros intrépidos como Wallace contaban con una considerable ayuda local, tan cierto hoy como lo era entonces.

Por increíble que parezca, no hubo que lamentar ninguna pérdida humana ni naval, al menos en aquel ascenso, aunque en algún punto del camino se rompieron los termómetros. Al fin llegaron al pueblo de Saõ Gabriel, a 1140 kilómetros de Manaos e inconvenientemente situado en rápidos aún más turbulentos. Tanto lo eran que hubo que descargar las canoas a cierta distancia y transportarlas a pulso. Allí se presentaron ante el comandante a pedir permiso para continuar. Y después más rápidos, ¡durante un tramo de cincuenta kilómetros! Pero al final llegaron a una parte del río nivelada y sin rápidos por encima de la línea de falla y se adentraron en la región en la que al río Negro se le une el Uaupés, un afluente considerable que nace en las tierras altas de Colombia (donde se denomina Vaupés). El cauce superior del Uaupés/Vaupés era *terra incognita* para los europeos, sus innumerables rápidos y cascadas lo aislaban hasta de los viajeros más aventureros. Wallace no podía resistirse. Pero primero, había que alcanzar el destino del Senhor de Lima y su tripulación: justo por debajo de la desembocadura del río Içana, la diminuta aldea de Nossa Senhora da Guia, donde le proporcionaron a Wallace una casita de dos habitaciones. Estaba impaciente por explorar las selvas de alrededor, pero tardó unos días en conseguir que alguien lo ayudara: el regreso de la tripulación se celebró con varios días de *festa*, con bebida y baile «de la mañana a la noche». Era reacio a adentrarse solo en la selva, que carecía de caminos, pero al final consiguió ayuda, aunque no muy entusiasta, y quedó fascinado con la manera en que los indios cazaban con cerbatanas de tres metros y pescaban con timbó (cubé), un veneno para peces que extraían de la raíz de la leguminosa *Lonchocarpus utilis*. Cargado de rotenoides tóxicos, el timbó brindaba cantidad de peces que, a su más puro estilo, Wallace dibujaba antes de que se convirtieran en la cena, entre ellos anguilas eléctricas, *Electrophorus electricus* («se comen, aunque no gustan mucho»). Capturó unos cuantos especímenes preciosos e interesantes en Guia, pero no tardó en echar el ojo a aquella espectacular rareza de las tierras altas, el *galo da serra*, o gallito de las rocas guayanés, *Rupicola rupicola*, que vive en lo más profundo de la selva. Los machos de esta especie legendaria, un cotíngido del tamaño de una corneja, son de un brillante rojo anaranjado y exhiben una sorprendente cresta semicircular de plumas naranjas en lo alto de la cabeza, perfectamente perfilada con un delicado trazo en negro.

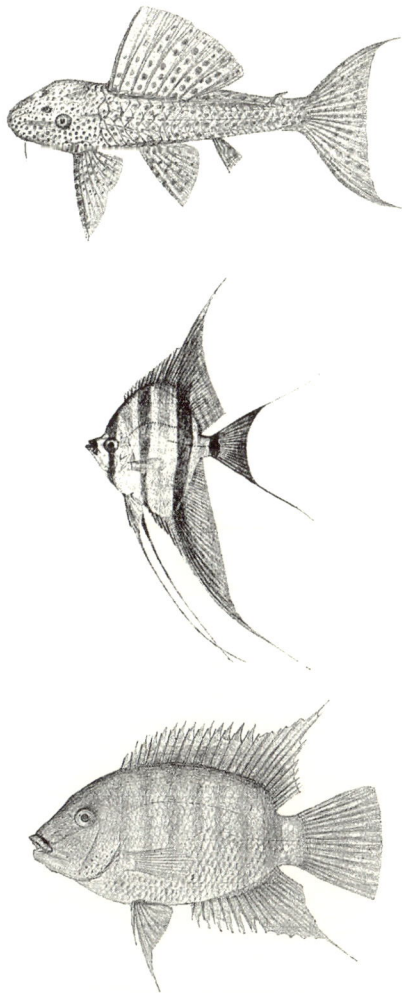

Tres peces del Amazonas dibujados por Wallace. Arriba, *Hypostomus plecostomus*; centro, *Pterophyllum altum*; abajo, *Heros severum*. Los nombres son los actuales. Los dibujos no mantienen la escala.

Partió en compañía de dos indios banivas, también llamados walimanai, del pueblo arahuaco. Eran varios días de viaje hasta su aldea, en lo más alto de afluentes de afluentes, remando por el río Negro hasta el río Içana y de ahí al río Cubate, de aguas negras a aguas todavía más negras a través de interminables meandros. Pasaron de la arbustiva caatinga que puebla las riberas a la selva de tierra firme, con altísimos árboles y trepadoras colgantes, una «selva virgen exuberante, cuyos variados tonos de verde y reluciente follaje eran de lo más agradecido a la vista y la imaginación».[6] Los «variados tonos» reflejaban una increíble riqueza de especies vegetales: en una sola hectárea podía haber casi trescientas especies solo de árboles, pertenecientes a unos ciento veinticinco géneros en cuarenta y cinco o cincuenta familias; una diversidad de árboles mucho mayor que la de toda Europa y Eurasia.[7] Pero Wallace buscaba principalmente aves raras, y desde la aldea de los banivas tenían otros quince o veinte kilómetros hasta la Serra do Cubate, donde le habían dicho que abundaban los *gallos* en los que estaba interesado.

Guiado por una partida de cazadores banivas, Wallace atravesó caminando una selva de inmensos árboles con contrafuertes, esbeltas palmeras y majestuosos helechos arborescentes, y se detuvieron en una remota vivienda en la que la aparición de una joven india de rasgos europeos le dejó estupefacto; se dio cuenta de que debía de ser la hija que, según se rumoreaba, había tenido Johann Natterer, que había dejado la zona hacía unos veinte años. Nueve días después, tras escarpados ascensos y descensos, durmiendo a duras penas en cuevas, frustrado por los continuos desgarrones en su atavío occidental (un lastre en aquel entorno) y con la gratificante distracción de cazar pecaríes salvajes, regresaron con doce gallitos de las rocas y un surtido de trogones, saltarines, barbudos y formicáridos, una colección considerable. El comportamiento de los saltarines, que apresaban los banivas con trampas cuidadosamente colocadas en «algunos lugares donde se reúnen los machos», lo tenía fascinado. Son aves que se aparean en lek, es decir, los machos se congregan en la misma localización todos los años y compiten por la atención de las hembras con sus exhibiciones. Wallace, intrigado, no conocía nada que siquiera se le asemejara en su tierra natal: «Se reúnen dos o tres machos y ejecutan una especie de danza, a base de pasitos y saltitos. Nunca se ven hembras ni jóvenes en esos lugares, por lo que puedes estar seguro de atrapar únicamente machos adultos de espléndido plumaje. No conozco ninguna otra ave que tenga esta singular costumbre».[8] No se dio cuenta de que los machos de gallito de las rocas se congregan de forma muy parecida pero en lo alto de las copas, en vez de en el suelo como los saltarines, por eso los banivas sabían exactamente dónde encontrarlos. Wallace se quedó con los hospitalarios indios otras dos semanas y luego emprendió su viaje de regreso a Guia para planear la siguiente expedición, aún más ambiciosa: abrirse paso todavía más arriba del río Negro y entrar en Venezuela. Se le unieron un grupo de banivas: los esperaba un padre en Guia, una ocasión para otra *festa* y bautismos. La religión era una amalgama fluida de creencias tradicionales y cristianismo; al parecer, los aspectos rituales de ambos eran muy atractivos para los indígenas.

Estaban ya a finales de diciembre de 1850, hacía cuatro meses que Wallace había dejado atrás Manaos y a su hermano. Edward no había llegado aún muy lejos, en ese preciso momento escribía a Spruce desde la pequeña aldea de Serpa (hoy, Itacoatiara), a ciento sesenta kilómetros de Manaos río abajo: «Mientras recupero mis extremidades entumecidas entre los lujosos pliegues de una redé, bebiendo una aromática taza del sobrio brebaje y meditando (pero alegremente) sobre los misterios de la Naturaleza Humana, recibo noticias de tu llegada a Barra (...). Por fin estás en esa Tierra Prometida, una tierra por la que corre la Caxáca [cachaza] y la Farinha (...), una tierra en la que el hombre puede dormir, literal y prudentemente, sin calzas, un lujo que hay que conocer para saber apreciar». Suponía que Spruce estaría a punto de dirigirse río Negro arriba, donde sin duda estaba su hermano mayor Alfred «gloriándose de rarezas ornitológicas y gozando entre las mieles de la belleza lepidopteral». Por su parte, él saldría de allí enseguida, estaba esperando el pasaje a Belém y de ahí a casa, pero se acordaría de Spruce en su cómoda *redé* cuando el «agitado oleaje» de los revueltos mares de invierno rugieran en su almohada.[9]

———

De vuelta a Nossa Senhora da Guia, el correo llegó con el padre Frei Jozé dos Santos Innocentos, que a Wallace le pareció un poco farsante: «nos dijo que le tenía mucho respeto al hábito y nunca haría nada indecente... ¡*de día*!».[10] Desaprobaba aquella actitud de «consejos vendo y para mí no tengo» del padre, un auténtico donjuán que se llenaba los bolsillos celebrando ritos a un chelín cada uno y predicaba el Evangelio a los lugareños con de Lima y el comandante esbozando una sonrisa de superioridad desde la banda. Seguro que a Wallace le vino a la cabeza la elocuente denuncia del clericalismo explotador que hace Paine en *La edad de la razón*. Pero le encantó recibir un fajo de cartas que se remontaban a los meses de mayo y julio anteriores: de su cuñado Thomas Sims y su agente Stevens desde Inglaterra, de sus primos en Australia y de John, en California. Revelaba sus siguientes pasos en su respuesta a Sims:

> Están dejando lista mi canoa para subir aún más hasta casi el nacimiento del río Negro en Venezuela, donde tengo motivos para creer que voy a encontrar insectos en mayor abundancia y al menos tantas aves como aquí. A mi regreso, me embarcaré en un viaje para remontar el río Uaupés o el Isanna, no tanto por mis colecciones, que no tengo la esperanza de que sean muy productivas por allí, sino porque me interesa muchísimo la región y los pueblos, y estoy decidido a ver y conocer más de ellos que ningún otro viajero europeo.[11]

También tenía ambiciosos planes literarios, según confesaba: primero, una memoria del viaje y libros sobre peces y palmeras. Ya había dibujado cien tipos de peces diferentes, todos desde que salió de Belém, y unas treinta de las alrededor de cuarenta especies de palmera que había conocido hasta el momento, con abundantes notas sobre su historia natural. Luego, para que nadie le considerara un holgazán, planeaba una obra sobre la «Historia física del gran valle del Amazonas, compuesta por su geografía, geología, distribución de animales y plantas, meteorología y la historia y las lenguas de las tribus aborígenes, ilustrada con un gran mapa que muestra el color de las aguas, la extensión de las tierras inundadas, los límites de la gran región selvática, etc.». Más allá del valor de sus colecciones, esperaba al menos que le reconocieran el mérito de ser «un viajero laborioso y perseverante».

Con nociones básicas de español bajo la manga, allí se fue a finales de enero, remontando el río Negro hasta la misma Venezuela, a los legendarios reinos explorados por Humboldt, su modelo a seguir, la especie tipo del «viajero laborioso y perseverante». El Senhor de Lima le ayudó a conseguir cuatro indios banivas que lo acompañaran, uno de los cuales hablaba un poquito de portugués. Viajaban ligeros de equipaje: cada uno llevaba su cerbatana y flechas con veneno, además de un remo, un cuchillo, yescas y una hamaca. El de Wallace era de todo menos ligero: todavía con la intención de cartografiar, llevaba reloj, sextante y brújula a cuestas, además de escopeta, munición y cajas de recolección para insectos y aves. Y, por supuesto, una buena cantidad de moneda local: anzuelos, sal, abalorios y percal para comerciar y realizar pagos.

El río aún tenía un kilómetro y medio de anchura, corría hacia el norte y luego giraba abruptamente hacia el este, en la desembocadura del Xié, río de aguas negras, territorio de los pueblos baré y warekena, «sin civilizar y prácticamente desconocidos», según la opinión eurocéntrica de Wallace. Las *serras* majestuosas se alzaban a lo lejos, el gran macizo de la Neblina, con un pie a cada lado de la frontera. A lo mejor alcanzase a divisar el pico de la Neblina, de arenisca y fuerte pendiente, la cima más alta de Brasil, con 2995 metros, aunque suele estar envuelto en nubes. Doblaron de nuevo hacia el norte en la base de Marabitanas, con su fuerte de barro en ruinas, y enseguida pudieron contemplar la *serra* centinela de la triple frontera entre Brasil, Venezuela y Colombia: la monumental Piedra del Cocuy, un domo granítico de impresionantes faldas escarpadas que se yergue más de cuatrocientos metros de forma abrupta en medio de la selva. El pequeño grupo acampaba en playas de granito —bastante cómodas, salvo por las nubes de mosca negra—, donde Wallace se topó con más petroglifos y, una noche, se alegró de encontrar a su «vieja amiga» Polaris, la estrella polar, titilando justo por encima del horizonte, donde el cauce del río señalaba el norte. Capturaron más peces que aves durante el viaje, y Wallace los dibujó todos al detalle, un acará «reluciente» por aquí, un tucunaré «de brillantes colores» por allá.

Dejaron atrás Brasil en un tramo del río en el que la frontera colombo-venezolana se tiende exactamente por el medio del cauce, de unos cuatrocientos metros de ancho. A unos ochenta kilómetros de la frontera brasileña, llegaron a San Carlos de Río Negro, el enclave interior más alejado que alcanzaron Humboldt y su acompañante Aimé Bonpland hacía unos cincuenta años, procedentes de la dirección opuesta, bajando desde el Caribe por el río Orinoco. Para Humboldt también era «una tierra desconocida (...) en parte montañosa, en parte uniforme, que recibe a una vez afluentes del Amazonas y del Orinoco». Era el río Negro el que se unía a esos grandes sistemas fluviales mediante lo que Wallace llamaba «esa singular corriente», el mítico canal del Casiquiare, un río sinuoso que forma un canal natural de trescientos veinte kilómetros entre el alto Orinoco y el río Negro, uniendo las cuencas hidrográficas del Caribe y el Atlántico.[12] Corrían rumores de la existencia del canal entre misioneros y conquistadores desde el siglo XVII, pero fueron Humboldt y Bonpland los que lo confirmaron en sus exploraciones de 1800, cuando dedicaron setenta y cinco días a pasar de las aguas blancas del Orinoco a las negras del río Negro y vuelta. La primera vez que entraron en el río Negro no lo hicieron descendiendo el Casiquiare, sino a través de las aguas negras de afluentes de afluentes de afluentes —el Atabapo, el Temi y el Tuameni—, abriéndose camino hasta el remoto asentamiento de Javíta (hoy, Yavita) y tras cuatro días de cargar con la canoa a cuestas durante quince kilómetros a través de selvas pantanosas hasta llegar a la orilla oriental del caño Pimichín, un arroyo largo o río pequeño («tiene la anchura del Sena, frente a la galería de las Tullerías», señalaba Humboldt en auxilio de sus lectores europeos), *y desde allí* bajar al río Negro. El Pimichín ingresa en el río Negro a unos ciento diez kilómetros por encima de San Carlos. Si su canoa «no se quiebra» por el camino, le dijeron a Humboldt, «bajará usted sin tropiezos por el Río Negro» y desde allí podrían ascender el Casiquiare hacia el norte de vuelta al Orinoco. Bonpland y él consiguieron realizar el viaje circular en treinta y tres días, «no sin algunos padecimientos, pero siempre sin peligro, y con facilidad».[13] Hoy existe una pequeña pista de aterrizaje en Maroa, desde donde parte una carretera de cuarenta kilómetros que atraviesa la selva hasta Yavita.

Yavita, siguiendo los pasos de Humboldt, era el destino de Wallace; aunque el asentamiento se había desplazado unos kilómetros al norte desde la época del alemán, desde las orillas del Tuameni hasta la orilla sur del Temi. A Wallace le pareció una aldea cuidada, de unos doscientos indios, en el paisaje de suaves relieves que se extendía entre las cuencas fluviales: otra zona fronteriza más, una división continental que no marcaban las montañas, sino infinitas selvas que Humboldt describía como una «variedad inmensa de árboles gigantescos». Para llegar allí, Wallace siguió adelante pasado el Casiquiare y fue dejando atrás bases cada vez más pequeñas en el río Negro: San Miguel, Tomo, Maroa. Hicieron una parada breve en Tomo y el pequeño grupo fue recibido por los habitantes, principalmente diferentes ramas de los pueblos baniva/walimanai, que les dieron una «casa de extranjeros», una *casa de naçao*. Por increíble que parezca, los residentes de Tomo y de otras aldeas más allá se dedicaban a la construcción de barcos, elaborando largas canoas y hasta goletas de doscientas toneladas que enviaban río abajo en la época de lluvias abarrotadas de cargamentos de palmera *piassaba*, brea y *farinha*, la base de la alimentación en el Amazonas, una harina de yuca rallada y cocida. El viaje era únicamente de ida, pues los barcos eran demasiado grandes para subirlos de vuelta por los rápidos y desniveles, así que los comerciantes de las tierras altas tenían que encargar barcos nuevos todos los años. Este curioso acuerdo era el legado del Brasil y la Venezuela coloniales, cuando Portugal y España mandaban constructores navales a montar astilleros en lugares inverosímiles —concretamente, en selvas remotas, donde convertían los altos y olorosos árboles *Ocotea cymbarum* (cascarillo, sasafrás o árbol de Caparrapí, una laurácea rica en aceites esenciales) en buques mercantes destinados a navegar por el Amazonas y la costa atlántica—. Los inteligentes banivas, aprendiendo de los constructores europeos, enseguida dominaron el arte y dieron comienzo a una tradición oral de fabricación naval sin consultar jamás un plano ni un dibujo y sin ser ellos mismos navegantes.

Una «carretera» atravesaba la selva desde Pimichín a Yavita, y Wallace acordó pagarles con sal a unos porteadores de la zona por transportar su equipo el día siguiente. Deambulando por la selva a última hora aquella tarde, se encontró cara a cara con el más temido y venerado de todos los animales sudamericanos: una pantera negra, *Panthera onca*.[14] Instintivamente, levantó la escopeta, pero se dio cuenta de que, cargada con munición para aves, solo encolerizaría al poderoso felino. Se miraron fijamente en silencio el uno al otro durante un buen rato, hasta que el jaguar desapareció en la selva, una sombra fundiéndose en las sombras. Wallace escribiría después que estuvo «demasiado sorprendido y demasiado admirado para sentir miedo».[15] Eufórico, salió corriendo de la selva, sin querer tentar al destino con un segundo y potencialmente letal encuentro.

En Yavita se instaló en un convento, otro tipo de casa de viajeros, deseando empezar a recolectar y explorar. Pero tuvo mala suerte, la temporada de lluvias asomó pronto aquel año, y el mismo día de su llegada se desencadenó un diluvio torrencial que no amainaba. La época de lluvias era un desafío en muchos sentidos. Conservar sus especímenes se convertía en una carrera contra el moho y las voraces larvas de mosca, mientras que los proliferantes jejenes preferían sangre humana y hurgaban en todo pedazo de piel expuesta, volviéndole medio loco cuando intentaba trabajar: «A menudo me veía obligado a saltar de la silla, tirar el lápiz y agitar las manos en el aire para obtener un poco de alivio».[16] Sentía que perdía una batalla, pero no la guerra, y perseveró con la ayuda de cazadores nativos, y pagando a los niños con anzuelos a cambio de especímenes. En poco tiempo acumuló una buena colección; le llegaban a diario especies nuevas que no había visto antes. Había varias especies de grandes morfos y extraños aserradores arlequín (*Acrocinus longimanus*), un escarabajo longicornio negro y rojo y del tamaño de una mano que cuenta con unas patas delanteras increíblemente alargadas, a juego con sus antenas igual de largas. Dibujó un auténtico banco de peces nuevos, envarbascados con timbó por los lugareños, a pesar de tener las manos acribilladas a picaduras de jején, «maltrechas y rojas como una langosta cocida, y brutalmente inflamadas».[17] Desolló un raro caimán para su colección y en la selva vio agutíes, coatíes, monos y diversas aves y serpientes. ¡Y las palmeras! Cada vez le fascinaban más su diversidad, su belleza y —muy importante— su distribución geográfica. Dibujaba y tomaba nota de todas las que encontraba: majestuosas palmeras *inajá* (o maripa, *Maximiliana regia*), espinosas *caranaí* (*Mauritia aculeata*) y una muy curiosa que los banivas llamaban piassába (también conocida como *chiquichique* o *chiquichiqui*) y que reconoció como una nueva especie de *Leopoldinia* que denominó *L. piassaba*.

Palmera piasaba (*Leopoldinia piassaba*) dibujada por Wallace en el río Negro.

Las gruesas fibras que cubren esta palmera bajita y chaparra —que hacen que parezca un Primo Eso[18] vegetal— se cosechaban para hacer escobas y cepillos de calidad en el Reino Unido, y a Wallace le daba que pensar cómo aquellos ordinarios instrumentos domésticos en su país dependen de una sustancia que solo crece en una región limitada y remota de la Amazonía.[19]

El interés de Wallace por palmeras y peces confluía con su interés por los pueblos indígenas y su cultura. Admiraba su aspecto físico, adquiría muestras de su artesanía, registraba elementos de su lengua y observaba sus costumbres, sus maneras de adornarse y de vestir y sus tradiciones, en buena parte una curiosa mezcla de rituales y *festas* católicas y tradicionales. Definía la *festa* como un baile que podía durar desde unas horas hasta varias semanas, animada con copiosas cantidades de *xirac*, una especie de cerveza embriagadora, con niños y adultos dando vueltas al son de monótonos cánticos, tambores y flautas de caña, «acompañados de extrañas figuras y contorsiones».[20] Sin embargo, estas experiencias, más antropológicas que convivenciales, no podían hacerle sentir más solo: era el único blanco en aquella base remota, apenas capaz de hacerse entender, un extraño que se dedicaba a desollar, embalsamar y montar especímenes con alfileres, cuando quizás era él el espécimen más exótico de todos. Sus ayudantes nativos también eran auténticos extranjeros, pues pertenecían a una rama diferente de banivas y no entendían a los lugareños, conocidos como los barés.

De mala gana, decidió que se iría a finales de marzo —cuando *se suponía* que empezaban las lluvias—, una decisión motivada en parte por la fuga de sus asistentes una noche. Había ido aumentando su incomodidad de vivir entre personas a las que no entendían, aunque fuesen primos en cierto modo, y habían decidido volver a casa. Wallace se encontraba aún más solo. La incesante lluvia y la soledad lo sumieron en un estado pensativo. Antes de marcharse de Yavita, reflexionó en verso libre sobre la vida, la felicidad y la satisfacción en su tierra natal y allí, entre los banivas/barés. La ropa y los códigos de vestimenta (o de desvestimenta) eran característicos del choque entre culturas: las «graciosas formas» de las indias prácticamente desnudas se debían al «libre crecimiento» permitido, «sin fajas ni correas que lo impidan». Era mucho más aconsejable que la incómoda indumentaria y el calzado de los muchachos ingleses o los diabólicos corsés que ceñían «la cintura, torso y senos» de las chiquillas inglesas. No hace falta más que una alimentación sencilla y nutritiva, aire fresco, baños regulares y ejercicio, manifestaba, «para constituir un cuerpo saludable y hermoso», opinión que subrayaría mucho más adelante en su papel de activista y crítico social de vuelta en su país. En el poema, volvía a cuestionar la influencia «civilizadora» de la civilización europea. En teoría, brinda «las alegrías, placeres y deleites» de la mente cultivada, la apreciación de la belleza en la naturaleza y el arte. Pero en la práctica, parece que el más mínimo elemento de la sociedad europea acaba teniendo un impacto inmenso en los pueblos indígenas, un impacto casi siempre negativo.

Aquí, Wallace el owenista estaba bebiendo de un profundo pozo rousseauniano de descontento con la condición de la sociedad que se decía civilizada y el deseo de volver a los orígenes (que solía significar volver a la naturaleza), una visión idealizada, sin lugar a dudas, pero no menos sincera por ello. Esos atuendos incómodos y corsés asfixiantes encarnaban los grilletes de la sociedad: «El hombre ha nacido libre y en todas

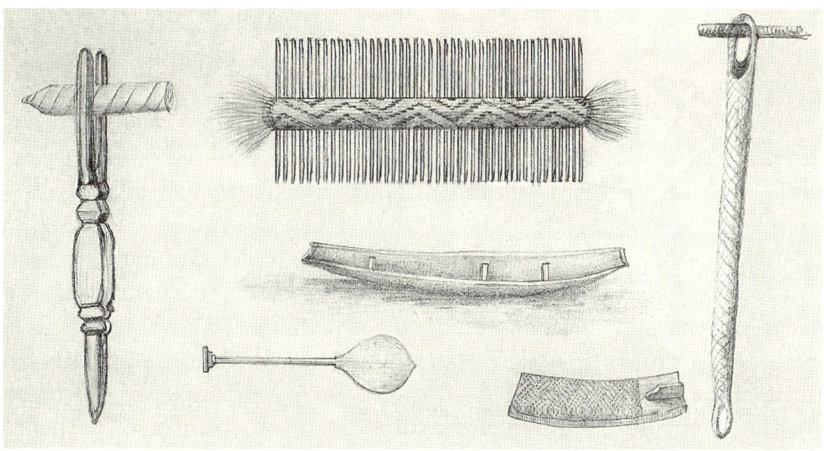

Algunos artefactos dibujados por Wallace en el río Uaupés: portapuros
ceremonial, peine, canoa, remo, rallador de yuca, tipití
para escurrir la yuca (no están a escala).

partes se encuentra encadenado»,[21] había escrito el filósofo Jean-Jacques
Rousseau en *El contrato social*. Para Rousseau, que escribía en la Francia
de la Ilustración, las cargas de la estructura de clases, las restricciones
sociales y hasta el propio gobierno se originaron en la desigualdad, son
un traspaso de poderes desde la primera usurpación de los derechos de
unos a manos de otros hasta las desigualdades sistemáticas de hoy en día.
Esa primera usurpación, argumentaba Rousseau, atañía a la tierra y los
recursos; fue la invención de la «propiedad», y la envidia y avaricia que
despierta, lo que lanzó a la humanidad rodando por la pendiente de la
servidumbre social.[22] Wallace veía que los elementos más mezquinos de
su propia sociedad surgían de «las mil maldiciones que el oro trae sobre
nosotros»: una sociedad que animaba a multitud de hombres a llevar
«una vida inferior», sin conocer ni querer otra cosa que el dinero y cómo
hacerse cada vez con más. El «buen salvaje», un primitivismo idealizado
que precede a Rousseau, llevaba mucho tiempo siendo la imagen de la
vida en aquel estado anterior sin ataduras. De modo que sí, si había que
elegir entre llevar una vida esclava de la riqueza, deficiente en «salud física y moral», o la de un indio de las tierras inexploradas, la vida idealizada
que Wallace elegiría estaba clara:

> Podría ser un indio aquí, y vivir contento
> pescando, cazando y remando en mi canoa,
> y viendo a mis hijos crecer, como cervatillos salvajes,
> con salud en el cuerpo y paz en la mente,
> ¡rico sin posesiones, feliz sin oro![23]

El comisario envió amablemente a media docena de indios para reemplazar a su equipo fugado; ayudarían a Wallace a abrirse camino río abajo al menos hasta llegar a Tomo, donde esperaba que el Senhor Dias enviara a otros que lo ayudaran a llegar a Nossa Senhora da Guia. Tras algunos intercambios de último minuto por hacerse con unos especímenes adicionales de los fabulosos aserradores arlequines, se marchó de la aldea selvática el 31 de marzo de 1851. Justo al día siguiente, Richard Spruce, todavía en Manaos, informaba en una carta a su mentor y agente George Bentham, en Londres, que acababan de llegar dos ingleses gravemente enfermos de malaria, pero que «el Sr. Wallace» había enviado un mensaje río abajo desde «las fronteras de Venezuela» para informar de que se encontraba bien, olvidados ya los primeros accesos de fiebre de la enfermedad, en una región sin mosquitos en la que «disfruta por el momento de un país romántico y casi inexplorado».[24] Wallace animaría después a su amigo a ir allí a explorar e investigar la botánica, y así lo hizo Spruce en 1854.

El viaje de vuelta se desarrollaba sin contratiempos, aunque el Senhor Dias no estaba en Tomo cuando llegó Wallace. Esperó unos días, alojado en casa del Senhor Domingos, que estaba supervisando la construcción de una gran canoa. Para matar el tiempo, realizó intercambios para hacerse con una serie de artilugios (cestas, carcajes, cerbatanas y dardos exquisitamente trabajados y bellísimo arte plumario) y recolectó tantos buenos especímenes como pudo: un hermoso lorito chirlecrés y unos cuantos peces cuchillo (*Gymnotus*) muy curiosos que enseguida dibujó en su cuaderno. También presenció una extraordinaria *festa*, con los lugareños pintados y disfrazados dando vueltas en un baile salvaje de treinta horas animado con «shirac». El Senhor Dias regresó al cabo de un tiempo, y reunieron a un equipo, pagando a un pequeño grupo con calicó, algodón, jabón, abalorios, cuchillos y hachas. Lo mejor de todo fue que, además de muy capaces con las canoas, los indios le permitieron registrar un vocabulario de su lengua, que él identificó como diferente a ninguna otra por encima o debajo de Tomo. El viaje de vuelta fue muchísimo más fácil que el largo penar río arriba. De regreso en Nossa Senhora da Guia para finales de abril, Wallace ya tenía un plan para su siguiente viaje: remontar bien arriba por el río Uaupés, *terra incognita* para naturalistas europeos.

Aunque primero había que esperar, como siempre. La canoa y los ayudantes prometidos del Senhor de Lima, que iban a llegar de Manaos en cualquier momento, no aparecieron hasta pasado un mes. Pero aprovechó el tiempo recolectando: mamíferos parcialmente espinosos con aspecto de roedores, una curiosa ave de manchas blancas, más palmeras y muchos, muchos peces, ¡calculaba que para entonces ya había dibujado ciento sesenta especies solo en el río Negro! Al final, Wallace realizó dos viajes remontando el Uaupés, el gran afluente de aguas blancas del río Negro, que nace en las tierras altas de Colombia. Era un reino inexplorado y él soñaba con nuevas rarezas y con encontrar pueblos indígenas en estado natural. Su primera excursión le llevó unas ocho semanas, desde principios de junio hasta finales de julio de 1851, hasta la frontera colombiana. Continuó con un segundo viaje de varios meses por Colombia, un viaje que hubo de alargarse debido a enfermedades mortales que bien pudieron haber terminado con todo el asunto sin más. Entre uno y otro, se reabasteció en Manaos.

———

Su primer viaje comenzó a principios de junio de 1851, con una intensa corriente en la desembocadura del río en São Joaquim. Era la época de lluvias, y el pequeño grupo —Wallace, su amigo el Senhor de Lima y dos indios banivas— no podía más que desplazarse lentamente a contracorriente arrastrándose con la ayuda de matorrales y lianas a través de la selva inundada, intentando (sin éxito) esquivar a las avispas y hormigas a las que molestaban con sus maniobras. Para todas las demás especies que se comían o capturaban —como la pequeña anaconda que se asoleaba en una rama y que asaron para la cena—, eran los humanos el azote. Las ricas culturas de los numerosos grupos indígenas a lo largo de aquel río de mil seiscientos kilómetros estaban todavía prácticamente intactas entonces, aunque habían sufrido un siglo o más de misioneros «civilizadores» y de esclavistas depredadores y traficantes de personas. La cosa se pondría mucho peor más adelante, desembocando en una campaña, dirigida por los misioneros salesianos, de violenta destrucción de los estilos de vida indígena a principios del siglo XX. Pero cuando Wallace estuvo allí, los pueblos de habla tukana, cueretú y arahuaca a lo largo del Uaupés estaban más o menos aislados, en particular los que se encontraban en el curso superior del río, por la dificultad de llegar a ellos, salvada la serie de cascadas y vertiginosos rápidos. Como veremos, sin embargo, aquella protección tenía sus límites, y Wallace sería testigo de ello: de Lima resultó ser uno de esos traficantes.

Cada comunidad vivía en una gran cabaña comunal denominada *maloca* (escrito con doble ce en la época de Wallace), que podía albergar al menos a una docena de familias, llegando a alcanzar más de cien personas. La primera que encontró Wallace, del pueblo desano o umukomasã, era una estructura alargada y alta, de unos treinta por diez o doce metros y por lo menos diez metros de altura. Era una «construcción sólida de troncos redondos, lisos y descortezados, cubierta con las hojas en forma de abanico de la palmera caraná. Un extremo era cuadrado, con hastial, el otro, curvo; y los aleros, que sobresalían de los muros bajos, llegaban casi hasta el suelo».²⁵ Dos filas largas de pilares de apoyo delimitaban un ancho pasillo que discurría por el centro, entre el cual se extendían filas de columnas más pequeñas que creaban pasillos laterales donde se guardaban utensilios comunes: ralladores de yuca, largos tipitíes entretejidos para exprimir la yuca rallada, hornos para hacer *farinha*, grandes sartenes y vasijas de barro para elaborar el *caxirí*, de ligero grado alcohólico. Una fila de pequeños apartamentos divididos por muros de paja bordeaban los pasillos secundarios a cada lado, cada uno de ellos ocupado por una familia. El *tushaua*, o jefe hereditario, una figura más ceremonial que dirigente, ocupaba un espacio privilegiado con su familia en el extremo circular. Debía de ser impresionante acercarse a esa gran *maloca*: al asomarse a la luz tenue, con cierta neblina por el humo de los fuegos para cocinar, Wallace habría ido distinguiendo poco a poco a la gente de dentro, mirándole con curiosidad. Las mujeres retrocedían, iban desnudas y sin ornamentos salvo por una especie de liga apretada alrededor de la pierna por debajo de la rodilla, pero se cubrían cuando llegaban extranjeros. Los hombres también estaban desnudos salvo por un taparrabos de corteza de *tururí*, llevaban las orejas perforadas con una cañita de paja y el pelo, largo y negro, recogido en dos lustrosas coletas de a metro atadas con pelo de mono y coronadas con un elegante peine de madera y hojas de palmera y unas cuantas plumas de tucán, que aportaban un toque de color. Todos llevaban un colgante circular de cuarzo blanco, un ornamento personal de gran valor simbólico, meticulosamente moldeado y perforado con un agujero que abrían con mucho trabajo moliendo poco a poco con el ápice foliar de una hoja joven de bananero silvestre y arena, como si fuera un mortero. Estaba maravillado: «Al entrar en esta vivienda, tuve el placer de encontrarme por fin ante la presencia de los auténticos moradores de la selva», un pueblo tan diferente a todos con los que se había topado previamente que le pareció como si le «hubieran transportado de repente al otro lado del mundo».²⁶ Pasó la noche en la *maloca*. Mientras se quedaba dormido con el sonido de las lluvias torrenciales de fuera y el suave murmullo de los «indios, desnudos y tendidos en sus hamacas alrededor del fuego, lo que arrojaba una luz vacilante sobre el techo oscuro y lleno de humo», admiró la manera en que estas familias vivían juntas en comunidad y armonía, un auténtico paraíso.²⁷

Wallace no sabía, sin embargo, que en ese preciso momento su hermano Edward estaba gravemente enfermo. Aquella noche mágica en la *maloca* india, de hecho, iba a ser la última para su hermano, pues sucumbió a la fiebre amarilla a primera hora de la tarde siguiente. Su hermano había conseguido llegar al fin a Belém, después de tantos meses en la parte alta del río, y había reservado pasaje a Liverpool en un barco que iba a zarpar pronto, el 6 de junio. Pero no había podido elegir peor momento, una epidemia de fiebre amarilla barría entonces la ciudad. Los primeros síntomas de Edward aparecieron el 2 de junio, cuando Alfred, muy arriba en el río, se preparaba para salir de Guia, y estaba ya muy grave para cuando éste llegó a la gran *maloca* en el Uaupés. El curso de la enfermedad fue rápido, y enseguida apareció el vómito negro, el principio del fin. Bates acompañó a Edward casi hasta el final, ofreciéndole cuidados médicos, durmiendo a su lado y atendiéndole, hasta que también él cayó gravemente enfermo. Con Bates afectado, el vicecónsul británico, Mr. Miller, se encargó de cuidar de Edward, y le mandó una carta a Alfred río arriba para advertirle del pésimo estado de su hermano. La fiebre amarilla no tardaría en matar también a Mr. Miller. Bates fue uno de los que tuvo suerte: se recuperó y cumplió con el triste deber de escribir a la madre de su amigo, Mary Ann Wallace, con la terrible noticia de que su hijo pequeño había muerto; tenía tan solo veintidós años.[28] Bates no escribió a Alfred en el momento porque no sabía dónde estaba, llevaba muchos meses sin saber de él, según le explicaría a la hermana de Wallace, Fanny, en una carta el siguiente octubre. Postrado por su propia enfermedad, Bates tampoco estaba seguro de si el vicecónsul le había escrito a Alfred, pero había escuchado hacía poco que esperaban su llegada en Manaos: «Pretendo escribirle en la primera canoa que salga para allá».[29]

Pero por aquel entonces, junio de 1851, Wallace no sabía nada de todo esto y seguía adentrándose en el paraíso de reinos inexplorados. Algo más arriba en el Uaupés, su pequeño equipo y él se encontraron con otra gran *maloca*, del pueblo guanano, donde estaba concluyendo una danza ritual. Había unas doscientas personas dentro, prácticamente desnudas y pintadas: rojo, amarillo, morado, blanco y negro aplicados en patrones de diamante, lunares y rayas. Las mujeres llevaban estrechos «delantales» de cuentas («dispuestas en patrones diagonales con mucho gusto»), mientras que los hombres y los niños iban mucho más adornados, con brazaletes, diademas y peines de plumas, collares de cuentas en torno al cuello, cascabeles en los tobillos hechos con unos frutos desecados que parecían calabazas y cinturones de dientes de jaguar alrededor de la cintura. Blandían sus armas —lanzas, porras, arcos y *curabís* (flechas de guerra)— y hacían música con instrumentos de caña, hueso y caparazones de tortuga. Wallace estaba encantado y sobrecogido con el «aspecto salvaje y extraño de estos indios apuestos, desnudos y pintados», el sonido de su lengua incomprensible, la música exótica y el sabor del *caxirí* que hacían circular continuamente en grandes calabazas. Consciente de que él mismo también era un espectáculo, sentía «un centenar de pares de ojos brillantes» constantemente dirigidos hacia él desde todos los rincones de la *maloca*. Después dibujaría y conseguiría algunos artículos —una lanza decorada, soportes tallados para grandes puros rituales y cestas trenzadas, entre otras cosas— y, como siempre, claro está, no dejó escapar la oportunidad de adquirir aves, peces e insectos.

Maloca o casa comunal, que Wallace dibujó en el río Uaupés.

Todavía hicieron una breve parada en otra *maloca* antes de detenerse en São Jeronimo (la actual Ipanoré), entonces, igual que ahora, una base diminuta poco antes de las primeras cascadas del Uaupés: unos rápidos embravecidos canalizados por una garganta estrecha y empinada, salpicada de enormes rocas que generaban «remolinos inmensos» y fuertes olas atronadoras, según lo describió Wallace. Llevaba enfermo de disentería desde que salieron de la primera *maloca*; como sus síntomas empeoraban y carecía de medicación, empezaba a estar un poco preocupado, aunque no lo suficiente para desperdiciar la oportunidad de dibujar nuevas especies de peces. Ni para renunciar, al día siguiente, a su decisión de remontar las cascadas, lo que solo podía hacerse vaciando la canoa de todo el equipo y vadeando los peligrosos rápidos cargándola a cuestas por la adyacente selva inundada. Continuó hasta la frontera, un viaje de otra semana más hasta alcanzar la tierra del pueblo tariana: Jauarité (hoy, Iauarité), las cascadas «del jaguar», los segundos grandes rápidos del Uaupés. Pasado este punto, a lo largo de la frontera que sigue el trazado del río antes de que este se adentre en Colombia, los rápidos y las cascadas aumentan en frecuencia e intensidad. Wallace se sentía mejor, pero no era prudente seguir camino en temporada de lluvias. Se quedaron una semana en Iauarité, donde les dio la bienvenida el *tushaua* (jefe) y, a petición de de Lima, los agasajaron con una espectacular «danza de la serpiente» en su gran *maloca*.

En esta ocasión, Wallace pudo presenciar las preparaciones para la *festa* además de la propia danza entera, y observó a las mujeres decorarse mutuamente primero, pintándose patrones rojos y negros por todo el cuerpo, con círculos perfilándoles los senos, líneas curvas por las caderas y brillantes lunares bermellón en la cara. Luego decoraban a los hombres, no solo con pintura, sino con pulseras, tobilleras, pendientes de cobre, peines de plumas y cuerdas de pelo de mono adornadas con plumas de garceta o arpía mayor que les colgaban por la espalda, y todos ellos coronados con una espectacular *acangatára*, un tocado de plumas de guacamayo rojas y amarillas. Wallace se dio cuenta de que los indios parecían imitar a la naturaleza, por decirlo de alguna manera, en cuanto a la ornamentación de los sexos. Tenía en mente cómo los machos de las aves tienden a lucir ornamentos más llamativos que las hembras, un tema que iba a despertar gran interés en él y en Darwin en años venideros.

Para el baile de la serpiente, confeccionaron dos «serpientes» de diez o doce metros de largo por treinta centímetros de grueso con palos y plantas atados con cuerdas hechas con lianas (en portugués, *cipó*) y con temibles «cabezas» que consistían en manojos de hojas de *Cecropia* pintadas de rojo. Una docena de hombres cargaban con cada una de ellas en un ondulante desfile adelante y atrás, desde el exterior de la gran *maloca*, ante un público de al menos trescientas personas reunidas dentro. Se iban acercando cada vez más, avanzando y retrocediendo repetidamente hasta que las «serpientes» entraban en la *maloca*, simulaban una lucha y pasaban a toda velocidad la una junto a la otra hasta que escapaban fuera. También había otras representaciones. En una de ellas, hombres y mujeres en círculo golpeaban el suelo con los pies al unísono, y en otra, hombres jóvenes bebían ritualmente un líquido amargo, el alucinógeno *caapí*, agitaban sus armas y hacían muecas, y algunos salían corriendo como enloquecidos.[30] Para mayor ambiente festivo y sobrenatural, había un zumbar constante de música, y una gran hoguera en el centro de la *maloca* iluminaba a los indios disfrazados y hacía que sus sombras danzaran en las paredes y en el alto techo inclinado. Tres sirvientes iban de acá para allá, rellenando las calabazas de todos, mientras en el exterior los jóvenes alardeaban de destreza saltando por encima de hogueras y a través de ellas. Un grueso puro de veinticinco centímetros enrollado en hojas iba pasándose de mano en mano en un gran soporte de sesenta centímetros, tallado y ahorquillado. Wallace declinó fumar, según dijo, pero apuró su calabaza con gusto y halagó a la mujer del *tushaua* calificándolo de *purángareté* (excelente), a pesar de que sabía que este *caxirí* especial se hacía con yuca «procesada» mediante la masticación y posterior escupido en un recipiente por «una panda de ancianas». Fue otra experiencia asombrosa, que le hizo «anhelar que un diestro pintor hiciera justicia a una escena tan novedosa, pintoresca e interesante». En efecto, él fue el primer extranjero en presenciar y describir una danza ceremonial como esta.[31]

El grupo se marchó de Iauarité alrededor del 24 de junio y, tras unos días en Juquira, regresaron a Ipanoré para julio, donde se quedaron dos semanas. Wallace registraba minuciosamente sus observaciones y consiguió algunas colecciones magníficas a golpe de negociación, trueque y cazadores contratados. En materia antropológica, tenía su selección de artilugios y dibujos, con exhaustivos apuntes sobre las costumbres, lenguas y estilos de vida de los pueblos que iba conociendo, en los que señalaba curiosidades de su alimentación como el «lujo ocasional» de consumir termitas y hormigas aladas cortadoras de hojas —que cogían por las alas y se comían como fresas sujetas por el cáliz verde—, si bien tenían que recurrir a las lombrices de tierra en temporada de lluvias. Las lombrices se lo ponían fácil a los humanos recolectores, pues buscaban refugio de las inundaciones trepando a los árboles, donde las encontraban enrolladas todas juntas en las tilandsias epífitas. Entre las impresionantes aves que capturó tenía un grupo mixto de casi cien individuos *vivos*, entre los que había trompeteros, paujiles, un montón de cotorras y nueve hermosos loritos chirlecrés (*Pionites melanocephalus*). Encontró varias especies de mariposas nuevas para la ciencia, entre otras una preciosa de alas transparentes, dos papiliónidos, satirinos, y también algún que otro mamífero raro, como un oso hormiguero arbóreo y un mono. Siempre había peces y palmeras que dibujar y, aunque no recogía plantas, quedó deslumbrado ante el «orquidario totalmente natural» con el que tropezó en un claro de la selva, un terreno arbustivo en el que, en un brevísimo espacio de tiempo, encontró al menos treinta especies que iban desde diminutas orquídeas del tamaño de un musgo hasta grandes especies epífitas: «Nunca había visto tantas juntas en un solo lugar».[32]

Por increíble que parezca, además de las dificultades del viaje, las anotaciones y la recolección (ya de por sí una ardua labor que implica obtener ejemplares, montarlos con alfileres o desollarlos, procesarlos, etiquetarlos y conservarlos), continuaba cartografiando el río con su brújula prismática, sextante de bolsillo y reloj, instrumentos que le ofrecían plena confianza. Hacía mucho ya que se le habían roto los termómetros, así que no tenía manera de calcular la elevación sobre el nivel del mar, pero sí podía calcular la altura de los llamativos picos graníticos que veía erguirse sobre la selva del curso bajo del Uaupés. Se trata de plutones, roca antigua que se ha abierto camino a través de roca más antigua todavía y que representa el núcleo del continente: la tecnología moderna desvela que pertenecen a la era mesoproterozoica, son masas de granito de mil quinientos millones de años que atraviesan otras masas de granito quinientos millones de años todavía más antiguas, tan antiguas que el paisaje ha tenido tiempo de sobra para erosionarse hasta quedar prácticamente liso, tan solo con suaves ondulaciones, una geología en su mayor parte oculta bajo gruesos depósitos aluviales y, aún más gruesos, forestales. Donde mejor se ve la roca del lugar es en los rápidos del río y sus alrededores, donde queda expuesta: no era la mejor época ni el mejor sitio de estudio, pero Wallace hacía lo que podía para dibujar masas de roca en forma de domo y muestras de roca, indicando que apenas contenían mica pero estaban veteadas de cuarzo. De los depósitos más grandes de cuarzo era de donde sacaban el material los guananos para sus colgantes meticulosamente modelados y perforados. Le informaron de que la preciada piedra venía de aguas arriba, y supuso que sería de la base de los Andes. Es posible, pero se encuentran masas de cuarcita más cerca, en la serra Tunuí, de 733 metros, actualmente uno de los trece picos con nombre en la vasta Terra Indígena Alto Rio Negro, de cincuenta mil kilómetros cuadrados. No es difícil imaginar el comercio entre este lugar y las *malocas* del Uaupés a través de los ríos más pequeños Içana y Aiari y luego por los largos y sinuosos *igarapés*.

Sus descubrimientos y colecciones hicieron que merecieran la pena las vicisitudes del viaje, las peores de ellas las «innumerables miríadas» de *piums* (mosca negra, un simúlido), los desesperantes *bichos do pé* (la nigua, el ácaro *Tunga penetrans*) y los terroríficos murciélagos vampiro para los que toda pierna o pie expuesto por la noche era un festín: al despertar una mañana en Juquira, les impactó el «espantoso espectáculo» de las piernas de de Lima, «embadurnadas de una espesa capa de sangre», y es que los murciélagos vampiro lo dejan todo perdido después de comer. Del escalofrío que le dio, procuró mantenerse bien tapado por las noches, sin importarle la temperatura tropical. Sin embargo, Wallace también registró de manera bastante aséptica otra forma de parásito, cuando no de depredador: el execrable parásito humano. Su amigo de Lima resultó estar implicado en el tráfico de personas, incluso en asesinatos. Era un lado muy oscuro de las prácticas ya de por sí turbias de los comerciantes, técnicamente ilegal pero consentido e incluso apoyado por las autoridades. Contrataban a asaltantes, normalmente indios, para que remontaran el río y atacaran las *malocas* de tribus remotas, secuestraran a chicos y chicas y mataran a sus familias y a quien se interpusiera en su camino, o acorralaran a todos los que no habían matado ni habían escapado y los esclavizaran. En ese viaje Wallace se enteró de que de Lima había contratado y armado a un indio llamado Bernardo para secuestrar a dos chicas para clientes de Manaos. Por eso estaban esperando en Ipanoré a que regresara Bernardo con sus prisioneras. Wallace repetía con credulidad la patética justificación que solía darse para esta iniquidad. «Puede decirse algo a su favor, también», escribe, y ofrece el discurso del victimario según el cual, esto en realidad puede ser por el propio bien de la víctima, ya que, de lo contrario, es probable que caiga presa de los mismos indios, que están continuamente en guerra y se matan los unos a los otros sin razón. Con todas las letras, parece decir que la sed de esclavos de los blancos tiene su parte positiva: convencen a las tribus enfrentadas de que les perdonen la vida a muchos prisioneros, a los que de otro modo matarían, y se los vendan. Pura lógica. En cuanto a los niños secuestrados, «se les cría con cierto grado de civilización», y aunque a veces se los maltrate, «son libres y pueden abandonar a sus amos cuando quieran».[33] Claro. Wallace tendía a no querer ver cuando se trataba de cierta gente... o gentuza. Bernardo regresó con las manos vacías aquella vez; había tomado todas las precauciones, según afirmaba, pero había levantado sospechas. Estaba seguro de que a la próxima lo conseguiría.

———

Los pensamientos de Wallace cada vez iban más dirigidos a su hogar, pero todavía no había terminado de explorar y observar. Quería emprender una última expedición antes de dejar Brasil y llevaba un tiempo dando vueltas a la idea de un viaje a los altos Andes tras los pasos de Humboldt, pero llegando un poco más allá. Aunque se lo estaba pensando mejor: «Por lo que había visto en este río, no existe un sitio igual para hacerse con una buena colección de aves y animales vivos; y eso, junto con el deseo de seguir explorando un país tan interesante y tan absolutamente desconocido, terminó por convencerme, tras meditarlo con serenidad, de renunciar por el momento al viaje que pretendía hacer a los Andes y sustituirlo por otro al curso alto del Uaupés».[34] Decidió ascender al menos hasta los rápidos de *Yurupari* (el Diablo), un viaje de un mes a la *ultima Tule*, una tierra más allá del mundo conocido en la que se decía que moraba el paragüero blanco. ¿Existía esa especie, hermana de la especie negra tan común por toda la alta Amazonía? Y si así era, ¿cómo y por qué se dan tales rarezas allí? Conseguir capturar un ave tan singular le ayudaría a hacerse un nombre y aportar más datos sobre especies, variedades y su distribución geográfica. ¡Tenía que intentarlo! No es que fuese un Moby Dick aviar, un pájaro con el que obsesionarse. No estaba del todo convencido de que existiera, a pesar del aplomo con el que lo aseguraban comerciantes e indios, pero si existía...

De todas formas, primero tenía que recorrer dos mil quinientos kilómetros hasta Manaos y vuelta. A estas alturas, tenía ya miles de especímenes para clasificar, empaquetar y enviar a Inglaterra: había dejado muchos atrás en Manaos cuando ascendió por primera vez el curso alto del río Negro, hacía casi un año; muchos otros en Nossa Senhora da Guia, tras su expedición en Venezuela, y ahora tenía sus extensas colecciones del Uaupés de tan solo los dos últimos meses que contenían de todo, desde cientos de insectos montados con alfileres, pieles curtidas, peces en conserva y artilugios indígenas hasta una bandada de aves que no paraban de graznar, chillar, gañir y gorjear, unas en cajas y las más dóciles volando sueltas.

No podía permitir que sus colecciones estuviesen más meses por ahí, se arriesgaba a que la humedad y las plagas las echasen a perder. Además, necesitaba reabastecerse, sobre todo en cuanto a suministros de trueque, y el momento parecía el adecuado: si pudiese completar el viaje rápido, calculaba que podría estar de vuelta en el Uaupés para el comienzo de la temporada seca, el mejor momento para intentar ascender la multitud de *cachoeiras* (cascadas y rápidos) que había más allá de Iauarité. Si todo iba bien, quizá pudiera llegar a Manaos, volver, continuar hacia el curso alto del Uaupés y luego regresar, descender hasta Belém y zarpar a Inglaterra, todo en un año, a lo mejor para julio o agosto de 1852. El plan lo animó bastante, en especial la idea de volver a casa de verdad; no se había dado cuenta de lo mucho que lo echaba de menos. *A casa*, a esa tierra remota que se le antojaba ahora el paraíso: «Había placer en el mero pensamiento, lo que me ayudaba a superar los largos meses, las largas horas, los problemas y disgustos del tedioso trayecto que tendría que soportar primero».[35] Le daba que pensar, porque jamás había deseado viajar al trópico con la mitad de fuerzas que ahora sentía por el regreso a casa.

Wallace bajó por el Uaupés hasta el río Negro y luego giró al norte hacia Guia para recoger sus colecciones. Tardó unas semanas, al final de las cuales aún no había podido encontrar hombres suficientes que le ayudaran a descender los rápidos de forma segura. Se trasladó a São Joaquim, en la desembocadura del Uaupés, con la esperanza de contratar a más hombres, pero eso le llevó otras dos semanas. *Paciencia* era el lema del viaje fluvial en la Amazonía. Al final pudo partir el 1 de septiembre de 1851, con un piloto experto contratado para navegar con seguridad entre los Escila y Caribdis de los rápidos de São Gabriel: «Todo depende del piloto».[36] Una vez superados los rápidos, el resto del viaje no presentó contratiempos y lo hicieron en compañía de dos loros amaestrados: un lorito chirlecrés, *Pionites melanocephalus*, una hermosa especie de cabeza negra con tonalidades naranja claro en cuello y muslos, y un loro cacique, *Deroptyus accipitrinus*, más grande, de cresta roja y deslumbrantes plumas de franjas azules y rojas. Por el camino se le dieron bien las capturas: un caimán de metro ochenta, nuevos peces para dibujar, pequeñas tortugas de cabeza roja. Amigos y conocidos los recibían en *sitios* ribereños a lo largo del camino, tomándose «la confianza que da la amistad» para convencerlo de procurarse una miscelánea de objetos que necesitaban en Manaos: un tarro de aceite de tortuga para uno, una frasca de vino para otro, una guitarra para un tercero; el *delegarde* (el jefe de policía) agradecería un par de gatos, *muito obrigado*, y su ayudante necesitaba dos buenos peines de marfil. Pagarían después, con café o tabaco. Ojalá los hubiera convencido de pagarle en insectos y aves raras...

Al llegar a Manaos el 15 de septiembre se reencontró con Richard Spruce, que llevaba meses atrapado allí por falta de hombres a los que contratar para tripular su canoa. El botánico había sacado provecho de la situación y se había dedicado a capturar especies por toda la zona mientras residía en la vieja morada de Johann Natterer, tierra sagrada para naturalistas como él. Wallace se le unió allí y recibió un montón de correo con meses de retraso, incluida una alarmante carta del vicecónsul británico, Mr. Miller, que le avisaba de la grave enfermedad de Edward. Se quedó angustiado y desconcertado. La carta daba a entender que no era probable que Edward sobreviviera, pero no había ninguna carta posterior que informara de su muerte. Aunque tampoco había ninguna carta del propio Edward ni de nadie más con noticias de su hermano. Estaba sumido en un horrible estado de incertidumbre, y Spruce tampoco sabía nada. Wallace se quedó con Spruce solo dos semanas mientras se afanaba en preparar sus especímenes para enviarlos y organizaba el viaje de despedida que tanto se había hecho esperar. Estas cosas llevaban tiempo. Primero tenía que hacerse con madera para construir cajas para sus insectos y otros especímenes, luego baúles de viaje suficientemente robustos para aguantar la brusca manipulación de toda una serie de estibadores y cocheros en el largo viaje desde la Amazonía hasta las manos de Stevens, en Londres. Tras dejar con su viejo amigo el Senhor Henrique lo que era ya su quinta gran remesa de especímenes para enviar, Wallace partió de nuevo alrededor del 1 de octubre de 1851. Spruce lo acompañó en su propia y pequeña *montaria* para pasar un día recolectando con él. Para su deleite, Wallace atrapó lo que estaba seguro que era una especie desconocida de *pacú*, un pez emparentado con la piraña, y Spruce consiguió encontrar en flor algunos árboles y arbustos nuevos. Parados a un lado del río, los naturalistas organizaron sus apuntes y ejemplares, Spruce con su prensa botánica y Wallace con su cuaderno de dibujo y su bote de conservas. Wallace continuó su camino, deteniéndose en *sitios* para esto y lo otro —obtener unos ganchos grandes, arreglar la escopeta, preparar *mixira* de tortuga (fiambre conservado en aceite)— y, por supuesto, para capturar especímenes: peces nuevos, un maravilloso ejemplar de matamata, la extraña tortuga de río *Chelus fimbriata*, y un macho de manatí adulto.

Todo esto requirió su tiempo y, visto en retrospectiva, a lo mejor Wallace debería haber dedicado sus esfuerzos a alcanzar cotas más altas y saludables. No había llegado muy lejos cuando cayó víctima de una fiebre intensa, pero, automedicándose, siguió avanzando a pesar de encontrarse intermitentemente en una ensoñación, si no delirio, pensando en la suerte de Edward y en la de su hermano John, en California. Se recuperó al cabo de una semana, más o menos, y el pequeño grupo continuó avanzando poco a poco. Pero luego le afectó la fiebre a uno de los indios que le ayudaban, y después a otro. Estaba a dos días de São Gabriel y necesitaba desesperadamente nuevos asistentes y un piloto que lo ayudasen a navegar por los peligrosos rápidos. Se hizo con una canoa más pequeña y, tras varias salidas en falso —la dificultad de conseguir una tripulación se vio frustrantemente agravada por culpa de un generoso anticipo con el que huyeron aquellos a los que había contratado—, pudo finalmente remontar los rápidos. Estaban ya a mediados de noviembre; había vuelto a São Gabriel y acababa de partir en el siguiente tramo, en dirección a São Joaquim, en la desembocadura del Uaupés, cuando le volvió a subir la fiebre. Esta vez le dejó incapacitado al instante, hasta el punto de que de Lima no esperaba que sobreviviese. Sus síntomas apuntan a la clase más mortífera de malaria, provocada por *Plasmodium falciparum*: escalofríos y tiritonas diarias, intensas fiebres con delirios y abundante sudoración en cadena, cada episodio le iba dejando cada vez más débil hasta que, demacrado, fue incapaz de hablar de modo inteligible o de mecerse en la hamaca. Tras varias semanas, pudo enviar un mensaje a Spruce, que acababa de llegar a escasa distancia de São Gabriel y que fue quien le contó a John Smith, en Kew, la situación en la que se encontraba Wallace: su amigo estaba «casi al borde de la muerte debido a una fiebre perniciosa», le escribió, tan débil que «no puede levantarse de su hamaca ni tomar alimentos. La persona que me trajo la carta me dijo que no había tomado alimentos durante varios días, excepto jugo de naranja y [anacardo]».[37] Spruce continuaba lamentando que «la fiebre del Río Negro ha sido fatal» con varias personas a las que conocía, entre ellas el hermano de Wallace, Edward. Spruce había recibido esta mala noticia desde Belém, después de que Wallace hubiera dejado Manaos. De inmediato decidió acompañar al amigo en su lecho de muerte.

Ni siquiera la quinina parecía dominar al parásito, por lo menos no con rapidez. Pero seguro que ayudó y, poco a poco, Wallace se fue recuperando. Primero pudo hablar y girarse en la hamaca. Enseguida pudo mantenerse en pie sin ayuda, luego andar por la habitación con un bastón improvisado. Cuando recobró el apetito y, paulatinamente, las fuerzas, bajaron a Wallace a São Gabriel a ver a Spruce. Fue entonces cuando le dieron la triste noticia de la prematura muerte de Edward. Más tarde supo que las últimas palabras de su hermano habían sido: «Qué pena morir tan joven». Aquellas palabras le pesaron sobremanera a su hermano mayor.[38]

Dos meses y medio después de haber caído enfermo esta primera vez y aún sin estar del todo recuperado, Wallace decidió remontar el río. A pesar de los problemas habituales para tripular una canoa, consiguió llegar a Iauarité en menos de dos semanas y enseguida se adentró en un reino de sucesivas *malocas* y rápidos. La geología lo tenía desconcertado. Al inspeccionar las rocas en cada uno de los rápidos, se daba cuenta de que eran graníticas y sin embargo parecían estratificadas, como rocas sedimentarias, y estaban tan inclinadas que los estratos se veían casi en vertical. Más arriba, pensó que el granito parecía haberse refundido. Básicamente estaba en lo cierto: los geólogos identificarían posteriormente que estas rocas son metamórficas, en origen arenas sedimentarias y limolitas sometidas a una presión y un calor tan grandes que se fundieron y recristalizaron sus componentes minerales, levantándose e inclinándose en el proceso. Estas rocas *metasedimentarias*, como se denominan, reflejan la erosión y deposición en un antiguo continente, seguidas de un metamorfismo inexorable en las profundidades de la Tierra, un levantamiento y por último la exposición por erosión, todo ello desarrollado en unas escalas de tiempo mucho más antiguas de lo que Wallace y sus coetáneos podrían haber imaginado en aquella época.

No había mucho tiempo para la geología, de todas formas, porque el camino era muy duro. Todas las cascadas y rápidos, las *cachoeiras*, tenían nombre: Uacú (un fruto), Uacará (garceta), Mucurá (zarigüeya), Tyeassu (cerdo), Macaco (mono), Baccaba (una palmera)... y también el guacamayo, el geco, el armadillo, la tortuga, el tucán... una auténtica casa de fieras de cascadas y rápidos, grandes y pequeños, que representan a todos los animales y muchas de las plantas significativas para los pueblos indígenas. La tripulación se debatía contra la intensa corriente de cada cascada un día tras otro, tirando y arrastrando de la canoa con espías (cuerdas de remolque) hechas de lianas (*cipó*). Cuando tenían suerte, no había que descargar la canoa, pero por lo general había demasiado peligro y no tenían más opción que descargarla, izarla, recargarla, descargarla, izarla y recargarla, una y otra vez, para remontar rápidos cada vez peores hasta llegar a Carurú, los rápidos «planta acuática», cuyo nombre de inocente sonoridad proviene de las sabrosas plantas de la curiosa familia podostemáceas que cubren las rocas, apreciadas incluso por el gran pacú negro, un pez que los lugareños pescan sin problemas con cebo de carurú. El rápido era un torrente espumoso de aguas blancas que corría embravecido entre rocas gigantescas y perdía enseguida entre cuatro y seis metros de altura. Era todo un espectáculo. El batir blanco del río se derramaba por encima, alrededor y entre medias de un tumulto de bloques graníticos negros engalanados de plantas de un verde radiante que crecían alegres en sus condiciones medio anegadas. Llegados a este punto, tuvieron que izar la canoa a lo largo de la orilla del río, sobre piedra seca, descargarla (¡otra vez!) y arrastrarla por una serie de ramas cortadas y troncos para evitar desgarrar el fondo. Fue «lo más difícil a lo que se enfrentaron mi docena de indios, a menudo con el agua hasta el pecho; era un milagro que pudiesen mantenerse de pie contra la corriente, no digamos ya ejercer cualquier fuerza para tirar de la canoa».[39] Fueron a buscar ayuda, y al final hicieron falta veinticinco hombres para levantar la canoa por encima de los rápidos. El fondo hubo que repararlo a pesar de los esfuerzos. La canoa era demasiado grande y voluminosa para las *cachoeiras* aún más formidables que estaban por llegar, por lo que negoció con el *tushaua* para comprarle su gran *obá* (cayuco, canoa monóxila), la embarcación más sensata para los ríos en las selvas de las tierras altas, según han probado durante milenios todas las tribus establecidas en ambientes fluviales. Le costó un hacha, una camisa, unos pantalones, dos cuchillos y unos cuantos abalorios.

Cuando se paró a pensar en el problema de la canoa, Wallace se dio cuenta de que estaba en una tierra de lo más interesante: Carurú era la patria de los pueblos kotirias, de habla tukana. Admiró su gran *maloca*, decorada «con mucho gusto» a base de un diseño en cuadrícula con dibujos en forma de diamantes y círculos rojos, amarillos, blancos y negros. Por su parte, también dibujó los impresionantes petroglifos que habían encontrado en las rocas del río. Lo mejor de todo fue que tuvo la inmensa suerte de presenciar la ejecución de la denominada música Yuruparí (Diablo), interpretada con instrumentos sagrados, enormes cuernos que parecían fagots y trompetas construidos con cortezas retorcidas en espiral y boquillas de hojas. Al principio se escuchaba a lo lejos la música, que iba acercándose cada vez más, hasta que aparecía a la vista un cuarteto de indios soplando en cuernos de distinta longitud, el más largo de alrededor de un metro y medio, y meneándolos de arriba abajo y de un lado a otro mientras tocaban. No eran un puñado de trovadores de la selva, sino curanderos que anunciaban el inicio de una ceremonia. En cuanto sonó el primer toque de trompeta a lo lejos, las mujeres salieron corriendo a refugiarse. Según la tradición, las mujeres no podían ver ninguno de estos instrumentos. Tan solo el ver uno, aunque fuera sin querer, suponía la muerte, normalmente por envenenamiento. Tales instrumentos tenían, y tienen, una abrumadora importancia religiosa: unos años después, cuando Spruce consiguió adquirir uno para Kew, tuvo que mantenerlo bien escondido bajo todo el cargamento de la canoa, pues sabía que la tripulación se negaría a subir en una embarcación que transportase semejante objeto sagrado. Hoy en día, siguen siendo los hombres los únicos que ven y manipulan los instrumentos Yuruparí, que se utilizan en una muy elaborada celebración anual de año nuevo y, de vez en cuando, en celebraciones rituales menores con la llegada de ciertos frutos. Uno de ellos es el del *ucuquí*, u ocoquí, un majestuoso árbol con contrafuertes en la base, la *Pouteria ucuqui* (Sapotaceae), también conocido entre los pueblos kotirias como *puch-pee-á*. Wallace descubrió de primera mano lo mucho que apreciaban el fruto del ocoquí un día en el que los miembros de la tripulación iban remando y «de pronto se lanzaron al agua como nutrias, nadaron hasta la orilla y desaparecieron en la selva. "Ocoquí", respondieron, cuando pregunté por el motivo de esta repentina desbandada, y me di cuenta de que habían descubierto un árbol de ocoquí y estaban atiborrándose de frutos para saciar el ansia del hambre».[40]

Continuaron camino subiendo por el inmenso río —Uaupés en el lado brasileño, Vaupés en el colombiano— hasta un gran recodo en el que dejaron atrás Brasil. El recorrido era terriblemente lento, con un rápido tras otro: de media, casi seis al día ¡y al menos veintiocho en menos de una semana! Para el 11 de marzo, Wallace se encontraba en compañía de un pueblo distinto: los cubeos, o kubéwa, también de habla tukana. Llamaba a su *maloca* Uarucapurí, muy probablemente la actual Aracapuri. Eran indios «apuestos (...), llevaban las extremidades descubiertas y bien pintadas», con collares y brazaletes de abalorios blancos y grandes dilatadores en las orejas decorados con un material blanco de aspecto similar a la porcelana. Se enteró también de que eran caníbales, y consumían la carne de los integrantes de otras tribus a los que habían matado en combate, y a veces llegaban a asaltarlas con ese propósito. Más adelante, llegó a las cascadas del chupacabras, Uacoroúa, una caída de tres metros que requirió una vez más descargar por completo la canoa y transportarla a cuestas, proceso durante el cual un inesperado aguacero en el peor momento los hizo salir en desbandada a proteger el cargamento. Todavía quedaba al menos una semana hasta las legendarias cataratas Yuruparí, pero ya estaba harto. La recolección no iba mal, pero aumentaban sus sospechas de que el paragüero blanco, la más rara entre las aves raras, la que lo había llevado tan increíblemente lejos, era un invento. Los registros de estos pájaros eran cada vez más contradictorios y menos certeros ahora que realmente había alcanzado el reino etéreo en el que, según le habían asegurado, se encontraban estas aves espectrales de la selva profunda. Concluyó de mala gana que si de verdad existía, se trataba de una variante de color esporádica, una rareza englobada en el marco de curiosidad, nada que fuera a hacer desmayarse a la sociedad científica de Londres. Para más inri, otra rareza que le habían prometido, una tortuga a la que llamaban «pintada», de la que pensaba que sería nueva, había conseguido escapar, y no pudo verla siquiera. No encontraron ninguna más. Le pesaban los meses perdidos en São Joaquim por su enfermedad. Todavía débil y exhausto, renunció a alcanzar su *ultima Tule*, pero le consolaba el hecho de haber llegado a territorios que ningún viajero europeo había alcanzado antes. Wallace, el del vaso medio lleno, sopesó que el viaje había sido favorable, en definitiva, pues habían remontado sin pérdida humana ni física (ni naval) un río «que tal vez no tuviera rival en cuanto a las dificultades y peligros de su navegación» y habían superado unas cincuenta *cachoeiras*, «algunas, meros rápidos, otras, furiosas cascadas, y otras, cataratas casi perpendiculares».[41] Llegó hasta Múcura, no muy lejos de la actual Mitú, y se quedó allí dos semanas. Contrató a cazadores y comerció con sus reservas de anzuelos y abalorios, haciendo crecer así su colección: el mono choyo que describió Humboldt, varios loros, nuevos peces para dibujar, un surtido de insectos y, como si se tratase de una burla, multitud de paragüeros ornados tan negros como el azabache. También registró meticulosamente lo que pudo aprender de las costumbres y el vocabulario de los cubeos y adquirió varios de sus ornamentos y herramientas.

El 25 de marzo de 1852, unas seis semanas después de partir de São Joaquim, Wallace se marchó de Múcura para emprender el arduo viaje río abajo en su nueva *obá* y otra canoa prestada. Sin embargo, al llegar ese mismo día a Aracapuri, donde esperaba contratar a un piloto nativo para navegar la sucesión de rápidos y cascadas de más abajo, encontró la *maloca* y la aldea que la rodeaba extrañamente desprovistas de hombres. Resulta que un par de esclavistas —un comerciante, Chagas, al que conocía bien y un oficial llamado *tenente* Jesuino (un teniente reciente-mente nombrado «director de indios» para los ríos Uaupés e Içana al que Wallace consideraba «un mestizo ignorante»)— se habían llevado a un gran grupo de cubeos de Aracapuri para atacar una *maloca* del pueblo carapano, río arriba. Wallace consiguió convencer al hijo del *tushaua* local para que lo ayudase a pilotar, y con su asistencia consiguió llegar a los grandes rápidos de Carurú con las canoas intactas. Una vez allí, enseguida llegó una flota de canoas: Chagas y Jesuino, con un grupo de prisioneros que iban a vender o a regalar en Manaos. Los atacantes habían matado a siete hombres y a una mujer de los carapanos y habían hecho veinte prisioneros, todos mujeres y niños excepto un único hombre, a los que llevaban atados. Poco antes de salir de Múcura, Chagas le había pedido a Wallace que les prestase o vendiese, a él y a Jesuino, el gran cayuco que acababa de adquirir del *tushaua*. Wallace había dicho que no, pues su partida era inminente, pero ahora estaba claro para qué querían la canoa, de modo que se vio señalado por el vengativo Jesuino por negarse a cola-borar. Amenazado por Jesuino, su joven piloto huyó. El teniente luego dio órdenes a un grupo de indios de acompañar a Wallace un tramo del camino río abajo y abandonarlo, con la esperanza de dejarlo condenado. Y así lo hicieron; lo dejaron con un hombre y un muchacho para cada canoa, que normalmente hubieran requerido seis u ocho fuertes remeros para poder sortear los rápidos. Por increíble que parezca, consiguieron llegar a Iauarité, «para sorpresa del senhor Jesuino», no sin antes haber estado a punto de perder una canoa —con Wallace a bordo— cuando la estaban bajando por la última de las cataratas mediante espías.

Wallace llegó a São Gabriel a finales de abril de 1852, se reencontró brevemente con Spruce y continuó su camino. Había salido del Uaupés con cincuenta y dos animales vivos, además de la ingente cantidad de especímenes conservados, artilugios, apuntes y dibujos. Su pequeña casa de fieras había mermado: uno de sus monos titíes había devorado a dos de sus loros, otro se había perdido bajando uno de los rápidos y varias aves habían muerto, seguramente por falta de alimentación adecuada.

La malaria volvió a provocarle fiebres, afortunadamente ni la mitad de serias, se le inflamó el pie gravemente por las niguas y tuvo que lidiar con lluvias constantes, pero estaba decidido a completar todo lo que se había propuesto hacer, incluido su proyecto de cartografiar el río. Había unos pocos tramos a uno u otro lado de aquel río de kilómetro y medio de anchura que no había podido trazar al subir, y confiaba en rellenar los huecos al bajar. Sin embargo, los planes se le frustraron en un trecho importante, pues no encontró un piloto que lo ayudara a navegar la orilla este del río Negro. No se atrevió a hacerlo solo, por miedo a perderse durante semanas en el laberinto infinito de islas y canales de esa parte del río. Siguió siendo *terra incognita* para él. Tan cerca y a la vez tan lejos. El mapa del río Negro que Wallace terminó publicando señala en letras claras: «Este lado del río es desconocido» a lo largo de la orilla oriental entre la desembocadura del río Padauari y Barcelos.[42]

Llegó a Manaos el 17 de mayo. Antes de poder zarpar cargado con sus colecciones, había que ocuparse de un montón de asuntos, así que alquiló una casa e intentó cuidar de sus animales y de sus pies doloridos mientras pasaba de abrirse camino por el río a hacerlo por la aún más laberíntica burocracia gubernamental. No tardó en descubrir, para su horror, que los seis grandes baúles de especímenes que había dejado con el Senhor Henrique el año anterior ¡todavía no se habían enviado a Londres! Las valiosas colecciones de un año entero de trabajo habían estado allí pudriéndose sin más, al parecer porque, según escribió con ironía, «los prohombres de [Manaos] temían que pudieran contener artículos de contrabando y no les daban paso».[43] No tenía muy buena opinión de los pretenciosos y medio incompetentes funcionarios y oficiales con los que tenía que lidiar, pero acatar las órdenes sin rechistar era la única opción. Vació los baúles, como le pedían, y pagó los derechos correspondientes de los contenidos, y luego pasó por los aros necesarios para obtener el pasaporte requerido para abandonar el país. Para ello, primero tuvo que anunciar su intención de marcharse en el periódico, luego completar todo un surtido de formularios y hacer que se los firmaran y sellaran por partida doble: una oficina para algunos de los sellos, otra al otro lado de la ciudad para los demás. Por fin, con los papeles en orden y pagados los honorarios correspondientes, «era libre de abandonar [Manaos] cuando pudiera; porque de abandonarla cuando quisiera, ni hablar».[44] Adquirió algunos animales vivos más y perdió otros, así que para cuando salió de Manaos el 10 de junio de 1852, en una canoa concertada por el amable Henrique, solo quedaban treinta y cuatro: cinco monos, dos guacamayos, veinte loros y loritos de una docena de especies, cinco pajaritos pequeños, un hermoso faisán brasileño llamado pava crestiblanca y un tucán. En realidad treinta y tres: en cuanto subió a bordo, perdió al tucán.

A Wallace le imponía la vuelta a casa: había conseguido que le bajaran por el imponente Amazonas hasta Belém, por fin, ya solo le quedaba cruzar el océano para llegar hasta donde le esperaban su familia y la fortuna. Fortuna tanto financiera como científica, pues las colecciones etnológicas y de historia natural que tanto le había costado conseguir prometían venderse por importantes sumas, y sus logros intelectuales prometían brindarle una entrada triunfal en la sociedad científica. La labor de cuatro años plasmada en cuadernos de apuntes y de dibujos, abarrotados de ilustraciones de palmeras, peces, paisajes, indios y sus artesanías y artilugios, contenían material suficiente para explotar durante años. Iba a escribir unas memorias de viaje al estilo de las de sus héroes, el *Viaje a las regiones equinocciales del Nuevo Continente* de Humboldt y *El viaje del Beagle* de Darwin, además de libros de referencia sobre los novedosos peces de la cuenca del Amazonas y las extraordinarias palmeras y sus muchos usos. Tenía artículos que leer en las sociedades académicas sobre temas geológicos, entomológicos, ornitológicos y etnológicos. También habría cuestiones filosóficas mayores, seguro: geología, especies, distribución... para Wallace, todo estaba conectado. Podemos hacernos una idea de cuál era su compromiso con la visión de conjunto de la época examinando una carta que, con felicitaciones y cargada de noticias, le remitió Spruce desde Perú casi una década después de verse por última vez, en São Gabriel. Para entonces, el estatus de Wallace había crecido, y su destacado papel como codescubridor con Darwin del principio que opera el cambio en las especies era bien conocido entre los naturalistas. «Si haces memoria de nuestras conversaciones en São Gabriel», le recordaba su amigo, «entenderás que yo nunca he creído en la existencia de ningún límite permanente (genérico ni específico) en los grupos de seres orgánicos. De lo que deduzco del alcance del trabajo de Darwin, creo que debería llevar la doctrina aún más allá de lo que lo ha hecho». Spruce continuaba y se preguntaba: «Por cierto, siguiendo el principio de la *Selección Natural*, ¿te has buscado ya una Signorina (...) como me insinuaste una vez que te proponías hacer?».[45] Uno puede imaginárselos allí, en la casita de Spruce, la antigua morada de Natterer, «suelo sagrado para naturalistas como él», Ricardo y Alfredo, como se llamaban mutuamente, reflexionando sobre la naturaleza de las especies y las variedades mientras tomaban unos vasos de *cachaça*, meciéndose suavemente en sus *redes* en el frescor de la noche tropical.

Pero ahora, Ricardo se preparaba para subir por el Uaupés y Alfredo para bajar a Belém, su última parada obligatoria antes de llegar a las costas de Inglaterra.[46] De camino, se detuvo en Santarém con la esperanza de ver a Bates, pero lamentó que su amigo se le hubiera escapado por tan solo una semana: Bates había salido a buscar especímenes por el río Tapajós. Llegó a Belém el 2 de julio, y sin tiempo que perder preparó el pasaje de vuelta a casa. Lo recibió con cariño su viejo amigo «Mr. C.», el inglés que había ayudado a Wallace y a Bates recién llegados a Belém la primera vez, y encontró la ciudad algo mejorada, con unos cuantos edificios nuevos y elegantes y avenidas flanqueadas por almendros. Sin embargo, el suave clima escondía los peligros de la enfermedad aún rampante en la ciudad costera: si el cementerio desbordado donde estaba enterrado su hermano en una fosa común no era recordatorio suficiente, quedó claro con la reaparición de su propio malestar, episodios de tiritonas y fiebres provocadas por la malaria que lo alarmaron. Deseaba con todas sus fuerzas regresar a Inglaterra, a su hermana, su cuñado y su madre; a sus amigos de Neath; y, por supuesto, a su sociedad científica: fantaseaba con la *imagen* de su recepción, entrando en los salones científicos de Londres con llamativas rarezas de la selva, un pajarito como una joya en un brazo, ¡a lo mejor un mono en el hombro! Lo había conseguido: cuatro largos años sobreviviendo a incontables peligros y enfermedades, guardando la compostura ante infinidad de frustraciones, complicaciones y maquinaciones en su contra. Había seguido los pasos de Humboldt y había llegado más lejos, hasta reinos que ningún europeo había visto nunca, y en ellos había morado con tribus legendarias. Y a pesar de la continua serie de dificultades, que a veces parecían insalvables, había capturado miles de fabulosas aves, insectos, peces, reptiles, mamíferos y demás. *Lo había hecho él*, el otrora topógrafo y naturalista autodidacta, aunque a un precio terrible: era inevitable que el paraíso tropical de su imaginación se perdiera, desplazado por la sabiduría y el conocimiento adquirido a través de duras experiencias. Experiencias estimulantes y a menudo trascendentales, totalmente reales, pero atemperadas por la dura realidad, que incluía el impacto más desgarrador de la pérdida personal y la culpa con la que cargaría siempre.

Reservó un pasaje en el Helen, un bergantín de 235 toneladas que se dirigía a Londres al comando del capitán John Turner. Enfermo y con sentimientos encontrados —esperanza, nostalgia—, Wallace se despidió «de las casas blancas y de las bamboleantes palmeras» de Belém el 12 de julio de 1852, cuatro años y cuarenta y siete días después de llegar allí con Bates. Tenía veintinueve años.

6

Una batalla, pero
no la guerra

GIRABA DESPACIO ALREDEDOR de la imponente pira funeraria en la que se había convertido su barco, un desastre indescriptible cuya magnitud aún no había procesado. Casi cuatro semanas después de zarpar de Belém, disfrutando de buen tiempo y avanzando a buen ritmo, un día el capitán percibió olor a humo después de desayunar y le pidió a Wallace que le acompañase a averiguar qué ocurría. El buque mercante transportaba una gran cantidad de caucho y «bálsamo de *capivi*», o bálsamo de copaiba, un extracto rico en aceites esenciales que se obtiene de árboles selváticos del género *Copaifera*, de la familia de las leguminosas, y que constituía entonces, al igual que hoy en día, un preciado ingrediente de barnices y ungüentos. Al ser propenso a entrar en combustión, la manera más segura de cargar los barriles de bálsamo de copaiba es cubrirlos con arena húmeda. El primer error del capitán Turner había sido cubrirlos con cáscara de arroz. El calor de la fricción provocada por el movimiento incesante del barco enseguida prendió el aceite en la bodega, ya de por sí abrasadora, pero que se había ido con sumiendo lentamente en aquel espacio sin aire si el capitán no hubiera cometido su segundo error: sus oficiales de a bordo y él avivaron el fuego de la manera más tonta al aportarle el oxígeno necesario abriendo escotillas y haciendo agujeros en la cubierta para averiguar de dónde venía el humo. En cuestión de minutos, el fuego cobró vida, y para mediodía había pasado de humear a convertirse en un infierno que hizo que la tripulación tuviera que salir corriendo a desplegar los dos botes salvavidas: una lancha larga de remos y vela y un bote más pequeño, ninguno de los dos muy usado y, por ende, llenos de huecos entre las planchas resecas por llevar años cociéndose al sol tropical.

Llegó la llamada de abandonar el barco, y la tripulación entró en un frenesí de actividad: bajar los botes; buscar calafateo, corcho, remos y argollas, palos para hacer un mástil y velas que pudieran encajar; sacar rodando barriles de comida y agua; coger todo lo que se pudiera salvar. El capitán reunió sus libros y cartas náuticas, sextante, cronómetro y brújula; la tripulación, su ropa y otros efectos personales. Wallace bajó a su camarote, «hacía un calor asfixiante y estaba lleno de humo», y allí, un extraño sentimiento de apatía se apoderó de él. El tiempo se ralentizó y los gritos desesperados de la tripulación se hicieron lejanos. Como si estuviera en trance, miró a su alrededor, cogió su reloj, un monederito y un puñado de dibujos de palmeras y peces que tenía desparramados por casualidad y los metió en una «cajita de hojalata» para camisas. Inexplicablemente, dejó un enorme portafolio que contenía muchísimos más dibujos, además de cuadernos de apuntes, libros y documentos; de rescatar ninguna de sus colecciones en la bodega, ni hablar. Volvió a la realidad, se le inundaron los ojos de lágrimas y le costaba respirar; sin pensárselo dos veces subió como pudo a cubierta, donde algunos de los tripulantes se servían de cubos para bajar provisiones y otros artículos a los botes. La cubierta estaba cada vez más caliente; bajaron su caja mientras él saltaba por la barandilla, luchando por no perder el equilibrio en el constante subir y bajar del oleaje. Se deslizó por la cuerda, despellejándose gravemente las manos, y cayó entre un caos de cosas que chapoteaban en el bote lleno de fugas. Se unió a los marineros que achicaban agua por sus vidas, con las manos desolladas y en carne viva, que le ardían dolorosamente al contacto del agua salada, luchando por mantener la barca a flote.

Wallace y la tripulación miraban —estupefactos— desde la relativa seguridad del bamboleo de los botes cómo el fuego insaciable consumía sin tregua el barco. Los obenques y las velas se doraron, luego se ennegrecieron y terminaron estallando en llamas. El palo mayor, ardiendo, con el barco a la deriva, se partió a unos seis metros de altura, mientras que el trinquete, convertido en una columna de llamaradas, aguantó una hora más. Salían llamas por las escotillas, las cubiertas eran una masa ígnea y las bordas se rompieron y cayeron ardiendo en el mar con un silbido. La mayor parte de su colección de fieras estaban muertas para entonces, pero unos cuantos monos y loros supervivientes (con las alas recortadas para que no huyesen volando) había conseguido llegar al bauprés. Se acercaron remando todo lo que se atrevían e intentaron en vano convencer a los desdichados animales de que saltaran a los botes. Tuvieron que darse por vencidos, entre el intenso calor y el peligro cada vez mayor de que los aplastase una de las numerosas vigas de madera medio quemadas que se habían soltado y las olas zarandeaban. El fuego avanzaba por el bauprés. La mayoría de los animales atrapados allí, desconcertados, saltaron a las llamas hacia la muerte; solo consiguieron salvar a un loro

Catástrofe en alta mar: el incendio del Helen.

que se precipitó al mar. A medida que caía la noche, se desplazaron a una distancia segura del barco, pero no demasiado lejos, con la esperanza de que las letales llamas se convirtieran entonces en su salvación: un gran faro en alta mar visible a decenas de kilómetros a la redonda. Empapados y agotados, estuvieron toda la noche achicando agua bajo el furioso resplandor rojo de las llamaradas, las brasas y la ceniza levantadas por el calor lloviéndoles por todas partes, el forjado del barco refulgiendo al rojo vivo. Si el resplandor y el calor no hacían la escena suficientemente infernal, cuando por casualidad el balanceo del barco permitió a los hombres atemorizados ver el interior fundido del averno por donde el casco se había deshecho, lo que vieron debía de ser la mismísima imagen del infierno de sus pesadillas: «Una enorme caldera de fuego», con el cargamento de caucho y bálsamo «formando una ardiente masa líquida en el fondo», un «horno abrasador sacudiéndose sin descanso en el océano» que a buen seguro les trajo a la mente vívidas imágenes del *Inferno* de Dante, con sus lluvias de fuego, el alquitrán hirviendo y «las aguas púrpuras, hirvientes» de los ríos estigios, desde donde gimen «quienes con los demás fueron violentos».[1]

Su posición era 30,5º N, 52º O. Según sus cálculos, estaban a unos mil kilómetros de las Bermudas, alrededor de una semana de navegación con buen viento, por lo que abandonaron los restos ya prácticamente hundidos, carbonizados y humeantes del Helen al día siguiente. Wallace empezaba a asimilar la magnitud de su pérdida: las colecciones de los dos últimos años, miles y miles de ejemplares conseguidos con tanto esfuerzo, carbonizadas —¡hay que imaginarlo!—, además de los dibujos, apuntes y observaciones irremplazables, ¡los tres años más interesantes de su diario! Se acabó lo de tener una de las mejores colecciones en Europa, lo de entrar triunfante en los salones científicos de Londres, lo de escribir todos esos artículos y tratados. Por doloroso que fuese, y vaya si lo era, Wallace se tomó sus pérdidas con la misma filosofía con la que se tomó la precaria situación en la que se encontraban. A pesar de estar constantemente mojados por el rocío y la lluvia, llenos de ampollas por el sol y amenazados con irse a pique en intensas borrascas, además de sufrir un racionamiento estricto de agua y comida, cuyas reservas mermaban, el siempre optimista Wallace señaló con alegría que ya no tenían que achicar tanta agua como antes (la madera, hinchada de agua salada, reducía los huecos entre las planchas), por no mencionar lo interesantes que eran las aves y peces voladores, las curiosas medusas y los bancos de «esplendorosos» delfines de maravillosas tonalidades verdes, azules y doradas: «en ningún momento me cansé de admirarlos». ¡Y los meteoritos! Como la luna acababa de entrar en fase creciente, vio varios, muy probablemente las primeras llegadas de las brillantes y veloces perseidas, atravesando como un rayo en silencio la bóveda negra y aterciopelada de la noche entre una infinidad de estrellas titilantes. «De hecho», reparó, «no podía estar en mejor situación para observarlos que tumbado boca arriba en un pequeño bote en medio del Atlántico».[2]

Al ávido geólogo en Wallace le habría resultado igual de interesante lo que yacía por debajo de él. El conocimiento del lecho marino era fragmentario en aquella época, especialmente el de los mares abisales, pero seguro que le habría maravillado el épico relato de la historia de la Tierra que la geomorfología del fondo oceánico, como hoy sabemos, nos revela. La zona que entonces se extendía bajo su bote desempeñaría un papel destacado en ese descubrimiento. Habían naufragado al oeste de la dorsal mesoatlántica, justo al sur de los montes submarinos Corner Rise y casi sobre el extremo occidental de la zona de fractura de Atlantis, una cicatriz que se extiende de este a oeste, perpendicular a la dorsal mesoatlántica y uno de los muchos tajos de este estilo que atraviesan la profunda cuenca oceánica a intervalos casi regulares a medida que las placas tectónicas norteamericana y africana continúan separándose lentamente. Trataron de llegar a las Bermudas, pero los vientos del suroeste los azotaban, así que los náufragos lo intentaron hacia el noroeste, prácticamente en línea con los montes submarinos de Nueva Inglaterra, una cadena de imponentes volcanes bajo el mar de una edad que abarca entre unos 83 millones y 103 millones de años, de este a oeste. Wallace, que posteriormente escribiría sobre la naturaleza de los continentes y las cuencas oceánicas, viajaba sin saberlo por otra frontera fascinante del tiempo y el espacio.[3]

Tras diez angustiosos días en el mar, fueron rescatados a 32,8° N, 60,45° O, después de haber viajado unas cuatrocientas cincuenta millas náuticas desde el lugar del naufragio y todavía a unas doscientas quince de las Bermudas. Tuvieron la suerte de que el Jordeson, navío en dirección a Londres desde Cuba con un cargamento de madera, se topase con ellos. Quemados por el sol, sufriendo «amargamente por la sed» y casi habiendo perdido la esperanza de ser rescatados, a lo mejor no estaban tan mal como la tripulación encalmada del *Viejo marinero* de Coleridge —«quietos cual barco pintado, / sobre un mar pintado en lienzo»—, pero bien se podían identificar con el «Agua y agua por doquier, / la cubierta seca y rota; / agua y agua por doquier, / para beber ni una gota».[4] Pero sus penurias no habían pasado aún. El rescate dobló el número de personas a bordo del Jordeson, que Wallace consideraba «uno de los viejos barcos más lentos aún en activo», y no había provisiones para alimentar tantas bocas. Los refugiados temían que no estaba precisamente en condiciones de navegar, tampoco. Pero a Wallace le encantó presenciar al fin trombas marinas, un «curioso fenómeno» que quería ver desde hacía mucho tiempo. Tuvo que ser un espectáculo impresionante, porque no una, sino tres mangas espeluznantes bajaron de un manto de nubes negras cargadas de agua, fustigando el mar con furia explosiva en cuanto entraban ambos en mortal contacto: «Llevaba mucho tiempo deseando presenciar una tormenta en el mar y pronto iba a quedar satisfecho».[5] Sin embargo, puede que se arrepintiera de ver cumplido su deseo: las trombas marinas, que parecen tornados, se generan en el extremo delantero de un frente tormentoso, y en este caso anunciaban una violenta tormenta que estuvo dos días y dos noches sin parar de rugir y casi los engulle, partió el palo mayor y levantaba olas tan altas que el mar se derramaba por la borda, hizo añicos la claraboya de cubierta y el bauprés se hundía cada dos por tres bajo el agua. El capitán del Jordeson, el capitán Venables, descansaba con un hacha al lado, y ante la mirada perpleja de Wallace, le dijo que era para cortar los mástiles en caso de que el barco zozobrase. El incesante «clic-clac, clic-clac» de las bombas funcionando día y noche en un intento desesperado por vaciar la bodega de agua y evitar que se hundieran era más «desagradable y ponía más nervioso» de lo que tranquilizaba. Lo más inquietante fue que el capitán Turner le confesara a Wallace que si «una de esas olas nos da de popa» —inundando el puente de mando y los camarotes—, «nos vamos para el fondo»; aunque no estuvieran muy seguros en los botes salvavidas del Helen, Wallace «hubiera preferido volver a estar en esas barcas de las que nos recogieron, que en aquel barcucho viejo y podrido».[6] Porque estaba podrido, literalmente: los marineros de la tripulación de Wallace descubrieron que podían arrancar trozos de madera en el castillo de proa, lo que explicaba que se estuvieran calando en las camas. Wallace se sumó a los capitanes cuando fueron a investigar y encontraron «chorros y filtraciones de agua que entraban por las juntas en muchos sitios y empapaban casi todas las literas del personal».[7]

Latitud 49,5º N, longitud 20º O, 19 de septiembre de 1852. Acercándose al fin a las islas británicas con «ciertas perspectivas de estar en casa en una semana o diez días», Wallace respiró tranquilo y escribió a Spruce un relato completo de sus penurias.[8] Se sentía comprensiblemente optimista llegados a este punto, a pesar de tener la comida racionada, pero cuando el barco atravesaba el canal de la Mancha para dirigirse al puerto de Deal, en la costa sureste, entonces uno de los puertos con mayor actividad en Inglaterra, una nueva tormenta, más fuerte aún que la anterior, estuvo a punto de hundirlos. «Nos salvamos por los pelos en el canal», añadió en postdata a Spruce, «se perdieron muchos barcos en aquella tormenta la noche del 29». La luz de la mañana reveló más de un metro de agua en la bodega del Jordeson. Y por fin —«¡Oh, glorioso día!»—, el 1 de octubre, ochenta días después de zarpar de Belém, desembarcaron; el viaje había durado tres veces más de lo esperado, pero estaban «agradecidos por haber escapado a tantos peligros y encantados de volver a pisar suelo inglés». Aquella noche le invitaron a bistec y tarta de ciruelas en compañía de los dos capitanes, «un paraíso para pecadores hambrientos».[9]

———

Su amable agente Samuel Stevens y la madre de Stevens cuidaron de Wallace la primera semana de su vuelta, lo llevaron a un sastre a hacerse ropa nueva y lo alimentaron regularmente con una nutritiva dieta; Wallace sentía que su estado era demasiado espantoso, tan débil y demacrado estaba, como para ver a su propia madre y a su hermana de inmediato. Por suerte, además, Stevens había asegurado las colecciones de Wallace, y el naturalista recibió doscientas libras por ellas, sustancialmente menos de lo que calculaba que valían sus rarezas, pero suficiente en aquella época para que un hombre soltero se las apañase, con frugalidad, al menos durante un año. Aunque sus pérdidas habían sido incalculables, por supuesto. Eran riquezas más intelectuales que materiales: estaba plenamente convencido de que con sus abundantes apuntes, registros, observaciones y dibujos, junto con su colección personal de insectos y aves —«cientos de especies nuevas y hermosas»—, se haría un nombre en la sociedad científica y se ganaría la vida de manera cómoda y edificante. La pérdida fue un golpe demasiado duro para llegar a entenderlo de verdad, y se le hacía aún más duro pensar en lo que le habían costado aquellos cuatro largos años de sangre, sudor y lágrimas: el esfuerzo inhumano remontando y descendiendo innumerables rápidos y cascadas; el interminable negociar, reparar y gestionar barcos, provisiones y alimento; los ultrajes de ladrones y desertores, y de exasperantes nubes de insectos picadores; la atención constante por proteger su preciado cargamento de los voraces insectos y de los hongos que parecían brotar y sepultar especímenes en un abrir y cerrar de ojos. Había estado a punto de perder la vida no una, sino tres veces, entre enfermedades graves y naufragios, sí, pero ¿y todos esos episodios menores de fiebre, infecciones, disentería y náuseas? Lo que más le pesaba, sin lugar a dudas, era la muerte de su hermano; los hermanos Wallace habían quedado reducidos de nueve a tres, un enorme peso también para su madre.

Iba a hacerse un nombre con sus colecciones, pero ahora, ¿qué? Era un coleccionista sin colección. En la sociedad estratificada de la época, sus perspectivas debían de parecer poco halagüeñas, desde luego: aunque en el aspecto material estaba un poco mejor que hacía cuatro años, no tenía gran cosa en cuanto a conexiones sociales. Desaliñado y medio muerto por los esfuerzos, sentía que había perdido la batalla y la guerra. ¿O tal vez no? Por otra parte, su nombre ya no era desconocido para los naturalistas de Londres, gracias a la promoción constante de Stevens: cuatro de sus remesas previas de colecciones *sí* que habían llegado a

Londres, donde el espabilado Stevens, un buen naturalista también él, había exhibido las rarezas más selectas entre las sociedades académicas y había vendido sus colecciones una tras otra a los conservadores de museos y a los acaudalados coleccionistas de salón de la escena londinense por buenas cantidades de dinero. Es más, Stevens había estado publicando periódicamente extractos de las cartas de Wallace desde el terreno en la revista científica *Annals and Magazine of Natural History* y había remitido el artículo de Wallace sobre el paragüero ornado a la Sociedad Zoológica.[10] Todo ello ayudó a presentar al relativamente desconocido como un intrépido explorador y coleccionista de primera ante un público heterogéneo que lo admiraba.

El mismísimo Wallace se dejó ver como invitado de Stevens en una reunión de la Sociedad Entomológica de Londres apenas *tres días* después de su regreso. Demacrado y sin fuerzas, Wallace debía de tener un aspecto bastante lamentable. John O. Westwood, presidente de la sociedad, señaló a los miembros congregados que Wallace había perdido todas sus valiosas colecciones en un trágico incendio y había «burlado por poco a la muerte en un bote, del que, tras prolongadas privaciones e incertidumbre, y estando aún en medio del océano Atlántico», fueron rescatados sus tripulantes y él.[11] El mes siguiente publicó Wallace en el *Zoologist* un informe breve pero vívido de su calvario, en el que explicaba la magnitud de su pérdida, que incluía una hoja entera de quince metros del *jupaté*, o palma real (hoy, *Roystonea regia*), la cual, indicaba con tristeza, habría quedado espléndida en la Sala Botánica del British Museum.[12] Transmitía la inmediatez con la que se había desarrollado todo en una postdata en la que comentaba que había dejado a Spruce en la parte alta del río Negro, en São Gabriel («trabajando duro y con buena salud»), y no había conseguido encontrarse con Bates en Santarém por la mínima, pues su amigo había partido ya hacia el río Tapajós.

A medida que iba recobrando la salud, las fuerzas y el reconocimiento, y gracias a Stevens, Wallace fue haciendo la ronda por la Sociedad Zoológica y la Real Sociedad Geográfica, asistiendo a las reuniones y consiguiendo acceso a sus bibliotecas. Su talento había quedado manifiesto —y más aún su perseverancia en nombre de la ciencia—, de modo que también le dieron acceso a las bibliotecas de la Sociedad Linneana y de Kew Gardens y le permitieron pasar a los Jardines Zoológicos (entonces solo abiertos a los miembros de la Sociedad Zoológica). La afiliación a estas sociedades llevaba mucho tiempo limitada a la clase acomodada con contactos en el mundo científico británico, pero a partir de 1851 se creó la nueva categoría de miembro «asociado» en la Sociedad Entomológica, que admitía «entomólogos en activo», es decir, recolectores y agentes como Wallace y Stevens. Esta novedad se debía en buena medida a los esfuerzos de Edward Newman, hijo de un acaudalado fabricante, cofun-

Sala botánica del British Museum.

dador de la Sociedad Entomológica y editor fundacional del *Zoologist*, cuya filosofía «inclusiva» de promoción científica había abierto ya en la década de 1840 esa revista a los trabajos de jóvenes aspirantes entusiastas como Bates y Wallace, en lo que fueron sus primeras publicaciones, como quien dice. Stevens no tardó en hacerse miembro del consejo de la Sociedad Entomológica, y luego tesorero, muestra de la paulatina democratización de la ciencia británica; bueno, «meritocratización», más que democratización absoluta. Se elegía a los miembros por sus aptitudes y contribuciones, pero la afiliación igualmente conllevaba una cuota y no todo el mundo podía permitirse la membresía. Por lo pronto, Wallace se conformaba con asistir a reuniones y consultar las bibliotecas como invitado de Stevens, y se ahorraba la cuota de afiliación.[13]

Al final, Wallace no tardaría en reunirse con su familia; nunca escribió sobre el reencuentro con su madre y su hermana Fanny, pero tuvo que ser una montaña rusa de sentimientos, dada la trágica muerte de Edward y su propia experiencia desgarradora. Decidido a volver a unirlos a todos, alquiló una casa para él, su madre y su hermana con su marido, Thomas Sims, fotógrafo comercial en ciernes (aunque aún sin éxito). Estuvieron instalados para las navidades. La casa estaba cerca de Regent's Park, en el número 44 de Upper Albany Street, subiendo la calle de la carpintería de Mr. Webster, en la que habían trabajado John y él cuando llegaron a

Londres por primera vez. John, que había tenido noticias de las aflicciones de Alfred, escribió a su madre que aunque tenía que ser muy duro «perder de golpe lo que le había llevado años reunir y el dinero no puede reemplazar», tenía fe en que «el nombre de Sir Alfred Wallace destacará como osado recolector y escritor».[14] Por su parte, Alfred echaba de menos al único hermano que le quedaba vivo, y pasarían muchos años hasta que los dos volvieran a encontrarse.

Wallace encontró su nueva casa convenientemente ubicada cerca de los Jardines Zoológicos, no muy lejos de la oficina de Stevens, próxima al British Museum, y tampoco demasiado de la sede de la Sociedad Zoológica, algo más hacia el sur, en Hanover Square (la sociedad ocuparía aquel edificio hasta 1910; en ese año la obligaron a mudarse, según se cuenta, porque el peso de los libros en su ingente biblioteca amenazaba con colapsar el edificio). Fue allí, en la Sociedad Zoológica, el 14 de diciembre de 1852, donde Wallace presentó un artículo excepcional: «On the Monkeys of the Amazon» [Sobre los monos del Amazonas].[15] Teniendo en cuenta todo lo que había perdido, es sorprendente el nivel de detalle; el trabajo parece de entrada un informe puro y duro de la historia natural de los primates, pero en realidad pone de manifiesto una profunda revelación. En este artículo, Wallace trata la distribución geográfica de veintiuna especies (en nueve géneros) de monos, destacando que los grandes ríos de la cuenca amazónica parecen delinear los límites de distribución de los primates hasta un punto sorprendente. El artículo de *la hipótesis de la barrera fluvial*, como se conoce hoy en día, manifiesta el eterno y subyacente interés investigador de Wallace: no quería limitarse a documentar la diversidad y la historia natural de la Amazonía, sino buscar *patrones* como paso crucial hacia la comprensión del *proceso*.[16] Lamentaba que los naturalistas fuesen con demasiada frecuencia desoladoramente imprecisos a la hora de registrar las localidades de sus recolecciones y creyesen que «Sudamérica», «Brasil» o incluso «río Amazonas» era suficiente. No, no y no, reitera Wallace: se encuentran especies totalmente diferentes (aunque emparentadas) a un lado de un gran río y al otro, por lo que una información geográfica así de vaga no sirve prácticamente de nada para entender de verdad las especies, las numerosísimas relaciones entre unas y otras y su entorno. La determinación precisa de la distribución de las especies nos ayuda a responder un sinfín de interesantes preguntas, señalaba. Las especies estrechamente emparentadas ¿están alguna vez separadas por una gran distancia? ¿Qué características del paisaje son importantes a la hora de determinar las fronteras geográficas de especies y géneros, y por qué? Y para el caso, ¿por qué ciertos ríos y cadenas montañosas parecen delimitar muchas especies y no otras? «Ninguna de estas preguntas puede responderse satisfactoriamente hasta que no tengamos determinada con precisión la distribución de un buen número de especies ».[17]

En sus viajes, reconocía, aprovechaba «toda ocasión» para determinar los límites de distribución de las especies, y enseguida había caído en la cuenta de que los ríos que tienen kilómetros de ancho, como el Amazonas, el Negro y el Madeira, creaban fronteras que dividían especies emparentadas; no solo de monos, sino de muchas aves e insectos también. Ofrecía un ejemplo tras otro y puso especial cuidado en mencionar no una, sino dos veces que los pueblos nativos conocen esto muy bien: un guiño a la sabiduría de los pueblos indígenas de la que los naturalistas extranjeros harían bien en aprender, llegando incluso, quizá con osadía, a afear a algunas figuras conocidas y respetadas como Johann Spix el que no hubieran captado este hecho. Hasta corrigió al augusto Humboldt, que mantenía que la llamada ensordecedora del mono aullador solo la podía conseguir una manada aullando todos juntos. Wallace lo desmentía rotundamente, y citaba relatos de indios y los resultados de sus propias observaciones, que incluían disección anatómica. La confianza en su propia capacidad de observación y razonamiento seguía aumentando y, con ella, su voluntad de discutir hasta con las autoridades más ilustres si creía que tenía razón. Otra de sus ideas clave era que hacia las cabeceras de esos ríos, donde se reduce su profundidad y anchura, estos dejan de ser barreras, y las mismas especies suelen encontrarse en ambas orillas. Al parecer, los ríos separaban especies emparentadas solo cuando eran lo bastante anchos, pero ¿por qué?

Los patrones que Wallace señalaba en este artículo se entienden hoy en el contexto de la especiación por aislamiento: la formación de nuevas especies mediante la división o separación de poblaciones, o *especiación alopátrica*, en términos de la biología evolutiva moderna. Pero era 1852, y la idea de que las especies pueden cambiar era anatema para la mayoría de los naturalistas, no era algo que mereciese la pena investigar. No es que Wallace estuviera investigando *precisamente* esto, pero recordemos el deseo que en 1847 le manifestó a Bates de querer viajar y estudiar de verdad alguna familia detenidamente con vistas a «la teoría del origen de las especies». «De ese modo», declaraba entonces, «estoy firmemente convencido de que llegaría a obtener resultados precisos».[18] Con «resultados» quería decir comprender mejor el proceso. Su intuición le decía que hay alguna conexión fundamental entre el medio —geología, clima y demás— y la manera en que surgen especies y variedades. Si lo pensamos bien, la distribución geográfica de especies y variedades es el punto de encuentro decisivo: cartografiar la distribución es cartografiar la interrelación con el medio en general.

Por lo tanto, podemos entender el objetivo de Wallace de registrar datos de localización precisos y así discernir patrones de distribución como parte de una empresa mayor y más ambiciosa. Cartografía localmente, infiere globalmente. Esa ambición llegaba tan lejos como su curiosidad. Recordemos la carta que había enviado desde Guia a su cuñado, Thomas Sims, en la que soñaba con sus planes literarios: una narrativa de viajes, libros de palmeras, de peces, y una historia física completa de la cuenca amazónica y sus pueblos.[19] Cualquiera podría pensar razonablemente que estos planes se habían ido totalmente al traste con la trágica pérdida de la mayor parte del material recolectado, pero la verdad es que, entre su memoria prodigiosa, la información en las cartas, los informes, las colecciones que había mandado con anterioridad y el material que sí pudo salvar del Helen, Wallace fue capaz de cumplir con una parte importante de estos objetivos; y lo que es todavía más sorprendente: lo hizo en su gran mayoría en un periodo de tan solo un año, ¡entre diciembre de 1852 y diciembre de 1853!

———

Wallace, que ya tenía treinta años, estaba en plena faena en 1853. Rápidamente empezó a formar parte importante de la escena científica y acudía con regularidad a reuniones de varias sociedades científicas, consultaba las colecciones de Kew y del British Museum (donde un día coincidió brevemente con Darwin) y visitaba los Jardines Zoológicos. Presentó algunos artículos, cortos pero interesantes, en las sociedades Zoológica y Entomológica. En mayo, uno que informaba de observaciones de hespéridos (una familia de insectos en cierto modo a mitad de camino entre las mariposas y las polillas); en junio, otro que analizaba la entomofagia (el consumo de insectos) de los pueblos indígenas en la cuenca amazónica, y en julio, un tercer artículo sobre «curiosos peces relacionados con la anguila eléctrica». Publicó otros dos artículos de consideración, que también reflejaban su interés genuino en la distribución de especies. Uno de ellos cerró aquel año productivo que había comenzado con el artículo de los monos del Amazonas. Esta vez eran insectos: «On the Habits of the Butterflies of the Amazon Valley» [Sobre las costumbres de las mariposas en el valle del Amazonas] se leyó en el transcurso de dos reuniones de la Sociedad Entomológica de Londres, el 7 de noviembre y el 5 de diciembre de 1853.[20] El nivel de detalle subrayaba la atención con la que Wallace observaba y registraba las especies que coleccionaba. Abría con la geografía física de la cuenca, un «inmenso valle aluvial» de densa selva tropical a través del cual «fluye el poderoso caudal del Amazonas», delimitado por los majestuosos Andes al oeste y las grandes elevaciones de altiplanos graníticos al norte, y señalaba que las condiciones eran muy favorables para el «desarrollo y aumento» —léase asombrosa diversidad— de mariposas y polillas. «¿En qué otra localidad pueden obtenerse seiscientas especies de mariposas?». ¡Solo dando un paseo alrededor de Belém! El artículo era impresionante, en unas diez páginas hablaba de la distribución y el comportamiento de una docena de familias de mariposas y estaba repleto de superlativos que demostraban su pasión por estas joyas selváticas de las *más ricas* tonalidades, de *variedad* y *brillantez* deslumbrantes, por momentos *ornamentadas*, *magníficas*, *insuperables*, *singulares*, *exquisitas*… ya se hacen una idea. Pero fueron las «Heliconidae» de Wallace, las mariposas «más elegantes», las que inspiraron una idea que bien merece nuestra atención aquí.

Ahora clasificadas en una tribu (Heliconiini) de unas cien especies en una subfamilia de Nymphalidae, la gran familia de las mariposas patas de cepillo, las heliconinas se distribuyen desde el sur de los Estados Unidos hasta el centro de Sudamérica, y la diversidad de especies más rica se encuentra en las regiones andina y amazónica, donde son tan apabullantemente complejas como hermosas. Con alas alargadas que exhiben bandas o manchas de intensos rojos anaranjados, amarillos limón y suaves blancos en diversas combinaciones sobre un fondo negro aterciopelado, Linneo consideraba a estas mariposas tan delicadas y encantadoras que sintió el impulso de bautizarlas con los nombres de las musas y gracias de la mitología griega, y no con los de los pendencieros y belicosos guerreros de la *Odisea* y la *Ilíada* de Homero, cuyos nombres usaban tanto sus estudiantes como él para muchos otros grupos de mariposas. Las orugas de las heliconinas están especializadas en las pasionarias, plantas trepadoras de la familia pasifloráceas (lo que les otorga uno de sus nombres vernáculos, las mariposas de la pasionaria), y los adultos son únicos entre las mariposas por alimentarse de polen y estar especializados en ciertos miembros de la familia de las calabazas (cucurbitáceas), una relación que implica una serie de adaptaciones extraordinarias en la búsqueda de alimento.[21]

En la época de Wallace, se pensaba que las heliconinas eran las mariposas más «avanzadas», basándose principalmente en rasgos anatómicos. Para Wallace, Bates y otros naturalistas, esto se medía en términos de lo que difería un determinado grupo de una anatomía de mariposas generalizada, algo así como la familia de referencia. (Sin entrar en detalles, digamos simplemente que los biólogos de hoy en día no estarían de acuerdo; las apariencias pueden engañar, al fin y al cabo, y disponer de otros datos, como el ADN, es siempre una gran ayuda). Pero lo importante aquí es que, desde el enfoque de Wallace (y de Bates), la más «avanzada» quería decir la más joven, la que había *surgido* más recientemente… comoquiera que eso ocurriera. Desde el punto de vista convencional en la época, tal *surgimiento* habría sucedido el día en el que aparecieron por creación especial los animales, y podía debatirse sobre si aparecieron todos de una vez por orden divina en aquellos seis días de explosión creativa del Génesis, o bien a intervalos, siguiendo cierto plan a lo largo de eones. Relacionado con ello estaba el tema de si la creación había tenido lugar en un único lugar de la Tierra o en múltiples lugares o centros

de creación, como solían llamarse. Puede que los naturalistas europeos
del momento fueran devotos, incluso algo doctrinarios, en sus creencias
religiosas, pero no había que tomarse la Biblia de forma literal: aquellos
seis «días» podían representar extensos periodos de tiempo. Exactamente
cuánto tiempo, y cómo calcularlo en términos relativos y absolutos, era
un tema de debate acalorado, lo que hacía de la emergente ciencia de la
geología un campo candente que prometía nuevas y profundas maneras
de ver la historia de la Tierra y los procesos físicos implicados. Y, por
extensión, de la historia de la vida y de los procesos físicos implicados en
su regulación.

De ahí el genuino interés de Wallace en el tema, sobre todo, como
hemos visto, en cuanto a la manera en que la geología se cruza con la
diversidad y la distribución geográfica. Esto ayuda a explicar la importancia de un pasaje fascinante en su artículo sobre las mariposas del valle
del Amazonas. Cuando se preguntaba cómo una familia como la de las
heliconias —consideradas las mariposas más «avanzadas», con numerosas especies y variedades emparentadas y restringidas geográficamente—
podía relacionarse con la geología, apuntaba que, puesto que «sobran los
motivos para creer que las orillas del tramo bajo del Amazonas están
entre las partes más recientemente formadas de Sudamérica, es razonable considerar que estos insectos, que son propios de la misma zona,
están entre las especies más jóvenes, las últimas en la larga serie de modificaciones que han experimentado las formas de vida animal».[22] Aunan-
do geología y biología, la idea de Wallace aquí es que las partes más
recientes de la cuenca amazónica en términos geológicos también han
de tener las especies «más jóvenes» o surgidas más recientemente, nada
menos que las últimas en una sucesión de tales especies, lo que señala un
vínculo profundo. Aunque se pueden enmarcar frases como «las especies
más jóvenes» y «las últimas en la larga serie de modificaciones» en el
modelo de creación especial de la época —las últimas en una larga serie
de especies sucesivas y *especialmente creadas* de heliconinas, digamos—,
sabemos que esa no era la mentalidad de Wallace. Su pensamiento era
protoevolutivo, las «modificaciones» transmutacionales.

Desde la perspectiva actual, Wallace estaba muy cerca de dar en el
clavo, más en unos aspectos que en otros. Para empezar, la tribu heliconinas no es en su conjunto especialmente reciente y tampoco es el grupo
evolutivamente más derivado de los ninfálidos; de hecho, muchas otras
subfamilias y varias tribus dentro de la familia Nymphalidae parecen
haber surgido más recientemente que ellas.[23] Algunos linajes dentro de
la familia, no obstante, sí que parecen ser bastante recientes y evolucionar
a un ritmo tan rápido que dificulta la reconstrucción de sus patrones
ancestrales de coloración. ¿Qué conduce a esta diversificación? El vínculo geológico que intuía Wallace es parte de la historia, pero había más de

lo que él podía saber y, seguramente, imaginar en aquella época. Primero, tenía razón en que el marco geográfico (y, por tanto, geológico) de su diversificación es joven, pero el escenario no eran solo las riberas del tramo bajo del Amazonas, sino la parte central y sobre todo occidental de la Amazonía, las tierras altas andinas y su vertiente amazónica. Los Andes centrales y septentrionales, una cadena montañosa dinámica y joven, se estaban levantando ya para el Oligoceno, hace aproximadamente entre treinta y cinco y veintitrés millones de años, y a finales de dicho periodo, las altitudes alcanzadas en el flanco oriental de la cordillera básicamente reorganizaron los sistemas fluviales amazónicos, creando barreras y un vasto mosaico medioambiental de elevaciones, pendientes y orientaciones.[24] Seguro que no es por casualidad que el Oligoceno fuera también la época en la que el clado (linaje evolutivo) Heliconiini comenzó a diversificarse en esa misma región, diversificación que fue en aumento a medida que avanzaba la elevación andina, y alcanzó su fase más intensa desde mediados del Mioceno hasta principios del Plioceno, hace aproximadamente entre doce y cuatro millones y medio de años. Pero hay otro catalizador de esa diversificación, que procede de una fascinante dinámica ecológica y evolutiva.

La diversidad de colores y diseños de las mariposas *Heliconius*, que en su mayoría no son apreciadas como alimento, varía geográficamente y, *dentro* de una determinada zona, distintas especies, incluso de otras familias de mariposas, coinciden de manera tan parecida con los colores y diseños de *Heliconius* que, a primera vista, cuesta diferenciarlas: estamos hablando de mimetismo animal. Fue Bates, el amigo de Wallace, quien primero ató cabos en este asunto casi una década después, en un artículo que leyó en la Sociedad Entomológica, al darse cuenta de que ciertas mariposas que él denominaba «Leptálidas» (familia Pieridae, ahora subfamilia Dismorphinae) se asemejaban mucho a algunas especies de heliconinas que vivían en la misma zona: una forma de semejanza protectora que ahora llamamos mimetismo batesiano en su honor.[25] «En estas membranas expandidas, como si se tratara de una libreta, la naturaleza escribe la historia de las modificaciones de las especies», escribiría más tarde Bates de manera evocadora en el relato de su viaje.[26] Wallace estaba entusiasmado, colmó de elogios el artículo de Bates —«admirable en todos los aspectos»— y señaló que también reforzaba su propia tesis de que las barreras fluviales delimitaban las especies amazónicas.[27] Por consiguiente, el escenario geológico activamente cambiante (incluida la formación de los grandes sistemas fluviales que tenemos hoy) por un lado, y por otro las interacciones ecológicas —dinámicas de apareamiento, relaciones depredador-presa— que subyacen a los complejos miméticos, ambos promovieron la evolución de esta increíble panoplia de especies y variedades de heliconinas.[28]

Aquel año, que flanquearon sus esclarecedores artículos sobre monos y mariposas del Amazonas, Wallace consiguió también producir dos libros. El primero, *Palm Trees of the Amazon and Their Uses* [Palmeras del Amazonas y sus usos], se publicó en octubre de 1853. Era un volumen delgado, de 129 páginas, e incluía cuarenta y ocho láminas basadas en los dibujos que salvó del Helen: ¡su primer libro! Fue más un ejercicio de amor que de provecho económico —tuvo que desembolsar el dinero para que un artista grabara sus bocetos y para imprimir una tirada de doscientos cincuenta ejemplares, inversión que apenas pudo recuperar—, el homenaje que tanto tiempo llevaba planeando a sus árboles favoritos, esa «grácil» familia tan emblemática de los trópicos, en combinación con sus intereses etnológicos. También era un homenaje a Martius, a quien reconocía su «magnífica» obra en tres volúmenes sobre estas plantas.[29] En el prefacio, confiaba en que su «librito le resulte práctico» al botánico y «no falto de interés» a los lectores en general.[30] Fue bien recibido por ese público general entre los naturalistas, muchos de los cuales seguro que se hicieron con un ejemplar tras leer la amable reseña en *Annals and Magazine of Natural History*, que seguía las indicaciones del prefacio con el que comenzaba Wallace: «Nos atrevemos a recomendar muy encarecidamente este libro, porque no solo le resultará interesante al botánico, sino que en él encontrarán placer los lectores legos en esta ciencia». A los botánicos, sin embargo, no les impresionó; fue vituperado por su eminencia, W. J. Hooker, y hasta por Spruce, el amigo de Wallace, que, quizás congraciado con su jefe (Hooker), alternaba vagos elogios («Las ilustraciones son muy bonitas (…), las explicaciones de los usos son buenas») y crítica mordaz («Las descripciones son lo peor, en muchos casos no mencionan ni una sola circunstancia que pudiera querer saber un botánico»).[31] Había cometido algunos errores, por supuesto; Wallace nunca se había declarado botánico, al fin y al cabo, y no siempre se puede agradar a todos. Aun así, parece injusto centrarse en las debilidades del libro y no en lo que Wallace había logrado realizar.[32]

Le fue algo mejor (al menos económicamente, un poco) con su diario de viaje, el *segundo* libro que tanto tiempo llevaba planeando y produjo aquel año: *Una narración de viajes por el Amazonas y el río Negro*.[33] Darwin lo menospreciaba como obra de historia natural (se quejaba a Bates de que «apenas tenía hechos suficientes» y a Joseph Dalton Hooker de su «extrema pobreza de observación» en la naturaleza de las especies). Por su parte, Hooker respondió que, cuando salió el libro, no recordaba que le hubiese resultado interesante en absoluto.[34] Vale, venga, no había mucho análisis ni síntesis, pero dadle un respiro al muchacho. Teniendo en cuenta todo lo que Wallace había perdido, este libro era cuando menos asombroso, un diario de viaje conciso y entretenido que en absoluto estaba desprovisto de hechos ni de observaciones incisivas. Tirando de memoria, un diario rescatado, algún que otro apunte y las cartas que había ido mandando y se conservaban, produjo unas memorias cronológicas de unas cuatrocientas páginas con un mapa general del norte de Sudamérica en el frontispicio, seguido de resúmenes de la geografía física, la geología, el clima, la vegetación, la zoología de los principales grupos (mamíferos, aves, reptiles, peces e insectos, con una discusión de seis páginas sobre la distribución de especies) *además de* una descripción de los pueblos indígenas, desde la diversidad de grupos hasta las prácticas culturales, pasando por una discusión sobre petroglifos, con ilustraciones (las pocas que sobrevivieron). Por si todo esto no fuera suficiente, terminaba con un apéndice de veinte páginas sobre los «Vocabularios de las lenguas amazónicas» ¡acompañado de un desplegable de noventa y nueve palabras y frases comunes en inglés, *Língua Geral* y diez lenguas indias![35] Sencillamente, impresionante.

Nótese que el libro fue publicado en diciembre de 1853, más o menos al mismo tiempo que salió su artículo sobre las mariposas del Amazonas y dos meses después de que se publicara *Palms*. Su mapa del río Negro y el «casi desconocido» río Uaupés estaba casi preparado para ir a imprenta. Puede que la *Narración* de Wallace no fuese la obra magistral que supuso el estupendo libro de Bates que saldría una década después, como Darwin entonces señalara, pero para ser justos, Bates pasó once años, no cuatro, en el Amazonas, no perdió trágicamente la mitad de sus colecciones y la mayor parte de sus cuadernos y, en 1863, tuvo la ventaja de ver retrospectivamente sus datos sobre especies desde la perspectiva de la selección natural. No es de extrañar que recibiera todo tipo de ánimo y grandes alabanzas por parte de Darwin. En una carta de Hooker a Darwin, en la que denigra los *Viajes por el Amazonas* de Wallace, aquel quiso meter el dedo en la llaga y preguntaba retóricamente por qué «Wallace no rinde como lo hace Bates». Yo diría que Bates se durmió en sus merecidos laureles después de publicar su libro de viajes, escribió poco y no hizo mucho más de importancia a continuación, y que fue Wallace el que «rindió»; antes de que su propio viaje estuviese siquiera recién salido de imprenta, el naturalista ya se preparaba para su siguiente gran expedición.[36] Tenía la mira puesta en el Lejano Oriente.

———

Hubo un momento de desesperación en diciembre de 1850, en el que Bates decidió renunciar y regresar a casa. Escribió a Stevens para decirle que iba a viajar río abajo y cogería un barco de vuelta a casa el siguiente mes de abril o mayo. Melancólico, suponía que Wallace continuaría en la profesión: «Ahora está en una región espectacular (en la parte alta del Uaupés, en aquel momento), y se esperan grandes cosas de él. En perseverancia y conocimiento real del tema, él me aventaja, y se merece todo el éxito».[37] Era un reconocimiento raro y franco por parte de Bates hacia las aptitudes de su amigo. Pero enseguida llegaron cartas de crédito y alabanzas, entre ellas la noticia emocionante de que el lepidopterólogo William Hewitson había nombrado una hermosísima mariposa amazónica en su honor (hoy, *Asterope batesii*). Le levantaron la moral, Bates se animó y decidió continuar. De no haberlo hecho, es posible que su amigo Alfred Russel Wallace hubiera regresado a Sudamérica en vez de dirigirse al este.

Eso es lo que decía Wallace, al menos; estaba deseando viajar a pesar de haberle escrito a Spruce desde el Jordeson, recién sacado del bote salvavidas que iba dando tumbos en alta mar, que había jurado cincuenta veces desde que salió de Brasil *no volver nunca* a confiarse al océano, después de haber escapado a la muerte por los pelos. «Aunque los buenos propósitos se desvanecen enseguida»: sabía, incluso mientras escribía aquellas palabras, que volvería a viajar. Cómo envidiaba a Spruce, comentaba, tan lejos, «en una región espectacular en la que "siempre brilla el sol con un fulgor inalterable", en la que abunda la *farinha* y no hay escasez de plátanos ni de bananas».[38] La pregunta no era *si* volvería a zarpar hacia costas remotas, sino a dónde y cuándo iría. Si bien esta vez, su creciente reputación lo ayudó.

Mientras elaboraba su compendio de vocablos indios, decidió consultar al prestigioso etnólogo y filólogo Robert Gordon Latham, que se mostró encantado de ayudarlo y aportó comentarios que acompañaron al vocabulario en la *Narración* de Wallace. Wallace también ayudó al etnólogo. Latham, al que habían asignado la supervisión del Departamento de Historia Natural del nuevo Palacio de Cristal, que acababan de reubicar desde el recinto de exposiciones original en Hyde Park a su emplazamiento permanente en Sydenham, en el sur de Londres, incluía estatuas de varios indios indígenas del Amazonas en su exposición del «museo del hombre».[39] Le pidió a Wallace que le ayudara a corregir la tendencia que tenían sus escultores italianos, formados en líneas clásicas, a hacer grecorromanos de los indígenas sudamericanos y, seguramente, nadie en Londres en aquella época conocía mejor los pueblos de la Amazonía. Wallace hizo lo que pudo, pero no quedó del todo satisfecho con el resultado, un tanto incongruente: imaginen unos romano-arekunos recostados como en un banquete junto a un paterfamilias vagamente tukano dando la bienvenida a los transeúntes, y justo detrás, una pareja de *sagittarii* italo-arahuacos equipados con arcos y flechas.[40]

Wallace consultó las colecciones y a los conservadores del British Museum para hacerse una idea de los vacíos taxonómicos y geográficos de las mismas, una parte del cálculo de los recolectores: había que llenar los huecos, cuya mera existencia en el mejor momento de las colecciones de historia natural subrayaba lo complicado de la tarea. Los ejemplares más raros de entre los raros, de lugares remotos y legendarios, se vendían por cantidades desorbitadas de dinero, y aunque no fuesen muy conocidos, los naturalistas ambiciosos tenían la oportunidad de dejar su huella encontrando especies nuevas y describiendo la historia natural.

Gracias a su artículo y a su extraordinario mapa de los ríos Negro y Uaupés, Wallace también se granjeó el respeto de la Real Sociedad Geográfica. Recurrió a su simpático presidente de toda la vida, Sir Roderick Murchison, para pedirle que le ayudara a conseguir pasaje gratis a Singapur en un barco del Gobierno y a obtener los permisos necesarios de los gobiernos coloniales holandés y español, ya que España controlaba entonces las Filipinas, y Holanda, buena parte de lo que es hoy Indonesia. Encantado de poder ayudar, Murchison le recomendó presentar una solicitud formal. La que presentó, a finales de junio de 1853, al presidente y al consejo de la Real Sociedad Geográfica, era literalmente formal: escrita en tercera persona, rogaba permiso para exponer ante el consejo su propuesta de investigar la historia natural y la geografía del Archipiélago Oriental, utilizando Singapur como base y recolectando especímenes en Borneo, las Filipinas, Célebes (en indonesio, Sulawesi), Timor, las Molucas y la lejana Nueva Guinea, de una en una. Indicaba sus éxitos en Sudamérica, pero también recordaba al consejo sus recientes pérdidas, «que hacen necesaria la presente solicitud». Es más, puesto que le había prometido «toda ayuda» nada más y nada menos que Sir James Brooke —medalla de la Real Sociedad Geográfica y recién nombrado «rajá blanco» de Sarawak, que entonces se encontraba de visita en Londres—, «un servidor no tiene ninguna duda del éxito en la exploración de la gran isla de Borneo».[41]

La parte fácil resultó la de recibir luz verde de la Real Sociedad Geográfica y conseguir los permisos y un acuerdo del Almirantazgo para facilitarle el pasaje. Zarpar de verdad, sin embargo, fue mucho más escurridizo. El primer desatino llegó a finales de agosto de 1853. Al no tener noticias de permisos ni órdenes de zarpar, se marchó dos semanas a Suiza a hacer senderismo con su viejo amigo George Silk, que entonces trabajaba como secretario del archidiácono de Middlesex. De camino, una carta del secretario de la Real Sociedad Geográfica, Henry Norton Shaw, que recibió en París, le informaba de que tenía en su haber los permisos del ministerio británico de Exteriores —buena noticia— y que un barco que le llevaría hasta Ceilán (la actual Sri Lanka) zarparía inminentemente. Esa no era tan buena noticia y, de hecho, era una triple inconveniencia. Estaba de vacaciones, después de todo, y además seguía trabajando para terminar su libro del viaje (todavía no tenía editor en mente) y, en cualquier caso, no podía permitirse pagar el pasaje de Sri Lanka a Borneo de su bolsillo. Esperaría otra oportunidad, preferiblemente ya entrado el otoño, y, para sorpresa de todos, acarició la idea de ir a las montañas de África en su lugar.[42] Hubo más desatinos en enero y febrero de 1854, cuando Wallace tuvo noticias del ministerio de Exteriores de que podía zarpar hacia Sídney a bordo del HMS Juno y llegar a Singapur desde allí. Para entonces estaba desesperado por ponerse en marcha, aunque fuese a Australia en primer lugar si es que tenía que ser así, de modo que se dirigió a Portsmouth y envió su equipo e instrumentos a Singapur… y luego se enteró de que la orden de zarpar del Juno había cambiado. Puede que se sintiera aliviado, pues había oído que el capitán, Stephen Grenville Fremantle, no tenía muy buena reputación. Finalmente le dijeron que sería la balandra de dieciséis cañones HMS Frolic la que lo llevaría a Australia.[43] Su partida parecía segura ya; Edward Newman, en su discurso presidencial a la Sociedad Entomológica a finales de enero, le deseó buen viaje a Wallace de parte de sus compañeros entomólogos: «Su cara nos es familiar aquí; sus escritos nos son conocidos a la mayoría de nosotros, y algunos de ellos están a punto de publicarse en nuestra *Transactions*. Estoy seguro de que ningún miembro de la Sociedad querría dejar de desearle ¡con Dios!».[44]

Enseguida se instaló a bordo, con una hamaca tendida en el camarote del capitán Matthew Nolloth, una agradable compañía con una buena biblioteca y gustos científicos, un poco como Darwin y Fitzroy. Pero el barco no se movió más allá de subir y bajar con las olas y mecerse con la marea. Semanas después *seguía* balanceándose en su hamaca en puerto cuando cambiaron la orden de zarpar del Frolic: se dirigiría a Crimea, donde la guerra entre los otomanos y Rusia, que había estallado el pasado octubre, había escalado hasta el punto de que el Reino Unido y Francia estaban al borde de entrar en guerra con Rusia para defender a los otomanos. Casi acepta una segunda oferta de pasaje en el Juno, pero se lo pensó mejor y se arrastró de vuelta a Londres, donde, exasperado, se plantó en la puerta de Roderick Murchison.[45]

El Almirantazgo ya había propuesto que viajara en paquebote —pequeños barcos destinados a transportar el correo y cargamento similar— en vez de en un navío de la Marina Real, y Wallace ya no quería dejar escapar esa opción: el servicial Sir Roderick le consiguió de inmediato un billete de primera clase a bordo del Euxine, de la compañía Peninsular & Oriental (hoy, el grupo empresarial P&O), que zarparía en cuestión de días. En el intercambio de cartas para organizar el viaje entre el ministerio británico de Exteriores y Henry Shaw, de la Real Sociedad Geográfica, encontramos indicios de que Wallace no viajaba solo: «Mr. Wallace», escribía Shaw, «aceptará inmediatamente la amable oferta de Lord Clarendon» de obtener pasaje en un paquebote y, por cierto, espera poder incluir «al muchacho a su servicio, a quien los permisos de los lores del Almirantazgo permitieron acompañarlo a bordo de los HMS Frolic y Juno».[46]

El «muchacho a su servicio» era Charles Martin (Charley) Allen, un joven de catorce años que, según Wallace, era «un chico de Londres, el hijo de un carpintero que había hecho un trabajito para mi hermana y cuyos padres estaban bien dispuestos a que viniese conmigo para aprender a recolectar especímenes». Charley llegó a convertirse en un experto recolector y un valioso ayudante, pero le llevó un tiempo: no era precisamente rápido aprendiendo, al menos no lo bastante rápido para Wallace, como veremos.[47] Pero de momento, los dos viajeros estaban impacientes y emocionados de estar en marcha, ¡por fin!

———

Wallace tenía ahora treinta y un años, era alto, serio, amable, y lucía una densa pelambrera oscura con raya a la izquierda y una barba corta que se extendía de oreja a oreja al estilo victoriano, enmarcando su cara redonda y con gafas. Hacía mucho tiempo que había recobrado la salud, desde aquel estado de malnutrición, consumido por las enfermedades, en el que estaba cuando lo rescataron del Atlántico. Debió de resultarle agridulce volver a dejar a su familia tan solo un año y medio después de haber conseguido (por los pelos) regresar a casa. Entre los retratos que hizo su cuñado, Thomas Sims, el aspirante a fotógrafo, en aquel interludio familiar, hay uno de Alfred con su madre y su hermana Fanny. Alfred y su madre están sentados, y Fanny, de pie entre ellos y un poco más atrás, inclinada ligeramente hacia delante y con un codo en el respaldo de la silla de Alfred, la otra mano extendida hacia el respaldo de la de su madre. A primera vista, parecen serios, ataviados decente y recatadamente con el habitual exceso indumentario victoriano, y un cierto toque sombrío creado quizás por los tonos grises de la imagen en blanco y negro. Pero si nos fijamos mejor, descubrimos leves sonrisas, lo que se aparta de la otra norma victoriana, la de posar para el retrato siempre muy serios. Parece que están a punto de desternillarse, y seguramente lo estuvieran, ¡a saber cuántas «tomas» echaron a perder antes de conseguir reprimir la risa el tiempo suficiente para que saliera bien! Sabemos que era una familia con sentido del humor y a la que le encantaban los juegos de palabras y las adivinanzas. Es fácil imaginar a Thomas intentando que se quedasen quietos: «¡No le quitéis ojo al tucán!». Tenemos suerte de que se hayan conservado, además de este retrato, otros cuatro más de alrededor de la misma época, ambrotipos y calotipos que probablemente realizase Thomas a modo de ejercicios fotográficos.[48] Dicen mucho de Wallace y de su familia. Resulta revelador que en tres de ellos Wallace aparezca *haciendo algo* o *pensando*: jugando al ajedrez con Fanny en uno; pensativo, con un libro en la mano en otro, el dedo marcando por dónde iba; absorto con algo que está manipulando en un tercero. Transmiten cierta inquietud, incluso en los que solo está

De nuevo juntos: Alfred con su madre, Mary Ann Wallace, y su hermana Fanny Sims, 1853.

posando: la mirada ausente, como si atravesara la lente y se marchara lejos, a los infinitos trópicos de sus sueños. Los trópicos lo atraían; no es de extrañar que en cuanto plantó los pies en suelo inglés ya tuviera uno fuera de la isla. Y ahora el otro también, a bordo del vapor.

Piensen en lo lejos que había llegado, en sentido literal y figurado, desde la última vez que salió de Inglaterra en 1848, hacía solo seis años: en ese tiempo, había viajado miles de kilómetros, había recolectado una infinidad de rarezas, impecablemente conservadas y documentadas, había escrito dos libros, había remitido varios artículos prestigiosos a las asociaciones académicas de Londres y había publicado un mapa excelente que le valió ser elegido miembro de la Real Sociedad Geográfica. También se había convertido, poco a poco, en un naturalista filosófico. No se conformaba con coleccionar especímenes, estaba resuelto a comprender la naturaleza de las especies y variedades y su distribución, relaciones y transformaciones. Como veremos, siempre tuvo presentes esas motivaciones, y las retomó en sus viajes a Oriente donde las había dejado en la profundidad de la Amazonía.

El SS Euxine era un vapor de ruedas de robusta estructura de hierro con unos 67 metros de eslora, 7,5 metros de manga y casi 4,8 metros de calado. Acogía a noventa y ocho pasajeros, ninguno de los cuales le caía bien a Wallace, como era de esperar, aunque unos cuantos le parecían «entretenidos». Por lo menos el viaje se desarrolló sin incidencias del estilo de las que *sí* había tenido su última travesía marítima. Sin embargo, estuvo lleno de novedades, en cuanto a las vistas y las gentes con las que se topó. Los viajeros zarparon del puerto de Southampton, en la costa sur de Inglaterra, hacia Alejandría, en Egipto, el 4 de marzo de 1854, y gozaron de las impresionantes vistas del Mediterráneo: hacia el sur bordeando la península ibérica y a través de las Columnas de Hércules hacia Gibraltar (donde los pusieron en cuarentena por miedo al cólera, desafortunadamente), luego continuaron por el mar de Alborán, admirando las grandiosas cumbres cubiertas de nieve de Sierra Nevada, en España. Avanzaron hacia el este por la costa norteafricana, doblando en Túnez, donde surcaron el estrecho que las legiones romanas en guerra contra los cartagineses cruzaran en la Antigüedad clásica. Hicieron una parada en la diminuta Malta, entonces todavía colonia británica, y dedicaron un día a hacer turismo («donde fuimos a inspeccionar el pueblo y las tumbas de los caballeros»). Siguiendo hacia el este, pasaron por el sur de Creta y desembarcaron en la legendaria Alejandría —la más grandiosa de las ciudades fundadas por Alejandro Magno— a tiempo para el equinoccio de primavera, el 20 de marzo de 1854. Quedó deslumbrado. «De todos los días memorables de mi vida (hasta ahora), el primero en Alejandría fué (…) el más emocionante», le escribió a George Silk. Eso era mucho decir. Pensando ingenuamente que Charley y él podrían ir a dar un paseo tranquilo para explorar, se encontró rodeado de burros con sus arrieros, todos insistiendo a voces en ser su guía: «De la persistencia, el vigor y los gritos de los arrieros de Alejandría, todo lo que diga es poco». Rechazar el servicio no era una opción, así que terminó eligiendo a uno: «Bueno, pues imagínate a tu amigo patilargo subido a un asno por las calles de Alejandría», le escribió a Silk, «con un chico detrás, agarrado a la cola y fustigándolo». Allá se fueron, cohibidos, entre multitudes que se abrían paso a empujones; había judíos, griegos, turcos, árabes, mujeres con velo por todos lados, «mozos de burros» gritando órdenes y cuadrillas irregulares de soldados turcos. La cabeza le daba vueltas con aquella fiesta de imágenes y sonidos: el bazar, el mercado de esclavos, el nuevo palacio del bajá y hermosas mezquitas «con sus elegantes minaretes».[49]

En aquella época, antes de la construcción del canal de Suez (que se abrió en noviembre de 1869), no había conexión marítima directa del Mediterráneo al mar Rojo, y por ende al océano Índico, así que había que viajar por tierra. La ruta más corta era desde El Cairo, en el comienzo del delta del Nilo, más interior que Alejandría. Al día siguiente se

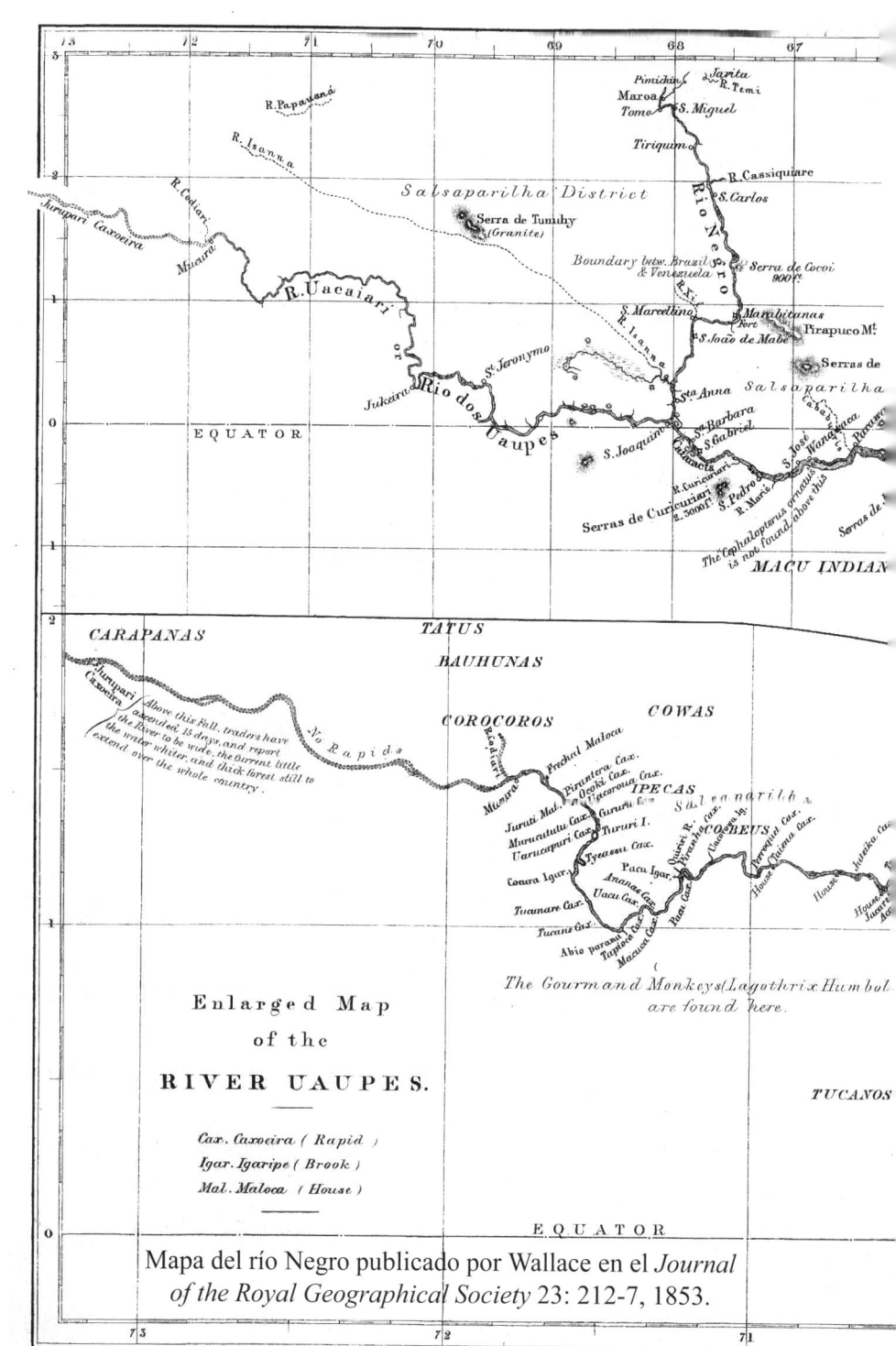

Enlarged Map

of the

RIVER UAUPES.

Cax. Caxoeira (Rapid)
Igar. Igaripe (Brook)
Mal. Maloca (House)

Mapa del río Negro publicado por Wallace en el *Journal of the Royal Geographical Society* 23: 212-7, 1853.

Published for the Journal of the Royal Geographical

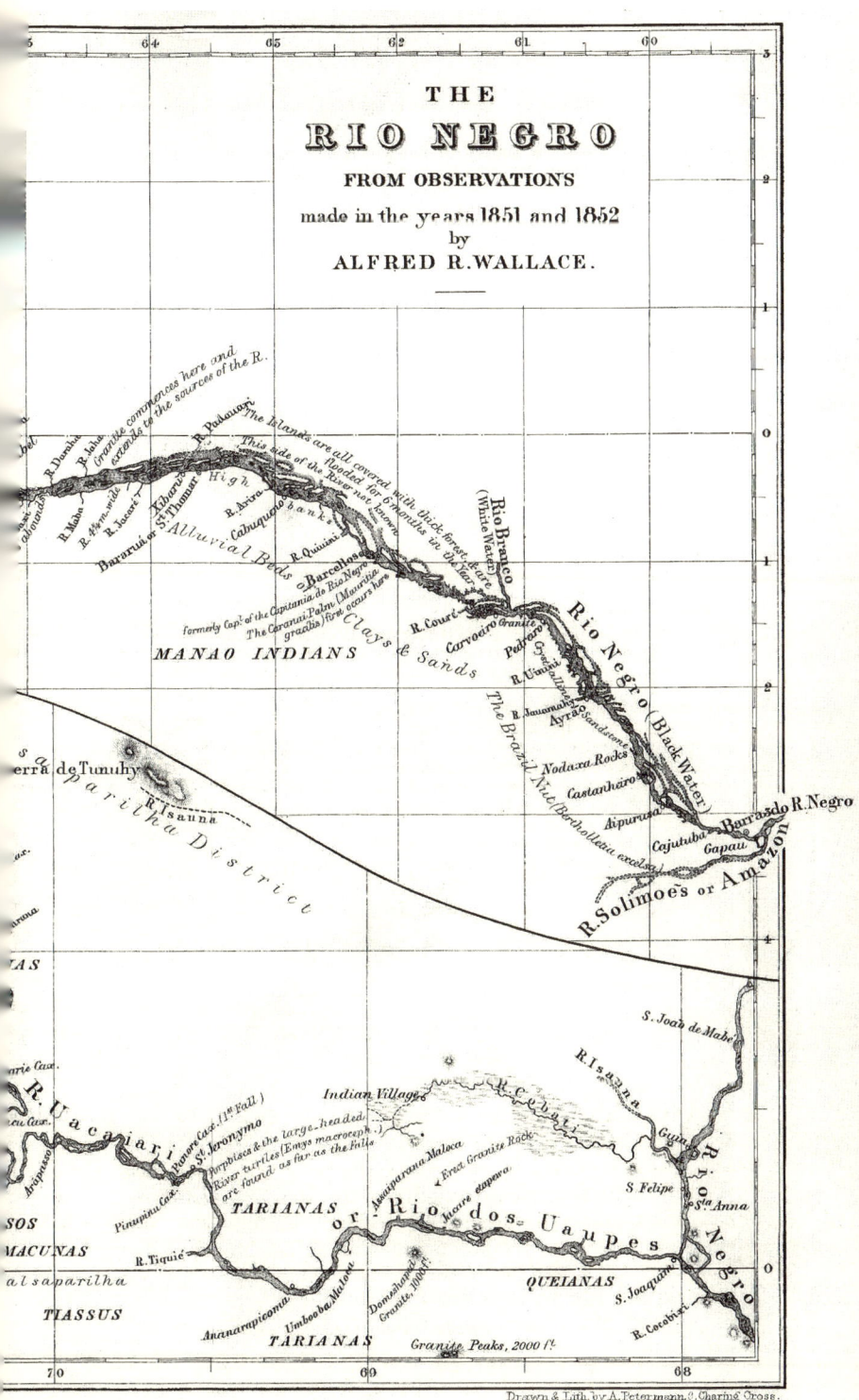

THE

RIO NEGRO

FROM OBSERVATIONS

made in the years 1851 and 1852
by
ALFRED R. WALLACE.

Drawn & Lith. by A.Petermann. 9, Charing Cross.

Murray. Albemarle St. London 1853.

dirigieron allí en barca, remontando el Nilo a remo, deslumbrados de nuevo. Wallace contempló, anonadado, la fabulosa columna triunfal que se yergue en honor del emperador Diocleciano[50] y que data del 302 d.C., y luego el antiguo y mítico paisaje del delta del Nilo: «Aldeas de barro, palmeras, camellos y norias de irrigación accionadas por búfalos; una región absolutamente plana, maravillosamente verde, con cultivos de cereales y lentejas; innumerables barcos con inmensas velas triangulares. Luego aparecían las pirámides, inmensas y solemnes; después un hermoso puente almenado para la vía férrea entre Alejandría y El Cairo; y por fin El Cairo, ¡El Gran Cairo!».[51] Reconfortado con «un té espléndido, pan de salvado y mantequilla fresca» en el pequeño hotel donde pararon a hacer noche, se sentía abrumado por el deleite: «Apenas era consciente de mi situación. Anhelaba que tú lo disfrutases conmigo», le escribió a Silk.

El grupo siguió la carretera de El Cairo a Suez creada en la década de 1830 por Briton Thomas Fletcher Waghorn con el apoyo del bajá de Egipto, Mehmet Alí. Waghorn fomentó esta ruta terrestre por el desierto como una manera de reducir enormemente la duración del viaje entre el Reino Unido y la India, tanto para el correo como para pasajeros, pues evitaba unos diez mil kilómetros de circunnavegación de todo el continente africano, bajando por la costa occidental hasta el cabo de Buena Esperanza, en el extremo sur, y volviendo a subir por la oriental. Viajando en un pequeño carruaje tirado por caballos, a Wallace le pareció que la carretera era excelente, pero los cientos de esqueletos de camellos que sembraban los arcenes eran un crudo recordatorio de los peligros del trayecto, sobre todo bajo el sol abrasador del verano, a pesar de los apeaderos levantados a lo largo del camino. Es un recordatorio, también, de cómo los viajeros como Wallace se beneficiaban de la infraestructura del imperio: la misma existencia de la carretera de El Cairo a Suez, por no mencionar la red de vapores postales de la P&O apoyada por el Gobierno, se debía al dominio global británico en aquella época.

Wallace iba imbuyéndose de la historia natural a lo largo del camino, maravillado ante el desierto ondulante de arena y tosca grava de aspecto volcánico, los resplandecientes espejismos en las horas de más calor, las infinitas caravanas de camellos, las fragantes plantas del desierto, los inverosímiles caracoles y las curiosas aves, entre ellas buitres (seguramente, tanto el alimoche común, *Neophron percnopterus*, como el quebrantahuesos, *Gypaetus barbatus*), bandadas de gangas (género *Pterocles*) rechonchas y columbiformes y la críptica terrera sahariana (*Ammomanes deserti*). En Suez tomaron otro barco de vapor, el Bengal, el 26 de marzo, y se dirigieron golfo de Suez abajo hasta el mar Rojo. Le hubiera fascinado saber que la forma alargada y estrecha de estos cuerpos de agua es señal de cierta geología interesante. Estaba viajando sobre un rift, una grieta de expansión de la corteza terrestre en la que las placas africana y arábiga se están separando, y bastante rápido, además, en términos geológicos: aproximadamente un centímetro al año a cada lado de la fisura. Eso supone unos impresionantes veinte metros en solo un milenio, un abrir y cerrar de ojos geológico. A ese ritmo, se abrirá un canal natural en nada de tiempo, relativamente hablando, lo que hará que el canal de Suez sea innecesario. El Bengal hizo una parada de un día en Adén, cerca del extremo de la península arábiga, un paisaje que a Wallace le pareció «desolador» y «volcánico». Efectivamente, esta región situada en la confluencia de tres grietas y salpicada de extensos campos volcánicos, es uno de los límites de placas más activos del mundo.

Desembarcaron en Pointe de Galle (hoy, solo Galle), en la costa suroeste de Sri Lanka, el 9 de abril, tan solo dos semanas después de salir de Suez. Conocida como Gimhathiththa antes del contacto con portugueses y holandeses que comenzó en el siglo XVI, la ciudad impresionó a Wallace con sus campos de cocoteros y sus mercados abarrotados en los que los lugareños cambalacheaban con piedras preciosas. Aunque no hizo ningún comentario del antiguo fuerte holandés, hoy Patrimonio Mundial de la UNESCO, seguro que admiró la extensa fortificación que mira al puerto, con terraplenes que rodean una ciudad de edificios encalados y tejados rojos —entre ellos destacan la *kerk* (iglesia) holandesa y la mezquita de Meera— con un faro de un blanco reluciente flanqueado por palmeras que se yerguen como centinelas en posición de firmes. Allí cambiaron de barco para el último tramo del viaje, pasando del Bengal al SS Pottinger, volvieron a zarpar el 10 de abril e hicieron una breve parada una semana después en Penang, en la costa oeste de la península de Malasia. Solo se quedaron un día, tiempo suficiente para admirar la «pintoresca montaña [probablemente Penang Hill], sus árboles de especias y su cascada». La emoción aumentaba a medida que navegaban hacia sur por el estrecho de Malaca, «con sus costas densamente arboladas», y llegaron a su destino al día siguiente, el 18 de abril de 1854.

¡Al fin, la extraordinaria ciudad-Estado de Singapur, su puerta de entrada a Oriente! Así empezó una odisea de más de veintidós mil kilómetros de exploración y descubrimiento. Durante los siguientes ocho años, Wallace recorrió el vasto archipiélago malayo recogiendo rarezas, observando patrones, intuyendo procesos: iba a ser «el incidente central y determinante» de su vida.[52]

7

Sarawak y la ley

E L PUERTO DE SINGAPUR ERA TODO UN ESPECTÁCULO, repleto de embarcaciones grandes y pequeñas bajo el brillante sol tropical: imponentes buques de guerra de velas blancas, vapores de ruedas, impecables buques mercantes con banderas de todo el mundo y un sinnúmero de praos, juncos, botes de pesca y sampanes de pasajeros cruzando el puerto, navegando con destreza entre los grandes barcos. Nunca había visto una población con semejante diversidad, ni siquiera Londres: ingleses, chinos, portugueses y árabes, además de antillanos, persas, bengalíes, bugis y malayos nativos, todos muy ocupados yendo y viniendo mientras comerciaban, repartían, practicaban el trueque, reparaban, construían, comían, rezaban. Tenía una energía electrizante para ser una ciudad más bien pequeña, atestada de tiendas y bazares, hermosos edificios públicos, templos, mezquitas e iglesias, con inmensos almacenes en el muelle mirando al puerto abarrotado. «Pocos lugares son más interesantes para el viajero (…) que la ciudad y la isla de Singapur», escribiría después Wallace sobre sus primeras impresiones de la ciudad.[1]

Muy interesante, desde luego: era, y es, un lugar extraordinario, la única isla ciudad-Estado del mundo, pequeña, de unos 728 kilómetros cuadrados, pero con una población actual de unos 5,7 millones de personas: unas ocho mil personas por kilómetro cuadrado, ahora que los materiales de construcción y la tecnología permiten el crecimiento vertical, en forma de rascacielos. La calidad y las ventajas de este puerto, en la costa sur de la isla, se conocen desde principios del siglo XII por lo menos, cuando la isla se llamaba Temasek. Alrededor de mil malayos nativos vivían entonces en el interior, mientras que la zona del puerto era guarida de piratas y base ocasional de comerciantes y pescadores chinos. La ubicación de la isla en el punto obligado de paso entre el estrecho de Malaca y el mar del Sur de China era envidiablemente estratégica, y el

La bulliciosa Singapur en la década de 1860
(Grabado de Frederick Grosse).

lugar gozaba de ciertas ventajas como el agua dulce (el río Singapur) y la topografía: una serie de colinas bajas que salpican la zona del puerto permitían dominar el horizonte. A principios del siglo XIV, el príncipe Sang Nila Utama, del imperio malayo Srivijaya, fundó una ciudad en aquel enclave, Kuala Temasek, a la que bautizó Singapora, la «Ciudad del León», se dice que inspirado por haber visto uno.[2] Es más probable que fuese un tigre, pero ya hablaremos de esto más adelante. Sir Stamford Raffles, de la Compañía Británica de las Indias Orientales, advirtió claramente un enorme potencial cuando llegó allí en 1819, en un momento en el que las potencias marítimas europeas del Reino Unido, Portugal y Holanda competían por dominar las rutas comerciales y marítimas en Oriente. Raffles hizo un trato con el dirigente local, el sultán de Johor, en primer lugar por el derecho a establecer un puerto de comercio libre y poco después por la gobernanza de toda la isla, con el consentimiento probablemente reacio de los holandeses. Para 1826, Singapur ya era la capital regional de las Colonias del Estrecho, una serie de ciudades bajo dominio británico,[3] en lugares estratégicos de la costa occidental de la península de Malasia, al principio desde Penang y Malaca hasta Singapur, a las que se sumó la isla de Labuán, al norte de Borneo, a comienzos del siglo XX.

La bulliciosa Singapur que encontró Wallace en 1854 estaba trazada con arreglo a la planta diseñada por el teniente Philip Jackson en 1822, a petición de Raffles. Consistía en una serie de distritos a lo largo de un tramo de costa de unos diez kilómetros con el río en medio, dispuestos básicamente en una cuadrícula que reflejaba una especie de orden ilustrado, pero también una segregación paternalista que, en cuanto a la vivienda, separaba por etnias a la población: las comunidades malaya y china, en la orilla oeste del río; bugis y árabes, en la este; en el centro, la ciudad europea y la sede del Gobierno, que al principio era la residencia de Raffles y solo después se convertiría en la hermosa Casa de Gobierno, en Government Hill.[4] Cuatro años después de la llegada de Wallace, demolerían la casa para erigir el fuerte Canning y la colina pasaría a llamarse Fort Canning Hill; el lugar es hoy en día un hermoso parque, el Fort Canning Park que, si bien perforado por las líneas subterráneas de metro, es un espacio verde en medio de la moderna metrópoli con una reconstrucción de la residencia Raffles. A este le sorprendería su propia clarividencia al percibir el potencial tremendo de su incipiente ciudad, dada su ubicación y su gobierno (relativamente) ilustrado.

Merece la pena señalar que el plan de Jackson para la ciudad incluía un «Jardín Botánico y Experimental». Aunque hoy en día, 'jardín botánico' suele evocar imágenes de jardines de recreo, con ricas exhibiciones de maravillas botánicas para el deleite de los sentidos, no es el caso de este jardín, como revela el adjetivo 'experimental'. Era el apogeo del imperialismo botánico, una época en la que la supremacía económica y militar dependía en buena medida del cultivo y potencial monopolio de ciertas plantas que daban codiciados productos: especias exóticas como la nuez moscada y el macis, la canela y el clavo; árboles de nutritivos frutos como el árbol del pan, y, por supuesto, innumerables plantas medicinales.[5] Para hacerse una idea de *cuán* codiciados eran, piénsese en la importancia estratégica de poder cultivar una buena cantidad de árboles del género *Cinchona* (de origen sudamericano), productores de quinina, para prevenir la letal malaria entre las tropas establecidas en las fronteras del imperio,[6] o recuérdese que en el Tratado de Breda de 1667, los holandeses intercambiaron con los ingleses la isla de Nueva Ámsterdam (Manhattan) por la diminuta Pulau Rhun, la más pequeña de las ya pequeñísimas islas de Banda en el este de Indonesia, solamente para recuperar el monopolio del comercio altamente lucrativo de la nuez moscada y el macis, que provienen del fruto del moscadero, el árbol *Myristica fragrans*. Los astutos británicos arrancaron árboles de nuez moscada antes de marcharse de allí y los trasplantaron en territorios tropicales bajo su control, entre ellos Sri Lanka, Granada y el Jardín Botánico y Experimental de Raffles, en Singapur.[7]

El pujante comercio de especias le dio dolores de cabeza a Wallace. Calculaba que la población de Singapur era de unos sesenta y cinco mil habitantes por entonces, más de la mitad chinos que trabajaban en las plantaciones en constante expansión de moscaderos, pimienta (*Piper nigrum*), palma de betel (*Areca catechu*, cuya semilla, la nuez de areca, se masca junto con la hoja del betel (*Piper betle*), como estimulante suave muy extendido en los trópicos) y el versátil gambir (*Uncaria gambir*), de cuyas hojas se produce un extracto que se usa como medicinal, como aditivo alimentario y sobre todo como curtiente y colorante. Y la población seguía creciendo a paso acelerado: alcanzó los ochenta mil para finales de la década, lo que le daba a la ciudad cierta sensación de un futuro prometedor en ciernes, en opinión de Wallace, un poco como Belém. Pero igual que la ciudad portuaria brasileña, el pujante crecimiento tenía sus inconvenientes: la selva estaba para entonces talada en unos seis u ocho kilómetros a la redonda de la ciudad de Singapur, y Wallace enseguida vio que Charley y él tenían que dirigirse al interior si esperaban encontrar algo en lo relativo a insectos.

La pareja enseguida se instaló en habitaciones alquiladas en la misión de Bukit Timah, que llevaba el nombre de la prominente colina aledaña (el punto más alto de Singapur, con casi 163 metros) y donde en 1846 el enérgico y talentoso misionero francés Anatole Mauduit había fundado la iglesia de San José. A sus fieles, principalmente chinos, se les había quedado pequeña la iglesia original, construida con techo de paja, así que Mauduit recaudó fondos y se ocupó de la construcción de una nueva, que quedó terminada tan solo unos meses antes de la llegada de Wallace, una bonita estructura neoclásica en estilo gingerbread, gabletes decorativos y un pórtico palladiano apoyado en seis columnas dóricas. A Wallace la misión le pareció una base ideal para sus incursiones de recolección, rodeada como estaba «de todas las manchas de jungla o selva virgen que el rápido incremento del cultivo ha permitido conservar».[8] La selva se restringía a unos reductos en las cimas de las colinas, cada vez más pequeños a medida que los grupos de aserradores se cobraban sus víctimas diarias cortando madera para la ciudad en crecimiento. Wallace era consciente de adónde conducía todo aquello y aún de más cosas: adelantado a su tiempo, entendía la retroalimentación entre el paisaje arbolado y el clima, y observaba en una carta que la isla entera de Singapur no tardaría en estar deforestada y, cuando eso ocurriese, «no cabe duda de que su clima se verá sustancialmente alterado (seguramente a peor) e incontables tribus de insectos interesantes se extinguirán».[9] Ahora reforestada y conservada como la Reserva Natural de Bukit Timah y el Parque Natural Dairy Farm (este último, «la vaquería», porque en una extensión hubo una granja entre 1929 y 1970), hoy no solo es posible seguir los pasos de Wallace hasta lo más alto de la mayor colina de Singapur, sino que además puede hacerse recorriendo el sendero Wallace, de aproximadamente tres kilómetros, que cuenta con paneles interpretativos de la historia natural inspirados en los escritos de Wallace.[10]

Para Wallace, lo único bueno que tenía la destrucción de la selva era la abundancia de insectos que encontraba en los montones de restos de la tala, especialmente los anhelados escarabajos longicornios (familia Cerambycidae), cuyas larvas consumen madera. Muy valorados por su gran tamaño, sus colores fantásticos y sus alargadas antenas elegantemente curvadas, los escarabajos longicornios se disputan con las llamativas mariposas el título de «insecto tropical más codiciado», y la competición está muy reñida. Si las mariposas la terminan ganando, será solo por una probóscide (que les falta a estos escarabajos). En una carta a Stevens, enviada tan solo a las tres semanas de su llegada, Wallace informaba de un enorme éxito en las capturas: unas ochenta especies de mariposas ya y una legión de escarabajos «a cual más hermoso e interesante», entre ellos —«*Mirabile dictu!*»— la friolera de cincuenta especies de longicornios. Suponiendo que Stevens publicaría la carta —que lo hizo—,[11] Wallace quiso actuar ante su público y relataba el único pero gran inconveniente de todo este festín en el «banquete entomológico» del Singapur rural: «Colgada por un pelo sobre la cabeza del desafortunado cazabichos», como una espada de Damocles, estaba la posibilidad siempre presente de que el cazador de insectos resultara cazado y almorzado por un tigre. Los ataques de tigre, de hecho, eran un suceso bastante habitual en el interior de Singapur por aquella época,[12] y escuchar unos rugidos a lo lejos una tarde no hizo sino aumentar la preocupación de Wallace y Charley. Pero la exageración quizá sea comprensible: los tigres no son solo otro felino impresionantemente grande, siempre han infundido un terror tan profundo como el sentimiento de fascinación que despiertan en el alma humana. La obra maestra de 1794 del poeta romántico William Blake, «El tigre», expresa esos sentimientos encontrados con su célebre y apasionado imaginario de miedo, admiración y la sorpresa de que el Creador hubiera concebido semejante criatura:

¡Tigre! ¡Tigre! Ardiente resplandor | en las selvas de la noche;
¿qué inmortal mano o qué ojo | pudo enmarcar tu temida simetría?

¿En qué lejanos abismos o en qué cielos | ardía el fuego de tus ojos?
¿A qué alas osaba aspirar, | qué mano osó coger el fuego?[13]

Seguramente con una mezcla de decepción y alivio, Wallace ni siquiera llegó a ver un tigre en el tiempo que pasó en Singapur, si bien hubo un par de veces en las que casi cayó en trampas para tigres potencialmente mortales: profundos agujeros en el suelo bien camuflados que antaño contaban con una estaca larga y afilada en posición vertical en el fondo, y que se prohibieron una vez que demasiados desafortunados hubieran caído en ellas.

Su ritmo de recolección era rápido. Para finales de mayo, alrededor de un mes tras su llegada a Bukit Timah, Wallace envió la friolera de mil especímenes a Stevens: una remesa «muy valiosa», en su opinión. Charley y él tenían ya una rutina que merece la pena citar aquí entera, sacada de una carta a George Silk que les fue entregada a la madre y la hermana de Wallace:

> Te voy a contar cómo ocupo el día ahora. Me levanto a las cinco y media. Baño y café. Me siento a organizar y guardar los insectos del día anterior y los pongo a secar afuera, a salvo. Charles arregla las redes, rellena los alfileteros y prepara la jornada. Desayuno a las ocho. Salida a la jungla a las nueve. Tenemos que subir por una colina empinada para llegar y siempre llegamos empapados en sudor. Entonces, merodeamos por allí hasta las dos o las tres y por lo general volvemos con unos cincuenta o sesenta escarabajos, algunos muy raros y hermosos. Baño, cambio de ropa y a sentarse a matar y montar insectos con alfileres. Charles se encarga de moscas y avispas, todavía no me fío de él con los escarabajos. Cena a las cuatro. Luego, vuelta al trabajo hasta las seis. Café. Leer. Si hay muchos, sigo trabajando con los insectos hasta las ocho o las nueve y a la cama.[14]

Estaba tan ocupado con los insectos, decía, que no tenía tiempo para nada más, pero afortunadamente para nosotros, sí que sacó tiempo para otra actividad: los relatos de viajes. Al parecer, Wallace había acordado colaborar con una revista ecléctica llamada *Literary Gazette and Journal of the Belles Lettres, Arts, Sciences, &c.* con un artículo sobre el terreno de vez en cuando: «Tenemos el placer de presentar a nuestros lectores una comunicación, que esperamos sea la primera de una larga serie, de Mr. Wallace, el viajero sudamericano». Esta empresa probablemente se viera favorecida por el editor de la revista, el conquiliólogo Lovell Reeve, que también había publicado los *Viajes por el Amazonas* de Wallace y tenía en alta estima al naturalista. En lo que a Wallace respecta, era una gran oportunidad que le generaba unos pocos ingresos y a la vez ayudaba a seguir haciendo sonar su nombre entre los círculos intelectuales británicos. Presentó cuatro textos en los dos años siguientes.[15]

Sin embargo, resulta sorprendente que Wallace no dijera mucho sobre la geología local. Por el momento, parecía estar concentrado en llegar a esas manchas remanentes de jungla repletas de insectos, es comprensible, y puede que el paisaje le pareciera poco interesante desde una perspectiva geológica, en cualquier caso, pues eran principalmente tierras bajas salpicadas de colinas graníticas por acá y por allá. Pero le habría fascinado saber que, una vez más, había conseguido ubicarse en una frontera del espacio y el tiempo: Charley y él residían prácticamente encima de la falla de Bukit Timah, una importante línea de demarcación entre el granito de mediados del Triásico de Bukit Timah, en la parte este de la línea, y al oeste la roca sedimentaria fosilífera más reciente, de la formación Jurong, de finales del Triásico, llena de corales e innumerables bivalvos curiosos: *Cassianella*, *Spondylus*, *Cuspidaria*, *Plicatus*, *Myophoria* y muchos más, que datan de hace entre 227 y 247 millones de años. Además, en lo que a fronteras se refiere, la base de Wallace estaba a tiro de piedra, como quien dice, de la formación de gabro de Gombak, una exposición de roca ígnea todavía más antigua, del Pérmico, que forma la colina cercana de Bukit Gombak.[16] Es probable que Wallace sí que visitara esta formación bien definida, una zona de antiguas canteras que dieron hermosos edificios de piedra.

––––––

Por productivo que fuese Bukit Timah para los insectos, era pobre en aves, cosa que Wallace decidió remediar con una excursión a Malaca, al noroeste de Singapur en el estrecho de Malaca. Hicieron el viaje de dos días en una goleta comercial, la Kim Soon Hin, y llegaron el 15 de julio de 1854. Las capas de historia de la ciudad antigua quedaban patentes de inmediato: bajo diversos dominios de sultanes malayos, los Ming chinos, holandeses, portugueses y británicos ya en la época de Wallace, había sido el centro comercial más importante de la región, pero había comenzado el declive. La población reflejaba esa historia, y la economía también. Admiraba a los diligentes chinos y los consideraba los más eficientes y trabajadores de las abundantes plantaciones de especias y gambir, y los mejores mineros de estaño que había en las arenas aluviales de los terrenos inundables, cuya extracción exigía un laborioso lavado y fundido en lingotes. Contrató a dos ayudantes malacoportugueses, un cocinero y un cazador y, como ejemplo ilustrativo de la evolución del lenguaje, advirtió que su portugués difería sorprendentemente del de Europa o Brasil, pues tenía «la gramática terriblemente mutilada», simplificada por la pérdida de las formas femenina y plural de los adverbios y una única forma para todos los tiempos verbales.

Le impresionó la belleza del lugar, pintoresco y con muchos árboles frutales y selváticos en los que se alimentaban una multitud de monos, insectos y, sobre todo, aves: en poco tiempo capturó todo un botín de «ricos tesoros ornitológicos» de Malaca, a cuál más exquisito que el anterior. Las joyas incluían «hermosos pájaros carpinteros y vistosos martines pescadores» en abundancia, maravillosas malcohas, unos cucos verdes y marrones con la cara de un rojo aterciopelado y el pico verde, tilopos parecidos a palomas de pecho rojo y mieleros de imposibles tonos metálicos. Pero los auténticos trofeos fueron el eurilaimo rojinegro (*Cymbirhynchus macrorhynchos*), «increíblemente llamativo y hermoso», con un pico naranja y azul cobalto combinado con un plumaje negro y de intenso color vino y bandas blancas en las escápulas; preciosos trogones de intensos tonos castaños con el pecho carmesí y «las alas perfectamente perfiladas»; unos barbudos verdes, grandes y frugívoros (*Megalaima versicolor*, hoy *Psilopogon rafflesii*), una versión pequena del tucán con un pico corto, recto y puntiagudo y vívidos parches azules y carmesí en cabeza y cuello, y eurilaimos verdes (*Calyptomena viridis*), de intenso color, con las alas manchadas de delicadas bandas negras. Todas estas aves le tuvieron «en un estado constante de placentera emoción».[17]

Tras dos semanas de capturas en la aldea de Gading, a unos veinte kilómetros de la ciudad, donde el escueto equipo se hospedaba con un grupo de trabajadores chinos de las plantaciones, sobrevino la enfermedad. Primero uno de sus ayudantes y luego el otro cayeron enfermos con fiebre, seguramente malaria, y lo abandonaron. Luego Wallace sufrió un episodio, también. Se automedicó con generosas dosis de quinina y se trasladó a una casa de huéspedes del Gobierno en el pueblo (*kampong*) de Ayer Panas, a las afueras de Malaca, un cruce de caminos ahora cerca del moderno balneario de Jasin, donde se hizo amigo de un joven llamado George Rappa, hijo de un comerciante local de especímenes de historia natural. Allí se recuperó e hizo algunas capturas, entre ellas el cobro fortuito de una mariposa espectacular. Fue la primera y única vez que vio esta especie tan particular, un macho con la parte superior de las alas de un amarillo cremoso y delicado azul bordeadas de un negro aterciopelado, y con un deslumbrante lienzo de puntos negros y color salmón con manchas amarillas y verdes por debajo. Se topó con esta maravilla chupando los jugos del estiércol fresco, como acostumbran hacer las mariposas: extraña imagen. El naturalista William Hewitson estaba eufórico cuando recibió el espécimen por parte de Stevens, en Inglaterra: la llamó *Nymphalis* (hoy, *Agatasa*) *calydonia* al año siguiente, señalando que «no hay palabras para describir esta espléndida mariposa (…). Es una de las muchas y muy bellas especies nuevas que manda Mr. Wallace, quien, tras sufrir un naufragio y ver sus colecciones sudamericanas quemarse a bordo, está ahora explorando las islas del Índico».[18]

El paisaje lo atraía; Wallace decidió subir el macizo del monte Ofir, hoy conocido más propiamente por su nombre original malayo, *Gunung Ledang*, en el corazón del Parque Nacional de Gunung Ledang, en el estado de Johor. Aunque sus 1276 metros no alcanzan ni por asomo a la montaña más alta de la Malasia peninsular, el monte se yergue abruptamente de entre las tierras bajas de selva húmeda, lo que hace que sus mil doscientos metros sean imponentes, desde luego, e inspiren mitos y leyendas. Incluso se menciona en poesías tradicionales de cuarteto *pantun* malayo:

Es dulce el aroma de la flor del pan, | al despuntar el alba, el olor se acentuará.

¿Cuánto mide Gunung Ledang? | Cuando lo subas, lo sabrás.

¿Cuánto crece la palma de betel? | El humo del fuego se eleva más.

¿Cuánto mide Gunung Ledang? | La esperanza del corazón más arriba
llegará.

Subir la legendaria montaña no fue tarea fácil, pues no había senderos ni caminos. Wallace reunió un equipo de seis porteadores y cazadores malayos, además de Charley y George Rappa, y se echaron a andar cincuenta kilómetros a través de la jungla desde Ayer Panas, bien provistos de comida y equipados con sábanas, ropa, cajas para insectos y aves, redes, escopetas, munición e instrumentos científicos: un ebullómetro y un simpiesómetro, un tipo de barómetro para medir la altitud. Tardaron varios días en abrirse camino a través de una selva cada vez más empinada y sin senderos, bregando en barrizales hundidos hasta la rodilla y con un sinfín de sanguijuelas terrestres que los infestaban constantemente. Arrancarse esas salchichas hinchadas de sangre era el ritual de todas las noches: puede que a Alfred solo le parecieran «molestas», incluida la que por poco no le alcanzó la yugular, pero era típico de él admirar las más atractivas, «que destacaban con unas bonitas rayas de vivo color amarillo».[19]

Ascendieron sin tregua por selva abierta y por extensos y escarpados *padangbatu* (campos de piedra) en las laderas de la montaña, luego entre matorrales de altos helechos: el grácil *Dipteris horsfieldii* (hoy, *D. conjugata*), de hojas verde oscuro que se parten en dos mitades muy lobuladas y en forma de abanico en lo alto de un peciolo largo y fino, y la elegante *Matonia pectinata*, con láminas divididas desde la base formando un sorprendente círculo del que parten hacia el exterior (pectinados) los folíolos pinnados, todo ello sobre un peciolo tan delgado que parecen suspendidas en el aire, como fuegos artificiales congelados. Sedientos por el esfuerzo e incapaces de encontrar agua, recurrieron a regañadientes a beber de las *Nepenthes*, llamadas a veces plantas jarra. Aunque estaban llenas de insectos ahogados y medio descompuestos —«no muy apetitoso», comentaba Wallace y se quedaba corto—, la sed superaba la repulsión, y resultó una agradable sorpresa: «Al probarla, sin embargo, la encontramos muy sabrosa, si bien algo tibia, y todos saciamos la sed con estas jarras naturales» (las *Nepenthes* son insectívoras).[20] Siguieron avanzando, y los altísimos planifolios de las elevaciones más bajas —sobre todo majestuosos *Dipterocarpus*, tan emblemáticos de los trópicos asiáticos, con sus frutos de doble ala— dieron paso a árboles más pequeños y arbustos de las familias del té (y las camelias) y del mirto, y luego a los nudosos árboles y el matorral de la cima, donde predomina la selva montana de ericáceas: *Rhododendron*, *Vaccinium* y otras plantas de la familia Ericaceae. Tras mucho andar, trepar y escalar a pulso por la dura roca y los densos y mullidos musgos, al final contemplaron el «noble panorama» de la cima y se acostaron a pasar la noche en mantas acomodadas sobre palos y ramas, algo no muy distinto de los «nidos» de algunos otros primates.

Una vez de nuevo en el campo base, permaneció otra semana recolectando y, cuando abandonó aquella localidad, llevaba cientos de preciados insectos, entre ellos unas mariposas estupendas que estaba seguro de que eran especies nuevas. Estaba eufórico, de hecho, con las mariposas, y más adelante comentaría que en cuanto a diversidad de forma, color, tamaño y belleza, «ningún otro territorio supera» a Malaca. Su mayor tesoro, según anunciaba, era «una magnífica especie [de papiliónido] verde empolvada en oro», que esperaba que se tratase de algo nuevo: una mariposa de indescriptible belleza, como si las alas, con una amplia franja verde sobre un negro intenso, estuvieran intensamente espolvoreadas de diminutas partículas amarillas de polen.[21] Pero lo que más ansiaba de aquel lugar era un ejemplar del fabuloso faisán argos real (*Argusianus argus*), que Linneo denominó así en referencia a las filas de ocelos asombrosamente realistas que recorren las largas plumas de sus alas, en evocación de Argos Panoptes, el guardián de cien ojos de Ío en la mitología griega.[22] Wallace se sentía tentado —o más bien atormentado— por sus frecuentes llamadas: estaba claro que abundaban, pero la esquiva ave nunca se dejaba ver. Hasta sus cazadores más experimentados respondían con el equivalente malayo de «ni lo sueñes». Pasaba lo mismo con otros especímenes raros que buscaba: rinocerontes, tigres y elefantes. Aparte de excrementos y huellas, no tuvo suerte, aunque dos de sus hombres afirmaban haber visto un rinoceronte.[23] Vería elefantes y rinocerontes más adelante en sus viajes, pero estos tres mamíferos impresionantes ya estaban en declive; como diría después, parecían estar «desapareciendo vertiginosamente ante la expansión de los cultivos»: ninguna sorpresa.[24]

———

Para finales de septiembre estaban de vuelta en Singapur, donde esperaba una pila de correo a modo de bienvenida: cartas de amigos y familiares, periódicos y libros, su reloj, instrumentos, alfileres para insectos de parte de Stevens y demás. Se alegró de recibir noticias de casa y se puso a trabajar en la preparación de su ingente botín de especímenes malayos para mandárselo a Stevens, en Londres. Pero tenía una china en el zapato: la paciencia de Wallace con Charley se estaba agotando. El muchacho era agradable, y bastante capaz por lo general, pero no tenía iniciativa y el exigente Wallace lo encontraba descuidado tanto en el vestir como en los hábitos de trabajo. Justo cuando se dirigían a Malaca, Wallace comentaba en una carta que Charley ya sabía disparar bastante bien y que sería muy útil si pudiera «curarlo de su incorregible falta de atención». Tenía que estar constantemente supervisando al chaval, comentaba con frustración, y si quería que algo se hiciera bien, tenía que hacerlo él mismo. Por lo que parece, Charley no mejoró en el tiempo que pasaron en Malaca. «Si no fuese por los gastos, mandaba a Charley a casa; creo que no me podría haber cruzado con un chico más desordenado y poco cuidadoso», se quejaba en la siguiente carta a su madre.[25] Como veremos, las cosas con Charley siguieron de mal en peor hasta que empezaron a mejorar.

No obstante, también informaba de noticias emocionantes: Sir James Brooke, que había llegado a Singapur desde Gran Bretaña, invitaba a Wallace a visitarlo en Sarawak, una provincia que gobernaba en la costa norte de Borneo. Brooke era un antiguo soldado en la Compañía Británica de las Indias Orientales reconvertido en aventurero que, en 1835, gracias a una cuantiosa herencia, había comprado y tripulado una goleta de 142 toneladas. En un principio su idea era dedicarse al comercio, pero al llegar a Borneo en 1838 se encontró con que el poderoso sultán de Brunei se enfrentaba a una serie de problemas, que iban desde una piratería desenfrenada hasta un levantamiento en Kuching, la capital oficial de la provincia vecina de Sarawak. Brooke acudió al rescate en ambos frentes y obtuvo su recompensa. Primero fue el nombramiento de gobernador de Sarawak y, unos años más tarde, en 1841, el de rajá de Sarawak, un cargo hereditario, por su ayuda para que el sultán recuperara el trono tras posteriores disturbios e intrigas políticas dentro de la familia real. También fue recompensado en su país con un título de caballero, por conseguir del sultán la cesión de la isla de Labuán, en la bahía de Brunei, que se convirtió en otra más de las Colonias Británicas del Estrecho. Así empezó la legendaria dinastía de los rajás blancos de Sarawak, que no terminó hasta la invasión japonesa en la Segunda Guerra Mundial y en 1946, el paso de la provincia al Reino Unido, en el que se mantendría como colonia hasta 1963.[26] Brooke fue un dictador benevolente y un administrador sorprendentemente eficiente, que prácticamente cercenó la piratería —y la caza de cabezas por parte de los indígenas dayaks—, restauró el orden y aplicó reformas civiles y legales. Aun así, se le acusó de excederse en el uso de la fuerza, en nombre de la lucha contra la piratería, contra los pueblos nativos dado que pagaba recompensas tan generosas por las cabezas de los piratas, que es probable que los que los perseguían no prestaran mucha atención al hecho de que las cabezas que se cobraban alegremente pertenecieran a piratas o no. Brooke fue a Singapur en 1854 a testificar ante una Comisión de Investigación designada por la corona. Se retiraron finalmente los cargos, pero su reputación quedó tocada.

Wallace agradeció la amabilidad y la hospitalidad de Brooke: «Me recibió con toda cordialidad y me ofreció todo tipo de ayuda en Sarawak».[27] El naturalista había estado dando vueltas a la idea de hacer un viaje de recolección a Camboya con su amigo jesuita el padre Mauduit, de Bukit Timah, pero decidió aceptar la oferta de Sir James. Al rajá le gustaban la literatura, la ciencia y las conversaciones intelectuales estimulantes, y estuvo encantado de invitar a Wallace a unirse a sus habituales cenas de salón: el intrépido joven explorador y naturalista era un pensador profundo que se estaba labrando una reputación en la sociedad científica británica, y escaseaban los compatriotas europeos con intereses intelectuales. Huelga decir que la actitud paternalista y abiertamente racista del rajá y de la mayoría de occidentales en la región no es que animase precisamente ni reconociese el interés intelectual en los nativos malayos ni en nadie que no fuera blanco. Por su parte, Wallace estaba deseando disfrutar un poco de «placentera compañía» y de la oportunidad de mejorar su malayo. Pero principalmente, estaba la irresistible atracción de recolectar en un escenario remoto y exótico apenas visitado por europeos: la tierra del orangután, de fascinantes pueblos indígenas y de tesoros biológicos aún por descubrir.

Wallace y su ayudante Charley llegaron a Kuching a finales de octubre de 1854, con el inicio del monzón indoaustraliano oriental, una estación de lluvia prácticamente incesante que se extiende de noviembre hasta febrero. La Kuching de aquella época era un modesto *kampong* malayo, un asentamiento de unos pocos miles de habitantes ubicado a varios kilómetros del mar, en el río Sarawak, con viviendas, un *pasar* o mercado (la raíz malaya de la palabra actual «bazar») y templos. Hoy en día, el lugar de ese antiguo *kampong* es el corazón de una ciudad dinámica de medio millón de habitantes a horcajadas sobre el río, con las orillas norte y sur unidas por el sinuoso puente peatonal Darul Hana. Cerca del puente, en la orilla norte, está el Astana, o Casa de Gobierno, que fue la tercera, la más grande y última residencia de la dinastía Brooke, construida en el mismo sitio en el que había levantado Sir James la residencia original en 1842. Pero aquella era una modesta morada de madera y paja sobre postes elevados que hacía tanto de casa como de oficina. Wallace recordaba con cariño muchas tardes agradables en compañía del rajá, entre animadas discusiones filosóficas y con carta blanca para acceder a su excelente biblioteca. A todas luces, Sir James también disfrutaba plenamente de las conversaciones con Wallace, las cuales con no poca frecuencia incluían debates sobre el escandaloso *Vestiges of the Natural History of Creation*, cuyas implicaciones intrigaban al rajá. Spenser St. John, secretario privado y biógrafo de Brooke, señalaría después que aunque Wallace «no conseguía convencernos de que nuestros feos vecinos, los orangutanes, eran nuestros antepasados, nos complacía, deleitaba e instruía con su inteligente e inagotable don de la palabra, pues hablaba realmente bien. Al rajá le encantaba tener a un hombre tan inteligente con él (…). Nuestras discusiones eran siempre filosóficas o religiosas.

El fluir de la conversación era vertiginoso».[28] Por la mañana, añade St. John, los invitados se encontraban en la biblioteca, comprobando lo que habían dicho los otros y armándose para el debate de esa noche.

Sir James tuvo otro gesto amable con Wallace, y le prestó un pequeño bungalow, una hospedería gubernamental ubicada en la desembocadura del río Santubong, a los pies del *Gunung* Santubong, un imponente macizo de arenisca que se erguía abruptamente desde el mar hasta los 810 metros, en su cota más alta. El lugar, que hoy se denomina Wallace Point, pertenece en la actualidad al Museo de Sarawak y hay planes para desarrollar un museo o centro de investigación dedicado a Wallace (y a Alí, un lugareño que, como veremos, iba a convertirse en el compañero más competente y de mayor confianza de Wallace) como parte de un parque arqueológico mayor.[29] El amplio pedemonte del icónico Santubong forma la mayor parte de la península sobre la que se asienta, y el largo espinazo de la ladera norte del macizo se proyecta como una lengua en el mar de la China Meridional. La apariencia casi dentada de sus picos y crestas delata la relativa juventud de la montaña, formada por sedimentos fluviales y marinos poco profundos depositados desde muy a finales del Cretácico hasta principios del Paleógeno (aproximadamente entre ochenta y sesenta y tres millones de años atrás), que luego se consolidaron, se levantaron y se inclinaron, y que ahora los geólogos llaman la arenisca kayana: descomunales estratificaciones cruzadas de areniscas y conglomerados que suelen admirar los duros senderistas que suben hoy en día a la cima del Santubong a base de cuerdas, escaleras y puentes. Wallace no podía saber que se había instalado en otra profunda frontera geológica: el monte Santubong se extiende por la línea Lupar, una importante falla que representa un antiguo margen continental, una antigua zona de subducción en la que la placa oceánica del protomar del Sur de China se hundía, consumida en un lento trago tectónico, bajo la placa continental de la Sonda. La geología de Santubong difiere asombrosamente de la del otro lado de la amplia bahía, a menos de cien kilómetros hacia el este. Es una zona de sutura geológica: la línea Lupar intermedia separa la zona de Kuching, con sus características calizas y areniscas formadas en aguas poco profundas, con numerosas intrusiones de roca ígnea que asoman en muchos puntos, y las rocas marinas de profundidad que afloran en la zona de Sibu, justo al norte y al este; una división que se manifiesta hasta en la distribución geográfica y en la genética de muchas especies, sobre todo vegetales.[30] Pero Wallace no lo sabía: no estaba recogiendo plantas, y la geología no es tan fácil de observar, cubierta por vegetación tropical realmente exuberante. Además, estaban en la época de lluvias: las capturas eran pésimas, aunque hicieron lo que pudieron durante los meses siguientes, navegando el río Sarawak en canoas y sampanes —embarcaciones tradicionales de madera y fondo plano chinas y malayas— que alquilaban para explorar los tramos altos hacia el suroeste, hasta los distritos mineros de oro de Bau y Bidi, como se llaman en la actualidad. Pero por lo general, había poco que hacer que no fuera esperar dentro de casa a que pasaran las lluvias, leyendo y pensando. Una circunstancia de lo más propicia para la ciencia.

Además de tener acceso a la estupenda biblioteca del rajá, Wallace viajaba con una pequeña biblioteca propia y recibía cada cierto tiempo revistas y periódicos de Stevens desde Inglaterra.[31] Su biblioteca de viaje incluía obras de referencia útiles para identificar especímenes: libros como el enciclopédico *Conspectus Generum Avium* de Luciano Bonaparte, una autoridad en aves, y el completo tratado sobre piéridos y papiliónidos de Jean Baptiste Boisduval, además de obras de interés científico y filosófico más amplio, como el monumental *Principles of Geology* de Charles Lyell. Wallace viajaba con la cuarta edición, de 1835, en cuatro volúmenes. A primera vista, un tratado geológico parecería de poca relevancia para su interés en las especies, pero recordemos que los naturalistas en la época de Wallace adoptaban una visión más global del mundo natural, y para ellos, el estudio de la Tierra y de la vida que alberga era todo uno. Esto resultaba (y resulta) más obvio en el campo de la paleontología, en el que los propios fósiles dan testimonio del mundo antiguo, ayudando a definir periodos y eras geológicas además de inferir la lenta evolución del clima y el paisaje… y, por supuesto, de *las especies*, a partir de la trascendental perspectiva que aportaran Wallace y Darwin, como veremos.

Sin embargo, para Lyell, es posible que los fósiles expresaran con elocuencia el estado del mundo antiguo y su clima, pero no decían nada del cambio en las especies. Bueno, esto no es del todo cierto: lejos de callar sobre el tema, Lyell sostenía que los fósiles hablaban *en contra* de la posibilidad de cambio en las especies. No es que los fósiles encontrados en las sucesivas capas de la tarta geológica no exhibieran cambios: sí lo hacían; solo que él pensaba que cada grupo fósil, cada capa del registro geológico, representaba una ronda independiente de creación, una tras otra, abriendo el camino que llegaba a nosotros mismos. Ni siquiera estaba seguro de que los cambios a lo largo del tiempo fuesen tan direccionales, ni progresivos, y llegaba a tomar en consideración la idea de que el clima de la Tierra se repitiera en ciclos, y que cada conjunto de condiciones climáticas trajese consigo, por creación divina, un cierto conjunto de especies bien adaptadas. Si el registro fósil de las islas británicas revelaba un paisaje tropical en el remoto pasado antediluviano, con pesados iguanodones y pterosaurios pululando entre helechos arbóreos, no hay más que esperar lo suficiente para que esas condiciones, con exactamente esas mismas especies diseñadas al efecto, reaparezcan.[32]

Todo esto implicaba cierta gimnasia mental, y el abogado reconvertido en geólogo dedicaba bastante espacio en *Principles* a hablar de las especies en diversos contextos, desde la naturaleza del registro fósil hasta la variabilidad y las migraciones de organismos vivos, todo ello con el objetivo de echar por tierra la idea de que las especies cambian con el tiempo. De joven estudiante en Francia, había coqueteado brevísimamente con el concepto lamarckiano de transmutación, la idea de que las especies se transforman lentamente, dando lugar a otras nuevas. Pero Lyell, profundo devoto, enseguida se lo pensó mejor: las implicaciones religiosas le daban escalofríos y no tardó en convertirse en el crítico más demoledor del concepto transmutacional.[33] Wallace —y Darwin— supieron ver la inconsistencia de Lyell, cómo sus elocuentes argumentos de una Tierra que cambia de manera gradual se extendían lógicamente al reino biológico, las pruebas del registro fósil lo dejaban claro. Llevó su tiempo convencer a Lyell y, en la década de 1850, tanto Wallace como Darwin se esforzaban, cada uno a su manera y sin saber del otro, precisamente en eso, en construir un caso protransmutacional tan convincente, tan indiscutible, que Lyell, con su formación de letrado, erudito científico y el más elocuente de los antitransmutacionistas, tuviera que capitular. Y, por ende, el resto del mundo.[34]

Ninguno de los dos decía que fuera este su plan; no, no abiertamente. Son más bien sus acciones las que los delatan: en lo que estaban trabajando, su motivación y objetivos. Al otro lado del planeta, en 1854, Darwin terminaba de publicar los dos últimos volúmenes, de cuatro, de su épico tratado sobre percebes y balanos fósiles y vivientes del mundo (los cirrípedos), a la vez que realizaba observaciones, hacía experimentos, devoraba literatura que tratase en un sinfín de maneras la cuestión de las especies y desarrollaba el argumento transmutacional que en 1844 había dejado escrito en un artículo privado, en sobre sellado, con instrucciones para que su mujer, Emma, lo publicase de inmediato si moría inesperadamente.[35] Era un hombre con una misión: había vivido una epifanía personal de la realidad del cambio en las especies en 1837, hacía diecisiete años, con un momento eureka un año después, cuando comprendió el proceso al que llamó selección natural. Desde entonces se había dedicado sin descanso a acumular *datos* que respaldasen sus puntos de vista y, por el momento, solo había compartido sus ideas «heterodoxas» con una persona, su leal amigo el botánico Joseph Dalton Hooker, hijo de Sir William. Como hemos visto, para entonces Wallace llevaba ya nueve años convertido al transmutacionismo, desde su lectura del *Vestiges* en 1845. A partir de aquel momento se había dedicado por su parte a recaudar fondos para financiar sus viajes y poder reunir datos en torno a esta cuestión. Merece la pena recordar sus esfuerzos por relacionar la distribución de grupos como palmeras y mariposas heliconinas en Sudamérica con la geología y otros factores, sus observaciones sobre las barreras fluviales y cómo, de todos los ejemplares de insectos que enviaba a Stevens para que los vendiera, se reservaba una proporción considerable que quería conservar para estudiarlos personalmente más adelante. Su enfoque, su *modus operandi*, era muy diferente al de Darwin: a Wallace le gustaba empezar con postulados básicos y llegar a comprender plenamente el asunto en cuestión —el *patrón*— para sacar conclusiones lógicas y tratar de entender mejor el *proceso*.

Los primeros indicios de este talante analítico de Wallace se encuentran en su cuaderno de especímenes de 1854. El pequeño cuaderno de tapas jaspeadas, hoy en la colección de la Sociedad Linneana de Londres,[36] es principalmente un registro de especímenes y remesas, pero la primera docena y media de páginas incluyen unos eclécticos apuntes sobre temas de su interés: etnología, morfología comparada, paleontología, distribución geográfica y demás. Algunos seguramente los anotara estudiando en la biblioteca de Sir James, mientras que otros venían de sus propios libros y revistas. Ya en la segunda página hay un apunte fascinante: «Geoffroy St. Hilaire cree en la mutabilidad de las especies», y cita como fuente la *History of the Inductive Sciences*, obra influyente de William Whewell de 1837. El reverendo Whewell, profesor de Darwin en Cambridge y contrario al transmutacionismo, hablaba del zoólogo francés St. Hilaire en una sección titulada «Hipótesis de las tendencias progresivas» solo para refutarlo: «Por lo tanto, la doctrina de la transmutación de especies no solo se ve desmentida por los mejores razonamientos fisiológicos, sino que los demás supuestos que son necesarios, para que sus defensores puedan aplicarla a la explicación geológica y de otros fenómenos de la Tierra, son del todo arbitrarios y fantasiosos».[37] Wallace se permitía disentir. Al apunte sobre St. Hilaire le sucedían en la página siguiente algunos comentarios sobre un pasaje del *A Sketch of the Physical Structure of Australia* (1850), de Joseph Beete Jukes, en el que especulaba sobre el efecto de los ciclos de levantamiento y subsidencia geológicos, en los que las colinas se convierten en islas cuando la tierra se hunde y deja entrar al mar, para luego volverse a levantar y ser tierra seca de nuevo. Estos ciclos pueden dar lugar a un patrón característico en la distribución de especies, en el que se ve un grupo de especies del mismo género, diferentes aunque relacionadas, en áreas adyacentes. La implicación tácita es que las especies, de algún modo, cambian cuando quedan aisladas en tantas islas, y la especie original o parental produce al recuperarse la tierra seca, o al menos *es sucedida* por, un conjunto de especies próximas pero distintas. Darwin se refirió una vez en broma a sus estudios de distribución geográfica como «una gran partida de ajedrez, con el mundo de tablero».[38] La versión de Wallace era un ajedrez tridimensional: distribución geográfica en el espacio y el tiempo.

Estas dos formas de distribución eran absolutamente complementarias, y Wallace estaba seguro de que no se podía entender una sin entender la otra, por lo que no es de extrañar que las observaciones de distribución de especies, tanto en términos geográficos modernos como histórico-geológicos, sean el tema de otras tantas entradas prometedoras en su cuaderno de 1854. Tras leer, por ejemplo, el informe de R. C. Tytler sobre las aves de Barrackpore (al norte de Calcuta, en la India) en la revista científica *Annals and Magazine of Natural History*, Wallace se preguntaba: «¿Cuántas aves terrestres se encuentran en los campos a ambos lados del Ganges?», lo que recuerda al objeto de su artículo sobre los monos del Amazonas. Y luego están los apuntes sobre el monumental *Traité de Paléontologie* del paleontólogo suizo François Jules Pictet. Wallace resume diez «leyes de desarrollo geológico» de Pictet, observaciones sobre el orden relativo de presencia, distribución y duración de las especies fósiles en el registro geológico. Luego añade un comentario de cada uno: «indiscutible», «dudoso», «importante», «cierto, con excepciones concretas», «muy importante», etcétera.[39]

Wallace estaba en modo síntesis, gracias al descanso forzoso impuesto por las incesantes lluvias. Prácticamente solo en la cabaña a los pies de la montaña Santubong en aquella época de lluvias, con la única compañía de Charley y un cocinero malayo contratado, no tenía «otra cosa que hacer más que repasar mis libros y pensar en el problema que raramente se me iba de la cabeza».[40] Quizá fuese la lista de Pictet la que lo inspiró a sumar dos más dos: relacionar una lista de lo que se sabe sobre la distribución de las especies en el tiempo —el registro fósil— con lo que se sabe sobre su distribución en el espacio —distribución geográfica—.[41] ¿Qué revelan los dos conjuntos de patrones? ¡Caramba! El resultado fue una auténtica hazaña, y rápidamente redactó un artículo, «On the Law Which Has Regulated the Introduction of New Species» [Sobre la ley que ha regulado la introducción de nuevas especies]. Según dijo, el impulso inmediato para escribirlo había sido un artículo del biólogo marino Edward Forbes, recién nombrado profesor regio de Historia Natural en la Universidad de Edimburgo y presidente de la Sociedad Geológica. Es probable que Wallace se topara con el artículo de Forbes en la biblioteca del rajá: se había reeditado en la *Literary Gazette* del 19 de agosto de 1854, tan solo dos páginas después de donde aparecían los primeros escritos de Wallace en la revista. Forbes se inclinaba en él por la *teoría de la polaridad*, un modelo oscilante y cuasimístico de las fluctuaciones de la vida a través de las eras geológicas según un plan divino, justamente el tipo de pensamiento acientífico enmascarado de ciencia con el que Wallace tenía poca paciencia; podemos imaginarlo poniendo los ojos en blanco y sacudiendo la cabeza, y llegando a la conclusión de que iba a aclararle las cosas al bienintencionado pero equivocado profesor.[42]

Sí, Forbes habría sido importante al provocar en Wallace la necesidad de escribir el artículo, y las leyes de Pictet de desarrollo geológico podrían haber inspirado la estructura. Pero el objetivo *real* del artículo de Wallace era Lyell. Casi al mismo tiempo que Wallace firmaba este artículo que hizo época, estaba también inmerso en un análisis de los *Principles of Geology*, y sus primeros apuntes sustanciales sobre Lyell, bajo el encabezado «Apuntes sobre los Principios de Lyell», los hizo en otro cuaderno verdaderamente extraordinario que hoy se conoce como el Cuaderno de Especies.[43] Curiosamente, la entrada se refiere a la afirmación de Lyell de que el avance científico en geología se produjo al fin cuando se entendió que la naturaleza de los fósiles y de las formas de la corteza terrestre eran resultado de la ley natural, es decir, de procesos materiales, o lo que Lyell llamaba «causas secundarias». Wallace coincidía en que esto era un salto gigantesco en el avance de la comprensión científica, pero Lyell, sin embargo, no estaba dispuesto de ninguna de las maneras a aplicar la ley natural en la comprensión del origen de las especies, una incongruencia que Wallace estaba decidido a corregir. Un tema clave para Lyell en los *Principles* era cómo se alcanzaba la «introducción de nuevas especies», frase repetida en varias ocasiones, incluso como encabezamiento de una larga sección que resumía el capítulo sobre la «Extinción y creación de especies». Pero ahí Lyell defendía una sucesión de especies «introducidas» vía creación especial, de acuerdo con las necesidades que exigía el entorno: su visión consistía en conjuntos de especies hechas a medida por un creador para adecuarse al medio. A medida que este último cambia (climática o geológicamente), argumentaba, las especies anteriores se extinguen y son reemplazadas por otras nuevas adaptadas a las últimas condiciones. Como los conjuntos de especies se van intercambiando así con el tiempo, la *relación* de las nuevas con las antiguas es irrelevante, no hay relación *per se*. Para Lyell, todo era cuestión de adecuación al entorno, en el que todas las especies y grupos de especies se creaban de nuevo para que encajasen en el perfil. Wallace discrepaba del gran geólogo casi tan categóricamente como discrepaba de Forbes. Pero mientras que el modelo de Forbes le parecía poco más que un sinsentido metafísico, Lyell era un oponente más formidable: dada su talla, su palabra tenía autoridad, era perentoria. No obstante, Wallace estaba convencido de que también estaba errada.

Así pues, puede verse con claridad por qué el título así como los argumentos centrales del artículo de Sarawak de Wallace se refieren directamente a Lyell. Si bien, al contrario de lo que cabría esperar, Wallace no analiza explícitamente el modelo de Lyell en su artículo… aún no. Esto llegaría enseguida, cuando contemplara lo que encontró en las alucinantes islas Aru, pero de momento, en Sarawak, Wallace se centraba en postulados básicos e iba al grano: su artículo exponía numeradas nueve «proposiciones en Geología y Geografía Orgánicas» y culminaba lógicamente con lo que llegó a conocerse como su *Ley de Sarawak*. «La siguiente ley puede deducirse de estos hechos: *Todas las especies se originan coincidiendo tanto en el espacio como en el tiempo con una especie estrechamente relacionada y preexistente*» (la cursiva es suya). Es decir, todas las especies surgen en inmediata proximidad a una especie preexistente e íntimamente emparentada con ella; de hecho, se infiere que todas las especies *derivan* materialmente de alguna manera de esas especies preexistentes, pero aunque para nosotros queda patente una implicación transmutacional, él no llegó a decir tanto.[44] Aun así, tenía un poder explicativo asombroso: este simple hecho «conecta y hace inteligible una inmensa cantidad de hechos independientes y hasta ahora inexplicables», declaraba Wallace. ¿Por qué? Porque los vínculos materiales de una especie con otra constituyen linajes *evolutivos*, linajes que también pueden dividirse, ramificarse. Por eso hace que tengan sentido la clasificación, la distribución geográfica, la secuencia geológica, la anatomía comparada, etcétera.

No es de extrañar que la clasificación clara e inequívoca de especies sea tan difícil, afirma Wallace, cuando se sabe tan poco de las ramificaciones habidas en las cadenas de relación que se extienden a lo largo de generaciones de especies antecesoras. Señalaba dos razones clave: en primer lugar, tengamos en cuenta que las relaciones entre especies suelen identificarse (especialmente en la época de Wallace) mediante características anatómicas. Cuanto mayor sea la similitud, mayor cantidad de relación, o de «afinidades», según Wallace, lo que influye precisamente en cómo se organizan taxonómicamente a las especies. Pero la «similitud» puede ser superficial, debida a una convergencia adaptativa (lo que se denomina «analogías» de estructura) y también es cuestión de escala: dos grupos pueden ser *análogos* a un nivel (por ejemplo, la morfología del «ratón saltador» es una convergencia entre los marsupiales y otros grupos lejanamente emparentados de pequeños mamíferos placentarios), pero pueden tener también *afinidades* cercanas en otro nivel (ambos son mamíferos muy relacionados si los comparamos, por ejemplo, con los gusanos). Con los grupos que disponen de un gran registro fósil y en los que es posible identificar muchos representantes en la cadena de relación entre unos y otros —es decir, en su genealogía—, hay más posibilidades de identificar convergencias adaptativas, o analogías, y de identificar más claramente las relaciones reales, o afinidades. Solo que no disponemos de un gran registro fósil en la mayoría de los grupos, faltan innumerables vínculos, lo que resulta un inconveniente y lleva a la segunda razón de Wallace de por qué no sabemos mucho de las cadenas de afinidades: «Solo tenemos fragmentos de este inmenso sistema», señala, «en el que el tronco y las ramas principales están representados por especies extintas de las que no tenemos conocimiento, mientras hay una inmensa concentración de ramitas, tallos y palitos diminutos y hojas sueltas que son los que tenemos que ordenar [clasificar] y determinar cuál es la verdadera posición que cada uno de ellos ocupaba originalmente con respecto a los otros». Así, «queda patente para nostros la absoluta dificultad del auténtico Sistema Natural de clasificación». Aquí Wallace articuló de manera independiente dos ideas clave interrelacionadas a las que también había llegado Darwin: la primera es que todas las especies están vinculadas a través de una infinidad de cadenas de relación ramificadas, un sistema dendriforme de ramas irregulares sobre otras ramas, «una complicada ramificación de las líneas de afinidad tan intrincada como los brotes de un roble tortuoso o como el sistema vascular del cuerpo humano», según su evocadora escritura. La segunda es que nuestro sistema de clasificación debería reflejar idealmente ese gran árbol: así sería un sistema natural, «una verdadera clasificación».[45]

Es fascinante, francamente. Está claro que estas ideas llevaban un tiempo rondando la cabeza de Wallace, y de repente las unió todas en un artículo brillante: una visión evolutiva de líneas de relación que se ramifican a través del espacio y el tiempo. ¡Por supuesto! Con este modelo, todo cobra sentido: la jerarquía anidada propia de los niveles superiores de la clasificación, la semejanza familiar del plan corporal en grupos dispares, el mapeo de las relaciones en la geografía, la drástica sucesión de seres extintos y su vínculo esencial con los vivos... Todo se explica a la perfección; de hecho, según declaró (más que meramente explicar), el modelo *necesita* los patrones que vemos, lo que convierte en absurdas hipótesis como la propuesta por Forbes. «Reconocida la ley, la mayoría de hechos importantes en la Naturaleza no podrían ser de otra manera, sino que son básicamente deducciones tan necesarias de ella como las órbitas elípticas de los planetas lo son de la ley de gravitación». Era una idea impresionante, elegante en su simplicidad y poderosa en sus implicaciones.[46]

———

Redactó una versión en limpio del artículo en febrero de 1855 y se la envió con una de las remesas de ese mes a Stevens, junto con bastantes más de cinco mil insectos (reservándose unos cuantos miles para su estudio personal), además de un surtido de caracoles, cangrejos y varias cajas de orquídeas, entre ellas *Vanda* (*Dimorphorchis*) *lowii*, recogida en el monte Serumbu, una especie espectacular que echa largos racimos de flores en cascada, unas amarillas y otras naranjas (dimórfica, como indica el género), una Rapunzel vegetal en los torreones arbóreos de la selva tropical. Stevens, a su vez, le envió el artículo al *Annals and Magazine of Natural History*, que lo publicó en el número de septiembre de 1855. Wallace esperaba y deseaba que Forbes y sus seguidores entablaran con él discusión y debate sobre el tema, pero antes de publicarse, Wallace recibió la triste noticia de la enfermedad y prematura muerte de Forbes a la edad de treinta y nueve años aquel pasado mes de noviembre, tan solo un mes después de que saliera su artículo sobre la polaridad. Quizá sintiéndose un poco mal por el trato que propinaba al difunto naturalista, y dadas las circunstancias, pudo escribir al editor a tiempo para insertar una respetuosa nota al pie en la versión impresa: «Tras escribir lo anterior, el autor ha sabido con profunda lástima de la muerte de este eminente naturalista, del que tantas obras importantes se esperaban. Sus comentarios sobre el presente artículo —un tema sobre el que ningún otro hombre era más competente para decidir— se esperaban con el mayor interés. ¿Quién ocupará ahora su puesto?».[47]

El problema de escribir artículos importantes en la otra parte del mundo era la insoportable espera. Mandaba las cartas y las remesas más pequeñas (o las más valiosas) a través de la ruta terrestre más rápida y cara de Suez, y las remesas más grandes a través de la ruta más larga y barata que bordeaba el cabo de Buena Esperanza; este envío debió de ir por la ruta larga, porque se publicó unos siete meses después. Y, encima, tras su publicación, no parecía haber más que un silencio atronador, aunque como veremos, el artículo alcanzó el objetivo que pretendía: al mismísimo Lyell le conmocionó lo suficiente como para que empezase un nuevo cuaderno sobre la cuestión de las especies, que comenzaba con un resumen detallado del artículo sobre la «Ley de Sarawak» de Wallace. Pero para eso todavía quedaban meses; de momento, ante la perspectiva de que la temporada de lluvias pronto llegaría a su fin, Wallace decidió que era hora de dirigirse al interior, a los reinos legendarios del orangután.

———

Borneo, la tercera isla más grande del mundo, con casi setecientos cincuenta mil kilómetros cuadrados y un inmenso interior densamente selvático y montañoso, era por entonces una de las grandes masas terrestres poco exploradas por los europeos y poco alteradas por sus múltiples pueblos indígenas. En la actualidad la ecología de la isla está trágicamente amenazada, con bastante más de la mitad de la selva primaria consumida, entre la demanda de angiospermas tropicales (se calcula que sólo Borneo produce la mitad de la madera tropical que se usa anualmente en el mundo), la expansión de las plantaciones de aceite de palma, las canteras y las minas de carbón,[48] estas últimas una industria que acababa de empezar en serio en la época de Wallace y que benefició al naturalista. Más o menos un año antes de la llegada de Wallace, se había descubierto carbón en el tramo alto del río Si Munjon (Simunjan), un pequeño afluente del Sadong, aflorando en vetas de alrededor de un metro de ancho en la aislada y pequeña cima de *Gunung* Ngeli (con tan solo doscientos metros de altitud, más *bukit* —colina— que *gunung* —montaña—). Sir James y la Compañía Británica de Borneo comenzaron las actividades mineras allí poco después, principalmente con mano de obra china. La minería no cesó hasta principios del siglo XX, y todavía se reanudaría temporalmente durante la Segunda Guerra Mundial con las fuerzas de ocupación japonesas.[49] Con su éxito recolector en Bukit Timah sin duda en mente —donde los montones de restos de la tala creaban pródigas condiciones para los insectos—, las nuevas minerías de carbón prometían colecciones igual de buenas. Charley y él se abrieron paso por unos veinticinco kilómetros de meandros en dirección sur por el Sadong a través de una inmensa llanura plana y cenagosa, y unos cuantos kilómetros más por el Simunjan, algo más pequeño, igual de sinuoso y cubierto por las altísimas copas de los árboles de la selva a ambos lados. Llegaron a mediados de marzo y fueron andando desde el punto de atraque hasta la mina por la inestable «senda de los dayaks», a base de troncos dispuestos unos detrás de otros. Robert Coulson, el ingeniero de la mina, tuvo la amabilidad de alojarlos al principio, pero enseguida quedó claro que Wallace estaba en lo cierto con su corazonada. El lugar era un hervidero de insectos, gracias a toda la madera que se había talado para la mina y para una carretera que le prestase servicio, así que mandó construir un pequeño bungalow en el que Charley y él pasaron los siguientes nueve meses en un paraíso de la recolección.

Fue aquí donde Wallace dio comienzo a otra serie de entradas en su Cuaderno de Especies, «Apuntes entomológicos: río Sadong, Borneo». Además de la perspectiva de conseguir una excelente colección de insectos, lo que sobre todo le motivaba de aquella región era «aprender algo de la geología de la zona», aparte de suponer una oportunidad para estudiar «al gran orangután (que abunda en estas tierras) en su lugar de origen».[50] Una vez que remitieron las lluvias, Charley y él regresaban día tras día con docenas de especies nuevas, y los trabajadores, que cobraban un penique por insecto, aportaban un botín extra. Pero aunque la recolección iba bien en cuanto a especímenes, su estima hacia Charley no iba igual de bien. Tanto Stevens como su madre y su hermana, que obviamente habían leído las frustraciones que descargaba en más de una ocasión en las cartas que enviaba a casa, trataron de ayudar planteándole la posibilidad de contratar a otro ayudante, «un joven amable» que sustituyera a Charley. Esto provocó una airada respuesta por parte de Wallace. Limitarse a ser «un joven amable» no servía de nada: ¿Que sea tranquilo o tímido?, ¿hablador o callado?, ¿sensato o frívolo? ¿Que pueda mantenerse a base de arroz y pescado en salazón durante semanas enteras?, ¿vivir sin vino ni cerveza y a veces ni té ni café? ¿Que pueda dormir en una tabla? ¿Que le guste el calor? ¿Que sea demasiado delicado para despellejar un animal que apesta? ¿Que pueda andar treinta kilómetros al día? ¿Que trabaje? ¿Que *dibuje*? ¿Que sepa hacer algo, aunque solo sea serrar recta una tabla?[51] La lista continúa, pero nos hacemos una idea: está claro que al pobre Charley le faltaban dotes en diversas áreas. Aunque Wallace reconocía que el muchacho al fin se estaba haciendo tolerablemente bueno capturando insectos y despellejando, afirmaba que otro ayudante «de incapacidad similar me volvería loco». No se iba a dar una sustitución: Stevens, Fanny y su madre se dieron cuenta cabal de que nadie que le recomendaran iba a estar a la altura de las exigentes expectativas de Alfred.

A pesar de las frustraciones, Wallace escribiría después que en sus doce años en los trópicos de la Amazonía y del archipiélago malayo, nunca se hizo con una colección tan buena como la de Simunjan, en una zona de apenas un par de kilómetros cuadrados de extensión. Sus colecciones se amontonaban como era de esperar, como una curva clásica de acumulación de especies: una fuerte subida al principio, seguida de una desaceleración hasta que la curva termina por aplanarse, capturadas la mayor parte de las especies presentes. En poco más de un mes, tenía más de mil especies; luego las especies nuevas empezaron a llegar cada vez más despacio, pero es poco probable que las capturas se estancaran por completo en un escenario tan rico en términos biológicos. Después calcularía que, de las al menos dos mil especies de escarabajo que había capturado en Borneo, todas salvo unas cien procedían de Simunjan, incluidas unas trescientas especies de los fabulosos escarabajos longicornios (¡la mayoría especies nuevas!) junto con quinientos gorgojos diferentes y especies emparentadas, como los espectaculares gorgojos araña del género *Mecopus*, unos tenían una trompa increíblemente alargada a juego con sus patas larguiruchas y otros esbeltas antenas cuatro veces más largas que el cuerpo (uno de ellos sería bautizado en honor a Wallace: *Ectatorhinus wallacei*). Las mariposas eran menos abundantes, y aunque las que capturó eran auténticas joyas, la joya *de la corona* era sin duda *Ornithoptera* (hoy, *Trogonoptera*) *brookiana*, la despampanante mariposa que bautizó en honor al rajá Brooke. Esta bellísima mariposa, que Wallace describió como «una de las más elegantes especies conocidas», revolotea con una envergadura de alas de unos diecisiete centímetros, los apuestos machos finamente ataviados: negro aterciopelado en cuerpo y alas, ambas adornadas con una hilera de grandes triángulos de un verde iridiscente semejantes a la punta de tantos helechos resplandecientes, y un collar rojo intenso alrededor del cuello, como una bufanda colocada con estilo. En efecto, el rajá de las mariposas.

Había otras rarezas en abundancia. Un día, un trabajador chino le llevó una curiosa rana verde y amarilla con los dedos extraordinariamente largos, terminados en un pequeño disco adhesivo y conectados en toda su longitud por membranas delgadas y extensibles. El trabajador decía que la criatura parecía capaz de volar, lo que Wallace pudo confirmar: la fotogénica rana se conoce hoy como la rana voladora de Wallace (*Rhacophorus nigropalmatus*). Entre los mamíferos que capturó, había ardillas de Borneo, extraños gimnuros (*Echinosorex gymnura*) que parecían musarañas, civetas nutria semiacuáticas (*Cynogale bennettii*) y, el más raro de todos, el esquivo gato rojo de Borneo, *Catopuma badia*, ¡del que no se consiguió un espécimen vivo hasta 1992![52] Pero el preciado mamífero que buscaba era el orangután, nombre malayo que significa «hombre de la selva». El pueblo dayak lo conocía como *mias* y los biólogos actuales lo identifican con el género *Pongo*, creado por el naturalista francés Bernard Germain de Lacépède a finales del siglo XVIII. Hay tres especies de orangután o *mias* reconocidas hoy en día, una en Borneo (*P. pygmaeus*) y dos en Sumatra (*P. abelii* y *P. tapanuliensis*, esta última recién descrita en 2017).[53] Todas se encuentran en peligro crítico.

Desde una perspectiva actual, podría argumentarse, y con razón, que personas como Wallace contribuyeron al declive de estas magníficas criaturas. Es totalmente cierto que Wallace cazó orangutanes siempre que se le presentó la ocasión, para sacar dinero y para estudiarlos, y puede que llegara a matar al menos quince: estos ejemplares eran rarezas muy codiciadas en Europa.[54] Para ser justos, no obstante, deberíamos tener en cuenta dos cuestiones: en primer lugar, se sabía poco de la biología de los orangutanes, y los estudios de Wallace contribuyeron significativamente al conocimiento de estos grandes simios. Según dijo, era él quien «seguramente había visto más de estos animales en estado natural que ningún otro europeo» y comunicó en varios artículos sus exhaustivas observaciones y toda la información que obtenía de sus vecinos dayaks, tratando de determinar si había una o varias especies, entre otras cosas.[55] En segundo lugar, hay que decir que el declive catastrófico en las poblaciones de orangután surge no tanto a raíz del entusiasmo desmesurado de recolectores como Wallace en el siglo XIX, sino que se debe a la rápida aceleración en la destrucción de su hábitat en el siglo XX, provocada por el crecimiento explosivo de plantaciones madereras y de aceite de palma para el mercado global y exacerbada por conflictos humanos que ya eran evidentes en la época de Wallace. Los dayaks, según señalaba, lo consideraban un gran benefactor por matar orangutanes, debido al forrajeo destructivo que ejercen en sus árboles de durián.

No obstante, duele pensar en estos nobles gigantes de la selva asesinados sin piedad; hasta Wallace se conmovió al darse cuenta de que la hembra de orangután a la que acababa de disparar en lo alto de un árbol amamantaba a un bebé. El pobre pequeño seguía desesperadamente aferrado al cuerpo inerte y caído de su madre. Wallace se lo llevó a casa e intentó sacarlo adelante; no lo consiguió, pero hizo minuciosas observaciones en el proceso. Le sorprendió lo humana, lo «parecida a un bebé», que era la cría de orangután; la expresión de sus emociones y su comportamiento iban desde la curiosidad hasta la faceta juguetona, la satisfacción y el bajonazo. Como inciso, merece la pena señalar que Darwin también le había dedicado tiempo a una cría de orangután, observando de cerca su comportamiento y la expresión de sus emociones. La famosa Jenny, adquirida por la Sociedad Zoológica en noviembre de 1837, revolucionó Londres. Darwin dedicó con regularidad bastante tiempo a Jenny durante el siguiente año y medio, hasta su muerte en mayo de 1839. Igual que le pasaría a Wallace después, a él también le sorprendieron las cualidades humanas del pequeño primate: «Dejemos que el hombre visite al orangután en domesticación», reza una entrada sobre Jenny en su cuaderno, «que oiga su expresivo gemido, que vea su inteligencia cuando le hablan, como si entendiera todo lo que le dicen… que vea su afecto hacia aquellos que conoce… que vea su pasión y su rabia, sus berrinches, sus auténticos actos de desesperación».[56] No es casualidad que tanto Wallace como Darwin aprovecharan las oportunidades de comprender mejor la mente y las emociones del orangután, dadas sus convicciones transmutacionales. En aquella época, los orangutanes se consideraban los grandes simios más parecidos a los humanos, y aunque antropomorfizar animales era (y sigue siendo) demasiado habitual, por todo tipo de razones, Wallace y Darwin veían las cualidades humanas en estos orangutanes desde la perspectiva de la ascendencia y el origen común.[57]

A Wallace le apenó que muriera la pobre criatura: malnutrida sin duda, a pesar de sus esfuerzos por alimentarla, privada como estaba de la leche de su madre. En una carta que escribió a Fanny y a su propia madre, informaba de que había adoptado un bebé huérfano, y que temía que ellas lo encontraran un poco feo. Al final revelaba la identidad del pequeño. El suyo no era un bebé ordinario, anunciaba, «y estoy seguro de que nunca nadie ha tenido una ricura de bebote castaño y peludo más preciosa que la mía».[58] Aun así, por muchas que fueran sus punzadas de tristeza o incluso de remordimiento, no le impidieron convertir en espécimen a la difunta cría de orangután; al fin y al cabo, él era recolector y naturalista en primer lugar, pero seguro que tuvo sentimientos encontrados en la alternativa entre ver al pequeño orangután como pariente humano, compañía tipo mascota o espécimen científico.[59]

———

Wallace seguía manteniendo correspondencia durante su estancia en Simunjan, y le encantaba recibir noticias de la familia. Su hermano John regresó a Inglaterra en enero de 1855 para casarse con Mary Elizabeth

La «ricura más preciosa de bebote», el oraguntán de Wallace.

Webster, la hija de su antiguo jefe y casero, el maestro carpintero, y los recién casados volvieron a Estados Unidos poco después. Ahora era un ingeniero de minas modestamente próspero y cofundador de una compañía de agua, por lo que John y su mujer planeaban quedarse en Estados Unidos. Alfred les deseaba a su hermano y su esposa «genuina felicidad doméstica» y esperaba que algún día se alzase «con el mayor de los premios en la lotería matrimonial». Fanny y su marido habían trasladado su casa y el negocio de fotografía a Conduit Street, en el centro de Londres, pero a Alfred le preocupaba que su madre tuviera que mudarse de Albany Street y esperaba que Fanny y Thomas encontraran una casita para ella no muy lejos de la suya. Estaba impaciente por recibir más noticias, pero su hermana le mandó una cajita de música (una «eterna delicia para los dayaks», que decían que era un pájaro) y unos zapatos nuevos, además de un poco de bacon curado, al que el envío no le sentó muy bien («se dejaba comer, pero ¡por poco!»).[60]

También mantenía sus ocupaciones literarias y envió dos artículos a Stevens desde Simunjan. En uno, publicado en la sección «Comunicaciones de recolectores de historia natural en países extranjeros» en el número de agosto de 1855 de *Zoologist*, ofrecía detalles de sus capturas de insectos en los alrededores de Simunjan, con sus éxitos y frustraciones: «Me he hecho con numerosas especies a diario, y de muchos géneros que no conocía con anterioridad». En la descripción de su botín, la palabra «elegante» aparece tres veces, «hermoso», cinco: la captura *más* hermosa era el muy bien llamado *Belionota sumptuosa*, un escarabajo barrenador de casi cinco centímetros, suntuoso, desde luego, con relucientes tonos metálicos verdes y cobrizos. También hubo capturas marcadas por la suerte, como aquella vez en que, desayunando, un «magnífico» escarabajo longicornio moteado de amarillo y negro se le posó prácticamente en la mano.[61]

Su segunda memoria de Sarawak, que salió en el número del 27 de octubre de 1855 de la *Literary Gazette*, tenía un tono más periodístico, con vívidos relatos de la historia natural y las gentes del país.[62] De la primera informaba sobre las fragantes y hermosas orquídeas *Caelogyne*, las «magníficas» *Aeschynanthus*, gesneriáceas colgantes de flores escarlata y los curiosos robles orientales de bellotas rojas, marrones y negras; coloridos cálaos (tucanes del sureste asiático, los llamaba); esos «animales tan extraños e interesantes» que eran los orangutanes y las inmensas bandadas de grandes zorros voladores (*Pteropus vampyrus edulis*) que se extendían hasta donde alcanza la vista, con su impresionante envergadura alar de metro y medio, una estampa que bien podría recordar hoy en día la imagen de los monos alados de *El mago de Oz*. Pero sus comentarios acerca de los malayos, los chinos y los dayaks con los que se topaba son interesantes en otro aspecto, y una vez más nos ayudan a entender a Wallace en el contexto de la empresa colonial, de la que él, al fin y al cabo, no dejaba de ser producto y de la cual se beneficiaba. A Wallace se le ha retratado

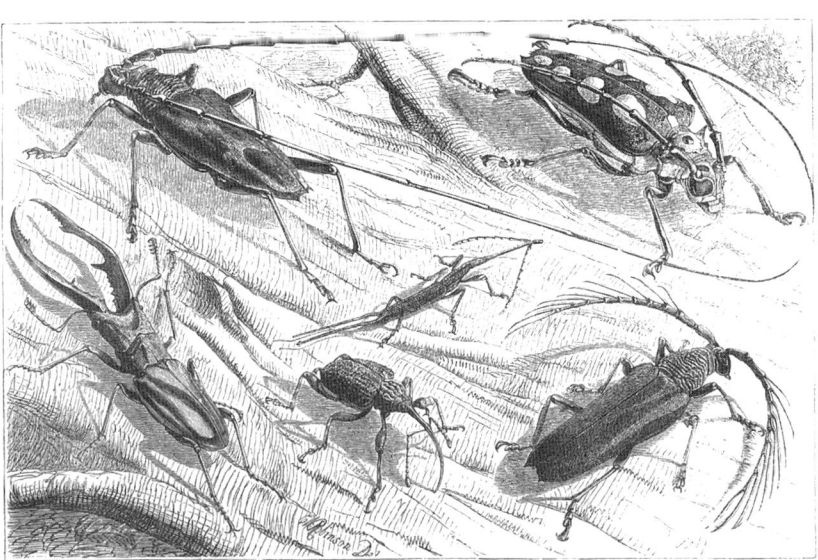

Algunos de los fabulosos escarabajos que Wallace encontró en Borneo. Arriba, *Aeolesthes aurifaber* y *Batocera saundersii*; centro, *Diurus furcillatus*; abajo, *Cyclommatus tarandus*, *Ectatorhinus wallacei*, *Cyriopalpus wallacei* (los nombres son los actuales).

a veces como un victoriano casi por excepción no racista e igualitario, como si hubiera sido una suerte de «woke» un siglo y medio antes de que muchas personas en la sociedad occidental se dieran cuenta de que había algo ante lo que despertar. La realidad es más matizada, e instructiva. Es cierto que consideraba *personas* a las personas y valoraba su humanidad. «Cuanto más veo de los pueblos no civilizados, mejor opinión tengo de la naturaleza humana en general, y las diferencias esenciales entre el hombre supuestamente civilizado y el salvaje parecen borrarse», según la famosa frase en su memoria de Simunjan. Sin embargo, es importante tener en cuenta el contexto: asombrado de lo pacífica y próspera que era esa población mixta de chinos, malayos y dayaks bajo el mando firme y paternalista de los europeos gobernantes, insinúa que los sabios y caritativos blancos los estaban salvando de ellos mismos. Habla de los chinos, tanto de la clase «más baja y menos educada» de embusteros y ladrones como de la mayor parte, que eran «el tipo de hombre discreto, honrado y decente»; de los malayos «traicioneros y sedientos de sangre», armados todos con sus kris (*keris*), la daga tradicional de hoja ondulada del sureste asiático, y de los dayaks, que acababan de dejarse convencer de que cazar cabezas no era una necesidad absoluta. Estaba claro que los mayores echaban de menos sus días de cazar cabezas e intercambiaban con orgullo historias de conquistas y cómputos de cabezas cazadas en su juventud. Tenían aprecio al rajá, pero seguían pensando que las cosechas mejorarían si pudiesen cazar unas cuantas cabezas de vez en cuando, según nos cuenta. Sin embargo, ahora los tres grupos daban su consentimiento y apoyo al rajá y todo iba bien: el nivel de delincuencia era bajo, apenas había episodios de aquellos disturbios sanguinarios que los malayos llamaban «desenfreno», la gente dormía con la puerta sin cerrar y la mayoría andaban por ahí desarmados (sin contar los kris). Aunque existía el Wallace socialista owenista y es verdad que era extraordinariamente respetuoso y humano en lo que a otras culturas respecta, también es verdad que a veces veía a estas culturas con ojos colonialistas y a través de un prisma de color de rosa. Nunca se cuestionó el nivel en el que estaba cada sociedad en la escala del «progreso social» ni tuvo duda de que la civilización europea, a pesar de sus muchos males (que también denunciaba sin ambages ni rodeos), era, en su máxima expresión, intrínsecamente superior.[63]

Como mantenía sus eternos intereses geológicos y antropológicos, quería ver más del país y sus gentes. Hacia finales de año, a medida que se aproximaba la época de lluvias, decidió hacer el petate en Simunjan, enviar a Charley de vuelta a Santubong del mismo modo en el que habían llegado, en una barca cargada con sus tesoros, mientras que él tomaba la ruta hacia Kuching, de espectaculares vistas, remontando el Sadong hasta su cabecera y después por tierra hasta descender al río

Sarawak. Desde el tramo bajo del Sadong se veía un pico a lo lejos que lo atraía, el *Gunung* Ampungan, y le hacía preguntarse qué maravillas de historia natural y de naturaleza humana le estarían esperando allí y más allá. Cogió el equipo justo y contrató, además de a unos cuantos barqueros malayos, a un joven malayo llamado Bujon como guía e intérprete, puesto que conocía el idioma de los dayaks del interior con los que se encontrarían.

El pueblo dayak, cabe señalar, es el pueblo indígena de Borneo. Se cree que el nombre derivó en un origen de un término malayo despectivo para decir «salvaje», pero se ha convertido en el apelativo de uso común hoy en día, incluso entre ellos mismos. Actualmente, se reconocen entre los dayaks siete grupos étnicos principales, la mayoría en el interior de Borneo, pero Wallace tuvo contacto sobre todo con dos grupos generales: en la costa, los dayaks del mar (el pueblo iban o hivan) —saqueadores muy temidos, algo así como vikingos del sureste asiático, de legendaria ferocidad—, y en las tierras altas, los dayaks del interior (el pueblo klemantan o bidayuh). La mayoría de grupos de dayaks, estos incluidos, tenían la tradición de cazar cabezas (*ngayau*) y creían que las cabezas de los enemigos conferían poderes especiales y eran una señal tangible de la valentía en la lucha. Tras su derrota por Brooke, los dayaks se convirtieron en súbditos y aliados, y aunque Brooke y posteriores administraciones coloniales, como la holandesa, que controló buena parte de Borneo (Kalimantan o Borneo indonesio), prohibieron oficialmente la caza de cabezas, las autoridades tendían a permitirla (o ignorarla) en tiempos de guerra, incluso hasta bien entrado el siglo XX. Aunque la *ngayau* no solía practicarse en la época de Wallace, muchos otros elementos de la cultura tradicional dayak se mantenían —y aún se mantienen— con fuerza, entre ellos la alargada casa comunitaria. Es muy probable que estas estructuras comunales, que fácilmente alcanzan unas decenas de metros de largo y que albergaban a cien familias o más, le recordaran a Wallace a las *malocas* del alto Uaupés, aunque al contrario que las estructuras sudamericanas, estas suelen estar elevadas sobre altos postes como protección.

El viaje entero duró solo nueve días, teniendo incluso que cambiar de embarcaciones y tripulación, cuando el río se estrechó y perdió profundidad, y caminar luego por tierra. Viajando hacia el suroeste por el Sadong y luego el Kayan, no tuvo que remontar interminables cascadas como en Brasil, pero la geología y el paisaje de alrededor, un terreno cada vez más montañoso de pizarras inclinadas, conglomerados y areniscas con multitud de valles y barrancos que se abrían en todas direcciones, eran interesantes, un paisaje que le evocaba un «Himalaya en miniatura». Era lento subir en barca hasta la cabecera del río y atravesar luego terrenos escarpados, vadeando barrancos y deslizándose por las paredes rocosas

Puente dayak de bambú sobre un río en Borneo.

de desfiladeros, abriéndose camino sobre estrechos puentes y pasarelas de bambú, unos resbaladizos troncos de apenas diez centímetros de ancho con delgados pasamanos que temblaban tanto que Wallace no se atrevía a usarlos de apoyo. Tenía unas vistas espléndidas del precioso *Gunung* Penrissen, el pico más imponente de un imponente macizo que supera los mil trescientos metros. El Penrissen forma una cúspide en un gran escarpe semicircular que rodea una elevada cuenca de arenisca, la cuenca de Penrissen, de mediados del Paleógeno, flanqueada por otras dos cuencas de arenisca aún mayores que a Wallace le habrían parecido muy interesantes: la cuenca de Semuti al sureste, y la enorme cuenca de Bengoh al noreste, hoy parcialmente inundada por la presa de Bengoh.[64] En aquel lugar de vistas privilegiadas estaba cerca de una frontera por partida doble, pero no lo sabía: estaba prácticamente en el límite entre las areniscas del Penrissen, en las cuencas, y las areniscas más antiguas del Kayan (arenisca kayana), que dominan la zona hacia el norte, incluido el monte Santubong, y tenía a la vista la demarcación internacional que se extiende a lo largo de ese elevado escarpe, separando la Sarawak de la época de Wallace del Borneo holandés (hoy, el Borneo indonesio, mientras que Sarawak es parte del Borneo malayo, junto con Sabah y Labuán). Dicha frontera no es hoy en día un lugar ni muchísimo menos tan remoto como lo era en los tiempos de Wallace: la cuenca de Penrissen alberga actualmente el complejo hotelero y campo de golf del Borneo Highlands Resort, desde el que parte una breve carretera hasta un mirador en el escarpe, a mil metros de altitud, con vistas a las montañas del suroeste de Kalimantan, en Indonesia.

Wallace y sus acompañantes se alojaron en varias aldeas dayaks a lo largo del camino, donde fueron recibidos con hospitalidad por parte de los pueblos que encontraron. Le hicieron invitado de honor del *orang kaya* (el jefe) en todas las aldeas por las que pasaron, con audiencias públicas, festejos, regalos de comida y vino de arroz (*tuach*), exhibiciones de baile, juegos infantiles y competiciones de fuerza. Wallace admiraba sus formas y atuendos: eran gente diminuta, los hombres y las mujeres solían ir con el torso desnudo y adornado, los hombres llevaban un *chawat* o chaleco, una pañoleta en la cabeza, grandes pendientes de latón con forma de media luna y aros de latón en brazos y piernas, abalorios y brazaletes de conchas; las mujeres se decoraban igual y, además, llevaban unos aros tipo corsé que les ceñían el cuerpo. Le daban alojamiento en las «casas de cabezas»: edificios circulares multiusos sobre altos postes, adyacentes a las casas comunales y típicamente decoradas, como el nombre indica, con las cabezas de enemigos vencidos. No es que se rompiese la cabeza contándolas, por así decirlo, pero las moradas de los dayaks podían contener cientos de calaveras. Wallace y los dayaks tenían en común la curiosidad: allá donde fuera, había ojos puestos en él, lo que le hacía pensar que así debían de sentirse los animales del zoo, con multitudes de curiosos observando todos sus movimientos. En una aldea, una niña de unos diez o doce años gritó aterrorizada al verlo, tiró la vasija de agua que llevaba y saltó a un arroyo para escapar. En otra, los curiosos residentes le daban vueltas a su color: ¿era posible que de verdad fuese blanco por todos lados? Levantarse atentamente una de las perneras del pantalón era todo lo que la decencia victoriana le permitía hacer para mostrárselo.

Bajando por la cuenca del río Sarawak, la geología cambiaba, y Wallace contempló las formaciones de caliza a veces extrañamente erosionadas por las que pasaban. Aprendió por las malas que los dayaks del mar dominaban el arte de la navegación en mucho mayor grado que los dayaks del interior que había contratado en Sennah, la última aldea dayak en la que se había alojado, después de que encallaran la barca en repetidas ocasiones y estuvieran a punto de hundirla en unos rápidos. Consiguieron que no volcara, afortunadamente, y prosiguieron con la ayuda de unos socorridos malayos que acudieron al rescate. El grupito no tardó en verse surcando serenamente el ramal izquierdo (*kiri*) del río Sarawak en dirección a Kuching. En Sennah y sus alrededores, a Wallace le sorprendió la profusión de árboles frutales. Aunque abundaban los mangostanes, lanzones, rambutanes, árboles de yaca, pomarrosas (yambos) y bilimbis, los muy apreciados durianes (especie del género *Durio*, de la familia de las malváceas, Malvaceae) eran los más numerosos. El durián maduro es un fruto grande con una cáscara gruesa con anchas espinas cónicas, en cuyo interior contiene unas cámaras de pulpa cremosa, que a muchas personas les huele (¿les apesta?) al brebaje ominoso que haría una bruja a base de mofeta, aguas cloacales y vómito: es decir, que huele fatal. Tan mal que hoy en día está prohibido en aviones y muchos hoteles, y los usuarios del transporte público en algunas ciudades asiáticas, como Singapur, tienen prohibido subirlo a bordo. Pero aunque sea entendible que a los no iniciados les resulte repulsivo, a aquellos capaces de superar el olor les queda claro de inmediato por qué se lo considera el «rey de las frutas» y es tan apreciado por todo el sureste asiático, donde se cultivan cientos de variedades. A Wallace le echó para atrás al principio, pero enseguida se hizo adepto, y en un artículo que escribió para el *Journal of Botany* de William Hooker, cantaba las alabanzas del durián —«una nueva sensación que bien merece un viaje al Este para experimentarla»— y ofrecía la que quizá sea la descripción más detallada y aun así evocadora de este extraordinario fruto que jamás se

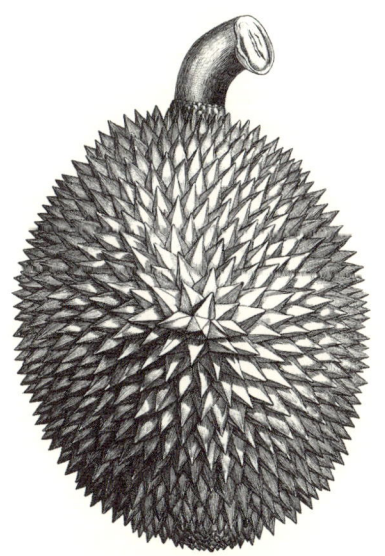

El durián, tan apreciado por su sabor como execrado por su hedor.

haya escrito.[65] También señalaba con picardía que los durianes, además, presentan una valiosa lección, un dardo dirigido a ciertos moralistas que buscaban sermones en las piedras,[66] o al menos en los frutos. Al caer de árboles altos, el fruto del durián, pesado y espinoso, puede provocar graves lesiones e incluso la muerte, lo que contradecía la creencia de los amantes de la teología natural, que veían un diseño benéfico en la naturaleza y aseguraban que los árboles altos solo daban frutos pequeños, mientras que los grandes y potencialmente peligrosos la providencia los ofrecía sobre plantas de porte bajo. «Con esto aprendemos dos cosas», indica Wallace tajante. «La primera, a no sacar conclusiones generales de un aspecto muy parcial de la naturaleza, y la segunda, que los árboles y los frutos, exactamente igual que las variadas producciones del reino animal, no parecen estar organizados en función exclusiva del uso y conveniencia del hombre».[67] Ay, eso tuvo que doler.

Wallace estaba de regreso en Kuching a principios de diciembre de 1854, y por invitación de Sir James, Charley, él y un muchacho malayo llamado Alí viajaron a la casita de campo del rajá en Peninjau, al suroeste de Kuching, en la pintoresca *Gunung* Serumbu, para relajarse y capturar algunos especímenes.[68] No tenía nada de fácil subir por las empinadas laderas de la montaña: implicaba trepar por una serie de escaleras en paredes precipitosas sorteando los escalones de troncos partidos, cruzar más abismos por aquellos puentes de bambú ligeramente preocupantes y escalar rocas «del tamaño de una casa» (a una casa de las comunales se refería Wallace). Pero una vez allí, se encontraron en el paraíso de las polillas: en una buena noche capturaban entre cien y doscientas cincuenta polillas, ¡la mitad o los dos tercios eran especies nuevas todas las noches! Regresaron a Kuching para pasar las navidades con el siempre hospitalario rajá, y luego emprendieron el camino de vuelta a su Shangri-La lepidopterológico, donde se quedaron hasta mediados de enero. Wallace haría después el recuento de datos de sus polillas: un total de 1386 especímenes a lo largo de veintiséis noches, de los cuales más de ochocientos los habían capturado en tan solo cuatro, bajo condiciones particulares, según señalaba: noches oscuras (sin luna) y húmedas. Y una veranda. Llegó a la conclusión de que quizá lo mejor de aquella zona de recolección era una bonita veranda encalada con una lámpara: a las polillas les resultaba fácil entrar y no tan fácil salir antes de ser capturadas. Así que recomendaba una trampa así a los aspirantes a recolectores de polillas en los trópicos: «estoy seguro de que (…) les saldrá muy a cuenta llevar una pequeña estructura tipo veranda, o una carpa de lona blanca con esa forma, para instalarla siempre que la situación sea favorable».[69] Los entomólogos modernos, de hecho, emplean una versión parecida, por medio de luces y sábanas blancas para ofrecer una superficie conveniente y tal vez irresistible para que se posen los insectos. Puede que

La montaña Santubong vista desde las proximidades de la casa de campo del rajá Brooke en el monte Serumbu.

fuese allí donde escribiera Wallace un interesante nuevo artículo, un informe para la Real Sociedad Geográfica, con mapa, en el que describe su viaje por el interior de Sarawak en gran detalle. Incluía secciones separadas sobre tres de sus temas favoritos: *geografía* (con correcciones de sus últimos mapas), *geología* (en la que señalaba con precisión que había atravesado una especie de línea divisoria, con calizas antiguas al este y conglomerados y areniscas más recientes al oeste) y *etnología* (donde, entre otras cosas, señalaba el parentesco entre los dayaks y los pueblos indígenas de la Amazonía). Esto último llama la atención: la perspicaz observación refleja que Wallace intentaba entender las sociedades humanas en el mismo contexto de distribución geográfica y ascendencia que aplicaba a otras especies. Los dayaks, señalaba, están más directamente relacionados con los malayos, luego con los chinos y luego con los indios de Sudamérica. Estos grupos tienen tantos rasgos físicos e incluso culturales en común que, en su percepción, «debemos considerarlos ramas de una gran división de la humanidad».[70] Con su interés espoleado por tales divisiones y ramas de la «humanidad», esta iba a ser una de las principales líneas de investigación para Wallace en sus posteriores viajes al este.

───────

Sus pensamientos, desde luego, iban en esa dirección. Wallace se preparaba para marcharse de Sarawak y envió su sexta y última remesa de Borneo a Stevens: pieles y esqueletos de orangután, una caja de helechos, cráneos y pieles de varios mamíferos y aves, botes de reptiles y casi cuatro mil insectos, 1690 de los cuales iban marcados con un cartel de «privado» y debían conservarse para su estudio personal. El envío llegaría sano y salvo a Londres para el solsticio de verano. También dejó terminados otros dos artículos: el de Hooker, en alabanza del durián (y también del bambú, por cierto), y uno de «Observaciones sobre la Zoología de Borneo», para el *Zoologist*. En este llegaba a una extraordinaria conclusión, las «sólidas pruebas presuntivas» de que Borneo, Sumatra y la península de Malasia habían estado estrechamente conectadas en un pasado geológico no tan remoto. Con la afinación que le otorgaba su calidad de recolector, había descubierto que su avifauna *compartida* las hacía redundantes, es decir, «poco interesantes» desde el punto de vista del buscador de novedades. Lo que quería decir es que eran poco interesantes por una razón interesante: los acontecimientos geológicos pasados dan forma a las distribuciones geográficas modernas, una idea que se convertiría en un tema clave de algunas de las mayores contribuciones científicas de Wallace. El naturalista también revelaba en este artículo sus próximos pasos: el tiempo que había pasado en Singapur y Sarawak no eran sino un preludio, un tiempo «en buena medida preliminar o preparatorio» de cara al objetivo principal de su viaje, «investigar las islas menos conocidas de la parte oriental del archipiélago»: las «ricas y prácticamente inexploradas» islas de las Especias [las Molucas], la remota Timor y la aún más remota Nueva Guinea, donde tenía tantas ganas de disfrutar de la antropología como de la historia natural. De hecho, para él venían a ser lo mismo.[71]

Para empezar, se dirigiría a la ciudad comercial de Macasar, próxima al extremo del brazo suroeste de la isla tentacular de Célebes [Sulawesi], para pasar hacia el extremo oriental del archipiélago. Hacerlo en el momento exacto lo era todo: los barcos navegaban hacia el este ida y vuelta con los vientos del monzón, y perder esa oportunidad única en cualquiera de las direcciones significaba esperar meses hasta la siguiente. Tenía que regresar a Singapur para coger un barco a Macasar, pero en Singapur podía reabastecerse de ropa, munición y otras «necesidades» que no podía conseguir en Sarawak, mandar a reparar las gafas, que se le habían roto, y, con suerte, hacerse con parte de los fondos de Stevens, que necesitaba desesperadamente. Alí y él zarparon el 10 de febrero de 1856 en el bricbarca Santubong, y llegaron a Singapur una semana después. Al rajá le apenó la marcha de Wallace,[72] pero no a Charley. El desdichado asistente decidió que no iba. Fue algo mutuo, sin duda. Wallace estaba harto de lo que consideraba un trabajo chapucero por parte del muchacho y Charley, cansado de las incesantes quejas del perfeccionista de su jefe. Aunque ahora Wallace se medio quejaba de perderlo: «No sé si alegrarme o lamentar que se haya ido», le escribió a Fanny. «Me ahorro una buena cantidad de problemas y molestias y siento bastante alivio al estar sin él. Por otro lado, me supone una pérdida considerable, pues acababa de empezar a mostrarse valioso en las capturas».[73] Charley se quedó con el obispo de Sarawak, en principio para hacerse profesor, pero no sería la última vez que se vieran: cuatro años después Charley, crecido en estatura y habilidad, volvería a trabajar para Wallace.[74] Entretanto, el talento del joven malayo, Ali, al que Wallace había contratado en su viaje al interior, se hacía cada vez más patente, y fue él quien le acompañó en lugar de Charley. Alí, que aprendía rápido, iba a convertirse en el ayudante que más confianza y respeto despertara en Wallace en el resto de sus viajes por Oriente.[75]

La arribada de ambos a Singapur no estuvo bien calculada: el mismo día en el que llegaban había salido un barco para Macasar y, en una carta a su hermana Fanny, Wallace lamentaba que tardaría un tiempo en haber otro. Terminó siendo bastante más tiempo del que esperaba. Como le indicó en su siguiente carta, dos meses después seguía «prisionero en Singapur».[76] Se alojaba con su amigo el misionero jesuita padre Mauduit, e intentó aprovechar al máximo el tiempo que pasó allí, practicando malayo con Alí, preparando el viaje al este, poniéndose al día con noticias y correspondencia y escribiendo. Tenía las especies en mente: distribución, relaciones, variedades, cambios. Envió un artículo fascinante, «Conato de ordenación natural de las aves», publicado el siguiente mes de septiembre en *Annals and Magazine of Natural History*.[77] En él, Wallace recurría a su íntima experiencia con las aves de la Amazonía y ahora del sureste asiático, junto con el espléndido tratado de Charles Lucien Bonaparte *Conspectus Generum Avium*, y ofrecía un enfoque novedoso para entender las relaciones de las familias aviares basado en el uso de «todos los datos», anatomía interior y exterior, además del comportamiento y la fisiología. Hoy podemos considerar abiertamente evolucionista su conato, en el que llegaba incluso a recomendar un método para dibujar árboles filogenéticos sin raíz, con diversas longitudes de ramas que reflejaban el grado de divergencia, líneas de relación que representaban transmutación y transiciones evolutivas (aunque, obviamente, sin utilizar estos términos). Desde un punto de vista actual, este enfoque permitía establecer hipótesis comprobables acerca de las relaciones y ascendencia común: en tanto que es un «artículo de nuestra fe zoológica», en palabras de Wallace, «que todos los huecos entre especies, géneros o grupos mayores son el resultado de la extinción de especies en épocas antiguas de la historia del mundo», podemos recurrir al registro fósil para identificar formas que vinculen grupos relacionados. «Estamos convencidos de que esta perspectiva nos permitirá apreciar con mayor justeza la exactitud de nuestra ordenación».

En todo este tiempo, además, le inquietaba no saber cómo se habría recibido su artículo sobre la Ley de Sarawak. Recordemos que había

salido publicado el anterior mes de septiembre, pero no había recibido
noticia alguna sobre él, salvo por un irritante comentario de Stevens
acerca de quejas procedentes de algunos miembros de las sociedades
académicas de Londres, que deseaban «menos teorizaciones» y más
hechos —especímenes— por parte de Wallace. ¡Pueden imaginarse lo
bien que le sentó esto a Wallace! Escribió a Sir James y le mandó una
copia del artículo, explicándole claramente sus ideas sobre la «mutación
de especies» y que, aunque deseaba saber cómo veían su hipótesis los
científicos en Londres, no tenía noticias de ello, por lo que interpretaba
su silencio como un rechazo y lamentaba la resistencia con la que suponía que habían recibido la idea. El rajá contestó en tono alentador: él
mismo solo contemplaba la actuación de un Creador, hubiera o no un
«desarrollo sucesivo de especies», pero le sorprendía que hubiese tanta
«intransigencia e intolerancia» hacia puntos de vista o hechos que, como
los de Wallace, se oponían a la tendencia general. «¿Qué daño puede
hacernos la verdad? ¿Qué bien puede no hacernos?».[78] Wallace no tenía
ni idea de que su artículo en realidad había causado un auténtico revuelo
allá en Londres: Charles Lyell había quedado tan impresionado que a
los pocos días de leerlo comenzó el primero de lo que se convertiría en
una serie de siete cuadernos sobre la cuestión de las especies. Lyell contaba con muchos cuadernos del estilo, pero este era uno nuevo dedicado
a la fastidiosa «cuestión de las especies», y el momento no es ninguna
coincidencia, pues las primeras páginas están llenas de apuntes sobre el
artículo de Wallace: «De las innumerables maneras en que la Omnipo-
tencia puede adaptar una nueva especie a todas las condiciones presentes
y futuras de su existencia, quizás haya una que sea preferible a todas
las demás, y, de ser así, haría que la nueva especie estuviera ligada, con
toda probabilidad, a especies del mismo género preexistentes y extintas
o a muchas coexistentes». En otro cuaderno indica que el artículo de
Wallace «llega lejos en la doctrina de Lamarck [de la transmutación]».[79]
De hecho, más o menos cuando Wallace escribía a Brooke, Lyell visitaba
a Charles Darwin para discutir el artículo de Wallace, entre otras cosas.
Se convirtió en un momento trascendental, pues Darwin le revelaría a
Lyell su teoría de transmutación por selección natural, la segunda persona después de Hooker a la que se la confiaba. Lyell se quedó atónito y,
viendo claramente las implicaciones del artículo de Wallace, no tardaría
en insistirle a su amigo que publicara su teoría de inmediato.[80] Darwin
al principio se resistió, convencido de que el artículo de Wallace, aunque
era interesante, no tenía nada que ver con él. Como se ha mencionado
anteriormente, es probable que le confundiera el uso repetitivo por parte
de Wallace de la palabra «creado», pero Wallace no se refería al sentido de
mandato divino. Utilizaba la palabra de manera informal, neutra; podría
haber escrito «surgido» o «formado», pero, quizás a propósito, se abstuvo

de utilizar «desarrollado». Ya era bastante difícil que el artículo tuviera audiencia, al fin y al cabo. Darwin, tras discutirlo con Lyell y Hooker, cedió, y anotó en su diario el 14 de mayo de 1856 que había «empezado por consejo de Lyell a escribir un borrador sobre especies».[81]

Apenas una semana después, Wallace, al otro lado del mundo, salía por fin de Singapur. Se había resignado a viajar a Macasar pasando por las islitas de Bali y Lombok, al suroeste de Macasar y al este de Java, la isla en la que se ubicaba Batavia, la capital colonial holandesa (hoy, Yakarta). Era un incordio: los vientos les iban en contra, así que tardarían más de un mes en llegar allí y luego quién sabe cuánto tardarían en conseguir otro barco que los llevara al norte, a Macasar, y luego otro al este. ¡Grrr! No tenía planeado visitar esas islas y semejante rodeo sería, seguro, una pérdida de tiempo. Calculaba que habría perdido seis meses enteros para cuando llegase a Macasar, un tiempo precioso «completamente perdido y a enorme coste», se lamentaba a Stevens. Sin embargo, confiaba en que cuando al fin consiguiera llegar a los confines orientales del archipiélago, sus esfuerzos se verían ampliamente compensados.[82] No tenía ni idea de que iba a ser recompensado mucho antes: sin saberlo, se dirigía hacia otra frontera del tiempo y el espacio, en un rodeo que le llevaría a uno de sus mayores descubrimientos hasta el momento.

8

Cruzando la(s) línea(s)

«13 DE JUNIO. LLEGADA A BILELING, en el norte de Bali, veinte días después de salir de Singapur en el Kembang Djepoon». Así reza la primera entrada en el diario de Wallace más antiguo de los que se conservan del archipiélago malayo, un documento que parece tan erosionado como las antiguas formaciones geológicas que Wallace tanto admiraba. Apenas unido por la cubierta desintegrada, mordisqueado, desgarrado, raído y con manchas de humedad (¿lluvias monzónicas de tiempos pasados o salpicaduras errantes de los mares de Indonesia?), ha viajado largas distancias en el espacio y el tiempo, si bien a escala humana. El cuaderno, preciado cargamento que una vez fue transportado de isla en isla por el vasto archipiélago malayo y luego dio la vuelta al mundo en barcos de vela y de vapor, casi un siglo después encontró su hogar junto con sus tres compañeros supervivientes en la venerable Sociedad Linneana de Londres, en la última isla a la que saltó.[1]

La palabra «DIARIO» en la primera página, escrita con la letra limpia de Wallace, lo declara una crónica; sus páginas son como un montón de estratos apilados, pero al revés que los geológicos, con los registros más antiguos arriba del todo. También como las memorias geológicas del mundo antiguo, cada registro, cada entrada, solo puede ofrecer una idea limitada del tiempo y el espacio en el que se creó, pero da pistas de más. «Bileling», «Bali», «Singapur», «Kembang Djepoon»… estos nombres hablan del auge y la caída de reinos e imperios que lucharon por el control de la región durante siglos. Singapur, como hemos visto, era territorio británico, una de las Colonias del Estrecho. El nombre de la isla a la que llegaba, Bali, probablemente venga del sánscrito *bali-dvīpa* (बलि-द्वीप), «la isla de las ofrendas», lo que refleja la conexión con la India: reinos budistas hindúes gobernaron la isla desde el siglo X a. C., más o menos. Unos nueve reinos en guerra habían dividido la isla ya para el siglo XVI, cuando llegaron los europeos, primero los portugueses y luego los holandeses. La Vereenigde Oostindische Compagnie (VOC, Compañía Holandesa de las Indias Orientales), había expandido ampliamente el control colonial holandés para principios del siglo XIX en sus intentos por dominar el comercio de especias. El reino septentrional balinés de Buleleng (como se escribe ahora), fundado a finales del siglo XVII, fue el último de los reinos balineses en someterse al control holandés, y se conquistó tan solo media docena de años antes de que Wallace llegara a Oriente, incorporando así Bali completamente en el sistema colonial holandés en expansión dirigido desde la capital administrativa, Batavia (hoy, Yakarta), en la isla vecina de Java. El navío de Wallace, el Kembang Djepoon —«la flor de Japón»—, era un bricbarca holandés, un velero de tres mástiles, uno de los cientos de barcos comerciales que navegaban los mares orientales con bandera holandesa. Aunque la vieja Compañía Holandesa de las Indias Orientales llevaba desaparecida más de medio siglo para entonces, absorbida por el gobierno holandés, eran los buques de guerra y ejércitos privados de aquella antigua compañía privilegiada los que peleaban por el control de territorios desde Sumatra hasta Nueva Guinea con los sultanes y reyes locales, controlando el sumamente lucrativo comercio de especias, café y otros productos de Oriente. Igual que en Brasil, el aparato administrativo del sistema colonial holandés — administradores locales, comerciantes y embarcaciones comerciales más una red postal que funcionaba como un reloj y se extendía desde Europa hasta estas remotas bases insulares— facilitaba enormemente el trabajo de naturalistas como Wallace.[2]

Nacida de volcanes, Bali está dominada por una región de altísimas montañas entre las que destacan dos grandes picos: Batur y Agung. De los dos, *Gunung* Agung quizás sea el más impresionante, dado que se alza drásticamente desde la llanura hasta casi los tres mil metros. Es más alto y más joven que su vecino *Gunung* Batur, pero le falta el encanto de la amplia caldera y el lago de este volcán. Al desembarcar del Kembang Djepoon en Buleleng aquel soleado día de junio, Wallace tuvo que ver las laderas del lejano *Gunung* Batur elevarse en el sureste, pero puede que no le impresionase, pues, por muy alto que sea, este estratovolcán compuesto es mucho más ancho que alto. Mayor impresión le causó el panorama que tenía más cerca: el campo alrededor de Buleleng le sorprendió y le cautivó, no porque hubiese selvas profundas y frondosas, sino por todo lo contrario, por tratarse de una región bien cultivada de árboles frutales y campos trabajados por el curioso bóvido nativo, el banteng, *Bos javanicus*. El banteng es un ungulado salvaje del sudeste asiático, una especie un tanto pequeñita pero robusta con cuernos cortos y curvos, de color castaño, claro u oscuro, salvo por el blanco de la mitad inferior de sus patas y el característico óvalo blanco que marca sus cuartos traseros.[3] Los campos daban paso a «arrozales exuberantes», una serie de terrazas verdes cultivadas de arroz que se extendían y ascendían por todas las laderas, regadas por innumerables arroyos que corrían desde las tierras altas del volcán. Los antiguos campos de arroz son inseparables del elaborado sistema de irrigación (*subak*) que data del siglo IX, pero más que un simple trabajo de irrigación, el *subak* es tanto una maravilla de ingeniería paisajística como una profunda fusión del pueblo con su tierra. Actualmente Patrimonio Mundial de la UNESCO, lo cultural y lo medioambiental son uno y lo mismo en este espectacular complejo de veinte mil hectáreas de terrazas y templos del agua, donde los antiguos terraplenes y canales regulan un próspero ecosistema artificial. ¿O no artificial? Depende de cómo se mire la naturaleza de la humanidad: ¿acaso no somos también organismos, parte de la rebosante biosfera del planeta?

Estaba fascinado con la cultura —junto con Java y Lombok, el último remanente de hinduismo en la región—, pero no tenía grandes esperanzas de recolectar mucho ni en Bali ni en Lombok. La isla estaba extensamente cultivada, lo que nunca augura nada bueno para la biodiversidad, pero sobre todo es que, por la geografía, suponía que la fauna no diferiría mucho de sus colecciones de Singapur y Malaca, pues estas islas se encuentran bastante próximas en el mismo archipiélago. Como esperaba, las aves que capturó en Bali, aunque eran preciosas, las conocía bien de los enclaves en el oeste y el norte: hermosos shamas orientales blancos y negros (*Copsychus saularis*), estorninos píos (*Sturnopastor jalla*), barbudos caldereros (*Psilopogon haemacephalus*), espectaculares pitos culirrojos de tres dedos (*Dinopium javanense*) y tejedores dorados asiáticos (*Ploceus hypoxanthus*), de vibrante color amarillo, que iluminaban las playas de arena oscura de lava yendo y viniendo de sus nidos colgantes a lo largo del litoral. Le fue algo mejor con las mariposas, cobrándose entre ellas una especie nueva a la que llamó *Pieris tamar*, hoy *Cepora temena tamar*, con las alas anteriores de un suave blanco y negro con una nota de amarillo por encima, y las alas posteriores bañadas por debajo de un intenso brillo naranja.

Habría encontrado más novedades, pero estaba impaciente por continuar el viaje hacia el este, aunque para ir al este, primero tenía que ir al norte, a Macasar, y ahora resultaba que no había barco directo desde Bali. Así que primero para acá y luego para allá: tenía que dar el salto a Lombok para conseguir que le llevasen a Macasar. Salió hacia Lombok tres días después, «una agradable travesía de dos días» que lo llevó bordeando la costa de Amed, en el este de Bali, con su hilera de tranquilas aldeas de pescadores, todas marcadas por una flotilla de embarcaciones con esbeltas batangas, y luego a través de un estrecho de unos veinticinco kilómetros hasta el pueblo de Ampanam (hoy, un distrito de la ciudad de Mataram), en la costa oeste de Lombok. ¡Menudo panorama, navegar entre las islas!

Dos volcanes gemelos envueltos en la bruma parecían guardar el estrecho, uno detrás de él y el otro delante, unos «elementos magníficos» que se elevaban por encima de las nubes, donde, a lo largo del día, el sol, las sombras y la bruma pintaban una imagen en constante cambio de intensos tonos. Dos islas volcánicas verdes y exuberantes, más o menos del mismo tamaño, a plena vista la una de la otra, lo que significaba que las capturas iban a ser más de lo mismo. Jamás habría imaginado que estaba nuevamente en otra doble frontera en el espacio y el tiempo.

———

Seguro que Wallace estaba bien informado de cierto tipo de frontera que había por allí, aunque, por supuesto, sin el completo entendimiento del siglo XXI de lo que ocurría. Sabía que uno de los «mayores cinturones volcánicos» de la Tierra se extendía por el archipiélago y que no era coincidencia que las islas volcánicas por las que viajaba estuvieran alineadas: las islas menores de la Sonda (Nusa Tenggara) —Lombok, Sumbawa, Komodo, Flores, Alor y multitud de pequeñas islas satélite— en línea con las islas de la Sonda más grandes de Sumatra y Java, justo al oeste, marcan una larga zona lineal de actividad volcánica y sísmica que indica levantamiento geológico, muy similar a los Andes de Sudamérica. Conocía bien los estudios de Lyell, cuyo modelo oscilatorio de levantamiento y subsidencia regional lento y constante era un aspecto primordial en su idea de un planeta dinámicamente cíclico. En los *Principles*, Lyell hablaba de una «serie continua de movimientos elevatorios» provocada por la actividad volcánica, en la que masas de roca afloran en superficie desde las profundidades de la Tierra, una superficie que continúa subiendo y subiendo lentamente hasta convertirse en altas montañas donde, para maravilla de Lyell, los geólogos «quizás puedan después estudiar, en una cadena montañosa, las mismísimas rocas generadas a una profundidad de varios kilómetros bajo los Andes, Islandia o Java».[4] Sí, Wallace sabía que aquella era una zona de levantamiento, pero no sabía a qué se debía. Con el descubrimiento de las placas tectónicas un siglo después pudimos entender mejor los archipiélagos volcánicos como este. Para la geología moderna, este es el arco de la Sonda, la zona en la que las placas india y australiana [o placa indoaustraliana] empujan inexorablemente por debajo la plataforma de la Sonda, parte de la placa euroasiática, al extraordinario ritmo de siete centímetros al año, muy despacio a escala humana (un poquito más rápido de la velocidad a la que crecen las uñas de las manos, aunque más lento de lo que crece el pelo, una media de unos quince centímetros al año), pero bastante rápido en tiempo geológico: siete metros en un siglo, unos setenta kilómetros en un millón de años, ¡un abrir y cerrar de ojos geológico!⁵

La larga y profunda trinchera oceánica que marca la frontera donde la corteza oceánica de las placas india y australiana empieza a meterse a cámara lenta debajo de la plataforma continental de la Sonda se extiende a varios kilómetros de las costas del propio arco de islas. Arrastrada hacia abajo —subducida, en términos geológicos—, la corteza oceánica vuelve a fundirse y termina por reciclarse en tierra firme: las islas son masas amalgamadas de sedimentos levantados mezclados con roca ígnea, donde inmensas plumas magmáticas de esa corteza fundida se han abierto camino hasta la superficie, a menudo de forma explosiva, a través de las tuberías de los volcanes, en continuo crecimiento. Efectivamente, la actividad volcánica es casi continua aquí, y las erupciones volcánicas más potentes que se conocen ocurren a lo largo de este arco de islas, como la enorme explosión en agosto de 1883 del Krakatau (Krakatoa), en el estrecho de la Sonda, entre Sumatra y Java. Es el acontecimiento volcánico más violento del registro histórico: se calcula que liberó energía equivalente a unas cuatro veces la de las bombas nucleares más potentes que se han detonado.[6] Como consecuencia de este vulcanismo tan violento se desatan terremotos y tsunamis mortales, el más reciente de los cuales azotó las inmediaciones de esta zona en 2018, con un inmenso terremoto y un tsunami en las costas de Lombok en julio, al que siguió otro tsunami catastrófico generado por un colapso parcial del Krakatau en diciembre.[7] Los terremotos a veces están relacionados directamente con el vulcanismo, pero la propia subducción los genera de forma periódica en un proceso conocido como *ciclo sísmico*. A medida que la corteza oceánica es subducida sin prisa pero sin pausa bajo la corteza continental, su movimiento hacia abajo no tiene por qué ser suave ni continuo. La fricción entre las placas puede «bloquearlas» en algunos sitios, y donde quedan atascadas, la placa subducida tira lentamente hacia abajo del borde de la placa superpuesta con ella. Debido a las propiedades elásticas de la corteza de la Tierra, esto provoca que se estire, y de manera simultánea se hunde el lecho marino cerca del borde de la placa superpuesta y se arquea o se abulta hacia arriba la tierra. La presión va aumentando con el tiempo hasta alcanzar un punto crítico, y la placa superpuesta de repente se libera como un resorte, generando un terremoto y un tsunami. Esto también levanta el lecho marino cercano a la costa a la vez que hace bajar la tierra adyacente. Por lo general, es más fácil ver los efectos del levantamiento costero que la subsidencia terrestre, pues el levantamiento del lecho marino poco profundo suele hacer que suba y se seque la vida marina: justo lo que pasó a lo largo de la costa de la pequeña isla de Nias, al oeste de Sumatra, tras los intensos terremotos de diciembre de 2004 y marzo de 2005, cuando largas hileras de arrecifes de coral periféricos quedaron levantados blanqueándose al sol tropical.[8] En el siglo anterior, durante el viaje del Beagle, Charles Darwin había investigado este fenómeno a lo largo de la costa chilena, donde, tras el terremoto devastador de Concepción en febrero de 1835, el capitán y él encontraron el lecho marino levantado, con toda la vida marina expuesta y muerta. De conformidad con «los principios establecidos por Mr. Lyell», declaraba Darwin, «podemos afirmar sin miedo que el problema de las conchas levantadas (…) queda explicado».[9]

Wallace, que había leído *El viaje del Beagle* de Darwin, estaba de acuerdo: era el tipo de levantamiento provocado por causas volcánicas que observaría unos años después en la costa sur de Java, una isla que, como apuntó, contiene más volcanes activos y extintos que prácticamente cualquier otra región de dimensiones comparables, pero también una hermosa topografía kárstica (caliza) y amplios acantilados de caliza coralina, todo de origen marino.[10] Sin embargo, también observó con agudeza que los tsunamis se producen por movimientos del lecho oceánico. Durante su estancia en Lombok, experimentó un terremoto relativamente menor y poco después se enteró de que había habido una ola excepcionalmente grande que había provocado inundaciones. Wallace ató cabos y llegó a la conclusión de que «los repentinos y fuertes oleajes y altas mareas que a veces se producen con el tiempo perfectamente en calma pueden deberse a ligeros levantamientos del lecho oceánico en esta región sumamente volcánica».[11] Sí, Wallace era consciente del arco volcánico aunque no entendiese la profunda frontera responsable del mismo, el encuentro de placas tectónicas. Pero había otra línea, invisible, que corre más o menos perpendicular a esa frontera de placas y que él, casualmente, estaba cruzando.

Wallace y sus ayudantes Alí y Manuel llegaron a Mataram el 17 de junio de 1856. Durante siglos, la isla de Lombok había estado gobernada por varios *datus* o jefes del pueblo indígena sasak, que se convirtieron al Islam en el siglo XVI. Conquistados por los balineses hindúes budistas a principios del siglo XVII, los sasaks eran ahora súbditos del rajá balinés de Lombok.[12] La ciudad, en pleno desarrollo, era, y es, la capital de esta isla más bien pequeña dominada por el volcán *Gunung* Rinjani, de 3700 metros y actualmente el epicentro del Geoparque Global de la UNESCO Rinjani-Lombok.[13] Wallace entendió enseguida por qué habían echado el ancla a cuatrocientos metros de la costa: a esa distancia, la bahía era amplia y tranquila, salpicada de barcos occidentales y praos nativos, pequeñas barcas con batangas dobles y velas triangulares en forma de pinza de cangrejo. Pero se sobresaltó al descubrir que las plácidas aguas de repente daban paso a enormes olas en la playa. Fue todo un alivio cuando lo dejaron a salvo en la costa —a él y sus cajas y equipo de recolección—, habiendo escapado del «devorador oleaje», como decían los nativos, que le contaron a Wallace con orgullo que «su mar siempre tiene hambre y engulle todo lo que pilla».[14]

Se alejaron a toda prisa del alcance de aquella resaca hambrienta y subieron por una playa empinada de oscura arena volcánica, donde los recibió un *bandar*, o comerciante local autorizado, que resultó ser un compatriota británico llamado Joseph Carter, quien generosamente les ofreció su casa, su oficina y sus almacenes. Al día siguiente, Carter incluso le prestó un caballo a Wallace para facilitarle bajar por la costa a visitar a un tal Mr. S., para el que tenía cartas de recomendación. Iba acompañado de otro servicial expatriado, un holandés que se ofreció a guiarlo. Siguiendo al guía, Wallace y sus ayudantes se pusieron en marcha a través de un paisaje profusamente cultivado de arrozales y pastos a lo largo de la bahía, unas encantadoras vistas agrarias tropicales que solo arruinaba la impactante imagen de unas jaulas de bambú con esqueletos humanos: algún desgraciado ejecutado, con toda probabilidad, que dejaban ahí a modo de ejemplo o advertencia para posibles transgresores, la primera presentación a Wallace de la severidad de la ley del rajá de Lombok. Justo el día anterior, había apuntado en su diario que el rajá, soberano absoluto, «parece contar con un talante más moderado y sensato de lo que es normal entre soberanos de razas malayas».[15] A lo mejor había hablado muy rápido, visto el espantoso castigo. En entradas posteriores, Wallace señala otros ejemplos de las leyes draconianas en Lombok: muerte por acuchillamiento con *kris* para el robo y para las mujeres casadas que aceptasen cualquier detalle u obsequio de un extraño, además de la práctica del *satí*, la quema ritual de las viudas del rajá. En otra entrada, un malayo de la zona despertaba el miedo en los ayudantes de Wallace al advertirles de que el rajá había decretado que se cobraran un cierto número de cabezas a modo de ofrenda para una buena cosecha de arroz: supuestamente era un acontecimiento anual, lo que corroboraron otras personas. Wallace tenía que acompañar a un aterrado Manuel para que fuera a buscar especímenes, y Alí no iba a por agua ni a por leña sin armarse con una enorme lanza.[16] Fue más o menos por entonces cuando Manuel, algo supersticioso, comentó como si nada que apenas había gules (demonios) ni *hantus* (espíritus) en Lombok. Había llegado a esa conclusión porque, en su tierra, había que evitar lugares donde había muerto alguien, sobre todo de noche, por miedo a los terroríficos ruidos que hacían los gules. Pero tras consultarlo con un malayo de Lombok, se enteró de que allí «se mata a muchos hombres y sus cuerpos yacen en los campos y junto a los caminos y puedes pasar a su lado por las noches y nunca se oye ningún ruido en absoluto». Wallace seguramente reaccionase poniendo los ojos en blanco, y apuntó en su cuaderno: «Nota. ¡En Lombok apenas hay *hantus*!».[17] Es posible que esta excursión exploratoria inicial también la arruinara —de forma menos macabra— la escasez de aves e insectos. Probó igualmente al norte de la ciudad: «Campo similar, numerosos ríos. Un sitio bonito. Unas pocas aves e insectos».[18] Observaba con interés a los niños atrapar libélulas con palos largos embadurnados de una pasta casera pegajosa —las libélulas, sin alas, fritas con cebolla y gambas, eran un plato local popular— y consiguió añadir unas pocas aves a su colección por los alrededores de la ciudad: las higueras que flanqueaban el mercado al aire libre estaban pobladas de una bellísima subespecie de oropéndola china, *Oriolus chinensis broderipi*, un pájaro de llamativo color amarillo con las alas y máscara negras y el pico naranja. También capturó el curioso filemón de yelmo, al que nombró *Tropidorynchus* (hoy, *Philemon*), un ave de tonos pardos, listado, con máscara negra, sin plumas y con el pico huesudo, conocido en la zona, según le dijeron, con el nombre onomatopéyico de *quaich-quaich*, hoy normalmente transcrito *koak-kaok*. Wallace descubriría pronto que, por toda la región, algunas especies de oropéndola son la viva imagen de las especies de filemón con las que cohabitan, un célebre ejemplo de mimetismo en aves que describiría en 1863.[19]

Pero, durante su exploración de Lombok, el filemón era importante por otro motivo. Los filemones pertenecen a la familia Meliphagidae, mieleros y especies relacionadas, un grupo característico del este de Indonesia, Australia, Papúa Nueva Guinea y Nueva Caledonia. Lombok, según se percató, era el límite más occidental del grupo... ¿o no? Es significativo que la primera entrada de Wallace en el Cuaderno de Especies tras su partida de Singapur en marzo (aparte de un breve apunte sobre un libro de dodos) sea una «nota para mí mismo» acerca de este filemón: «*Tropidorynchus* sp., común en los alrededores de Ampanam, en la isla de Lombok, pero, por lo que dicen, ausente en Bali». Apretada entre líneas hay una aclaración en superíndice: «excepto en la parte que da a Lombok».[20] No había estado en el oeste de Bali y, por lo tanto, no lo sabía con certeza, así que esta información seguramente proviniese de Mr. Carter y otros contactos en Mataram. Pero no eran naturalistas ni coleccionistas. ¿Estaban en lo cierto? ¿Era Lombok el límite occidental del filemón? ¿O se podían encontrar en el oeste de Bali, también? La siguiente entrada en esa página del Cuaderno de Especies revela las reflexiones de Wallace acerca de qué significa que un ave se considere «residente», o parte de la fauna, en cierta ubicación. Una cosa es que se encuentre allí durante todo el año y críe allí, incluso que migre desde la zona o hacia ella periódicamente, pero «los visitantes ocasionales (...) no pueden tener tal consideración». Seguro que pensaba en ese filemón y puede que estuviese reconsiderando su supuesta existencia en el este de Bali. ¿Y otras aves? Empezaba a percatarse de que Lombok podría diferenciarse mucho de su vecina del lado occidental.

Había oído que abundaban las aves un poco más al sur, alrededor del hermoso puerto de Labuan Tring (hoy, la bahía Lembar). Alquiló una embarcación y fue para allá de inmediato, donde presentó una carta de recomendación a un *inchi* (señor) Daud, que le ofreció un espacio de trabajo, aunque tampoco es que le sobrase. Fue allí, mientras capturaba especímenes en aquel paisaje encantador de colinas volcánicas redondeadas cubiertas de bambú que bordeaban valles y llanuras repletas de prominentes palmeras gebang (*Corypha utan*), donde empezó a ver cada vez con mayor claridad lo poquísimo que se parecía la avifauna a la de Bali: «Aves muy interesantes, aparecen especies australianas. Estas no pasan más al oeste, hacia Bali y Java, y muchas aves javanesas se encuentran en Bali pero no llegan aquí».[21] Las informaciones de la abundancia de aves demostraron ser ciertas: encontró elegantes cacatúas blancas dándose un festín de frutos dorados, pequeños mieleros pardos del género *Lichmera*, grandes palomas de tonos verdes metálicos, preciosos abejarucos australianos (*Merops ornatus*), esquivas pitas ventrinegras (*Pitta concinna*) de color verde y crema, y al menos ocho especies de martín pescador, entre ellos el diminuto *Ceyx rufidorsa*, una maravilla de tonos violetas y naranjas que «sale disparado como una llama de fuego», y una espectacular especie nueva, a la que el distinguido ornitólogo británico John Gould nombró *Halcyon* (hoy, *Caridonax*) *fulgidus* y que exhibe un manto azul cobalto, el pecho blanco, la cabeza negra con brillantes ojos rojos y pico y patas de un chillón color naranja. La lista continuaba: preciosas tórtolas verde hierba, picaflores carmesíes y negros, cucos negros, grandes cuervos metálicos, oropéndolas doradas y hasta un espécimen magnífico de gallo de la jungla, «origen de todas nuestras variedades domésticas de gallina».[22] Pero su descubrimiento más inesperado debió de ser el excelente megápodo *Megapodius gouldii* (hoy, *M. reinwardt*).[23] Esta ave gallinácea, el talégalo de Reinwardt y, en general, los megapódidos grandes, usa sus garras largas y curvas para escarbar y amontonar hojas, palitos y demás broza en enormes montículos de unos dos metros de alto y tres y medio de ancho, en los que deposita sus huevos de color teja para que los incube el calor de la materia orgánica en descomposición. Pueden reunirse docenas de aves en una misma zona, dejándola toda salpicada de grandes montículos, una imagen que corta la respiración… y hace la boca agua a los lugareños: tanto los huevos como los talégalos, del tamaño de una gallina, se consideraban sabrosos, según apuntó Wallace.

Sí que prodigaba aves, Labuan Tring: aves en su mayoría desconocidas, a veces solo a unos pocos kilómetros al oeste. Como luego indicaría, «ahora veía por primera vez muchas formas australianas que están totalmente ausentes de las islas al oeste».[24] ¿Qué quería decir eso? Planteémonos lo siguiente: la desconexión entre Bali y Lombok es totalmente contraria a la lógica, dadas su proximidad (a tan solo veinticinco kilómetros la una de la otra) y las similitudes ecológicas y geológicas de las islas. Que dos islas tan juntas difieran en su fauna de manera tan radical desafiaba el sentido común. Un antiguo canon de distribución geográfica, la Ley de Buffon (por el sabio francés del siglo XVIII Georges-Louis Leclerc, el conde de Buffon), sostenía que las regiones ecológicamente similares pero muy separadas están habitadas por conjuntos de organismos diferentes pero similares. Buffon tenía en mente la comparación entre el Viejo y el Nuevo Mundo: dos grandes masas terrestres templadas del norte con grupos *diferentes pero similares* de especies de osos, ciervos, grandes felinos, roedores, cánidos y demás, en líneas generales los mismos grupos en oriente y occidente, pero cada región con especies distintivas en representación de esos grupos. El interés de Buffon yacía en la desconexión faunística: entorno similar, especies diferentes, y en tanto que estas especies diferentes pertenecían a las mismas clases y géneros, se trataba de una observación que daba que pensar y podría apoyar la posibilidad del cambio en las especies, aunque fuese en forma de degeneración de un supuesto modelo ancestral.[25] La idea de Buffon tenía sentido, a su manera, si se piensa en grupos relacionados en masas terrestres complementarias en lados opuestos del planeta. Pero lo que había aquí eran dos islitas básicamente idénticas, la una junto a la otra, con conjuntos de aves distintivos que ni siquiera eran de la misma familia, ni qué hablar de género.

Esta profunda discontinuidad en el espacio dice mucho de la distribución en el tiempo, concluyó Wallace. Los naturalistas eran cada vez más conscientes de que los patrones de distribución anómalos podían ofrecer información única sobre la historia geológica y climatológica del planeta. Prácticamente al mismo tiempo que Wallace caía en la cuenta del invisible parteaguas que representaba el estrecho entre Bali y Lombok, el botánico Asa Gray, al otro lado del mundo, en Cambridge, Massachusetts, descubría otro profundo patrón, si bien algo más cercano a las expectativas de Buffon: la alta congruencia entre la flora del este de Norteamérica y el este de Asia. El corolario de la ley de Buffon hablaba de la similitud de grupos de especies en el mismo continente, pero ahora Gray descubría que la flora del este de Norteamérica se parecía mucho más a la del este de Asia que a la de la parte occidental de su propio continente. Su amigo Charles Darwin, que había quedado igual de impresionado con su descubrimiento, animó a Gray a investigar la distribución de familias y géneros a través de los continentes: «¿Es uno de los muchos problemas totalmente inexplicables de la geografía botánica?».[26] Wallace también iba a sorprenderse de esta discontinuidad floral. Todo encajaba.

———

Ahora estaba más atento que nunca a la distribución. Regresó a Mataram con la esperanza de que lo llevasen a Macasar, pero no hubo suerte. Se dedicó a esperar y esperar, frustrado pero entretenido: tenía cartas que escribir, especímenes que enviar, patrones que meditar. Luego surgieron oportunidades de distraerse y hacerse con una buena colección: primero una excursión a Kopang, en las faldas de *Gunung* Rinjani, en el centro de Lombok, en compañía de un tal Mr. Ross de las islas Cocos o Keeling, que era conocido del *pumbuckle* o *perbekel*, el jefe de la aldea.[27] Fue un poco desastre. Pero la siguiente excursión le fue mejor: se unió a un gran grupo para ver el *puri* (palacio) de campo y los jardines de recreo (jardines Indraloka) de *Gunung* Sari, al norte de Kopang, donde le dieron permiso para capturar especímenes. Las feroces deidades hindúes talladas en la entrada guardaban un hermoso y sereno escenario en el interior, un paisaje verde de cuidados jardines mezclados con la jungla, y un gran estanque al que nutría un riachuelo canalizado a través de una elaborada boca de cocodrilo en ladrillo y piedra. En medio del estanque había un pabellón muy ornamentado y flanqueado por estatuas talladas. La serenidad solo se veía perturbada por el estallido de su escopeta y la de Alí capturando aves, cobrándose más de los nuevos y preciosos martines pescadores azules, blancos y negros del género *Caridonax* —extraordinarios miembros del grupo que frecuentan zonas boscosas y de matorral y depredan artrópodos del suelo— y consiguiendo capturar los «curiosos y bonitos» zorzales de Andrómeda, *Zoothera andromedae*. A diferencia del martín pescador, este zorzal era fiel a su grupo (familia Turdidae) y exhibía el plumaje marrón y blanco y las manchas en el pecho tan representativas de los zorzales, además del característico comportamiento de caza en el suelo.

Las distracciones le salieron caras: Wallace se enteró de que había perdido un barco que iba a Macasar mientras estaba fuera, y quiso tirarse de los pelos. ¡Ni una excursión más! Llevaba más de un mes en Lombok y ahora iban a pasar semanas hasta que pudiera abandonar la isla. Empaquetó una remesa de especímenes para mandársela a Stevens, y no solo lamentó haber perdido el barco, sino también lo poco que había capturado. Era la época seca, al fin y al cabo, y por lo tanto bastante mala para los insectos; solo tenía doscientos cincuenta especímenes de escarabajo (que constituían ochenta especies) y unos ciento cincuenta especímenes de mariposa (treinta y ocho especies) para justificar dos meses de trabajo, aunque estos últimos incluían como premio de consolación la preciosa mariposa *Papilio peranthus*, una especie bruna bañada por el resplandor de un núcleo verde metálico en la base de las cuatro alas. Le había ido mejor con las aves, y embaló un total de sesenta y nueve especies en trescientos especímenes preparados. Igual que con los insectos, en un proceso de estricta selección, marcó con una franja roja en la etiqueta las aves que Stevens debía guardar para su estudio particular. Todo esto, junto con unas cuantas docenas de insectos de todo tipo, conchas y un puñado de murciélagos y calaveras, no era una remesa tan pequeña, pero a él sí se lo parecía para los trópicos: «Es verdaderamente asombroso y resultará casi increíble para muchos en Inglaterra que una tierra tropical, al cultivarse, produzca tan poco para el recolector». Los peores enclaves de recolección en aquella Inglaterra pobre en especies generaban diez veces más escarabajos, se lamentaba a Stevens, y hasta las mariposas de Gran Bretaña son más bonitas y abundantes que las de Lombok en la estación seca.[28] Es muy revelador, también, que le comentara a Stevens que las aves, proporcionalmente mucho más numerosas que los insectos, le interesaban sobremanera porque «arrojan mucha luz en las leyes de distribución geográfica de los animales en Oriente». Continuaba pormenorizando su descubrimiento: que Bali y Lombok eran prácticamente idénticas en todos los aspectos pero se diferenciaban drásticamente en su avifauna y que, de hecho, pertenecían a «dos zonas zoológicas bastante distintas», declaraba, «de las cuales forman los extremos limítrofes». Había descubierto que muchas especies ilustraban este extraño hecho y estaba preparando un artículo.[29] Tardaría varios años en completarlo, durante los cuales tuvo tiempo de capturar más especímenes y reflexionar sobre el significado de aquella discontinuidad desconcertante. Como veremos, no iba muy desencaminado con la explicación que formuló, más compleja e interesante de lo que nadie pudiera saber por entonces.

Por fin, el 30 de agosto, zarpó de Mataram en la pequeña goleta holandesa Alma y llegó a su destino en el brazo sur de la legendaria Célebes tres días después: «Con gran satisfacción pisé una playa que llevaba desde febrero tratando de alcanzar en vano». La mentalidad geológica de Wallace tuvo que darse cuenta de que Célebes es una isla con una forma de lo más curiosa, con cuatro «brazos» que se extienden en dirección sur, sureste y este, más otro al norte dibujando una larga curva, lo que le da a la isla el aspecto de una estrella de mar deforme o, tal vez, una estilizada K con una floritura larga y caprichosa en lo alto del segmento vertical de la letra. Junto con el sinfín de islotes grandes y pequeños que tiene alrededor, da la impresión de ser una isla que acaba de explotar o el producto de una combinación de varias. De hecho, es todas esas cosas, una amalgama que al mismo tiempo se está deformando y desmembrando a cámara lenta. La isla es el punto de encuentro de tres placas tectónicas: zonas de sutura sobre zonas de sutura, en las que la placa australiana, en su movimiento hacia el norte, se encuentra con la placa euroasiática, que se desplaza hacia el sur-sureste, y la placa del Pacífico, en dirección oeste. El resultado son cinco provincias tectónicas que representan pedacitos de tiempo y lugar: trozos paleozoicos de la placa continental australiana mezclados con otros metamórficos mesozoicos y otros volcánicos cenozoicos, rociados de forma generosa por todos lados con sedimentos clásticos recientes en términos geológicos. Con tantas zonas de sutura, se podría decir que la isla tiene algo de Frankenstein, si no fuera por lo bonita que es. La isla de Célebes es —de momento— la isla más grande de la región a la que hoy llamamos Wallacea, y tiene una geología y una biología tan extrañas que Wallace llegaría a insinuar que era la isla más extraordinaria de todo el planeta. Pero eso sería después, tras haber tenido tiempo de encontrar sentido a sus colecciones en el transcurso de dos estancias en la isla. Ya llegaremos a eso, pero empecemos por el principio, con su llegada a la antigua ciudad portuaria comercial de Macasar, en la costa oeste del brazo sur de Célebes (bueno, técnicamente, el brazo sur*oeste*, en comparación con el brazo sureste de al lado, pero por costumbre suele llamarse el brazo sur).

Los pueblos austronesios llegaron al sur de Célebes en la prehistoria antigua, ancestros de los modernos macasares, bajaus y bugis, o bugineses, que podrían considerarse los pueblos indígenas de la isla, o de esta parte de la isla. Macasar pasó a principios del siglo XIV a formar parte del próspero reino hindu-budista de Gowa, uno de los diversos reinos de la isla, y después se convirtió en un sultanato islámico a principios del siglo XVII, para cuando ya llevaba mucho tiempo siendo un centro comercial importante para mercaderes de todas las partes del mundo: portugueses, árabes, malayos, británicos, holandeses, chinos y demás. Las hostilidades entre los reinos de la isla ofrecieron una posibilidad de intervención a la siempre oportunista Compañía Holandesa de las Indias Orientales (VOC), para la que el comercio y la coacción a punta de bayoneta o escopeta iban de la mano. La VOC terminó controlando Macasar y sus alrededores en 1667, en su intento por hacerse con el comercio de la nuez moscada y el clavo. Aquel año consiguieron el fuerte Ujung Pandang, construido en la década de 1630 para defenderse precisamente de las incursiones holandesas, y no tardaron en reconstruirlo y renombrarlo Fuerte Rotterdam, con murallas de piedra de seis metros y seis baluartes en el clásico trazado «de tortuga» de la época (hoy en día es un destino turístico que alberga un museo, una biblioteca, un conservatorio de música y un centro arqueológico). Pero el papel de la ciudad como importante centro comercial no cesó nunca, y en la época de Wallace, el puerto bullía con el incesante transporte de valiosas mercancías —perlas, ratán, copra, pepinos de mar (trepang, holoturias), sándalo y especias exóticas— con destino u origen en cualquier punto del globo… si bien no el famoso «aceite de Macasar», que entonces hacía furor en Europa. La popularidad del ungüento de este aceite vegetal como tratamiento capilar para el caballero que gustaba de arreglarse se debe a los esfuerzos publicitarios del barbero londinense Alexander Rowland, que empezó a comercializar su curativo y reparador Rowland's Macassar Oil en 1783, pregonando que procedía de un fruto exótico cultivado en «la isla de Macasar» avalado por las casas reales de Europa; un poco charlatán, pero inofensivo, en realidad. El éxito de Rowland superó sus mejores y aceitosos sueños, así que el aceite de Macasar se convirtió en una auténtica institución cultural, satirizada en tiras cómicas de la época y festejada en verso (el aceite de Rowland ostenta una mención en la obra de Lewis Carroll *A través del espejo*, y Lord Byron, aficionado al ungüento, abrió su poema *Don Juan* con una referencia a «un aceite incomparable llamado Macasar»).[30] El aceite llegó incluso a inspirar una industria menor de tapetes bordados, llamados *antimacasares*, para proteger de las cabezas y manos aceitosas los respaldos y brazos de sillones bien tapizados.

Seguro que Wallace había oído hablar del aceite de Macasar en Inglaterra, pero si le desconcertó el hecho de que allí, en la propia Macasar, no parecía haberlo, no dijo nada. Lo que sí comentó, a modo de primeras impresiones, fue lo bonita, ordenada y limpia que encontraba la ciudad: en particular el distrito europeo, como era de esperar, con sus familiares casas encaladas, sus iglesias y sus calles limpias, de las que los residentes estaban obligados a ocuparse todas las tardes.[31] Hoy en día, es un distrito estrecho de la actual Macasar, que creció desde aquella pequeña localidad con prácticamente una sola *passarstraat* (calle de mercado) hasta la actual ciudad en expansión de un millón y medio de habitantes. Una característica que Wallace reconocería son los extensos campos y arrozales. Desde entonces, la ciudad se ha extendido alrededor de la enorme zona de arrozales regada por el sinuoso *sungai* (río) Tallo, con sus campos y huertas de frutales, el siempre tan provechoso bambú («lo básico de la vida») y la majestuosa palmera del azúcar, *Arenga saccharifera* (hoy, *A. pinnata*), cuyas hojas parecen plumas y cuya savia se usaba para hacer bloques de azúcar moreno de palma (que se siguen vendiendo en todos los mercados de Indonesia) y un vino de palma de baja graduación alcohólica, el llamado toddy. Pero por mucho que admirase la gran productividad agrícola que representaban estos campos y arrozales —y el duro trabajo de los agricultores, con sus arados de madera tirados por búfalos—, sabía que también significaban que no tendría muchos especímenes que capturar. Para agravar el problema, estaba la fecha: había llegado en plena temporada seca, una época en la que los arrozales, en otro tiempo verdes, parecían los pardos barbechos del invierno inglés. Así que hizo lo que hacía siempre en estas circunstancias: con el permiso del rajá local y la ayuda de los lugareños, en este caso del próspero (y esclavista) agricultor y mercader holandés Willem L. Mesman, sus ayudantes y él se dirigieron al interior; aunque no sin que antes el servicial Mr. Mesman consiguiera para ellos una casita de bambú como base en Mamajang, entonces a las afueras de la ciudad. En una carta que escribió a Samuel Stevens, lamentaba la extensión de tierra cultivada («absolutamente yerma para el naturalista») y esperaba encontrar una vivienda cerca de la selva con mejores expectativas de recolección. Aun así, no le había ido mal hasta entonces: en solo tres semanas ya tenía un montón de insectos y unas cuarenta especies aviares, varias nuevas.[32]

En el siguiente par de meses, hizo dos prolongados viajes de recolección internándose aún más en la isla. Al principio no le fue muy bien: Alí cayó enfermo con fiebre, luego otro de los contratados, que terminó abandonando el viaje, y luego el propio Wallace. Generosas dosis de quinina los ayudaron a volver a ponerse en marcha, y pudo contratar nuevos ayudantes: un joven llamado Baderoon, que sabía cocinar y disparar, y un «mocoso descarado» de doce o catorce años llamado Baso, que le ayudaría a trasportar la escopeta y la red y del que esperaba que «me resulte útil, en general». Las capturas mejoraron: hermosas palomas, carracas, cucos, drongos y otras aves, y un montón de mariposas, entre ellas especies nuevas despampanantes como *Pareronia tritaea* («de un precioso azul claro y negro») y *Appias ithome* («con una franja de intenso color naranja cruzándole las alas sobre un fondo negruzco»). Pero el verdadero trofeo, conseguido en una de sus primeras incursiones de recolección ni más ni menos, fue una fabulosa mariposa alas de pájaro con una envergadura alar de casi veinte centímetros. «Imponente» y «espléndida», exclamaba, su coloración era sensacional: las alas anteriores eran de un sólido «negro broncíneo intenso y reluciente» y las posteriores eran negras moteadas de blanco y con grandes manchas de un «amarillo satinado de lo más brillante» por los bordes. La parte inferior de las alas posteriores era de un blanco satinado, y las manchas de los bordes, mitad negras, mitad amarillas. La cabeza y el tórax de la mariposa eran totalmente negros, mientras que el abdomen era un faro amarillo y naranja chillón. La declaró «la mariposa más grande, más perfecta y más hermosa de todas», por lo que no es de extrañar que la captura prácticamente le provocara palpitaciones.[33] Regresó emocionado a su casita en Mamajang con la mejor de sus mejores capturas bien segura en su caja de recolección y la colgó con una cuerda de un travesaño de bambú, fuera de todo peligro, mientras trabajaba primero en el procesamiento de sus especímenes aviares. Mas no estaba tan fuera de peligro… En un momento dado, miró hacia arriba y vio una larga columna de voraces hormigas subiendo y bajando por la cuerda: ¡esas «granujillas rojas» ya habían invadido la caja de la mariposa y habían empezado a desmembrar sus preciados especímenes! Las detuvo justo a tiempo, limpió el valioso cargamento uno por uno y protegió la caja con un foso, colocándola en una plataforma en medio de una gran palangana de agua, seguramente la única barrera capaz de contener a las hormigas (durante un rato, por lo menos). En aquel momento, estaba seguro de que la preciada mariposa era nueva, pero ¡lástima! Resultó ser una especie conocida, *Ornithoptera remus*, nombre posteriormente sinonimizado con la mariposa alas de pájaro de Rippon, *Troides hypolitus*, descrita por el entomólogo y mercader holandés del siglo XVIII Pieter Cramer en 1775.[34] *Troides, Ornithoptera* y *Trogonoptera* son los tres géneros de mariposas alas de pájaro que se reconocen hoy en día, un grupo distintivo en la familia de papiliónidos y, como veremos más adelante, un taxón importante para el estudio de la diversificación evolutiva, que analizaron Wallace y otros investigadores posteriores.

Las capturas eran buenas, pero tenían sus desafíos más allá de las fastidiosas hormigas, entre ellos el riesgo de alojarse en una casa sobre postes altos y delgados que se inclinaba peligrosamente con el viento, la fiebre recurrente, a los que se suman los malentendidos culturales y meteduras de pata relacionadas. ¿Por dónde empezar? Con la casa. Le pidió al rajá una casa de bambú que pudiese utilizar bien adentrada en el interior, cerca de la selva, y descubrió que para concederle lo que había pedido, el gobernante echaba a una familia de su vivienda. Se marcharon a regañadientes, lanzándole miradas fulminantes, y Wallace intentó enmendarlo pidiéndoles una *bitchára*, una reunión, en la que se deshizo en disculpas, les entregó tabaco y les pagó cinco rupias de plata a modo de alquiler. Prometió pagar más, a cambio de provisiones y especímenes, y les daba a los críos de la aldea un penique por cada concha de caracol e insecto que le llevasen. Parecían satisfechos y todo iba bien, salvo por un par de problemas. Primero, tenía miedo constantemente de que la casa, encaramada en lo alto de unos postes que perdían la perpendicularidad con los fuertes vientos dominantes, fuese a caerse en cualquier momento. Se mostraba un poco despectivo con los «genios mecánicos» del país, que no habían descubierto el uso de puntales diagonales para estabilizar estructuras en alto y, en su lugar, amarraban las casas con cuerdas de ratán en el lado donde daba el viento o las construían sobre postes que ya estaban torcidos de primeras y comprometían la estabilidad con fuertes vientos. Al principio lo miraba con desdén, pero tuvo que reconocer que funcionaba; el otrora topógrafo y constructor hizo un esquema y repasó los cálculos: «Un cuadrado perfecto se convierte fácilmente en romboide o figura oblicua; pero cuando una o dos de las verticales están torcidas o inclinadas, y colocadas de modo opuesto entre ellas, se produce efecto de puntal, aunque de manera tosca y torpe».[35] ¡A lo mejor sí que eran genios mecánicos después de todo! No obstante, aquella casa, por lo visto, no tenía ni cuerdas ni postes torcidos, y las leyes de la física le preocupaban sobremanera cada vez que se subía a la estructura escorada.

El otro problema era la ubicación: la parte buena de la selva estaba más lejos de lo que pensaba y requería largas caminatas para ir a capturar especímenes; no estaba mal, en cierto modo, pues reducía el tiempo que pasaba en aquella casa peligrosa, pero se le hacía difícil cuando le volvió a subir la fiebre, porque le consumía la energía. Podría haber abandonado el lugar, pero después de todos los problemas para conseguir la casa y con la temporada de lluvias a la vuelta de la esquina, estaba decidido a aprovecharlo al máximo… y a confiar en que su domicilio temporal no saliese volando (por lo menos, no con él dentro). En una de sus largas excursiones de recolección sufrió otro percance. Cansados, hambrientos y en medio de la nada, Alí, él y sus ayudantes más jóvenes se metieron en una casa en busca de provisiones y tuvieron que salir corriendo deshechos en disculpas cuando se dieron cuenta horrorizados de su error: la ocupante era una madre joven en reclusión con su bebé recién nacido, como era costumbre en el país. El pánico que sintió ella debió de agravarse por el hecho de que uno de los intrusos fuese un hombre blanco sudoroso, con barba y gafas. Su presencia era un recordatorio constante de que muy pocos lugareños habían visto alguna vez antes a un europeo, y su visión parecía despertar el terror por todas partes: «Allá donde iba, los perros ladraban, los niños gritaban, las mujeres huían y los hombres se quedaban mirándome fijamente como si fuera algún tipo de monstruo caníbal extraño y terrible (…). Si de repente llegaba a un pozo donde las mujeres sacaban agua o los niños se bañaban, una huida instantánea era el resultado previsible». Era todo un poco tedioso y deprimente, «muy desagradable para alguien a quien no le gusta no gustar y que no se acostumbraba nunca a que le trataran como un ogro», se lamentaba.[36] ¿Es posible que influyese en su percepción de las mujeres? Aunque admiraba los modales «tranquilos y solemnes» del rajá, se mostraba poco entusiasta con la reina y las princesas. Le parecían bastante atractivas y deseaba ser capaz de enaltecer con lirismo sus elegantes trajes y ornamentos de oro y plata, decía, por no mencionar «el brillo de sus ojos», «sus tirabuzones negros» y «sus generosos senos» bajo el corpiño traslúcido, pero en general se sentía decepcionado.

———

Aumentaban las señales de que se avecinaba la temporada de lluvias, así que los coleccionistas regresaron a Mamajang a mediados de noviembre, donde Wallace embaló una remesa para Londres y se preparó para su siguiente paso: un viaje de mil seiscientos kilómetros al este, a los mismísimos confines del archipiélago, ¡las legendarias islas Aru, por fin! Esperaba partir en diciembre, cuando los comerciantes aprovechaban los vientos monzónicos. Mientras tanto, acompañado por la serenata de los gritos rítmicos de los agricultores arando de día y los tonos graves de los coros de ranas por la noche, disfrutaba de pequeños lujos después de semanas en el campo: una mesa de verdad en vez de una caja a la que sentarse, un vaso de leche fresca por las mañanas, pan dulce hecho con toddy, buen café y buen té, mantequilla holandesa fresca y flores cortadas en la mesa eran algunas de las comodidades en la hacienda de Mr. Mesman, cuyas tierras atendían sirvientes de Macasar y esclavos timorenses.

Estos últimos probablemente hubiesen sido víctimas de piratas o bandidos, esclavistas nativos, que satisfacían la enorme demanda holandesa y portuguesa de trabajo forzado; de hecho, Timor era el segundo mayor mercado de esclavos en posesiones holandesas, después de la propia Macasar.[37] Si a Wallace le preocupaba la naturaleza del «empleo» allí, no lo mencionó: ya hemos visto que, aunque personalmente no veía con buenos ojos la práctica de la esclavitud, no exteriorizaba mucho su crítica, sobre todo cuando se trataba de amigos.

Durante su interludio macasarense en la hacienda de Mesman, Wallace también se puso al día con las noticias de amigos y familia. Le esperaban cartas, entre ellas su madre y su hermana le enviaban alegres nuevas: ¡era tío! Su hermano John y su mujer, Mary, en California, eran los orgullosos padres de un niño, John Herbert Wallace. Garabateó una sentida enhorabuena, dando las gracias a su hermano y a su cuñada por tener la amabilidad de concederle un nuevo título, «el de tío, que espero devolver en especie, algún buen día de estos».[38] También redactó una larga carta para acompañar su siguiente remesa, que Samuel Stevens remitió puntualmente al *Zoologist*.[39] La isla era un poco rara: «Faltan por completo algunas familias y géneros enteros». No había ningún grupo de los que se encontraban al oeste, como barbudos, eurilaimos, trogones, bulbules o zorzales, salvo por un insignificante papamoscas, pero tampoco había mucho que ocupase su lugar. En consecuencia, sus colecciones eran decepcionantes, alertaba a Stevens, pero no dejaban de impresionar por el poco tiempo que llevaba allí, pues contaban con un buen surtido de aves (267 especímenes), caracoles (410), mamíferos (14) e insectos (la friolera de 2774 especímenes, de los que 470 estaban marcados para su colección privada), además de un manojo de plantas de Lombok que añadió al final. Estaba seguro de que había especies raras y nuevas entre el lote (y las había), pero por lo pronto volvía a arrancar antes de que llegasen las lluvias, informaba a los lectores: a Aru, uno de sus grandes objetivos en su viaje a Oriente. ¿Qué esperaba encontrar allí? La excepcionalidad más excepcional, desde luego: las fabulosas aves del paraíso; pero a lo mejor también algunas de las «producciones más extrañas y hermosas» de la legendaria Nueva Guinea, tan cerca de Aru y a la vez tan lejos, pues se trataba de un país peligroso al que viajar por la violencia del pueblo papuano.[40]

Hablando del tema, ¿y los pueblos por todo el archipiélago: malayos, timorenses, bugineses, isleños de Aru, papuanos e innumerables otros? ¿Qué pasa con sus similitudes, diferencias y distribución? Seguiría sus investigaciones allí, había varias líneas que se entrelazaban como una estera de ratán: historia natural, geografía, geología, etnología. Dejaba atrás una isla enigmática y se dirigía a otra, pero volvería. No podía deducir mucho de una estancia limitada en una zona limitada de Célebes, en un área intensamente cultivada y con poca geología a la vista, pero de momento ya reconocía una afinidad mucho mayor con Australia que con Asia en la fauna, como en Lombok, y la rueda no paraba de girar. Empezaba a unir algunos puntos —a dibujar una línea— en su cabeza. A su vuelta, viajaría al norte de aquella isla tortuosa y profundizaría en su comprensión. Pero primero, tenía una gran expedición de seis meses, una ruta que los comerciantes hacían solo una vez al año, cabalgando los vientos monzónicos del oeste en diciembre o enero y regresando con el monzón del este en julio o agosto. Ahora era el momento, cuando los largos meses de sol daban paso a nubes oscuras y cargadas y se levantaban los vientos. Le presentaron al capitán holandés javanés Abraham van Waasbergen, que le dio un acogedor camarote de cubierta vegetal delante del palo mayor. El barco era un gran prao con dos mástiles triangulares y velas latinas de veinte metros, con una tripulación de treinta personas más otros veinte comerciantes y pasajeros. Tras una salida en falso cuando los fuertes vientos cambiaron, al final se pusieron en marcha a altas horas de la madrugada del 18 de diciembre de 1856, con oraciones y deseos de *selamat jalan*, buen viaje.

———

Wallace iba siguiendo el avance del barco gracias a las islas grandes y pequeñas que avistaba por el camino: Selayar, Kabaena, Buton y Wangiwangi, y luego la larga extensión del mar de Banda antes de que Buru, Ambon y la gran Ceram aparecieran a lo lejos a babor; y luego el diminuto grupo de Banda a estribor, donde vio por primera vez un volcán activo y humeante que se erguía como una gran pirámide egipcia coronada por una nube de su propia creación. La travesía tuvo sus altibajos, tanto en sentido literal —con oleajes y borrascas tormentosas que les revolvieron el estómago y partieron la botavara en un momento dado— como en sentido figurado, pues Wallace se deleitaba sabiendo que todas y cada una de esas islas seguramente estuvieran repletas de rarezas: imaginaba aves e insectos brillantes y verdaderas *hordas* de especies desconocidas, pero a la vez se impacientaba por «explorar estas *terrae incognitae* para el Naturalista». En los siguientes años, efectivamente, visitaría varias de ellas. Pero de momento, lo atraía Aru. A medida que surcaba la frontera entre el cielo y el mar, ambos parecían a veces fundirse en uno: de día, los elegantes peces voladores saltaban por encima del oleaje marítimo, igualitos que las golondrinas con su grácil vuelo, y por la noche, unos remolinos vertiginosos de «luces fosfóricas tachonados de chispas de fuego que daban vueltas» flotaban en la estela del timón y le recordaban a las hermosas constelaciones que tanto admiraba con su telescopio, y el añadido del «movimiento danzante y en constante cambio de forma»: no muy diferente al propio baile de eones de las estrellas en las corrientes y torbellinos galácticos.[41]

Como tenía en mente la discontinuidad que había descubierto entre Bali y Lombok y estaba tratando de predecir el carácter de la fauna que le esperaba en Aru, le cogió por sorpresa otra «frontera faunística» con la que se topó: la de la gente. Poco antes de arribar a Aru, el prao se detuvo una semana en la isla alargada, estrecha y densamente selvática de Ké (Kai)-Besar, donde Wallace encontró por primera vez pueblos nativos descendientes de papuanos. Al menos cincuenta hombres atracaron al costado en canoas, y en cuestión de microsegundos quedó impresionado por el contraste con los malayos, tanto en rasgos físicos como en personalidad: los animados, bulliciosos y descarados papuanos —cantando, gritándose unos a otros, corriendo de acá para allá— eran como el día y la noche comparados con los reservados e infaliblemente corteses malayos. «Aun siendo ciego habría estado seguro de que estos isleños no eran malayos». Fue consciente de que aquí tenía la oportunidad de comparar, codo con codo, «dos de las razas más distintivas y fuertemente marcadas que hay en la Tierra».[42]

Igual que en la Amazonía, a Wallace le interesaba mucho la diversidad humana y sus orígenes y era consciente de los debates de la época en Inglaterra entre poligenistas «antropológicos» (miembros de la Sociedad Antropológica de Londres) y monogenistas «etnológicos» (miembros de la escindida Sociedad Etnológica). Los primeros estaban convencidos de que las razas humanas eran entidades separadas y distintas, diferentes especies, incluso, lo que solía usarse en la época para justificar la esclavitud de algunas razas, igual que se subyugan animales domésticos. Como tal, no ponían mucho interés en las transiciones entre pueblos ni culturas, sino que adoptaban un enfoque más tipológico de variación humana con cada supuesta raza y etnia en su propia categoría. Los etnológicos, por el contrario, sostenían que todas las razas no eran más que variantes de una única especie humana y consideraban aberrante la esclavitud de humanos semejantes.[43] Para ellos, los pasos intermedios y las transiciones eran la norma, y se reflejaban en su método de investigación preferido, la filología, que es básicamente lingüística, el estudio de las lenguas y sus familias, que muestra patrones de relación indicativos de vías de derivación de unas en otras. Aunque el trazado de líneas fronterizas de Wallace pueda parecer que implica la delimitación de diferencias raciales permanentes y bien marcadas, en alineación con la agenda poligenista de los antropológicos y en contraste con un calado más monogenista de formas transicionales, Wallace llegó a esta conclusión desde una perspectiva diferente.[44] Pese a ser monogenista, por supuesto, también era topógrafo y cartógrafo, y por ello era consciente de que las distribuciones actuales son una ventana al pasado: en tanto

Dobo, islas Aru, en la bulliciosa temporada comercial (véase a Wallace en el centro de la imagen).

que las especies, variedades y razas tienen una distribución geográfica discernible, pueden enseñarnos mucho acerca de las relaciones y migraciones del pasado. También subrayaba características «mentales y morales» a la hora de identificar relaciones.[45] El enfoque que Wallace intuyó, pues, no era nada menos que una historia natural del ser humano, una comprensión de los pueblos con toda su diversidad en el mismo contexto histórico en el que trataba de entender a los *otros* animales que estudiaba con tanto tesón.

———

Zarparon de la hermosa Kai-Besar el 6 de enero de 1857 y arribaron a Dobbo, el centro del comercio de las islas Aru, a última hora de la tarde del día siguiente. Dobo, como se escribe en la actualidad, ya no es el centro comercial estrictamente estacional que era en la época de Wallace. Por entonces era una especie de pueblo temporal de tres calles abarrotadas de «casas con toscas cubiertas de paja», docenas de altas barracas triangulares de bambú, ratán y paja entre las que había un caos de pequeños cobertizos, casetas de comida, tiendas y rediles improvisados para gallinas y puercos, y todo abría y cerraba coincidiendo con el inicio y el final del monzón del oeste. Para finales de siglo, ya era una ciudad de constante ajetreo a la que llegaban vapores con regularidad y donde grandes compañías navieras como la holandesa Koninklijke Paketvaart-Maatschappij tenían presencia permanente, una vez que el vapor hubo terminado con la ancestral dependencia del monzón.[46] Era el impulso mercantil el que atraía a comerciantes de todos los rincones del archipiélago: javaneses y holandeses, cerameses y malayos, macasarenses y papuanos de Timor, Aru y Babar. Admiraba a los mercaderes chinos, impecablemente vestidos con pantalones azules y chaqueta blanca, con las largas coletas trenzadas con seda roja características de la dinastía Qing cayéndoles por la espalda, y a los dignos comerciantes bugis, con amplias togas de seda verde y turbantes de alegres colores, a menudo asistidos por muchachos que portaban obedientemente cajas llenas de sirih [betel] y nueces de betel [areca], pero también le fascinaban los «papuanos medio salvajes», nativos de Aru, en taparrabos, de tez oscura y con densas matas de pelo a lo afro. A Wallace le asombraba que esta «población mestiza y sin ley de ladrones sanguinarios» de Dobo consiguiera organizarse en una comunidad más o menos autogestionada que hacía negocios de forma pacífica, la mayoría de las veces, sin ningún aparato gubernamental real, tal como policía, tribunales ni abogados. Atribúyase al «don del Comercio», pensaba, «la magia que mantiene todo en paz». En comparación con las capas y capas de administración gubernamental en Inglaterra, con su inmenso aparato legal y sacerdocio jurídico para interpretar los cientos de legislaciones del

Parlamento, «podría inferirse que si a Dobbo le falta ley, a Inglaterra le sobra».[47]

El comercio. Todos iban a comprar y a vender preciadas mercancías: nácar, caparazones de tortuga y perlas; delicias de nido de ave, aletas de tiburón deshidratadas y trepang, o *bêche de mer*, unos pepinos de mar ahumados que le daban repelús («como salchichas rebozadas en barro y arrojadas por la chimenea»). Pero la mercancía más preciada de todas eran las aves del paraíso —*burung cenderawasih*—, criaturas espectaculares que venían de *belakang tana*, «la tierra al otro lado». Wallace estaba increíblemente emocionado: para él, Aru era el fondo del otro lado, un lugar prácticamente mítico gracias a esas aves prácticamente míticas engalanadas de un plumaje de tal belleza y elegancia que solo podían ser criaturas de algún reino celestial. O eso contaba la leyenda: aves tan raras que casi ningún europeo había visto nunca una viva; de hecho, con cierta ironía eran conocidas como *burung mati*, las aves muertas, por los comerciantes malayos, pues ellos mismos solo las conseguían sin vida y disecadas de los isleños de Aru, en *belakang tana*. Para los europeos, eran las aves «sin patas» del paraíso, *Paradisaea apoda*, nombradas así por Linneo en un guiño a la leyenda de que estas aves etéreas no necesitaban pies, pues estaban constantemente volando por la bóveda celestial, donde subsistían a base de lluvia y rocío: una leyenda que se debía a que los nativos cortaban siempre las patas al preparar los especímenes, quizás para no desmerecer el maravilloso y lucrativo plumaje.[48] Por su parte, a Wallace le interesaban las vivas y las muertas: *burung mati* para su colección, por supuesto, pero también estaba interesado en *burung hidup* —las aves vivas— para estudiar su historia natural y su comportamiento.[49] Si tan solo pudiera encontrarlas.

El archipiélago de Aru está formado por varias islas grandes y de poca elevación atravesadas por canales, prácticamente como si fueran ríos, solo que son de agua salada. Dobo estaba situada en una pequeña isla que Wallace conocía como Wamma, hoy Warmar, en la costa oeste de la isla Wokam, mucho más grande. Las densas selvas le recordaban a la Amazonía, con árboles cargados de orquídeas epífitas y helechos, y arboledas de majestuosas palmeras que se elevaban treinta metros o más, coronadas de enormes hojas colgantes. Pero «la mayor novedad y característica más llamativa» de esta selva eran los helechos arborescentes, de extraordinaria belleza y diez metros de altura, coronados de elegantes frondes: «Nada hay en la vegetación tropical tan perfectamente hermoso».[50] Las capturas también estaban a la altura de las de la Amazonía; al poco de haber llegado a Dobbo, se hizo en un solo día con tantas especies como en los mejores tiempos en Sudamérica: preciosos escarabajos, una chinche «soberbia» y unas treinta mariposas, entre las que había brillantes licénidos, elegantes *Idea durvillei* blancas y negras, *Taenaris catops* que lucían grandes ocelos con aspecto de ojos de búho en las alas posteriores (llamada por eso búho de seda en inglés) y la impresionante polilla *Cocytia dur-villii*, con el cuerpo azul metálico e impecables alas como de papel de arroz, con cada una de sus venas esmeradamente trazada con tinta china.[51] Pero el auténtico trofeo fue la despampanante mariposa alas de pájaro verde, hoy nombrada *Ornithoptera priamus poseidon*. No podía creer lo que veía cuando la mariposa gigante revoloteó lángui-damente hacia él; temblando de emoción, echó la red. Al principio le dio miedo mirar, pero ahí estaba, atrapada, el cuerpo dorado con el tórax carmesí, las alas metálicas y radiantes abriéndose y cerrándose lentamente… Estaba ensimismado de admiración, «contemplando su belleza deslumbrante y llena de vida, una joya resplandeciente que iluminaba la penumbra silenciosa de una selva oscura y enmarañada». «En el pueblo de Dobbo», declaró, «hubo aquella tarde al menos un hombre dichoso».[52]

Ave del paraíso «sin patas» y alimentándose de la lluvia, en un grabado del siglo XVI.

Esto le abrió *más* que el apetito por el interior, aquella «tierra prome-tida», en sus propias palabras, en la que esperaba hacerse con más rarezas entomológicas además de aves desconocidas en Occidente: *burung cen-derawasih*, por supuesto, pero también cacatúas negras, grandes talégalos y esas enormes ratites, los casuarios. Llegar allí ya era tener la mitad hecho. Tras escribir al gobernador de Ambon y luego al centro admi-nistrativo holandés de la región para solicitar permiso y asistencia para capturar especímenes en Aru, en un principio Wallace se alegró mucho de recibir una respuesta rápida y favorable. ¡Todo iba sobre ruedas! Fue el momento en el que llegaron los piratas. La primera señal de que no todo iba bien llegó un día de febrero, cuando un pequeño prao saqueado consiguió llegar al puerto de Dobo y se desató la alarma de ataque pirata. Había varios grupos de piratas en la región, pero los más temidos procedían de la actual Filipinas. Indistintamente llamados piratas Moro, Sulu o Mindanao, estos forajidos musulmanes eran sanguinarios en extremo, arrasaban y quemaban pueblos, capturaban a pobres hombres, mujeres y niños para el mercado de esclavos o para remar en sus galeras y mataban a todos los que los desafiaban. Fue uno de estos grupos al que había reprimido James Brooke en una serie de campañas alrededor de Borneo en la década de 1840, lo que después le valió el título de rajá blanco de Sarawak en recompensa. Los piratas solían abalanzarse en veloces galeras con velas (*lanong*) apoyadas por una flota de praos más pequeños armados con escopetas, cañones y los omnipresentes y letales *kris*. Como ya era costumbre con la suerte de Wallace, habían pasado once años desde el último ataque en las islas Aru: un largo intervalo que formaba parte de la estrategia de los piratas, que dejaban pasar suficiente tiempo entre asaltos para que todo el mundo bajara la guardia. Entonces llegaron noticias de un asentamiento devastado justo al este de Ceram y dos praos saqueados en las proximidades de Aru, con una de las desafortunadas tripulaciones, excepto un hombre, asesinada al completo. La alerta era máxima entre todos y durante varias semanas no hubo precio que tentase a los lugareños a llevarlo a la isla principal.

«13 de marzo de 1857. Con el barco al fin preparado y tras conseguir, con tanta dificultad como siempre, otros dos hombres además de mis muchachos de Malasia y Macasar, abandonamos Dobbo en dirección a la isla principal de Aru». Así comienza el segundo Diario Malayo de Wallace: le llevó casi un mes, pero al final hizo el viaje, asistido ni más ni menos que por el mismísimo *orang kaya* (jefe) de Warmar. Navegaron y remaron por el canal que discurre en sinuosa línea entre las islas de Wokam y Kobroor, adentrándose en el interior, donde se encontraron con una diminuta base que consistía en una casita comunal de unas doce personas y unos cuantos cobertizos o rediles. Por el precio de un *parang*, un cuchillo tipo machete, le dieron un espacio de trabajo y alojamiento y enseguida montó el campamento y se puso a trabajar: era el primer europeo que había residido nunca en una isla papuana, reflexionó. En los siguientes dos meses, se dedicó a seguir tres líneas principales de actividad: capturar especímenes e investigar la historia natural, estudiar la etnología de las islas Aru y encontrarle sentido al paisaje.

Las capturas fueron todo un éxito espectacular. Los isleños de Aru, expertos arqueros, cazaban aves del paraíso desde escondites construidos en lo alto de los árboles en los que sabían que se reunían las aves.[53] Subían antes del amanecer con algo de comer para aguantar unas horas, aguardaban al acecho y sorprendían con flechas romas a las aves cuando se reunían. Pero el primer espécimen que recibió Wallace no lo derribaron ellos, sino uno de sus ayudantes, Baderoon, y aquí merece la pena señalar que Wallace le reconoce el mérito al muchacho malayo en sus

Isleños de Aru cazando aves del paraíso reales
desde sus escondites en los árboles.

diarios y otros escritos, recordatorio tanto del hecho de que Wallace no
lograba él solo todo lo que hacía como de que no tenía inconveniente en
reconocerlo, al contrario que la práctica habitual de la época, en la que
el explorador blanco, como jefe de la expedición, solía llevarse todo el
mérito. El espécimen de Baderoon era el *burung rajah*, o *goby-goby* de los
isleños de Aru: el ave del paraíso real, que Linneo nombró *Paradisea regia*
pero que enseguida se reconoció tan especial que se ubicó en su propio

género, *Cicinnurus regius*. Wallace no podía creer lo que veía: un plumaje escarlata con un lustre de lana de vidrio, una banda verde metálico alrededor del vientre, el pico amarillo y las patas azul cobalto, el Gaudí de las aves. Pero había más: saliéndole a ambos lados del pecho tenía penachos de plumas eréctiles con las puntas verde esmeralda, y el ave podía abrirlos en abanicos paralelos. ¡Y las plumas de la cola! Las dos plumas en medio de la cola formaban dos esbeltos alambres satinados de unos doce centímetros que se bifurcaban en una grácil curva doble terminada en un apretado disco espiral verde metálico que parecía un reluciente botón suspendido en el aire. Estaba sin palabras: era «una de las producciones más perfectamente encantadoras de las muchas que tiene la naturaleza», comentaba extasiado. Solo la poesía podía celebrar adecuadamente una criatura de semejante rareza y belleza sin igual, lo que quizá le hiciera pensar en su hermano Edward, perdido hacía ya tanto tiempo, el único miembro de la familia dotado con aquel talento. Sin embargo, lejos de ponerse poético, se puso filosófico. Al contemplar esta joya, reflexionó sobre las innumerables generaciones de esta exquisita ave a lo largo de los siglos, «que año tras año nacen, viven y mueren en medio de esta selva oscura y sombría». Los lugareños no parecían valorarlos, no les despertaban más asombro del que un gorrión común despertaría en Inglaterra. ¿Eran incapaces de apreciar estas joyas vivas? Eso se temía, injustamente. Pero aunque menospreciase el sentido estético de los nativos, también tenía clara la factura que la «civilización» pasaría a estas aves. Dio en el clavo con una trágica ironía: si bien solo un pueblo «civilizado» puede apreciar aparentemente la belleza sublime de semejantes seres, el advenimiento de la civilización a aquel lugar «perturbaría tanto las relaciones bien equilibradas de la naturaleza orgánica e inorgánica» que llevaría a estas criaturas a la extinción. ¿Y esto qué quiere decir? Para Wallace, era evidente: «Esta consideración nos indica con total seguridad que todos los seres vivos no se hicieron para el hombre».[54]

No tardaría en disfrutar del espectáculo de las aves del paraíso esmeraldas grandes, al contemplar a unos jóvenes machos de *P. apoda* que no tenían el plumaje completo todavía pero practicaban su exhibición de cortejo con saltitos y vuelos alrededor de los árboles de sus leks: «Wawk-wawk-wawk-wawk, wŏk-wŏk-wŏk», su llamada resonaba por toda la selva.[55] Wallace gozaba de estar rodeado de semejante belleza, ¡era el primer occidental en observar el comportamiento de ceba y cortejo de las casi míticas aves del paraíso![56] Tenía que pellizcarse al pensar cuántos antes que él habían deseado alcanzar «estos reinos casi de hadas» para ver con sus propios ojos la maravillosa belleza que él era tan afortunado de contemplar. Pero salió de sus ensoñaciones al oler el café que preparaba el joven Baso y oír a Alí y a Baderoon preparar las escopetas para salir a cazar, y recordó con sobresalto que tenía una hermosa cacatúa enlutada que desollar.

Decidido a seguir explorando el interior y hacer observaciones de los canales que separan las islas, trasladó a su grupo a la aldea interior de Wanumbai (no sin dificultad, como de costumbre, esta vez por una falsa alarma de más piratas). Wallace regateó el alquiler de parte de una gran casa, compartida con cuatro o cinco familias. De sólida construcción, sobre postes de dos metros y suelo de bambú, tenía una cubierta de paja a dos aguas con un ventanuco que podía abrirse para que entrara luz y aire y una zona de cocina separada por una división de paja. Con las mosquiteras colgadas y las cajas dispuestas para hacer de mesas, estaba todo listo... salvo por el hecho de que cada vez le costaba más caminar. Desde que se marchó de Dobo, Wallace había sido presa de mosquitos y jejenes sedientos de sangre, y tenía los pies y los tobillos tan terriblemente ulcerados que apenas podía levantarse. Quizás bromeara con que esos insectos picadores «parecían empeñados en vengar la constante persecución de su raza que tanto tiempo llevaba ejerciendo», pero la cosa no era para reírse: no podía salir a recolectar y tenía que arrastrarse hasta el río para bañarse, donde, para colmo de males, hermosas mariposas cola de golondrina y otras rarezas le atormentaban revoloteando fuera de su alcance.[57] Pero sus fieles ayudantes aguantaban el tipo con un flujo constante de especímenes: además de insectos variados y conchas de caracol, le llevaban preciosas aves del paraíso, palomas de colores brillantes, radiantes martines pescadores y hermosos loritos, y tenía entre sus capturas de mamíferos un cuscús, un curioso marsupial de Australasia. Pero había conseguido finalmente presenciar el escandaloso lek del ave del paraíso esmeralda grande, localmente llamado *sácaleli*, o equipo de baile, no muy desencaminado.

Después calcularía que había estado postrado más o menos la mitad del tiempo que pasó en el interior; prácticamente lo único que podía hacer era ayudar con el desollado y el montaje en alfileres y asegurarse de que todos los especímenes estaban a salvo de plagas, grandes (perros callejeros) y pequeñas (voraces hormigas). Pero había más: siempre que Wallace se veía forzado a descansar, su cabeza se volcaba en cuestiones de mayor calado filosófico. Registraba observaciones de las personas y su interacción con ellas, y apuntó en su diario que «los habitantes humanos de estas selvas no me resultan menos interesantes que las tribus aladas». Los pueblos eran entonces su segunda línea de investigación. Estaba más sensibilizado que nunca con lo que consideraba diferencias raciales notables entre papuanos y malayos y hacía observaciones acerca de su forma de vestir, sus adornos, instrumentos y herramientas. Entablaba largas conversaciones en grupo, con la ayuda de intérpretes malayos, en las que el naturalista occidental y los vecinos orientales de esta remota aldea en la remota Aru se esforzaban por entenderse mejor los unos a los otros y sus creencias. Le imploraban que les dijese cómo se llamaba su país, pues no aceptaban que «Unglung» o «N-glung»[58] fuese un nombre de verdad. ¿Quién había escuchado alguna vez un nombre de lugar tan impronunciable? «Dinos el verdadero nombre de tu país», le rogaban los *orang-wanumbai*, «y así cuando te vayas sabremos cómo referirnos a ti». También le contaron una leyenda de «gente perdida», hombres, mujeres y niños, que hacía mucho tiempo se los habían llevado al otro lado del mar, y le suplicaban información sobre su paradero, ya que él había llegado del otro lado del mar. Pensaba que esta leyenda podría tener su origen en unos saqueadores portugueses que hacía décadas habían tomado a un grupo prisionero, e intentó convencerlos de que probablemente los hubieran llevado a otra isla y lo más seguro era que ya ni siquiera estuvieran vivos, después del tiempo que había pasado. Pero los habitantes de las islas Aru tenían una concepción muy diferente de la vida y la muerte; estaban convencidos de que los cautivos seguían vivos y regresarían, lo mismo que los animales que él capturaba: ellos también volverían a la vida. Pensaban que Wallace era una especie de hechicero, y él imaginaba que si los encandilaba con alguna simple demostración de ciencia occidental —magnetismo, por ejemplo—, le atribuirían poderes mágicos y, en un par de generaciones, él también sería mitificado, parte de su folklore.[59]

Pensaba que así era la mente «salvaje»; formaba parte del encasillamiento que vivía en su época. Desde que se topara por primera vez con la «raza» papuana en las islas Kai, sus observaciones iban dirigidas a avanzar en su caracterización y distinguirlos de la «raza» malaya, convencido como estaba de que había una distinción nítida tanto en «tipo» como en geografía, a pesar de las ambigüedades que había observado en Aru, donde existían señales de mezcla. Tenía claro el plan de investigación: aunque estaba seguro de que «malayos y papuanos parecen estar tan ampliamente separados como pudieran estarlo otras dos razas humanas cualesquiera», la segunda con claras afinidades «físicas y morales» con lo que él llamaba las «auténticas razas negras». Las ambigüedades apuntaban a la necesidad de desarrollar un meticuloso trabajo de campo. «Es una cuestión de lo más interesante, a la que dirigiré mi atención en todas las islas del archipiélago que pueda visitar».[60]

Los relatos de Wallace del tiempo que pasó viviendo entre los habitantes de las islas Aru parecían al principio carecer de la sensación de asombro y admiración tan evidente en sus descripciones de los indios del Uaupés, en la Amazonía, en sus grandes *malocas*, o los dayaks de Borneo en sus casas comunales. Recordemos que había cierto romanticismo primitivo en aquellos primeros relatos, el retrato del noble salvaje que no ha sido corrompido por fuerzas «civilizadoras». Si nos retrotraemos a sus viajes por la Amazonía, por entonces escribía que en aquel lugar podía vivir contento, viendo a sus hijos crecer como cervatillos salvajes.

Aquí, los «salvajes» de Aru con los que se había topado por primera vez, en marzo de 1857, le parecían una panda de desgraciados: unos holgazanes con la piel llena de marcas provocadas por una dieta pobre y que vivían en casas igual de pobres. Había presenciado antes la forma de vida comunal indígena (y había participado de ella) y admiraba el sentido de comunidad, pero la elección de sus palabras para describir las primeras casas que encontró en Aru parece indicar algo de su estado de ánimo en aquella época: al describir las numerosas particiones de la casa que formaban distintos lugares para dormir, señala que cada una alojaba «a las dos o tres familias distintas que suelen pacer juntas».[61] ¿Pacer? Da la impresión de que apenas consideraba humanos a estas personas. Puede que las malas vibraciones simplemente reflejen el momento difícil por el que estaba pasando en la época o, con mayor probabilidad, que se trate de una reacción a la influencia corruptora de la última tendencia en «civilización», a saber: el arrack, un aguardiente con calidad de matarratas que «los comerciantes traen en grandes cantidades y venden muy barato». Wallace lo usaba para conservar especímenes y, de vez en cuando, se tomaba una copita antes de dormir. Para los habitantes de Aru, un día de pesca o de cortar ratán implicaba soplarse una botella de unos dos litros (medio galón). A cambio del *trepang* o los nidos de aves de toda una temporada, los comerciantes pagaban cajas de quince de esas botellas de medio galón, que los nativos consumían en cuestión de días en los que no hacían otra cosa más que beber. Los propios isleños le contaban a Wallace que, en el estupor de su borrachera, a menudo hacían pedazos sus casas de bambú y ratán.[62] Igual que antaño deplorara la influencia corruptora de los comerciantes portugueses en Brasil y admirara a los pueblos indios puros y sin adulterar con los que se había topado, aquí ocurría lo mismo. Su actitud mejoraría en unas pocas semanas, en Wanumbai, «entre los auténticos nativos de Aru, medianamente libres de aditivos extranjeros», donde la dieta era muy buena, la gente estaba sana y las casas se veían bien. Trazó una comparación directa con los dayaks y los indios de Sudamérica: como con ellos, ahora aquí estaba encantado con la belleza y nobleza de la forma humana, «una belleza de la que la gente civilizada que se queda en casa nunca llegará a tener ninguna concepción».[63]

En el interior de Aru, al Wallace zoólogo y etnólogo se le unió también el Wallace geólogo. Siguiendo uno de los curiosos canales de agua salada hacia la parte oriental de las islas, empezó a conectar algunos puntos de manera inconfundiblemente wallaceana. Estas islas de tierras bajas se encuentran en aguas poco profundas, en el borde de la plataforma continental, a unos ciento cincuenta kilómetros más o menos de Nueva Guinea. Están formadas por calizas coralinas, como muchas islas, pero no se le ocurría ninguna otra en el mundo que estuviera dividida por canales de agua salada con todas las características de un río. ¿Era posible que *hubieran sido* ríos? ¿Cómo explicar, si no, sus evidentes meandros y la anchura uniforme del canal? Se dio cuenta de que el archipiélago de Aru ofrecía una lección práctica en geología lyelliana, con indicios de periodos de lento levantamiento y subsidencia. La caliza se habría formado inicialmente en un entorno marino de sedimentación y luego se habría levantado hasta tal punto que el mar de Arafura retrocedió, convirtiendo lo que hoy es Aru en un terreno neoguineano, quizás un promontorio. Los ríos que fluyen hacia el oeste desde las tierras altas de Nueva Guinea —posiblemente antecesores de los actuales Pulau, Lorentz, Agimuga, Muras Besar o cualquiera de las docenas de ríos a lo largo de la costa de Nueva Guinea que da a Aru— podrían haber discurrido por allí y haberse adentrado en lo que hoy son tierras de Aru, hasta que posteriores subsidencias inundaron las tierras bajas intermedias y, tras llenar los canales fluviales de agua salada, convirtieron Aru en un archipiélago.

Las vistas dejaban sin aliento, ayudaban inmediatamente a explicar la extraña topografía y los canales que parecían ríos, además de la zoología de Aru, con su fauna inequívocamente neoguineana, y encajaban con su visión cada vez más clara de que los cambios geológicos del pasado profundo dejan su estampa en la distribución geográfica moderna de especies. Redactó un borrador de su teoría en el diario poco después de abandonar Wanumbai, y luego la desarrolló en un artículo para la Real Sociedad Geográfica, donde fue leída oportunamente en la reunión del 22 de febrero de 1858 y publicada después ese mismo año.[64] Cuando leyeron el artículo, ya había hecho otro descubrimiento que eclipsaría todo lo anterior. Pero lo primero es lo primero.

———

Llevaba seis semanas en Wanumbai, y ya era hora de ponerse en marcha. Las aves escaseaban últimamente, se estaba quedando sin provisiones y seguía teniendo los pies hinchados y con úlceras, y le había subido la fiebre. Se despidió de la gente «sencilla y bondadosa» de la aldea y repartió entre ellos lo que le quedaba de sal y tabaco. Le regaló una petaca de aguardiente a su anfitrión y poco antes del amanecer del 9 de mayo de 1857, Wallace y sus tres jóvenes ayudantes zarparon hacia Dobo, donde llegaron por la tarde.

El pueblo estaba más animado que nunca. Las tripulaciones de cientos de praos comerciales se afanaban en colocar el cargamento recién adquirido mientras veleros y carpinteros hacían reparaciones. Las calles vibraban con música, peleas de gallos, rondas de un juego parecido al *hacky-sack* y los arrullos y graznidos de aves exóticas: loros, loris, cacatúas y palomas, atados a perchas de bambú en las puertas de las casas. La gente iba y venía, jóvenes casuarios retozaban por las calles y el dulce aroma del humo proveniente de los fogones y el secado del *trepang* inundaba el pueblo. Sí, estaba animado, pero había algo en el ambiente, una sensación creciente de inminente marcha. A medida que los cambios en el viento y las lluvias anunciaban la llegada del monzón del este, las cosas empezaron a relajarse en la ciudad comercial, generando un tinte de melancolía como el del final de un verano interminable o el murmullo de una feria al quedar vacía. Muchos habían hecho fortuna aquella temporada, o la harían pronto con sus bodegas cargadas de mercancías preciosas para vender en Occidente. Otros habían perdido fortunas y hasta la vida. Hubo al menos veinte muertos aquella temporada, enterrados en una arboleda de casuarinas detrás de la casa donde se alojaba Wallace.

Sus pensamientos también se dirigían al oeste, a Macasar otra vez, de donde zarparía su siguiente expedición. Añadió una posdata a una breve carta dirigida a Stevens que debería haber mandado en marzo en un barco que se retrasó: «Comparte mi alegría, pues he encontrado lo que buscaba; he cumplido una de mis grandes expectativas en mi visita a Aru: tengo las aves del Paraíso».[65] ¡Dos especies, de hecho! Partiría pronto, decía, y estaba tan encantado con el éxito que había tenido en Aru que estaba planeando regresar al este en cuanto pudiera, concretamente a Nueva Guinea. Había averiguado qué partes de la gran isla eran seguras y cuáles peligrosas y estaba decidido a ir. Para llegar allí, iría saltando como en una rayuela desde Macasar hasta el brazo norte de Célebes, luego a las islas de Ternate, Gilolo (Halmahera), Ceram (Seram) y otras entre medias, y de ahí a la costa norte de Nueva Guinea. Esperaba hacerse con otro montón de especies de aves del paraíso por el camino. Tengamos en cuenta, como él mismo indicaba, que era el único europeo que había disparado, despellejado y hasta comido aves del paraíso, y tenía hambre de más (metafóricamente hablando). Aunque no lo decía de forma explícita, tenía la sensación, acertada, de que muchas de las islas que salpicaban el extremo oriental del archipiélago malayo albergarían esas aves espectaculares... ¡puede que hasta alguna todavía sin describir![66] Partiría con un ayudante menos, pues Baderoon había cogido su paga y se había marchado ofendido tras recibir una regañina por vago. El desafortunado muchacho no tardó en perder todo su dinero apostando y en endeudarse tras dilapidar en el juego el dinero que le habían prestado después. Como era costumbre, fue esclavizado de hecho por su acreedor y lo más seguro es que lo siguiera estando el resto de su vida. El diligente y cumplidor Alí, por el contrario, fue enviado de nuevo a Wanumbai en busca de más *burung mati* y regresó con dieciséis «gloriosos» especímenes, a pesar de haber contraído fiebre él también. Wallace quedó impresionado con la honradez y la hospitalidad de la gente de la aldea, que ayudaron a Alí en todo lo que pudieron.

2 de julio de 1857. De nuevo a bordo de la embarcación del capitán Waasbergen, zarparon hacia Macasar aquella mañana en compañía de una flotilla de quince praos y atravesaron mil quinientos kilómetros de profundos mares azules en unos impresionantes nueve días y medio. En cuanto Wallace hubo organizado el transporte de sus colecciones y equipo, se encaminó a Mamajang para ir a ver a su amigo Mr. Mesman. Se quedó despierto toda la noche devorando las cartas y noticias de siete meses que le esperaban allí y luego se puso a trabajar en el etiquetado y empaquetado de sus «tesoros de las selvas de Aru» para enviarlos a Londres. Había sido un éxito rotundo: calculaba que la colección superaba la friolera de nueve mil especímenes, de los que mil seiscientos eran especies diferentes, ¡muchas nuevas! Además de las fabulosas aves nuevas y los espectaculares insectos nuevos, había podido hacer observaciones minuciosas sobre los pueblos papuanos y su distribución geográfica y, la guinda del pastel, dilucidar una fascinante lección práctica sobre la lectura de la historia geológica y el paisaje.

Si estos logros no son suficientes para ilustrar las líneas de investigación interconectadas que seguía la prolífica mente de Wallace, algunas de las cartas en aquella pila de correo que le esperaba subrayaban su interés global: la naturaleza de las especies y su origen. En una afectuosa carta, su amigo el rajá Brooke preguntaba a Wallace si por algún casual había leído la reciente colección de ensayos del clérigo y matemático Baden Powell, de Oxford, y comentaba que el teólogo liberal «adopta su punto de vista de la transmutación de especies»: un comentario revelador [67] Una carta de Bates repleta de noticias, escrita en el mes de noviembre anterior desde la lejana Amazonía, respondía a la que Wallace había mandado en abril de 1856. Bates había leído el artículo de Wallace sobre la Ley de Sarawak con gran interés: «Al principio me sorprendió ver que ya estabas listo para la enunciación de la teoría (…). He de decir que está perfectamente bien hecha». Lo colmaba de felicitaciones y elogios, el planteamiento del supuesto le parecía admirable, la idea, pura verdad: estaba razonada detenidamente, era de lo más original y muy completa, «abarca todas las dificultades y anticipa y aniquila toda objeción». Bates señalaba que él también tenía su parte en la formulación: «Concuerdo plenamente con la teoría y sabes que yo también la concebí, pero confieso que yo no podría haberla postulado con tanta fuerza y completitud». Se ponía poético sobre las implicaciones y, al hacerlo, revelaba la corriente de pensamiento de los dos naturalistas filosóficos cuando se mecían suavemente en sus *redés* en el Alto Amazonas, un tiempo que parecía quedar hacía un siglo: «Queda muchísimo por hacer para ilustrar y confirmar la teoría: hace falta un nuevo método de investigación para establecer postulados inductivos en Zoología y Botánica y habrá que escribir nuevas bibliotecas». Imagina, decía Bates, lo increíble que sería escribir un monográfico de flora y fauna de una región con especies diferentes pero relacionadas en cada zona, «trazando las leyes que conectan las modificaciones de formas y colores con las circunstancias locales de un área o estación, trazando en todo lo posible las relaciones reales de filiación entre las especies».[68] Juntos podían hacerlo, combinando sus colecciones sin precedentes cuando regresaran a Inglaterra.

Hay una tercera carta digna de nuestra atención, una carta de Darwin: «Veo claramente que pensamos de manera muy parecida y, hasta cierto punto, hemos llegado a conclusiones similares. Respecto al artículo en *Annals* [el de la Ley de Sarawak], concuerdo con la veracidad de prácticamente todas vuestras palabras». Quizás en un intento por señalar su prioridad, Darwin continúa informando a Wallace de que hacía unos veinte años que había abierto su primer cuaderno sobre la cuestión de la naturaleza de especies y variedades y avanzaba con constancia en un libro sobre el tema. Wallace contestó a Darwin, encantado de que coincidieran en sus puntos de vista; se sentía bastante decepcionado, confesaba, de que su artículo no hubiera obtenido ninguna respuesta. Luego, Wallace revelaba sus siguientes pasos: el artículo no era más que una salva inaugural, «el preámbulo a un intento de demostrarlo detalladamente, cuyo plan tengo organizado y en parte escrito».[69] Cuando se puso a contestar a Bates unos meses después, hacía la misma afirmación: «Me temo que a aquellos que no han pensado mucho en el tema, mi artículo "Sobre la sucesión de especies" no les parecerá tan claro como se lo parece a usted. Ese artículo, por supuesto, no es más que el anuncio de la teoría, no su desarrollo. He preparado el plan y he escrito partes de una obra exhaustiva que abarca el tema desde todos sus ángulos y trata de demostrar lo que en el artículo solo está indicado».[70] Le contaba a Bates que Darwin le había escrito y que el respetado naturalista también coincidía con él y estaba trabajando en una gran obra sobre «especies y variedades». A lo mejor Darwin le ahorraba el problema de escribir la segunda parte de su hipótesis, pensaba. ¿Cómo? «Demostrando que no hay diferencia en la naturaleza entre el origen de las especies y las variedades». Esto, pues, es un elemento clave en el proyecto de Wallace: demostrar que no hay una diferencia real entre especies y variedades o, dicho de otro modo, que las variedades no son más que especies incipientes, de modo que, sea el que sea el proceso que da lugar a nuevas variedades, es también el responsable de dar lugar a nuevas especies. Por eso funciona la Ley de Sarawak: las nuevas especies *han de* originarse en íntima asociación con otra especie previamente existente y muy relacionada, en tanto que *derivan* de estas especies preexistentes, a través del paso intermedio de las variedades. La «ley» de Wallace también explica por qué las *afinidades* —relaciones— suelen coincidir con la geografía, que es lo que hacía que las fronteras invisibles como la de Bali y Lombok fueran tan profundamente intrigantes para él. En cierto modo, esos patrones parecen desviarse de la Ley de Sarawak. ¿O no será que la discontinuidad revela algo sobre la manera en que las cadenas de afinidades de diferentes grupos se desarrollan en el tiempo y el espacio?

Wallace no sabía *cómo* surgían nuevas variedades y especies, pero formaba parte de su plan de investigación. Lo fácil, para él, era desarrollar un argumento sólido de la realidad del cambio de especies, para empezar. *Ese* es el plan al que se refería en sus cartas a Darwin y a Bates, el plan que decía haber preparado y escrito parcialmente. Wallace aludía a un libro que tenía entre manos: un libro que iba a ser un bombazo, nada menos que una refutación explícita del antitransmutacionismo del gran Charles Lyell. Ya había redactado una serie de argumentos tanto *en contra* de Lyell como *a favor* de la transmutación en su Cuaderno de Especies, copiando sistemáticamente los argumentos de Lyell en *Principles* y refutándolos de uno en uno bajo el encabezado «Apuntes para la Ley Orgánica del Cambio».[71] En una reveladora «nota para mí mismo» apretujada en una página de su cuaderno más importante, Wallace señala un argumento de Lyell como útil punto de partida para la conclusión de su propio libro: «Introducir esto y rebatir primero todos los argumentos de Lyell al comienzo de mi último capítulo».[72] La referencia a un «último capítulo» implica una *serie* de capítulos: ¡Wallace estaba escribiendo *El origen de las especies* antes de *El origen de las especies*![73]

———

Es fácil imaginarse a Wallace trabajando sin parar en su proyecto: meditando sobre el patrón y el proceso durante esas largas horas en el mar, escribiendo en sus cabañas de bambú o junto al fuego para cocinar y dando forma a sus ideas entre impulsos reprimidos de rascarse los tobillos, rojos y supurantes, y expulsiones de perros callejeros que buscaban arrebatarle sus preciados especímenes. Darwin le había dado ánimos sin revelar mucho de lo que él pensaba. Ante la decepción expresada por Wallace de que su artículo de 1855 sobre la Ley de Sarawak pareciera haberse ignorado casi por completo, Darwin le aseguró que «dos hombres muy buenos», nada menos que Charles Lyell y el zoólogo Edward Blyth, en la India, le habían llamado especialmente la atención sobre ese trabajo.[74] No mencionaba la urgencia con la que Lyell lo había hecho. El perspicaz Blyth, que mantenía en cierto secreto sus ideas transmutacionistas y llevaba mucho tiempo escribiéndose con Darwin, le había mandado una carta entusiasmado poco después de leerlo: «¿Qué piensa usted del artículo de Wallace (…)? ¡Es bueno! ¡Todo en general! (…) Creo que Wallace ha expuesto bien el asunto».[75] Darwin le contestó que suponía haber llegado bastante más lejos que Wallace y que tenía hecho más o

Note for Organic law of change.

We must at the outset endeavour to ascertain if the present condition of the organic world, is now undergoing any changes. of what nature & to what amount, & we must in the first place assume that the regular course of nature from geological Epochs to the present time has produced the present state of things & still continues to act in still farther changing it — While the inorganic world has been strictly shown to be the result of a series of changes from the earliest periods produced by causes still acting, it would be most unphilosophical to conclude without the strongest evidence that the organic world so intimately connected with it, had been subject to other laws which have now ceased to act, & that the extinction & production of species and genera had at some late period suddenly ceased The change is so perfectly gradual from the latest Geological to the modern epock, that we cannot help believing the present condition of the Earth & its inhabitants

Página manuscrita del cuaderno de especies de Wallace. El libro que planeaba escribir sobre la transmutación pudiera haberse titulado *Sobre la ley orgánica del cambio.*

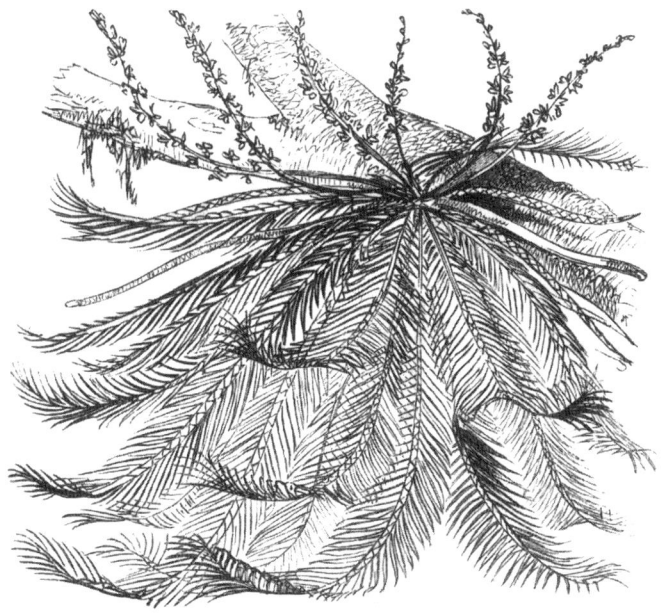

Grammatophylum speciosum, la orquídea gigante, una
epífita característica de los bosques malayos. Wallace, autor del boceto
original, incluyó el grabado en su *The Malay Archipelago*. Señala
que las ramas de esta plantan llegan a los 3,5 m de longitud,

menos la mitad de su libro sobre especies: otro paraquelosepas. Pero a
pesar de la advertencia de Lyell, Darwin no podía creer que Wallace
estuviera ni medianamente cerca de su idea trascendental: la selección
natural. El inteligente coleccionista de especímenes quizá se aventurara
en cuestiones filosóficas y hasta podría mostrar tendencia a lo heterodoxo
con el asunto del cambio en las especies. Pero ¿selección natural? La idea
no es tan sencilla como parece, su majestuosidad y poder aclaratorio no
son en absoluto intuitivos. No, Wallace no tenía nada comparado con lo
que tenía él. ¿O sí?

9

Eureka:
Wallace, exultante

S I DARWIN TENÍA UN PLAN, NO LE SALIÓ BIEN. Con los comentarios casuales que le hizo a Wallace sobre el tiempo que llevaba
trabajando en la cuestión de las especies y lo avanzado que estaba
con su libro, probablemente pretendiera marcar su territorio y advertir al
joven naturalista de que no continuara por ese camino. Pero, al parecer,
el entusiasta en Wallace solo se quedó con los ánimos: el recolector de
campo autodidacta tenía una inclinación filosófica irreprimible, y saber
que sus ideas en el artículo de la Ley de Sarawak habían sido tan bien
recibidas por gente como Darwin... guau, era un verdadero balón de
oxígeno. Esperaba que su viejo amigo Bates le apoyara, pero hasta *sus*
desmedidos elogios superaron sus expectativas: Wallace estaba emocionado y luego le confesaría a Bates que había leído y releído su carta más
de veinte veces.[1] Por si esto fuera poco, el estimado Darwin concordaba
«con la veracidad de prácticamente todas vuestras palabras» en el artículo
y estaba estudiando justo en ese momento «de qué manera difieren especies y variedades las unas de las otras».[2] ¡Era emocionante!

De regreso a Macasar, mientras trabajaba en el empaquetado de sus
amplias colecciones de Aru para enviarlas, la rueda seguía girando...
especies, variedades, grados de afinidad, permanencia, transiciones, distribución en el tiempo, en el espacio... Pensando en Aru, sus colecciones,
las cartas y los patrones, tuvo más arranques de iluminación. En los pocos
meses que estuvo en Macasar, antes de zarpar el 19 de noviembre de 1857
a Amboina (Ambon), despachó al menos seis artículos a Londres. Tres
de ellos eran fundamentalmente zoológicos, reescrituras de sus exhaustivas notas de campo. Incluían un informe detallado del comportamiento
y la apariencia del ave del paraíso esmeralda grande, un resumen de su
éxito recolector de insectos en Aru y observaciones sobre la oruga y la

pupa de esa mariposa alas de pájaro verde «extraordinaria y única» de Aru, *Ornithoptera priamus poseidon*, «absolutamente luminosa, con un resplandor que nada en la naturaleza animada es capaz de superar».[3] Los otros artículos eran más sorprendentes. Si los tres primeros reflejan al Wallace diligente naturalista de campo, los siguientes reflejan al Wallace sagaz naturalista filosófico.

Eran parte de un todo, estos tres: un artículo breve (de dos páginas) sobre la naturaleza de las especies y dos artículos mucho más largos, uno sobre la geografía física y el otro sobre la historia natural de las islas Aru.[4] Su hipótesis de una antigua conexión de Aru con Nueva Guinea es clave en ambos, pero destaca el artículo sobre historia natural: en una impresionante aplicación de su Ley de Sarawak, Wallace presenta los argumentos más claros hasta el momento a favor de su visión evolutiva. Su enfoque reproduce el del Cuaderno de Especies: su contraparte era Charles Lyell. A ver, dice Wallace, sabemos que no hace tanto, geológicamente hablando, las especies que viven actualmente no existían. «¿Cómo explicar dónde se originaron? ¿Por qué no se encuentran las mismas especies en los mismos climas por todo el mundo?». La explicación ampliamente aceptada es que a lo largo del tiempo, las lentas revoluciones en la Tierra —el levantamiento de montañas, el hundimiento de continentes, cambios en las condiciones climáticas— abocan a la extinción a las especies que existían en las condiciones originales, mientras que rondas de creación especial pueblan el paisaje, con las nuevas condiciones, de especies nuevas. «Sir C. Lyell, que ha escrito mas a fondo, y con mayor talento que la mayoría de naturalistas en este tema, adopta esta opinión», indica Wallace. Resulta revelador que el ejemplo de *Principles* que ofrece Wallace a continuación en su artículo está también escrito textualmente en el Cuaderno de Especies. Lyell imaginaba los efectos que tendría el levantamiento de una hipotética cadena montañosa en el norte de África: «Entonces, los animales y plantas del norte de África desaparecerían, y la región se adaptaría poco a poco a la recepción de una población de especies *perfectamente distintas en sus formas, costumbres y organización*».[5] Lo que resalta aquí Wallace apunta al meollo del asunto. En el artículo, construye una refutación detallada paso a paso, pero no tenemos más que ver el conciso desarrollo en el Cuaderno de Especies:

> Pero acaso no tenemos motivos para creer que sean formas modificadas de especies norteafricanas previamente existentes. El clima se asemejaría más al de las Indias Occidentales, pero sabemos que las producciones no se parecerían. Sería algo extraordinario que aunque la modificación de la superficie estuviese provocada por causas naturales ahora en marcha y la extinción de especies fuese el resultado natural de las mismas causas, la reproducción e introducción

de nuevas especies requiriese actos especiales de creación, o algún proceso que no se presente en el curso ordinario de la naturaleza.[6]

El esclarecedor pasaje es una indirecta a la falta de coherencia de Lyell; nótese que recuerda al subtítulo de *Principles*: «En un intento de explicar los antiguos cambios de la superficie de la Tierra, con referencia a causas ahora en marcha». ¡Auch! Wallace luego señalaba que, de acuerdo con su «ley», *en contra* de lo que afirmaba Lyell, cada una de las nuevas especies que surgiera estaría «muy relacionada» con su equivalente preexistente (al que Wallace llamaba extrañamente «antitipo»), lo que implicaba que era una modificación de aquel equivalente; si bien no sabía *cómo*. Si era cierto, cada ronda sucesiva de cambio faunístico con el paso del tiempo geológico será *progresivamente* más o menos diferente de lo que había antes. Era coherente con el cambio en apariencia progresivo y direccional que vemos en el registro fósil y coherente con la transmutación.

En cuanto a las islas Aru, Wallace hizo algo así como un experimento mental: una aplicación explícita de su Ley de Sarawak. Dado que la mayoría de especies de Aru se encuentran en Nueva Guinea, suponía que la separación de las dos islas era bastante reciente. Mirando al futuro, ante la continua separación de las islas y el lento cambio geológico en cada una de ellas, imaginaba una divergencia progresiva en su fauna: los grupos que podrían extinguirse o prosperar en una isla probablemente no fuesen los mismos que se extinguieran o prosperaran en la otra. Las sucesivas nuevas especies serían similares pero no idénticas a las anteriores, y el proceso sería independiente en ambas islas. Con el tiempo, las dos islas podrían, primero, presentar grupos de especies diferentes del mismo género, tal vez como vemos hoy en día entre el norte de Australia y Nueva Guinea. Dejando pasar aún más tiempo y cambios, «la fauna llegaría a diferenciarse no solo en especies, sino en grupos genéricos», como sucede con las islas del Caribe en comparación con México, indica. Cuanto más tiempo pase, divergencias aún mayores tendrán lugar: «Entonces tendríamos un equivalente exacto a lo que vemos hoy en Madagascar, donde las familias y algunos géneros son africanos, pero donde hay muchos grandes grupos de especies que forman géneros particulares, o incluso familias, pero que siguen pareciéndose en términos generales a las formas africanas». La visión evolutiva de Wallace estaba clara. Pero nótese el golpe de gracia al modelo lyelliano que entrañaba su experimento mental, con una simple observación que socavaba por completo el modo en que Lyell consideraba el ambiente como el determinante principal de las relaciones entre especies en todo el mundo. Comparemos Borneo y Nueva Guinea: dos grandes islas prácticamente en el ecuador en la misma región, comparables en tamaño, geología, topografía y condiciones ambientales. Sin embargo, se encuentran cada

una a un lado de esa línea divisoria invisible con la que se había tropeza-
do en Bali y Lombok; las dos eran drásticamente diferentes en su fauna,
Borneo indudablemente asiática en sus aves y mamíferos, Nueva Guinea
indudablemente australiana. Pero luego, analicemos ese transecto de
manera diferente, comparando Nueva Guinea con el continente insular
de Australia. Los dos difieren en todos los aspectos en los que Nueva
Guinea se parecía a Borneo. Difieren drásticamente en tamaño, geología,
topografía y condiciones ambientales: Nueva Guinea, de exhuberantes
selvas a zonas alpinas; Australia, en su mayor parte plana y desértica
hasta la médula. ¡Pero sus grupos de aves y mamíferos son prácticamente
idénticos! Había cierta elegancia en la simplicidad del argumento: de un
plumazo, Wallace se llevaba por delante uno de los dogmas principales
de la visión entera de Lyell de los cambios en la Tierra y la vida que
alberga. Wallace nunca rehuía enfrentarse con ninguna autoridad científica si pensaba que estaba en lo cierto; ¿cómo se recibiría este argumento,
este embate académico a Lyell, en los salones científicos de Londres? ¿Y
la transmutación, la idea que implica su Ley de Sarawak?

———

Con los artículos escritos y las colecciones clasificadas y empaquetadas
—más de nueve mil especímenes de unas mil seiscientas especies, incluido un conjunto de más de ochocientas especies para su estudio privado—, envió la prodigiosa remesa a Londres vía Singapur, desde donde
la goleta Maori, al mando del capitán Charles Petherbridge, partió el 4
de septiembre de 1857 en el primer tramo de una travesía con múltiples
paradas. Casi exactamente un mes después, Stevens, siempre tan eficiente, leía la carta sobre Aru de Wallace en la Sociedad Entomológica de
Londres, abriéndoles el apetito a los coleccionistas y museos de Londres
con las rarezas que estaban al llegar.[7] Wallace supo después que las ventas
de junio habían generado la friolera de mil libras, sin contar los lotes
separados de insectos que había capturado por encargo del entomólogo británico William Wilson Saunders, que por entonces cumplía su
segundo mandato como presidente de la Sociedad Entomológica.[8] Las
cartas y los artículos de Wallace viajaron por correo en vez de con el
cargamento, por lo que llegaron bastante antes que los especímenes. Los
artículos estaban todos leídos y algunos hasta publicados para diciembre;
podemos hacernos una idea de la magnitud de las expectativas que tenía
con sus artículos más filosóficos después de las palabras de ánimo de
Darwin.

Como estaban a mediados de septiembre y, a corto plazo, ningún
barco iba a dirigirse hacia el este, Wallace decidió hacer un poquito más
de recolección mientras duraba la temporada seca. Alí estaba postrado

con fiebre, así que contrató a dos nuevos asistentes para un viaje corto al norte de Macasar, al pequeño *kampong* de Maros, donde el hermano de su amigo Mr. Mesman dirigía una pequeña y próspera hacienda enclavada en unas montañas calizas: campos y arrozales trabajados con búfalos de agua, rodeados de una selva de árboles del pan y las majestuosas palmeras de plumas *Arenga* tan apreciadas para hacer azúcar y vino de palma. Con permiso del rajá para capturar especímenes, Wallace contaba con un pequeño bungalow construido en la selva al pie de la montaña, su base para el siguiente mes, más o menos. La geología de aquella parte de Célebes es una mezcla interesante de caliza entreverada de roca volcánica, erosionada hasta formar extrañas y hermosas formaciones y montañas escarpadas: una imagen de postal de una de las regiones kársticas más grandes del mundo. Wallace siguió el *sungai* (río) Pute tierra adentro hasta cerca de la actual Rammang-Rammang, remontando los codos y recodos del río hasta las cascadas, impresionado con el paisaje, cada vez más espectacular: «Las gargantas, desfiladeros y precipicios que abundan aquí no los había visto en ningún otro lugar: no se encuentra una ladera prácticamente en ninguna parte, inmensos muros y masas de roca escabrosas rodean todas las montañas y cercan todos los valles».[9] Puros barrancos y precipicios colgantes de ciento cincuenta metros de altura que estaban cubiertos de «un tapiz de vegetación»: plantas del género *Pandanus*, helechos, trepadoras y árboles entremezclados en una «red perennifolia» que por aquí y por allá dejaba ver la caliza blanca, socavones y entradas de cuevas. De hecho, el karst de Maros-Pangkep es famoso hoy en día, renombrado por su complejo cavernario lleno de arte rupestre prehistórico. Seguro que a Wallace le habría impresionado saber que el arte rupestre más antiguo del mundo que se conoce se encuentra precisamente en esta zona y fue datado por un equipo de australianos e indonesios en casi cuarenta y cuatro mil años.[10] Pero tenía la entomología en mente, y mientras admiraba la geología con un ojo, el otro estaba puesto en los insectos. Al llegar a las cascadas, se encontró con unas vistas que cortaban la respiración: la playa de arena húmeda del remanso que se formaba bajo la caída era un lienzo deslumbrante salpicado de mariposas de intensos tonos naranjas, amarillos, blancos, azules y verdes en una especie de mezcla entre Jackson Pollock y Georges Seurat, un lienzo que estallaría de repente en una auténtica *action-painting*, con cientos de motitas de colores volando por los aires, un cuadro que cobra vida en forma de espectacular tormenta arcoíris. Eso ya hubiera sido recompensa suficiente, pero además fue obsequiado no con una, sino con *tres* especies de mariposa alas de pájaro que le dejaron maravillado cuando las vio «revolotear por la espesura en un vuelo firme y fluido» con sus alas de entre diecisiete y veinte centímetros espléndidamente coloreadas de pintas o manchas de un intenso amarillo satinado sobre un lienzo negro azabache.

Las lluvias se adelantaron a mediados de octubre, trayendo con ellas fiebre, disentería, pies misteriosamente hinchados, serpientes y una plaga de gruesos milpiés de entre veinte y veinticinco centímetros de largo que se arrastraban por absolutamente todas partes («¡Me he encontrado uno hasta en la cama!»). Era hora de irse, así que empaquetó y mandó otra ingente remesa más: esta vez, algo más de ocho mil insectos en total, además de ciento sesenta y seis especies de aves, ciento cuarenta conchas, tres murciélagos, dos cráneos de cerdos salvajes y una ardilla. Le informarían después de que todo había llegado bien a Londres el siguiente mes de julio.[11] Mientras sus colecciones se encaminaban al oeste, él se dirigía al este, hacia Ambon, a bordo del vapor de correos Padang, que había zarpado el 19 de noviembre. O más bien, se dirigió al sureste y luego al norte, con escalas en los pueblos de Kupang y Dili, en Timor, y luego al norte hacia la isla de Banda Neira y finalmente Ambon, el zigzag habitual de la ruta postal. El vapor era lento, pero lo compensaba con creces con su holgura y comodidad, por no mencionar la buena comida y libaciones: la rutina a bordo era bastante agradable, se servía café o té y un desayuno ligero todas las mañanas a las ocho, seguido de un vaso de vino de Madeira o ginebra y aperitivos a las diez, un almuerzo con carne a las once, otra ronda de café o té a las tres, a las cinco otro aperitivo y la cena a las seis, y luego café o té otra vez a las ocho para cerrar la tarde: «No falta emoción gastronómica para matar el tedio de los días a bordo».[12]

Las breves paradas en Timor y Banda le sirvieron para observar pero no para recolectar. Advirtió que los timorenses eran de ascendencia papuana e hizo anotaciones geológicas además de otras que hoy denominaríamos ecológicas. No sabía que la montañosa Timor es una frontera geológica —complejo fruto de la subducción de la placa australiana en su inexorable desplazamiento noreste—, pero su ojo lyelliano captó el relato de levantamiento y subsidencia pasados que contaban los arrecifes de coral levantados y rotos en los que estaba construido el pueblo de Kupang, además de los muros de una antigua casa ahora sumergidos en la zona de marea. Se percató de que Timor era extraordinariamente seca, dominada por vegetación arbustiva, y aún lo era más en la parte que daba a la isla Wetar. El contraste con Banda Neira y las islas adyacentes en el Arco de Banda, a tan solo unos trescientos kilómetros al norte, todas «vestidas con un manto brillante de selvas siempre verdes», resultaba llamativo, y dio en el clavo del porqué: los vientos áridos del monzón que soplaban del sureste por el agostado continente australiano resecaban Timor, convirtiéndola, en términos actuales, en sabana tropical más que selva tropical. Regresaría a Timor un par de años después y se quedaría allí unos meses a recolectar, pero ahora su destino era Ternate vía Ambon, donde planeaba quedarse alrededor de un mes. El 30 de

Navíos holandeses en *De Reede van Banda* (la carrera de Banda).

noviembre, veinte horas después de zarpar de Banda Neira, arribaron en Ambon, donde la indispensable carta de recomendación le consiguió a Wallace la asistencia inmediata de un par de amables médicos expatriados al servicio de la Compañía Holandesa de las Indias Orientales que también eran entomólogos aficionados: el alemán Otto Gottlieb Mohnike y el húngaro Carl Ludwig Doleschall. Lo llevaron a ver al gobernador holandés, natural de Batavia, Carel Frederik Goldman, que se mostró igual de servicial.

Ambon es hoy la capital de la provincia indonesia de Maluku (Molucas). Conocida en la época de Wallace como Amboina o Amboyna, el nombre se aplicaba tanto a la ciudad como a la isla entera en la que se asienta, pequeña y accidentada, en el archipiélago conocido como Arco de Banda. Es casi dos islas, de hecho, con un lóbulo alargado más grande y otro más pequeño conectados por un estrecho istmo; si las islas se reprodujesen por partición ameboide, Ambon sería el espécimen tipo. La enorme y somera bahía entre ambos sorprendió a Wallace con las «magníficas dimensiones, formas variadas y colores brillantes» del abundante coral y otros invertebrados marinos que cubrían el fondo de la prístina bahía. «Era un espectáculo que podía contemplarse durante horas, cuya belleza e interés no hay descripción que les haga justicia».[13] Abrigada a un extremo de la isla mucho más grande de Ceram, el pequeño tamaño de Ambon escondía su importancia histórica como capital de las Molucas y del comercio de especias holandés. A partir de su llegada alrededor de 1512, los portugueses habían mantenido un frágil control sobre la isla, entre conflictos con los amboneses melanesios malayos musulmanes y crecientes tensiones con los ingleses y los holandeses. Nunca consiguieron controlar del todo el comercio de especias, y un siglo después renunciaron a la isla sin oponer resistencia y entregaron las llaves de su fortaleza, Forte de Nossa Senhora da Anunciada, al almirante holandés de la VOC Steven van der Hagen, que lo renombró Fort Victoria (actualmente hay partes que se pueden visitar). Salvo por breves periodos de tiempo, la isla permaneció en buena medida bajo control holandés durante los siguientes doscientos años largos, convertida en el centro no solo del comercio de especias en general, sino de la producción de clavo en particular. En una época, los holandeses decretaron que el clavo, las yemas florales increíblemente aromáticas del árbol *Syzygium aromaticum* (familia Myrtaceae), tan apreciado por sus usos culinarios y medicinales, solo se podía cultivar en Ambon.

A Wallace le cedieron una cabañita situada en la parte norte de la isla en una zona recién clareada de una plantación de cacao: justo el tipo de enclave que le encantaba, como las minas de carbón de Simunjan, en Borneo, en donde la combinación de árboles derribados, montones de maleza y hábitats limítrofes de la selva atraía escarabajos barrenadores de todo tipo. No le decepcionó; había cantidad de estupendos gorgojos (Curculionidae), escarabajos longicornios (Cerambycidae) y escarabajos barrenadores metálicos (Buprestidae), entre otros, insectos «extraordinarios por sus formas elegantes o colores brillantes, y casi todos totalmente nuevos para mí».[14] Los caminos sombreados de la selva brindaban también estupendas mariposas, entre ellas la ulises, *Papilio ulysses*, de un luminoso azul metálico, «el príncipe de los lepidópteros». Este zafiro errante hecho mariposa está ampliamente distribuido por toda la región, pero Ambon es el área tipo, el lugar desde donde *el* espécimen representativo se abrió paso hasta Uppsala, en Suecia, y allí, en 1758, Carlos Linneo (Carl von Linné) le confirió su nombre científico. Sin embargo, la zona quizás fuese un poco demasiado productiva: los claros llenos de arbustos y los linderos de la selva que atraen a toda una variedad de insectos también atraen a toda una variedad de depredadores de insectos, y a depredadores de esos depredadores, y a depredadores de *esos* depredadores... Así, una tarde Wallace descubrió que una pitón de tres metros y medio, del grosor de un muslo, se había instalado en el tejado de su cabañita de bambú y paja, ¡y él había dormido la noche anterior bajo ella! El pánico cundió entre sus asistentes, que huyeron despavoridos, y nada podía convencerlos de regresar, por no hablar de ayudar. Al final, un lugareño acostumbrado a tales animales acudió al rescate y sometió a la gran serpiente con un lazo de ratán. Pero desengancharla de la cabaña resultó un martirio, pues la enfurecida bicha se retorcía y se enroscaba en las sillas, los postes y (casi) hasta en las personas.[15]

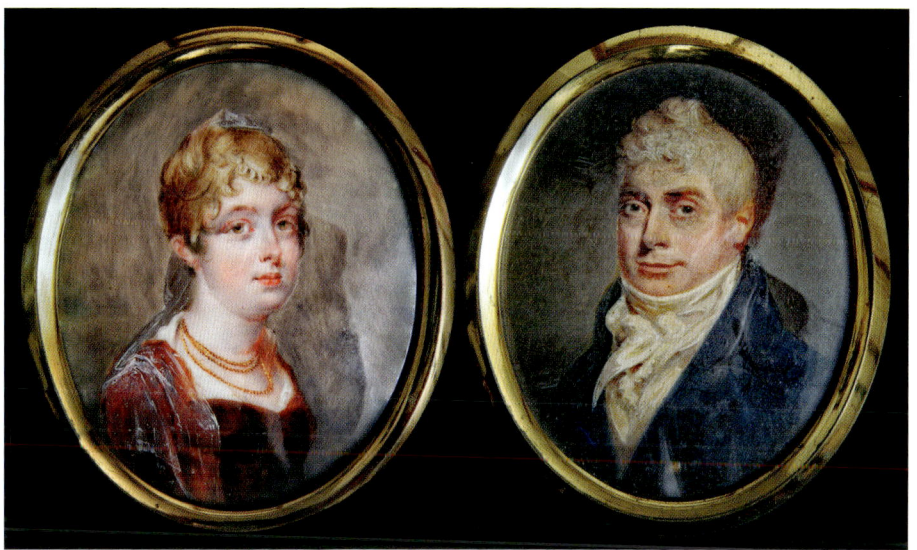

1 – Los padres de Alfred Russel, Mary Ann y Thomas Vere Wallace.

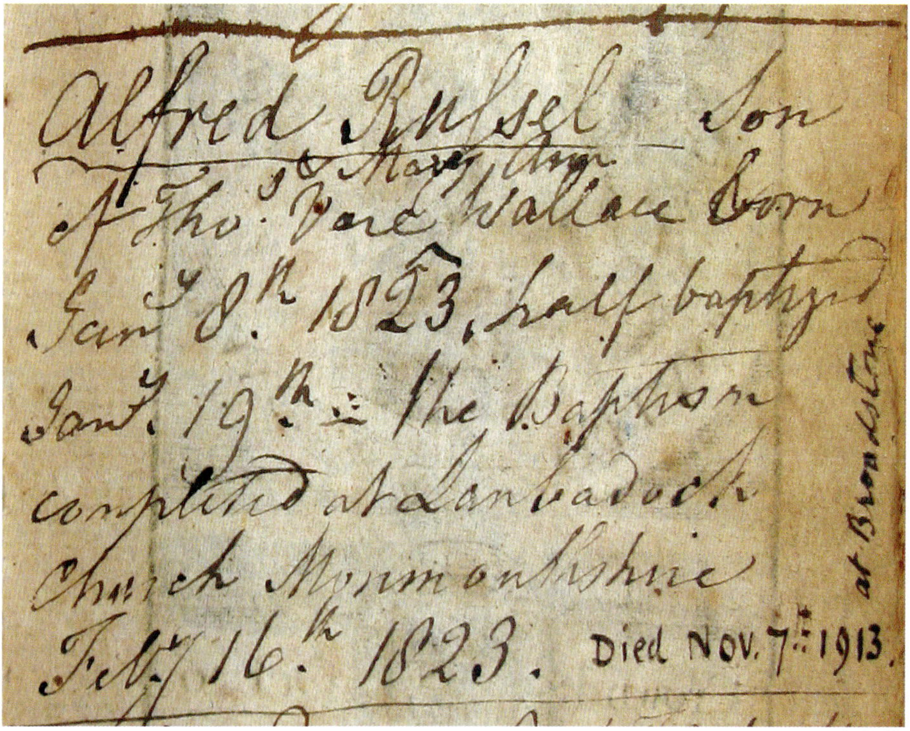

Alfred Russel Son
of Thos & Mary Ann Vere Wallace born
Jany 8th 1823, half baptized
Jany 19th – The Baptism
completed at Lanbadoch
Church Monmouthshire
Feby 16th 1823. Died NOV. 7th 1913.
at Broadstone

2 – Entrada del nacimiento de Wallace en el libro de oraciones familiar en el que se hace constar su «medio bautismo».

Alfred Russel, hijo | de Thomas Vere y Mary Ann Wallace, nacido | el 8 de enero de 1823, medio bautizado | el 19 de enero. El bautismo | tuvo lugar en la iglesia de Lanbadoch, | en Monmouthshire | el 16 de febrero de 1823. Falleció el 7 de noviembre de 1913 | en Broadstone.

3 – Vista del río Usk y el pueblo desde la roca de Llanbadoc.

4 – El escarabajo abeja *Trichius fasciatus*, la preciosa captura de Wallace en Gales.

5 – Las cascadas del Afon Hepste, en el valle del Neath, Gales.

6 – Samuel Stevens, agente por excelencia, hacia principios de la década de 1850.

7 – Algunas mariposas impresionantes del género *Heliconius*.

8 – Paragüero ornado,
Cephalopterus ornatus.

9 – El espectacular gallito de las rocas
guayanés, *Rupicola rupicola*.

10 – Monos aulladores (*Alouatta* spp.). Están entre los primates más grandes y
son definitivamente los más chillones de Sudamérica.

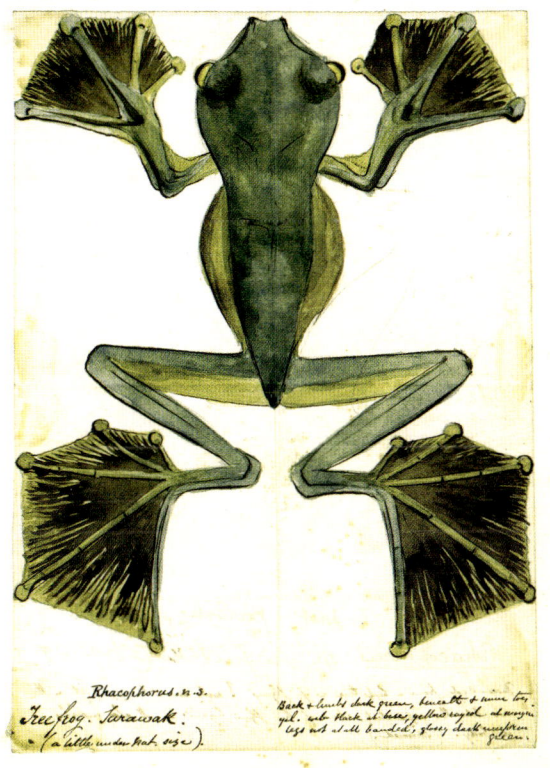

11 – La rana voladora de Wallace, *Rhacophorus nigropalmatus*, dibujada por él mismo.

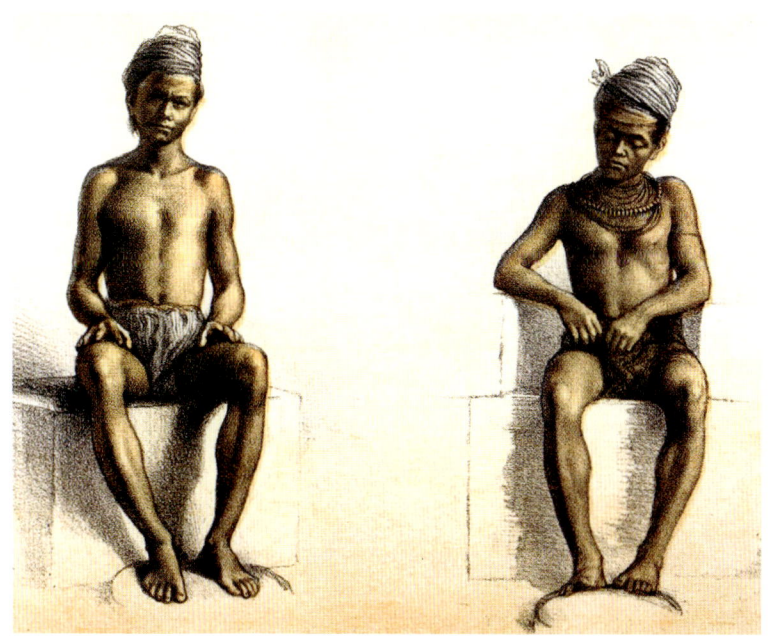

12 – Dayaks del interior de Borneo.

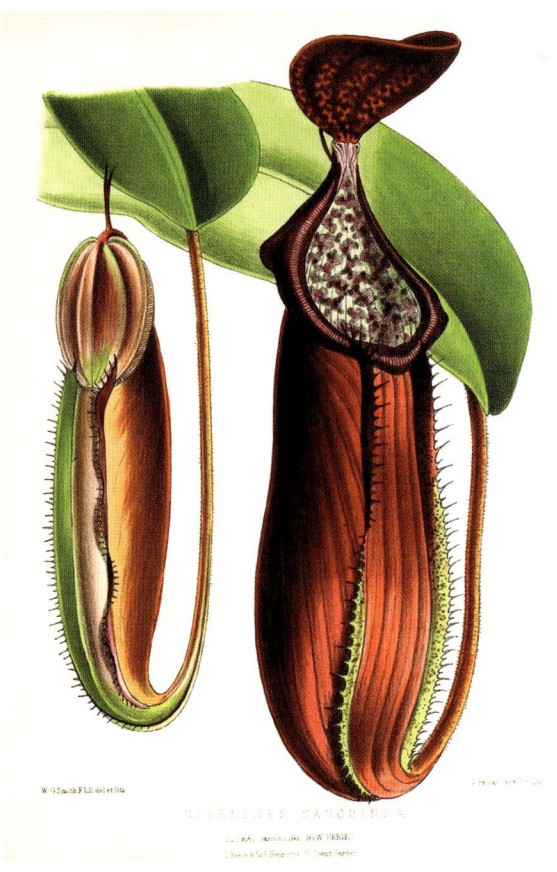

13 – La planta jarra, *Nepenthes sanguinia*. Es insectívora, pero también quita la sed si no hay más remedio.

14 – Dibujo de Wallace del cálao rinoceronte de Borneo, *Buceros rhinoceros*.

15 – Eurilaimos rojinegros, *Cymbirhynchus macrorhynchus*.

16 – Martín pigmeo herrumbroso, *Ceyx rufidorsa*, uno de
los martines pescadores de menor tamaño.

17 – Tres fabulosas mariposas alas de pájaro: *Trogonoptera brookiana* (arriba), *O. poseidon* (abajo a la izquierda) y *O. croesus* (abajo a la derecha).

18 – La pita moluqueña meridional, *Erythropitta rubrinucha*.

19 – Piel de la pitón que fue tan insensata como para intentar compartir
la cabaña en Ambon con Wallace.

20 – La abeja de Wallace, *Megachile pluto*, la abeja más grande del mundo, que
hace que la abeja melífera común parezca pequeña.

21 – Ave del paraíso roja,
Paradisaea rubra.

22 – Ave del paraíso esmeralda chica,
Paradisaea minor.

23 – Un hallazgo de primera: *Semioptera wallacii,*
el ave del paraíso de Wallace.

"Goby-goby", Aru. "Burong Rajah" Malay.   74

Paradisea regia. Linnaeus. (*Cicinnurus regius.* Viell.)

Frequent the thick jungle on trees. Eats fruit swallows very large stone which pass through it stomach. This with ... others o.o. Is very active on wings & legs. Often flutter it wings very much in the manner of the S. American Manakins. Has a wide gape. Nostrils linear, long, close to margin of mandible. Eyes pale olive; legs fine cobalt blue; bill orange yellow. The middle tail feathers cross each other near the base. When the wings are closed the breast plumes are concealed beneath them, when the bird is excited — raises it spens & quivers its wings displaying the beautiful fan shaped green tipped plumes to great advantage.

Pencil lines show nat. position of tail feathers.

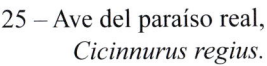

24 – Página del cuaderno de campo de Wallace que describe el ave del paraíso real (véase el dibujo de las plumas de la cola).

25 – Ave del paraíso real, *Cicinnurus regius.*

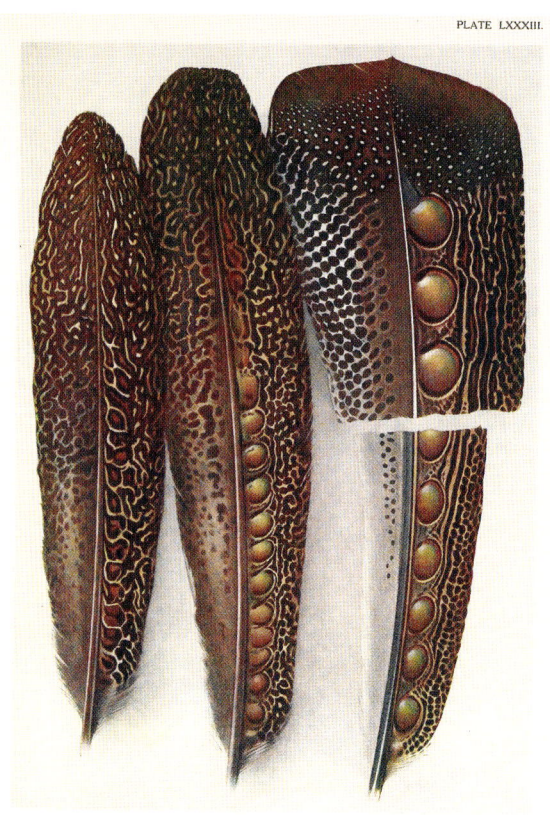

EVOLUTION OF THE EYES ON THE WING-FEATHERS OF THE ARGUS PHEASANT.

26 – Esta progresión puede reflejar la evolución gradual del impresionante trampantojo que crean los ocelos del faisán argos real, *Argusianus argus*.

27 – Una escena portuaria con praos malayos.

28 – Lámina del artículo de Wallace sobre papiliónidos malayos
que muestra formas miméticas [*V*. nota en p. 559].

29 – Unos cuantos de las decenas de miles de escarabajos capturados por Wallace.

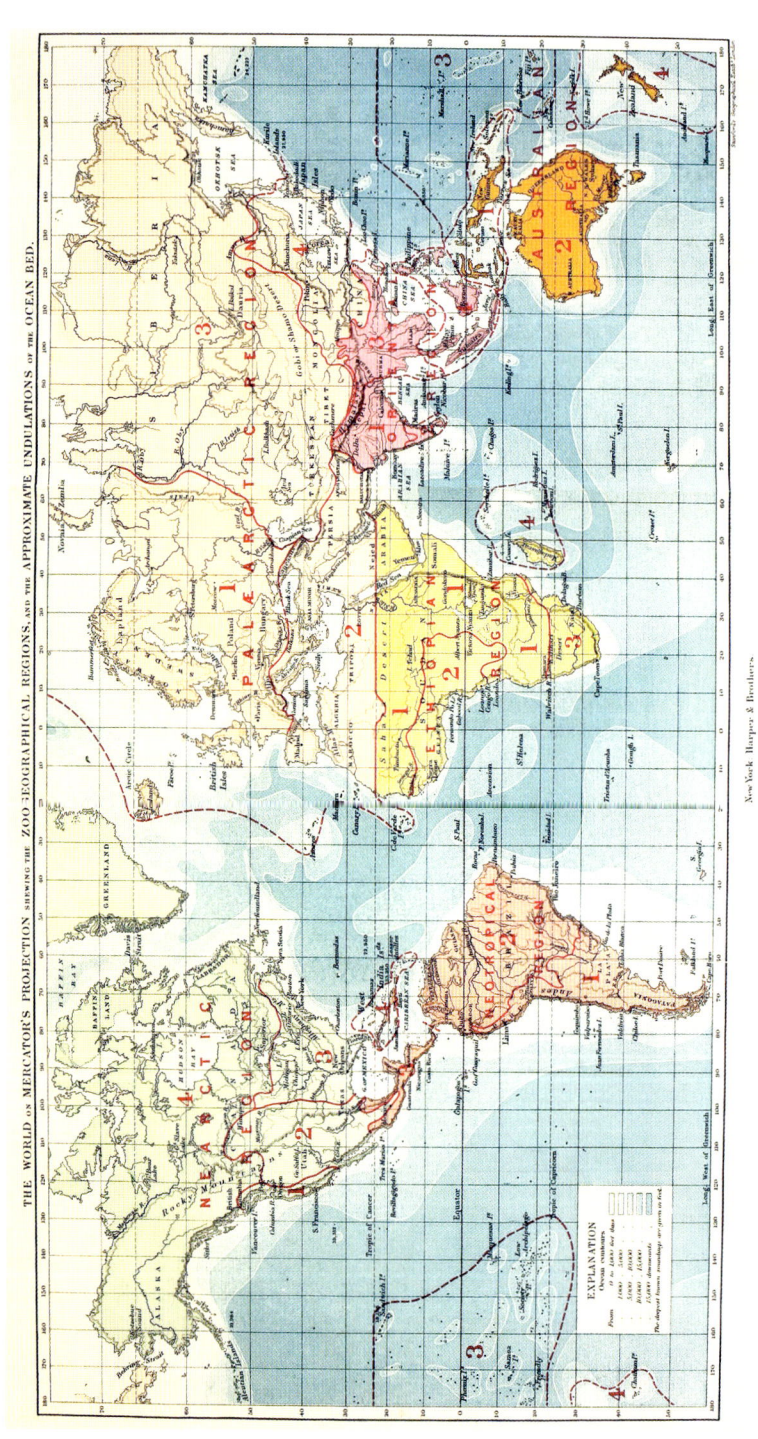

THE WORLD ON MERCATOR'S PROJECTION SHEWING THE ZOO-GEOGRAPHICAL REGIONS, AND THE APPROXIMATE UNDULATIONS OF THE OCEAN BED.

New York Harper & Brothers.

30 – Mapa de Wallace de 1876 que codifica los reinos biogeográficos sclaterianos del mundo.

31 – El amigo de la infancia de Wallace, George Silk.

32 – El amigo explorador de Wallace, Henry Walter Bates, con 49 años.

33 – Richard Spruce, botánico extraordinario.

34 – La extraordinaria Alice Eastwood.

35 – La casa de Corfe View, en una pintura de Annie Wallace.

36–Wallace, el amante de las plantas, en su invernadero, hacia la década de 1890.

Expulsando a la intrusa (que se dice pronto).

Wallace se quedó desde Navidad hasta entrado el nuevo año en compañía del Dr. Mohnike, pues volvía a sufrir un episodio de fiebre, pero estaba lo bastante bien para ayudar a su amigo a organizar su colección y asistir a la velada de Año Nuevo ofrecida en la residencia del gobernador. A Wallace, que no estaba hecho para esos acontecimientos sociales, lo que más le impresionó fue el raro lori negro, o rajá, de Nueva Guinea, *Chalcopsitta atra*, que la familia tenía de mascota: un pájaro de aspecto regio, desde luego, cubierto de plumas negras únicamente teñidas de gris en la punta, con brillantes ojos rojos y espectaculares plumas caudales amarillas y carmesíes por debajo. Es posible que le hubiera gustado añadirlo a su colección, pero incluso el socialmente torpe Wallace no habría tenido el desatino de preguntar a sus anfitriones si le vendían su mascota… al menos no en la fiesta de Año Nuevo. En cambio, puede que le recordase lo mucho que deseaba visitar Nueva Guinea: estaba perdiendo el tiempo. Unos días después, se subía al vapor de correos Ambon en dirección a la isla volcánica de Ternate, que sería su base de expediciones a las legendarias regiones orientales. Llegó allí el día que cumplía treinta y cinco años.

————

Ternate es una islita circular de libro, dominada por un único volcán cónico de mil setecientos metros, *Gunung api* Gamalama, y forma parte de una cadena, también de libro, de otras tantas islas volcánicas —Hiri, Tidore, Mare, Moti, Makian, Kajoa y demás—, una geometría que revela el alboroto geológico que hay por debajo. De hecho, la cadena continúa hacia el noreste a lo largo de las Molucas Septentrionales, por una parte de la vecina Halmahera, o Gilolo, como se conocía en la época de Wallace, mucho más grande y que alberga algunos de los volcanes más activos de la región (algunos todavía en estado de erupción continua). Aquí, Wallace se internaba en una singular frontera dentro de una región plagada de fronteras fascinantes: la Zona de Colisión del Mar de las Molucas. La pequeña placa del mar de las Molucas, una microplaca tectónica entre Halmahera, al este, y Célebes, al oeste, es el único ejemplo que se conoce de *subducción doble divergente*, en la que el lecho marino (la propia microplaca) se extiende hacia el este y el oeste a partir de una dorsal media y los extremos del nuevo lecho marino subducen y se meten bajo las placas vecinas (en este caso, la gran placa euroasiática, al oeste, y la placa del mar de Filipinas, al este).[16] No es coincidencia que Célebes y Halmahera tengan una forma tortuosa tan sorprendentemente parecida: ambas surgen de un complejo batiburrillo geológico que ha creado sus largos brazos volcánicos, sacudidos por terremotos como si estuvieran en un estado de agitación a cámara lenta. Si la península al norte de Halmahera parece muy diferente al resto de la isla, es porque lo es: son terrenos de geología totalmente distinta, fusionados por el estrecho istmo frente a Ternate.

Ternate estaba en el centro del comercio de especias de las Molucas y, por lo tanto, era el centro de un tira y afloja de siglos entre reyes, sultanes y potencias europeas que se disputaban su control, una historia que se refleja en la variedad de *benteng*, o fuertes, que salpican la isla: malayos ternatenses, portugueses, españoles y holandeses, unos todavía en pie y otros distinguibles por alguna muralla, portón o terraplén. El fuerte más grande era Oranje, un bastión de gruesas murallas y foso de la Compañía Holandesa de las Indias Orientales. La mayor parte está intacta, aunque tiene zonas derruidas, y un cañón oxidado y cubierto de grafitis en lo alto de su vieja almena que parece desmentir la inmensa riqueza, poder e importancia estratégica que tuvo antaño el lugar. Wallace presentó cartas de recomendación al «rey de Ternate», Maarten Dirk van Duivenbode, un mercante rico que, según Wallace, era dueño de la mitad de la ciudad, una flota de barcos y «más de cien esclavos», principalmente papuanos. La esclavitud estaba extendida en la región y el comercio se ejercía en grandes canoas con batangas, las *kora-kora*. Saqueo y comercio iban de la mano. Las enormes *kora-kora*, armadas hasta los dientes y con remeros en las batangas además de en la embarcación central, solían llevar un elevado poste en la popa: no era un mástil, se usaba para exhibir las cabezas de los insumisos.

Con la ayuda de Mr. Duivenbode, Wallace enseguida encontró una casa baja y destartalada para alquilar: la ubicación se ha identificado hace muy poco gracias, por supuesto, a las pesquisas históricas de los talentosos y persistentes wallaceófilos.[17] Colindante al bastión suroeste del Fuerte Oranje, en la esquina de lo que es hoy Jalal (calle) Pipit y Jl. Merdeka, el chamizo de piedra, madera y cubierta de paja tenía espacio más que suficiente para Wallace y sus ayudantes, con verandas delante y detrás y varias habitaciones, y en una ubicación muy conveniente, a tan solo unos minutos del mercado y el puerto, y rodeado de una «jungla» de árboles frutales. La guinda del pastel, para Wallace, era el pozo: lo bastante profundo para proporcionar abundante agua limpia y fresca, un preciado lujo en cualquier isla tropical. Las estructuras son perecederas en aquella región tórrida (y propensa a los terremotos), por lo que no es de extrañar que la casa original no se mantenga en pie, pero la Ciudad de Ternate y el Departamento de Cultura planean adquirir el emplazamiento para reconstruir la casa y convertirla en museo.[18]

Sin embargo, no se quedó mucho a disfrutar del lugar: necesitaba capturas, y Ternate no era muy prometedora como coto de caza. La ciudad y los campos agrícolas y plantaciones de frutales de alrededor en la isla compacta copaban la limitada tierra plana entre la costa y la abrupta elevación del *Gunung* Gamalama, y él sabía que el botín sería escaso. No, a tan solo unos treinta kilómetros más o menos al otro lado del estrecho estaba la gran Halmahera, apenas explorada. Wallace, Alí y unos cuantos compañeros de travesía cruzaron el estrecho en una barca prestada —impulsada a remo por esclavos papuanos— y llegaron a Sidangoli, un pueblecito en un cabo justo al norte del istmo y aún hoy puerto de transbordadores. El grupo seguramente fuese recibido por lugareños en *rickshaws* para pasajeros, que se parecería mucho a la flota actual de *tuk-tuks* (motocarros) y bicitaxis Bajaj que esperan hoy. Pero Wallace no quería ir a ninguna parte: aunque las lejanas colinas parecían prometedoras, el paisaje inmediato consistía en una extensión de hierbas altas y gruesas, como si fueran juncos: eran difíciles para andar y sabía que serían un desierto de aves y mariposas. No se quedó por allí ni dos días y se trasladó a unos quince kilómetros al sureste del istmo, donde se encontraba la diminuta aldea de Dodinga en un recodo de un río calmo. La aldea estaba dominada por un antiguo fuerte portugués situado en una colina baja y defendido con cuatro cañones, dos de los cuales pueden verse hoy «defendiendo» ornamentalmente el ayuntamiento. Con las torretas derrumbadas y los muros agrietados por los terremotos para cuando Wallace fue a verlo, aquellas ruinas parecían más bien un cuartel para una desarrapada banda de soldados.

Wallace encontró enseguida una prometedora cabaña para alquilar, en mal estado pero utilizable, y suficientemente cómoda una vez que convenció al casero de arreglar las goteras del techo. Planeaba quedarse alrededor de un mes y tenía grandes esperanzas puestas en su nueva zona de recolección, situada en medio de un paisaje accidentado y pintoresco de abruptas colinas calizas y valles con grandes afloramientos rocosos, y una selva de vegetación alta y exuberante animada con matas carmesíes de *Ixora coccinea* que justo entonces estaban en flor. Los valles planos, sin embargo, estaban cubiertos de hierba, sin selva. Le dio que pensar, igual que las extensas praderas en los alrededores de Sidangoli, a tan solo quince kilómetros; ¿por qué tanta hierba en una región en la que los árboles crecen perfectamente bien y de hecho cubren la mayor parte del paisaje por todo alrededor? Había visto antes esos desconcertantes herbazales en los trópicos, en Célebes, y conocía los grandes llanos del río Orinoco, en Sudamérica. Las praderas tropicales no pueden explicarse mediante el clima ni la tierra, pensaba, y dio con una explicación interesante: las inmensas praderas son el resultado de una dinámica de competencia, establecida por el levantamiento geológico. A medida que la rápida elevación crea una llanura embarrada donde antes había un mar poco profundo, ¿qué plantas tienen más probabilidades de colonizar antes la tierra recién disponible? Seguramente las hierbas, razonaba, dada su mera abundancia y facilidad de dispersión de semillas en comparación con las de los árboles forestales. Las hierbas ganan por goleada a los árboles en este escenario: son más rápidas en llegar y prosperar, y una vez que están establecidas, a los árboles y otras plantas les cuesta encontrar el más mínimo hueco en el que meter un pie (¿o una raicilla?). «El terreno del que ya han tomado posesión las hierbas no lo puede reconquistar la selva ni aunque lo rodee», manifestaba. «Si se abre un claro durante unos años nada más y se le permite, se convierte en selva, por las raíces y semillas que quedan en la tierra, pero si ha estado cubierto de hierba, todo crecimiento leñoso queda contenido».[19]

Esas reflexiones son relevantes por el momento en el que ocurren: semejante dinámica de competición es el eje central de la selección, y la entrada en el cuaderno de Wallace sobre la competencia entre la hierba y los árboles aparece increíblemente cerca del mayor de sus descubrimientos, *la selección natural*. Le vino a la cabeza aquí, en un acceso de malaria, relataría posteriormente. De hecho, comentaba que sus colecciones del área de Dodinga eran bastante escasas porque había estado enfermo la mayor parte del tiempo, y la fiebre recurrente y los escalofríos coinciden sin duda con los síntomas de la malaria. Así es como recordaba Wallace su epifanía, escrita años después:

> Tras escribir [el artículo sobre la Ley de Sarawak], la cuestión de cómo han surgido los cambios en las especies rara vez se me iba de la cabeza, pero no llegué a una conclusión satisfactoria hasta febrero de 1858. Por

entonces, padecía un ataque bastante serio de fiebres intermitentes (…) y un día, tumbado en la cama pasando la tiritona, envuelto en mantas aunque el termómetro marcaba 31°C, se me volvió a presentar el problema, y algo me llevó a pensar en los «controles positivos» descritos por Malthus en su ensayo sobre la población, una obra que había leído varios años antes y que había dejado una impresión profunda y permanente en mi cabeza. Se me ocurrió que estos controles —guerras, enfermedades, hambrunas y demás— debían de afectar a los animales igual que al hombre. Luego pensé en la increíblemente rápida multiplicación de los animales, que hace que los controles sean mucho más efectivos en ellos que en el caso del ser humano; y mientras reflexionaba vagamente sobre este hecho, de repente me vino la idea de la supervivencia del más fuerte: que los individuos eliminados por los controles deben de ser en general inferiores a los que sobreviven. En las dos horas que transcurrieron hasta que se me pasó el episodio de fiebre, había elaborado casi la teoría entera; aquella misma tarde redacté el borrador del artículo y en las dos tardes siguientes lo escribí completo y se lo mandé con la siguiente partida de correo a Mr. Darwin.[20]

¡Era un descubrimiento formidable! Las reflexiones inmediatamente anteriores de Wallace sobre la «rápida multiplicación» en otro contexto, el de las hierbas en competencia con los árboles, bien podrían haber desencadenado un traslado consciente o inconsciente del concepto de lucha y competición a los animales. En efecto, se trata de un catalizador más probable que Malthus: de hecho, no está claro hasta qué punto desempeñó realmente Malthus un papel clave en los descubrimientos evolutivos de Wallace a pesar de este y otros recuerdos posteriores que indicarían lo contrario. Wallace, por supuesto, habría leído la importante obra de Malthus *Ensayo sobre el principio de la población* años antes y quizás incluso su obra de 1820 *Principios de economía política*. Al fin y al cabo, estos libros se encontraban en prácticamente cualquier biblioteca bien surtida, incluidas las de los institutos de mecánica, y formaban parte indudablemente del discurso social y político de principios del siglo XIX sobre temas que despertaban su interés: las reformas de la Ley de Pobres de 1834 y la miseria que provocaron, por ejemplo, y las enérgicas discrepancias entre Malthus y owenistas sobre la relevancia de los rendimientos decrecientes malthusianos y el crecimiento insostenible de la población en las comunidades cooperativas que concebía Owen.[21] Se habría topado también con breves menciones a Malthus en la obra de Humboldt *Viaje a las regiones equinocciales del Nuevo Continente*. En estos casos el marco eran las sociedades humanas y las causas del incremento o declive de sus poblaciones, algo en lo que sin duda también pensaba Wallace en relación a los pueblos que encontraba en el archipiélago malayo.[22] Pero ¿cuándo habría conectado Wallace a Malthus con las poblaciones *naturales* y su lucha?

La misma «lucha por la existencia» era para él un concepto conocido: Lyell usaba la frase en *Principles* (pero no menciona a Malthus) y el mismo Wallace la utilizó en su libro sobre la Amazonía de 1853 (y la frase aparece dos veces en el artículo de Dodinga). Pero ¿Malthus, así porque sí, en este contexto? No será para tanto. A veces se ha insinuado que Wallace reivindicó posteriormente una falsa inspiración en Malthus para alinear más aún su proceso de descubrimiento con el de Darwin, que claramente había estado inspirado por Malthus en el tema de la población. No estoy de acuerdo: es más probable que Wallace llegase a conectar de algún modo a Malthus con su pensamiento sobre la «lucha por la existencia» y que, a partir de ahí, ambos se fusionaran totalmente en su cabeza. Es una asociación natural, al fin y al cabo, ¿cuántos de nosotros no hemos tenido la experiencia de recordar clara y vívidamente un acontecimiento o detalle de hace mucho y luego nos hemos enterado que no era en absoluto como lo recordábamos? Claro que la lucha malthusiana pudo haber dejado una primera impresión «profunda y permanente» en Wallace en relación con los temas sociales que le apasionaban, y luego se asociaría fácilmente con la lucha de la que, en un contexto biológico, hablaban Lyell y otros autores. ¿Cómo pudo haber fraguado tal asociación en la cabeza de Wallace? Bueno, puede que se le ocurriera sin más, como indica en el pasaje citado. O quizás fuese a través de Darwin: téngase en cuenta que a Malthus se le menciona una única vez en el Cuaderno de Especies de Wallace y, como veremos en el capítulo 10, esa mención está relacionada con Darwin.[23] Es más, Malthus no aparece mencionado en ninguna correspondencia conocida de Wallace hasta 1859, en una carta de Darwin.[24] Fuera como fuese la aparición de esa asociación, bien mediante imágenes subliminales febriles de competencia entre hierbas o de las luchas entre individuos y fluctuaciones poblacionales, la idea fue una semilla caída en la tierra fértil de su mente. Las palabras del gran filósofo y naturalista estadounidense Henry David Thoreau resuenan aquí: «Tengo mucha fe en la semilla. Convénceme de que guardas una semilla y estaré preparado para esperar el milagro».[25]

Milagros, en efecto: ¡las largas meditaciones de Wallace acerca de la naturaleza de las especies y las variedades habían dado sus frutos al fin! Analicemos el trasfondo de su proyecto editorial a favor de la transmutación: recordemos que había estado dedicando las tardes a escribir en el Cuaderno de Especies argumentos que refutaran a Lyell y que últimamente había estado meditando sobre la dinámica de competencia entre especies vegetales. La idea de Wallace, tan elegante en su sencillez, en

realidad no había brotado de la nada, sino que más bien había germina-
do de repente: la germinación de una semilla latente llena de potencial.
Ahí, pues, había un mecanismo que explicaba perfectamente la Ley de
Sarawak y, además, todos los hechos apasionantes que, según él, unía
ingeniosamente dicha Ley: hechos en cuanto a sucesión geológica, distribución geográfica, clasificación, morfología comparada y demás. Era
un triunfo, por lo que resulta del todo desconcertante el silencio sobre
el descubrimiento en su diario y sus cuadernos de la época. Si lo ponemos en perspectiva, aunque visto ahora el artículo fuese un triunfo, ¿lo
consideraba algo provisional por entonces? ¿Era tan importante como
pensaba que sería? ¿*De verdad* había descubierto algo? Sonaba convincente, desde luego; ¿y si lo redactaba y le pedía a alguien que se lo revisara
y comentara? «Ya sé, se lo voy a mandar a Mr. Darwin», pensó Wallace
para sus adentros. «Está muy interesado en la cuestión de las especies
y las variedades él también. Seguro que me hace buenos comentarios.
Además, Darwin es buen amigo de sir Charles, le pediré que se lo enseñe
si cree que mis argumentos se sostienen». O eso es lo que imagino yo,
cavilando… y no sin motivos, pues es precisamente lo que hizo.

Tras darle cuerpo a su idea cuando se le pasó la fiebre, Wallace tituló
el artículo resultante «La tendencia de las variedades a apartarse indefinidamente del tipo original». También lo podría haber llamado «La ley
orgánica del cambio» y haber añadido el subtítulo «Réplica a sir Charles
Lyell».[26] Prácticamente todos los párrafos contienen referencias directas
o indirectas al *Principles*, incluidos temas clave como las lecciones sobre
variedades domésticas y la lucha por la existencia y lo que hoy denominamos interacciones ecológicas, bióticas (competencia y depredación) y
abióticas (el lento cambio ambiental), y la manera en que todas ellas
provocan el crecimiento o el declive de la población y, por lo tanto, la
extinción de algunas especies y el éxito continuado y la divergencia de
otras. El título que formuló Wallace expresa concisamente el argumento
principal del artículo: un proceso mediante el cual las variedades se van
apartando cada vez más de la forma parental, enfrentando sin rodeos
la afirmación central de Lyell en contra de la transmutación de que las
variedades solo cambian hasta cierto punto, y que inevitablemente recu-
peran o «revierten» en su forma parental. Un cambio limitado alrededor
de un «tipo» parental significa que la transformación de una especie en
otra especie es imposible. Wallace lamentaba discrepar.

La prueba documental número uno de Lyell de esa «reversión» era
que las variedades domesticadas se asilvestran: pensemos en un puñado
de perros de raza, de razas diferentes, que desertan y se cruzan durante
varias generaciones. No tardarían mucho en ser todos mestizos, con-
fluyendo en una morfología canina generalizada no muy distante del
antecesor lobuno de esos perros: «reversión al tipo parental». Por lo tanto,

las razas domésticas nunca podrían convertirse en especies nuevas, afirmaba Lyell. La estrategia de Wallace era echar por tierra este argumento señalando que, puesto que las variedades domésticas eran invenciones humanas, totalmente antinaturales, un puñado de razas domésticas asilvestradas son irrelevantes para la cuestión de la persistencia y divergencia continua de las variedades naturales en el mundo natural.[27] De hecho, Wallace afirma proponer un mecanismo que explica la «reversión» de las variedades domésticas *y* fomenta la divergencia continua de las naturales. Luego desarrollaba un argumento para el proceso que conocemos como selección natural (terminología de Darwin) como un mecanismo mediante el cual las variedades que surgen no solo pueden persistir, sino que, con el tiempo, pueden hacerse cada vez más divergentes de su forma original, tanto que al final podrían considerarse especies totalmente nuevas. Si se sigue repitiendo el proceso, se obtienen cada vez más (y más irregulares) ramificaciones, y ramificaciones, y rerramificaciones... un árbol en constante ramificación.

Merece la pena analizar brevemente los argumentos centrales del artículo. Tras rebatir el argumento de Lyell de las variedades domésticas, Wallace abre con una defensa de dos puntos fundacionales. Primero, debido a diversas limitaciones, las poblaciones suelen ser estáticas a pesar de la tendencia reproductiva a hacerlas crecer rápidamente: la presión poblacional y las limitaciones al crecimiento son reales. Segundo, el tamaño de población, una medida directa del éxito, ha de relacionarse con la «organización y hábitos resultantes» de sus individuos; en otras palabras, con lo bien adaptados que están los individuos a sus condiciones locales. Luego considera el efecto de ligeras variantes que se dan de manera natural entre los individuos de una población con minúsculas diferencias en, por ejemplo, color o fisiología o algún rasgo anatómico. Tales diferencias pueden determinar cómo les va a estos individuos en su ambiente: en tanto que algunas variaciones son más favorables que otras para la supervivencia, la salud o la reproducción, cabría esperar que los individuos (y, por lo tanto, las poblaciones) proliferen o declinen según estos rasgos. Pero luego entran en juego los cambios lentos e inexorables del ambiente: gradualmente más seco o más húmedo, más cálido o más frío. Una de esas variantes valoradas con un «bah» en la situación original podría ser una ventaja con el cambio ambiental. El equilibrio se altera y los individuos con este rasgo se extienden, su población crece, mientras que aquellos que carecen de este rasgo disminuyen y quizás desaparecen. El proceso se repite una y otra vez, surgen variantes constantemente, por lo que no es difícil imaginar variantes de variantes de variantes, cada una de las nuevas y exitosas «bien podría, con el paso del tiempo, dar lugar a nuevas variantes, presentando varias modificaciones morfológicas diferentes». A medida que las condiciones siguen cambiando, también cambian las poblaciones, siempre y cuando haya variaciones que permitan prosperar al menos a algunos individuos. En algún momento, «la *variedad* habrá reemplazado a la *especie*», escribe Wallace (las cursivas son suyas), «de la cual sería una forma desarrollada con mayor perfección y mejor organizada». El resultado neto, a la larga, sería el siguiente: «Aquí, pues, tenemos *progresión y divergencia continua* deducidas de las leyes generales que regulan la existencia de los animales en estado natural» (de nuevo, la cursiva es de Wallace). Concluye su artículo dando un paso atrás y analizando el panorama en su conjunto: la «progresión continua de ciertas clases de variedades que se alejan cada vez más del tipo original» —una progresión hecha a base de pasitos diminutos en varias direcciones y sin límites definidos— podría «suceder de forma que coincida con todos los fenómenos que presentan los seres organizados, su extinción y sucesión en épocas pasadas, y con todas las extraordinarias modificaciones de forma, instinto y hábitos que exhiben».[28] Resulta revelador lo mucho que recuerda el final de este artículo al de la Ley de Sarawak: aquel hallazgo esencial que, decía Wallace, «conecta y hace inteligibles» los mismos fenómenos que menciona aquí.

Es posible que Wallace pasara a limpio el artículo cuando regresó a su base de operaciones en Ternate, antes de enviárselo a Darwin, pues Halmahera estaba demasiado apartado como para tener oficina postal.[29] En cuanto a enviarle el manuscrito a Darwin, esa elección también está clara. Darwin no solo era un naturalista con experiencia y prestigio (famoso, de hecho) que le había mostrado a Wallace que compartían el interés en la naturaleza de las especies y las variedades, sino que le había dado ánimos, ni más ni menos, diciéndole que estaba de acuerdo con prácticamente todas las palabras del anterior artículo del naturalista más joven y que estaba trabajando en un libro sobre el tema. Asimismo, el factor definitivo en su decisión de enviar el artículo a Darwin, y no directamente a Stevens ni a revista alguna, es que Wallace sabía que Darwin era íntimo de Lyell. En efecto, el escrito pretendía refutar a Lyell y, en la carta que adjuntaba, Wallace le pedía a Darwin que se lo reenviara al gran geólogo.[30]

El artículo de Wallace se abrió paso hasta Londres, donde terminó aterrizando en el estudio de la casa de Down como una bomba. Darwin estaba devastado. Como Wallace le pedía, le reenvió el manuscrito a Lyell, a lo mejor inmediatamente o a lo mejor después de vacilar un poco sobre lo que debía hacer, pero se lo reenvió: «Sus palabras se han hecho realidad hasta un punto tal que debería haberlo visto venir (...). Nunca había visto una coincidencia tan asombrosa (...). Así que toda mi originalidad, fuese la que fuese, ha quedado destrozada». Estaba estupefacto: si Wallace hubiera tenido los borradores privados de la teoría de Darwin delante de él, no habría podido resumirlos mejor. «Hasta sus términos se presentan ahora candidatos para los encabezados de mis capítulos», se lamentaba con Lyell. ¿Y ahora qué?, ¿y ahora qué? Le habían quitado la prioridad. Lyell trató de infundirle confianza y Darwin contestó con otra carta: si pudiera publicar honrosamente, lo haría. Pero ¿no tenía ahora las manos atadas? O a lo mejor podía publicar y mandarle a Wallace una copia de la carta que le había mandado anteriormente [en 1837] a Asa Gray, en Estados Unidos, en la que describía la teoría, para demostrar que no le había robado las ideas. Pero no tenía *planeado* publicar, esa era la cosa, por lo que hacerlo ahora sería «vulgar y miserable» y categóricamente deshonrado, ¿no? «Mi querido y buen amigo, discúlpame: es una carta veleidosa influida por sentimientos veleidosos». A esta carta le siguió inmediatamente otra más, preocupado porque si publicaba, iba a parecer que se aprovechaba de que Wallace estuviera fuera, en el campo, y de que inconscientemente hubiera puesto en manos de Darwin el mismísimo artículo que le hubiera quitado la prioridad, dándole la oportunidad de adelantarse.[31]

Para complicar los «sentimientos veleidosos» de Darwin, estaba la enfermedad que justo entonces azotaba a su familia: dos de sus hijos, Etty, de quince años, y Charles, de dos, tenían la escarlatina, y la situación empeoraba; tres niños del pueblo ya habían muerto. Lyell se puso en contacto con su amigo en común Joseph Hooker, el botánico, y juntos se pusieron manos a la obra: puede que Wallace tuviera prioridad en cierto sentido, razonaban, pero sabían que Darwin llevaba años trabajando en ello y tenía prioridad en otro sentido. Tomaron cartas en el asunto y decidieron presentar el brillante artículo de Wallace junto con extractos de varios escritos privados de Darwin. Aprovecharon la oportunidad que les brindaba la Sociedad Linneana de Londres, que había convocado ya una reunión especial para el 1 de julio, a escasos días. Se presentaron ante los socios reunidos, leyeron un preámbulo que explicaba las circunstancias y luego leyeron el material de Darwin seguido del de Wallace.[32] ¿Fue el orden de presentación alfabético?, ¿tendencioso? Nunca lo sabremos.

Lo que sí sabemos es que los artículos fueron recibidos con interés por los treinta y dos miembros presentes, número que no incluía ni a Darwin ni (por supuesto) a Wallace. El hijo menor de Darwin había sucumbido desgraciadamente a la escarlatina tres días antes, murió el 28 de junio. Darwin estaba abatido, asistía al funeral el mismo día que se leían su artículo y el de Wallace. En cuanto a Wallace, él estaba en la otra punta del mundo, en Nueva Guinea, y en una estremecedora carta contaba que acababa de enterrar a uno de sus jóvenes ayudantes, que también había sucumbido desgraciadamente a una enfermedad dos días antes que el hijo de Darwin. La triste pérdida no era la primera tribulación de su expedición en Nueva Guinea, y no sería la última.

Rebobinemos unos meses, hasta marzo. Wallace estaba deseando visitar Nueva Guinea, sobre todo desde las maravillas de las islas Aru. Un viaje allí no era para tomárselo a la ligera, sin embargo: la hostilidad hacia los extraños de los pueblos nativos cazadores de cabezas era bien conocida, y había muy pocos sitios en la isla que fuesen seguros. Uno de ellos era Manokwari (Dorey, en la época de Wallace), en la costa noreste de Doberai, la inmensa península occidental papuana con forma de «cabeza de pájaro», y una de las embarcaciones comerciales de Mr. Duivenbode, la goleta Esther Helena, se dirigiría allí en unas semanas. Hechos los preparativos, el barco zarpó el 25 de marzo de 1858 con Wallace y cuatro ayudantes a bordo: el tan cumplidor Alí, su ayudante principal; un muchacho que no tenía veinte años llamado Jumaat, en calidad de tirador; una cocinera javanesa llamada Loisa, y Lahagi, de mediana edad, un ayudante de confianza que valía para todo. Fue un comienzo adverso, no obstante, pues llegar allí no fue tarea fácil: cuando no les sacudían borrascas o quedaban encalmados, iban a la deriva a merced de las rápidas corrientes. Mientras avanzaban lentamente hacia el este a través del estrecho de Dampier, fueron interceptados por comerciantes papuanos procedentes de las escarpadas islas de Waigeo y Batanta en sus canoas con batangas. Wallace rechazó un «espécimen lamentable» de la rara ave del paraíso roja (*Paradisaea rubra*), pero intercambió algo de calicó y un anillo de cobre por un flotador para cazar tortugas con arpón tallado en forma de ave en vuelo y una caja de hojas de palma, los primeros de varios artículos neoguineanos que adquiriría, lo que refleja sus intereses etnográficos.[33]

Cuando la goleta bordeó la costa norte de la península y se adentró en la bahía de Dorey, Wallace quedó maravillado ante el inmenso y montañoso interior, una sierra tras otra que se perdían en la bruma de la distancia. Las grandes montañas Arfak se erguían abruptas desde la llanura costera. La más alta, *Gunung* Arfak, alcanzaba casi los 2960 metros. El geólogo que Wallace llevaba dentro observó que las islas y la costa alrededor de la bahía estaban levantadas, y de forma reciente, pues la orilla estaba repleta de masas de coral blanco. Luego descubrió que la elevación baja y de cumbre plana que formaba la punta en el lado norte de la bahía, *Gunung* Meja, o la montaña Mesa, mostraba indicios similares de levantamiento, pero muy anterior, pues estaba formada de compactas calizas cristalinas (hoy conservadas como Taman Wisata Alam Gunung Meja, o el Parque Natural de Gunung Meja, con cuevas calizas populares entre senderistas exploradores). Supuso que las grandes montañas a lo lejos eran muy diferentes: roca «primitiva», conjeturó. «Sería muy interesante ir a verlas», ojalá.[34] Había dado en el clavo, y de hecho la mismísima brusquedad con la que se yergue esta escarpada cadena montañosa es una pista de su interesante geología. Es otra línea en la que las montañas Arfak, metamórficas y de era paleozoica, se encuentran con la llanura costera sedimentaria, mucho más reciente: la sierra es una frontera que marca la falla de Sorong, que se extiende de este a oeste, un pedacito de la placa pacífica suturada a la australiana. Ambas placas friccionan la una contra la otra en el tipo de falla que los geólogos denominan *de desgarre*, en la que los terrenos se desplazan principalmente de manera horizontal en paralelo, lo que genera de forma periódica grandes terremotos. ¡Las rarezas que deben de tener su morada en aquellas montañas! Era la tierra legendaria del casuario y del canguro arborícola, unas montañas cuyas «selvas oscuras engendraron a los habitantes emplumados más extraordinarios y más hermosos de la Tierra, las aves del paraíso, los no menos impresionantes Epimachidae, las relucientes *Astrapia* y la oropéndola de cuello dorado [el pergolero enmascarado]».[35] Era también una tierra que «el pie del hombre civilizado nunca había hollado» («civilizado» y «salvaje» eran los términos comunes de la época para definir las culturas europeas y no europeas). Estaba en lo cierto en cuanto a que europeos como él no habían puesto un pie allí o, si alguno lo había hecho, desde luego no había vivido para contarlo. La agresividad de los arfakis, como los papuanos de las tierras bajas llamaban a los pueblos de la montaña, era legendaria, incluso contra otros papuanos. Los arfakis lanzaban ataques regulares contra sus parientes en la costa para cazar cabezas, no sin dejar atrás de vez en cuando algunas cabezas propias, cuyas calaveras, observó Wallace, se exhibían como trofeos en las moradas de los papuanos costeros, por lo demás pacíficos. De hecho, no todos los arfakis eran hostiles —al menos, no todo el tiempo—, y Wallace hizo una visita a una aldea en las colinas que se levantaban sobre Manokwari, quizás en *Gunung* Meja o alrededores, cargado de regalos para el jefe. Entre caladas de una elaborada pipa de mango largo tallada de una única pieza de madera, el jefe expresó, a través de un intérprete, su agradecimiento por los regalos y prometió especímenes y protección para Wallace y sus ayudantes cuando fueran allí a recolectar. ¡Fiu!

En este pueblo de la colina eran agricultores y cultivaban ñame, arroz, plátanos y árboles del pan, mientras que sus hermanos costeros subsistían principalmente de pescado y comerciaban con tortugas y *trepang*, o pepinos de mar. Ambos grupos vivían en casas elevadas sobre altos postes, las del pueblo costero alineadas en la zona intermareal, a las que se accedía en marea alta mediante rampas, junto con una gran casa municipal en forma de barco con enormes postes de apoyo tallados con figuras humanas anatómicamente correctas («cariátides obscenas», como Wallace las describió), decorada con trofeos de calaveras. En el pueblo de la colina, las casas estaban diseminadas entre sus campos, elevadas unos cuatro metros y medio. Las moradas eran comunales, distribuidas de manera muy parecida a las casas comunales que había visto en Sudamérica y Sarawak, aunque más destartaladas, con un pasillo central a cuyos lados una serie de pasillos laterales conducían a habitaciones pareadas, que alojaban cada una a una única familia. Fascinado, aprovechaba toda oportunidad para observar a la gente y tomar notas sobre su lengua, cultura, salud y apariencia física. Seguía intentando definir la frontera entre los pueblos malayos y papuanos, como la asombrosa frontera que había descubierto entre Bali y Lombok. Papúa Occidental no estaba tan delimitada como pensaba que estaría. «Se ven aquí muchas señales», escribía, «de estar en terreno discutible entre el archipiélago malayo y las islas del Pacífico», pues se mezclaban elementos de ambas culturas: por ejemplo, el arroz del oeste, un alimento básico, se cultivaba con taro y una pequeña judía («que se convierte en una verdura bastante pasable»), además de árboles del pan del Pacífico este.[36] Unas veces sonaba a observador antropológico imparcial, y otras, se entrometía la sentenciosa vara europea de medir de gustos y costumbres. Fue un poco rápido, quizás, al calificar de «lamentables» las casas y, aunque admiraba la «elegante tracería» de los tatuajes que las mujeres llevaban en el pecho, «que siguen las curvas de los senos», se sentía obligado a abjurar de cualquier atracción: «Las féminas, sin embargo, son, sin excepción, los especímenes menos interesantes del sexo débil que hasta ahora he tenido la fortuna de conocer», (!).[37] La belleza está en los ojos del que la mira, sin duda, y, para ser justos, lo más probable es que los lugareños tampoco le vieran a él como el espécimen más sensual de virilidad blanca europea. Pero al menos las mujeres y niños papuanos no salían corriendo y gritando cuando lo veían, que sepamos, como sí hacían los de Célebes.

Con la ayuda y protección del jefe asegurada y cómodamente instalado en una «casita en la selva» con sus ayudantes y otras personas, Wallace estaba encantado de ser «el primer inglés y el segundo europeo residente en la isla principal de Nueva Guinea», después del notable médico y naturalista francés René Primevère Lesson, probablemente el primer naturalista que vio aves del paraíso en estado natural durante su viaje alrededor del mundo a bordo de La Coquille de 1822-1825, bajo el mando del capitán Louis Isidore Duperrey.

Los intrépidos coleccionistas estaban preparados para explorar y hacerse con las rarezas que los esperaban, solo que, a pesar de que el buen tiempo había regresado, las aves e insectos raros no habían seguido el ejemplo. Y la cosa iba a peor: las mariposas escaseaban, y las pocas que encontró ya las había capturado antes. Tres cuartas partes de lo mismo con los canguros arborícolas y las aves: hasta la encantadora ave del paraíso esmeralda chica (*Paradisaea minor*) llegó a aburrir, pues era la única especie que había por allí. Para colmo de sus frustraciones, se enteró de que el príncipe de Tidore, acompañado de un funcionario de

Banda, se había plantado en la ciudad y había enviado a un pequeño ejército de coleccionistas haciendo correr la voz de que pagaban una fortuna por aves del paraíso. ¡Recórcholis! No podía competir con un acaudalado príncipe. De hecho, se dio cuenta de que cuando llegaba un vapor holandés como aquel desde Ambon, por norma general, los lugareños llevaban todo espécimen precioso —y pescado fresco— directamente al barco visitante en primer lugar. Y más todavía cuando la realeza llegaba a la ciudad.[38]

Por si esto no fuera suficiente, Wallace se hizo daño en el tobillo trepando entre las ramas y troncos de unos árboles caídos, una herida que enseguida se convirtió en una desagradable úlcera abierta que lo dejó postrado. Apenas se estaba recuperando cuando se le infectó el talón y se quedó sin poder andar en absoluto. El médico (y «hermano naturalista») del barco del príncipe trató de ayudar, pero los emplastos no funcionaron y fue empeorando y empeorando hasta que tuvo que recurrir a punciones y sanguijuelas seguidas de incesantes emplastos y ungüentos que lo incapacitaron durante angustiosos días y semanas, ¡menuda pérdida de precioso tiempo! Luego enfermaron sus hombres también, la disentería golpeó a unos, a otros les subió la fiebre, y casi siempre estaban todos enfermos al mismo tiempo. «Estaba prácticamente desesperado», escribió. En su desesperación, Wallace decidió enviar a dos de sus ayudantes, cuando estuvieron lo bastante recuperados, a la lejana Amberbaki (hoy, Ambubaki), en la costa norte de la península de Doberai, con instrucciones de capturar insectos y comprar todas las pieles de aves del paraíso que pudieran. Se quedarían un mes, y estaba seguro de que tendrían más suerte allí y le traerían una magnífica colección. «Salieron el 27 de mayo. Yo seguía prisionero en la casa, víctima de mi desafortunado pie lisiado».[39] Lamentablemente, volvió a decepcionarse una vez más cuando a finales de junio sus ayudantes regresaron con las manos vacías, mientras que Hermann von Rosenberg, naturalista aficionado de Darmstadt, en Alemania, que trabajaba de dibujante a bordo del vapor holandés (y tenía dos ayudantes de recolección), dejaba a Wallace pasmado con su colección de preciadas rarezas del interior: aves del paraíso nuevas, una rara paloma crestada (*Goura victoria*) —una especie grande y majestuosa con ojos carmesíes y un penacho de elegantes plumas en la cabeza a modo de corona— y un par de impresionantes aves del paraíso de las Arfak, *Astrapia nigra*, un «ave magnífica» que no había visto antes. También llevaban a bordo canguros arborícolas vivos, otro grupo más que anhelaba y no encontraba nunca. Era una frustración tras otra…

Merece la pena tomar perspectiva para apuntar que toda esta actividad —el barco holandés y su partida de reconocimiento, los coleccionistas aficionados y profesionales, las redes de comercio de mercancías como aves del paraíso entre nativos y occidentales— representaba las muchas oleadas de interacciones derivadas del tsunami del colonialismo. Las codiciadas corrientes del comercio de especias eran un aspecto clave y llevaban a los rivales portugueses, holandeses e ingleses a competir por el control del territorio y las vías marítimas, pero el comercio se extendía a cualquier cosa que pudiera venderse. El equipo de exploración del barco buscaba fuentes locales de carbón para alimentar sus motores a vapor y podían hacerlo libremente hasta el meridiano 141: la línea holandesa, que marcaba el alcance de sus posesiones en la gran isla de Nueva Guinea y que todavía marca la frontera en mitad de la isla que delimita Papúa Occidental, parte de Indonesia hoy en día, de Papúa Nueva Guinea. Igual que en Sudamérica, Wallace se benefició en buena medida de esta red colonial del sudeste asiático como naturalista que trabajaba en la obtención de rarezas, su mera presencia y sus desplazamientos se veían facilitados por la infraestructura colonial: vapores postales, expatriados siempre dispuestos a ayudar, cartas de recomendación a representantes coloniales o soberanos locales comprados por los holandeses —que los tenían contentos pagándoles una anualidad y manteniéndoles los privilegios de la realeza—, comerciantes nativos o jornaleros contratados. En general, la red solía funcionar bien para Wallace, pero en este caso, los coleccionistas más arriba en la cadena alimentaria de la recolección se adjudicaban los mejores bocados.

Cuando parecía que las cosas no podían ir a peor, empeoraron. Le volvió a subir la fiebre, seguida de una extraña inflamación de toda la boca por dentro, la lengua, las encías, tenía todo tan irritado que no podía más que sorber alimentos licuados. Mientras luchaba contra esta insólita afección, dos de sus ayudantes volvieron a verse golpeados por la disentería y la fiebre, y cayeron gravemente enfermos. La situación no era nada buena: intentó administrarles calomelanos y otros medicamentos, pero nada parecía ayudarlos. Afortunadamente, uno se recuperó, pero el otro, el muchacho Jumaat, sucumbió a la disentería y murió el 26 de junio. Wallace proporcionó un rollo de tela blanca de algodón para su entierro y lamentó la desgracia. «Es un país terrible», rezaba una entrada del diario, y otra: «No hay nada que hacer, nada que comer y estamos todos enfermos. Las fiebres y los escalofríos se suceden unos a otros y hacen que desee huir de Nueva Guinea».

Esperaban con anhelo la goleta de Duivenbode, que llegaría en cualquier momento. Como las capturas eran tan malas como el clima —ambos, de hecho, relacionados—, Wallace dedicaba el tiempo a observar a los nativos, maravillado ante la aparente contradicción de un pueblo que, según sus estándares europeos, parecía vivir en «absoluto barbarismo», habitaban en «los cuchitriles más lamentables, absurdos e inmundos» en lo alto de sus desbaratados postes en la zona intermareal, ajenos tanto al mobiliario como a la más mínima prenda de vestir («*in puris naturalibus*»), y aun así, eran maestros talladores de madera que demostraban un refinado sentido artístico. Wallace preguntaba retóricamente en su diario: si ellos no son salvajes, ¿quién lo es? Sin embargo, muestran «un gusto patente por las bellas artes» y pasan el tiempo libre creando obras «que no podrían sino ser admiradas en nuestras escuelas de diseño y probablemente allí no las superasen muy a menudo».[40] Estas reflexiones le daban que pensar a Wallace: ¿son estos «salvajes» realmente tan diferentes de nosotros? Son *personas*, humanos semejantes al fin y al cabo, a pesar de lo que su piel, rasgos físicos y (en comparación) rudimentaria tecnología hacían pensar a los europeos (y ayudaban a justificar las políticas de subyugación y explotación). Aquí en Oriente, igual que en la Amazonía más profunda, a Wallace le volvían a sorprender más las cosas en común que las diferencias: la unidad esencial de la humanidad. Se le quedó grabado en la mente, y lo recordaría una y otra vez, como veremos.

A finales de julio se cumplió su deseo y con mucho gusto abandonaron Nueva Guinea por fin. Había sido un desastre y no se arrepentía ni un poquito de irse: pocos sitios de los que había visitado eran más desagradables, escribía, maldecido con lluvias incesantes, una plaga de hormigas y de moscas que eran una peste y enfermedades debilitantes —letales, de hecho—. Para colmo de los colmos, lo que debería haber sido un viaje de vuelta a Ternate relativamente rápido con el monzón se convirtió en otro calvario, con casi tres semanas de vientos demasiado débiles y corrientes demasiado fuertes. Lo único bueno fue la parada de un día en Bacan (Batchian, en la época de Wallace), junto a la alargada península sur de Halmahera. Era una isla de forma extraña, con cuatro lóbulos unidos, escarpada en parte —*Gunung* Sibela, con su alargada cumbre, al sur, se eleva más de dos mil metros— y cubierta de bellas selvas. En nada de tiempo, Wallace encontró algunas aves e insectos magníficos, pero lo más interesante fueron los primates: espléndidos macacos negros parecidos a unos que había visto en Célebes (hoy están considerados la misma especie, probablemente introducida por los humanos en Bacan: el macaco negro crestado, *Macaca nigra*, en peligro de extinción). Wallace, el cartógrafo de fronteras biogeográficas, tomó nota: en esta isla había encontrado, pensaba, el «límite extremo» de los primates, «el punto más al este del globo en el que se encuentra cualquier mono en estado salvaje». Casi: en realidad se encuentran monos un poquito más al este, en Japón. ¿Y los primates *humanos*? A Wallace le pareció un pueblo agraciado, señalaba que tenían la piel clara con rasgos y pelo papuanos, como lo que él imaginaba que sería una mezcla de papuanos y dayaks. Bacan era fascinante; tenía que volver.

«Poco menos que derrumbado» es como Wallace describió su estado mental y físico al llegar otra vez a Ternate a mediados de agosto de 1858. Léase: débil y agotado, roído por la frustración y la decepción. Recuperó salud y ánimo bastante rápido, sin embargo, gracias a algunos pequeños placeres como poder echarle leche al té y disfrutar de un poquito de compañía, invitado a una fiesta para celebrar el casamiento de uno de los hijos de Duivenbode, con valses y todo, cartas y ríos de cerveza, burdeos y *jenever*, que tanto gustaba, un destilado holandés que Wallace conocía como ginebra. También experimentó su primer terremoto, que resultó ser bastante decepcionante, él hubiera deseado «algo un poco más fuerte». Debía tener cuidado con lo que deseaba: en sus ocho años en el archipiélago, Wallace tuvo la suerte de ahorrarse un terremoto catastrófico de grandes proporciones, a menudo con tsunami acompañante, incidentes regulares en esa región de sacudidas tectónicas.

La remesa que embaló para Stevens indicaba más éxito en Manokwari del que quizás fuera consciente: tres cajas, con un total de unos 7400 insectos, entre ellos 6400 escarabajos, 413 mariposas y polillas y un surtido de 635 especímenes variados que incluían una buena colección de fascinantes moscas, las moscas «cornudas»

Moscas del género *Phytalmia* con las protuberancias de su cabeza que parecen astas.

del género *Elaphomyia* (hoy, *Phytalmia*), dotadas de unas curiosas «astas» que las hacen parecer enteramente diminutos alces del mundo mosquil.[41] Se puso al día con el correo y decidió volver a Halmahera con Alí y otro ayudante. Fueron a otra parte, esta vez, a la costera Djilolo (Jailolo), la sede tradicional de los sultanes de la isla en la alargada península norte.

Allí esperaba realizar buenas capturas en una selva húmeda de prominentes árboles, pero la vegetación más alta que encontró fueron unas hierbas juncoides de tres metros en extensiones interminables («absolutamente carentes de interés desde un punto de vista zoológico»). Sin embargo, no estaban desprovistas del todo de historia natural interesante: entre las bonitas aves que capturaron había un lori flanquirrojo, *Charmosyna* (hoy, *Hypocharmosyna*) *placentis*, el «más pequeño y más elegante» de los loris con lengua de cepillo. También descubrieron rarezas entre los insectos: la más destacada, la espectacular polilla de alas transparentes *Cocytia durvilli (C. durvillei)*, de la familia Erebidae, una especie monotípica, es decir, la única en ese género, con un precioso cuerpo de tonos metálicos verdes y azules y una mancha de intenso color naranja en la base de cada una de sus alas delanteras transparentes.

A pesar de los éxitos, las hierbas no auguraban una recolecta decente continuada, así que recurrió al plan B: Sahoe (Sahu), una aldeíta a unos veinte kilómetros desde la que, según había oído, podía acceder a la selva. Tenía la ventaja añadida de ser el hogar del pueblo alfur, que se creía indígena de Halmahera.[42] No había mucha distancia entre lo antropológico y lo zoológico en la cabeza de Wallace, y allí tendría la oportunidad de conocer a un nuevo grupo interesante de gentes. Le cedieron amablemente el uso de una gran cabaña en la playa, y parecía un sitio práctico, si no ideal, cuando se instaló para pasar un par de meses recolectando y observando. Por desgracia, esa dichosa hierba alta resultaba estar más extendida de lo que creía. Es verdad que consiguió capturar algunas aves e insectos estupendos, y hasta el gasterópodo más bonito que había visto hasta entonces, *Helix* (hoy, *Pyrochilus*) *pyrostoma*, el caracol de boca de fuego. Pero como la recolecta era desmoralizante, decidió reducir las pérdidas tras solo una semana, y consideró retroceder a Ternate y dirigirse al sur para regresar a la cautivadora Bacan, aunque no sin antes aprovechar al máximo la observación de la gente, que era mejor de lo que esperaba.

Recordemos que todo este tiempo Wallace había estado muy interesado en identificar la frontera entre los pueblos malayos provenientes del oeste y los papuanos provenientes del este, un interés que bien pudo haber desatado la lectura de *Vestiges of the Natural History of Creation*, el libro que le había convencido de la transmutación allá por 1845. Al especular sobre el centro de origen de la humanidad —una de las herejías del libro, que planteaba que los humanos tienen un único origen del que provienen todas las llamadas razas principales—, el autor anónimo de *Vestiges* proponía desandar sus supuestas líneas de migración. Estas, según él, señalaban a la región de la indosfera y, más aún, podía delimitarse con mayor precisión: «Cabría esperar que el hombre se originara donde se encuentran las especies superiores de cuadrumanos», escribió, refiriéndose a los orangutanes, considerados en aquella época los grandes simios más parecidos a los humanos. ¿Y dónde era eso? «Se encuentran indiscutiblemente en el archipiélago indio», afirmaba don Vestiges.[43] Merece la pena señalar que este argumento se basaba en un principio de *Vestiges* que recuerda a la Ley de Sarawak de Wallace: a saber, que el «tipo» (la especie) más simple o más primitivo da lugar al «siguiente tipo por encima», que a su vez genera el siguiente tipo superior, «y así, hasta el más superior» con el paso del tiempo.[44] Es decir, que las especies provienen de especies preexistentes, un principio que significa que las claves del origen de las especies actuales pueden encontrarse en la distribución geográfica. ¡Precisamente lo que le interesaba a Wallace! El biogeógrafo que había en él estaba seguro de que a pesar de cierta mezcla, el sello de orígenes geográficos distintos en el pasado lejano era evidente en el contraste racial y cultural que perduraba entre estos grupos, los malayos y los papuanos.[45]

Nótese que el «pasado lejano» era muy lejano para Wallace: una antigüedad de los humanos muy remota que roza lo geológico en la escala del tiempo. Esto encajaba con su convicción de que la tierra de los pueblos papuanos/polinesios, en términos generales, representa los restos de un antiguo continente pacífico ahora hundido y dividido en el sinfín de islas grandes y pequeñas que vemos desde el Pacífico sur hasta el archipiélago malayo. Si los papuanos de piel oscura y los africanos compartían un origen común, su distribución actual indicaba que era antiquísima. Por el contrario, referentes del comienzo de la antropología y la filología como Wilhelm von Humboldt (hermano del gran explorador y naturalista), Robert Gordon Latham y James Cowles Pritchard sostenían que, de algún modo, los papuanos provenían más recientemente de los malayos, y que los dos grupos constituían una gran «raza oceánica». Si estos pensadores tenían razón, los pueblos intermedios entre malayos y papuanos deberían encontrarse en alguna parte del gran archipiélago. ¿Eran los alfuros esos pasos intermedios? ¿Había una gradación entre malayos y papuanos? Los monogenistas como Latham y Pritchard pensaban que sí, mientras que sus adversarios poligenistas preferían ver las cosas en blanco y negro: una serie de razas bien definidas, cada una de ellas una especie diferente creada de manera independiente de modo que, en la perversa moralidad de la época, esto hacía que la esclavitud de unos a manos de otros fuese más digerible para la mayoría de poligenistas.

Dispuesto a llevar la contraria a todos, Wallace al final complacía a ambos bandos en ciertos aspectos y no los complacía en otros. Por ejemplo, aunque al principio vacilaba, Wallace terminó decidiendo que los alfuros no eran intermedios, sino una «raza mestiza», y cuanto más pensaba en ello, más se convencía de que había una demarcación nítida entre estos y los papuanos y los malayos; incluso, hay que decir, aunque eso supusiese restar importancia a ciertos indicios físicos y lingüísticos que indicaban lo contrario.[46] En una carta a su amigo de la infancia George Silk, le comentaba: «Si vivo para contarlo, me mantendré firme en mis ideas sobre las razas malaya y papuana, ¡y dejaré boquiabiertos a Latham, [Joseph Barnard] Davies y compañía!», y posteriormente afirmaría que fue allí, en Halmahera, donde había «descubierto la línea fronteriza exacta entre las razas malaya y papuana, en un lugar en el que ningún otro escritor lo hubiera esperado».[47] Era música para los oídos de los poligenistas... salvo que él no era poligenista. Solo estaba retrocediendo mucho más en el tiempo hacia los orígenes comunes intentando conectar la historia humana con la geológica. La insistencia de Wallace en esta supuesta frontera humana seguramente estuviese influida por su éxito en identificar la gran frontera faunística indo-/austro-asiática, no tanto por el atractivo de dibujar fronteras satisfactoriamente marcadas, sino por su creencia en que los humanos, como estos otros animales, tienen también una historia, una historia que debería considerarse igualmente en términos biogeográficos. Pero su compromiso con esa frontera humana requería cierta gimnasia mental, sobre todo cuando se trataba de la idea de unificar a papuanos y polinesios, ambos al este de la frontera, en una única «raza oceánica o polinesia» desperdigada entre los restos insulares de la supuesta masa continental pacífica desintegrada. Su trabajo en este campo era producto del colonialismo y contribuía al mismo tiempo al pensamiento colonialista. Como veremos, Wallace seguiría escribiendo sobre raza y distribución durante muchos años a raíz de sus viajes por Oriente, participando en debates y polémicas de la época... y generando sus propias polémicas. Pero de momento, baste decir que aunque la teoría de Wallace del origen y las migraciones de los pueblos malayo y (especialmente) papuano no ha aguantado el paso del tiempo, sí ayudó, aun en su época, a que investigadores posteriores hicieran rigurosas observaciones de campo.[48]

De vuelta en Ternate para finales de septiembre, Wallace encontró una nueva pila de cartas y paquetes esperándole. Me lo imagino dando vuelta a los sobres, examinando nombres y matasellos: un montón cualquiera solía contener cartas enviadas hacía meses por amigos, familiares, su agente y colegas lejanos y que se habían abierto camino lentamente hasta encontrarlo allá donde hubiese establecido su residencia en ese momento y en aquellas remotas latitudes, gracias a la eficacia del servicio postal colonial. Pero espera... ¡anda!, ¿y esta? Un sobre con matasellos de la isla de Wight y Londres, enviado el pasado mes de julio. Su interés se encendió al reconocer la letra: Charles Darwin. La abrió inmediatamente y no encontró una, sino dos cartas: había una carta de Joseph Dalton Hooker adjunta a la de Darwin.

Wallace no tenía ni idea de cómo se había recibido su artículo «eureka» mandado desde Ternate el mes de marzo anterior. Durante todo ese tiempo —los meses de calvario en Nueva Guinea, su convalecencia una vez a salvo y de nuevo en Ternate y su segundo regreso, si bien breve, a Halmahera—, no había tenido noticias. No sabía el revuelo que había provocado en Inglaterra. ¿Qué decían las cartas? No lo sabemos, porque al parecer se han perdido, pero nos hacemos una idea.

Un Darwin triplemente devastado, abatido por la muerte de su pequeño, avergonzado por preocuparse de la prioridad ante Wallace en semejante momento y angustiado por la manera honrada de actuar —sin querer tampoco inmolarse—, había dejado las cosas en manos de sus amigos Hooker y Lyell, como hemos visto. A los pocos días del funeral del bebé, parecía que la familia estaba fuera de peligro: Etty estaba recuperándose, igual que las dos cuidadoras que habían enfermado tratándola a ella y a su difunto hermano pequeño, y a los demás niños los habían puesto a salvo enviándolos a casa de la hermana de Emma, Sarah Wedgwood, en Hartfield, Sussex. Charles y Emma fueron a buscarlos el 9 de julio y, desde allí, se marcharon a la isla de Wight para pasar un tiempo en la costa, descansar, relajarse y recuperarse del duelo. Darwin escribió una montaña de cartas: una a Asa Gray, pidiéndole que mandara una copia de la carta que le había enviado el año anterior en la que describía su teoría de selección natural —otra prueba más de prioridad— y otras a Hooker y a Lyell, agradeciéndoles profusamente que acudieran en su ayuda, aceptando que debía escribir un resumen más amplio de su teoría y preguntándose qué extensión debería tener y cómo estructurarlo mejor.[49] Pero primero, había que notificárselo a Wallace. Hooker se ofreció a escribirle, una idea que Darwin aprovechó: «No cabe duda de que me encantaría, pues me exoneraría bastante: si me mandas tu carta, sellada, la reenviaré con la mía».[50] Una semana después, Darwin tenía en la mano la carta de Hooker: le pareció «perfecta, bastante clara y de lo más cortés». Como había quedado, se la reenvió a Wallace junto con una carta suya el 13 de julio de 1858.[51]

Pasado el fragor de la batalla, con la prioridad aparentemente asegurada, Darwin llegó a la conclusión de que el hecho de que Hooker y Lyell presentaran sus escritos sería muy acertado: estaba seguro de que el haberse involucrado ambos «es de máxima relevancia a la hora de que la gente considere el tema sin prejuicios». De hecho, estaba «casi agradecido al artículo de Wallace por haber llevado a esta situación».[52] El espabilado Darwin tenía toda la razón: años después, Hooker recordaría que tras la lectura de los artículos de Darwin y Wallace «hubo una tímida discusión», pero que «el apoyo de Lyell, y también en cierto modo el mío, puesto que yo era su lugarteniente en el asunto, intimidó bastante a los socios, que de otro modo se hubieran precipitado contra la teoría».[53] Mientras tanto, Hooker movía la publicación de los artículos, que terminaron apareciendo, prologados por una introducción de Lyell y suya, en el número del 20 de agosto de 1858 del *Journal of the Proceedings of the Linnean Society*.[54]

Por su parte, Wallace no podía sino estar estupefacto ante las cartas que había recibido de Hooker y Darwin. El único registro contemporáneo de su respuesta viene de cartas escritas poco antes de partir hacia Bacan: una a Hooker, enviada por medio de Darwin (la carta al propio Darwin que la acompañaba se ha perdido), y otra a su madre. Escritas el mismo día, revelan a un Wallace de espíritu generoso: a Hooker le expresa gratitud y satisfacción tanto por su opinión favorable del artículo como, por supuesto, por su forma de actuar y la de Charles Lyell. Se consideraba «una parte favorecida en este asunto», pues era harto habitual que se llevase todo el mérito el que primero descubría un nuevo hecho o exponía una teoría y ninguno los demás que hubieran hecho el mismo descubrimiento de manera independiente (en el debate sobre la auténtica prioridad, el primero en descubrir algo frente al primero en publicarlo, está claro que Wallace está en el segundo caso). De hecho, le contaba Wallace a Hooker, había sido una suerte que hubiera comenzado tan poco tiempo antes una correspondencia con Darwin acerca de la naturaleza de las especies y las variedades, dando a entender que de casualidad le había enviado el artículo de Ternate a Darwin en vez de mandarlo directamente a alguna revista. En consecuencia, escribía Wallace, eso había ayudado a Darwin a asegurarse la reivindicación de prioridad que tanto le hubiera costado si el artículo de Wallace hubiera aparecido por su cuenta, de la nada, algo que le habría provocado a Wallace «gran dolor y arrepentimiento».[55] ¡Guau! Es la mismísima definición de magnanimidad: ¡Wallace estaba encantado de no haberse adelantado accidentalmente a Darwin y de haber ayudado a que estableciese su prioridad! Su generosidad es evidente en la carta a su madre, también. De hecho, cualquiera tentado a insinuar que la graciosa deferencia de Wallace hacia Darwin en la carta a Hooker no es genuina y que refleja, digamos, tan solo la mesura y el decoro de las personas con conciencia de clase, debería considerar que todo rencor o sensación de perjuicio habrían quedado expresados en la correspondencia privada con su familia. Todo lo contrario:

> He recibido cartas de Mr Darwin y del Dr Hooker, dos de los naturalistas más eminentes de Inglaterra, que me han complacido enormemente. Le mandé a Mr Darwin un artículo sobre un tema en el que está ahora escribiendo una gran obra. Se lo mostró al Dr Hooker y Sir Charles Lyell, que lo tuvieron en tan buena consideración que inmediatamente lo leyeron ante la Sociedad Linneana. Esto me asegura la relación y ayuda de estos hombres eminentes cuando vuelva a casa.[56]

En una carta a George Silk el mes siguiente, Wallace expresaba su orgullo por lo que había conseguido y le animaba a hacerse con un ejemplar del número de agosto de 1858 del *Journal of Proceedings of the Linnean Society*: «En el último artículo encontrarás parte de mis últimas elucubraciones con algunos comentarios halagadores acto seguido de Sir C. Lyell y Dr. Hooker, de lo que (como no conozco a ninguno de los dos) debo decir que estoy un poquito orgulloso».[57] Unos meses después de ser enviadas desde Ternate, en enero de 1859, Darwin abría con expectación las cartas de Wallace. Puede que tuviera motivos para el desasosiego, pero no había de qué preocuparse. Cuando se las reenvió a Hooker, mostraba su «profunda» admiración por el talante de las cartas de Wallace: «Debe de ser un hombre muy agradable».[58]

———

Piensen en lo siguiente: apenas diez años después de embarcarse en su primera expedición, a Sudamérica, en busca del misterio que rodeaba al origen de las especies, el autodidacta y falto de dinero Wallace ¡lograba contra todo pronóstico desvelar el mecanismo tras la transmutación! Tuvo que ser emocionante darse cuenta de que no solo había triunfado en su misión, sino que, por eso mismo, había sido inmediatamente catapultado al mismísimo centro del sistema científico británico: era un extraordinario recolector, sí, pero era mucho más que eso. Más allá de ser un mero naturalista de campo, era un naturalista *filosófico* que aportaba contribuciones originales y esclarecedoras a algunas de las cuestiones científicas más profundas de la época. Estaba exultante cuando, tan solo tres días después de escribir esas cartas a Darwin, a Hooker y a su madre, volvió a zarpar. Hooker, por lo visto, le había deseado a Wallace un pronto regreso a Inglaterra, pero Wallace no estaba aún preparado, ni por asomo, para regresar. Como bien sabría Hooker, comentaba, costaría una barbaridad «convencer a un naturalista de que renuncie a sus investigaciones en su punto más interesante». Había nuevos descubrimientos que hacer, especies raras y preciosas que encontrar, pueblos exóticos que conocer.

Acompañado del fiel Alí y otros cuatro ayudantes más —el serio Lahagi, el nativo de Ternate que había viajado con él a Nueva Guinea; Lahi, de Halmahera, en calidad de leñador; un muchacho llamado Garo, de cocinero, y Latchi, un esclavo papuano, «muy atento y prudente», que venía de piloto con los botes alquilados—, el intrépido equipo se alejó del muelle el 9 de octubre de 1858. Aquella tarde se detuvieron en una playa de arena a la sombra del imponente cono volcánico de Tidore y, mientras cenaban, admiraron la radiante Venus, llamada entonces la «estrella vespertina», que brillaba tanto que arrojaba sombras en la pla-

El hermoso cometa Donati en una pintura de William Turner
de Oxford, hacia 1858-9.

ya. Pero algo más tarde, cuando volvieron a levar anclas aquella noche, observaron una luz brillante que salía de detrás del volcán. No era una erupción, sino un magnífico cometa de cola curvada y luminosa, una rara *bintang ber-ekor*, una «estrella con cola» en malayo. En Europa lo llamaban cometa Donati, uno de los cometas más brillantes del siglo XIX, avistado por primera vez por el astrónomo italiano Giovanni Battista Donati en el Observatorio de Florencia a principios de junio de 1858. Dio la casualidad de que Wallace y su tripulación observaron el gran cometa en el momento en el que alcanzaba el perigeo, su mayor aproximación a la Tierra. Maravillado, dibujó el espectacular visitante del espacio sideral en su diario y lo describió con unos términos entre los que se incluían «magnífico», «brillante» y «singular», términos que bien podrían aplicarse a Wallace y sus deslumbrantes ideas en ese momento. Puede que los cometas presagiaran desdichas e infortunios, pero este auguraba la llegada de grandes acontecimientos.

10

De isla en isla

«¡¡Tengo aquí una nueva ave del paraíso!!, ¡¡de un género nuevo!!, ¡¡totalmente distinta a todo lo que se conoce hasta ahora, muy curiosa y muy elegante!!»[1]

WALLACE LA CONSIDERABA EL MAYOR DESCUBRIMIENTO que había producido su viaje hasta el momento, y eso era mucho decir, después de enterarse de la sensación que había causado en Londres su artículo de Ternate. El fabuloso hallazgo ocurrió apenas unos días después de su llegada, y lo hizo Alí: «Mire aquí, señor, ¡qué pájaro tan curioso!». Vaya si era curioso: más o menos del tamaño de una corneja, con las patas y los pies naranjas, visto desde arriba el macho era marrón apagado salvo por un lustre ligeramente violeta metálico en lo alto de su cabeza plana, junto con los ojos oscuros y un penachito corto de plumas en la base del pico. Nada que llamase mucho la atención. Pero no se precipiten: un par de plumas blancas alargadas y delgadas, de la longitud del cuerpo, se proyectaban desde la mitad de cada ala,[2] primera indicación de extrañeza. Por debajo, el ave no solo estaba bañada en plumas verde metálico mezclado con marrón, sino que exhibía dos grandes cubiertas puntiagudas verde metálico que se extendían desde la garganta, como unas charreteras a cada lado del cuerpo, «el fular de forma y color más elegante que lleva ningún ave», declararía después (mucho después) Sir David Attenborough. El ave, en vida, puede erguir las plumas blancas por encima del cuerpo y alzar las cubiertas coloreadas. En plena exhibición, el efecto es espectacular: trémulas alas que se extienden para revelar la parte inferior blanca, cubiertas verdes que se alzan hasta la horizontal como un largo y acicalado cuello isabelino y esas largas plumas blancas erguidas en alto sobre la cabeza, agitándose y estremeciéndose con inconfundible urgencia sexual.[3] ¡Un hallazgo

El ave del paraíso estandarte de Wallace, en la ilustración que apareció en *The Malay Archipelago*.

asombroso! En 1859, George Robert Gray, en el British Museum, nombró a la nueva especie *Semioptera wallacii* (*Wallace's standardwing* en inglés), el estandarte alado de Wallace; el nombre del género proviene del griego *sema* (señal) y *pteros* (ala), en referencia a las plumas blancas que las aves ondean como si fuera un código de señalización.[4] Gray tenía toda la razón: esas plumas, efectivamente, funcionan como señales, parte de la danza de cortejo, compleja y frenética, que realiza el ave para atraer hembras. El magnífico descubrimiento de esta nueva ave del paraíso —y el destacado papel de Alí en ello— está inmortalizado en el Museo de Historia Natural Lee Kong Chian de Singapur con una magnífica escultura de bronce de Wallace y Alí, en la que el británico, alto y con barba y gafas, señala algo en la distancia mientras el joven Alí, con turbante y escopeta en mano, mira hacia arriba, absorto en el objetivo: un ave del paraíso de Wallace en bronce, perchada en un tronco de bronce montado sobre una alta columna blanca.[5] A los pies de Alí hay un guiño sutil a otro de sus fabulosos hallazgos en Bacan: una nueva mariposa alas de pájaro.

Si creen que Wallace estaba emocionado con la nueva ave del paraíso, verán que no era nada si lo comparamos con su reacción cuando por fin consiguió capturar aquella mariposa de alas de pájaro. La había visto tan solo un par de veces en varios meses, siempre revoloteando frustrantemente fuera de su alcance con unas alas doradas de dieciocho centímetros. Entonces, por fin: «Casi me desmayo de la emoción y el deleite, jamás en la vida me había sentido así», declaraba. Al liberar cuidadosamente a la mariposa de la red, el corazón le latía con violencia y la sangre se le subió a la cabeza, lo que le provocó una jaqueca para el resto del día. Era el pequeño precio que había que pagar: esta mariposa fabulosa superaba todas las expectativas, con unas alas de tercipelo negro e intenso fulgor naranja que cambiaba a un verde moteado en oro al girarse a la luz. Era «absolutamente nueva,

Escultura de Wallace y Alí en el campo.

distinta y de un color preciosísimo y único». En efecto, la consideraba la *Ornithoptera* más bonita descubierta hasta el momento y, por lo tanto, afirmaba, ¡la mariposa más bonita del mundo! Pensó en un nombre para ella: *Croesus*. ¿Había un nombre mejor para esta joya de mariposa que el del antiguo rey griego de Lidia célebre por su fabulosa riqueza? Escribió deprisa y corriendo una carta entusiasmada a Stevens y por separado le envió un paquete especial con los preciados hallazgos por la vía terrestre más rápida de Suez y Alejandría.[6] Contenía varios especímenes cuidadosamente embalados de su fabulosa ave del paraíso y la mariposa de alas de pájaro doradas, junto con otra mariposa que pensaba que era nueva: un espléndido papiliónido negro y azul metálico que encontraba bastante parecido a la ampliamente distribuida mariposa montaña azul, *Papilio ulysses*, pero de colores más intensos. Si era nueva, ¿cómo la llamaría? ¿Qué tal como el hijo de Odiseo, *P. telemachus*?[7]

A pesar de los éxitos iniciales, Bacan resultó ser un poco decepcionante: mariposas y aves escaseaban más de lo que había pensado en un principio, y cambiar de ubicación un par de veces no ayudó mucho. Aguantó un poco más por allí, pero la estancia tuvo sus altibajos: en algunos casos literalmente, sacudida por un par de intensos terremotos. Pero lo que más le hundió fue que le robaran; un día le sustrajeron la caja fuerte y casi todo el dinero que tenía, junto con otros artículos: el mayor trastorno, todas sus llaves. Se hacía una buena idea de quién era el responsable y se dirigió a las autoridades, pero la defensa del acusado —absurda, en opinión de Wallace— les pareció convincente y lo dejaron libre. Le dijeron a Wallace que podía disparar al delincuente si le pillaba en el acto la próxima vez, pero por lo demás, el caso estaba cerrado, para su gran indignación.

El 25 de enero de 1859, tan solo tres días antes de que Wallace escribiera su entusiasmada carta a Stevens, al otro lado del mundo Darwin cogía pluma y papel en su estudio de la casa de Down. Hacía unos días que había recibido la carta de Wallace del pasado octubre, desde Ternate, con las primeras muestras de cómo se había tomado Wallace los acontecimientos en la Sociedad Linneana. Darwin debió de ponerse nervioso, sin duda, cuando vio el remitente y abrió con cuidado el sobre... pero entonces: «Admiro profundamente su espíritu», escribía Darwin aliviado, y le aseguraba a Wallace que aunque él no tenía «absolutamente nada que ver» (*bueno...*) con lo que Hooker y Lyell habían decidido que era el justo proceder, estaba preocupado, por supuesto, por cómo se lo tomaría Wallace. Elogiaba al joven naturalista por su artículo de Ternate, que consideraba una obra magistral, pero no pudo resistirse a insertar un comentario que reafirmaba su prioridad, a modo del clásico «por cierto»: «Todos con los que he hablado consideran su artículo bien redactado e interesante. Hace sombra a mis documentos [escritos en 1839, ¡hacía ahora justo veinte años!], que debo decir en señal de disculpa que ni por un instante me había planteado publicar».[8] ¿Y cómo había reaccionado Lyell a todo aquello? ¿Debería sorprendernos que Wallace preguntara específicamente por esto en su carta a Darwin? No, puesto que era con Lyell con quien quería discutir desde el principio. «Pregunta por la valoración de Lyell», respondía Darwin. «Creo que se ha quedado un poco atónito, pero no desiste». Lyell dijo, quizás en broma, que le horrorizaba haber sido «pervertido». «Pero es de lo más sincero y honrado», le aseguraba Darwin a Wallace, «y creo que terminará por pervertirse», y de todas formas, Hooker estaba completamente del lado de ellos dos y era «el más competente *con diferencia* para juzgar en Europa». Darwin estaba en la recta final de su libro, decía también, con el último capítulo y, cuando se publicara, le mandaría un ejemplar a Wallace, por supuesto. Por su parte, Lyell nunca entabló conversación directa con Wallace sobre el tema, sin duda para decepción del naturalista, pero en años venideros coincidirían a menudo.

Puede que fuera en esta carta en la que Darwin le mandó a Wallace el índice de su libro, que entonces iba a titularse *Selección natural*. Wallace lo copió cuidadosamente en su Cuaderno de Especies y discretamente abandonó los planes de elaborar su propio libro, ¡una auténtica pena![9] Hubiera sido formidable tener en formato libro las versiones originales e independientes de Wallace y de Darwin sobre la evolución, ¡imaginen tener, en esencia, dos *Orígenes de las especies* gemelos! En ese universo paralelo, ¡se escribirían tesis universitarias y se dictarían cursos sobre su análisis comparado! ¡Se habrían publicado después elegantes ediciones en caja! Hubiera sido fascinante tener no uno, sino *dos* libros fundacionales de biología evolutiva. Pero lamentablemente, en nuestro universo el momento no acompañó, pues los planes y prerrogativas de nuestros dos protagonistas eran diferentes: Wallace no tenía planeado escribir su libro en serio hasta su (aún incierto) regreso a casa, para el que todavía quedaban años; Darwin ya estaba bien adelantado con el suyo. Hubiera sido imposible, quizás, que Wallace escribiera después su libro sin verse influido por el de Darwin. Y sin embargo, no puedo evitar pensar que *La ley orgánica del cambio* hubiera sido un apasionante e influyente volumen complementario de *El origen de las especies* que habría subrayado y desarrollado, como lo hace en la privacidad del cuaderno de Wallace, muchas de las mismas líneas clave de indicios de transmutación tratadas por Darwin en su libro clásico.[10]

———

Wallace no recibiría la carta de Darwin hasta pasados unos meses, cuando regresara a Ternate. Mientras tanto siguió con lo suyo, recolectar,

observar y explorar Bacan y sus islotes adyacentes. Era un paisaje hermoso y variado, densamente selvático, con arroyos caudalosos y pedregosos.
Como ya era costumbre, se fijaba en la geología, observaba a las gentes
—principalmente, distintos grupos de malayos con diferentes grados de
influencia portuguesa— y se hizo con una vasta colección de insectos,
aves y mamíferos. Todos los grupos tenían sus elementos destacados.[11]
Después de la fabulosa mariposa alas de pájaro, para Wallace seguro que
estaba la preciosa paloma de Nicobar (*Caloenas nicobarica*), un ave grande
y de aspecto majestuoso, de color gris pizarra y resplandecientes bronces
y verdes metálicos, con una gorguera de plumas largas y delgadas alrededor del cuello. Había varios mamíferos curiosos también, tanto del
oeste —grandes civetas indias (*Viverra zibetha*), ciervos de Timor (*Rusa
timorensis moluccensis*) y babirusas (*Babyrousa*)— como del este: marsupiales como el petauro del azúcar (*Petaurus breviceps*) y el cuscús de las
Molucas (*Phalanger ornatus*).[12]
   De los diez mil cuatrocientos insectos que Wallace capturó en
Bacan, los más raros debían de ser dos que estaban representados por
un único espécimen cada uno: un precioso papiliónido nombrado posteriormente en su honor (*Graphium wallacei*) y una gigantesca abeja
negra del tamaño de un pulgar humano con unas mandíbulas de aspecto
formidable, como las del ciervo volante.[13] Era una *Raja ofu*, «abeja rey»,
de hecho, la más grande del mundo, el rey de las abejas, desde luego.
En 1860, Frederick Smith, del British Museum, describió esta especie
junto con otras 131 hormigas, abejas y avispas capturadas por primera
vez por Wallace y la nombró *Megachile* (hoy, *Chalicodoma*) *pluto*: abeja
rey, pero del inframundo, pues el epíteto específico *pluto* (Plutón) es un
nombre mitológico, como los que les concedió a tantas otras *Megachile*
capturadas por Wallace, por ejemplo, las dos bautizadas en honor a las
moiras *Clotho* y *Lachesis* y la que lleva el nombre de la furia *Alecto*. La
abeja gigante era «la joya de la colección», afirmaba Smith, y «la mayor
contribución que Mr. Wallace ha hecho a nuestro conocimiento de la
familia Apidae».[14] Entre captura y captura, Wallace admiraba la vegetación: elegantes helechos arbóreos y majestuosas palmeras que salpicaban la selva, árboles del género *Canarium* (tal vez *Canarium vulgare*,
el almendro de Java) animados con «el ronco arrullo y el aleteo pesado»
de las grandes palomas verdes que se atiborraban de sus frutos, y los
grandes candelabros, como de tebeo, de los pandanos, *Pandanus*, que
flanqueaban las playas. Quedó estupefacto ante una higuera estrangula-
dora gigante formada por un entramado de gruesas raíces aéreas que se
erguían al menos treinta metros alrededor del hueco dejado por el árbol
sobre el que, antaño, había crecido la higuera hasta que, con el tiempo,
acabó por estrangularlo. Como había renunciado a la recolección de
plantas para centrarse en la zoología, tan solo podía comentar, lastimero,

que «Batchian es una isla que quizás compense las investigaciones del botánico mejor que ninguna otra en todo el archipiélago».[15]

Habían pasado casi seis meses; empezaba a impacientarse. Cuando un *kora-kora* del gobierno que llevaba arroz para las tropas locales hizo parada en Bacan de camino a Ternate, aprovechó la oportunidad de regresar a su base. El viaje de una semana hacia el norte se saldó sin incidentes, salvo por la serpiente venenosa que se enrolló junto a su catre una noche y que Wallace descubrió, con un ataque de taquicardia, al ir a alcanzar lo que él creía que era su pañuelo en la tenue luz. Afortunadamente, no le mordió, y despacharon a la serpiente con cuidado, pero le asaltaron pesadillas repletas de serpientes y estuvo más tieso que de costumbre el resto de la noche, con miedo a darse la vuelta. Era la segunda vez que había estado a punto de tener una serpiente como compañera de cama... que él supiera.

Ya tenía planeados sus siguientes movimientos para cuando atracaron en Ternate: iba a volver a Célebes, pero al brazo norte esta vez, y llegaría allí pasando por Ambon y Timor en el vapor del correo. Pero esto no era más que el comienzo: como ya había resuelto el enigma de cómo se forman las nuevas especies, sus pensamientos se orientaron al enigma biogeográfico del gran archipiélago y cómo se relacionaba este con el origen de las especies. La estrategia de Wallace quedó plasmada en una carta a su cuñado, Thomas Sims. Cuando volvió a Ternate había, como siempre, una pila de cartas esperándole, entre ellas una de Sims con noticias de la familia en la que, por lo visto, le informaba de que su madre y su hermana tenían muchas ganas de que regresase a casa. La carta original no se ha encontrado, pero podemos conjeturar que Sims se extendió en el asunto, hablando por la familia. Creían que ya era suficiente: Wallace tenía ya treinta y seis años y había pasado la mayor parte de los últimos once años fuera. Sus colecciones se habían vendido bien y podía vivir más que holgadamente vendiendo algunas de sus otras rarezas, también. Podía mantenerse de ello y vivir con cierto lujo, y en su colección privada tenía material suficiente para toda una vida de trabajo entomológico: trabajo que podía realizar tan tranquilamente en Londres, si no más que en el muy remoto sudeste asiático. En Londres, sus éxitos y descubrimientos científicos le abrirían las puertas de la academia científica. No te enfades, le calmaba al parecer Sims, pero la verdad es que todo entusiasta al final necesita controlar el entusiasmo y mirar al futuro, asentarse. Vuelve a casa y cosecha el fruto de tu trabajo, ya vale de tanto viajecito recolector, de dejarse la piel en un rincón de mala muerte tras otro, infestado de plagas y asolado por las fiebres, con su existencia de ruleta rusa: un día de estos, ¿no acabará contigo un naufragio y terminarás ahogado? ¿Serpientes mortales? ¿Disentería o fiebres? ¿Una erupción volcánica, un terremoto o un tsunami? ¿O será a manos de piratas, ladrones, lugareños desbocados blandiendo sus *kris* o caníbales cazadores de cabezas?

Una exageración, esta representación del alegato de Sims, pero estoy seguro de que no demasiado. Como era de esperar, la carta cayó como un jarro de agua fría, o peor: ¡le había tocado la fibra sensible! «Tus ingeniosos argumentos para convencerme de volver a casa son bastante poco convincentes», informaba Wallace tajantemente a su cuñado. Lo que hacía no era trabajo, sino placer, y era bueno en ello: ¿por qué no iba a seguir su vocación? Sims tampoco tenía razón en cuanto a que hubiera hecho dinero suficiente para vivir, y además, ¿a quién le importaba hacerse rico? De hecho, replicaba Wallace, «me da la impresión de que el poder o la capacidad de hacerse rico es inversamente proporcional al poder de reflexión de un hombre y directamente proporcional a su impudicia». Y declaraba: «A lo mejor está bien ser rico, pero no lo está hacerse o intentar hacerse rico». ¿Entusiasta, él? ¡Pues sí! Llevaba la etiqueta con orgullo: «¿Quién que no fuera un entusiasta ha hecho nunca nada bueno o excelente?». Es más, la mayoría de las personas parecían ser entusiastas de una única cosa: «Conseguir dinero». Hay que tener agallas para llamar a otros «entusiastas» como si fuera algo malo, porque no pueden imaginar que haya nada en el mundo mejor que hacer dinero. Y en cuanto a la salud y la vida, ¿qué tal la paz y la felicidad? La felicidad, informaba a su cuñado, puede definirse como «el trabajo con un propósito, y cuanto más noble sea el propósito, mayor es la felicidad». Y su propósito era nobilísimo. Aquí Wallace deja ver su objetivo primordial, un «estudio más amplio y más general, el de las relaciones de los animales con el tiempo y el espacio» y nada menos que la distribución geográfica y geológica de las especies a traves del tiempo y sus causas. «Me he puesto a resolver este problema en el archipiélago indoaustraliano y tengo que visitar y explorar el mayor número de islas posible y recolectar material».[16] Eso era, ¡siempre había sido eso! La relación de los animales con el tiempo y el espacio —el cambio transmutacional en el tiempo, la distribución en el espacio—, estaba en la raíz de muchos de los artículos clave de Wallace, y sabía que estaba en algo profundo allí en el gran archipiélago malayo, territorio de líneas invisibles trazadas por la propia Tierra. «No sé exactamente dónde voy a ir ahora», le decía a su cuñado a modo de despedida, pero estaba claro que a casa no. Todavía no.

————

En los tres años siguientes, Wallace hizo precisamente lo que dijo que iba a hacer: «visitar y explorar el mayor número de islas posible», recolectando y observando al servicio de la gran misión de trazar las interrelaciones de las especies y la Tierra. Fue saltando de isla en isla, cruzando el archipiélago para visitar docenas de ellas, grandes y pequeñas, aproximadamente en seis viajes distintos, desplazándose con el vapor del correo, en barcas locales y hasta con su propio prao. Siempre viajaba con Alí, su leal y talentoso ayudante, y algunos otros trabajadores más, contratados que variaban de un viaje a otro. Llegó incluso a contratar a su antiguo ayudante Charley, que había madurado desde la última vez y se había convertido en un joven alto, más competente y seguro de sí mismo, para emprender distintas expediciones de recolección. Wallace encontraba ayuda inmediata allá donde iba, ya fuese de expatriados europeos que se ganaban la vida en los márgenes del imperio o de dirigentes locales al servicio de aquellos. Que había seguido reflexionando sobre la distribución geográfica quedaba patente en una de las últimas cartas que envió antes de marcharse de Bacan. Era más bien un artículo, en realidad; por lo menos se publicó como tal. Estaba dirigida al ornitólogo Philip Lutley Sclater, editor fundador de la revista *Ibis*, y comentaba un artículo de este sobre la distribución global de las aves. Sclater, con visión de conjunto, había dividido la Tierra en seis grandes «regiones zoológicas» basadas en la avifauna: la fundación del sistema moderno de reinos biogeográficos reconocida en la actualidad. Tras ofrecer unas cuantas correcciones de menor importancia respecto a las fronteras de las seis regiones de Sclater, Wallace se centraba en el rompecabezas especial que planteaba el archipiélago malayo: no hay nada más inexplicable en la distribución geográfica que la división de ese gran archipiélago, de aspecto tan homogéneo, en dos regiones que «tienen menos en común que ningunas otras dos en la Tierra». A los ojos del geógrafo o del geólogo, «absolutamente nada» marca la división entre ambas regiones. Solo podía ser un vestigio de paisajes pasados, un mundo de paisajes alterados y perdidos por procesos geológicos inexorables que sin embargo dejaron su huella en las especies existentes. «Aquí», le contaba Wallace a Sclater entusiasmado, «hay un amplio campo de investigación de lo más interesante en el que llevo mucho tiempo trabajando y del que espero, con la ayuda de mis colecciones, sacar muchas cosas en claro».[17]

Era un interés que lo consumía, y Wallace estaba seguro de que un análisis minucioso de sus colecciones ayudaría a arrojar luz en la distribución presente y pasada. Se resistía a las peticiones de entomólogos desde Inglaterra para estudiar y describir determinados especímenes de su colección privada, normalmente los grupos más bonitos y carismáticos, claro. Insistía en que aceptaran catalogar series *completas*, preferiblemente de una isla o grupo taxonómico en concreto, o que se olvidaran de ello. Como le explicaba en una carta al entomólogo Francis Polkinghorne Pascoe: «Sin duda estáis al corriente de que tengo por afición la "distribución geográfica" —y me alegra saber que a usted también le interesa—, y es precisamente por ese motivo por el que me preocupa tanto que mis colecciones se trabajen en *grupos*, ya sean clasificatorios o geográficos».[18] En efecto, poco antes de escribir esta carta Wallace había firmado un extenso artículo sobre este mismo tema, uno de sus preferidos: «On the Zoological Geography of the Malay Archipelago» (La geografía zoológica del archipiélago malayo). Era una obra magistral que detallaba por primera vez la discontinuidad faunística que posteriormente se conocería como *la línea de Wallace*. Tenía el artículo de Sclater en mente y aludía a él en la mismísima frase inicial. Sclater mencionaba la división este-oeste de las aves en el archipiélago malayo, pero Wallace sostenía que se trataba de un fenómeno más general, con un significado profundo. Su objetivo, afirmaba, era cartografiar con precisión los límites de cada región y «llamar la atención sobre algunas inferencias de gran importancia general en cuanto al estudio de las leyes de distribución orgánica». Señalaba que debido a la proximidad y similitud física de las islas en la región, no debería darse disparidad alguna en su fauna, pero la división invisible que había notado por primera vez entre Bali y Lombok, y que desde entonces había percibido que se extendía hacia el norte, era bastante general y sorprendente: «La más anómala que se conoce de momento, totalmente única de hecho». Solo había una explicación posible, y estaba en la historia de la Tierra, afirmaba: nada menos que en una «atrevida aceptación» de que la superficie de la Tierra ha experimentado cambios drásticos. Su modelo, hay que decir desde el principio, no ha aguantado el paso del tiempo al detalle; específicamente, su creencia de que Australia, Nueva Guinea y varias islas en la parte oriental del archipiélago hasta pleno Pacífico Sur representan los vestigios de un gran continente pacífico ahora fragmentado y en su mayor parte hundido. Pero dio en el clavo con la importancia de la poca profundidad de los mares alrededor de las islas en las mitades oeste y este del archipiélago: situadas en las plataformas de la Sonda y Sahul respectivamente, las islas a cada lado pueden (re)unirse en una masa continental común con las tierras más cercanas cuando el nivel del mar baja lo suficiente (o, según pensaba, cuando el nivel de la tierra subiera lo suficiente). En esos casos, las islas unidas se convierten en extensiones de Asia y Australia/Nueva Guinea, respectivamente. Reconocía correctamente que la profundidad del mar está relacionada con el tiempo que llevan aisladas, y por lo tanto, con la afinidad, así como con el endemismo: la singularidad de su fauna. Intuía la diferencia entre islas oceánicas e islas puente y, por entonces, le atraía bastante la idea conocida como *extensionismo continental*: extensiones de los continentes, que en algunas formulaciones implicaban puentes terrestres a lo bestia. Era una idea antigua que había defendido el difunto Edward Forbes, el naturalista cuyo concepto trasnochado de «polaridad» para describir las relaciones entre especies había terminado provocando que un exasperado Wallace escribiera su famoso artículo de la Ley de Sarawak en 1855. Pero al contrario que la polaridad, absurdamente idealizada, el extensionismo continental cobró impulso entre los naturalistas. Muchos pensaban que la única manera de explicar que especies alejadas consiguieran alcanzar lugares remotos era postular que habían caminado por puentes terrestres que se extendían por aquí y por allá, por todas partes, incluso a través de cuencas oceánicas enteras. ¿Cómo explicar las especies similares de, pongamos, Madeira y Europa continental? Quizás un puente terrestre, ahora deshecho, las conectara en otro tiempo. Claro que esta hipótesis *ad hoc* se podía invocar muy fácilmente, pero en general no había prueba ninguna, al menos en lo que se refiere a los mares abisales. Las islas puente, sin embargo, son reales. Las islas que se encuentran en plataformas continentales pueden unirse y se unen al continente a escala local: pensemos en Tasmania, Sri Lanka, Mallorca. El problema para algunos era que la escuela extensionista continental extrapolaba lo local a lo global: una extensión del extensionismo que era, digamos, tender demasiado puente. Por ejemplo, para Charles Darwin: la idea le ponía de los nervios, pues estaba seguro de que tarde o temprano las casualidades normales del viento y las alas, más la flotación, eran más que suficiente para explicar la colonización de hasta la base insular más remota.[19] Darwin no se oponía en absoluto al modelo lyelliano de levantamiento y subsidencia regional —un concepto clave detrás de su modelo de formación de arrecifes de coral y atolones—, pero sostenía que no había la más mínima prueba de la existencia de inmensos continentes hundidos y pensaba que era una locura que respetados naturalistas llegasen incluso a coquetear con mitos y leyendas como el continente perdido de la Atlántida para dar credibilidad al extensionismo.[20] Era una explicación un tanto enrevesada.

Finalmente Wallace vio la luz años después, y se dio cuenta de que había una diferencia abismal entre puentes de tierra locales (lo que hoy llamamos plataformas continentales) y el tipo de puentes a través de las cuencas oceánicas que promulgaban Forbes y sus acólitos, pero, como veremos más adelante, la idea adquirió una extraña vida propia.[21] Por el momento, no obstante, aquí en este artículo rompedor, Wallace no estaba tan preocupado por defender el extensionismo como por aplicarlo para argumentar a favor de las profundas explicaciones que puede proporcionar la distribución geográfica de las especies: «La Geología solo detecta una parte de los cambios que ha experimentado la superficie de la Tierra. Puede revelar la historia de lo que es ahora tierra firme y sus pasadas mutaciones; pero el océano no dice nada acerca de su historia pasada. La Zoología y la Botánica acuden aquí en auxilio de su ciencia hermana». Desarrollaba una conclusión magistral en su artículo al recalcar que «humildes hierbas y despreciados insectos» de litorales lejanos revelan muchas cosas de los cambios geológicos pasados y responden preguntas clave como dónde y cuándo debieron de existir antiguos continentes, a qué zonas continentales debían de estar unidas las islas y hace cuánto se produjo su separación. Meditemos sobre ello: sería la mera distribución de las especies la que puede revelar secretos de la historia de la Tierra y permitirnos reconstruir el ascenso y descenso de continentes y océanos.

Wallace envió su última reflexión a Darwin —¡otra vez!— pidiéndole que la remitiera a la Sociedad Linneana. Darwin encontró el artículo impresionante y estuvo encantado de ayudar, aunque le dijo a Wallace que rechazaba la idea de continentes perdidos. El artículo se leyó en la siguiente reunión disponible, el 3 de noviembre de 1859, y se publicó en el *Zoological Proceedings* de la sociedad el año siguiente.[22]

———

Para entonces Wallace ya había viajado cientos de kilómetros, visitando al menos una docena de islas. El primero de sus viajes de isla en isla lo llevó al pueblo de Manado, cerca del extremo del sinuoso brazo norte de Célebes, en el habitual zigzag del correo holandés, que se dirigió primero unos novecientos kilómetros al sur, hacia Timor (vía Ambon y Banda), donde planeaba capturar algunos especímenes, antes de dirigirse de nuevo al norte. En Ambon vio a su viejo amigo el Dr. Mohnike, el entomólogo aficionado, que le enseñó las últimas y envidiables incorporaciones a su colección de escarabajos, las cuales posiblemente hicieron que su siguiente parada, en Banda, fuese todavía más dolorosa, pues mayormente fracasó en lo que se refiere a insectos y aves. La geología era interesante, sin embargo, y mostraba indicios claros de un levantamiento drástico, con plataformas de coral varadas entre noventa y ciento veinte metros por encima del nivel del mar, coronadas de basalto volcánico como para subrayar que la actividad volcánica y el levantamiento a menudo se producían en tándem y guardaban una relación de causa y efecto. Para completar la odisea de levantamiento geológico que contaban estas formaciones, estaban las extraordinarias vistas, en otra zona, de enormes áreas que se extendían hacia el interior cubiertas de esqueletos de árboles en pie, el revelador alcance de un tsunami letal que había llegado tras un gran terremoto dos años antes. Continuó su zigzag hasta Coupang (hoy, Kupang, en la bahía del mismo nombre), la principal población holandesa en la costa oeste de Timor, de hermosas construcciones bajas, blancas y de tejados rojos, bien resguardada por la bahía y bordeada de manglares. Las capturas fueron peores de lo que había previsto: era la época seca, y la isla estaba aún más cuarteada de lo normal. Toda la vegetación de los alrededores era maleza, acostumbrada a un calor seco y abrasador, una escena bastante desoladora mitigada únicamente por las altas palmas de Palmira (*Borassus flabellifer*) que salpicaban el paisaje, una especie que vale para todo: es de las preferidas para hacer vino de palma o *toddy*, da frutos comestibles y una madera robusta que se puede trabajar. Una vez más, la geología proporcionaba un pasatiempo interesante: Kupang estaba construida sobre una plataforma de coral levantada, observó, y viajó a la diminuta aldea de Uiasa, en Semau, la pequeña isla vecina, para ver los manantiales termales de aguas que burbujeaban «como si tuvieran jabón», pero casi se hundieron al regresar por el estrecho cuando su pequeño prao alquilado empezó a hacer agua a borbotones. Lo arreglaron sin mayores problemas, pero el mar revuelto luego estuvo a punto de volcarlos. «Juré que en el futuro no volvería a adentrarme en el mar en una embarcación tan pequeña y lamentable». Decidió reducir las pérdidas y marcharse pronto de Timor, aunque como regalo de despedida sus ayudantes y él capturaron una auténtica bandada de aves maravillosas mientras esperaban el barco del correo, la más destacable el endémico papafigos de Timor (*Sphecotheres viridis*), una preciosa oropéndola amarilla y verde oliva con una brillante máscara roja.

Dos semanas después de abandonar Kupang, el vapor atracó en Manado (Menado, para Wallace), en el distrito de Minahasa. Le pareció «uno de los más bonitos de Oriente», una auténtica ciudad jardín con cabañas rústicas alineadas en una meticulosa cuadrícula de calles anchas y jardines por todos los sitios y exuberantes plantaciones intercaladas con huertos de árboles frutales. A lo largo de los tres meses siguientes, los recolectores se embarcaron en una serie de expediciones hacia el interior, empezando con un ascenso por onduladas montañas hasta el pueblo de Tomohon, donde el jefe local invitó a Wallace a un estupendo almuerzo de cerdo salvaje asado y murciélago estofado, todo ello regado con un magnífico burdeos y cerveza. Continuaron hacia Rurukan, a unos mil metros, donde tenía muchas ganas de ver si se presentaba alguna rareza de elevadas altitudes. No se presentaron, pero él disfrutó del agradable clima fresco, por lo menos al principio: por la noche el termómetro se desplomaba hasta los diecisiete grados centígrados, «lo que producía en mi constitución tropicalizada un efecto igual al de una intensa helada en Inglaterra». Una impresión aún mayor le esperaba unos días después cuando retumbaron unos alaridos: «*Tanah goyang!!, tanah goyang!!* ¡¡Terremoto!!, ¡¡terremoto!!». Todo el mundo salió de los edificios en desbandada entre gritos y llantos de bebés. Por fin tenía lo que había deseado, un terremoto lo bastante fuerte para infundir pavor y conmoción, que en segundos hizo que la casa «se sacudiera visiblemente, crujiera y se resquebrajase como si fuera a caerse a pedazos». Fue una sensación única, algo que nunca olvidaría, escribió: «Te sientes en manos de una fuerza ante la cual la virulencia más salvaje del viento y las olas no es nada en comparación». Pero se dio cuenta de que en realidad había sido suave, y de que no quería experimentar un terremoto fuerte de verdad, «la catástrofe más destructiva y aterradora a la que se puede exponer el ser humano».[23]

Las capturas en las montañas resultaron una decepción salvo por un premio de consolación nada despreciable, el fabuloso papiliónido verde, *Papilio blumei*, uno de los insectos más bonitos que había visto nunca. Adornado con tonos verdes metálicos y dorados y una elegante cola en forma de cuchara azul celeste en las alas posteriores, los investigadores hoy en día consideran que recrear la coloración espectacular de esta mariposa con nanotecnología es el santo grial de la biomimesis.[24] Pero como los buenos ejemplares de aves e insectos por lo general escaseaban en la zona, mientras se dirigía hacia el sur, cruzando el lago Tondano, su atención viró de momento a la geología. El extremo distal del brazo norte de Célebes está salpicado de volcanes activos y extintos, además de manantiales termales humeantes y sulfurosos, minigéiseres y lagos de barro hirviendo, que son parte del arco volcánico Minahasa-Sangihe, una de las nada menos que cinco provincias tectónicas de esa isla curiosamente amalgamada, producto distorsionado de tres placas que convergen: la placa australiana, que se desplaza hacia el norte; la placa euroasiática, que se desplaza hacia el sur-sureste, y la placa del Pacífico, que se desplaza hacia el oeste, todas convergen, divergen y se rompen. Wallace estaba viajando por fronteras dentro de fronteras, una de las regiones más complejas geológicamente del planeta. Al leer el paisaje, las areniscas estratificadas alternadas con basaltos volcánicos le decían que Célebes era muy antigua, «los restos de una tierra más antigua que ninguna de las islas que ahora la rodean». No estaba del todo en lo correcto, pero algo había: en tanto que la isla es producto de una compleja colisión de microcontinentes procedentes del este y del oeste, cuyas rocas se mezclan ahora con incorporaciones sedimentarias y volcánicas posteriores, consiste en terreno antiguo y nuevo.

Todavía más al sur, ascendió y cruzó la sinuosa cadena que marca el límite sur de la gran caldera del Tondano, a la sombra del inactivo *Gunung* Manimporok y su vecino de intensa actividad *Gunung* Soputan, con su pico de 1780 metros totalmente desprovisto de vegetación, testimonio de sus regulares erupciones explosivas. Un poco más abajo por la ladera, en la pequeña aldea de Pangu, las capturas mejoraron a pesar de la lluvia y de una enfermedad que golpeó a sus ayudantes. Se hizo con unas cuantas aves, en particular, palomas imperiales, mieleros y picaflores, y un puñado de preciosos escarabajos: el trofeo, *Cicindela* (hoy, *Thopeutica*) *gloriosa*, un escarabajo glorioso, desde luego, de un «intenso verde aterciopelado», que se camuflaba maravillosamente en las piedras húmedas y cubiertas de musgo del lecho de un arroyo.

A él también le afectó la fiebre, por lo que dio marcha atrás y estuvo dos semanas recuperándose en Manado; luego se dirigió al norte. Rodeando la imponente *Gunung* Klabat, el volcán más alto de la isla con sus más de 1990 metros, cruzó por Lumpias hasta Likupang, en el

extremo del largo brazo norte, acompañado por su considerable equipaje
—equipo de recolección, cajas, libros, ropa, herramientas—, que cargaban los porteadores. Era el reino de algunas de las rarezas zoológicas
más interesantes de Célebes, entre ellas el endémico *sapi-utan*, o anoa
(*Bubalus depressicornis*), un bóvido diminuto cuyo nombre malayo significa «vaca de la selva»;[25] el endémico babirusa o puerco ciervo (*Babyrousa
celebensis*), que exhibe elaborados colmillos curvos, y el célebre talégalo
maleo (*Macrocephalon maleo*), un megápodo grande y hermoso, negro,
con el vientre rosa, tonos rojos y amarillos alrededor de los ojos y el pico
y un curioso casco negro, o boina, en la cabeza. En la temporada seca, los
maleos se reunían a cientos en las playas y las parejas excavaban agujeros en la oscura arena volcánica para poner sus grandes huevos marrón
claro y que los incubara el sol tropical. Cabría pensar que los huevos se
cocerían más que incubarse con aquel calor atroz, pero el único cocido
que sufrían era a manos de los furtivos. Wallace observó que todos los
años llegaban lugareños de kilómetros a la redonda para sacar los huevos,
«que se consideran una auténtica delicia y, efectivamente, cuando están
bien frescos son deliciosos, el sabor es igual de bueno que el de un huevo
de gallina, pero mucho más intenso».[26] Wallace, cocido él también en las
artes del furtivismo, por supuesto, capturó veintidós aves, y sus ayudantes
y él se comieron otras cuantas más.

De regreso a Manado
surgió la oportunidad de
coger un vapor correo en
dirección suroeste hacia
Ambon, una base desde
la que planeaba partir
en expediciones a la isla
vecina Ceram, mucho
más grande. Se quedaría meses allí, así que
hizo una parada rápida
de unos días en Ternate para recoger algunas
provisiones y su último
montón de cartas. Entre

Babirusa o puerco-ciervo,
Babyrousa celebensis.

ellas, había una de Darwin, escrita el anterior mes de abril en respuesta
a la carta de Wallace de noviembre de 1858.[27] Su libro estaba casi terminado y en manos de su editor, informaba, un «pequeño volumen» de
quinientas páginas. Esperaba que Wallace aprobara el apunte que hacía
en la introducción sobre la «excelente memoria» del joven naturalista
presentada en la Sociedad Linneana, y al parecer adjuntaba una copia
del párrafo, y mencionaba que también había citado su artículo de la Ley

de Sarawak, explicando que ambos llegaron a la misma explicación de la «ley» que Wallace describía.[28] Wallace debía de haber comentado en su carta cómo había llegado Darwin a la transmutación y al descubrimiento de la selección natural, y aquí Darwin confirmaba que tenía razón: la domesticación había arrojado luz en el proceso de la selección, y Malthus había proporcionado el impulso para ver cómo se podía aplicar esto a la naturaleza. Pero habían sido la distribución geográfica y la paleontología en el contexto de sus exploraciones sudamericanas las que primero le habían abierto los ojos a la transmutación. Las relaciones de las especies en el espacio y el tiempo eran clave, igual que para Wallace. Había una posdata: Darwin reiteraba lo mucho que admiraba el espíritu generoso de Wallace y, quizás impelido por persistentes ataques de culpa, decía que tras recibir el artículo de Ternate, en realidad había escrito una carta para informar de que no publicaría nada, a favor de Wallace, pero no la había enviado todavía cuando llegó la de Lyell y Hooker «instándome a mandarles algunos manuscritos y permitirles actuar como consideraban justo y honrado para los dos. Y así lo hice». Bueno, la cosa no había sido exactamente así, pero Wallace, desde luego, pareció tomárselo con filosofía.

Tardó un mes en instalarse en Ambon, en lo que empaquetaba una impresionante remesa para Stevens, escribía sus observaciones ornitológicas de Manado y planeaba su siguiente paso. La remesa, que incluía material de Ternate, Halmahera y Manado, contaba con más de 5400 especímenes de insectos, 664 aves y 35 mamíferos, muchos de ellos, como siempre, etiquetados para su colección privada.[29] Salió en el vapor del correo el 10 de noviembre con destino a Batavia (Yakarta), luego a Singapur y de ahí a Inglaterra. Le mandó una carta a Stevens para avisarle del envío y, probablemente a sabiendas de que sus comentarios se iban a publicar, aprovechó la oportunidad para quejarse de los que se hacían llamar autoridades y parecían no ser capaces de proporcionar información precisa de la zona, y volvía a pronunciarse sobre la naturaleza de las especies y cuándo debería llamarse especie a una especie.[30] La idea de una «variedad local permanente» es absurda y contradictoria, insistía; cuando las diferencias son constantes y permanentes hablamos de especies, punto. Al mismo tiempo, Wallace también escribió un artículo sobre la ornitología de Célebes, centrándose principalmente en los curiosos talégalos maleos: un artículo que merece nuestra atención porque en él hace su primera referencia pública a la selección natural, tras los artículos de la Sociedad Linneana. Al hablar de la biología del talégalo maleo, Wallace considera la interrelación de la estructura adaptativa y el comportamiento (lo que él denominaba instinto, o costumbre) en relación con el medio. En vez de dar por sentado que el instinto es inalterable y la estructura se adapta para acomodarlo, como hacían tantos naturalistas, démosle la

vuelta, proponía, y consideremos que el instinto es el resultado adaptativo de las limitaciones de la estructura y las exigencias del ambiente:
efectivamente, ciertos instintos podrían verse como «el resultado lógico e
inevitable» de la estructura y el ambiente. Luego seguía una declaración
reveladora: como el tema era demasiado extenso para discutirlo ahí en su
totalidad, «para una solución perfecta del problema hemos de (…) recurrir
al principio de Mr. Darwin de "selección natural" y no perder la esperanza
de llegar a una "teoría del instinto" absoluta y veraz».[31] No el principio «de
Mr. Darwin y *mío*», sino de Mr. Darwin, solo. Observen: en la primera
aplicación de la selección natural que publica Wallace también está su
primera deferencia pública absoluta hacia Darwin, negándose a reclamar
ningún crédito como codescubridor de la selección natural. Consciente
o inconscientemente, ¿podría relacionarse esto con la carta que Wallace
acababa de recibir de Darwin, en la que informaba de que su libro saldría
pronto? Podría haberle dado cierta sensación de carácter definitivo, de que
la prioridad de Darwin estaba consolidada. Nunca lo sabremos.

Apenas unos días después de enviar sus cartas y el artículo, partió a
Ceram en una barca local y llegó el 31 de octubre de 1859. La gran isla de
Ceram es una isla escarpada y geológicamente compleja en la parte exterior del arco de Banda, situado en su propia microplaca, que ha girado
unos ochenta grados en los últimos ocho millones de años aproximadamente, una velocidad vertiginosa en términos geológicos. Sus tres provincias geológicas, que abarcan los últimos quinientos millones de años,
desde el Paleozoico hasta la actualidad, hablan de repetidos episodios de
levantamiento y subsidencia, con rocas intrusivas y extrusivas sumadas al
conjunto. La isla está dominada por un cinturón de grandes montañas
calizas del periodo Triásico, la más alta de las cuales, *Gunung* Binaia, se
yergue 3027 metros en medio de un paisaje kárstico montañoso de cuevas
profundas y ríos subterráneos. Decían que las rarezas eran abundantes, y
Wallace por fin seguía los consejos de los naturalistas en Inglaterra: «Si
quieres buenas aves, ve a Ceram».[32] En efecto, esta isla es una ecorregión
en sí misma que alberga dieciséis especies de aves endémicas (incluido el
monotípico anteojitos bicolor, *Tephrozosterops stalkeri*) y nueve especies
de mamíferos endémicas o casi endémicas, más que ninguna otra isla de
las Molucas. Lamentablemente, sin embargo, Wallace encontró pocas
especies nuevas de aves o mamíferos y no le fue mucho mejor en el campo
de los insectos. De hecho, su estancia entera de ocho o nueve meses tuvo
un poco de todo, principalmente porque el precio que pagó en esfuerzo y
privaciones no fue en absoluto proporcional a las recompensas.

Salía mal una cosa tras otra. En su primera incursión, fue deteniéndose en aldeas a lo largo de la bahía Elpaputih, en la costa suroeste, pero
no le impresionaban: «No tengo nada particular que decir ahora, salvo
que Ceram es un *sitio lamentable* para las aves», escribía a Stevens desde

el pueblo de Awaiya.[33] Luego, siguiendo el *sungai* (río) Ruatan tierra adentro desde la diminuta Makariki, en la bahía, hasta el centro de la isla, tuvo que superar la prueba del agua: empapado por las tormentas, se le desintegraron totalmente dos pares de zapatos entre el remojo constante de andar vadeando ríos y el desgarre de trepar por las rocas. El último día del viaje de vuelta, no tuvo más remedio que deambular en calcetines, con los dedos de los pies en carne viva por el roce con la arena. Llegó a Makariki cojeando y lleno de rasguños, cubierto de verdugones que picaban terriblemente, provocados por ácaros rojos, diminutas ninfas de ácaro parásitas que se atiborran de células epidérmicas, las cuales disuelven mordiendo e inyectando enzimas proteolíticas. A Wallace le parecían «peores que los mosquitos, las hormigas y cualquier otra plaga, porque es imposible protegerse de ellos y sus efectos son más duraderos y peligrosos», estaba a punto de volverse loco entre el picor y las úlceras que se hacía por rascarse constantemente. Manifestaba que aquella parte de Ceram era un «desierto selvático», por lo que estaba bastante desanimado para cuando regresó a Ambon a finales de diciembre. Descubrir que la carta que había enviado en Awaiya había sido devuelta por franqueo insuficiente (lógico…) seguro que no ayudó; agregó hastiado: «Acabo de llegar, absolutamente agotado de la esterilidad de Ceram».[34]

El ánimo se lo subiría otro paquete que le esperaba: ¡*El origen de las especies*! Desde que sus artículos se habían leído en la Sociedad Linneana allá por julio de 1858, Darwin sabía que tenía que sacar el gran libro en el que había estado trabajando, en buena medida para establecer su prioridad y demostrar que de verdad *había* estado trabajando en la transmutación durante veinte años y que realmente llevaba bien avanzado un extenso libro sobre el tema. Le preocupaba que el «gran libro de las especies», *La selección natural*, fuera solo eso: GRANDE, y distaba mucho de estar terminado, así que Lyell y Hooker le instaron a sacar una sinopsis, un artículo que detallara la teoría. Darwin lo intentó, pero tras varios comienzos en falso, se desesperó. Dada la sensibilidad del tema y la ingente cantidad de información justificativa necesaria para hacer una argumentación pública convincente, sencillamente no podía hacerle justicia en un mero artículo. Le dio muchas vueltas a cuál sería la mejor manera de proceder y terminó decidiéndose por escribir un «resumen» de su gran libro. El título original, «Resumen de un ensayo sobre el origen de las especies y las variedades mediante selección natural», fue rechazado por su editor, John Murray, que prefería *El origen de las especies por medio de la selección natural, o la preservación de las razas favorecidas en la lucha por la vida*. Publicado en noviembre de 1859, Darwin le pidió a Murray que le enviara un ejemplar a Wallace. Quedaba patente en la carta que lo acompañaba que Darwin esperaba su publicación con desasosiego.

Estaba por entonces en Ilkley, en West Yorkshire, sometido a tratamiento en el Centro Hidropático Wells House para calmar los nervios.
Escribía cartas lastimeras a compañeros naturalistas y antiguos mentores, como para prepararse: «Me temo (…) que no va a estar de acuerdo
con su alumno», se mortificaba con su venerado profesor de Cambridge, John Stevens Henslow. «Mi libro os horrorizará e indignará», le
advertía a su amigo Thomas Eyton. «Sé que contiene muchas cosas con
las que discrepéis (…). En absoluto pretendo convenceros de muchas
de mis herejías», le transmitía a T. H. Huxley. Pero debía de sentirse
especialmente bajo de moral el día que escribió al naturalista Hugh
Falconer: «¡Dios mío, lo que me vais a criticar (…) y lo mucho que vais
a desear crucificarme vivo! Me temo que no os producirá otro efecto».[35]
Le agobiaba la reacción de Wallace, esperaba que lo encontrase nuevo,
al menos en parte, e insistía en recordarle que tan solo era un resumen,
que estaba muy condensado. «Sabe Dios lo que pensará el público».[36]
Darwin no tenía de qué preocuparse: Wallace devoró el libro prácticamente de un día para otro, le encantó y enseguida escribió a Darwin
desde Ambon para contárselo. Su carta se ha perdido, pero la respuesta
de Darwin, escrita el siguiente mes de mayo, lo dice todo: «He recibido esta mañana su carta desde Amboyna con fecha del 16 de feb., con
algunos comentarios y su elevadísima aprobación de mi libro. Su carta
me ha complacido mucho y coincido absolutamente con usted sobre
qué partes son las más sólidas y cuáles las más flojas».[37] Volvía a decirle
a Wallace lo mucho que admiraba su generosidad en todo el asunto y
le ponía al corriente sobre cómo se estaba recibiendo el libro: quién se
había quedado pasmado, quién se había convertido, quién miraba desde
la barrera, quién se declaraba enemigo. El más viperino en este bando,
informaba, había sido sin duda Richard Owen, con un ataque mezqui-
no en el *Edinburgh Review*. Pero ya se había «curtido» y «todos esos
ataques solo consiguen que luche con mayor determinación», declaraba.
Wallace demostraría ser un defensor demoledoramente eficaz de la fe
darwiniana-wallaceana.

———

En la remota Ambon, un Wallace agotado confiaba en recuperarse unas
semanas en una casita alquilada en Paso, en el estrecho istmo entre los dos
«lóbulos» de la isla. Tenía grandes esperanzas de encontrar la magnífica
mariposa alas de pájaro *Ornithoptera priamus* allí, además de preciados
alciones colilargos comunes, loris acollarados y otras aves. Pero lo único
que consiguió atrapar fue una rara enfermedad, una erupción de forún-
culos tan seria que lo tuvo postrado un mes. Lo que el doliente Wallace
necesitaba coger de verdad era un descanso. Eso iba a estar complicado,

pero él, siempre tan optimista, siguió adelante con la planificación de su segunda expedición a Ceram y consiguió contratar a su antiguo ayudante Charles (Charley) Allen, que entonces tenía veintidós años, para que le hiciera algunas capturas complementarias.[38] Charley llegó desde Borneo, donde había estado trabajando para una empresa minera, y viajaría con dos ayudantes al norte hasta la isla de Mysol (Misool) en busca de aves del paraíso, mientras Wallace y sus otros colaboradores se dirigían al este por la costa sur de Ceram, esta vez con clase, pues tenían una carta del gobernador holandés en la que le solicitaba al rajá local que prestara ayuda a Wallace. Y vaya si tuvieron ayuda: el rajá amablemente les proporcionó cuatro embarcaciones, y una hermosa mañana Wallace se encontró navegando con escolta a través de una bahía azul marino hacia la aldea de Telutih, enmarcada con el telón de fondo de las magníficas montañas del centro de Ceram. Las embarcaciones llevaban sesenta hombres a los remos, un auténtico espectáculo, con el ondear de las banderas y el retumbar de los tambores, los gritos y cantos de los marineros reverberando por la bahía mientras surcaban las aguas cristalinas. Los recibieron el *orang kaya* y jefes secundarios enfundados en chaquetas de seda brillantes, y condujeron a Wallace a una casa preparada para la ocasión. La gente le pareció servicial y fascinante, registró sus costumbres y algo de vocabulario, pero no encontró muchos especímenes nuevos, así que a los pocos días siguió camino. O eso intentó: con dificultad fue abriéndose camino de aldea en aldea hasta llegar a Kissalaut (la actual Kisalaut), donde trató de conseguir hombres y un prao que le llevasen hacia el este, a la pequeña isla de Goram (hoy, Gorong). El rajá había prometido ayudar, pero claro, eso ocurriría a «ritmo local», no a «ritmo europeo», para el eterno fastidio de Wallace. Por muy bonito que fuese el enclave tropical, estaba atrapado en un «perfecto desierto en zoología».[39]

Zarparon cuatro semanas después, y fueron saltando por la cadena de islas que se extienden hacia el sureste desde Ceram. Entre abril y junio de 1860, Wallace y sus hombres visitaron Manawoka, el archipiélago Watubela, Kisyui, Baam, Gorong y la diminuta Kilwaru, un islote como una Venecia malaya, pensó, «de lo más extraordinario». El pueblo parecía flotar sobre el mar como una visión sacada de *Las ciudades invisibles* de Calvino. Kilwaru era la «metrópoli de los comerciantes bugis en el lejano oriente», un bullicioso cruce de caminos sobre postes donde se desarrollaba un dinámico comercio de sagú, opio, trepang, nuez moscada, caparazones de tortuga, arroz, aceite esencial de massoia y, siempre, esclavos papuanos. Las observaciones culturales y geológicas dominan el relato de Wallace de este viaje, lo que refleja el hecho de que rindió mínimas recolecciones. Le llamaron la atención los pueblos: una mezcla poco clara de alfuros, gorameses y cerameses, bugis, papuanos y malayos. Registró el vocabulario que pudo de sus lenguas, además de sus costumbres y creencias, pero tendían a quedar peor, en su opinión, en comparación con los pueblos nativos de Borneo o de Sudamérica.

Wallace sacó más información de la geología, y observaba fascinado el coral levantado: en algunos casos, levantado de forma drástica, como en la isla de Manawoka, donde quedó maravillado ante los acantilados de coral perpendiculares que se alzaban entre treinta y sesenta metros. De hecho, las alturas de esta pequeña isla alcanzan y superan los doscientos metros. En Watubela (para Wallace, Matabello), le impresionaron los arrecifes que cubrían la costa: su primer ejemplo, señaló, de una auténtica barrera de coral formada mediante el proceso de subsidencia que Darwin había demostrado tan claramente en su libro de 1842. Y en Gorong, un clásico arrecife de coral periférico rodeaba la isla a unos cuatrocientos metros de la costa, visible únicamente como una fina banda de agua verde esmeralda en la que el coral solo asomaba con las mareas más bajas. Al emprender su expedición tierra adentro desde la aldea de Ondur, describió una topografía escalonada que indicaba ciclos de hundimiento y levantamiento en el pasado de Gorong, una historia reciente en comparación, pues incluso muy tierra adentro el coral y las conchas parecían bastante frescos y aún no estaban blanqueados por los elementos. Especuló con que antes de que hubiese coral, la isla habría sido tierra firme que gradualmente se hundía a intervalos. En periodos de estasis, la isla quedaba rodeada de arrecifes: primero un círculo, luego otro más cerca cuando subsidía más, y así. Al levantarse después la isla entera, quedarían al descubierto las pruebas de la subsidencia intermitente en el patrón concéntrico y ondulado de coral en la superficie de la isla, otro ejemplo emocionante de lectura de la historia en el paisaje. Se dio cuenta de que el proceso era coherente con que la isla pareciera pobre en especies: si había resurgido del mar hacía relativamente poco, su fauna sería totalmente atribuible a la recolonización casual y objeto de los caprichos del viento y las corrientes.

Ambos, el viento y las corrientes, eran desde luego importantes factores de control hasta los desplazamientos del *propio* Wallace, y le dieron varios sustos. Solía ser cuestión de esperar, metido en algún refugio, hasta que se levantara un viento favorable y lanzarse a él con la esperanza de que no amainara ni cambiara: las Escila y Caribdis de estar a falta de viento y a merced de las corrientes frente a que los vientos desviaran en exceso el curso eran las dos igual de letales. Fue esto último lo que les sucedió entre las islas del diminuto archipiélago de Watubela, donde, debido a los intensos vientos, se encontraron en mar abierto al caer la noche, a kilómetros de un puerto seguro. Y aún había más Escilas y Caribdis que enfrentar: «Mis hombres estaban todos muy asustados, porque si continuábamos, podríamos estar una semana en el mar en nuestra barquita abierta, cargada casi hasta el borde del agua; o podríamos ser arrastrados a la deriva hasta la costa de Nueva Guinea, en cuyo caso seríamos todos muy probablemente asesinados». No podían regresar, y una muerte prácticamente segura les esperaba si continuaban, pero tuvieron suerte en aquella ocasión y se toparon con un pequeño islote de coral, al que se aferraron por su vida hasta el amanecer, esperando que cambiara el viento. La amenaza de Nueva Guinea era muy real, como les recordaron dos praos de comerciantes que, en cierta ocasión, entraron a duras penas en el puerto de Gorong con seis hombres desarrapados y muertos de hambre, los supervivientes de una tripulación de veinte individuos. El resto, entre ellos el hijo del rajá, habían sido masacrados a manos de los papuanos, y estos seis habían tenido la suerte de escapar con vida. Escalofriantes alaridos y lamentos de dolor estallaron por los hijos, hermanos y esposos perdidos, y retumbaron durante toda la noche por toda la isla.

Era mayo de 1860, y Wallace ya tenía la mira puesta en su siguiente expedición: iba a regresar a la legendaria Nueva Guinea, atraído por las aves del paraíso, a pesar de los peligros. Ceram y las islas de alrededor habían sido un fiasco; no del todo, pero en su mayor parte.[40] Esta vez, equipó su propio prao para el viaje, por el que tuvo que pagar el equivalente a nueve libras, y luego trabajó con un grupo de carpinteros, entre los que había expertos constructores de barcos de Kai-Besar, para reformarlo según sus especificaciones. Como era de esperar, el resto del grupo no estuvo a la altura de sus expectativas: «Su idea de trabajar, no obstante, era muy diferente a la mía». Tras los problemas igualmente predecibles con algunos contratados, que desaparecieron por diversas razones la víspera de la expedición a pesar (¿o a causa?) de haberles pagado por adelantado, el exasperado Wallace consiguió al final reunir a una tripulación: tres hombres y un joven esclavo de Gorong, dos muchachos que lo acompañaban desde Ambon y el fiel Alí. Cuando pararon en Kilwaru para enviar algunos especímenes a Ternate y hacer acopio de provisiones —cuchillos, baratijas con las que comerciar y otros dos mosquetes más para protegerse—, un comerciante bugis llegó con noticias de Charley Allen desde Misool: le estaba yendo bien en general, aunque todavía no había conseguido aves del paraíso, pero se estaba quedando sin provisiones. Wallace decidió que harían parada en Misool para reabastecer a Charley de camino a Nueva Guinea.

Que se dice pronto. El 1 de junio de 1860 partieron hacia Misool, abriéndose paso por la costa noreste de Ceram. Pero al mismísimo día siguiente de comenzar la expedición, Wallace encontró al despertar que la tripulación de Gorong se había fugado, llevándose consigo algunos artículos de vital importancia, como los remos. Arrastrando el ancla en el implacable viento, el equipo que quedaba tuvo que disparar los mosquetes en señal de socorro y afortunadamente fueron rescatados por una embarcación enviada desde Ceram. Echaba pestes de los desertores.

¿Acaso no los había tratado con la mayor amabilidad ni había atendido casi todas sus peticiones? Su huída solo podía atribuirse a que no estaban acostumbrados al «control de un patrón europeo», afirmaba.[41] A lo mejor «control» y «patrón» son las palabras clave en todo esto: nos recuerdan que Wallace, por muy compasivo y amable que fuese, no dejaba de formar parte, como todos los viajeros científicos europeos, del sistema colonial, y ello no animaba precisamente al respeto entre los lugareños. Viéndolo así, no era ninguna sorpresa que la tripulación se fugase. En efecto, quizás la única sorpresa es que no sucediera más a menudo en aquella región en los confines del imperio, y que más lugareños, oprimidos bajo el yugo del despotismo paternalista, no ejercieran la poca autonomía que tenían y no se burlaran (o algo peor) del tipo blanco y su obsesión con los pájaros y los bichos. No es una forma de pensar que Wallace pudiera entender, tal vez, pero sí que intentaba, a su manera, comprender de dónde procedía y especulaba con la posibilidad de que les preocuparan las «últimas intenciones» que pudiera tener con ellos. Debía de referirse a la inquietud por los peligros de navegar cerca de la letal Nueva Guinea, aunque había decidido que iban a dirigirse a la isla de Waigeo, al noroeste de Doberai, la «cabeza de pájaro» de la costa occidental de Nueva Guinea. Esa zona era más segura, por supuesto, pero había saqueadores y piratas por todas partes, y la perspectiva tan real de que la cabeza de uno terminase colgando en la entrada de una casa comunal papuana sería suficiente para que muchos se lo pensasen. Pero no para Wallace.

———

Si la desbandada de su tripulación un día después de emprender el viaje no había sido ya suficientemente agorera, la cosa no mejoró.[42] Durante los siguientes cuarenta días y cuarenta noches sufrieron tormentos y tribulaciones de proporciones bíblicas, y no exagero, luchando contra corrientes embravecidas y vientos aún más bravos… cuando soplaba el viento, se entiende, pues a menudo y siempre por sorpresa dejaba de soplar. Wallace se resignaba como un Job navegante, por seguir con la metáfora bíblica, mientras se esforzaban por alcanzar a Charley, acampado en la costa sur de Misool, en Silinta (la actual Lelintah). En vano: se partieron los cabos de ratán del ancla, encallaron en arrecifes de coral y tan pronto estaban encalmados y a merced de las corrientes como arrastrados por enfurecidas borrascas. El monzón del este, que rugía a través de los cien kilómetros de océano abierto entre Ceram y Misool, resultó demasiado para el pequeño prao, y les empujaba constantemente hacia el noroeste de donde querían ir.

A Wallace, tremendamente mareado, le alivió llegar a Pulo Kanary, la actual Pulau Nampale, un diminuto archipiélago a tan solo doce kilómetros al noroeste de Misool. El plan era esperar un viento favorable para dar el salto a Misool, aferrarse a la costa y bordearla despacio hacia Silinta, donde esperaba Charley. Aquella tarde tuvieron una oportunidad y se lanzaron a aprovecharla, y estuvieron tan cerca de conseguirlo que se enorgullecieron de su éxito… demasiado pronto, porque el caprichoso viento cesó abruptamente, y una corriente los empujó a mar abierto a pesar de que remaban como locos. Los hombres arrojaron los remos de la desesperación. La mañana los encontró donde habían empezado, a kilómetros de Misool.

Pasaron otro día y otra noche horribles luchando contra las borrascas, y tuvieron que renunciar a Misool de momento. Los vientos enfurecidos los llevaron más al norte, y al amanecer del día siguiente, se encontraron tentadoramente cerca de una isla que Wallace identificó como Poppa (Kofiau) en su carta náutica; el desesperado grupito hizo todo lo posible por llegar a la seguridad de la isla, pero volvieron a fallar. A Wallace le preocupaba no ser capaz de alcanzar a Charley y sus mermadas provisiones. Al muchacho ni se le pasaría por la cabeza que Wallace y su tripulación no encontrasen una isla de sesenta kilómetros de largo, así que ¿a qué conclusión llegaría? Lo más probable, que se hubieran perdido en el mar, suponía Wallace, o que la tripulación lo hubiera asesinado y hubiera huído con la embarcación. Lo único que podía hacer era intentar llegar a un lugar seguro y de alguna manera enviarle un mensaje y provisiones a Charley.

Arrastrados cada vez más lejos, trataron con todas sus fuerzas de alcanzar unas islitas que se divisaban a unos cuarenta kilómetros al norte de Kofiau, seguramente las islas Fam: un grupito entre las más de mil quinientas islas del archipiélago Raja Ampat, un universo de islas verde oscuro que salpican mares azul turquesa. Tras cuatro angustiosos días, llegaron a sotavento de una de ellas y echaron el ancla justo dentro del arrecife que la bordeaba, y gracias a Dios pudieron dormir. A la mañana siguiente, Wallace vio que el arrecife quedaba levantado y al descubierto en marea baja, un sitio peligroso en el que anclar, acorralados por afilados corales. Para desplazarse tenían que bordear un saliente rocoso, y Wallace pensó que sería más seguro llegar allí remolcando la embarcación desde la costa: lo único que necesitaban era un cabo de «cuerda de la selva», unas fuertes lianas de ratán que se encontraban con facilidad en la playa. Pero sus hombres se burlaron: ¿por qué remolcar cuando podían remar tranquilamente alrededor del saliente en unos minutos? Si fuese una tragedia griega, el coro estaría entonando ahora una advertencia.

En contra de su criterio, Wallace accedió. El error quedó patente en cuanto abandonaron la seguridad del arrecife periférico: los vientos y las corrientes aún embravecidos enseguida arrastraron y se llevaron la embarcación. A duras penas echaron el ancla y consiguieron detener su deriva hacia mar abierto. Entonces, dos de sus hombres, un papuano y un malayo, se echaron al agua para nadar hasta la costa y hacerse con esos cabos, después de todo. Habían desaparecido en la selva, dejando a Wallace y al resto de la tripulación esperando con inquietud su regreso, cuando de repente el ancla empezó a arrastrar... Al verse empujados hacia aguas más profundas, corrieron a soltar todo el cabo de anclaje disponible y volvieron a detener la deriva. Cuando ya no aguantaban más, los vientos implacables tensaron el cabo del ancla. Mientras disparaban los mosquetes para llamar la atención de los hombres en la costa, el ancla volvió a ceder; se lanzaron desesperadamente a los remos, pero ya sabían que era inútil. Los hombres en la costa o no oyeron los mosquetes o los ignoraron alegremente mientras rebuscaban crustáceos. Las señales cada vez más frenéticas que les hacían desde el barco no consiguieron llamar su atención hasta que ya fue demasiado tarde: «Se quedaron mirándonos», escribiría Wallace después, «y en escasos minutos parecieron comprender la situación; porque salieron corriendo hacia el agua, como si fuesen a echarse a nadar, pero volvieron a regresar a la costa, como si temieran intentarlo»; sin lugar a dudas, la decisión más sabia. Wallace confiaba a la desesperada en que los hombres fabricaran rápidamente una balsa o incluso talaran simplemente algún tronco de madera blanda y lo usaran para remar hasta ellos, pero en vez de mantener la calma, tranquilos y serenos, corrían los dos por la playa, «gesticulando como locos hacia nosotros».[43]

El prao se alejó más de un kilómetro y medio a la deriva hasta un islote vecino, donde Wallace decidió aguardar con la esperanza de que los hombres varados trataran de alcanzarlos. Tenían poca agua, por lo que los hombres que quedaban y él hurgaron en depresiones poco prometedoras raspadas entre palmas de sagú, sacaron las hojas podridas y el detritus para rellenar jarras con el turbio semilíquido que quedaba y pensaron con optimismo que quizás las depresiones eran manantiales. No lo eran. Mientras buscaban agua, la isla reseca se burlaba de ellos con la sequía en los lechos de sus arroyos, pero al final, cambió su suerte y encontraron en un lecho profundos orificios que aún contenían litros de agua. «Cuando subió el balde disfrutamos de un buen sorbo de agua pura y fresca, y para cuando nos marchamos de allí, creo que nos habíamos llevado hasta la última gota de la isla».[44] Pero la suerte no se detuvo ahí: estaban de nuevo en la embarcación cuando el cabo de anclaje se partió por el rozamiento con el afilado coral, y el viento los empujó de un lado a otro. ¡Gracias a Dios que no había ocurrido por la noche! Los hubiera empujado a mar abierto y sin ancla, prácticamente condenados, reflexionó seriamente Wallace.

No podían correr ese riesgo. Con el ancla recuperada y el cabo reparado, Wallace decidió seguir navegando; tendrían que dejar atrás a los hombres varados y tratar de enviarles ayuda más adelante. Se elevaba una columna de humo a lo lejos en su dirección, por lo que entre crustáceos y palmas de sagú, deberían tener comida, supuso, y con suerte encontrarían agua escarbando. Se adentraron de mala gana en los vientos aquella tarde, y para la mañana siguiente se acercaban a la costa oeste de Waigeo, donde encallaron de lleno en un arrecife de coral. Por fortuna, no sufrieron daños. Pero estaban perdidos. Como los hombres varados eran los que mejor remaban y los únicos que conocían la región, lo único que podía hacer el equipo era elegir con cuidado por dónde ir entre el laberinto de islotes, arrecifes y manglares de la costa de Waigeo, en busca de una aldea, cualquier aldea. Los islotes de caliza estaban erosionados por todos lados, lo que les otorgaba unas formas extrañas y caprichosas hermosamente rodeadas por el coral y el mar verde esmeralda. También eran afilados, letales y completamente porosos, sin una sola gota de agua que poder sacar. Estuvieron tres días deambulando: «Las costas parecían todas desiertas; no se veía ni una casa, ni un barco, ni un ser humano, ni una nube de humo; y como solo podíamos ir en la dirección que nos permitía el viento en constante cambio (éramos demasiado pocos para remar distancia alguna), las expectativas de llegar a nuestro destino parecían bastante remotas y precarias». Luego volvió a cambiar su suerte: se toparon con una pequeña base y el *orang kaya* llegó a rescatarlos. Estaban a días aún de su destino, les dijo el jefe, y les señaló la dirección del pueblo principal más cercano. Entraron con dificultad en el asentamiento costero de Muka, también llamado Umka, y por fin estuvieron a salvo, después de ocho días por aquel laberinto de islas. Envió urgentemente una barca para rescatar a sus hombres varados, pero tras diez días, regresó sin ellos. Habían visto a los náufragos, pero el mal tiempo y una enfermedad no habían dejado que los rescatadores atracaran. Con el incentivo de más dinero y provisiones, volvió a enviarlos a por ellos, y esta vez tuvieron éxito. Sus habilidosos hombres, efectivamente, habían encontrado agua y habían sobrevivido a base de crustáceos, huevos de tortuga y las raíces y tallos de la inflorescencia de una planta con aspecto de bromeliácea. Regresaron «en un estado de salud pasable, aunque delgados y débiles», registró Wallace, agradecido por su rescate.

Pasó alrededor de un mes allí, en Muka, y construyó una casa alargada y estrecha, tipo refugio, con las velas del prao a modo de muros improvisados y *cadjan*, esteras de hojas de palma entretejidas, para el tejado. Estaba contento con el lugar salvo por la comida… o la falta de ella. Observó que allí, como en la mayoría de sitios donde abundaba la palma del sagú, los lugareños tendían a vivir en un lamentable estado de pobreza. En vez de tener huertos de verduras o frutales, se conformaban con vivir de tortas de sagú y lo que fuese que arañasen por ahí, y ni siquiera solían hacerlo ellos, sino que dependían de los omnipresentes esclavos papuanos. El mayor esfuerzo que realizaban era obtener el tributo anual que habían de pagarle al sultán de Tidore, en cuyo reino vivían.

La casa estaba cerca de una buena higuera que atraía a la presa que buscaba en Waigeo: la rara ave del paraíso roja, *Paradisaea rubra*, un espléndido endemismo de color canela con la cabeza de un verde y negro aterciopelados, pico amarillo, manto sobre los hombros del mismo color y unas características plumas de un rojo vivo en la cola junto con otras dos, muy largas y negras, que parecen lustrosos filamentos retorcidos en una laxa espiral. Su función es evidente en el punto álgido de la espectacular danza de cortejo del macho, cuando, al invertir el cuerpo con las alas extendidas, los sinuosos filamentos caen a ambos lados y forman un elegante marco en forma de corazón. La admiración de Wallace por estas joyas de la selva puede parecer contradictoria con su implacable insistencia en capturar todas las posibles, pero para él se trataba de un imperativo financiero tanto como científico. Cuando las aves empezaron a recelar de la higuera, Wallace decidió trasladarse a Bessir (hoy, Besir), en la escarpada isla Gam al suroeste de Waigeo, donde había oído que los papuanos —todos esclavos— tenían una forma ingeniosa de atraparlos. En vez de disparar a las aves con flechas romas como en Aru, los cazadores preparaban una trampa cebada con los frutos rojos de una arácea trepadora, que a las aves les encantan, y la tendían en un árbol encima de un lazo bien escondido listo para atraparles las patas cuando se acercaran a picar. Con la ayuda de estos cazadores de aves, al final capturó veinticuatro «especímenes estupendos», los cuales dibujó y describió en detalle en su Cuaderno de Especies.[45]

En Besir le prestaron una cabaña pequeñita pero en buen uso. Levantada sobre postes, debajo dejaba un espacio justo para que Wallace pudiera sentarse a trabajar en una mesita mientras que la estructura superior, de paja, le servía para dormir. Encontró bastante cómodo este alojamiento, aunque a veces se golpeara la cabeza al entrar o salir de su lugar de trabajo. Las capturas no le fueron mal en general: una serie de preciosas mariposas y aves, entre ellas varias especies nuevas, gracias a la ayuda de hombres y niños de la zona a los que compensaba con artículos como pañuelos, abalorios y hachuelas por sus esfuerzos. Además, había muchas más cosas que contemplar: la geología local (más coral y caliza mezclados con formaciones graníticas) y, por supuesto, las gentes de la zona. Llegó a la conclusión de que en Besir no había indígenas, sino solo malayos y papuanos mestizos, lo que reforzaba su opinión de que no había una «verdadera transición» entre estos dos grupos, con una «raza» que proviniese de la otra, tan solo distintos grados de mestizaje. Se basaba para esta distinción en la ausencia de una gran población *homogénea* intermedia entre los extremos, en lugar de diferentes grupos que presentaban distintos grados de rasgos intermedios, lo que sugería

Un despacho pequeñito: Wallace trabajando bajo su cabaña en Besir, isla Gam
(«era casi una casa de enanos…», decía en *The Malay Archipelago*).

que se trataba más bien de matrimonios interraciales. Recordemos, no
obstante, que Wallace no negaba el parentesco en última instancia de
todos los pueblos. Solo pensaba que la evolución racial había ocurrido
en tiempos remotos de la historia humana, en una escala de tiempo casi
geológica, una idea que le iba como anillo al dedo a la del continente
pacífico hundido. Sus ideas a este respecto no han aguantado muy bien el
paso del tiempo: los análisis genéticos y lingüísticos modernos muestran
que los pueblos de afinidad papuana y malaya sí que tienen en realidad
un antepasado común, probablemente dentro de tan solo los últimos seis
mil años aproximadamente.[46]

Septiembre estaba terminando, era hora de irse. Pronto cesaría el
monzón del este, los vientos que necesitaba (si es que querían cooperar)
para regresar a Ternate. Además, cada día que pasaba estaba más enfermo
y malnutrido. No había mucha opción de comida nutritiva donde escoger, y se limitaba a consumir simple arroz y sagú acompañados de alguna
dura cacatúa o paloma de vez en cuando, y a rebuscar frutos silvestres y
hervir helechos a modo de verdura (que, por lo general, no es una buena

idea, a menos que sean brotes tiernos). Acusaba un dolor agudo en la sien derecha, y en cuanto se hubo recuperado, le subió la fiebre. Cuando la intrépida banda de recolectores estaba a punto de abandonar la isla, a Wallace le impresionó la honradez de los hombres que había contratado, pues un cazador que no había logrado capturar aves apareció para devolver el hacha que le habían pagado por adelantado, y otro llegó corriendo en el último momento, sin resuello, para entregarle el sexto y último espécimen aviar que le habían pagado por capturar. «Ahora ya no te debo nada», le dijo el recolector con evidente satisfacción. Wallace estaba conmovido; para él, se trataba de «ejemplos extraordinarios y totalmente inesperados de honestidad entre salvajes» en una circunstancia en la que habría sido muy fácil para ellos simplemente pasar de él.[47] Tomó nota de ello; era una prueba más de la bondad esencial del ser humano y la universalidad de los principios morales.

Volvieron a Muka, donde empaquetaron todo, cambiaron las velas del prao roídas por las ratas, hicieron acopio de todo el agua y la comida que pudieron y zarparon… o lo intentaron. Estuvieron cuatro días batallando contra el viento y las corrientes para llegar a la isla de Gagie (Gag), donde echaron el ancla a la luz de la luna en una bahía protegida. Dos días (y dos anclas) después, por fin se encontraron aproximándose al extremo sur de Halmahera, Gilolo para Wallace. Aquella noche, el 4 de octubre, experimentaron en el mar el extraordinario fenómeno de un tsunami provocado por un terremoto. Comenzó con un rugido profundo proveniente del sur y luego una franja blanca de espuma que se desplazaba rápidamente hacia ellos seguida de una serie de diez o doce olas de largas crestas que los atravesaron veloces, subiendo y bajando el prao y dejando el mar tan perfectamente en calma como estaba antes. A la mañana siguiente se dirigieron hacia el extremo sur, en vano. Intentaron rodearlo en repetidas ocasiones y en todas ellas el viento o las corrientes los desviaban hacia el norte. Pasaban los días; a veces se tiraban horas remando con todas sus fuerzas y terminaban encontrándose donde habían empezado. Luego volvieron a perder el ancla *otra vez* por los afilados corales y salieron a mar abierto a la deriva. Solo les quedaban tres días de provisiones, por lo que se dieron cuenta de que necesitaban ayuda para bordear la punta y decidieron dirigirse al norte a la aldea de Canidiluar… pero resulta que los Anemoi, los dioses de los vientos, estaban caprichosos ese día, y el fuerte viento del sur que les había estado impidiendo avanzar en aquella dirección de repente amainó cuando orientaron el bauprés al norte. Con cuidado, remaron hacia la playa, hicieron un ancla provisional con un saco lleno de piedras y se dirigieron al norte, hacia la aldea. Quiso el destino que el *orang kaya* estuviese en el otro lado de la península, en la aldea de Gani, así que mientras mandaban a alguien a buscarlo, los hombres de Wallace se pusieron a hacer nuevas anclas: cogían una rama gruesa y ahorquillada, con un brazo más corto que el otro, ataban los brazos con ratán para darle fuerza y colgaban una piedra plana del extremo del brazo más largo.[48] A su debido tiempo, el jefe llegó y amablemente les proporcionó remeros y comida a Wallace y sus hombres.

16 de octubre de 1860. Salieron de Canidiluar al amanecer y para mediodía del día siguiente habían bordeado la punta (perdiendo solo un ancla) y se dirigían al norte otra vez. Para el 18 de octubre habían alcanzado Gani, en la costa oeste, y para el 22 de octubre, los estrechos entre Bacan y Halmahera, llamados Paçiençia o Fretum Patientia por los primeros navegantes portugueses por las corrientes, tan fuertes que se necesitan grandes dosis de paciencia para atravesarlos. Lucharon todas y cada una de las millas náuticas que recorrían con lentitud, remando y navegando hacia el norte, a Ternate, y pudieron tomarse un descanso en una aldea de la isla de Makian, donde consiguió alcanzarlos una carta de Charles Allen. Charley estaba para entonces en Ternate, tras sus recolecciones en las islas Sula, esperando a su jefe después de quedarse sin provisiones en Misool, en donde Wallace y su tripulación habían intentado atracar hacía unos meses, sin éxito alguno. Wallace tenía más ganas que nunca de llegar a Ternate, pero *paçiençia* seguía siendo el lema del viaje. La tripulación estaba cada vez más convencida de que el prao de Wallace traía mala suerte. Al parecer, no lo habían bendecido bien; la ceremonia implicaba verter una especie de aceite sagrado por un agujero perforado en la quilla. Cuando las borrascas más atroces hasta el momento, «un pequeño huracán normal», los apartaron a bandazos de la costa de Makian, salieron corriendo a bajar la vela mayor mientras el timonel bugis imploraba «*Allāh! ilāh Allāh!*» en plena tempestad: poco después, cuando se aplacó el viento, lo atribuyó a sus devotas súplicas. Al fin, el 5 de noviembre, llegaron a Ternate. ¡Uf! Echando la vista atrás y recordando el viaje desde que salieran de Gorong el anterior mes de mayo, Wallace comentaba que su experiencia viajando en un prao nativo «no ha sido alentadora».[49] No, desde luego que no.

————

No hubo descanso para el agotado Wallace. Estuvo dos meses en Ternate, pero apenas tuvo tiempo para recuperarse. Así se lo contaba por carta a su viejo amigo George Silk, «me pasé dos meses aturdido»: cartas e informes de todo un año para ordenar; artículos, revistas y libros que repasar; unos dieciséis mil especímenes que limpiar, organizar y empaquetar para su envío, y todo ello además de preparar su siguiente viaje, con las complicaciones habituales de encontrar hombres dignos de confianza a los que contratar e intentar conseguir las provisiones necesarias en el pueblo («No había manera de hacerse ni con lo uno ni con lo otro»).[50] No, no hubo descanso para el agotado Wallace, pero para finales de diciembre ya se había puesto más o menos al día y cogió papel y pluma. En Nochebuena escribió a Bates, que tras once años en la Amazonía había regresado a Inglaterra hacía un año, en noviembre de 1859. Para entonces, Wallace había leído entero *El origen de las especies* varias veces, y cuanto más lo leía, más profundamente le impresionaba. No sabía cómo ni a quién expresar su admiración, le confesaba a Bates. Con Darwin resultaría lisonjero, con otros, autobombo. Pero se quitaba el sombrero ante Darwin, estaba segurísimo de que él mismo nunca habría conseguido tratar el tema de manera tan completa y magistral, con tan ingente cúmulo de pruebas, una argumentación tan aplastante y un tono y espíritu tan admirables. «Mr. Darwin ha creado una nueva ciencia y una nueva filosofía», le decía, «y estoy convencido de que jamás antes el trabajo y las investigaciones de un solo hombre habrán producido un desbroce tan completo en una nueva rama del conocimiento humano». Estaba fascinado: «Nunca se habían combinado en un sistema semejantes cantidades de datos tan aislados y hasta el momento absolutamente inconexos para ponerlos al servicio de una filosofía tan grandiosa, nueva y sencilla».[51] Expresaba el mismo sentimiento en su carta a George Silk en términos todavía más contundentes, y animaba a su amigo a leer el libro: «Es el "Principia" de la Historia Natural. Vivirá tanto como el "Principia" de Newton». Wallace veía como nadie, salvo el propio Darwin, las implicaciones más profundas del concepto de evolución mediante selección natural: una visión de «grandeza e inmensidad», del pujante árbol de la vida en expansión a través de un sinfín de interacciones mutuas, intrincadas relaciones, épicas luchas desplegadas a lo largo de incontables eones. Las leyes de la física eran pura simplicidad en comparación, le decía a George: «Mr. Darwin ha dado al mundo una nueva ciencia y su nombre debería, en mi opinión, estar por encima del de todos los filósofos de tiempos antiguos o modernos. ¡¡¡La fuerza de la admiración no puede llegar más lejos!!!».[52] No hay mayor prueba del absoluto respeto y admiración que sentía Wallace por Darwin y sus logros —mientras ponía su propia contribución en un segundo plano— que semejantes elogios de corazón, escritos en la correspondencia privada con sus amigos.

Aunque mostrase deferencia hacia Darwin en la transmutación por selección natural, la distribución geográfica seguía estando en el primer plano de su investigación. Expuso sus últimas ideas a Bates, seguro ya de que las aves y los mamíferos ofrecen mejor indicación de los procesos geológicos históricos que los insectos, por diversas razones. Por lo tanto, pensaba, un estudio primero de los mamíferos y luego de las aves puede proporcionar información sobre los cambios físicos y geográficos que ayudan a comprender la distribución actual de los insectos. Fue una de las cosas que le motivaron a parar en Buru tras visitar Timor: sabía que el babirusa se daba allí y quería determinar si la fauna era en general más típicamente oriental u occidental. Con vistas al futuro, tenía ganas de intercambiar especímenes con Bates cuando se reunieran en Inglaterra, lo que «según mis planes actuales no se demorará más de un año y medio a partir de ahora». Un año y medio sería el verano de 1862, pero lo cierto es que sus pensamientos se dirigían cada vez más a casa, y de hecho Wallace abandonaría Oriente poco más de un año después de escribir aquella carta.

Había mucho que ver y hacer mientras tanto. Sobre todo, tenía que compensar el desastre, a su juicio, de su expedición a Ceram y Waigeo. Aunque sus colecciones eran inmensas y contenían algunas verdaderas joyas, en general estaba decepcionado. En una carta a Stevens, las palabras «pobre», «lamentable» y «nada bueno» son quizás las más destacables, y en cuanto a los lugares: Ceram, declaraba, era «una tierra miserable» y Waigeo «no merece la pena visitarla» salvo por las aves del paraíso que alberga.[53] Y a propósito de estas… tan cerca y a la vez tan lejos. ¡¿Cómo podía haber fracasado no una, sino *dos* veces a la hora de obtener más especies de aves del paraíso en las mismísimas tierras donde naturalistas anteriores las habían capturado por docenas?! Charley había tenido más suerte, pero tampoco mucha: sus seis meses en Misool habían dado unos pocos especímenes de ave del paraíso real (*Cicinnurus regius*), uno de ave del paraíso esmeralda chica (*P. minor*) y una única piel comprada del ave del paraíso magnífica (*Cicinnurus magnificus*). Pero se perdió la época de apareamiento de *Paradisaea* cuando Wallace no consiguió llegar a él y tuvo que regresar a Ceram a por provisiones. Wallace quería desesperadamente más fabulosas *Paradisaeas*, pero no creía que estuviera en condiciones de emprender una tercera expedición. En su lugar envió desde Gorong a Charley, en su prao equipado. Si la embarcación estaba ya adecuadamente «bendecida» no lo menciona, pero gracias al apoyo del sultán de Tidore, mandó a tres soldados para que ayudaran y protegieran a Charley de los papuanos. «Si no tiene éxito esta vez, he de renunciar al intento sin esperanzas», escribió Wallace en un artículo para *Ibis* sobre las aves de Ceram y Waigeo.[54] Por su parte, comentaba, él partiría hacia Timor en el siguiente barco de vapor. Después de Timor, su plan era reunirse con Charley, tras su recolección en Nueva Guinea, en Buru —la mayor de las islas que le quedaban por visitar en las Molucas—, tras lo cual su joven ayudante se dirigiría a las islas Sula. Luego volverían a reunirse en Ternate en septiembre, donde embalarían sus colecciones y se marcharían para siempre de aquella región.

Llevaba mucho tiempo queriendo regresar a Timor en temporada de lluvias, y aunque esa época del año planteaba sus propios desafíos, por lo menos habría mucha más actividad de aves e insectos en comparación con las condiciones desérticas de la temporada seca. Acertó, y se hizo con unos cuantos especímenes estupendos, principalmente mariposas y aves. Llegó a Dili el 12 de enero de 1861 —con treinta y ocho años recién cumplidos hacía pocos días— e inmediatamente le prestaron ayuda dos amables expatriados, el capitán Alfred Hart, comerciante, y un ingeniero de minas llamado Frederick Geach, que invitó a Wallace y a sus dos ayudantes —Alí y otro contratado— a quedarse en su casa, en un fértil valle a un par de kilómetros del pueblo. Dili, en la costa norte de Timor Oriental, se encuentra en una llanura partida en dos por el río estacional Comoro, rodeado de montañas escarpadas. La isla, que forma parte del arco exterior de Banda, se sitúa en la mismísima frontera entre las placas indoaustraliana y euroasiática, lo que genera otro tipo de amalgama insular, con fragmentos de ambas placas. Wallace encontró la fauna indudablemente australiana, pero tuvo la astucia de suponer, basándose en unas pocas *ausencias* notables, que la isla se había poblado sobre todo por la colonización azarosa a partir de la región circundante. Básicamente estaba en lo cierto, con el predominio de especies entrantes de ascendencia australiana, lo que no sorprende, dado el intenso monzón estacional que sopla del este desde ese continente.

Timor Oriental cayó en manos de los portugueses en el siglo XVI, y así continuó hasta mediados de la década de 1970, una época de tensiones en la que un movimiento independentista fue aplastado por las oportunistas fuerzas indonesias que ya controlaban el antiguo territorio holandés de Timor Occidental. Sin embargo, hoy Timor Oriental es independiente, y su nombre oficial en portugués es República Democrática de Timor Leste, o simplemente Timor Leste, un nombre curioso y redundante, pues «Timor» proviene del malayo *timur*, que significa 'este', y *leste* quiere decir 'este' en portugués [en español se llama preferentemente Timor Oriental]. La región tiene una larga historia de disturbios, de los que Wallace fue testigo de primera mano en la insurrección indígena de 1861, cuando los guerreros timorenses de dos reinos marcharon a Dili e interrumpieron el suministro de alimento y otros servicios... como las excursiones de recolección que Wallace tenía planeadas en el interior. Sin asociar ambas cosas, Wallace dio en el clavo con el origen del conflicto: una malísima gestión, incompetencia y explotación por parte de las autoridades coloniales portuguesas.[55] Solo pudo hacer unas pocas excursiones durante los tres meses y medio que estuvo allí, entre ellas una a caballo a Balibar, una aldea de montaña a casi seiscientos metros de altitud situada al sur de Dili. Hizo inventario justo antes de partir, y escribió un artículo que después publicaría en *Ibis* en el que señalaba que había conseguido capturar unas cien especies de aves, de las que, sorprendentemente, entre dos tercios y tres cuartas partes eran exclusivas de Timor, aunque estaban muy relacionadas con las de las islas de alrededor (sobre todo con las de Australia).[56]

El Macassar, vapor postal holandés, partió de Dili el 25 de abril y, tras breves escalas en Banda Neira y Ambon, se detuvo en el pueblo de Kayeli (para Wallace, Cajeli) el 4 de mayo. Kayeli, una bahía de la costa este de Buru, en la desembocadura de la vasta llanura del sinuoso río Waeapo, era el emplazamiento de un fuerte holandés del siglo XVII que todavía tenía comandante en la época de Wallace. Tras las formalidades habituales, como ir a ver al *opziener* (capataz) del pueblo y al rajá, Alí y él se separaron para explorar un poco y ver si encontraban buenas zonas de captura. Wallace se dirigió río arriba unos ocho kilómetros en compañía del rajá hasta una pequeña aldea alfuro, pero se encontró con un verdadero desierto de especímenes: la zona estaba plagada de la hierba *kusu-kusu*, alta y recia, y salpicada de los amplios cajeput (*Melaleuca cajuputi*), un árbol de tronco blanco y hojas aromáticas de las que se extrae el aceite de cajeput, un remedio que se sigue usando en la actualidad. A Alí no le fue mucho mejor, pero luego les indicaron un sitio en el este con una selva estupenda y un arroyo caudaloso, Waypoti. Llegaron el 19 de mayo y enseguida se instalaron en un pequeño cobertizo que les sirvió de casa, con una gran plataforma de bambú en un lado. Wallace se puso manos a la obra, montó mosquiteras, construyó una mesa de trabajo improvisada en la que desplegó sus libros y etiquetas, cortaplumas y tijeras, pinzas y alfileres, colocó una cuerda de tender e ingenió unos estantes colgantes en un esfuerzo por burlar a las omnipresentes hormigas. Le asombró lo rápido que una estructura pequeña de lo más simple y desmoralizante podía hacerse cómoda y funcional. La aprovecharon al máximo, emprendiendo incursiones de recolección a diario sin contratiempos, para variar, salvo por el hecho de que había olvidado sus botas buenas en el barco del correo y otra vez terminó viéndose obligado a andar descalzo o en calcetines por la selva. Como estaba planeado, Charley se unió brevemente a ellos desde Nueva Guinea, y se quedó unos diez días para entregar su impresionante botín de camino a las islas Sula (a las islas Sanana y Magole).[57]

En cuanto a Alí, tuvo la suerte de dar con una enorme pitón antes de que ella diera con él. Pasaba por encima de lo que él creía que era un árbol caído en medio del camino cuando de repente se movió. Del susto, se echó a un lado de un brinco y observó anonadado cómo el enorme animal se adentraba en la selva deslizándose, parecía auténticamente un árbol que arrastrasen por encima de las hierbas. Afortunadamente, el cazador no fue cazado aquel día…

Para cuando terminó su estancia, podían decir que el viaje había sido un éxito. El pequeño equipo había capturado más de mil setecientos insectos, sobre todo escarabajos y mariposas, pero sus hallazgos más espectaculares se encontraban entre las aves: más de sesenta y seis especies, de las que un total de diecisiete eran nuevas para la ciencia,

entre ellas dos martines pescadores espectaculares —una variedad local del alción
colilargo común (*Tanysiptera galatea acis*) y
un martín pigmeo de Buru (*Ceyx cajeli*)—,
además de un suimanga negro (*Leptoco-
ma aspasia proserpina*) con el píleo de un
verde dorado metálico y un gorjal en la
garganta de un intenso morado metálico, y
el monarca de Buru, *Symposiachrus lorica-
tus*, de elegante blanco y negro.[58] También
había una nueva especie de *Pitta*, que a Alí
le había costado mucho conseguir, conocida actualmente como la pita moluqueña
meridional, *Erythropitta rubrinucha*.[59] Justo al día siguiente de que Alí se cobrara su
preciada ave, recogieron sus cosas y regresaron a Kayeli, donde reservaron pasaje en
el vapor del correo Ambon con destino a
Java, y breves escalas programadas en Ternate, Manado y Macasar. El 3 de julio de
1861 zarparon de Buru y atracaron en Ternate el 6 de julio. Wallace tenía dos días

Wallace a los treinta y nueve
años, muy poco antes de su
regreso a Inglaterra.

para recoger las pertenencias que le quedaban y despedirse: «Durante
nuestra estancia de dos días en Ternate, subí a bordo el equipaje que
me quedaba allí y me despedí de todos mis amigos. Luego cruzamos
hasta Menado, de camino a Macasar y a Java, y abandoné para siempre
las Molucas, entre cuyas islas frondosas y hermosas había deambulado
durante más de tres años».[60]

Había llegado la hora. El hogar y la familia lo atraían, desde luego,
pero también la sociedad científica. Tenía que rebosar de emociones
cuando su leal compañero Alí y él se encaminaron hacia el oeste. Había
aguantado años de interminables frustraciones, privaciones, aflicciones y
desastres casi mortales en tierra y mar, pero había perseverado. Sus colecciones eran inconmensurablemente sustanciosas; sus contribuciones
científicas, aún más. Era un clarividente del tiempo y el espacio, puede
que la única persona del planeta además de un tal Charles Darwin que
entendiera, que estuviera dotado con la visión de la Tierra y la vida en un
abrazo dinámico, bailando por la inmensa trayectoria del tiempo profundo «a partir de un principio tan sencillo»: un clima cíclico, una infinidad
de individuos que luchan, compiten y se multiplican, una fluctuación
interminable de especies, el auge y la caída de continentes, un árbol que
constantemente se ramifica y se vuelve a ramificar.[61] «Impulso, impulso,
impulso, / siempre el procreador impulso del mundo», había escrito Walt

Whitman al otro lado del mundo apenas unos años antes. Multitudinario y singular, típico y novedoso, población e individuo, especies y variedades. ¿Qué quería decir todo eso? «Inmensos fueron los preparativos en mi honor», declaraba Whitman. «Antes de que naciera de mi madre, generaciones me guiaron, / mi embrión nunca estuvo aletargado, nada pudo oprimirlo…

> Por él la nebulosa se condensó en un orbe,
> los largos estratos lentos se apilaron para que se apoyaran en ellos,
> vastos vegetales le dieron alimento,
> saurios monstruosos lo transportaron en sus fauces y lo depositaron
>   con cuidado.
> Todas las fuerzas fueron constantemente empleadas para
>   completarme y deleitarme.[62]

Ahora, Alfred Russel Wallace se erguía en este punto con su alma robusta, de camino a casa.

———

11

El primer darwiniano

MIENTRAS EL AMBON CRUZABA EL MAR DE JAVA desde Macasar aquel mes de julio de 1861, Wallace supo que estaba en esa frontera faunística tan extraordinaria, pasando del reino indoaustraliano al asiático. ¿Iba haciendo seguimiento del avance, como un sabiondo, molestando al oficial de navegación del barco para que le actualizase sobre la longitud a la que estaban? Justo a los 115 grados le habría exclamado a Alí: «¡¡Ahora la hemos cruzado!!». «No, espera... ¡ahora!». A lo mejor fantaseaba con que casi había podido *sentir* aquella misteriosa línea al pasar cerca de las islas Kangean, al norte de Bali y Lombok, una señal fugaz como ese oleaje del tsunami, que de repente se les echó encima y se fue con la misma rapidez. Al cruzar, volvió a estar en lo que ahora se conoce como la región indomalaya.

«Volver a casa» desde una base tan remota es todo un proceso, especialmente si eres Alfred Russel Wallace. Había lugares en el oeste del archipiélago que todavía tenía que ver, a fin de cuentas, y muchos cabos que atar, por lo que sus últimos seis meses en el sudeste asiático —Java, Bangka, Sumatra— los pasó explorando, haciendo turismo y capturando especímenes mientras regresaba a Singapur, la entrada en el camino a casa. El primer destino de Wallace y Alí fue Surabaya, en la costa noreste de Java, la antigua sede del reino hindú de Janggala, que se remonta a 1045 y se convirtió en el poderoso imperio Mayapajit. Tras haber estado bajo el control de una serie de sultanatos desde mediados del siglo XVI, en la década de 1740 el poder volvió a cambiar de manos, y esta vez fueron las de la Compañía Holandesa de las Indias Orientales, en plena expansión. La ciudad era doblemente estratégica, pues estaba ubicada en la resguardada bahía de Lamong y dominaba el estrecho de Madura, en la desembocadura del *kali* (río) Mas, «el río de oro», por las riquezas que fluían por allí. De modo que en aquel lugar se estableció la principal base naval holandesa en las Indias Orientales (Maritiem Etablissement), con un enorme dique seco flotante. A Wallace, la ciudad le pareció próspera, atractiva y con mucha influencia holandesa, y la propia Java, «el jardín de Oriente y seguramente sin excepción la isla más bonita del mundo», le escribía a su madre desde una habitación de hotel.[1] Seguro que a Mary Ann Wallace le encantó saber que el hijo más pequeño que le quedaba regresaba a casa, al fin. Se acababa de mudar a su propia casa de campo y, como era de esperar, estaba igual de encantada de saber que Wallace planeaba vivir con ella a su vuelta, siempre que ella se sintiese «con fuerzas para realizar las labores domésticas de ambos», osaba comentar (¿con machismo y previsión de complacencia maternal a partes iguales, quizá?). Lo único que necesitaba era una o dos habitaciones para organizar y estudiar su colección, decía, y un taller para «el trabajo duro y sucio», como preparar pieles y hacer cajas. Le había pedido a su cuñado que midiera las habitaciones de la casa para ver si había espacio suficiente, y si no lo había, esperaba encontrar un sitio a las afueras, «en un barrio tranquilo y con jardín, pero cerca de una ruta de ómnibus» para poder ir al centro con facilidad.[2]

Planeaba llegar a casa en primavera. Ahora viajaba más ligero, ya no iba arrastrando sus enseres y utensilios de cocina de todo tipo, aquella vivienda móvil de «cama, sábanas, ollas, teteras y sartenes», «platos, fuentes y palanganas», «cafeteras y café, té, azúcar», «mantequilla, sal, encurtidos, arroz, pan y vino», «pimienta y curry, y medio centenar de cachivaches más», allá donde iba. Tengamos en cuenta que además de todo esto, llevaba el equipo de recolección, libros y ropa y sus vastas colecciones (que, cuando las cosas iban bien, tendían a irse acumulando a medida que avanzaban). Calculando que hizo unos ochenta viajes, alrededor de uno al mes en los últimos siete años, no es de extrañar que embalar una y otra vez todas estas cosas fuese «la eterna y constante peste» de su vida.[3]

Tras enviar la última remesa de tamaño considerable a Stevens —aliviando aún más su carga—, dedicó tiempo a hacer turismo y visitó el célebre complejo de templos Prambanan, en el centro de Java, el santuario hindú más grande del archipiélago, y el cercano y precioso templo Borobudur, el templo budista más grande del mundo, ambos patrimonio mundial de la UNESCO en la actualidad. De camino, se detuvo en el pueblo de Moyokerto y las cercanas Trowulan y Moyoagung, donde admiró los restos de unas de las grandes entradas de ladrillo al antiguo palacio Mayapajit.[4] Su ojo de constructor captó el trabajo de artesanía: «Me asombró la extrema perfección y la belleza del enladrillado». Allí le regalaron un magnífico bajorrelieve hindú tallado en basalto que representa la famosa escena de la diosa Durga matando al demonio búfalo Majishásura,[5] el acontecimiento culminante de la antigua *Majishásura Mardini*, y asistió fascinado a un recital de gamelán, en el que la manera armónica y mecánica de tocar de los tambores, gongs, cítaras y xilófonos de la orquesta gamelán le resultó similar a una gigantesca caja de música: «Muy agradable».

Con la captura de especímenes en mente, Wallace se quedó un breve periodo en el pueblo de Wonosalem, en la ladera oeste del impresionante volcán Aryuno-Welirang, que se yergue hasta los 3339 metros. La isla de Java, «el jardín de Oriente», era un jardín de volcanes: otra frontera del espacio y el tiempo. En Aryuno-Welirang se encontraba en lo alto del arco volcánico de Sonda que forma la columna vertebral de la isla y es el producto de la placa indoaustraliana introduciéndose bajo la placa de Sonda. La captura de insectos fue bastante pobre, pero añadió noventa y ocho especies de aves a su colección, incluidos pavos reales y dos especies de gallos salvajes (*Gallus*), martines pescadores, pájaros carpinteros y las aves más grandes y más pequeñas de Java: inmensos cálaos (*Buceros*), con una envergadura alar superior al metro y medio, y el diminuto lorículo de Java (*Loriculus pusillus*), cuyas alas apenas se extienden unos centímetros. Si la tragedia de un desgraciado muchacho que había sido víctima de un tigre en las inmediaciones le dio que pensar, no lo menciona. Tampoco comenta cómo reaccionó Alí, pero después del encontronazo con la pitón gigante en Buru, saber de la existencia de tigres que comen personas en los alrededores tuvo que echar por tierra el entusiasmo recolector del joven ayudante.

Listos para continuar, regresaron a Surabaya en una barcaza por el río, seguramente el Brantas, afluente del Mas, y enseguida estuvieron a bordo de un vapor con dirección al extremo oeste de Java. Atracaron en la bulliciosa Batavia, entonces capital de las Indias Orientales Holandesas, hoy Yakarta, capital de la moderna Indonesia y la ciudad más grande no solo del país, sino de todo el Sudeste Asiático, con casi treinta y cuatro millones de habitantes. Encontró las comodidades de la civilización muy agradables, aunque costosas: el alojamiento de postín en el Hôtel des Indes, los caballos y carruajes, y el generoso menú de la casa, que estaba a años luz de la dieta de la que había estado subsistiendo, por lo general sagú y el ave del día, habiendo tenido buen cuidado de sacarle bien el plomo. Y hablando del tema, la captura de especímenes y el paisaje tiraban de él, y no tardaron en dirigirse a las montañas. Primero pararon en Bogor, que Wallace conocía por su nombre holandés de Buitenzorg, luego continuaron hasta Megamendung y después subieron los mil cuatrocientos metros hasta el paso de Puncak, donde se quedaron dos semanas en las faldas de los altísimos volcanes Pangrango y *Gunung* Gede. Estaba encantado igualmente con el clima y las capturas de mayores altitudes, encontró aves fascinantes que parecían ser endémicas del oeste de Java y, entre las rarezas entomológicas, un espécimen de la curiosa mariposa calibre, *Charaxes* (*Polyura*) *dehanii*, llamada así por la doble cola curva con aspecto de pinza que exhiben en las alas posteriores. La había atrapado hábilmente un niño de la zona con sus dedos calibradores cuando la despreocupada mariposa estaba abstraída. Continuaron subiendo, hasta las cimas volcánicas del extinto Pangrango y el muy activo Gede, lo más alto que había ascendido hasta el momento en los trópicos, a unos 3048 metros, por lo que por primera vez experimentó el cambio de la flora tropical a la templada con la altitud, como había descrito Humboldt.

Alrededor de los dos mil cuatrocientos metros, empezó a reconocer una flora indudablemente parecida a la europea, marcada por grupos tan conocidos como la madreselva, hierba de san Juan, viburnum, rododendro, artemisa, ranúnculos, violetas y demás. Una preciosa prímula de gran altitud captó su atención: «la rara y hermosa prímula real» (*Primula imperialis*; hoy, *P. prolifera*), con una gran roseta de recias hojas basales de la que brota un tallo robusto que lleva apretados verticilos de flores amarillo dorado. Al mismo tiempo que Wallace admiraba aquella prímula javanesa, casualmente, al otro lado del mundo su colega Darwin daba los retoques finales a un artículo que pronto se leería en la Sociedad Linneana y que describía un fenómeno muy curioso de las prímulas al que hoy llamamos *heterostilia*: las plantas individuales tienen diferentes morfos de flores, algunas con estambres largos y pistilos cortos (llamadas *thrum*, fleco o hilacha, por los estambres que sobresalen) y otras al contrario (*pin*, alfiler; sobresale el estilo con el estigma).[6] El descubrimiento iba a posicionarse alto en la lista de rarezas de la naturaleza que solo parecían tener sentido según la teoría de Darwin y Wallace de evolución mediante selección natural.

Allí, entre la vegetación alpina de los picos altos y barridos por el viento de Java, esta prímula y otras maravillas botánicas inspiraron a Wallace a contemplar la distribución y la dispersión; en particular, la explicación que daba Darwin en *El origen de las especies*[7] acerca de la flora de clima templado que había migrado a regiones ecuatoriales en periodos glaciales, cuando el clima de la Tierra era mucho más frío, y había vuelto a migrar al norte al templarse el clima de nuevo, pero, como también había migrado en altitud en busca de refugio en la seguridad de la montaña, quedaron apartadas en islas climáticas aisladas. Con el tiempo habían divergido y estaban «tan cambiadas que ahora las consideramos especies distintas». Pero entonces Wallace conectaba sus propios datos históricos con los de Darwin: algunos podrían objetar que el modelo de Darwin falla porque Java es una isla, con una vasta extensión de mar entre ella y el continente. «Sin lugar a dudas, se trataría de una objeción fatal», señala Wallace, «si no hubiera abundantes indicios que demuestran que Java estuvo anteriormente conectada con Asia, y que la unión parece que tuvo lugar alrededor de la época indicada», hecho respaldado por los indicios de la zoología, pues «los grandes mamíferos de Java», el rinoceronte, el tigre, el banteng (bóvido salvaje) y otros, se encuentran tanto allí como en Asia continental.[8] Pero no las mismas especies exactamente, un dato clave. ¿Por qué no? Este es un aspecto de la divergencia de especies que, desde el punto de vista moderno, ni Darwin ni Wallace podrían haber entendido. Ellos atribuían ese cambio evolutivo a las «condiciones cambiadas» en las que ahora se encontraban los grupos aislados, en gran medida porque ambos (pero especialmente Darwin) eran de la opinión de que las variaciones heredables son inducidas por factores ambientales. Sin embargo, la opinión actual es que las mutaciones no surgen tanto por inducción ambiental, en líneas generales. Existen mutágenos ambientales, por supuesto, como la luz ultravioleta y elementos radioactivos, pero no son los que impulsan la mayoría de las mutaciones. En cambio, las mutaciones surgen en gran parte por procesos como los errores en la replicación de ADN y entrecruzamientos desiguales, inversiones, deleciones y episodios por el estilo a nivel cromosómico. Estos cambios heredables (genéticos) se acumulan con independencia de los factores ambientales, por lo que con el paso del tiempo las poblaciones aisladas se van haciendo cada vez más distintas incluso sin selección natural que las empuje a ello (aunque sí puede hacer que ocurra más rápido).

Sus incursiones en la zona alpina javanesa terminaron dando poco en materia de riquezas biológicas —sobre todo por el comienzo de la temporada de lluvias—, pero el biogeógrafo que había en él estaba encantado. Desde su campo base en el paso de Puncak, le relataba la emocionante experiencia a Fanny, y le decía con un toque evocador que le enviaba la misiva desde «las montañas de Java».[9]

Partió de Java el 1 de noviembre de 1861, dejando atrás una pila de cajas para mandar a Stevens, enumeradas en la última página de su cuaderno de especímenes:[10]

1. Una caja grande de aves de Buru, con unas cuantas de Timor y Halmahera añadidas.
2. Una caja de ginebra llena de aves de Java, marcada para su colección privada.
3. «Caja con escultura de Java».
4. Una caja con especímenes de pavos reales y cálaos.
5. & 6. Aves de Sula, capturadas por Charles Allen.
7. Un paquete de hojas de palmera de Timor y Manado.

Una semana después llegaron a Palembang, en el centro sur de Sumatra, una preciosa ciudad portuaria interior a orillas del río Musi. La inmensa Sumatra, la sexta isla más grande del mundo, nace del mismo levantamiento tectónico que su vecina más pequeña, Java, como demuestran la gran cantidad de imponentes volcanes a lo largo de su costa oeste, alineados con

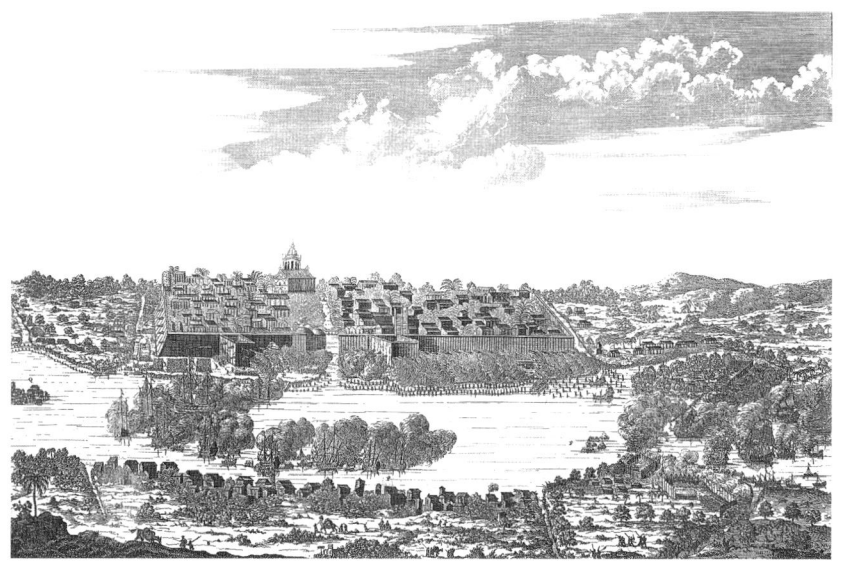

Vista de Palembang, Sumatra, en el siglo XVIII.

los de Java. Pero hay una diferencia: aquí la placa indoaustraliana subduce oblicuamente bajo la placa de Sonda, no perpendicularmente, lo que introduce un cizallamiento a lo largo del arco volcánico que creó el Sistema de la Gran Falla de Sumatra o de Semangko. La compleja dinámica de placas da lugar a una de las regiones más activas sísmicamente de la Tierra; de hecho, Wallace había escapado por nueve meses de un inmenso terremoto que había sacudido la isla y provocado una enorme destrucción.[11]

No llegó a la zona volcánica, viajó hacia el suroeste desde Palembang atravesando un paisaje de tierras bajas, ondulantes y geológicamente jóvenes de arcilla roja, y se detuvo más o menos a medio camino de la costa oeste, en la aldea de Lubuk Rahman. Allí pasó un mes en un distrito llamado Rembang, capturando especímenes entre un mosaico de selvas y claros partido por arroyos. Admiraba las bonitas *rumah adat*, casas tradicionales construidas sobre postes, famosas por sus altísimos tejados de paja a dos aguas con drásticas curvas ascendentes en los gabletes,[12] y se vanagloriaba de estar «en uno de los lugares desconocidos para la Real Sociedad Geográfica», como le comentaba a George Silk: la tierra del rinoceronte, el elefante, el tigre y el tapir (aunque todos ellos, tristemente, escaseaban incluso entonces), además de la tierra de los monos, de todo menos escasos.[13] Aunque las capturas no fueron increíblemente productivas, eso le dio tiempo para leer, sopesar y reflexionar. Escribió a Darwin una carta dicharachera sobre cómo se estaba recibiendo *El origen de las especies* e instándolo a incluir abundantes ilustraciones en el volumen posterior que planeaba.[14] También escribió a Bates, que hacía mucho que le había mandado un artículo fascinante sobre las mariposas del valle del Amazonas. Colmó el artículo de elogios y alabanzas: era justo lo que le gustaba, un análisis magistral de las relaciones y la distribución geográfica de grupos de mariposas por toda la cuenca, lo que las convertía en una especie de guía en la historia geológica, geográfica y evolutiva.[15] Wallace señalaba un único aspecto crucial que los datos de Bates subrayaban pero apenas se mencionaba de pasada —a saber, que los grandes ríos definen los límites de muchísimas especies y variedades—, lo que recordaba a su propio artículo sobre los monos del Amazonas. Según exponía, confiaba en que el artículo no fuera sino el primero de una larga serie que estableciera la fama de Bates «y a la vez demuestre la sencillez y belleza de la filosofía darwiniana», una vez más refiriéndose a la evolución mediante selección natural como una idea de Darwin. Había una conexión indirecta de Bates con otro hallazgo evolutivo que había hecho en Lubuk Rahman: fue allí donde Wallace descubrió que las hembras de la mariposa gran mormón, *Papilio memnon*, se daban en dos morfos, uno de los cuales era mimético de *Papilio* (hoy *Losaria*) *coon*, la cola de maza (clubtail) común.[16] En otra curiosa coincidencia, hizo el descubrimiento casi al mismo tiempo que Bates publicaba en Londres su artículo sobre mariposas *Heliconia*, en el que esclarecía el principio de semejanza protectora que hoy lleva el nombre de mimetismo batesiano.

Entre otras singulares criaturas, Wallace pudo ver un rinoceronte de la selva, adquirió un siamang de mascota (*Symphalangus syndactylus*), el más grande de los simios menores, y capturó el extraordinario planeador de la selva, el galeopiteco o colugo (*Galeopterus variegatus*), una de las dos únicas especies del género, peculiares parientes de los primates ubicados en su propio orden taxonómico, Dermoptera.[17] Regresaron en barco a Palembang, pero la víspera de su cumpleaños hicieron una parada técnica en Sungairotan, puede que en la confluencia de los ríos Rotan y Musi, donde cazadores locales le consiguieron una pareja de cálaos bicornes (*Buceros bicornis*), con un polluelo regordete, del tamaño de una paloma y sin una sola pluma, «como un saco de gelatina, con la cabeza y las patas pegadas». Las hembras de estas curiosas aves anidan en las cavidades de los árboles, donde quedan encerradas con sus indefensos polluelos mediante una pared de barro que levanta el macho, el cual los alimenta a través de un agujero del tamaño justo para que ella saque el pico. Maravillado, Wallace encontraba este comportamiento «uno de esos extraños hechos en la historia natural que "superan a la ficción"».[18] Fue un bonito regalo para su trigésimo noveno cumpleaños.

Una semana después abandonó Sumatra, a bordo de un ferry hacia la vecina isla de Bangka y desde allí en un vapor —el *Macassar*, su segundo viaje en ese barco de confianza— con destino a Singapur. Exactamente un mes después de su cumpleaños abandonaba Oriente para siempre, a bordo del Emeu, un vapor de la P&O. Tuvo que ser agridulce despedirse del tenaz y talentoso Alí, «el leal compañero de casi todos mis viajes por las islas del lejano Oriente». Le dio a Alí un regalo de despedida que incluía dinero, sus escopetas, munición, diversas herramientas y otros artículos y mandó que le hicieran un retrato fotográfico para recordarlo. Alí regresaría a Ternate, donde lo esperaba su esposa. Wallace no volvería a ver nunca a su amigo y ayudante, pero muchos años después recibió noticias inesperadas de su viejo compañero. En 1907, el herpetólogo estadounidense Thomas Barbour, del legendario Museo de Zoología Comparada de Harvard, se encontraba de prolongada luna de miel con su mujer, Rosamond Pierce, viajando tras los pasos de Wallace por el archipiélago malayo. Estaban en Ternate, a punto de partir en una excursión de recolección, cuando se les acercó un anciano. Barbour relataría después lo que sucedió:

> Allí me ocurrió algo verdaderamente emocionante, pues me pararon un día en la calle cuando mi mujer y yo nos preparábamos para subir al lago del cráter. Estaban con nosotros Ah Woo con su red de mariposas, Indit y Bandoung, nuestros bien entrenados recolectores javaneses, con escopetas, sacos de tela y un *vasculum* para transportar aves. Nos detuvo un anciano malayo arrugado. Todavía puedo verle, con un fez azul descolorido en la cabeza. Me dijo: «soy Alí Wallace». Supe al instante que me encontraba ante el leal compañero de Wallace durante tantos años, el muchacho que no solo le ayudó a recolectar, sino que le cuidó cuando estaba enfermo. Le hicimos una fotografía y se la mandamos a Wallace cuando llegamos a casa. Me escribió una carta encantadora de agradecimiento en la que recordaba el momento en el que Alí le salvó la vida, cuidándolo durante un terrible episodio de malaria. No sé cómo me las he ingeniado para perder la carta, para mi eterno disgusto.[19]

Dice mucho de la relación entre los dos, nacida del afecto, la confianza y el respeto mutuos que se forjan al compartir triunfos, problemas y dificultades, que el tenaz ayudante de Wallace de antaño tomara su nombre.

Estando aún en Sumatra, Wallace se enteró de que podía adquirir aves del paraíso vivas en Singapur y aprovechó la oportunidad. La Sociedad Zoológica de Londres accedió a pagar el precio solicitado de cuatrocientos dólares por la pareja (unas cien libras de la época) y remunerar al propio Wallace con alrededor de ciento cincuenta libras, más un pasaje gratis en primera clase de vuelta a casa para cuidar de las aves de camino. Eran aves del paraíso esmeraldas chicas, *Paradisaea papuana* (hoy, *P. minor*), machos jóvenes que acababan de empezar a mudar el plumaje de cortejo. ¡Menuda oportunidad si consiguiera llevar vivas a

Alí, mano derecha
de Wallace, 1862.

Londres a estas fabulosas aves! No era tarea fácil. Bien podría haberlas
llamado Problema y Ansiedad, dos palabras que utilizaba a menudo al
describir su viaje. Pero descubrió por casualidad que se relamían con las
cucarachas, lo que era estupendo, porque esos bichos eran básicamente
saquitos de proteína, grasa y carbohidratos con seis patas. Las capturaba
a bordo y en los puertos de escala del camino; la dieta de insectos y fruta
mantuvo a las aves bien alimentadas y sanas. El Emeu hizo parada en
Penang, luego en Pointe de Galle, en Sri Lanka, y después al norte de
Bombay, donde cogió el vapor de la P&O Malta con dirección a Suez.

El siguiente tramo era por tierra, en tren, hasta Alejandría, donde
surgieron dos contratiempos: había empezado a hacer más frío y los obs-
tinados conductores del tren insistían en que las aves viajaran en el vagón
de carga. La perspectiva era aterradora, dejar a sus aves tropicales des-
atendidas en el frío potencialmente letal de un vagón con corrientes de
aire. Se quedó con ellas en el vagón de carga toda la noche, y la pasaron
bien, para su alivio. Llegado a Malta, en otro barco de vapor de la P&O,
el Ellora, se detuvo una semana y mandó un telegrama a Philip Sclater,
de la Sociedad Zoológica, a través de la Compañía Británica e Irlandesa
de Telégrafos Magnéticos: «Las dos [aves del paraíso] han llegado aquí
en perfecto estado de salud. Espero instrucciones». No las recibió, quizás

porque lo que el telegrama anunció en realidad era la llegada de dos
«vates del garadisi». El telégrafo eléctrico, aquel sistema primigenio de
mensajes de texto, puede que fuese más rápido que el correo, pero todavía
cometía demasiados errores.[20] Wallace se subió enseguida a un vapor con
dirección a Marsella, Francia, donde consiguió cambiar el barco por una
panadería local como proveedor de cucarachas. Hasta aquí, todo bien.
Pero no tardaría en darse otro viaje en tren que le puso de los nervios, tres
días esta vez, pasando por París hasta el puerto de Boulogne-sur-Mer,
en el canal de la Mancha. Tan cerca y a la vez tan lejos… El último día
del mes, el 31 de marzo de 1862, pisó suelo inglés, en la ciudad portuaria de Folkestone, en Kent, e inmediatamente escribió a Sclater: «Me
complace enormemente anunciar el próspero término de mi viaje y la
llegada a salvo a Inglaterra (supongo que por primera vez) de las *Aves
del Paraíso*».[21] Puede que incluyera unos cuantos signos de exclamación,
tanto por lograr que llegaran a casa como por el triunfo que se marcaba:
efectivamente, ¡eran las primeras aves del paraíso *vivas* que llegaban a
Inglaterra! Iba a coger el tren de las nueve del día siguiente a Londres,
informaba a Sclater, y llegaría al puente de Londres a mediodía para
entregar a las aves.

Fue un momento triunfal que se volvía aún más dulce por el recuerdo
de la amarga pérdida de hacía diez años, cuando sus esperanzas de regresar a Londres con espectaculares aves tropicales en el brazo se desvane-
cieron con el humo en medio del Atlántico, junto con, básicamente, todo
lo demás. Ahora, ahí estaba él; el Primer Darwiniano había vuelto casa,
y sus ocho años recorriendo el vasto archipiélago malayo habían sido
un triunfo en todos los sentidos: unas colecciones impresionantes, un
artículo extraordinario tras otro, descubrimientos trascendentales entre
los que estaba haber resuelto una de las mayores cuestiones científicas
del momento, y encima, cual guinda del pastel, las más raras de entre las
aves raras traídas *vivas* a Londres. No era una mera medalla, se estaba
poniendo toda una corona de plumas de aves del paraíso.

———

Tenía que embargarle la emoción al reunirse con su familia y sus amigos y al entrar triunfante en los salones científicos de Londres. Más
prodigioso que pródigo, el hijo había partido a los treinta y un años y
había regresado con treinta y nueve, había pasado la mayor parte de su
tercera década en el extranjero alcanzando grandes alturas intelectuales
entre peligros y en muy duras condiciones. Si la Amazonía había sido la
educación superior de Wallace como biólogo de campo, el archipiélago
malayo era el doctorado: un estudio de ocho años de gentes y paisajes; de
la riqueza, variación y distribución de especies; de la Tierra y la vida en el

espacio y el tiempo. Darwin, deseando conocer al joven prodigio, invitó de inmediato a Wallace a Down House. Pero Wallace tuvo que declinar educadamente la invitación de momento, y envió a Darwin un panal de abejas de Timor como regalo.[22] Estaba agotado y necesitaba recuperarse, hacer inventario de sus ingentes colecciones y pensar en sus siguientes pasos: dónde vivir y qué proyectos abordar primero. Se mudó con su hermana y su cuñado al número 5 de Westbourne Grove Terrace, en el centro de Londres, a dos pasos del norte de Kensington Gardens, donde Thomas Sims había trasladado su negocio fotográfico en crisis. Resultó que en la casa de su madre no había sitio suficiente y allí tenía un espacioso estudio en la tercera planta en el que podía organizarse y analizar sus amplias colecciones. Calculaba que incluían unas tres mil pieles de aves de mil especies y puede que la friolera de veinte mil escarabajos y mariposas de unas siete mil especies, ¡material suficiente para toda una vida de estudio![23]

Los años siguientes marcaron un auténtico punto de inflexión, tanto en el ámbito de la ciencia y la sociedad científica como en su vida personal. Wallace regresaba a una ciudad dinámica y llena de energía, un reflejo de ello era la Exposición Universal de Londres en Kensington, que se inauguró aquel mes de mayo con bombo y platillo: un alarde impresionante de lo último y lo mejor en tecnología, ciencia, música y arte victorianos. El ambiente intelectual era igual de dinámico, y todavía resonaban los ecos del bombazo que había supuesto el libro de Darwin. El día después de su llegada a Londres, Wallace se enteró de que había salido elegido miembro de la Sociedad Zoológica de Londres, es decir, que su reputación iba en aumento. Ya se había carteado con Sclater, entonces secretario de la Sociedad Zoológica, y con Edward Newman, editor de la revista de la sociedad, el *Zoologist*, que conocían a Wallace por sus múltiples artículos y extractos de cartas enviados desde el terreno, tanto el del este como el del oeste. No cabe duda de que había llegado muy lejos desde su primera propuesta al *Zoologist* hacía quince años, una lista de escarabajos capturados en Neath, de los que Newman opinaba, como recordarán del capítulo 3, que «no vale la pena publicarlos», excepto uno.[24] Ahora lo presentaban y lo recibían en los grupos de naturalistas cuyos nombres conocía solo por reputación y publicaciones, los que manejaban el cotarro de la sociedad científica británica: el duque de Argyll; el ornitólogo John Gould; John Edward Gray, conservador de zoología en el British Museum; el prometedor Thomas Henry Huxley, que ya era presidente de la Sociedad Zoológica a los dos años de haber sido elegido miembro; el protegido de Huxley, St. George Mivart, y muchos otros. Alfred Newton, cofundador de la Unión Británica de Ornitólogos y miembro del Magdalene College, de Cambridge, invitó a Wallace a la reunión de la Asociación Británica para el Avance de la

Ciencia (BAAS, por sus siglas en inglés), que se celebraba en Cambridge aquella primavera.[25] Allí le presentaron a los miembros de la Unión de Ornitólogos y a otras personalidades, entre ellas al reverendo Charles Kingsley, clérigo e historiador.

Su primera reunión de la BAAS fue memorable por una escaramuza que presenció en las guerras evolutivas que se estaban librando. Implicaba a Huxley, por supuesto, cuya reputación como «el bulldog de Darwin» ya estaba bien establecida para entonces (de hecho, había sido una escaramuza en otra reunión de la BAAS en Oxford, dos años antes, la que le dio a Huxley aquella reputación pendenciera). Wallace estaba todavía en Oriente, navegando de Ceram a Nueva Guinea, cuando Huxley se encaró con Samuel Wilberforce, el obispo de Oxford, en la reunión de la BAAS celebrada en el recién inaugurado Museo de Historia Natural. El diseño neogótico de Henry Acland y John Ruskin de aquel museo catedralicio quizás fuese su manera de exaltar el estudio de la naturaleza en la tradición de la teología natural, pero el debate Huxley-Wilberforce, como llegó a conocerse, puso de manifiesto que había fallas entre la ciencia y la religión más profundas que todas las del archipiélago malayo, tan propenso a los terremotos. El «debate» fue sin duda un acontecimiento sísmico. Cuando el obispo (instruido, como muchos creen, por el antievolucionista Richard Owen) montó el espectáculo de preguntarle con sorna a Huxley si creía descender del mono por parte de abuelo o de abuela, Huxley se la devolvió al obispo: si tenía que elegir entre un mono o alguien como Wilberforce, que debería saber aportar algo más que ridículo en una discusión científica importante, «¡confirmo sin vacilar mi preferencia por el mono!». O eso se cuenta. El intercambio no quedó registrado, pero según los testimonios, volaban los cuchillos. La batalla con Huxley continuaba, y Owen afirmó que el cerebro de los humanos y el de los monos tenían diferencias anatómicas fundamentales, pues los monos carecían en particular de un hipocampo menor (el *calcar avis*), lo que justificaba la elevación de los humanos a su propia subclase de mamíferos. Quería decir que el ser humano era especial, creado por intervención divina. Todo esto reventó, por decirlo de alguna manera, en la reunión de la BAAS en Cambridge a la que acudió Wallace. Cuando Owen arrojó el guante con un artículo que presentó en la reunión, Huxley estaba preparado: junto con un ayudante, realizó triunfal la disección pública de un cerebro de mono y demostró que Owen estaba equivocado con una floritura de su escalpelo. En una época en la que el interés público en las cuestiones científicas estaba desbocado, la «Gran Cuestión del Hipocampo» y la encarnizada rivalidad entre Huxley y Owen eran de dominio público. El paleontólogo sir Philip Egerton parodió el episodio en un jocoso poema titulado «En torno al mono» para la revista satírica *Punch*:

Según Owen, se puede ver
que el cerebro de un chimpancé
es siempre de lo más pequeño,
con el «cuerno» postremo
trasquilado en el extremo,
y de «hipocampo», que ni en sueños.
(…)
Luego Huxley aduce
que lo de Owen son embustes
adornados con citas en latín,
que sus datos no son nuevos,
sus errores no son menos,
adiós reputación, vaya trajín.

«Matar otra vez a los muertos»
a fuerza de cerebros
(comenta Huxley al concluir)
no sirve de nada,
no genera ganancia.
Así que yo me despido, «¡A servir!».[26]

Kingsley también se burló de la situación denominándola «el gran test del hipopótamo» en su afamado libro infantil *Los niños del agua*, publicado al año siguiente y que incluía hasta ilustraciones de Owen y Huxley: si los monos tienen un «hipopótamo» en el cerebro como tienen los humanos, a ver, «¿qué sería de la fe, la esperanza y la caridad de millones de inmortales?», se preguntaba el narrador estupefacto. No, no hay nada más fiable que lo siguiente: «Si tienes un hipopótamo en tu cabeza, puedes estar seguro de que no eres un simio, aunque dispongas de cuatro manos, te falten los pies y seas el simio más simio de todos los simios».[27]

La batalla entre Huxley y Owen no sorprendió a Wallace. Estando todavía en Oriente, había seguido las noticias sobre la recepción de *El origen de las especies* en los números del *Athenaeum* que le enviaba Stevens, y se contaba en las páginas de aquella revista literaria que los dos debatían la anatomía cerebral de humanos y monos y sus implicaciones.[28] Huxley y Owen, le escribió a Darwin, «parecen estar librando una guerra abierta», y añadía una posdata en la que comentaba las formas mezquinas de argumentación de sus críticas y señalaba a Owen por rizar el rizo malintencionadamente con definiciones: «Pues no llega Owen con su nueva interpretación de lo que quieren decir los naturalistas con *"creación"*, que resulta que no es creación en absoluto, sino ¡¡¡*la manera desconocida en la que surgen las especies*'!!!».[29]

Wallace no se sintió arrastrado (todavía). Eso ya llegaría, y él iba a demostrar que era igual de aplastante que Huxley en su defensa de la evolución mediante selección natural. Pero de momento tenía trabajo que hacer, y con su característica mezcla de alegría y determinación, se puso manos a la obra a clasificar, estudiar, escribir. Su primer artículo, «Narración de la búsqueda de aves del paraíso», lo presentó en la reunión del 27 de mayo de 1862 de la Sociedad Zoológica, y relataba las aventuras (y desventuras) de Charles Allen y él mismo capturando aquellas aves legendarias… o intentándolo. A este artículo le siguió, al mes siguiente, una exposición de aves nuevas y raras de Nueva Guinea. Era un reportaje con un poco de autobombo, pero a lo largo de los siguientes tres años publicó más de treinta artículos, notas y comentarios solo sobre la taxonomía o la historia natural de las aves del archipiélago malayo. También escribió artículos entomológicos, aunque no tantos ni mucho menos, pues había delegado el estudio de varios grupos de insectos a especialistas como Francis Polkinghorne Pascoe, pero los que escribió resultaron incisivos.

Aunque todos los artículos taxonómicos de Wallace en este periodo fueron gratificantes y, por supuesto, ayudaron a reafirmar sus ya impresionantes «credenciales de explorador», por así decirlo (su prestigio de naturalista de campo de primer nivel), fueron sus otros estudios más sintéticos los que dispararon su estatus de naturalista *filosófico* de primer nivel. No es de extrañar que el primero de ellos tratase el tema en el que había estado tan centrado desde aquel viaje trascendental de Bali a Lombok: cartografiar la distribución de especies por el archipiélago. Basándose en su artículo de 1859, que había marcado un hito en geografía zoológica, Wallace presentó su crucial contraparte: «Geografía física del archipiélago malayo», que se leyó en la reunión de la Real Sociedad Geográfica del 8 de junio de 1863.[30] El presidente, sir Roderick Murchison, quedó profundamente impresionado: «Nunca había escuchado una lectura de artículo de carácter tan luminoso», declararía después, «que conectase de forma tan perfecta todas las ramas de la ciencia de la historia natural» y uniese fructíferamente geografía y geología.[31] Wallace agradecía las aportaciones del viajero británico George Windsor Earl, que hacía diecisiete años había comentado las afinidades asiáticas y australianas de los extremos este y oeste del archipiélago en relación con la profundidad del mar, pero también señalaba que Earl no había valorado en toda su extensión las implicaciones de este hecho y, claro, había enturbiado las brillantes aguas indonesias al insinuar una antigua conexión entre Asia y Australia.[32] No, no, no, replicaba Wallace.

Ahora, recién retornado de su viaje de más de veinte mil kilómetros y armado con una base de datos de distribución sin precedentes, el extenso artículo de Wallace cuantificaba la existencia de especies y comparaba con minucioso detalle las similitudes y diferencias en la biota de las islas y los conjuntos de islas por el archipiélago. Es significativo que creara un mapa detallado en el que aparecía una línea roja dibujada cuidadosamente entre las islas, desde Bali y Lombok en el suroeste, subiendo por la costa oeste de Célebes y formando un arco hacia el este de las Filipinas: el primer mapa de este tipo, que mostraba la línea de demarcación entre lo que él denominaba las regiones «indomalaya» y «australomalaya» (v. doble pág. siguiente). La importancia de este acto —el mero dibujo de una línea en un mapa— no debe subestimarse: de un plumazo reforzaba el concepto aún nuevo de las regiones biogeográficas y proporcionaba un poderoso medio visual para comunicar un marco conceptual coevolutivo de la Tierra y la vida. Más típico había sido el seco enfoque esquemático de Sclater que apareció en su importante artículo de 1858 como exposición de las regiones geográficas faunísticas (aviares) del mundo: seis rectángulos, uno por cada *regio*, con sus estadísticas de diversidad aviar. Dos de ellos eran la «Regio Indica» y la «Regio Australiana» uno al lado del otro abajo a la derecha en representación del sudeste asiático.[33] No estaba mal, pero era demasiado académico, en latín y todo. No hay nada como el impacto visual de un *mapa* con una *línea* para llevarse el gato al agua. Como muy bien lo expresó la historiadora Jane Camerini, el mapa de Wallace como marco conceptual servía para la argumentación y, al final, para la persuasión, puesto que defendía las seis regiones de Sclater y dejaba a la vez claro que, al ser fruto de la historia de la Tierra, estas son generales, no se limitan a las aves.[34]

Pero, exactamente, ¿cómo de rígida era la frontera que representaba la línea roja de Wallace? ¿Y cómo de generales *son* esas regiones? Que el trazo separaba Bali y Lombok estaba claro, pero Wallace en realidad vaciló con la ubicación precisa de la línea más al norte, igual que otros después de él: no se decidía si serpenteaba al este o al oeste de la desconcertante Célebes y Filipinas, por ejemplo, con su curiosa mezcla de animales con afinidades asiáticas y australianas. Wallace la cambió un par de veces, y Huxley la volvió a cambiar otra vez más cuando, cinco años más tarde, acuñó el término «línea de Wallace».[35] Se comprende que las incertidumbres y subsiguientes análisis basados en un grupo taxonómico u otro llevaran a autores posteriores a preguntarse si realmente había una línea o bien había que dibujar otras para pulir o complementar la de Wallace. Pero es normal esperar que abunden las ambigüedades, dadas las fluctuaciones (y la evolución) de las especies a lo largo de eones, de placas de corteza y niveles del mar en constante transformación en ese escenario tectónico dinámico que hoy llamamos Wallacea.[36] Lo asombroso es que la señal, de hecho, sea tan fuerte en este mar de islas (especialmente para mamíferos y aves) y no se pierda con el ruido.

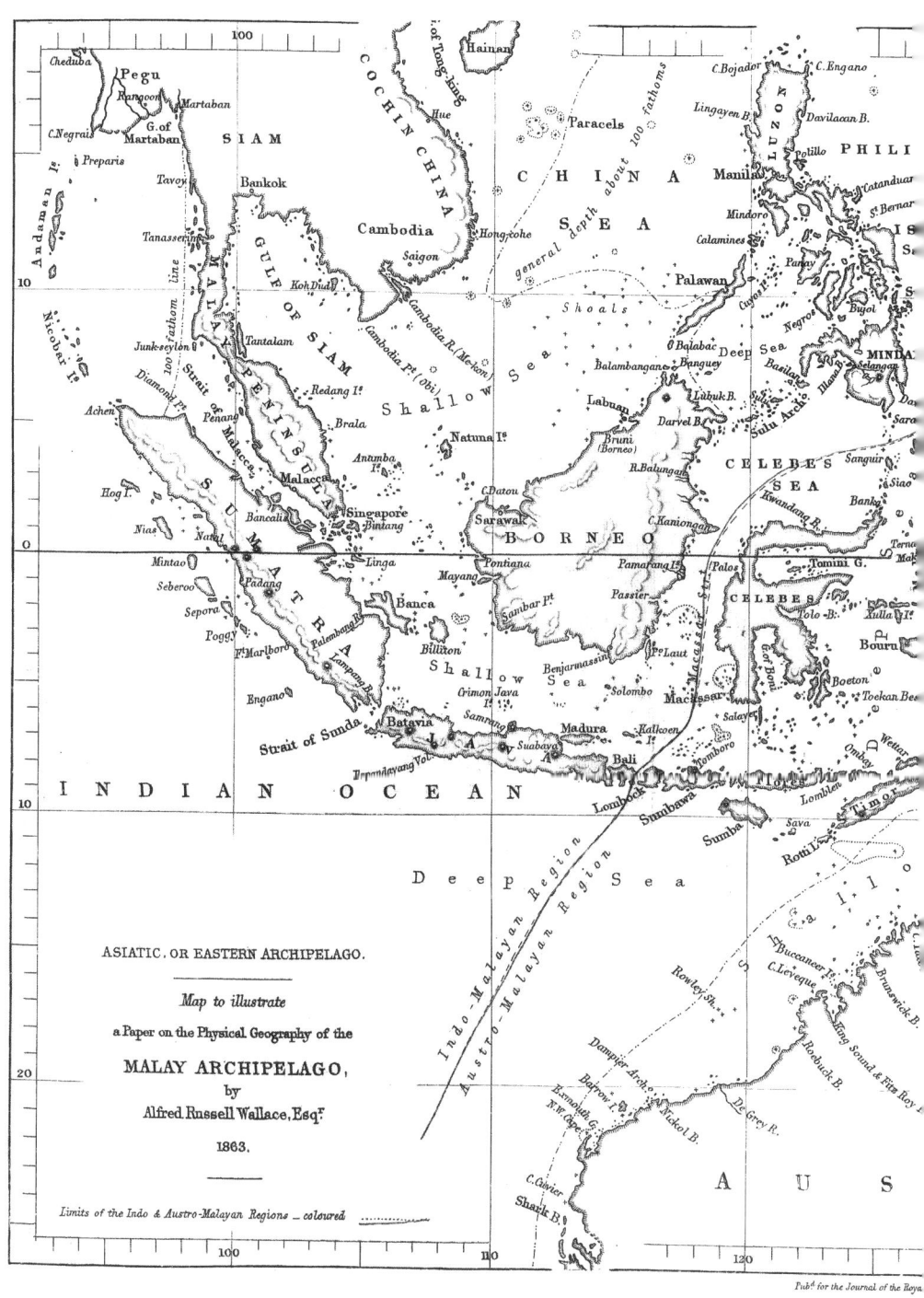

Mapa elaborado por Wallace para su artículo sobre la geografía física del archipiélago malayo, ilustrando la que después se conocería como línea de Wallace (coloreada en rojo en el original).

Journal of the Royal Geographical Society 33: 217-34, 1863.

En cuanto a la cuestión más general de las regiones biogeográficas de Sclater, Wallace continuó con otro artículo extraordinario en el que repasaba los conocimientos del momento sobre la distribución de especies en varios grupos para ver en qué medida coincidían con las divisiones sclaterianas basadas en las aves: mamíferos (excelente correspondencia), reptiles y anfibios (correcto), caracoles terrestres (muy cerca), insectos (no tanto) y plantas (bastante mal). Había material de sobra para indicar que realmente había algo de cierto en las regiones de Sclater, pero anomalías suficientes para indicar que otros factores también moldeaban la distribución, como la capacidad de dispersión y los vientos dominantes. Wallace, de nuevo, volvía a exhortar a los naturalistas a «prestar más y mejor atención a la distribución geográfica de lo que se ha hecho hasta ahora» para proporcionar los datos tan necesarios que ayudaran a determinar si esta división en seis era la mejor que podía utilizarse o lo sería alguna otra. «Se requiere una clasificación así de sencilla de regiones que nos permita fácilmente mostrar amplios resultados y exponer de un vistazo las relaciones externas de faunas y floras locales», concluía. Con ello, Wallace preparaba el terreno, por así decirlo, de un rico filón científico que explotaría durante décadas (y que, de hecho, se sigue explotando en la actualidad).[37]

Por muy impresionantes que fueran estos artículos, a continuación presentó una maravilla que llevaba la distribución geográfica a otro nivel totalmente nuevo: un nivel evolutivo.[38] Wallace sentía una gran admiración por el artículo de Bates de 1862 sobre las «Heliconidae» (mariposas que hoy en día se encuadran en las subfamilias Danainae, Ithomiinae y Heliconiinae, familia Nymphalidae) del valle del Amazonas, en el que su amigo describía ejemplos excepcionales y repetidos de mimetismo entre especies no relacionadas que coexistían en la misma zona, de lo que intuía correctamente que la base estaba en la depredación, con *especies miméticas* comestibles (el término actual es *mimetismo batesiano*) que evolucionan para parecerse, como protección, a los *modelos* de sabor desagradable. Según hemos visto, Wallace ya sabía que ciertos papiliónidos del archipiélago malayo presentaban casos de mimetismo ligados al sexo, pero ahora, capaz de evaluar prácticamente todas las especies de todo el archipiélago en sus ricas colecciones, se daba cuenta no solo de que era un hecho extremadamente común, sino también de que estos papiliónidos ofrecían, como las mariposas de Bates, otra lección práctica de la naturaleza de las especies, las variedades y la acción de la selección. Aquí, pues, tenía un ejemplo perfecto que mostraba cómo un grupo variado, visto a través de una lente de gran angular geográfica, podía poner en foco profundos y nuevos conocimientos. En este artículo épico, presentado en la Sociedad Linneana en marzo de 1864 —con setenta y una páginas, ocho espléndidas láminas a color ¡y descripciones de veinte especies nuevas!—, Wallace levantaba su argumentación metódicamente. Primero clasificaba diferentes formas de variación geográfica y no geográfica, desde la simple variabilidad específica hasta razas geográficas o subespecies (con las variedades como «especies incipientes», por usar términos de Darwin). Luego exponía exactamente qué *son* las especies, acertando de lleno en el criterio que hoy suena tan moderno de la compatibilidad reproductiva.[39] Pero aunque reconocía su importancia, también señalaba lo inadecuado de la interfertilidad como *definición* de especie.

Su objeción era mitad práctica, mitad lógica: la prueba reproductiva «no puede aplicarse en un caso de cada diez mil» —como los casos en los que se dan diferentes formas en diferentes zonas— «e incluso si pudiera aplicarse, no probaría nada, puesto que se funda en una conjetura de la misma cuestión que está por determinar». Recurrió a la morfología en busca de ayuda: las especies de distintas zonas están marcadas por diferencias (en plural) definibles y más o menos constantes, y si esto tiende a aumentar el número de especies, debido en parte a la subjetividad a la hora de definir estas diferencias, que así sea: mejor errar así que pasar por alto variaciones geográficas potencialmente interesantes. Todo esto preparaba el terreno para la coronación del artículo: el análisis de patrones geográficos de variación que son poderosamente indicativos de que está actuando la selección natural. En el apartado «Variación especialmente influida por la localidad», Wallace detallaba curiosos casos de evolución paralela en rasgos como el tamaño del cuerpo, la forma de las alas y el desarrollo de las características «colas» de los papiliónidos, y señalaba con sagacidad que, si múltiples grupos no relacionados exhibían los mismos cambios morfológicos en una zona, ello indicaba una presión selectiva común. En «Mimetismo», registraba formas miméticas de hembras de especies de *Papilio* que imitan a otras *Papilio* de sabor desagradable y otras que imitan modelos de familias de mariposas completamente diferentes. A petición de Huxley, Wallace escribió un resumen del artículo para el *Reader*, una publicación semanal que Huxley ayudaba a editar.[40] Darwin quedó sumamente impactado: «Nunca en la vida me había impresionado tanto un artículo», le escribió a Wallace. «Estoy seguro de que artículos así hacen más por la divulgación de nuestros puntos de vista sobre la modificación de especies que ningún tratado independiente sobre el tema en cuestión».[41]

Sin embargo, a Darwin le impresionó todavía *más* otro artículo completamente diferente que Wallace había publicado hacía poco: un nuevo trabajo de rigurosa argumentación y enorme originalidad, esta vez sobre el tema candente de la evolución humana. Era «grandioso, desarrollado de manera muy elocuente», declaraba Darwin en aquella misma carta. «La gran idea conductora me es del todo nueva». Era un tema que apenas se abordaba en *El origen de las especies*, donde Darwin tan solo dejaba caer que «en el futuro» la psicología se basaría en nuevos cimientos y «arrojará luz sobre el origen del hombre y su historia».[42] Pero lo único que cualquiera podía pensar era qué suponía la evolución para el ser humano. ¿Qué implicaciones tenía para las instituciones de la sociedad, para las escrituras, que la humanidad procediera de un origen orgánico a partir de alguna forma animal «inferior»? Darwin había hecho alusión a las implicaciones en la privacidad de un cuaderno de notas al comentar que, una vez admitido que las especies cambian de unas a otras, «la estructura entera se tambalea y cae».[43] Ligado a la cuestión del origen humano estaba el origen de la *raza*: un tema aún más candente dentro del tema candente. Recordemos que en aquella época de naciente racismo científico, todavía se debatía acaloradamente si cada raza tenía un origen divino independiente o no: estaban los poligenistas, muchos de los cuales defendían la esclavitud y no veían nada malo en ser «propietarios» de individuos de diferentes especies, lo mismo que hacemos con los animales de granja sin inmutarnos, mientras que los monogenistas afirmaban que todas las razas no eran más que variantes de una gran especie humana, creada divinamente, y que la esclavitud de cualquier persona a manos de otra era moralmente reprobable. Aunque algunos monogenistas encontraban también la manera de justificar la esclavitud, basándose en que las escrituras, con la retórica del Antiguo Testamento, hablan de ciertas razas condenadas y proscritas, solo dignas de subyugación. Si nos remontamos al siglo XVIII, la familia de Darwin llevaba mucho tiempo siendo apasionada abolicionista por motivos morales, pero, dejando esto aparte, desde el punto de vista evolutivo de Darwin (y de Wallace), la humanidad es *una* especie —monogenismo—, si bien es geográficamente variable. El cisma entre estas dos escuelas de pensamiento y creencia quedó de manifiesto en la escena científica londinense cuando en 1863 un grupo de disidentes poligenistas abandonó la monogenista Sociedad Etnológica para formar la Sociedad Antropológica de Londres. El cofundador James Hunt, otrora logopeda convertido en antropólogo, aseguraba que la nueva sociedad se ocupaba de hechos científicos, leyes naturales y el estudio de las características físicas además de culturales del ser humano. Los verdaderos colores de Hunt quedaban más que patentes en su insistencia casi militante en el poligenismo, la supremacía blanca y el apoyo a los estados sureños de Estados Unidos en su intento de secesión para preservar la institución de la esclavitud. La división duró ocho años hasta que, poco después de la muerte de Hunt, Huxley consiguió volver a reunir ambas organizaciones en el Instituto Antropológico de Gran Bretaña e Irlanda (lo cual no quiere decir que desaparecieran los cimientos racistas y sexistas de la ciencia antropológica de la época).[44]

Sí, en 1859 Darwin prefería quedarse en la sartén y no saltar a las brasas, pero la cuestión del origen y diversidad humanos era como tener un mono bajo la alfombra. Otros estaban deseando pisar donde Darwin no se atrevía a entrar: en 1863 salieron dos libros sobre el tema del origen y la antigüedad del hombre, uno de Huxley y otro de Lyell (aunque el de Lyell fue francamente un poco decepcionante para Darwin, pues no llegaba a adoptar explícitamente un origen evolutivo del ser humano).[45] Entonces saltó también Wallace a la palestra, puso su propio sello característico en la cuestión y abrió un nuevo frente en el debate.

Wallace presentó no uno, sino dos artículos, de hecho, uno a la Sociedad Etnológica y otro a la Antropológica. Probablemente fuese un movimiento calculado por parte de Wallace, que apuntaba a su propio pensamiento de unificar las dos. El artículo de la Sociedad Etnológica llegó primero: «Las variedades del hombre en el archipiélago malayo» se leyó apenas unas semanas después de su cuarenta y un cumpleaños, a finales de enero de 1864.[46] Fue la primera presentación de sus observaciones etnológicas, en un contexto geográfico y geológico, en los círculos científicos de Londres.[47] Recordemos del capítulo 9 la epifanía de Wallace en Halmahera, donde había «descubierto la línea fronteriza exacta entre las razas malaya y papuana, y en un lugar en el que ningún otro escritor lo hubiera esperado».[48] Este fue el empujón para el artículo sobre las variedades del hombre: la historia geológica de la región moldeaba la distribución de los humanos con la misma seguridad con la que moldeaba la distribución de otros organismos. Los dos parteaguas no coinciden exactamente, apuntaba, pues el que se refiere a los humanos se encuentra un poco más al este, lo que no era de extrañar, según él, en tanto que suponía que los malayos, emprendedores y marineros, se abrían paso al este hacia territorio papuano. Trataba el contraste entre estos pueblos y expresaba puntos de vista que, a nuestros ojos, parecen ilustrados, pero están a la vez cargados de los prejuicios eurocéntricos de la época. Por ejemplo, entonaba alabanzas de los malayos del norte de Célebes, en Manado y alrededores: «dóciles, trabajadores e inteligentes». No hacía mucho, no eran más que «salvajes», pero en cuanto el gobierno holandés hubo tomado el mando, enseguida se civilizaron: «Ahora se ve el resultado en una tierra hermosa y bien cultivada, en pueblos ordenados y uniformes, y buenas carreteras; en una población bien alimentada y bien vestida, cuya mayor parte son cristianos protestantes, la mayoría saben leer y escribir y, si quieren, pueden disfrutar de muchas de las comodidades y lujos de la civilización». En respuesta a aquellos que menospreciaban a los pueblos no europeos y decían que eran irremediablemente ineducables, solo dignos de subyugación, insistía en que allí «tenemos la prueba de que la ausencia de civilización no implica necesariamente la falta de capacidad para recibirla», para irritación de James Hunt y sus seguidores.

Pero claro, Wallace sin querer estaba haciendo un cumplido envenenado: como si las personas de aquella zona *necesitaran* «civilizarse» y, como si fueran niños, solo respondieran a una especie de despotismo paternalista benévolo.[49] Así era la época y las opiniones de hasta los occidentales más progresistas.

El artículo de las variedades del hombre fue bien recibido por los «etnológicos», pero Wallace decidió presentar el artículo subsiguiente, «El origen de las razas humanas y la antigüedad del hombre que se deducen de la teoría de "selección natural"», a la escindida Sociedad Antropológica. Según dijo, lo hizo así porque las reuniones de la Sociedad Etnológica se celebraban los mismos días que los de la Sociedad Zoológica, y no quería perderse ninguna más de aquellas reuniones.[50] Su artículo estaba programado para el 1 de marzo de 1864. A Huxley, activo en la Sociedad Etnológica, no lo convencieron para que acudiese. En una carta ahora perdida a Wallace, por lo visto le daba sus motivos: no tenía buena opinión de los miembros de aquella sociedad y se reservaba su peor opinión para el injurioso presidente, James Hunt, además, la sociedad era un disparate, superflua, «no había la más mínima razón para su existencia». Wallace coincidía en lo de Hunt («no creo que esté cualificado para ser presidente»), pero le parecía que los artículos que sacaban eran por lo general de alta calidad y difería en la indicación de que «no había la más mínima razón» para que existiera la sociedad. Las razones de Wallace son reveladoras, reflejo del machismo de la época. Uno de los motivos que daba Hunt para formar la renegada Sociedad Antropológica era que la Etnológica se había convertido últimamente en una «sociedad de señoritas», una etiqueta peyorativa que quería decir que habían empezado a permitir que acudieran mujeres a las reuniones. Se lo habían tomado como una grave afrenta a la decencia victoriana: ¿cómo iban a *poder* discutir los caballeros temas tan sensibles como los genitales, los rituales de mayoría de edad o las prácticas sexuales de esta o aquella cultura en compañía de *mujeres*? Nos vienen a la mente artículos como el de la adoración fálica en la India, que se leyó en la reunión del 17 de enero de 1865 en la Antropológica.[51] Inaudito, inmoral, corruptor… imaginen lo dañino que sería que las mujeres se vieran animadas a pensar, y no digamos a aprender, sobre estos temas, ¡aparte de la falta de decoro de siquiera reconocer la mismísima existencia del pene!

No, si había mujeres presentes, esos temas tendrían que evitarse en las reuniones, en detrimento de la ciencia. Por el bien de la ciencia, pues, y para mantener el «alto nivel» del discurso, las mujeres debían tener prohibida la entrada en las reuniones. Para martirio de los lectores actuales, Wallace estaba de acuerdo: la creación de la Sociedad Antropológica, le decía a Huxley, era una «buena protesta en contra del disparate» de los etnológicos de admitir mujeres. «Por consiguiente, no hay posibilidad de discutir muchos temas importantes e interesantes allí; y como la [Real Sociedad Geográfica] también es una sociedad de señoritas, la Antropológica es el único lugar donde pueden discutirse».[52] En años posteriores lo haría mejor con el tema de la mujer y la causa por su autonomía e igualdad con el hombre (véase capítulo 14), pero por entonces mostraba una mentalidad bastante cerrada en lo referente a conocimientos científicos, dada la realidad social de la época, y no la realidad que vivían las mujeres; abogar por un cambio en las costumbres culturales seguramente ni se le pasara por la cabeza.

Es muy probable que Huxley se arrepintiera de no asistir a la lectura del artículo de Wallace: fue característicamente magistral, el primero en discutir explícitamente el origen y la diversificación humanos respecto a la selección natural (la teoría, indicaba, «promulgada por Mr. Darwin», otra deferencia *más* a su colega de mayor edad). El argumento más importante en su célebre artículo deja ver al Wallace más incisivo, el que ve una solución aparentemente sencilla que había conseguido escapar a los ilustres personajes de la escena científica londinense: la selección natural era la responsable de la evolución *física* de los primeros humanos, pero en ese camino, a medida que el cerebro también se modificaba y mejoraba, terminó por alcanzar un punto de inflexión en el que la selección natural empezó a actuar principalmente en las facultades mentales y morales y dejó de actuar sobre el cuerpo. De esta manera, indicaba Wallace, nuestras afinidades sociales y la tecnología terminaron por *impedir* que la selección natural continuara actuando sobre el cuerpo de los primeros humanos: la selección pasó de actuar sobre la forma y estructura a actuar sobre la mente. Dar «predominancia a la mente» provocaría a su vez un torrente selectivo y un bucle que se retroalimentaba, lo que llevó al desarrollo del habla (que potenciaría aún más la mente), la cultura, el uso de herramientas y más allá. Todos estos cambios continuarían ocurriendo, pero la forma animal de los humanos permanecería estancada. Eso es lo que captó el interés de Darwin: «La gran idea conductora me es del todo nueva, a saber, que en las últimas eras la mente se habría visto más modificada que el cuerpo».[53]

Su argumento también calmaba las aguas entre monogenistas y poligenistas: el Wallace monogenista afirmaba que todas las razas humanas tenían un origen común, constituían una especie, pero que había empezado a divergir hacía tanto tiempo, que ahora había varias «razas» bien definidas, una especie de argumento *e pluribus unum* que daba que pensar tanto a monogenistas como a poligenistas. Hooker escribió inmediatamente a Darwin para pregonar que estaba «fascinado por su excelencia; me parece un grandísimo paso adelante», y Lyell halagaba a Wallace por su «admirable claridad y ecuanimidad» y por contribuir en no menor medida a resolver los problemas entre monogenistas y poligenistas y «despejar el camino hacia una teoría verdadera».[54] Curiosamente, tanto Hooker como Lyell comentan la generosidad de Wallace hacia Darwin. Hooker le decía a Darwin que Wallace debía de ser un «hombre de muy elevados principios morales» —en lo que Darwin coincidía—, y en su carta a Wallace, Lyell señalaba que haberle dado a Darwin todo el mérito de la teoría de la selección natural era «muy elegante, pero si cualquier otro lo hubiera hecho sin alusión a vuestros artículos, se habría equivocado». Por mucho que admirase el artículo de Wallace, Darwin no estaba del todo convencido de primeras, si bien la idea iba calando cada vez más en él. Unos años después, le dijo a Wallace que era «¡el mejor artículo que había salido nunca en la Revista Antropológica!».[55] En efecto, para entonces estaba Darwin tan impresionado por la idea de Wallace que la incorporó en su propio modelo de evolución mental y moral impulsada por la selección en los primeros humanos, como presentaba en su tratado de diversificación humana de 1871, *El origen del hombre*. La «gran idea conductora» en esa parte del libro era de Wallace hasta la médula: si las facultades mentales y morales son heredables, han de ser objeto de la selección natural, lo que prepara el terreno para un cambio en la evolución de la forma a la evolución de la mente y, por lo tanto, de la cultura.

Por su parte, Wallace pasó a considerar las implicaciones más inmediatas de su modelo, y no eran bonitas: «Se deduce inevitablemente que las razas superiores —las más intelectuales y morales— han de desplazar a las inferiores y más degradadas; y el poder de la "selección natural", que sigue actuando en su organización mental, ha de llevar siempre a una adaptación más perfecta de las facultades superiores del hombre a las condiciones de la naturaleza circundante y a las exigencias del estado social». Aquí Wallace estaba en pleno modo colonialista, atrapado en su visión del poder de la selección natural actuando con terrible inevitabilidad. Seguía *in crescendo*: la «gran ley» de la selección natural con seguridad vería a las «razas superiores» llevar a la extinción a «las inferiores y más degradadas» rumbo a una especie de utopía evolutiva, hasta cerrar el círculo haciendo del género humano «una única raza homogénea, en la que ningún individuo será inferior a los especímenes más nobles de la humanidad existente».[56] ¿Y luego, qué? Bueno, con el tiempo, «la humanidad descubrirá al fin que solo tenía que desarrollar las capacidades de su naturaleza superior para transformar esta Tierra, que llevaba tanto tiempo siendo el escenario de sus pasiones desbocadas y de desgracias inimaginables, en un paraíso tan espléndido como el que siempre invade los sueños de poetas y profetas». Era una visión de la sociedad sin desigualdad, carencias, gobierno, leyes restrictivas ni excesivas «pasiones e inclinaciones animales»; una sociedad con las «mejores leyes», en la que se perseguía la felicidad individual sin transgresión hacia otros, donde todo el mundo sentía «perfecta simpatía» por los demás. Todavía retenía las lecciones de los owenistas. Ni que decir tiene que este curioso viraje hacia lo utópico sorprendió a más de uno. Lo omitió en versiones posteriores del artículo, pero sin duda es digno de nuestra atención, por lo mucho que recuerda al idealismo de los primeros escritos de Wallace (y porque tal vez augura el entusiasmo idealista que estaba por llegar).[57]

———————

Wallace iba en ascenso, sus ideas eran deslumbrantes. En este periodo, se erigió en defensor enérgico y aplastante de su teoría y la de Darwin, como en aquella ocasión en la que el clérigo irlandés Samuel Haughton publicó un ataque a la discusión de Darwin sobre las celdillas de las abejas en *El origen de las especies*, cuyo diseño, sostenía Haughton, solo podía ser de creación divina. La réplica de Wallace trituró el argumento del buen reverendo con estilo, para gran admiración de Darwin, Hooker y Huxley.[58] Además de los artículos con los que hizo época, hubo innumerables más a lo largo de la década de 1860: descripciones de especies, apuntes antropológicos, observaciones biogeográficas y esclarecedores artículos conceptuales como los de la serie sobre el tema de la coloración de protección en insectos y aves a modo de ejemplo de cómo actuaba la selección natural. Entre ellos, había artículos sobre palomas y loros de Australasia que relacionaban su coloración poco convencional con la falta de depredadores arbóreos, y los extraordinarios artículos «La filosofía de los nidos de las aves» y «La teoría de los nidos de las aves», en los que Wallace discrepaba de Darwin en cuestiones de selección natural frente a la sexual en los casos de coloración sexualmente dimórfica y en el comportamiento de nidificación de las aves. Darwin afirmaba que la coloración brillante de los machos era una característica que las hembras seleccionaban sexualmente de acuerdo con un «gusto por la belleza», mientras que Wallace sostenía que la selección natural favorecía la coloración críptica en las hembras para mejorar el camuflaje en el nido. Discutieron hasta quedar en tablas y terminaron aceptando sus diferencias sobre el tema. Luego vinieron «El mimetismo, y otras semejanzas como protección entre los animales» y «Los disfraces de los insectos»,[59] por no mencionar el celebrado descubrimiento de Wallace de la coloración de advertencia, que Poulton denominaría después *aposematismo*. Era la clásica revelación wallaceana: Darwin, que trabajaba en la selección sexual, podía entender la coloración brillante en aves adultas e insectos, pero le desconcertaban las orugas de colores brillantes, pues al ser una fase inmadura, la selección sexual debería ser irrelevante, ¿y no serían esos colores brillantes y contrastados perjudiciales en cuanto al ataque de depredadores? Le pidió la opinión a Bates, pero este se encogió de hombros y le dijo que hablara con Wallace. Wallace dio en el clavo. «Bates tenía toda la razón, es usted el hombre al que hay que recurrir en caso de dificultad», exclamaba Darwin. «Nunca había escuchado nada más ingenioso que lo que usted propone».[60]

La idea es que las orugas desarrollan colores llamativos y contrastados para anunciar sus propiedades tóxicas o de sabor desagradable: una advertencia a los depredadores visuales como las aves. Se necesitaban datos para demostrarlo, sin embargo, así que, echando mano de las estrategias colaborativas de Darwin, Wallace escribió una carta abierta a la revista *Field* para pedir a los lectores que enviaran observaciones acerca de qué orugas comían o evitaban las aves. También solicitó experimentos u observaciones a los miembros de la Sociedad Entomológica, uno de los cuales, John Jenner Weir, se prestó a la ocasión y luego le siguieron algunos otros. Weir, funcionario de aduanas y talentoso aficionado a la entomología y la ornitología (además, por cierto, de amante de los gatos y juez), realizó experimentos durante los siguientes dos años, probando con aves en una pajarera a las que ofrecía una serie de orugas, algunas apetitosas y otras no tanto, lo que al final proporcionó un impresionante conjunto de datos que apoyaban la teoría de Wallace de la coloración de advertencia.[61]

Sí, Wallace estaba en la cresta y parecía estar cruzando otra línea en aquellos días emocionantes, rebasando una frontera no exactamente de clase, pero sí la del recolector de campo que es admitido de lleno en los brazos de la escena científica de Londres, que lo admiraba, una especie de historia de «pobre que se hace rico» en el plano intelectual, personificada en aquel naturalista hecho a sí mismo. Pero como veremos, otra frontera lo llamaba, él la encontraba irresistible y esta amenazaba con deshacerlo todo.

Todo iba de maravilla con la familia, los amigos y la ciencia: hacía lo que podía para ayudar con el negocio en apuros de Fanny y Thomas, disfrutaba viendo a sus amigos George Silk, Henry Bates y Richard Spruce (que había regresado en 1864 tras quince años en Sudamérica, sin un penique después de que le estafaran con los ahorros de toda su vida y no en el mejor estado de salud)[62] y se deleitaba en compañía de la flor y nata de la sociedad científica de Londres, cenando habitualmente con gente como Huxley y Lyell y asistiendo a reuniones científicas, porque se buscaba su opinión en asuntos ornitológicos, entomológicos, antropológicos y evolutivos. Sus pensamientos tornaron a la dicha en el hogar, quizás inspirados al ver a su amigo Bates, que en 1863 se había casado con el amor de su infancia, Sarah Ann Mason (inmediatamente después de que hubieran tenido un bebé). También estaba su hermano John, que para entonces ya tenía cinco críos (y tendría otro más en un par de años). Wallace comenzó a sentir un interés romántico por Marion Leslie, la hija de un amigo que le había presentado Silk y con el que jugaba al ajedrez. Por desgracia aquel interés no era del todo recíproco. Eran amigos, pero supuso un mal comienzo a su potencial romance que Wallace, bastante tímido y cohibido, se declarara inesperadamente un día —por carta, nada menos—, y esto, por lo visto, cogió desprevenida a la joven. Lo rechazó con delicadeza; él sintió que había perdido una batalla, pero no la guerra, de modo que aguardó hasta que se conocieran mejor (eso pensaba) y un año después abordó a su padre. Una cosa llevó a la otra y, de repente, ¡estaban comprometidos! Pero no pudo ser. Corría el otoño de 1864, se acercaba la fecha del enlace; habían llegado incluso a encargar invitaciones y el vestido de boda, estaba todo organizado, cuando de repente, sin previo aviso, «Miss L.» rompió el compromiso. Fue un jarro de agua fría que no esperaba, puede que el mayor mazazo y chasco de su vida. «El golpe fue muy duro», escribiría después en su autobiografía. «Nunca jamás en la vida he experimentado un dolor tan intenso». Meses después seguía abatido, y escribía a Darwin con melancolía que había «sufrido una de esas graves decepciones por la que pocos hombres pasan (…). Podéis haceros una idea de cómo me ha afectado si os digo que nunca en la vida había conocido a una mujer de la que pudiese enamorarme». Se había quedado paralizado, incapaz de trabajar, le contaba a Darwin, y a Alfred Newton, que le pidió una contribución para la revista ornitológica *Ibis*, le dijo que no: «Estoy verdaderamente hecho polvo». Se estaba recuperando poco a poco, le explicaba a Newton, pero «no sé cuándo podré volver a dedicarme a las aves».[63] Necesitaba sacudírselo: ¿un cambio de escenario, de rutina, quizás? Puede que esta fuese la razón, al menos en parte, por la que se fue de casa de Fanny y Thomas al mes siguiente y alquiló una vivienda para su madre y para él en St. Mark's Crescent. Era una casa de ladrillo de tres plantas, modesta pero bonita, en el canal del Regent's, a tiro de piedra de los Jardines Zoológicos en el extremo norte de Regent's Park y no muy lejos de la plaza Hanover, donde consultaba con frecuencia la biblioteca de la Sociedad Zoológica. De lo poquísimo que escribió sumido en la desesperación, hay dos artículos que merece la pena destacar, dos defensas breves pero enérgicas de Darwin y la selección natural en cartas a la revista *Reader*, en respuesta a un crítico que había publicado un serio ataque a la teoría de Darwin y Wallace en el *British Quarterly Review*. Corregía la multitud de errores que había cometido el autor, según la opinión de Wallace, y concluía con un ataque fulminante de su propia cosecha: «No merece la pena matar una mosca como esta a cañonazos, pero hay que dar a conocer en la medida de lo posible hasta qué endebles subterfugios son capaces de llegar los que tratan de contener el flujo de pensamiento moderno con la fregona desgastada de la teología».[64] ¡Auch! Seguramente estuviera canalizando parte de la angustia y el enfado por la ruptura de su compromiso.

Este episodio desgarrador le habría llevado a canalizar otras cosas, también. Coincidiendo justo con su ruptura, quizás no por casualidad, el interés pasajero de Wallace por una rama poco común de la «historia natural» se intensificó. Recordemos la fascinación que había sentido en su juventud por el mesmerismo, hoy denominado hipnosis. Su hermana Fanny, apasionada espiritista desde hacía cierto tiempo, le animó a echar un vistazo al extraordinario fenómeno del espiritismo: la comunicación con los muertos. El movimiento espiritista había comenzado en 1848 con tres hermanas que afirmaban escuchar golpecitos incorpóreos en un recóndito rincón del interior del estado de Nueva York (a nadie sorprenderá que fuera el mismo «distrito encendido por el espíritu» que había producido movimientos similares como el millerita y el mormón a principios de siglo). Para mediados de la década de 1860, el espiritismo se había convertido en una sensación transatlántica, y las hermanas, en cotizadas médiums famosas por su capacidad de «comunicar» con los difuntos. A pesar de que después confesarían que todo era un engaño y revelarían los trucos del oficio, el movimiento, como era de esperar, había tomado vida propia. No había manera de volver a cerrar la caja de Pandora, y no digamos ya la de los espíritus.[65]

Fanny convenció a su hermano de acudir a una sesión espiritista con ella en julio de 1865, y desde el minuto uno quedó prendado. Es importante señalar que el interés de Wallace en el espiritismo no era de naturaleza religiosa. Era un encarnizado escéptico religioso, y si el espiritismo hubiera tenido cualquier tinte de religión, es casi seguro que lo hubiera rechazado sin pensárselo dos veces. Un ejemplo de su continuo rechazo a la ortodoxia religiosa en aquella época se deja ver en una carta al profesor de anatomía de Oxford George Rolleston, uno de los protegidos de Huxley. Wallace había criticado con dureza el trabajo misionero cristiano en un artículo para el *Reader* titulado «Cómo civilizar salvajes». Entre otros dardos, señalaba con ironía que «al salvaje bien puede sorprenderle nuestra incoherencia por querer imponerle una religión que tan evidentemente no ha sido capaz de mejorar nuestro propio carácter moral».[66] Los comentarios provocaron la contundente respuesta de un amigo de Rolleston, el clérigo William Kay, del Bishop's College en Calcuta, en la India. Rolleston le reenvió la carta de Kay a Wallace, que contestó con una refutación punto por punto. «La doctrina de recompensas y castigos futuros» como incentivo para portarse bien o prepararse para la vida después de la muerte era «radicalmente mala» para todos, insistía, no eran más que sobornos y miedo. La única manera de enseñar y civilizar era dando ejemplo, «mediante la influencia del amor y la compasión» y «mostrando el más absoluto respeto por los derechos de los demás». ¡Imagínense! Wallace concluía que nada de esto se podía fomentar «con los dogmas de ninguna religión».[67]

Así que, si no era de naturaleza religiosa, ¿cuál era el interés de Wallace en el espiritismo? Consideraba que los fenómenos psicológicos como el mesmerismo —que él mismo había presenciado y del que había participado— eran fenómenos reales con base física y, al parecer, lo conectó con el espiritismo. Desde luego, el (supuesto) estado de trance de los médiums se parecía mucho al estado «mesmerizado». «Espíritu» se equiparaba a «mente», inefable y quizás, para los espiritistas, independiente del cuerpo material. Extrapolaba a partir del estado mesmérico individual el concepto de todo un mundo espiritual. ¿Pueden convertirse los individuos, por medio de la capacidad natural o el entrenamiento, en conductos entre nuestro mundo y un mundo espiritual paralelo? Su interés era, por lo tanto, de naturalista, y el espiritismo, una nueva rama enigmática de la historia natural, desde su punto de vista.

Pero por muy escrupulosamente objetivo que Wallace tratara de ser, o creyera que trataba de ser, llegando incluso a poner a prueba para atrapar a los médiums que iba a visitar, es posible que sencillamente quisiera creer. Puede que Wallace no pareciese un tipo especialmente sentimental o emotivo, pero estaba emocionalmente desconsolado por entonces, y no sería coincidencia que en aquellas primeras sesiones de espiritismo a las que acudió con Fanny, los «espíritus» (actuando a través del médium) deletrearan los nombres de sus hermanos muertos, Herbert y William. ¿Cómo lo sabían? Consciente o inconscientemente, es probable que Fanny hubiese sido la fuente. Sea lo que sea lo que estaba ocurriendo, la personalidad de Wallace era tal que la naturaleza alternativa del espiritismo le atraía todavía más. Como el eterno iconoclasta que era, cuanto más lo rechazaban y atacaban los científicos convencionales, más ahondaba Wallace para defenderlo, igual que con la transmutación.[68] Esto le llevó por un terreno más que resbaladizo... por el que fue deslizándose hasta meterse en una buena ratonera. Como se temía, a sus amigos científicos no solo no les convencía, sino que les echaba para atrás lo que consideraban candidez por parte de su colega. Pero él no se inmutaba e intentaba llevar a uno tras otro a que diesen una oportunidad a los médiums y asistieran a sesiones de espiritismo con él, en general en vano. Huxley le dijo abiertamente que no tenía ningún interés: «Siempre me han dado igual los chismorreos en la vida, y los chismorreos incorpóreos con los que abastecen estos nobles fantasmas a sus amigos no me generan más interés que cualquier otro». En cuanto a los beneficios de investigarlo en nombre de la ciencia, Huxley lo declaraba «demasiado entretenido para ser un buen trabajo y un trabajo demasiado duro para ser entretenido».[69] Teniendo en cuenta la potencia de la mordacidad de Huxley, Wallace debería haberse dado por contento al salir de rositas con un «conmigo no cuentes» de su parte; Huxley admiraba en otros aspectos a Wallace, por lo que probablemente se limitara a sacudir la cabeza ante lo que consideraba manías de su amigo.[70]

Wallace acababa de recuperarse en 1866 y había superado el rechazo de Miss Leslie cuando otra mujer llegó a su vida. En realidad, ella ya estaba ahí, gracias a Spruce: poco después de que Spruce regresara en 1864, invitó a Wallace a acompañarlo a ver al farmacéutico y especialista en musgos William Mitten, que estaba trabajando en unas muestras recogidas por Spruce en Sudamérica. Wallace se había hecho amigo de la hija mayor de Mitten, Annie, de apenas dieciocho años, y disfrutaba de paseos por el campo con ella y su familia, identificando plantas alrededor del bucólico pueblo de Hurstpierpoint, en Sussex, en el sur de Inglaterra. Ahora, dos años después, esa amistad florecía en un romance, simpático e impasible ante la diferencia de edad entre ellos, y se casaron el 5 de abril de 1866. Independientemente de que fuese un caso de amor de rebote o no, fue profundo y duradero, el comienzo de una vida de serenidad doméstica juntos. Tras una luna de miel inicial en Windsor, pasaron un mes a finales de verano en el norte de Gales, donde la pareja se entregó con desenfreno a la botánica y la geología. Aunque no fue lo único que hicieron con desenfreno: su primer hijo nació en junio de 1867 y le pusieron Herbert Spencer Wallace (de apodo, Bertie) tanto en honor al difunto hermano pequeño de Wallace como al filósofo. A Wallace le había impresionado mucho el libro de Herbert Spencer de 1860 *Los primeros principios* («Una obra verdaderamente genial, que va a la raíz de todo», le dijo a Darwin), y Bates y él habían ido en peregrinación a sentarse a los pies del maestro.[71] Dice mucho de Wallace y sus entusiasmos, y de su naturaleza comprometida, que a su primer hijo le pusiese el nombre de un filósofo que le había impresionado recientemente; esperemos que también le gustase a Annie. Darwin, cuando le mandó a Wallace sentidas felicitaciones por el nacimiento de su hijo, le deseó que el muchacho «copie el estilo de su padre y no el de su tocayo», porque nunca había encontrado ni pies ni cabeza a los circunloquios filosóficos de Spencer.[72]

Para entonces, Darwin empezaba a su vez a mostrarse cada vez más alarmado ante los escritos de Wallace. No tanto por sus escritos científicos, que seguían siendo igual de buenos: exhaustivos estudios taxonómicos, eruditos comentarios sobre geografía física, antropología, historia natural y (especialmente bien recibidas por su colega) defensas a ultranza de la selección natural. En efecto, en una magistral reseña de la obra del duque de Argyll en contra de la transmutación *The Reign of Law*, Wallace volvió a dejar patente su reputación como uno de los defensores más elocuentes y efectivos de la doctrina evolutiva que compartían Darwin y él.[73] Más bien eran los artículos, comentarios en reuniones y cartas cada vez más frecuentes que trataban sobre frenología, sesiones espiritistas y espiritismo los que preocupaban a Darwin. Wallace lanzó el guante en

1866 con un panfleto autopublicado de cincuenta y siete páginas titulado «El aspecto científico de lo sobrenatural», su primer escrito que trataba abiertamente de espiritismo.[74] El subtítulo señala lo que estaba tramando: «Para indicar la conveniencia de una investigación experimental por parte de hombres de ciencia de los presuntos poderes de clarividentes y médiums». Frustrado por el rechazo de sus amigos científicos, que no querían participar de ninguna manera, y mucho menos seriamente, en la cuestión del espiritismo, Wallace defendía en esta obra la *necesidad* de implicación, el imperativo de probar hipótesis para determinar la veracidad de las alegaciones del espiritismo. Sus epígrafes cuidadosamente elegidos, uno de sir John Herschel, el astrónomo, y el otro nada menos que de Huxley, subrayaban su objetivo: citaba a Herschel para señalar que los naturalistas han de tener los ojos y la mente abiertos a acontecimientos que «no deberían ocurrir según las teorías aceptadas», ya que esto es lo que lleva a nuevos descubrimientos. En cuanto a Huxley, Wallace seleccionaba un comentario de primera: «Que las posibilidades de la naturaleza son infinitas es un aforismo con el que acostumbro a preocupar a mis amigos».

A Huxley todo esto ni le incomodaba ni le ofendía; es más, a su juicio, las incursiones de Wallace en lo «preternatural» quizá no fuesen el tipo de cosas que le iban, pero estaba claro que no quitaban valor a las excepcionales contribuciones de su colega al conocimiento científico de lo *natural*. Elogiaba a Wallace en su libro de 1863 *Evidence as to Man's Place in Nature*: «Solo se encuentra un Wallace por generación, capacitado física, mental y moralmente para deambular incólume por las selvas tropicales de América y Asia, reunir magníficas colecciones en su deambular y aun meditar a fondo y con sagacidad en las conclusiones que sugieren tales colecciones».[75] Huxley también estuvo detrás de la nominación de Wallace a uno de los premios más prestigiosos del Reino Unido: la Medalla Real de la Royal Society de Londres, que se concede por contribuciones importantes «al progreso del Conocimiento de la Naturaleza». Le otorgaron la medalla el 30 de noviembre de 1868, «en reconocimiento», pronunció sir Edward Sabine, presidente de la Royal Society, «al valor de sus múltiples contribuciones a la zoología teórica y práctica».[76] Recibir este gran honor —el primero de muchos que llegarían— tuvo que ser un momento agridulce para Wallace: su madre acababa de fallecer hacía tan solo dos semanas. ¡Lo orgullosa que habría estado de ver a su hijo, trabajador, apasionado y resuelto, presentarse ante la pompa y solemnidad de la Royal Society, la mismísima cúspide de la ciencia británica, para recibir una prestigiosa medalla! Un momento agridulce, sí, pero seguramente tuviera la sensación de que ella estaba allí.

Annie Wallace, de soltera Mitten, hacia 1866 (con unos veintiún años).

El año 1869, que marcó un antes y un después, comenzó con la feliz llega-da del segundo hijo de Wallace, la pequeña Violet Isabel, el 25 de enero: un bonito regalo para su cuadragésimo sexto cumpleaños, dos semanas antes. Fue un año de triunfo intelectual, si bien sus colegas lo verían más como calamidad intelectual. El triunfo llegó primero: el recorrido había sido largo, pero al fin terminó su magistral diario de viajes *The Malay Archipelago; The Land of the Orang-utan and the Bird of Paradise* (El archi-piélago malayo: la tierra del orangután y del ave del paraíso), publicado el 9 de marzo de 1869 con extraordinaria acogida. Darwin llevaba años animando a Wallace a sacar su libro de viajes, preguntaba con ilusión por sus avances en muchas de sus cartas a lo largo de la década de 1860. Por su parte, el plan de Wallace después de regresar de Oriente había sido instalarse primero y organizar y estudiar su colección: una tarea nada fácil, si además tenemos en cuenta que quería escribir varios artículos urgentes. Y luego sus asuntos del corazón habían añadido más retrasos. A finales de 1865, un año después de que se rompiera su compromiso con Miss Leslie, seguía a la deriva y reconocía que anhelaba consuelo y apoyo emocionales en un comentario revelador a Darwin, que le había escrito preocupado: «En respuesta a vuestro amable interés sobre mí, solo

Alfred Russel Wallace, a los cuarenta y seis años.

puedo decir que me avergüenzo de mi haraganería (…). En cuanto a mis "Viajes", no me siento capaz de emprenderlos todavía, y quizás nunca lo haga, a menos que tenga la suerte de conseguir una esposa que me incite a ello y me ayude con los mismos, lo cual no es probable».[77] Annie había cambiado todo aquello, y Wallace se dedicó de lleno a escribir. Se tomó un año «sabático» en el campo con su mujer y su hijo, y fue muy productivo. Vivieron con la familia de ella en Hurstpierpoint desde el verano de 1867 hasta el verano de 1868, para centrarse en el proyecto. Ahora por fin estaba publicado, y Wallace tuvo la gentileza de dedicarle el libro nada menos que a Darwin: «No solo como muestra de estima personal y amistad», se leía, «sino también para expresar mi profunda admiración por su genialidad y sus trabajos». Darwin recibió un ejemplar anticipado a principios de marzo. El libro le dejó profundamente impresionado y la dedicatoria le conmovió, «algo de lo que los hijos de mis hijos podrán estar orgullosos».[78]

Luego vino la calamidad. Ese mismo mes llegó un desconcertante notición de Wallace; había estado trabajando en un artículo, dicho sea de paso, una reseña de las últimas ediciones de *Principles of Geology* y *Elementos de geología*, los libros de Charles Lyell revisados hasta la saciedad, y pretendía mencionar ciertas «limitaciones» en cuanto a la selección natural. «Me temo que a Huxley e incluso a usted mismo les resultarán poco sólidas y poco filosóficas». ¡Se quedaba corto! Darwin esperaba con inquietud el artículo de Wallace el mes siguiente en *Quarterly Review*. Debería haber sido un éxito rotundo: Lyell, por primera vez en una publicación, dejaba explícitamente de oponerse a la evolución por selección natural. Pero eso le dio a Wallace la oportunidad de evaluar los progresos en la aceptación de la teoría… y dar su propia opinión. Mientras que en su famoso artículo de 1864 había afirmado que la selección era la responsable primero de la evolución del cuerpo humano para pasar en algún momento a actuar sobre las capacidades cognitivas, ahora llegaba a la conclusión de que el cerebro no podía haber evolucionado por selección natural en absoluto y, por lo tanto, tampoco lo habrían hecho las características anatómicas correlacionadas, como el aparato fonador, la habilidad manual y la locomoción bípeda. Según afirmaba, es posible que hubiéramos tenido un origen animal y una evolución natural, pero en algún momento, algo había guiado la evolución humana por un nuevo camino. Wallace, escéptico en religión, no llegaba a invocar al Creador, y etiquetó aquel «algo» como «Inteligencia Dominante».[79] Su conclusión era un sorprendente giro de ciento ochenta grados para el codescubridor y ferviente defensor del principio de la selección natural.

A Darwin ya le había decepcionado el espiritismo de Wallace, pero estaba absolutamente escandalizado y consternado ante su abdicación de la selección natural: le dijo a Wallace de manera tajante que no veía ninguna necesidad de apelar a ninguna intervención divina en el ser humano, y que si Wallace no le hubiera avisado de antemano, habría pensado que los comentarios los había añadido otra persona. «Como usted esperaba, difiero gravemente de su idea y lo lamento muchísimo».[80] De hecho, lamentarlo era poco, esta no era una discrepancia trivial; los peores temores de Darwin de que Wallace perjudicara irremediablemente la causa de su teoría conjunta parecían materializarse, el primer darwiniano convertido en apóstata: «Espero que no hayáis asesinado por completo a vuestra propia criatura y la mía».[81] Para Darwin y su círculo, era un triste cierre para una década que, de lo contrario, habría sido triunfal para Wallace y la causa de la ciencia.

12

¿Historia de dos Wallace?

ERA EL MEJOR Y EL PEOR DE LOS DOS WALLACE. Con mis disculpas a Dickens, así es como sus amigos científicos probablemente lo vieran en aquella década embriagadora de 1870. De hecho, para muchos observadores, hacia el final de la década Wallace efectivamente parecía reflejar los extremos dickensianos: sabiduría y estupidez, razón e incredulidad, esperanza y desesperación (por la ciencia y la humanidad). ¿Qué sentido podía encontrarse al aparente sinsentido: un evidente giro de ciento ochenta grados del codescubridor de la selección natural, para rechazar precisamente lo que había estado tantos años buscando en las condiciones más arduas? Sin embargo, el giro de ciento ochenta grados de Wallace solo era evidente en cierto sentido. Primero, como hemos visto, llegó a creer que el mundo de los espíritus formaba parte de la naturaleza, una rama recién descubierta de la historia natural, y como tal podía y debía investigarse con métodos científicos. Prefería el término «preternatural» (*más allá de* la naturaleza) a «sobrenatural» (*por encima de* la naturaleza). Segundo, entre la larga fascinación de Wallace con el mesmerismo, su visión equitativa de la capacidad humana y su dedicación a la selección natural, es probable que siempre le hubiera costado un poco encajar su concepción de mente en un estricto marco evolutivo darwiniano-wallaceano; así pues, el rechazo de un origen material de la mente por selección natural en favor de alguna inteligencia dominante quizás no debería sorprendernos tanto. Como señala Charles Smith, experto en Wallace, en su postura acerca de la evolución mediante selección natural se había producido una expansión (hacia el asunto de la mente humana), más que una reversión.[1]

Sí, Wallace no era tan apóstata, sino más darwiniano que Darwin. Según la lógica de la selección natural, cada paso intermedio de una característica a lo largo del camino evolutivo ha de ser útil en su tiempo y su lugar al organismo que lo posee. Cuando, en *El origen de las especies*, defendía Darwin la evolución de los ojos o de las celdillas de las abejas o de las alas, por ejemplo, argumentaba a favor de la utilidad de versiones más sencillas de estas estructuras complejas que son útiles a su manera: protoalas que hacen posible planear como un paso hacia el auténtico vuelo que se sirve de la elevación; celdillas cilíndricas como un montón de tubos de ensayo juntos que se transforman en hexágonos a medida que las abejas le van dando forma a las paredes compartidas, ahorrando cera; versiones primitivas de «ojos» que van de manchas pigmentadas a órganos en cuencas que hacen de precursores de ojos compartimentados y son capaces, como una cámara estenopeica, de proyectar una imagen del mundo. Las primeras versiones de órganos complejos que surgen para una función pueden incluso terminar reclutadas para desempeñar un papel muy diferente, lo que los biólogos evolutivos llaman *cooptación*, como, por ejemplo, unas plumas que surgen en un principio como escamas modificadas para aislamiento térmico y preparan el terreno para ser cooptadas en papeles diferentes: vuelo o exhibición de cortejo.[2]

Todos esos casos, los ojos, las celdillas de las abejas o las alas, tenían sentido para Wallace. Pero ¿y el cerebro humano? Vale, ese *sí* que es un órgano complejo, puede que el más complejo en el mundo orgánico, ¡lo que obnubila la mente pensar en sí misma! Ahora, hablando en serio. Pensemos en el origen de la conciencia, el pensamiento abstracto y la personalidad, por no mencionar las asombrosas capacidades derivadas de todo lo siguiente: el lenguaje, la música, la literatura, el arte, las matemáticas, la invención, el razonamiento abstracto, la resolución de problemas. Estas habilidades son lo bastante increíbles en los humanos más «ordinarios»; tanto más boquiabiertos, pues, nos dejan los genios que hay entre nosotros: prodigios de la música, las matemáticas, la literatura, el arte, la ciencia. Por lo tanto, mucho más que las maravillas de la naturaleza como los ojos o las celdillas de las abejas o las alas, la mente humana y su sede orgánica, el cerebro, parecen estar por encima de todo como cúspide de la complejidad sublime. ¿Cómo surgió este órgano maravilloso? Bueno, para Darwin el proceso no fue diferente del de ningún otro órgano maravillosamente complejo: paso a paso, con todos los estados anteriores útiles para su poseedor. ¿Cómo demostrarlo de la mejor manera? En un mundo paleontológico ideal, todos los estados intermedios de todas las estructuras se conservarían en el registro fósil, una bendición para los investigadores que reconstruyen los caminos evolutivos. Pero en el mundo real, la fosilización es un cara o cruz, por no mencionar que funciona principalmente con las partes duras, no tanto con órganos y tejidos blandos. Darwin, consciente de ello, sostenía que lo siguiente mejor era mirar alrededor, a los organismos vivos hoy en día. En el caso de los ojos complejos de los vertebrados, por ejemplo, señalaba versiones más sencillas de ojos y de estructuras similares evidentes en especies diferentes, especialmente entre grupos distintos pero divergentes de invertebrados: no para insinuar un camino evolutivo directo y lineal, sino para dar pistas de cómo podrían haber sido las versiones más sencillas de estos órganos, útiles en su tiempo y lugar.

Lo mismo con el cerebro: en *El origen del hombre*, Darwin utilizó prácticamente el mismo argumento y buscó alrededor, en el reino animal, expresiones más sencillas de varias características mentales del ser humano. Pero, además, dio aquel paso de gigante de aplicar la idea hasta en los atributos tradicionalmente considerados el mismísimo sello de la humanidad: el sentido estético, la moralidad, la compasión, el amor, la justicia. Con un catálogo de ejemplos recogidos de la literatura y sus propias observaciones, Darwin defendía que los humanos difieren en grado, no cualitativamente, del resto del mundo animal. Implícita en el argumento estaba la idea de que las versiones anteriores más sencillas de esas cualidades mentales, incluidas abstracciones como el amor, la compasión y los principios morales, eran útiles a su poseedor, lo que representa pasos transicionales que podrían llevar a la exaltación del nosotros. Pero era tender demasiado puente (de transiciones) para Wallace.

Por un lado, Wallace había absorbido los prejuicios culturales de la época como la supuesta superioridad —en su mejor forma— de la civilización, la aptitud y la moralidad de estilo europeo, y a veces, como comparación, expresaba opiniones estereotipadas y a menudo críticas sobre los pueblos de otras «razas» y culturas. Por otro lado, recordemos lo poco que le costaba denunciar la influencia degradante de los aspectos «bajos» de la sociedad europea (y criticar amargamente las injusticias y la inmoralidad de comerciantes sin escrúpulos y de gazmoños clérigos explotadores, por ejemplo) y tomar nota de muchos de los ejemplos de amabilidad, moralidad, lealtad y generosidad de los pueblos nativos con los que se topaba y trabajaba. Está claro que Wallace no era racista porque reconocía una humanidad común y creía que todos los pueblos tienen esencialmente las mismas *capacidades* inherentes, tanto morales como mentales, aunque no estén desarrolladas al máximo. Si se le daba la oportunidad y el ambiente adecuado, cualquier «salvaje» podía convertirse en matemático, filósofo o compositor. Pero ¿cómo se explica esta habilidad, latente en la mente de los dayaks, papuanos o nativos del Uaupés, por ejemplo, cuando sus ancestros a lo largo de milenios de incalculables generaciones no tuvieron nunca ningún medio ni necesidad alguna de ejercitar tales habilidades? Lo mismo ocurría con los estados transicionales. «¿Cómo va a desarrollarse un órgano tan por encima de las necesidades de su poseedor?», se preguntaba Wallace. No, Wallace llegaba a la siguiente conclusión: la prodigiosa capacidad de la mente humana parecía representar una ruptura, no tanto *con* la naturaleza, sino

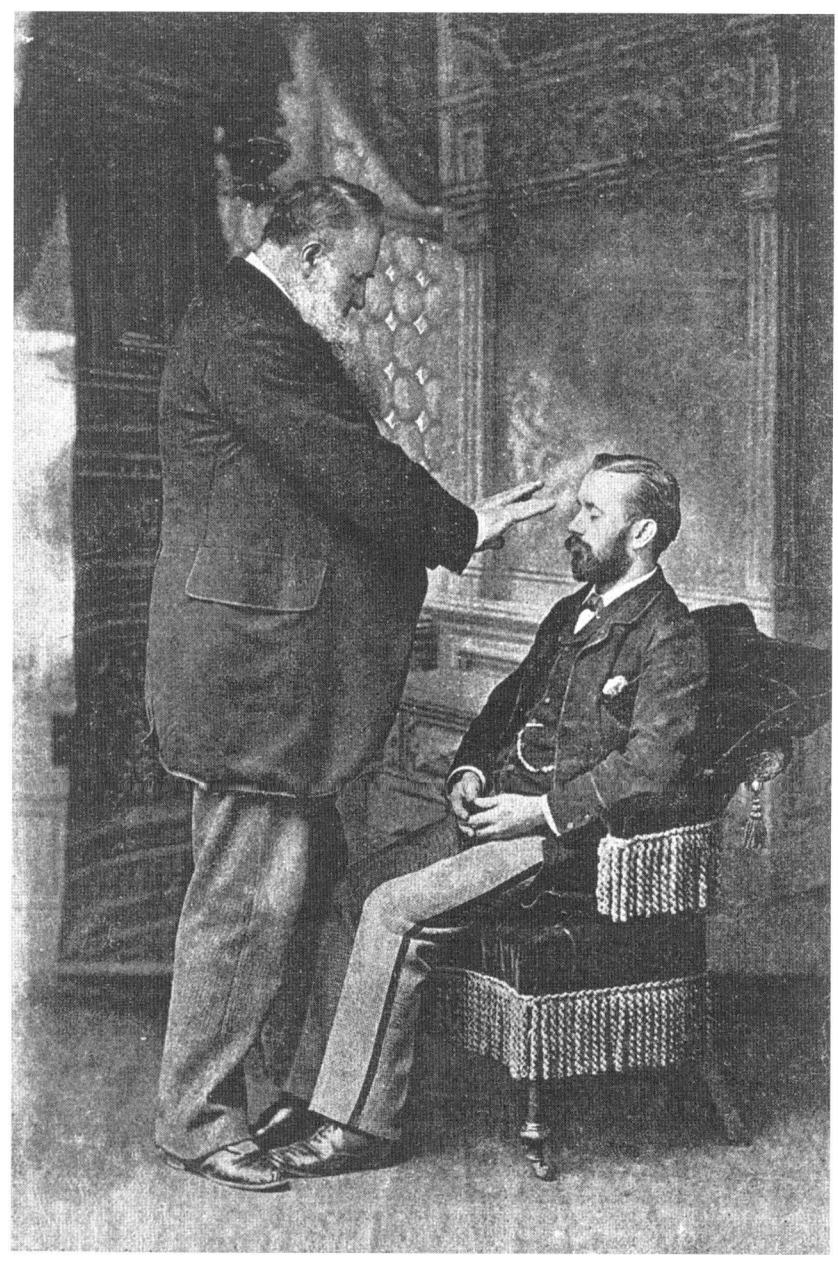

El mesmerismo, que se popularizó a finales del siglo XVIII,
hacía furor en la época de Wallace.

en la naturaleza; para él, el fenómeno mental era una realidad física de un orden superior. Es comprensible que a otros les pareciera que defendía la discontinuidad entre el mundo material y la mente, lo que llevó a Darwin a marcar este pasaje en su ejemplar del artículo de Wallace y garabatear en el margen un «¡¡¡No!!!» subrayado por triplicado.[3]

Este pensamiento iba de la mano con el creciente espiritismo de Wallace: era todo parte de lo mismo, la existencia de ese mundo espiritual paralelo, que esconde algunas de las grandes verdades de la existencia, tal vez todo ello supervisado por esa inteligencia dominante que invocaba. Dejaba claro el vínculo en una carta a Darwin en la que le pedía disculpas. Entendía su asombro, afirmaba, «porque hace unos años yo mismo los habría considerado igual de descabellados y fuera de lugar». Pero había «fenómenos extraordinarios, físicos y mentales» que había estado investigando y demostraban algún tipo de fuerzas e influencias «que la ciencia todavía no reconoce». Sabía que sonaba a locura, lo admitía, pero señalaba a respetados intelectuales que abrigaban opiniones similares y esperaba que Darwin aplazase el juicio, al menos «hasta que mostremos síntomas que corroboren nuestra insania», imploraba medio en broma.[4]

Darwin y la mayor parte de su círculo no lo veían como un loco, sino como un ingenuo, para su decepción (y, en el caso de Darwin, su profunda consternación): ¿Cómo era esto posible, en alguien que había firmado artículos tan poderosamente razonados, magistrales en su lógica, su control de los hechos y la persuasividad de sus argumentos? Casi el único que le prestaba oídos era Lyell, como no es de extrañar. Desde el principio se había peleado sin descanso con las implicaciones religiosas de la transmutación, como hemos visto, y llegados a este punto, estaba más de acuerdo con Wallace que con Darwin: «Prefiero abrazar la propuesta de Wallace de que pueda haber una Voluntad y Poder Superior», le decía a Darwin, «que no abdique de sus funciones de interferencia, sino que guíe a las fuerzas y leyes de la naturaleza».[5] Darwin solo podía negar con la cabeza ante estos dos.

———

Los (en apariencia) dos Wallace[6] quedaron expuestos en abril del año siguiente, 1870, cuando, todavía en la cresta de la ola con *The Malay Archipelago*, la editorial Macmillan publicó *Contributions to the Theory of Natural Selection*, una especie de «los mayores éxitos» de los artículos de Wallace hasta la fecha. El libro aún hoy supone un fascinante todo en uno de los artículos más importantes de Wallace: los celebrados artículos de la ley de Sarawak y de Ternate, su impresionante análisis de los papiliónidos malayos, reveladores estudios de mimetismo y nidos de aves, las más incisivas de sus defensas a capa y espada de Darwin y la selección natural, el artículo de 1864 sobre la evolución humana y cómo la selección pasa de actuar sobre el cuerpo a hacerlo sobre la mente. Pero claro, la colección también incluía sus opiniones más heréticas: especialmente, en el capítulo culminante, «Los límites de la selección natural aplicada al hombre», una elaboración del argumento que había enarbolado por primera vez en la reseña de 1869 acerca de lo inadecuado de la selección natural para explicar por completo la evolución humana. Aquí, Wallace esgrime un argumento que dejó estupefactos —y repelió— a muchos de sus amigos científicos, profundizando en los rasgos especiales de la anatomía humana que desafiaban la explicación naturalista: un cerebro grande, el habla y el lenguaje, las manos y los pies, la distribución del pelo en el cuerpo, la autoconciencia y la sensibilidad moral. Como la selección no puede explicar este cúmulo de características que, juntas, hacen humano al ser humano, Wallace se veía forzado a concluir que «una inteligencia superior ha guiado el desarrollo del hombre en una dirección definida y con un objetivo concreto, igual que el hombre guía el desarrollo de muchas formas animales y vegetales».[7]

Pensémoslo: el ser humano como una especie de animal doméstico, ¡literalmente, en este caso! Wallace insinúa que, igual que nosotros dirigimos la evolución de ciertas plantas y animales, seleccionando características como, por ejemplo, frutos más grandes, mejor producción de leche o más carne alrededor del hueso, alguna «inteligencia superior» dirige nuestra evolución. ¿Y con qué fin? Él solo dice algún «propósito concreto», pero quizás tuviera en mente un aumento hasta el final del nivel de autoconciencia como seres morales, a juzgar por otros escritos. Wallace parece haber estado fusionando sus convicciones espiritistas con su idealismo owenista. Por muy noble que fuese su opinión de la humanidad, no era muy bien recibida como *ciencia*, huelga decir. A Bates, por su parte, le dejó espantado la «recaída» de su amigo, en sus propias palabras, y escribió a Darwin para expresarle su preocupación y la «sorpresa y desconcierto» que sentían él y otros amigos.[8] Exhortaba a Darwin a refutar a Wallace, quizás en una reseña del libro, pero Darwin no estaba por la labor de hacer nada parecido. Estaba trabajando duro en *El origen del hombre*, que saldría al año siguiente, y creía que este sería respuesta suficiente. Además, Darwin odiaba ser el centro de atención y más verse envuelto en ningún tipo de polémica. La reputación de Wallace, entonces y ahora, habría salido mejor parada de haber seguido la táctica de Darwin en este menester, pero no sería ese su camino.

Si el espiritismo de Wallace no era ya lo bastante exasperante para sus amigos del mundo científico, unos meses antes de que saliera *Contributions* también dio rienda suelta a un par de cartas a los editores de la nueva revista *Nature* ¡oponiéndose al apoyo público a la ciencia![9] Cabría pensar que como miembro recién admitido de la élite científica británica cuyos logros fundamentales habían sido posibles gracias a instituciones públicas como el British Museum (que había adquirido muchas de sus colecciones), apoyaría de todo corazón el emocionante crecimiento en importancia de la ciencia profesional y el valor incalculable de las ventajas científicas y educativas que derivan de la exploración científica y los museos. Para ponerlo en perspectiva, tengamos en cuenta que la actividad científica, antaño denominada *filosofía natural*, llevaba siglos, ya fuese directa o indirectamente, en el ámbito de los ricos y privilegiados: o bien autofinanciada por los pudientes, a menudo aristócratas, o al servicio de los mismos (piensen en los Médici, benefactores de Galileo). El joven agricultor independiente, carpintero, herrero o incluso mercader carecía de la educación, habilidades, recursos y tiempo necesarios para que pudiese brotar en él ningún interés por la ciencia. A esas cosas se dedicaban los privilegiados, quienes eran dueños de su tiempo y contaban con los recursos económicos para formación, libros y equipamiento. Una meritocracia en desarrollo en el Reino Unido permitió a los jóvenes pobres pero talentosos aumentar el nivel de sus capacidades en instituciones como la Marina Real, las universidades o la Royal Institution, y los beneficios prácticos de la ciencia cada vez se reconocían más en agricultura, medicina, fábricas y hasta historia natural, donde, por ejemplo, el descubrimiento y cultivo de plantas estratégicamente importantes desempeñó un papel crucial en la expansión imperial británica, empresa en la que había participado Richard Spruce, el amigo de Wallace.[10]

Darwin y Wallace representan la creciente dualidad en el ejercicio de la ciencia a medida que avanzaba el siglo XIX, el rico e independiente Darwin educado en Cambridge, símbolo del científico prodigioso «de casa solariega», mientras que el menesteroso y autodidacta Wallace podía simbolizar el progreso que los institutos de mecánica, las bibliotecas y la perseverancia hacían posible.[11] Para mediados del siglo XIX, la ciencia seguía siendo por lo general cultivada por la élite, pero como demuestra el propio Wallace, era posible que los jóvenes con talento aunque relativamente pobres (en su mayoría hombres, si bien no exclusivamente) alcanzasen el mismísimo corazón de la ciencia británica. En aquella época, otro científico en buena medida hecho a sí mismo, un tal T. H. Huxley, lideraba justo entonces un grupo de prodigiosos jóvenes reformistas que iban ganando presencia empeñados en la reforma educativa y la elevación de la ciencia en el Reino Unido victoriano, lo que consiguieron a base de librar batallas en publicaciones y en los tribunales y de asumir puestos de liderazgo en las sociedades académicas. En 1864 Huxley fundó el X Club, un círculo social de nueve naturalistas y filósofos (de los diez que se pretendían inicialmente, de ahí el número romano X) que compartían la «devoción por la ciencia, pura y libre, sin las trabas de los dogmas religiosos».[12] Uno de sus objetivos era reducir el control de la Iglesia anglicana sobre la educación y otras instituciones públicas en el Reino Unido, y uno de los medios para conseguirlo era ayudar a proveer de fondos para la defensa legal a individuos que desafiaban a la Iglesia y eran reprimidos —teólogos censurados y clérigos apartados o destituidos, acusados de herejía por apoyar la reforma liberal de la Iglesia o publicar obras de crítica bíblica—; fondos a los que Darwin contribuía de forma regular.[13]

Otro de los aspectos clave del programa era asegurar un papel destacado de la ciencia en la educación y en la vida pública, incluso mediante el apoyo de instituciones científicas para la investigación y la formación de la ciudadanía. En el año 1864 se abrió una competición de propuestas de diseño para un nuevo museo de historia natural en el barrio de South Kensington, en Londres: tratar de expandir ampliamente el estatus de la historia natural y que pasase de ser un mero departamento del British Museum a tener su propio y glorioso espacio era una de las pocas cosas en las que podían coincidir Huxley y el círculo del X Club con su enemigo antitransmutación Richard Owen, del Real Colegio de Cirujanos. Los planes avanzaban a buen ritmo, con la magnífica mezcla de arquitectura neogótica y diseño románico ideada por Alfred Waterhouse, pero entonces llegó Wallace y aguó la fiesta con una carta a *Nature* en enero de 1870 en la que denunciaba el gasto de dinero público en una institución que beneficiaba, según él, únicamente a un reducido segmento de la sociedad: a saber, naturalistas como él.[14] No se mostraba en contra de un museo *popular* para «elevar, instruir y entretener a todo aquel que lo visite», pero destinar fondos públicos a un museo académico, gastar enormes sumas en colecciones como las que él aportaba, no estaba bien: «Puede que algunos lectores se sorprendan de encontrar a un naturalista defendiendo doctrinas como esta, pero aunque amo mucho la naturaleza, amo más la justicia», declaraba en su carta. El contribuyente no debería cargar con el apoyo a una institución «que carece de interés para la gran mayoría de mis compatriotas, por muy interesante que me resulte a mí». Los editores del *Nature* se quedaron de piedra, y aunque publicaron la carta, también sacaron un editorial para rebatirla. ¿Estaba Mr. Wallace diciendo que «el resultado principal de cultivar la ciencia es meramente la gratificación de aquellos directamente involucrados en la actividad»? ¿Que aquellos que no muestran un interés personal en la actividad científica no se benefician de ella y, por lo tanto, apoyar la ciencia era un ejercicio de gravamen injusto a toda la comunidad en apoyo al entusiasmo de un puñado de empollones? Lo consideraban absurdo y pregonaban a los cuatro vientos todos los beneficios individuales, sociales y a la larga universales, directos e indirectos, que se derivan del apoyo público a todas las ramas de la ciencia. Wallace contestó con otra carta en la que se mantenía en sus trece y sostenía, de manera no del todo convincente, que lograr beneficios físicos, sociales e intelectuales a través de fondos públicos para la ciencia estaba condenado al fracaso y que solo las personas curiosas e intrépidas, motivadas por su pasión por la ciencia, pueden aportar grandes avances científicos.

Es curioso que Wallace esgrima este argumento, un enfoque bastante libertario de dirigir la ciencia: dejemos que la ejerzan los que pueden y quieren hacerlo, pero sin gastar un penique de dinero público en sus intereses. ¿Tenía su propio programa de autosuperación en mente? Dejemos que la gente se las apañe; los que tienen lo que hay que tener lo conseguirán, como lo hizo él, y Bates y Spruce. Podría haber adoptado un enfoque más democrático: dirigir fondos públicos a la educación científica y al apoyo institucional puede inspirar a jóvenes con pasión por el mundo natural, por un lado, y despertar intereses latentes e impulsar talentos que, de lo contrario, nunca habrían salido a la luz. ¿Tiene que ser la actividad científica estrictamente una proposición autárquica y autosuficiente? En cualquier caso, hay que señalar la manera de Wallace de formular el argumento: en términos de *igualdad* y *justicia*. No es más que otro reflejo de su compromiso absoluto con la justicia social: *todos* han de beneficiarse, por igual, si se gasta dinero público. Podemos estar de acuerdo o no con sus argumentos acerca del apoyo público a la ciencia, pero al menos reconozcamos que el origen es noble.

La aparente apostasía de Wallace de la evolución humana, su abrazo al espiritismo, su exabrupto en contra del apoyo público de la ciencia y otros cuantos escritos selectos provocaron más que una pequeña decepción, perplejidad y hasta consternación entre sus amigos científicos. Sus logros en ciencia eran innegables, y en otros sentidos formaba parte importante del tejido de la vibrante escena científica londinense: señal de ello era su reciente elección como presidente de la Sociedad Entomológica de Londres, en relevo de su amigo Bates. También lo alababan por defender a muerte a Darwin y la selección natural: su pluma era, efectivamente, más poderosa que ninguna espada, y derrotaba a sus contrincantes con diestras estocadas y floretazos literarios en un torrente de reseñas, cartas y refutaciones, normalmente demostrando con habilidad que los críticos no sabían de qué hablaban. Independientemente de que los críticos partieran de una ignorancia sincera o deliberada, seguía siendo ignorancia, y Wallace era la persona idónea para exponer los defectos en la diatriba antievolucionista. Darwin rara vez se le unió en combate, con una llamativa excepción que comenzó con un «artículo demoledor» (en palabras de Darwin) que Wallace había escrito en *Nature* para rebatir el ataque de Charles Robert Bree en *An Exposition of Fallacies in the Hypothesis of Mr. Darwin* [Exposición de falacias en la hipótesis de Darwin], publicado en 1872. En respuesta, Bree acusó a Wallace de ser «propenso a meter la pata», lo que desató la cólera de Darwin. Se manifestó en defensa de

Wallace con su propia carta a *Nature*, mostrándose capaz de blandir una pluma igual de mordaz cuando tenía que hacerlo: el artículo de Wallace era la claridad materializada, afirmaba Darwin, mientras que la carta de Bree era «ininteligible». No se explicaba cómo alguien podía confundir tan completamente lo que él (Darwin) quería decir, pero claro, quizás a nadie «que haya leído una obra anteriormente publicada por el Dr. Bree sobre este mismo tema le sorprenda la cantidad de malentendidos por su parte».[15] *Touché.*

Pero por mucho talento y principios que mostrara en sus defensas, en otros sentidos Wallace parecía desterrarse a sí mismo del corazón de la ciencia británica a los márgenes, coqueteando con esa línea de suma importancia dibujada en 1859: esa línea entre los evolucionistas emergentes y su atrevida opinión del predominio de la ciencia, por un lado, y el sistema conservador de Iglesia y Estado, por el otro. Aunque no cabe duda de que no apoyaba la ortodoxia, en otros sentidos sus opiniones inconformistas amenazaban con socavar el prestigio de los evolucionistas: como la vez en que aplaudió por escrito que el médico Henry Charlton Bastian reivindicara haber comprobado la generación espontánea, lo que Wallace pensaba que sería una ventaja para la evolución mediante selección natural.[16] El naturalista polacoalemán Anton Dohrn, fundador de la venerable estación marina de Nápoles, en Italia, que hoy lleva su nombre, lamentaba con Darwin que Wallace «se distancie por completo» y que desgraciadamente se asociase con hombres como Bastian. «Sus dos artículos en *Nature* son lo peor que ha hecho en la vida, y resulta verdaderamente complicado para sus amigos hablar de él con respeto».[17] Darwin, desde luego, no compartía esta enérgica condena, pero Wallace le preocupaba.

———

También Huxley y los demás miembros del X Club negaban aún con la cabeza e intentaban comprender a su díscolo camarada evolutivo, cuando Wallace, metafóricamente, volvió a caer de bruces. Todo comenzó el mismo mes en que escribió aquellas cartas a *Nature*, enero de 1870, cuando llamó su atención un artículo publicado en la revista semanal *Scientific Opinion*. Los editores lo publicaban con desdén: «La siguiente obra selecta de sinsentido científico nos acaba de llegar remitida por su autor, Mr. J. Hampden, de Swindon». Era el desafío de un tal John Hampden, terraplanista, que apostaba cualquier cantidad entre cincuenta y la friolera de quinientas libras —decenas de miles de libras al cambio actual— con cualquiera que «demuestre la redondez y revolución del mundo desde las Escrituras, la razón o los hechos», específicamente, que demostrase la curvatura de una línea recta en unas vías de tren, un río, un canal o algo por el estilo. Wallace, el experto topógrafo, no podía resistirse: ¡¿Quinientas libras?! Vamos, más fácil, imposible. Lo consultó con Lyell, que le animó a hacerlo: quizás hiciera bien en «detener a estos mentecatos dejándoselo claro».[18] Necesitaba el dinero, al fin y al cabo, y lo tenía tan al alcance de sus manos que casi podía tocarlo. O eso creía. Wallace escribió de inmediato para aceptar el reto, y los dos se decidieron enseguida por el canal de Bedford o el antiguo río Bedford, un curso de agua plano y de corriente lenta en Cambridgeshire que fluye casi diez kilómetros en línea recta a través de la llanura de Bedford. La elección del lugar no era casual: allí se había llevado a cabo una similar «demostración» anterior dirigida por otro terraplanista (que inspiró a Hampden), Samuel Birley Rowbotham, otrora escritor, inventor y socialista owenista. Rowbotham izó una bandera en una barca que alejaron a remo a un ritmo constante de un punto de observación fijo, desde el que la miraban con telescopio. Si no hay curvatura en la Tierra, el nivel de la bandera en el campo de visión debería permanecer igual, mientras que con una superficie curvada, la bandera terminaría por perderse de vista cuando cayese por debajo del horizonte con respecto al observador inmóvil. La refracción atmosférica, sin embargo, puede parecer que «levanta» objetos por debajo del horizonte y los hace visibles, una forma bien conocida de espejismo que se llama *amplificado*, probablemente lo que inspirara en un principio la expresión «castillos en el aire» como ilusiones engañosas. Seguramente fue lo que ocurrió con las observaciones originales de Rowbotham, pero fuera como fuese, basándose en que la bandera, visto lo visto, no desaparecía, reivindicaba haber desmentido el «mito» de que la Tierra era un globo, según su opinión. Hampden, seguro de que su maestro estaba en lo cierto, pensaba que el canal de Bedford era, por lo tanto, el lugar perfecto para su desafío.

El acuerdo al que llegaron era que Hampden y Wallace pusieran cada uno quinientas libras y nombraran a un testigo que verificase las observaciones de Wallace en la demostración. El segundo de Wallace era un tal Mr. Coulcher, cirujano y astrónomo aficionado, mientras que el de Hampden era otro terraplanista llamado William Carpenter. John Henry Walsh, editor de la revista *Field*, haría de árbitro. Ingeniosamente, en su demostración Wallace compensó la refracción colocando la línea de visión en un puente, como referencia, e instalando también un poste a medio camino entre el puente y su punto de observación para demostrar el «abultamiento» que se esperaba en una Tierra curva. No tardaron en declarar ganador a Wallace y otorgarle el dinero, pero Hampden y su segundo enseguida denunciaron juego sucio, acusaron a Wallace de hacer trampa y presentaron una demanda para que les devolvieran el dinero. Wallace debería haber sabido que Hampden no estaba bien de la cabeza: de hecho, al parecer el tipo era una especie de esquizofrénico paranoide.

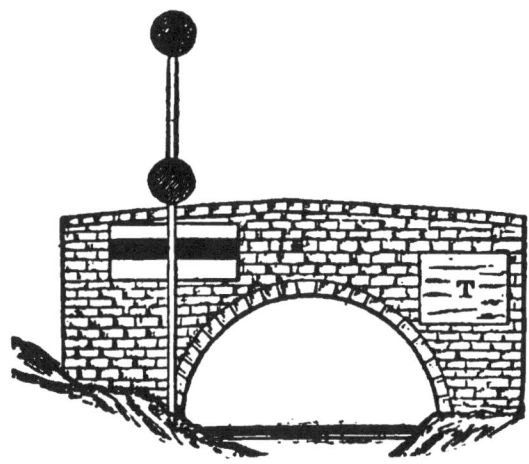

"Signed by Mr. Carpenter."—Dr. Coulcher's Report. "Signed!"

Demostración de Wallace de la curvatura de la Tierra: el puente distante sobre el canal de Bedford va cayendo por debajo de la línea de visión de los postes marcadores a medida que aumenta la distancia.

Texto: «Firmado por Mr. Carpenter.» Informe del Dr. Coulcher. «¡Ratificado!»

De modo que debería haberse limitado a devolver el dinero y lavarse las manos de todo el asunto, pero una vez más, los principios entraron en juego: sentía que había ganado la apuesta con todas las de la ley y, de paso, esperaba haber enseñado a los delirantes terraplanistas una lección de ciencia y buena lógica. ¡Ojalá! Resumiendo, al final, Wallace se vio envuelto en repetidas demandas y contrademandas que se extendieron durante *quince años*, con amplia cobertura mediática. Como ejemplo del profundo fastidio y enfado de Wallace a medida que todo se iba a pique, veamos la siguiente afirmación inusitadamente acalorada con la que concluye un panfleto que publicó en su defensa: «En estas circunstancias publico esta respuesta, todas las afirmaciones que contiene pueden verificarse mediante los documentos referidos, que son en su mayoría los que han publicado los caballeros Hampden y Carpenter. Todos los que crean que Mr. Hampden es un ignorante pero un calumniador con la boca muy sucia, me harán un favor quemando sin abrir ni leer cualquier otra comunicación que reciban de él».[19] ¡Palabras muy fuertes para el normalmente comedido Wallace!

Puede que ganase los litigios, pero la victoria fue pírrica, pues le salió cara en tiempo, energía y dinero. Después de volver a realizar el experimento para reafirmar sus resultados y que Hampden y su compañero de delirio los rechazaran *otra vez*, escribir una carta tras otra a varias revistas y autopublicar panfletos para defenderse, lidiar con el estrés y

Bertie y Violet, hijos de Wallace, hacia 1871.

el agravio de verse a sí mismo y a su familia calumniados y amenazados con violencia (incluso de muerte, por lo que el trastornado Hampden fue encarcelado en repetidas ocasiones) *y* hacer frente a constantes facturas legales, después de *todo eso*, un juez dictaminó que la apuesta no era válida por un tecnicismo, y Wallace al final tuvo que devolver el dinero.[20] ¡Aargh! Ya se imaginarán que nada de esto hizo ningún bien a la reputación de Wallace: a los ojos de la comunidad científica, era el colmo de la estupidez, perder el tiempo con un lunático, si no un charlatán, para «demostrar» lo que ya era ciencia bien establecida.

¿Por qué demonios siguió con ello? Por una parte, estaban los principios del asunto y, quizás, también, que era un poco ingenuo, simplemente: tanto al pensar que su pequeña y elegante demostración convencería de pronto a unos terraplanistas tan absolutamente cerriles como al creer que la gente en el fondo es honrada y buena. Iba a espabilar por las malas en ambas lides. Como he mencionado, también, necesitaba el dinero, y puede que tan solo eso fuese incentivo suficiente. En los primeros años tras su regreso de Oriente, Wallace vivió con bastante holgura gracias a Stevens, siempre tan cumplidor, que no solo vendía sus fantásticos especímenes, sino que además hizo algunas inversiones acertadas para su amigo y cliente. Pero por desgracia, Wallace era, cuando menos, poco astuto en los temas económicos: prácticamente desangró la cuenta con inversiones especulativas y tratando de ayudar a su hermana y su cuñado con el negocio de fotografía eternamente de capa caída. Les entregó cientos y cientos de libras a Thomas y Fanny, todo en balde, y fue un insensato al seguir el consejo de amigos bienintencionados que le convencieron de invertir en arriesgadas empresas: el ferrocarril, una cantera de pizarra, una mina de plomo que de inmediato se fue a pique. El generoso acuerdo al que llegó con la editorial Macmillan por *The Malay Archipelago* fue un salvavidas, así como el galardón en metálico de cincuenta guineas —más de tres mil libras al cambio actual— que acompañaban su medalla de la Royal Society, pero ni siquiera todo esto sumado fue de gran ayuda. Para 1870 estaba en terreno económico un poco pantanoso, con una mujer y dos niños a los que mantener. Desesperado por tener ingresos, vio la apuesta de Hampden como un dinero demasiado fácil para dejarlo escapar, de lo que después se arrepentiría (a lo mejor el viejo dicho de «si algo es demasiado bueno para ser verdad...» no se había acuñado todavía).

El factor económico también desempeñó su papel en el traslado de los Wallace a los alrededores de Londres en la primavera de 1870, la primera de muchas mudanzas que realizarían a medida que sus finanzas crecían o (más habitualmente) menguaban. El año anterior Wallace había presentado su candidatura para dirigir un nuevo museo de arte e historia natural que iba a abrirse pronto en Bethnal Green, en el este de Londres. La perspectiva de unos ingresos regulares en un trabajo que le gustaba, situado en un barrio residencial de las afueras, donde Annie y él podrían entregarse al lujo de la jardinería y los paseos por el campo, era muy atractiva, y con el ánimo y el apoyo de amigos como Lyell y Huxley, entre otros, pensaba que tenía posibilidades de conseguirlo: sería suficiente para reubicar a la familia. Primero alquilaron la casa Holly House de Tanner Street, en Barking, a unos diez kilómetros de Bethnal Green, hasta que encontraran una vivienda más definitiva. Su tercer hijo, William Greenell Wallace, nació allí al año siguiente: «Bertie tiene un hermano», le escribió a su hermana Fanny, «que nació ayer a las 9:30 de la noche. Annie está bastante bien».[21]

Antaño un barrio residencial bucólico a varios kilómetros del bullicioso centro de Londres, en un distrito conocido por sus jardines, pequeñas granjas y fábricas textiles y de mobiliario, Bethnal Green estaba por entonces un poco desmoronado y en primera línea de una campaña de embellecimiento y obras públicas de edificación en los distritos menos prósperos del Gran Londres.[22] El precioso parque Victoria, de ochenta y seis hectáreas, quizás el parque público creado al efecto más antiguo de Londres, se estableció allí en 1845, y para 1870 los planes para construir una filial del museo de South Kensington (hoy, el moderno Victoria & Albert, en Cromwell Road) estaban bien avanzados. El nuevo museo, una estructura de ladrillo y hierro fundido con aspecto de hangar y suelos de mármol, se llamó el Museo Filial de Bethnal Green y es ahora el Joven V&A, especializado en objetos por y para niños. Wallace daría su aprobación; es sin duda mucho mejor que las colecciones *iniciales* del museo, cuando abrió en 1872: los viejos expositores de «Alimentos y productos animales» procedentes de la Gran Exposición repartidos por ahí, restos obsoletos. Por desgracia para Wallace, la cosa no funcionó: le dijeron que no había mucho presupuesto y que el foco del nuevo museo estaría puesto en las artes y oficios y no en la ciencia, y de todas formas se había decidido administrar el nuevo museo desde South Kensington al final, así que no hacía falta un nuevo director. Según le confesó a Darwin, fue una «decepción considerable».[23]

Pero para entonces se habían mudado a Grays, en Essex, un paraíso más rural en el que la familia pasaría los siguientes cuatro años. Embelesado con el lugar, a pesar de encontrarse apartado a unos veintisiete kilómetros de Bethnal Green, supuso que podría desplazarse a diario; al fin y al cabo, el ferrocarril seguía en expansión. Tanto era así, por cierto, que invertir en el ferrocarril seguro que daba dividendos, pero en realidad fue una de las tantas carteras que le hicieron perder dinero. Su economía salió a flote mediante las ganancias provenientes de sus colecciones y las ventas firmes y continuadas del *The Malay Archipelago*, pero aun así tenía que suplementar sus ingresos de diversas maneras. Lyell le pagaba cinco chelines la hora por ayudarle a revisar una nueva edición de *Geological Evidences of the Antiquity of Man* y otros libros, por ejemplo, y recibía pagos por algunos artículos y reseñas. En 1869 también empezó a ejercer de examinador en geografía física para diferentes organizaciones —la Real Sociedad Geográfica, el Colegio de Ingenieros Civiles Indio y el Departamento de Ciencias y Arte del museo de South Kensington—, un trabajo que continuó haciendo hasta 1897 y que le aportaba al menos unas espléndidas cincuenta o sesenta libras al año.[24] A muchos de nosotros, evaluar más de mil exámenes en unas cuantas semanas todos los años nos puede sonar a castigo propio de uno de los círculos más bajos del infierno, pero el optimista Wallace le sacaba provecho: las respuestas que daban algunos de los alumnos más despistados proporcionaban cierto alivio cómico, y sus compañeros examinadores y él registraban las más ridículas para compartirlas entre ellos: «Solíamos comunicar algunas de ellas a nuestros sufridores compañeros, y así aportar un poquito de hilaridad a nuestras reuniones, que de lo contrario hubieran sido estrictamente académicas».[25] Wallace las guardó, por cierto, y no pudo abstenerse de presentar una selección en su autobiografía ¡de casi diez páginas! Pero era para hacer una observación típicamente wallaceana: a saber, para poner a parir el «fracaso absoluto» del sistema educativo en términos que suenan bastante familiares hoy en día. Desde lo inadecuado de un sistema basado en reventar de información el cerebro el tiempo suficiente para regurgitarla (y olvidarla de inmediato) hasta la presión que sienten profesores e instituciones por aprobar a alumnos independientemente de su conocimiento real, pasando por la degradación del estatus docente al dar por sentado que cualquiera con una mínima preparación está capacitado para enseñar, a Wallace le parecía que el sistema educativo del Reino Unido victoriano era gravemente deficiente. Pero su remedio —buscar profesores natos y compensarlos con generosidad, simplemente— a lo mejor también era poco realista, ¿o era su idealismo ingenuo el que hablaba? «Cuando se haga eso, los exámenes no serán aconsejables ni necesarios».[26]

En cualquier caso, Wallace recibía de buena gana los ingresos extra como examinador, pues ayudaban a hacer posible la casa de sus sueños. En Grays, construyeron una preciosa vivienda encalada, de tres plantas y tejado de pizarra a la que llamaron The Dell, hoy un edificio protegido por ser uno de los primeros ejemplos de construcción con hormigón vertido, la única de las tres casas que construyó Wallace que sigue en pie.[27] Bonita por dentro y por fuera, The Dell era espaciosa y de techos altos, tenía una biblioteca, una generosa sala de estar con ventanal y un comedor que se abría a una terraza acristalada e invernadero en la planta baja. Cuatro habitaciones grandes y un vestidor se encontraban en la segunda. Contaba con las últimas comodidades, tales como dependencias para el servicio, una cocina bien equipada, agua corriente fría y caliente, estufas de carbón en todas las habitaciones y cuartos de baño, preciosos acabados ornamentales y además: vidrieras, azulejos esmaltados… los dibujos del arquitecto hasta incluían una veleta en forma de ave del paraíso que lamentablemente no llegó a realizarse, que se sepa. Pero lo que más disfrutaban Alfred y Annie eran los jardines y el terreno. Construida en una colina con vistas al Támesis, Alfred vio de inmediato su potencial. Sus cuatro acres incluían una gran cantera de creta cerca de la casa que caía hasta unos impresionantes dieciocho metros en su parte más pronunciada: «Un pedacito de naturaleza que bien podría ser una espléndida imitación de un valle galés».[28] En efecto, los alrededores de este pintoresco recodo del Támesis estaban salpicados de antiguas canteras que daban sílex, loess de tierra roja para hacer ladrillos y grava, arena y creta para encalados, revocos, morteros y cemento. Wallace debía de saber que la creta se habría depositado en un mar somero durante la era de los dinosaurios, el periodo Cretácico superior y probablemente conociera también el trabajo que habían realizado su amigo Huxley y el geólogo Henry Clifton Sorby para reconocer que la creta está formada por enormes cantidades de *cocolitos*: partes de la cubierta de carbonato cálcico de microscópicas algas del fitoplancton, sedimentados a lo largo de muchos millones de años. Pero le habría fascinado saber que la formación arenosa que se extiende sobre la creta de Grays, la arena de

The Dell, la bonita casa de los Wallace en Grays, Essex.

Thanet, representa un convulso final por partida triple: el del Cretácico, el Mesozoico y el reino de los dinosaurios, la unión de las arenas sobre la creta es un marcador local muy obvio de aquel suceso de extinción masiva a nivel mundial. Las antiguas canteras, hoy estanques llenos de agua, son preciosos espacios verdes que actualmente gestiona el Essex Wildlife Trust, y sus nombres remiten al paisaje: el Parque Natural de las Gargantas de Chafford, la Reserva Natural de las Canteras de Creta de Grays, la Garganta del León.

En casa, Annie y él instalaron un pozo accionado por un molino de viento y dispusieron un caminito de entrada sinuoso, terrazas y senderos ondulantes, estanques, una fuente, un campo de croquet, una cocina y huertos, y gran abundancia de preciosas flores, selectos arbustos y majestuosos árboles, algunos de los cuales provenían de Kew, pues Wallace había pedido a Hooker semillas y plantas. Sí, era el paraíso rural con el que siempre había soñado, frondoso y encantador, un rincón donde planeaba «rodearme de todas las maravillas de la flora templada que tanto admiro» y deleitarse en el jardín y el invernadero el resto de su vida.[29] Pero resulta que se mudarían tan solo cuatro años después, en 1876. Seguramente fuese a causa de una combinación de factores: estaba a disgusto con el clima y con los retos que este planteaba a la jardinería, por un lado, y además quería una línea más directa con Londres para poder asistir con mayor facilidad a las reuniones científicas.[30] Puede que también la larga sombra de un recuerdo muy doloroso empañase The Dell: en lo que sin duda supuso el mayor golpe de sus vidas, dos años después de mudarse a Grays, en abril de 1874, su hijo mayor, Bertie, sucumbió trágicamente a la escarlatina. Solo tenía seis años; Wallace estaba absolutamente destrozado.

———

Con la excepción de un periodo tras la muerte de su hijo, Wallace fue prolífico los pocos años que vivió en The Dell y publicó unas veintidós reseñas de libros; diecisiete cartas, informes, discursos y comentarios científicos; diez artículos y cartas sobre espiritismo; una docena de cartas que trataban del litigio con el terraplanista, y otros siete artículos o cartas sobre temas variados que le interesaban: por ejemplo, para opinar sobre la creación de parques públicos (a favor, con recomendaciones), sobre la separación de la Iglesia y el Estado (en contra, curiosamente; con explicaciones) y cosas así. Mantenía una correspondencia dinámica con Darwin, los dos seguían discrepando en ciertos asuntos pero su amistad era sólida. Donde quizá se reflejen mejor los dos Wallace es en los dos libros que también publicó en ese periodo. Por un lado, estaba *On Miracles and Modern Spiritualism* (Milagros y espiritismo moderno), que salió en marzo de 1875: una colección de tres de sus artículos sobre espiritismo, cuyo plato fuerte era su famosa (para mal) apología «Defensa del espiritismo moderno», publicada en los números de mayo y junio de 1874 del *Fortnightly Review*.[31] Por otro lado, estaba la obra magistral *The Geographical Distribution of Animals* (La distribución geográfica de los animales), publicada en dos volúmenes en mayo de 1876.

Este asombroso libro había echado a andar unos años antes, a instancias de Philip Sclater y Alfred Newton: se necesitaba urgentemente un análisis exhaustivo del tema, y él era la persona idónea para hacerlo. Wallace diría después que de haber sabido lo dificilísima que iba a ser la tarea, nunca se habría comprometido, pero lo hizo, y se lanzó al proyecto con aplomo y produjo lo que se considera con toda justicia el documento fundador de la biogeografía evolutiva moderna. Supuso toda una hazaña, leer detenidamente montones de catálogos taxonómicos y paleontológicos en múltiples idiomas que cubrían todas las regiones del mundo y tenían numerosos problemas: tratamientos desiguales, clasificaciones imperfectas, sinonimias y el lío de los autores. Para el control de calidad, pidió por lo menos a una docena de amigos y colegas serviciales que revisaran el material en su área de especialidad, y a otros los reclutó para leer el manuscrito entero.[32] Construyó su planteamiento alrededor de las seis regiones biogeográficas sclaterianas; primero ofrecía un resumen magistral de los principios de distribución y definía las regiones y luego proporcionaba un resumen de las especies existentes y las extinguidas, subrayando el hecho de que la distribución presente de animales está basada inevitablemente en su distribución pasada, de forma que la distribución de especies en el registro fósil nos ofrece lecciones valiosas. Esto constituía la segunda sección del libro: «La distribución de animales extintos», que fue el primer análisis de este tipo. Había otras dos secciones después que distinguían brillantemente entre lo que él llamaba *geografía zoológica* —que describe las similitudes y diferencias generales entre regiones y subregiones— y *zoología geográfica*, análisis cuantitativos de distribución de grupos específicos, lo que aporta información sobre patrones de migración. Aquí, Wallace introdujo un recurso innovador para plasmar la distribución de un vistazo: para cada familia, proporcionaba una tabla que dividía cada una de las seis regiones en cuatro subregiones, lo que le permitía básicamente marcar las casillas de región/subregión en las que se encuentra cada una, para una referencia de distribución rápida, todas en combinación con mapas. A propósito de mapas, las ilustraciones del libro eran igual de innovadoras. Hacía alarde de hermosos mapas a color, incluido un mapa global y una serie de mapas en detalle de las regiones y subregiones de Sclater, todos ellos además con códigos de color de las profundidades oceánicas para indicar su aislamiento o conectividad históricos. Los mapas se complementaban con un conjunto de veinte láminas bien elaboradas que reproducían con creatividad conjuntos característicos de animales para cada región *en su hábitat natural*: paisaje, flora y fauna reunidos en un armonioso todo, puede que se tratara de las primeras representaciones ecológicas pictóricas. Estaban tan bien hechas y eran tan innovadoras que Wallace tenía la esperanza de que le dieran al libro un alcance más amplio que traspasara los confines de los especialistas zoológicos: «Mi confianza está puesta en los dibujos y mapas para atraer al público», le escribía a Darwin.[33]

Este era el clásico Wallace, el viajero indiscutible en el tiempo y el espacio. Su estudio hizo de los seis reinos de Sclater el sistema de manual que son hoy en día; aunque haya sido ampliamente discutido y debatido, el sistema de Sclater no solo es el punto de partida sino que sigue siendo la superestructura para la mayoría de ajustes y alternativas que se proponen. Aunque muchos de los análisis de Wallace en *The Geographical Distribution of Animals*, lógicamente, han sido desbancados por hallazgos posteriores en la historia de la Tierra —a saber, el descubrimiento en la segunda mitad del siglo XX de la tectónica de placas y el consiguiente movimiento y reciclaje de la corteza continental—, el libro sigue siendo una obra trascendental que articula una gran visión, la distribución geográfica como un proceso dinámico de migración, interacción, adaptación y cambio: la distribución, entendida como un *producto* de la historia, la ecología y la evolución de la Tierra y a la vez como un medio de obtener *conocimiento* de las mismas. Sus amigos científicos estaban impresionados: Huxley le felicitó por los «grandiosos volúmenes» y Darwin le expresó su «admiración sin límites». Según declaró, Wallace había sentado las bases «para todos los trabajos futuros sobre Distribución» al haber escrito una «obra grandiosa y memorable que servirá durante años de cimientos para todo futuro tratado» sobre el tema.[34] Grandes elogios, desde luego, y tenía razón.

Ese verano la familia se trasladó de Grays a Rose Hill, en la próspera ciudad de mercado de Dorking, a unos sesenta y cinco kilómetros al oeste en las ondulantes colinas de Surrey, al sur de Londres. «¿No es un campo precioso?», le comentaba a Darwin.[35] Está claro que tenía un don para elegir zonas de interés geológico, y fronterizas, además: su nueva morada estaba situada en el margen de las colinas de North Downs, el límite norte de una formación llamada el anticlinal de Wealden (o anticlinal Weald-Artois), los restos erosionados de un gran domo de estratos cretácicos que se extiende desde Inglaterra hasta Francia. Se parece mucho al *inlier* de Usk en el paisaje del joven Wallace: un domo arqueado y erosionado que deja un patrón revelador de estratos geológicos, los más resistentes a la erosión —los Downs, cretáceos— se mantienen en forma de colinas más o menos redondeadas y circundadas por las llanuras planas y arenosas, más erosionadas, de la misma formación. Crean un paisaje encantador, al que hoy en día llaman «las Colinas de Surrey, Zona de Excepcional Belleza Natural».

Todo iba bien con la familia y también en el ámbito profesional, saboreaba el éxito rotundo del *Geographical Distribution of Animals*. Bates le escribió para invitarle a dar una charla en la Real Sociedad Geográfica la primavera siguiente. Wallace respondió que estaría encantado y propuso hablar de «La antigüedad comparada de los continentes, como se indica en la distribución de animales existentes y extinguidos», y aquel mes de septiembre ejerció, elegido por unanimidad, de presidente de la reunión anual de la Sección de Biología de la Asociación Británica para el Avance de la Ciencia (BAAS) en Glasgow.[36] Bueno, era una auténtica muestra de estima y debería haber sido un triunfo. Y así comenzó, en efecto, Wallace pronunció en la apertura de la reunión un discurso que fue muy aclamado. Era un artículo típicamente magistral ofrecido en dos partes: «Algunas relaciones de los seres vivos con el ambiente» y «Auge y progreso de las opiniones modernas sobre la antigüedad y el origen del hombre». La amena organización de la primera parte iba desde los últimos avances para comprender «la geología de superficie o la escultura de la Tierra» —en alusión a las formaciones terrestres de modelado glacial— hasta lo que él llamaba «biología de superficie» —la coloración de especies en relación con su ubicación y las desconcertantes interrelaciones de plantas e insectos en las islas (un tema que empezaba a generarle interés)—. En la segunda parte, se alejaba de sus nociones más heréticas y se centraba en defender que la idea generalizada de un

Una de las innovadoras ilustraciones de Wallace: «Selva malaya
con algunas de sus aves características».
Desde abajo, en sentido horario: cálao rinoceronte (*Buceros rhinoceros*), argos
real (*Argusianus argus*), eurilaimo sombrío (*Corydon sumatranus*), gibón de
manos blancas (*Hylobates lar*), drongo de raquetas chico (*Dicrurus remifer*).

progreso humano lineal y paulatino es errónea y que la historia humana, por no decir la evolución, es mucho más complicada que eso, más del tipo dos pasos adelante, un paso atrás. Tuvo muy buena acogida.

Hasta aquí todo bien, pero lamentablemente Wallace también había tomado la fatídica decisión de enviar una ponencia sobre mesmerismo y espiritismo a la sesión de antropología, motivado por sus convicciones espiritistas y su preocupación por la escasa justicia con que veía la comunidad científica estas cosas. Un joven físico llamado William Fletcher Barrett, de la Real Facultad de Ciencias en Dublín, leyó un artículo titulado «Algunos fenómenos asociados con condiciones anormales de la mente» en una sala de conferencias abarrotada. A Barrett le interesaba el hipnotismo y la «transferencia de pensamiento», y aunque no estaba seguro de si le convencía del todo el espiritismo, pensaba que había algo ahí y animaba a la investigación científica a validarlo o invalidarlo. La discusión posterior al artículo, bajo la presidencia de Wallace, comenzó con un ambiente bastante cordial pero, como era de esperar, degeneró en un auténtico griterío a pesar de los esfuerzos de Wallace por no desviarse del tema. Hasta él mismo se vio arrastrado al acalorado debate en un momento dado. Por si todo esto no era suficiente, lo que vino a continuación fue todavía peor: fue públicamente vilipendiado por el zoólogo E. Ray Lankester, un protegido de Huxley en el University College de Londres, que acusó a Wallace en una extensa carta al *Times* de degradar la BAAS con su conducta «más que cuestionable» al permitir que se leyera el artículo de Barrett. Atónito, Wallace escribió una refutación, pero solo sirvió para echar más leña al fuego.[37]

Para colmo de males, en cuanto terminó la reunión de la BAAS, el desdichado Wallace se vio sumido en un asunto del mismo cariz: el juicio al famoso médium estadounidense Henry Slade, que había aparecido en la escena londinense el verano anterior.[38] Slade causaba sensación a ambos lados del Atlántico, famoso por sus sesiones de espiritismo, en las que entraba en trance y, tras haber puesto debajo de la mesa unas pizarras limpias, estas aparecían después escritas. Wallace, por supuesto, había asistido a varios de estos encuentros con Slade y estaba convencido de que el tipo era auténtico, pero, y esto no lo sabía, Lankester y sus socios, que pensaban que ya estaba bien de tonterías, habían decidido dar un escarmiento a Slade, denunciarlo por fraudulento y hacer que se le procesase. Dicho y hecho, le siguieron la corriente durante una sesión de espiritismo hasta el momento decisivo, en el que Lankester le quitó la pizarra a Slade y mostró cómo estaba ya escrita antes de ponerla bajo la mesa. Slade fue acusado al amparo de la Ley de Vagos de 1824 «para el castigo de individuos ociosos y alborotadores, y maleantes y vagabundos», un epígrafe bastante amplio que, entre otras muchas cosas, declaraba ilegal «simular o profesar leer la fortuna, o hacer uso de cualquier sutil arte, medio o aparato, mediante truhanería y quiromancia u otro método, para engañar y aprovecharse de cualquier súbdito de Su Majestad».[39] La pena: hasta tres meses de trabajos forzados. El juicio, que duró un mes y se conoció como el Gran Caso Espiritista de Bow Street, comenzó el 2 de octubre de 1876 en una sala a reventar. El ambiente del proceso se fue pareciendo cada vez más a un circo, sobre todo cuando el mago profesional Nevil Maskelyn subió al estrado por parte de la acusación y mostró algunos trucos del oficio. Wallace no solo asistió al proceso judicial, sino que, hacia el final del mismo, incluso lo llamaron al estrado a testificar para la defensa. Puede que la peor parte, a los ojos de sus compañeros científicos, fuese que saliera clarísimamente identificado como «el Presidente de la Sección Biológica de la Asociación Británica para el Avance de la Ciencia», una humillación para la ciencia profesional.[40] Slade fue declarado culpable y condenado a la máxima pena, pero antes de que llegara a cumplirla, la condena fue recurrida y anulada por un tecnicismo, y él de inmediato huyó del país. Aparecer como testigo estrella de la defensa de Slade dejó otra mancha más en la reputación científica de Wallace; alguna gracia le habría hecho, pero no le habría sorprendido, saber que Darwin había ayudado a financiar la acusación.[41] Sería, básicamente, la última reunión de la BAAS a la que asistiría, salvo por una breve aparición en la reunión de 1881 de York, cerca de la casa de su amigo Spruce.

No fue del todo justa, en realidad, la severa crítica contra Wallace por su, bueno, encantamiento con el espiritismo. Ya he mencionado que un buen número de eminentes victorianos eran devotos de este movimiento, o de lo sobrenatural en general, y un número aún mayor, aficionados. Pero lo que es aún más sangrante es que algunos de los críticos más voraces de Wallace a menudo asistían también, a escondidas, a sesiones de espiritismo, entre ellos John Tyndall, William Carpenter y hasta Thomas Huxley, a pesar de haber asegurado en un principio que no le interesaban «los chismorreos incorpóreos». Ellos dirían que su motivación se debía más al «conoce a tu enemigo» que a ninguna creencia, pero merece la pena señalar que, mientras los tres ridiculizaban públicamente a Wallace por dejarse engañar como un palurdo, parece que se sentían extrañamente atraídos por el fenómeno espiritista y asistían a sesiones con bastante más frecuencia de la que pudiera justificarse por un mero entretenimiento o por una investigación cazafantasmas.[42] Algunos críticos de Carpenter señalaban esto, lo que provocaba respuestas furiosas del mismo que rozaban lo shakespeariano: me parece que el caballero «*hace demasiadas protestas*».[43]

Por su parte, para bien o para mal, Wallace se mantenía en sus trece y señalaba que muchos hallazgos científicos celebrados en la actualidad fueron calificados en un principio de charlatanería, delirios o algo peor.

«La historia entera del descubrimiento científico», manifestaba Wallace, «desde Galvani y Harvey hasta Jenner y Franklin, nos enseña que todos los grandes avances en ciencia han sido rechazados por los científicos del momento», y, es más, rechazados «con una cantidad de escepticismo y acritud directamente proporcional a la novedad e importancia de las nuevas ideas propuestas y al grado en que se oponen a las teorías establecidas y veneradas».[44]

———

Preocupado y angustiado por Will, de cinco años, que estaba malo, Wallace siguió el consejo de un médium y volvió a mudarse con su familia tan solo dos años después de haber llegado a Dorking. Esta vez se fueron a la bulliciosa Croydon, una ciudad de mercado un poquito más próxima al centro de Londres y con línea de ferrocarril directa: un terreno indudablemente más plano pero con clima agradable. En marzo de 1878, se mudaron a una casa alquilada, Waldron Edge, al sur de la ciudad, en la calle Duppas Hill Lane. Estaba cerca del parque Duppas Hill Park, un extenso prado que había presenciado justas en época medieval y donde los pequeños Wallace sin duda brincaban y jugueteaban. Otra ventaja, para regocijo de Wallace, era la sólida escena científica local, con el Club de Historia Natural y Microscópica de Croydon (hoy, la Sociedad Científica y de Historia Natural de Croydon). Asistía con bastante regularidad, participaba en discusiones de artículos y obsequiaba a los demás miembros con exposiciones de los mejores especímenes de su colección personal: preciosas pieles de aves tropicales en una ocasión, mariposas en otra, incluida la fabulosa especie mimética que parece una hoja *Kallima paralekta*, de Sumatra. Incluso llegó a formar parte de un intento (fallido, al final) de cambiar las normas de afiliación a la sociedad para permitir que las mujeres asistieran a las reuniones.[45]

Justo un mes después de mudarse a Croydon, Wallace publicó otro libro: *Tropical Nature, and Other Essays*. Lo más interesante del libro, que es sobre todo una exposición de la teoría de Wallace sobre la coloración —e incluye una crítica renovada y enérgica a la selección sexual de Darwin—, quizás sea, desde una perspectiva moderna, su ecologismo premonitorio. Es otro de los fascinantes puntos que se pueden conectar a través de muchos escritos de Wallace en los que vira de repente al papel de profeta medioambiental, aunque el énfasis que le ponía experimentó cierta evolución en el tiempo. Recordemos su elocuente comentario sobre la extinción en el famoso artículo «On the Physical Geography of the Malay Archipelago» (La geografía física del archipiélago malayo) de 1863, en el que avisaba de que si tuviéramos el poder de conservar especies y aun así no actuáramos, las futuras generaciones nos acusarían de haber permitido negligentemente que «desaparezcan de manera irrecuperable de la faz de la Tierra, abandonadas y desconocidas», lo peor para la ciencia, pues todas y cada una de las especies representan una pieza del puzle evolutivo, un hilo del tapiz de rica urdimbre de la vida. Las especies son como «las letras individuales que juntas forman uno de los volúmenes de la historia de nuestra Tierra», e igual que la falta de un puñado de letras puede hacer que una frase o un párrafo sean incomprensibles, «la extinción de las numerosas formas de vida que siempre conlleva el avance de los cultivos dificulta inevitablemente la comprensión de este inestimable registro del pasado». Sin embargo, con esto Wallace no estaba llamando a la acción para *detener* la extinción; es más, parecía pensar que era inevitable en el «avance de los cultivos». Más bien, la conservación que él tenía en mente era crear exhaustivas colecciones de historia natural como las que él aportaba. Seleccionista como era, Wallace nunca tuvo ninguna duda de que la expansión de la «civilización» tendría como resultado el desplazamiento, si no la completa destrucción, de las especies nativas, pero empezaba a darse cuenta de que si esta expansión fuese descontrolada —desenfrenada, sin regular, irreflexiva—, la destrucción que caería sobre el mundo natural terminaría por hacernos daño.

La visión de la naturaleza se iba haciendo cada vez más global en Wallace, sin duda inspirada en sus lecturas juveniles del gran explorador naturalista Alexander von Humboldt, cuyo épico *Viaje a las regiones equinocciales del Nuevo Continente* había encendido en la generación de Wallace y Darwin la pasión por viajar y explorar tierras exóticas. Humboldt encarnaba la gran visión de la Ilustración, el estudio integrado de la naturaleza. Puede ser una visión ecológica, sí, pero es todavía más grande y más amplia: cosmológica, geológica, geográfica, meteorológica, zoológica, botánica y hasta antropológica, pues los humanos somos parte de la naturaleza. No es casualidad que los hallazgos más profundos de Humboldt surgieran de sus estudios de las relaciones mutuas entre los mundos orgánico e inorgánico, es decir, entre las especies biológicas y el planeta Tierra: ¡la biogeografía! Veamos cómo analiza Humboldt la distribución vegetal en relación con la altitud y la latitud en su *Ensayo sobre la geografía de las plantas* (1807). Documento fundador de la biogeografía, también fue la primera y más famosa expresión de su holística «ciencia de la Tierra».[46] Al embarcarse en su viaje al Nuevo Mundo, Humboldt explicaba su plan: «Trataré de descubrir cómo las fuerzas de la naturaleza actúan unas sobre otras, y de qué manera el medio geográfico ejerce su influencia en animales y plantas. En resumen, he de informarme acerca de la armonía en la naturaleza», declaraba en 1799. Con «armonía», Humboldt se refería a la totalidad interconectada, integrada y en apariencia autorregulada de la naturaleza en toda su gloria, y el camino a dichos hallazgos radicaba en dilucidar primero patrones en la naturaleza para inferir los procesos que yacen detrás. Debería resultarnos familiar: Wallace era eminentemente humboldtiano en su cruzada por hacer precisamente eso mismo.

La filosofía humboldtiana de la naturaleza impregnaba dos obras que Wallace conocía bien: *Cuadros de la naturaleza* y los primeros volúmenes de *Cosmos*, ambos traducidos al inglés para finales de la década de 1840. Entre otras cosas, el apoyo de Humboldt a la por entonces herética idea de *evolución progresiva* al más puro estilo *Vestiges* captó la atención de Wallace en aquellos primeros días: escribió a Bates en 1845 para preguntarle si había oído que «el venerable Humboldt», en su célebre *Cosmos*, «apoya prácticamente en todos los aspectos sus teorías», incluidas las relacionadas con el tema candente de la transmutación de especies.[47] En efecto, cuando por fin echó mano de su primer volumen de *Cosmos*, encontraría la gran visión de Humboldt plasmada en la mismísima introducción, una imagen de conexiones entre especies y, por extensión, conexiones entre «las leyes de la distribución real de los seres en el espacio con las leyes de la clasificación ideal por familias naturales, por analogía de organización interna y de evolución progresiva».[48] Todo encajaba, literal y figuradamente.

De modo que el método y el espíritu de Humboldt siempre habían estado presentes en los propios viajes e investigaciones de Wallace, y cuando dio un paso atrás para ver la imagen biogeográfica completa en la década de 1870, la visión globalizadora del maestro alemán apareció clarísimamente en primer plano. «Todo cambio se convierte en el centro de un círculo de efectos en constante expansión», declaraba Wallace en *Geographical Distribution of Animals*. «Los diferentes miembros del mundo orgánico están tan unidos mediante relaciones complejas, que cualquier cambio suele implicar numerosos cambios más, a menudo del tipo más inesperado».[49] Reconocer la exquisita red de relaciones entre especies y su ambiente nos induce a caer en la cuenta, de la manera más natural, de la facilidad con la que estas se ven alteradas por las actividades humanas insensatas y despierta en nosotros la llamada a la acción. Un buen ejemplo es el sagaz reconocimiento, debido a Humboldt, de que los bosques regulan su propio clima, lo que supone un aviso del doble peligro de talarlos: «Derribando los árboles que cubren la cima y los costados de los montes, los hombres, bajo todos los climas, preparan a las futuras generaciones dos calamidades a un mismo tiempo: falta de combustible y escasez de agua». Wallace también era consciente de este hecho y señalaba que la destrucción de los bosques era posiblemente la causa de la desertificación de buena parte del Oriente Próximo y el norte de África: «Gran parte de esta vasta zona está ahora desnuda, es árida, e incluso llega a mostrar un carácter desértico; un hecho que sin duda se debe, en gran parte, a la destrucción de los bosques originales».[50]

Aquí, Wallace citaba el manifiesto medioambiental que había publicado en 1864 el diplomático estadounidense y académico polímata George Perkins Marsh, *Man and Nature: Or, Physical Geography as Modified by Human Action* [El hombre y la naturaleza: o la geografía física modificada por la acción humana]. Documento fundacional del movimiento medioambiental moderno, *Man and Nature* era una llamada de atención alta y clara sobre los peligros de la rampante degradación medioambiental, y se basaba en su mayor parte en Humboldt. Wallace desarrollaba la idea, con más citas de Marsh, en su *Tropical Nature*, donde conectaba los puntos entre la deforestación excesiva, el aumento de la temperatura, la sequía, la erosión y la pérdida de fertilidad del suelo. Wallace, que había admirado las zonas intensamente cultivadas del sudeste asiático, condenaba ahora el excesivo clareo agrícola (y de otros tipos) que, si no se controlaba, terminaría por conducir al «deterioro del clima y el empobrecimiento permanente del país».[51] Era un visionario: ecologistas y biólogos conservacionistas del siglo XXI han documentado bien la serie de efectos devastadores en parámetros ambientales locales e incluso regionales producidos por la fragmentación de hábitats y la tala generalizada.[52] La respuesta de Darwin a *Tropical Nature* fue bastante típica de su círculo científico: lo felicitaba con cortesía, pero no sabía muy bien a qué carta quedarse, y eso que tenía una disposición favorable hacia lo que hoy denominaríamos asuntos conservacionistas.[53] Claro que, en su caso, le distrajeron las partes del libro que trataban de socavar la selección sexual, un tema en el que seguían sin ponerse de acuerdo. Para entonces, Wallace había llegado a rechazar por completo el concepto de Darwin de selección sexual basado en que es la hembra la que elige, o por lo menos la parte de la teoría darwiniana según la cual la elección de pareja se basaba en la pura estética: el «gusto por la belleza» y punto. Para Wallace, la coloración brillante, el canto melódico y los curiosos numeritos de cortejo podían en efecto atraer a las hembras, pero porque esos rasgos eran indicadores de salud y vigor. La selección natural era la que entraba en juego, a fin de cuentas, y no la selección sexual de Darwin. De nuevo, aceptaban sus diferencias; a Darwin a veces le frustraba lo obstinado que podía ser su amigo. Sin embargo, merece la pena señalar que lo que se piensa hoy se acerca mucho más a Wallace que a Darwin en este aspecto.[54]

Como veremos, Wallace siguió canalizando a Humboldt (en sentido figurado, no espiritista...) a medida que reflexionaba más largo y tendido sobre estos temas. Pero con carácter más inmediato, un emocionante anuncio captó su atención: la City de Londres buscaba cubrir el nuevo puesto de superintendente del bosque de Epping, una gran extensión de más de dos mil cuatrocientas hectáreas de bosques antiguos —hayas, abedules, carpes y robles— al noreste de Londres. El bosque de Epping se desarrolla principalmente en una amplia morrena glaciar que se alarga unos diecinueve kilómetros en dirección noreste-suroeste, y tiene aproximadamente cuatro kilómetros de anchura, formando una pequeña cresta entre los sinuosos ríos Rode y Lea. Consistía, y así sigue siendo en la actualidad, en un exuberante mosaico de arboledas, brezales y prados, atravesado por arroyos pedregosos y salpicado de turberas y charcas, una isla verde en el incesante fluir del mar metropolitano. Fue una reserva real de caza tal vez ya desde el siglo XII, en la que multitud de parcelas estaban en manos de acaudalados propietarios (aunque sin derecho a la caza), mientras que los lugareños tenían derecho por tradición a recoger leña (principalmente por trasmocheo) y a pastar sus ganados. Los cambios sociales y tecnológicos del siglo XIX llevaron gradualmente a otra forma de uso por parte de la clase trabajadora: el ferrocarril que conectaba los pueblos cercanos con el Gran Londres hizo accesible la zona a los excursionistas, que solían ir los fines de semana y en vacaciones. Se calcula que, en 1865, una media de cincuenta mil personas visitaban el bosque de Epping el domingo y el lunes de cada semana, llegando a la friolera de doscientas mil solo el lunes de Pascua, debido al tren y a otros medios de transporte.[55] A pesar de los tradicionales privilegios de acceso para el pueblo llano, el bosque estuvo a punto de perderse por la presión desarrollista a raíz de los cerramientos, aquel movimiento que había empleado a Wallace como joven topógrafo y que sin duda despertó su vena socialista, pues ciertamente beneficiaba a los ricos a expensas de los pobres. Hacia mediados de la década de 1860, después de que la corona hubiera vendido sus derechos, los cerramientos incrementaron drásticamente, y faltó muy poco para que el bosque de Epping desapareciera por completo. Por fortuna se desató un enérgico movimiento para salvar el bosque, con protestas, peticiones y campañas por parte de la recién formada Sociedad para la Conservación de los Campos Comunales, y una avalancha de cartas a los editores de los periódicos y revistas de Londres. Aparentemente contra todo pronóstico, la City de Londres terminó acudiendo en auxilio y compró más de dos mil doscientas hectáreas de terreno aún no cerrado, indemnizando a los terratenientes propietarios, pero también estableciendo ciertos límites sobre el uso común. En 1878 el Parlamento aprobó la Ley del Bosque de Epping, y la City de Londres asumió la conservación del espacio, convirtiéndose en garante de, según aquella ley, «mantener en todo momento el bosque de Epping sin cerramientos y sin edificios, como un espacio abierto para el recreo y disfrute de la gente».[56] Unas zonas necesitaban restauración, otras, gestión; lo que hacía falta era un buen administrador de tierras, ¡un trabajo de ensueño para cualquier biogeógrafo comprometido socialmente! Además, Wallace necesitaba verdaderamente el dinero, de modo que no solo presentó su candidatura, sino que hizo campaña activamente por el puesto con cartas y memoriales que enviaron sus amigos y apoyos.[57] Parecía hecho para el puesto, pero, si bien el movimiento para salvar el bosque de Epping había sido visionario, justo es reconocer que los conservadores de la City of London Corporation, que supervisaban el espacio, no lo eran. Resumiendo, Wallace no consiguió el trabajo, y es probable que fuese su mismísimo entusiasmo y sus proyectos acerca de lo que se podía hacer allí los que arruinaron su candidatura. En noviembre de 1878 publicó un artículo en el *Fortnightly Review* en el que esbozaba una idea verdaderamente innovadora para el bosque. Estaba claro que las áreas que necesitaban restauración podían reforestarse con árboles nativos, sin más, o incluso transformarse en un arboreto de especies, pero ¿no resultaría muy aburrido? ¿Qué tal un arboreto con estilazo?, ¡¿no sería magnífico crear una especie de jardín de biogeografía comparada que representase los tipos de bosques primarios de las zonas templadas del mundo?! Visualizaba un arboreto de arboretos, por así decirlo, con árboles y arbustos emblemáticos de todos los tipos de bosque: bosques del este y el oeste de América del Norte, del este de Europa y el oeste de Asia, del este de Asia y Japón, y los bosques templados del hemisferio sur, incluidos los del sur de Sudamérica, Australia y Nueva Zelanda. La idea era, resumía con orgullo, «perfectamente novedosa, perfectamente practicable, intensamente interesante como gran experimento de cultivo arbóreo», era algo atractivo para todos, desde el excursionista lego hasta científicos y estudiantes, no era más costoso que otros planes y era coherente con el requerimiento de mantener el lugar como un bosque.[58] La idea era novedosa, desde luego: *demasiado* novedosa para los conservadores. El puesto fue para un tal Alexander McKenzie, un paisajista de Escocia, bueno aunque muy convencional, que ostentó el cargo durante catorce años, el triunfo de lo anodino y la falta de creatividad. Es posible que a Wallace le saliera el tiro por la culata con el artículo sobre el bosque de Epping: paradójicamente, se quejaba en privado el decepcionado Wallace, le dijeron que el comité se había opuesto a su plan de introducir «árboles de fuera», porque decían querer un «bosque muy inglés», y luego se pusieron a plantar chopos negros y lombardos, ninguno de los dos nativos. Lo atribuyó a la típica ignorancia: los miembros del comité, que no tenían ni idea, sin duda pensaban que aquellos árboles eran británicos porque era muy normal que se plantaran alrededor de la ciudad, comentaba en una carta.[59]

Wallace volvía a estar bastante adelantado a su tiempo: hoy en día, las colecciones biogeográficas y educativas son las más destacadas de muchos jardines botánicos y arboretos, entre ellos el de Kew Gardens.[60] Estar convencido de que tenía ideas visionarias no era ningún consuelo, sino más bien otro trago amargo. Era la tercera vez que rechazaban su candidatura a un puesto de trabajo desde que regresara de Oriente, y

Alfred Russel Wallace, con cincuenta y cinco años.

en esta ocasión se agobió *mucho*, porque estaba prácticamente sin un penique y contaba con esos ingresos. Su amiga (y compañera espiritista) Arabella Buckley, que había sido secretaria personal de Charles Lyell y había entablado amistad con las familias de Wallace y Darwin, trató de ayudar. Escribió a Darwin tras el fracaso de Wallace para advertirle confidencialmente de los apuros económicos de su colega. Con estoicismo victoriano, Wallace nunca pediría ayuda, pero la necesitaba de verdad, ¿no podían Darwin y sus amigos ayudar a Wallace a encontrar algún puesto modesto en alguna parte que aliviara la situación económica?, se preguntaba. «Estaré encantado de hacer todo lo que pueda» fue la rápida respuesta de Darwin. A lo mejor un puesto no, pero una pensión gubernamental podría ser lo propio; escribiría inmediatamente a Hooker para comentárselo. Y lo hizo, pero Hooker echó por tierra la propuesta.[61]

Los intereses poco científicos y las últimas debacles de Wallace vinieron a rondarle, aunque él hubiera preferido otro tipo de aparición. Hooker fue implacable: «Wallace ha perdido mucho prestigio», le contestó a Darwin, sin rodeos. No solo por su espiritismo sin sentido, sino por el desastre de Barrett en la BAAS, que era aún peor, por llevar el espiritismo a una reunión científica importante y crear un espectáculo público mancillante que afectaba a la reputación de la ciencia. Hooker también afirmaba que el artículo de Barrett se había aprobado bajo mano por Wallace, «de manera deliberada y en contra de la opinión unánime del Comité de su sección». Esto no era del todo cierto, pero su enfado sí. En cualquier caso, el colmo de la estupidez de Wallace para Hooker había sido «la descabellada apuesta sobre la esfericidad de la Tierra junto con haberse embolsado el dinero». No era propio de un científico; hasta deshonroso, se podría decir. No, le decía Hooker a Darwin, dados todos estos desvaríos le sería muy difícil pedir a otros científicos que apoyaran a Wallace con la conciencia limpia, por no mencionar que tendrían que ir de frente con los políticos a los que se lo solicitaran en el tema del espiritismo de Wallace, no fuese a salir a la luz después y avergonzase a algún miembro del Parlamento, lo que dejaría marcados a los científicos para futuras candidaturas a una pensión de la Lista Civil. De todas formas, concluía, «lo que le pasa a Wallace no es tanto que esté necesitado, sino que no encuentra trabajo», el corte más hiriente de todos. Darwin se quedó de piedra, solo pensaba en los problemas económicos de Wallace y en sus servicios a la historia natural, le contestó a Hooker, no en esos otros asuntos. Siguió el consejo de Hooker y olvidó el tema: «Qué equivocación y desastre habría cometido de no haberlo consultado contigo».[62]

Hooker cambiaría después de opinión, pero de momento, por muy duras e injustas que fuesen en cierto modo sus objeciones, en el asunto de científicos y pensiones expresaba una preocupación política muy real: hubo un tiempo en que las pensiones de la Lista Civil se otorgaban, además de como ayuda a profesionales consumados pero faltos de dinero, también como favores políticos. Para formalizar el proceso a principios del siglo XIX, el Gobierno estableció criterios de selección, entre los que incluían a aquellos que habían hecho «descubrimientos útiles» en ciencia junto con los expertos en literatura y las artes. Pero aunque algunos primeros ministros se mostraban partidarios de tener en cuenta a los científicos, otros no: entre 1838 y 1870, poco más del diez por ciento de las pensiones otorgadas fueron para científicos, o para sus familias a título póstumo. Algunos pensaban, también, que la necesidad debería desempeñar un papel a la hora de otorgar pensiones, y otros no. Estas cuestiones se debatieron mucho en los años siguientes, por lo que para la década de 1870 la preocupación de Hooker acerca de comprometer el prestigio de los científicos en la selección de pensiones era auténtica: era precisamente la época en que los miembros del X Club trabajaban duro para elevar el perfil —establecer la indispensabilidad, incluso— de la ciencia en asuntos públicos.[63] Así, en cuestión de tres días, la idea de proponer a Wallace para una pensión gubernamental fue planteada y desestimada, por supuesto sin que él lo supiese. Darwin le envió sus condolencias por el fiasco con el bosque de Epping. «Supongo que era mucho esperar que semejante conjunto de hombres hiciera una buena selección. Ojalá consigáis algún puesto tranquilo y con tiempo libre para seguir con algún trabajo científico».[64]

Entre la confusión creada por su *Tropical Nature* y la constante implicación de Wallace con el espiritismo y los temas sociales, los rumores en los círculos científicos bien podían ser que el potencial creativo de Wallace se había agotado. Habría perdido una batalla, pero no la guerra, de modo que siguió insistiendo. Precisamente en esa época estaba trabajando muy seriamente en otro libro, que iba a captar de nuevo la atención de todos: un libro destinado a ser aplaudido como otra contribución trascendental y que cambiaría su situación económica a mejor (no tanto por las ventas, y eso que fueron decentes, sino porque renovaba la alta estima en que lo tenían por su agudeza como científico). El libro era una especie de volumen complementario del *Geographical Distribution of Animals* y se publicó en octubre de 1880 con gran éxito: *Island Life, or, The Phenomena and Causes of Insular Faunas and Floras, Including a Revision and Attempted Solution of the Problem of Geological Climates* [La vida en las islas, o los fenómenos y las causas de las floras y faunas insulares, con una revisión e intento de solución del problema de los climas geológicos].

Había vuelto, y con las pilas cargadas: el libro era una obra maestra, el clásico Wallace en toda su expresión y arrebatadora originalidad. Wallace abordaba las cualidades especiales de las islas con respecto a la dispersión y la especiación, y preparaba el terreno señalando anomalías biogeográficas: ¿por qué hay países tan alejados como el Reino Unido y Japón que son tan asombrosamente parecidos en flora y fauna, y otras zonas mucho más cercanas —como Australia y Nueva Zelanda o, mejor aún, Bali y Lombok— son radicalmente diferentes? Las grandes islas del mundo presentan anomalías parecidas, señalaba: mientras que algunas se parecen mucho por sus especies al continente más cercano, otras difieren drásticamente; unas están repletas de especies endémicas, mientras que otras tienen pocas. Investigar con éxito semejantes misterios biogeográficos requiere tener ojo para las pistas, y Wallace era nada menos que el Sherlock Holmes de la distribución de especies pasadas y presentes. Evolución, queridos lectores: Wallace reconocía que las islas eran clave para la solución. Era el momento oportuno para una gran síntesis, declaraba, pues tenían a su disposición las claves necesarias: una teoría de la evolución por selección natural, además de avances en el conocimiento de la distribución geográfica y la sistemática de muchos grupos, los fósiles y los registros geológicos y estratigráficos, la batimetría del lecho oceánico y las órbitas planetarias que fuerzan los ciclos climáticos e inician los periodos glaciales. Un área en la que la ciencia moderna ha desbancado totalmente a Wallace es en su creencia de que los continentes y las cuencas oceánicas permanecían invariables en el tiempo geológico. Pasarían otros treinta años hasta que Alfred Wegener propusiera la deriva continental y ochenta hasta que se aceptara.

Todo lo que se diga de la importancia y la maestría de *Island Life* es poco: es el documento fundacional de la moderna biogeografía de islas.[65] El libro se divide en extensas secciones, la primera de las cuales, «La dispersión de los organismos: sus fenómenos, leyes y causas», expone metódicamente los *principios* y *procesos* que moldean la distribución geográfica en el espacio y el tiempo, incluido el propio cambio evolutivo, un enfoque que incluía una clara discusión de la especiación alopátrica, divergencia de subpoblaciones separadas en el espacio.[66] Esta sección incluye un extenso estudio de la glaciación, con dos capítulos dedicados al trabajo de James Croll, el autodidacta matemático y astrónomo escocés. Croll desarrolló una teoría sobre los periodos glaciales, según la cual estos responden a la combinación de efectos climáticos debidos tanto a los cambios cíclicos en la inclinación del eje de rotación de la Tierra (precesión de los equinoccios) como a un cambio de forma, de circular a elíptica, en el recorrido orbital de la Tierra (excentricidad). Wallace había estudiado detenidamente la teoría de Croll en la década de 1860 y la había incorporado a su artículo de 1869 «Sir Charles Lyell on Geological Climates and the Origin of Species», la famosa (para mal) reseña en la que Wallace anunciaba por primera vez sus reservas acerca del papel de la selección natural en la evolución de la mente humana. Por lo visto, Wallace se dejó llevar por el entusiasmo al exponer las ideas de Croll en aquel artículo, y luego se lamentaría con Darwin de que, aunque había intentado tratar la teoría en toda su extensión, «¡el editor me hizo recortar ocho páginas!».[67] Entiendo su dolor. Ahora, en *Island Life*, resarcía al escocés y dedicaba dos de los capítulos más largos a la teoría de los ciclos orbitales como causa de los ciclos glaciales, mientras, de paso, exponía argumentos extraordinariamente proféticos para la dinámica del periódico avance y retroceso de los glaciares continentales y los efectos relacionados en la distribución geográfica y la evolución de las especies. Desde el punto de vista actual, puede que estuviera desacertado en algunos detalles, pero con toda seguridad daba en el clavo con los principios generales.[68]

La segunda parte de *Island Life*, «Floras y faunas insulares», trata de diversos sistemas de islas a modo de ejemplos, ilustrando y ampliando los principios expuestos en la primera parte. Wallace comenzaba con una clasificación de islas, basándose en los primeros trabajos geológicos de Darwin sobre los atolones de coral que caracterizan las auténticas islas oceánicas (también denominadas puntos calientes hoy en día) por su origen volcánico y por no haber estado nunca conectadas a una zona continental. A estas, Wallace añadía las islas continentales (también denominadas puentes de tierra hoy en día), con una historia más compleja pero antiguamente conectadas a masas continentales, a veces de forma cíclica.[69] En el curso de su análisis, Wallace se decantaba finalmente por dar la razón a Darwin en cuanto al carácter dudoso de las extensiones continentales y los continentes perdidos, idea que torpedeaba de una vez por todas; él adoptaba el modelo de su colega de mayor edad, es decir, explicar la colonización de las islas remotas por eventos casuales de dispersión, ya sea por el viento, el agua o el vuelo (para deleite de Darwin).[70]

Podría decirse muchísimo más acerca del estudio de Wallace de lo que permite aquí el espacio.[71] Baste decir que el mundo de la ciencia estaba cautivado y Darwin, por su parte, atónito: lo calificó de «absolutamente excelente» y le dijo a Wallace que era el mejor libro que había publicado nunca. A Hooker, Darwin le reconoció que aunque «lo admiro en extremo», el libro era casi más de lo que podía asimilar, del impresionante alcance de los análisis y argumentos de Wallace. No estaba de acuerdo con todo lo que había allí expuesto, pero en general tenía que reconocérselo a Wallace. Hooker no podía sino coincidir en que era una obra espectacular. «Solo llevo dos terceras partes del libro de Wallace y es espléndido. Cuántas telarañas ha despejado», declaraba, y continuaba así, sacudiendo la cabeza: «Que un hombre así sea espiritista es más maravilloso que todos los movimientos de las plantas juntos» (en alusión a la última obra de Darwin, *The Power of Movement in Plants*, que también acababa de publicarse).[72] Sin embargo, Hooker estaba más que simplemente impresionado con el libro de Wallace, estaba sorprendido y profundamente conmovido con la dedicatoria: «A Sir Joseph Dalton Hooker, que, más que ningún otro escritor, ha hecho avanzar nuestro conocimiento de la distribución geográfica de las plantas, especialmente de las floras insulares, le dedico este libro que versa sobre el tema, como muestra de admiración y respeto». Hooker le escribió a Wallace: «No hay nadie de quien hubiera apreciado la dedicatoria de un libro como el suyo con más alegría que de usted».[73]

———

Ya estaba bien, se le había acabado la paciencia. Darwin no iba a aceptar un no por respuesta esta vez: veía, y con razón, *Island Life* como la obra trascendental que era e inmediatamente decidió conseguirle a Wallace, fuera espiritista o no, esa pensión que tanto necesitaba. Sus contribuciones a la ciencia eran muchísimo más grandes que eso, ¡sencillamente asombrosas, en amplitud y profundidad! Darwin reunió fuerzas, escribió a Buckley, Huxley, Hooker y demás para ponerlos sobre aviso. Todos accedieron de buena gana, y el cambio de opinión de Hooker sin duda se debía no solo a la calidad del libro de Wallace, sino también a su cálida dedicatoria. Darwin redactó un memorial con la ayuda de Arabella Buckley y Huxley, consiguió que la firmaran enseguida otros once destacados naturalistas y políticos y se lo envió al primer ministro William Gladstone poco después de Año Nuevo.[74] El duque de Argyll, que llevaba tiempo impresionado con Wallace, escribió directamente al primer ministro en persona. La decisión llegó de inmediato: el primer ministro estaba encantado de recomendar una pensión de doscientas libras al año para Wallace, ¡generosamente retroactiva al 1 de julio del año anterior! Si Darwin estaba eufórico —«¡Hurra, hurra!», le escribió a Huxley—, imaginen a Wallace, profundamente conmovido, feliz y aliviado en igual medida cuando se enteró. Se lo agradeció a Darwin de todo corazón: «No existe nadie con cuya bondad en este asunto pueda sentirme más en deuda con tanto placer y satisfacción».[75]

La carta de Darwin con la buena nueva llegó a casa de Wallace el 8 de enero de 1881: un regalo maravilloso por su quincuagésimo octavo cumpleaños.

13

Un científico comprometido con los social

«ACABAMOS DE INSTALARNOS y estamos en pleno caos», escribía Wallace a toda prisa, pero animaba a su amigo a que fuese a visitarlo igualmente.[1] Estaban a principios de mayo de 1881, y la familia acababa de mudarse a Nutwood Cottage, en Frith Hill, Godalming. Otra encantadora ciudad de mercado al sur de Londres, la ondulante Godalming no estaba muy lejos de Croyden y Dorking, ubicada en el límite de los North Downs, en el valle del río Wey. Allí, en una ladera sobre el río, cultivó tanto un jardín como la amistad con los maestros de la cercana escuela Charterhouse: aquella refinada institución, fundada en 1611 en Londres y reubicada en Godalming en 1872, fue una de las atracciones del lugar para Wallace y Annie, que querían un colegio excelente para sus hijos. El nombre de «Nutwood», que significa 'bosque de frutos secos', estaba inspirado en la auténtica arboleda de avellanos (*Corylus avellana*) y robustos robles (*Quercus robur*) que cubrían su pequeña finca de dos mil metros cuadrados.[2] A lo largo de los siguientes ocho años, la pareja disfrutó de su paraíso en la ladera, donde cultivaron unas mil especies de plantas entre el terreno, el jardín y el invernadero; Hooker, siempre tan atento, les proporcionaba semillas y especímenes de Kew.[3]

Nutwood era la segunda casa que construía Wallace, gracias al alivio de sus preocupaciones financieras, pero era su novena (!) residencia desde que regresara de Oriente, lo que refleja una inquietud peripatética que coincide con sus divagaciones intelectuales. En efecto, para cuando hicieron esa mudanza, ya se había embarcado en otro periplo intelectual, de índole característicamente colectiva: dos meses antes había sido elegido presidente fundador de la Sociedad por la Nacionalización de la Tierra, miren por dónde. El nombramiento surgió de un extraordinario artículo

Nutwood Cottage, Godalming (Surrey), paraíso jardinero
de Annie y Alfred Wallace, hacia 1873.

que Wallace había publicado en el número de noviembre de 1880 de *Contemporary Review*: «Cómo nacionalizar el suelo: una solución radical al problema territorial irlandés», un tema que podría parecer un interés nuevo pero que en realidad era parte integral en la defensa de la justicia social conforme avanzaba la sociedad, un asunto que siempre fue consustancial con Wallace.[4] La semilla de su humanitarismo se había plantado hacía mucho en su compromiso con el socialismo owenista y había estado presente en sus posteriores comentarios sociales —las críticas y alabanzas de las sociedades indígenas en la Amazonía y el archipiélago malayo, por ejemplo—, un interés que se vio potenciado por la lectura de *Estática social*, de Herbert Spencer, en la década de 1860.

Pensemos en la conclusión de Wallace en el capítulo final, «Las razas del hombre», del *The Malay Archipelago*, que empezaba así: «Antes de despedirme de mis lectores, desearía hacer unas cuantas observaciones sobre un tema, aún de mayor interés e importancia, que me ha planteado la contemplación de la vida salvaje y en el que confío que el hombre civilizado puede aprender algo del salvaje». Nosotros, en nuestras sociedades supuestamente civilizadas, continuaba diciendo, puede que estemos progresando en cuanto a lograr, en un futuro, cierto estado social ideal —«un estado de libertad individual y autogobierno, que se hace posible mediante el desarrollo por igual y el justo equilibrio de las partes intelectual, moral y física de nuestra naturaleza»—, y a continuación el igualitario Wallace observaba que muchas sociedades «primitivas» prácticamente ya lo habían alcanzado. Una igualdad casi total, bajos niveles de delincuencia, falta de competitividad arrolladora y hostilidades, poca disparidad de riqueza y de diferencias de clase o de educación: las cualidades a las que muchos aspiraban en Occidente se veían ya por doquier en las selvas de la Amazonía y Borneo. Claro, las sociedades occidentales hemos avanzado más en cuestiones intelectuales o tecnológicas, pero no hemos avanzado mucho en lo moral, afirmaba. «Una moralidad deficiente es la gran mácula de la civilización moderna y el mayor obstáculo al auténtico progreso», declaraba, y señalaba que nuestro tan cacareado progreso tecnológico y comercial, más las ciudades y pueblos abarrotados a los que conduce, «apoyan y renuevan constantemente una cantidad de miseria humana y delincuencia *muchísimo* mayor de la que ha existido nunca». Hasta que no se reconozca este fracaso, hasta que no aspiremos a desarrollar «los sentimientos más empáticos y facultades morales» de nuestra naturaleza y los utilicemos para conformar políticas y prácticas sociales, nunca superaremos en progreso a «la mejor clase de salvajes».[5]

En aquella época, en 1869, la elocuente crítica de Wallace llamó la atención del renombrado filósofo John Stuart Mill, que acababa de cofundar la Asociación por la Reforma de la Tenencia de la Tierra, una organización que pretendía basarse en la Ley de Reforma de 1867 para defender la reforma agraria mediante la eliminación de la primogenitura y los vínculos hereditarios que mantenían amplias propiedades eternamente retenidas por familias y otros grupos privilegiados. Las leyes existentes sobre tierras, un auténtico sistema feudal, se habían creado ex profeso en una época en la que los terratenientes gobernaban el país, acusaba Mill, apuntalando a las clases privilegiadas. Preguntaba retóricamente si había que sorprenderse de que hubiera que cambiar tales leyes, ahora que el país pertenecía (al menos en principio) a todos.[6] Mill reconoció un espíritu afín en Wallace y le invitó a aceptar el cargo de secretario en la Asociación por la Reforma de la Tenencia de la Tierra, que se reunía en la venerable taberna Freemason's de Londres, donde hoy se encuentran los salones De Vere Grand Connaught Rooms, en Great Queen Street. Wallace estaba encantado de aceptar. Nunca se había sentido muy a gusto hablando en público, y no era demasiado proclive a subir a la tribuna en las reuniones aunque, animado por Mill, llegó a presentar algunas de sus ideas, como la que se adoptó en la reunión del 9 de julio de 1870, que reivindicaba el derecho del Estado a tomar posesión, compensando a los propietarios, de lugares de gran valor histórico, científico o estético.[7]

Lamentablemente, la Asociación por la Reforma de la Tenencia de la Tierra no llegó muy lejos antes de la muerte de Mill, en 1873, y se disolvió poco después. El interés de Wallace se mantuvo fuerte, sin embargo y, durante el resto de la década, prestó mucha atención al debate cada vez más enconado de la reforma agraria, centrado particularmente en Irlanda, entonces enteramente parte del Reino Unido y sometida a su dominio. Irlanda apenas se había recuperado de la terrible hambruna de mediados de la década de 1840, en la que millones de personas murieron o emigraron, y cuya letalidad estuvo enormemente exacerbada por las políticas y prácticas absentistas de los terratenientes ingleses, que poseían la mayor parte del territorio y que, a menudo, empleaban a agentes despiadados para cobrar las rentas a sus inquilinos empobrecidos o directamente los desahuciaban de forma sumaria.[8] La primera de las Leyes de Tierras Irlandesas, que fomentaba «el derecho de propiedad del campesino», se aprobó en 1870 durante el gobierno de William Gladstone (Mill, miembro del Parlamento por entonces, desempeñó un papel destacado), pero se consideró una medida a medias, sin el suficiente calado para abordar los problemas (e injusticias) inherentes al sistema de arriendo. El conflicto volvió a estallar en 1879 con el comienzo de la «Guerra Agraria» en el condado de Mayo, en Irlanda, y la posterior creación de la Liga Agraria Irlandesa, que abogaba por «las tres efes»: (en inglés) renta justa, continuidad de la tenencia y libertad de venta. Igual que el artículo de Forbes había provocado que Wallace escribiera el lúcido texto de la Ley de Sarawak allá por la década de 1850, una de las propuestas de la Liga Agraria desencadenó una respuesta contundente e inmediata de Wallace, que lo catapultó al meollo del movimiento por la reforma agraria. Sin entrar en detalle de la propuesta de la Liga Agraria, baste decir que Wallace la vio con malos ojos, por muy partidario que fuese de sus objetivos: «Que un grupo de hombres educados que se supone que han estudiado el tema presenten una estrategia tan impracticable como esta —y, aunque fuese practicable, tan irracional e inútil— llama poderosamente la atención». ¡Auch!

Sin embargo, como Wallace no era de los que se limitan a señalar con el dedo y criticar, ofrecía soluciones. Lo bueno de aquella propuesta «irracional e inútil» era que mostraba «la importancia de un debate a fondo y sin temor sobre todas las cuestiones relacionadas con la tenencia de la tierra», indicaba, un debate que ayudara a aclarar los principios fundamentales y a conformar la legislación. Su artículo sobre cómo nacionalizar la tierra pretendía ser exactamente eso, una incursión sin miedo en un candente tema político para aclarar los principios fundamentales y ofrecer, basándose en la legislación, una «solución radical» al problema: clásico de Wallace. Aunque incluso las personas del estilo de Adam Smith, autor de *La riqueza de las naciones*, documento fundacional del capitalismo moderno, condenaban prácticas como la primogenitura y los mayorazgos por considerarlos anacronismos feudales, casi nadie cuestionaba la sensatez, y mucho menos la moralidad, de la propiedad privada de la tierra en general. Pero a Wallace le parecía axiomático que

«A lo que se está llegando, o El terrateniente boicoteado y sometido a la Liga Agraria», parodia del boicot de rentas irlandés, 1880.

[A la izda., en el sombrero: **«arrendatario»**; en el cartel a la dcha.: **«Apiádense del pobre terrateniente»**, y en su sombrero: **«renta»**.]

se trataba de algo peor que un mal: era un mal que engendraba más males. Sin embargo, tampoco defendía que el Estado se incautara de la tierra directamente, eso sería injusto, y coincidía en que cualquier estrategia de compensación gubernamental a los expropiados, pagándoles el valor de mercado, llevaría la tesorería a la ruina. Su solución estaba más meditada, respetaba más los derechos individuales y los precedentes históricos y se basaba en un principio evidente: «Cualquier acto que pueda acometer un individuo sin injusticia y sin infringir ningún derecho de otros o que otros puedan reclamar por ley o equidad, así como actos de naturaleza similar, los puede acometer también el Estado, sin injusticia».[9] Fijándose en la estrategia evolutiva y geológica —el gradualismo en todo cambio—, proponía un proceso de transición, a lo largo de varias generaciones, para alejarse de la propiedad individual de bienes. No obstante, para evitar las ineficiencias y posibilidades de favoritismo que pudiera acarrear «el latifundismo estatal», el hecho de que fuera el estado el propietario no suponía que gestionara él mismo esas tierras. Más bien, el papel del Estado sería poco más que el que ya tenía como recaudador de impuestos. Separaba el *derecho del arrendatario*, la propiedad de todas sus mejoras en la tierra (construcciones y otras infraestructuras), de la propiedad de la tierra en sí misma. Se pagaría al Estado una renta nominal por el terreno, basada en el valor inherente de la tierra, mientras que el derecho del arrendatario se convertía en el objeto de propiedad que puede legarse o venderse, incluso subdividirse, pero no subarrendarse. ¿Qué se podía hacer con los terratenientes acaudalados, con extensas propiedades y arrendatarios? Estos últimos les comprarían su derecho a un precio establecido por la diferencia entre la valoración de la renta del terreno y la renta media pagada en los últimos cinco años, en una serie de pagos realizados a lo largo de un periodo de varios años, como una hipoteca. Si esto quedaba fuera del alcance económico del arrendatario, Wallace ideó un método cooperativo de crédito para prestar el dinero, que se devolvería a plazos en un periodo limitado (no mencionaba intereses). A Mill le habría impresionado.

Había muchos más detalles, por supuesto, pero se entiende la esencia. Wallace, pues, que no era ningún radical que llamara a lanzar bombas, lo que buscaba era una solución que equilibrase los derechos de los individuos con los de la sociedad, con el fin de corregir las injusticias y, quizás con cierta ingenuidad y utopismo, tratar al mismo tiempo de sanar algunos de los males sociales que originaba el sistema vigente, tales como la despoblación rural y el hacinamiento urbano, por ejemplo. Aunque iban dirigidos a la cuestión polémica de la tierra en Irlanda, Wallace señalaba que los principios que exponía eran «igual de aplicables en Inglaterra que en Irlanda» y que en realidad eran «de aplicación universal».

Ese era precisamente el problema, claro, a los ojos de las clases privilegiadas de Inglaterra. Wallace cerraba su artículo apelando a «los liberales independientes de Gran Bretaña y a la nación irlandesa, que tanto ha sufrido», y solo les pedía «una lectura detenida, una consideración sin prejuicios y una crítica concienzuda de mis propuestas». Consiguió la crítica concienzuda, bien, y muchas consideraciones: su artículo provocó una respuesta intensa, tanto a favor como en contra, y, como era típico de él, recibió cada una de las críticas publicadas con una respuesta, siempre dispuesto a debatir. De inmediato le contactó un grupo de activistas con ideas afines que lo embarcaron en la creación de la Sociedad por la Nacionalización de la Tierra y lo nombraron primer presidente por aclamación («bastante en contra de mis deseos»). Se metió de lleno en el papel con su entusiasmo habitual y, al ver que no existía un solo tratado conciso del tema, decidió escribir uno. Para llegar al público al que se dirigía —las «clases sin tierra»—, determinó que el libro debería ser «claro y contundente, moderado en volumen y publicado a un precio bajo».

Mientras trabajaba implacable en el proyecto, Wallace se topó con un libro extraordinario de un tal Henry George, un periodista estadounidense convertido en economista político y reformista. Procedente de Filadelfia, George se había mudado de adolescente a California y allí había trabajado primero de pintor y luego de reportero y director editorial para el *San Francisco Times*, encargándose de la corrupción política, la especulación del suelo, la monopolización de la riqueza y los intereses mineros y del ferrocarril. En 1879 George publicó *Progreso y pobreza*, tratando de explicar la paradoja que tanto inquietaba a Wallace: pobreza en plena abundancia, como reza una conocida expresión en inglés. ¿Por qué está tan extendida la pobreza a pesar de la subida general de la marea económica?, y ¿cómo se concentra la riqueza, geográfica y demográficamente, y a qué se debe esta distribución? El subtítulo del libro, pura esencia del siglo XIX, lo dice todo: *Investigación sobre la causa de las crisis industriales y del aumento de la pobreza con el incremento de la riqueza: el remedio*. Su idea central: «Nada que no sea convertir el suelo en propiedad común puede mitigar permanentemente la pobreza y controlar que la tendencia de los salarios no llegue al punto de la inanición (…). La propiedad privada de la tierra siempre ha conducido, y siempre conducirá, a medida que avance el desarrollo, a la esclavitud de la clase trabajadora».[10] Fue todo un fenómeno, alcanzó enseguida varias ediciones, se vendieron millones de ejemplares y se convirtió en un (o quizás en *el*) documento fundacional de la Era Progresista.[11]

Cuando Wallace se hizo con un ejemplar, a principios de 1881, quedó atónito. Se lo leyó entero varias veces, según le contaba a Darwin aquel verano, algo que casi nunca hacía (*El origen de las especies* había sido otro caso extraordinario). Es de lectura obligada, comentaba entusiasmado, «el libro más sorprendentemente novedoso y original de los últimos veinte años», tan revolucionario como Adam Smith. Por entonces estaba Wallace trabajando principalmente en su nuevo jardín, todo el día al aire libre, «admirando la infinita variedad y belleza de la vida vegetal», le decía a Darwin. Pero con el regreso de los días cortos y el tiempo frío, planeaba meterse de lleno en su libro sobre «la cuestión agraria», encantado de haber encontrado un aliado poderoso en George. Darwin respondía que iba a encargar *Progreso y pobreza*, aunque admitía que era un tema en el que desconfiaba «absolutamente» de su propio juicio y además dudaba mucho del de todos los demás. El libro de George seguramente tan solo le confundiría aún más, concluía. Esos temas políticos tienen su atractivo, pero esperaba que Wallace no fuera «a renegar de la Historia Natural». Me gusta pensar que Darwin reprimió el impulso travieso de añadir un «otra vez» entre paréntesis a esta frase, pero no debía de estar muy pícaro en ese preciso momento. Acababa de regresar de unas vacaciones familiares en el Distrito de los Lagos, pero no las había disfrutado mucho, se cansaba enseguida ya fuese de andar, socializar o leer: «La vida se me ha vuelto agotadora».[12]

Podía estar tranquilo en cuanto a que Wallace fuese «a renegar» de la historia natural, no iba a hacerlo: ese año Wallace despachó varias cartas enjundiosas sobre el debate en curso acerca de «los climas geológicos» y la causa de las glaciaciones —uno de sus temas favoritos— y publicó varias reseñas de libros científicos, entre ellas una que merece la pena destacar, sobre *Antropología: introducción al estudio del hombre y de la civilización*, del antropólogo Edward Tylor. En ella, Wallace esbozaba su teoría de «la gesticulación de la boca» en los orígenes del lenguaje, que proponía que el lenguaje se origina con sonidos imitativos o emotivos, y que el sonido o los movimientos que hace la boca al enunciar palabras evocan las mismas cosas que describe: los sonidos suaves transmiten palabras como *smoothness*, *polish*, *oily* ('suavidad', 'pulir', 'graso'), por ejemplo, en contraste con la contundencia más seca de las que transmiten lo contrario: *rugged*, *rough*, *gritty* ('escabroso', 'rugoso', 'áspero'). O pensemos en la manera en que al pronunciar la palabra *glue* o *sticky* ('pegamento', 'pegajoso') la lengua se separa del paladar; *run* y *fly* ('correr', 'volar') se pronuncian rápido, mientras que *drag* y *crawl* ('arrastrar', 'arrastrarse') son (más) lentas; *in* y *out* ('dentro', 'fuera') se pronuncian inspirando y expirando, y así sucesivamente. Esta idea de que el lenguaje se originara en onomatopeyas y mímesis sonora puede que hoy no se sostenga, a juicio de los lingüistas, pero era una gran idea en aquella época y, cuando menos, es otro claro ejemplo de la creatividad desbordante de Wallace.[13] Sí, Wallace seguía comprometido a muchos niveles con el frente de la historia natural, pero es indiscutible que la reforma agraria —y otras causas sociales, como veremos— acaparaban cada vez más su tiempo y energía.

En su última carta conocida a Darwin, con fecha del 18 de octubre de 1881, Wallace le daba las gracias por regalarle el último libro que había publicado (el último que publicaría), el tratado sobre las lombrices, que infundió en Wallace un respeto desconocido por aquellas humildes criaturas. A cambio, le enviaba copias de dos cartas sobre la nacionalización de la tierra que acababa de escribir para *Mark Lane Express and Agricultural Journal*, un semanal cuyo editor, William Edwin Bear, aplaudía la labor de Wallace en nombre de los agricultores arrendatarios.[14] Darwin seguramente no lo aplaudiera: por muy compasivo que fuese el Darwin progresista en algunos aspectos, deseaba que su amigo y compañero se centrara más en la ciencia. Es relevante, pues, que, en el momento en que la triste noticia de la muerte de Darwin llegó a Godalming el siguiente mes de abril, en 1882, Wallace estuviera trabajando en al menos tres artículos para la revista *Nature*, dos reseñas breves de libros científicos y un comentario. Una reseña trataba el primer volumen de *Rhopalocera Malayana*, de William Distant, un análisis de gran autoridad y hermosas ilustraciones de las mariposas de la península malaya y alrededores. Apuesto a que Wallace soltó una risita ante la sincera frase con la que Distant daba comienzo al libro: «Una descripción de las mariposas malayas no necesita ni disculpas ni defensa». La otra reseña para *Nature* daba el visto bueno a la tercera parte del incisivo *Studies in the Theory of Descent*, de August Weismann, que acababa de traducir Raphael Meldola, amigo de Wallace, químico industrial de profesión (inventor del tinte azul meldola) y talentoso entomólogo aficionado con un interés especial en el mimetismo de las mariposas.[15] En esta tercera colección de artículos, Weismann, de la Universidad de Friburgo, en Alemania, analizaba el dimorfismo estacional en las mariposas, la coloración de las orugas y otras formas de variación a la luz de la selección natural. Weismann pronto se erigiría como un importante darwiniano «de la siguiente generación» y haría contribuciones evolutivas trascendentales; Wallace reconocía ya su talento.

En el comentario que Wallace publicó ese mes, se deshacía en profundos elogios a la reciente ampliación de Fritz Müller de lo que hoy se conoce como mimetismo mülleriano, otro triunfo de la perspectiva darwinista. El análisis original de Bates del mimetismo en las heliconinas amazónicas —mimetismo batesiano— demostraba con brillantez que las especies miméticas comestibles desarrollan el color y el patrón de modelos de sabor desagradable mediante la selección natural. Sin embargo, le desconcertaban los casos en los que las especies mimética y modelo, a menudo pertenecientes a géneros o incluso familias muy poco relacionadas, eran *las dos* de sabor desagradable. Wallace estaba igualmente desconcertado, y seguía el ejemplo de Bates al atribuir el hecho, inútilmente, a «causas locales desconocidas». Resulta sorprendente que Wallace no intuyera lo que estaba pasando. En 1879 Müller publicó el primero de sus artículos sobre el tema, en el que proponía una solución: el refuerzo *mutuo* de la impalatabilidad mediante la convergencia en prácticamente el mismo color y patrón. Ahora tenía un artículo de continuación con más indicios, que trataba el fenómeno en gran detalle y criticaba las «causas locales desconocidas» de Wallace porque no explicaban nada. Lejos de ofenderse, Wallace daba otro ejemplo de imparcialidad: «Debo decir de inmediato que admito que esta crítica es sensata», escribió Wallace en su comentario, y procedía a reseñar (y a aplaudir) la explicación de Müller en detalle. La ciencia era la pasión de Wallace: las ideas eran lo primero. Aceptaba las críticas cuando había que aceptarlas. «Si estas opiniones son correctas», concluía en su artículo, «tendremos la satisfacción de saber que todos los casos de mimetismo se explican

FUNERAL OF MR. DARWIN.

WESTMINSTER ABBEY,

Wednesday, April 26th, 1882.

AT 12 O'OLOCK PRECISELY.

𝕬𝖉𝖒𝖎𝖙 𝖙𝖍𝖊 𝕭𝖊𝖆𝖗𝖊𝖗 at Eleven o'clock to the **CHOIR** (Entrance by West Cloister Door, Dean's Yard.)

G. G. BRADLEY, D.D.
Dean.

N.B.—No Person will be admitted except in mourning.

Entrada para el funeral de Darwin en la abadía de Westminster.

[… Permitida al portador la entrada a las once en punto al **Coro** (entrada por la puerta del claustro oeste, en Dean's Yard) N. B.: No se permitirá la entrada a nadie que no venga de luto.]

con un principio general; y ahora me resulta extraño no haberme dado cuenta de lo fácil que es aplicar el principio en estos casos anormales». El mérito del descubrimiento, no obstante, es plenamente del doctor Fritz Müller.[16]

A Darwin le habrían gustado las reseñas de Wallace, especialmente su comentario sobre los artículos de Müller, y habría reconocido la misma magnanimidad que Wallace le había demostrado tantas veces a él mismo con el descubrimiento de la selección natural. Pero para cuando se publicaron estos artículos, Darwin ya había sido enterrado con gran ostentación en la abadía de Westminster. Murió en su casa el 19 de abril de 1882, a los setenta y tres años, de un fallo cardiaco.[17] Aunque él había querido que le enterraran con su familia en el camposanto de Downe, sus amigos científicos y admiradores hicieron campaña inmediatamente para que lo sepultaran en la abadía de Westminster, honrando así a aquel científico y a la ciencia británica ante la nación. La familia vaciló pero accedió. El funeral se celebró una semana después, la catedral estaba abarrotada de condolientes y la flor y nata presentó sus respetos. Entre los portadores del féretro había dos duques y un conde en representación del Estado —uno de ellos, el antiguo enemigo de Darwin, el duque de Argyll—; el presidente de la Royal Society, William Spottiswoode; el embajador estadounidense y poeta J. Russell Lowell, de Boston, y los cuatro científicos británicos que quedaban vivos del círculo de Darwin y Wallace: Hooker, Huxley, Lubbock y, por supuesto, el propio Wallace, aunque puede que las dudas sobre su prestigio a los ojos de algunos en el sistema científico tuvieran algo que ver con que casi lo pasaran por alto, hasta que George Darwin se acordó de él.[18] Seguro que a Wallace le encantó que su estimado amigo descansara junto a Newton, teniendo en cuenta que nunca se desdijo de su primera y entusiasta respuesta a *El origen de las especies*: «Es el "*Principia*" de la Historia Natural. Vivirá tanto como los "*Principia*" de Newton».[19]

De alguna manera, la muerte de Darwin marcaba el final de una era, pero, claro está, eso solo significaba el comienzo de otra: el creciente reconocimiento de Wallace como el primer darwiniano. Casualmente, solo dos meses después del funeral, le concedieron a Wallace el gran honor de un título de Doctor en Leyes (LL. D.) en el Trinity College de la Universidad de Dublín, por recomendación del reverendo Samuel Haughton ni más ni menos, el de la feroz crítica sobre las celdillas de las abejas y *El origen de las especies*, la que hizo a Wallace salir en defensa de Darwin hacía unos dieciocho años. Habían vuelto a cruzar plumas, por así decirlo, un par de veces después. Y *aquí* tenemos otro ejemplo de generosidad de espíritu, al más puro estilo wallaceano. Wallace se encontró con Haughton después de la ceremonia, «y disfruté de su conversación instructiva y aguda» con un grupo de destacados personajes reunidos para desayunar. «La brillante mañana de mediados de verano, la acogedora sala que daba a los hermosos jardines y la compañía tan agradable y simpática allí reunida hicieron de este uno de los muchos recuerdos placenteros de mi vida», escribiría Wallace después.[20]

———

En este periodo post-Darwin, Wallace seguiría demostrando ser el mayor defensor de la fe darwiniana aunque sus intereses extracientíficos continuaran imperturbables; a diferencia de Darwin, él podía hacer muchas cosas intelectuales a la vez. El mismo mes que vio la publicación de sus tres artículos en *Nature*, también publicó su librito sobre la nacionalización de la tierra, una obra excelente de doscientas cuarenta páginas dedicada a «los trabajadores de Inglaterra». Su objetivo era «revelarles la causa principal de tanta pobreza en medio de una riqueza que no para de crecer y que ellos crean» y explicar las reformas necesarias que les permitieran recoger sus justos frutos así como dar a todo el que lo busque las mismas oportunidades en la prosperidad económica del país. Nos suena: a Wallace le decepcionaría saber que algunas cosas nunca cambian, sobre todo la disparidad entre ricos y pobres, que actualmente (a punto de terminar el primer cuarto del siglo XXI) puede que sea mayor que nunca en las sociedades occidentales. Entonces, igual que ahora, los intereses de los potentados hacían todo lo posible por reprimir, si no silenciar, a los Wallace del mundo. Hasta su editor de siempre, Alexander Macmillan, se echó para atrás en el acuerdo de publicación de *Land Nationalisation* tras recibir amenazas de círculos poderosos, profundamente descontentos con el trato que hacía Wallace de los desahucios de Sutherland, Escocia, en 1814: «Un proceso catastrófico de ruina tan a conciencia, que puede considerarse casi imposible hacerlo más completo». En muy pocos años había convertido una zona «en buen estado y saludable» en «una vasta úlcera de miseria y calamidad, como la describió un comentarista».[21] En efecto, puede que este fuera *el* episodio más vergonzoso de los profundamente vergonzosos desplazamientos forzosos de Escocia, la expulsión por parte de terratenientes absentistas de los lugareños que vivían en las Tierras Altas y las Tierras Bajas, en este caso acompañado de atrocidades que llegaron a los tribunales.

La editorial londinense Trübner & Co. accedió a publicar el libro, pero los sentimientos seguían muy a flor de piel. Wallace, perseguido por el hijo de uno de los acusados, que había sido absuelto de homicidio por su papel en el desalojo, echó más leña al fuego al revelar el nombre de esta persona y mantener en ediciones posteriores que se habían cometido atrocidades.[22] La obra tocó la fibra sensible de otros también y, al año siguiente, Wallace se vio envuelto de nuevo en duelos sobre el papel, defendiendo su postura en extensas cartas de respuesta a sus críticos, entre ellos el destacado economista Alfred Marshall, escribiendo panfletos para la Sociedad por la Nacionalización de la Tierra y desarrollando sus ideas en un largo artículo de dos partes para *Macmillan's Magazine* titulado «El "porqué" y el "cómo" de la nacionalización de la tierra».[23] Era un artículo solicitado, una oportunidad para contestar a otro anterior del economista de Cambridge y reformista (además de director general de correos) Henry Fawcett. Wallace se sintió decepcionado y frustrado por la afirmación del progresista Fawcett, distinguido defensor de la clase trabajadora y del sufragio femenino, de que la nacionalización de la tierra era injusta y económicamente imposible. El librito de Wallace se mencionaba en el artículo, pero el autor creía que Fawcett no se lo había leído: no había ningún tipo de enfrentamiento con sus ideas, el economista se limitaba a obcecarse con las propuestas bastante diferentes de Henry George. La extensa respuesta de Wallace a Fawcett era una oportunidad para aclarar las cosas, y fue la ocasión para dejar un comentario digno de mención. Él reconocía (otra vez) el inmenso impedimento económico del Estado para comprárselo todo a los terratenientes (por eso no formaba parte de su programa), pero añadía que, incluso aunque *fuese* posible, no sería aceptable. ¿Por qué? Porque pagar por la tierra significa admitir tácitamente que su propiedad privada es en cierto grado tolerable, *lo que justifica* una compensación justa. Wallace era partidario absoluto de facilitar la transición a la propiedad del Estado de la tierra, pero consideraba la propiedad privada inmoral en sus principios y, por lo tanto, también, «la clase de ociosos acaudalados, mantenidos por la producción de una tierra que hemos declarado legítimamente que pertenece a la comunidad».[24] Wallace no se obsesiona con el asunto y pasa directamente a su argumento principal, pero comentarios como este, que parecen de pasada, nos ayudan a entender mejor el carácter de Wallace: para él, siempre era un tema de *principios*.

Inspirado quizás por todo este tira y afloja sobre la nacionalización de la tierra, Macmillan recobró el valor enseguida y en 1885 publicó la siguiente misiva de Wallace sobre un tema económico relacionado: *Bad Times* (Malos tiempos).[25] Una vez más, su maravilloso subtítulo, típico del siglo XIX, lo dice todo y merece la pena citarlo al completo:

> *Un ensayo sobre la actual depresión del comercio, que sitúa sus causas en los enormes préstamos extranjeros, el excesivo gasto bélico, el aumento de la especulación y de los millonarios y la despoblación de las zonas rurales; con propuestas de soluciones.*

Es esa última parte la que me encanta: Wallace en su más puro estilo de vaso medio lleno, ¡siempre ofreciendo soluciones! Los historiadores económicos hoy en día no le dan mucho crédito a Wallace: era más sintetizador y presentador que creador de nuevas ideas económicas, quizás, pero aun así deberíamos honrar sus heroicos esfuerzos. Este libro en particular, un ensayo largo, en realidad surgió paradójicamente como resultado de (menuda sorpresa) la propia «depresión económica» de Wallace. Sus inversiones eran, en líneas generales, un fiasco, y sus derechos de autor, bastante limitados. Su pensión de la Lista Civil era indudablemente una gran ayuda, pero le costaba llegar a fin de mes entre los gastos escolares de sus dos adolescentes y un hogar que mantener y, además, comenzó a tener un problema en la vista que redujo su productividad. El médico prescribió dejar de leer y de escribir durante un periodo largo, ¡un verdadero problema para alguien que se ganaba la vida con la pluma! Esto explica por qué, cuando vio el anuncio de un concurso que ofrecía cien libras al mejor ensayo sobre «La depresión del comercio», no dejó escapar la oportunidad. Por supuesto, después de llevar «un tiempo indignado con el absoluto sinsentido de muchos de los artículos sobre el tema en la prensa» (de nuevo, menuda sorpresa), está claro que había estado rumiando el asunto y seguramente se habría presentado al concurso igualmente. Su ensayo no ganó, pero los resultados no fueron tan desastrosos como en su último intento de ganar «dinero fácil» (la apuesta con el terraplanista demente, Hampden). A los jueces les impresionó su ensayo lo suficiente como para concederle una especie de mención de honor y preguntarle si podían publicarlo en parte. Él rechazó el premio de consolación y decidió dirigirse a Macmillan para publicar la obra en su totalidad.

Su productividad cayó más o menos a la mitad de lo normal entre 1883 y 1884 debido a su padecimiento ocular, pero era imposible que dejara de trabajar y consiguió escribir un puñado de artículos, discursos, reseñas y cartas sobre temas científicos y sociales. En materia científica, hubo reseñas de libros sobre abejas y matemáticas elementales, y no pudo resistirse a informar a los lectores de la revista *Garden* de las últimas maravillas botánicas que florecían en Nutwood Cottage, como su encantadora leguminosa de flores escarlata *Sutherlandia spectabilis*, de Sudáfrica, o la solanácea de grandes trompetas blancas *Datura meteloides*, de California. Le gustaba compartir esa pasión, además: ¿alguien quiere semillas? «Estaré encantado de mandar unas cuantas a todos los que deseen cultivarla y me envíen un sobre con dirección y sello».[26] Una imagen de los Wallace y su querido jardín en esta época procede del poeta irlandés y otrora editor de *Fraser's Magazine* William Allingham, un alma gemela cuyos versos conmovedores sobre el infame desalojo de cuarenta y siete familias irlandesas de agricultores arrendatarios una noche de 1861 seguro que conocía y admiraba Wallace: «En el crepúsculo de la mañana, crudo y frío, | vapores de humedad arropan el monte baldío, | y cruzan millas de lodo en rigurosa formación | sesenta policías bien armados en pelotón, | cada hombre, alto y con barba, balancea un rifle | y bajo cada gabán una bayoneta aflige».[27] Allingham y su mujer, Helen,

Will y Violet con uno de los pasatiempos favoritos de la familia.

consumada artista, vivían en la vecina Witley y visitaban a los Wallace regularmente. Un cálido día de agosto en 1884, los invitaron a recorrer las últimas producciones del jardín mientras sus hijos Sonny e Evey, de once y siete años, respectivamente, «correteaban por ahí» con Violet, de quince años, y Willy, de trece. «[Wallace] nos enseña su jardín, de raras plantas y flores», un pequeño «tulipán californiano», un encantador lirio de Canadá y eucaliptos: «Tres tipos, muy delicados». Después, Allingham y Wallace se recostaron bajo un árbol y hablaron de espiritismo durante un buen rato.[28]

Allingham le contó la conversación a otro amigo, el gran poeta laureado Alfred, lord Tennyson, que le pidió a Allingham que fuese un día a verle con Wallace. El devoto Tennyson veía que su fe se tambaleaba seriamente debido a la repentina muerte, allá por 1833, de su querido amigo Arthur Hallam, sobre todo porque le costaba aceptar su pérdida en el contexto de una naturaleza indiferente e inmisericorde que parecía provenir del tiempo profundo lyelliano, las revelaciones de criaturas del antiguo mundo que llevaban mucho tiempo extintas y, para terminar, la transmutación de Darwin y Wallace.[29] Era demasiado; estaba intrigado por el espiritismo de Wallace, aunque era escéptico. Ese mes de noviembre, Wallace tomó el tren en Godalming y le recibieron los Allingham, que le llevaron a Aldworth House, en Haslemere, la residencia de Tennyson. Allí, el poeta elogió *Tropical Nature* y acribilló a Wallace a preguntas sobre los trópicos, y hablaron del mundo espiritual, médiums y sesiones de espiritismo largo y tendido. Tennyson no estaba convencido: «Un enorme océano nos presiona por todo alrededor ¿y solo se filtra por unas pocas grietas?», preguntó en un momento dado a Wallace, que al parecer se encogió de hombros. No se sabe cómo, surgió la política, y Wallace, que no estaba hecho para reprimir una opinión poco popular, condenó la inutilidad de la Cámara de los Lores y el absurdo de los títulos y propiedad hereditarios. A lo mejor era consciente, o a lo mejor no, de que a Tennyson le acababan de conceder el título de barón Tennyson, lo que le confería un escaño en la Cámara de los Lores, ese mismo año. Seguramente nadie juzgaría la visita especialmente exitosa, pero está claro que Tennyson se quedó rumiando sus conversaciones con Wallace. Un mes después le comentó a Allingham que era «muy raro que, según Wallace, ninguno de los Espíritus que se comunican con los hombres mencionan nunca a Dios ni a Cristo». Wallace, decía Tennyson, cree en un sistema que considera mucho más excelso que la cristiandad: «Es el Progreso Eterno».[30] Eso era, exactamente.

Por muy dispuesto que estuviera Wallace a hablar de espiritismo con cualquier interesado, el tema pasó a un segundo plano durante un tiempo a mediados de la década de 1880 para dejar paso a asuntos como la nacionalización de la tierra, la «tiranía del capital», las teorías de Henry George, cerramientos ilegales en carreteras y... una causa totalmente nueva: la lucha contra la vacunación. «¡Oh, no!», se lamentará el lector moderno, «¡otro desastre anticientífico no! ¡¿En qué está pensando Wallace?!». Sin embargo, es importante recordar que, para Wallace, todo era ciencia, tal cual la entendía él, y que el conocimiento de la epidemiología, las vacunas y la bioestadística estaba en pañales a finales del periodo victoriano. No podemos juzgar a los que vivieron en el pasado de acuerdo con valores basados en conocimientos actuales. Ahora sabemos que la vacunación es un triunfo de la medicina moderna, que ha salvado incontables millones de vidas en el último siglo, pero tenemos que contemplar la crítica de Wallace a la luz del conocimiento de su época, y partiendo de esa base, las pruebas que corroboraban la eficacia de la vacunación eran bastante precarias en el siglo XIX, justo cuando la profesión médica la imponía con dureza, incluso mediante legislación punitiva: una señal de alarma para el sentido de justicia de Wallace.

En el Lejano Oriente, India y África, tenían siglos de historia de inoculación (o variolización) contra la viruela, terrorífica enfermedad vírica que, con un índice de mortalidad de alrededor del treinta por ciento, ha matado, desfigurado o dejado ciegas a personas sin cuento. El procedimiento de variolización, introducido en el Reino Unido (no sin polémica) a principios del siglo XVIII, implicaba la infección intencionada con materia extraída de las pústulas de individuos que padecían una clase más leve de la enfermedad con la esperanza de que indujera la misma afección moderada y a la vez confiriera inmunidad a la clase más mortal. La técnica funcionó bastante bien, pero tenía sus riesgos, y un pequeño porcentaje de los que recibían el tratamiento murieron por la enfermedad. Más adentrado el siglo XVIII, a varios individuos en Europa (entre ellos, Edward Jenner y Benjamin Jesty, en el Reino Unido) se les ocurrió la idea de inocular material de pústulas de viruela bovina, una enfermedad relacionada del ganado que tiene efectos leves en las personas pero confiere inmunidad ante la viruela.[31] Esto también tuvo sus detractores, pero con el tiempo, con los análisis de eficacia y riesgos relativos, la *vacunación* contra la viruela, como la denominó Jenner (acuñó el término del latín *vacca*, 'vaca'), no solo se aceptó, sino que se convirtió en ley. La Ley de Vacunación de 1840 ilegalizaba la variolización y ofrecía vacunación opcional gratis. Pero con el auge de la ciencia profesional en el Reino Unido —incluido, en líneas generales, el sistema médico con sus éxitos y creciente autoridad—, la Ley de Vacunación fue enmendada varias veces a lo largo de las siguientes décadas a medida que las epidemias de viruela barrían periódicamente pueblos y ciudades, dejando muerte y miseria a su paso.

La vacunación se hizo obligatoria por primera vez con una enmienda a la Ley de Vacunación en 1853 y fue haciéndose cada vez más estricta con las enmiendas de 1867, 1871 y 1874. Wallace no tenía nada en contra de la vacunación en sí misma al principio: él se había vacunado antes de viajar al extranjero y Annie y él vacunaron a sus hijos. Pero ahora le chirriaba la vacunación obligatoria y cada vez desconfiaba más de las afirmaciones categóricas y de la autoridad de que hacía gala el sistema médico; es posible que su opinión se viese influida tanto por su compromiso con la libertad individual como por sus dolorosas experiencias con la comunidad científica en lo referente a sus creencias espiritistas. Tras hurgar en los datos, llegó a rechazar las reivindicaciones científicas de eficacia de la vacunación. Su concepción cada vez más global de la salud le indicaba claramente que una buena nutrición y unas condiciones de vida higiénicas desempeñaban un papel importante a la hora de reducir la transmisión de enfermedades y la vulnerabilidad ante las mismas.

Con todo esto en mente, tengamos en cuenta que, a los ojos de muchos, las leyes de vacunación parecían dirigirse a los pobres, que solían verse obligados a vivir en condiciones sórdidas que fomentaban el vicio y la enfermedad. A partir de la enmienda de 1867, se crearon «distritos de vacunación» sometidos a la autoridad de los Consejos de Guardianes, comités que supervisaban la aplicación de las Leyes de Pobres, incluida la administración de los odiados asilos para pobres, y que ahora tenían el poder de encargarse de las multas punitivas, cada vez mayores, a padres o tutores que no cumplieran con la ley de vacunación.[32] A Wallace no le parecía bien: las malas políticas sociales creaban condiciones insalubres, plagadas de enfermedades, mientras el Estado, en vez de abordar la causa de la miseria, obligaba a la gente a someterse a un procedimiento innecesario, y hasta peligroso, en su opinión. Veamos su razonamiento y su manera de entender los niveles de injusticia: en primer lugar, si la vacunación contra la viruela no era eficaz, simplemente ni ayudaba ni perjudicaba, obligar a la gente a vacunarse so pena de multa o encarcelamiento era una afrenta a la libertad personal. Pero si la vacuna era *peligrosa*, y en realidad aumentaba las probabilidades de mortalidad, era doblemente injusto, perverso incluso, que el Estado forzase a ello. Además, si la clase trabajadora pobre se veía desproporcionadamente señalada y perjudicada por la ley —porque las medidas sociales y políticas los mantenían en un estado de pobreza en el que los asediaba la enfermedad—, penalizarlos por ello obligándolos a someterse a un tratamiento peligroso era *triplemente* injusto, más que perverso, y sumamente malvado. Nos podemos imaginar cómo el asunto le tocaría todas sus fibras sensibles a la justicia social y, sobre todo, cómo le enfurecería que el arrogante e insensible Estado pisoteara, en su opinión, a los que menos podían defenderse. No es de extrañar que las ligas antivacunas, que brotaron casi de inmediato en respuesta a las nuevas leyes, calaran hondo en Wallace. No solo simpatizaba con ellas, sino que, al más puro estilo wallaceano, prestó la autoridad de su talla y su convincente (y combativa) voz a la causa.[33]

El movimiento antivacunas en el Reino Unido (y fuera de él) tuvo muchísimos seguidores, una alianza de detractores atraídos a la causa por diversos motivos (aislados o combinados), igual que en la actualidad: para algunos antiautoritarios era una cuestión de libertad personal, por ejemplo, mientras que otros temían que el tratamiento fuese peligroso y no particularmente eficaz. Aunque muchos de los activistas antivacunas de hoy en día puedan estar inmersos en la desinformación y las noticias falsas y no tengan ni idea de ciencia, los activistas de la época de Wallace tenían un dato sólido al que agarrarse: el estado de la ciencia, desde la manufactura de las vacunas hasta el análisis de datos, era ciertamente menos que riguroso (según los estándares modernos), y en eso se centraba Wallace en su feroz evaluación de las afirmaciones de la profesión médica del momento.[34] El primer indicio de que había estado pensando en el tema llegó en forma de carta escrita en septiembre de 1883 al activista antivacunas (y compañero espiritista) William Tebb, que había cofundado la Sociedad Londinense por la Abolición de la Vacunación Obligatoria en 1880. Wallace luego diría que fue Tebb el que le introdujo en la lucha contra las vacunas más o menos a finales de la década de 1870. Movido a documentarse sobre el tema, no tardó en ver con ojo crítico los argumentos estadísticos predominantes a favor de la vacunación y le impresionó encontrarse con escritos de Spencer, uno de sus ídolos, que insinuaban que la Ley de Vacunación de 1840 había provocado en realidad un aumento en la incidencia de la viruela.[35] La flagrante injusticia habría sido manifiestamente obvia para él, y eso le enganchó. Invitado por Tebb a hablar en el Congreso Internacional Antivacunación en Berna, en Suiza, Wallace tuvo que declinar. No obstante, su carta en apoyo a la causa se publicó de inmediato,[36] y también se mostró encantado de brindar respaldo al reciente libro de Tebb sobre el tema: «Compulsory Vaccination in England [La vacunación obligatoria en Inglaterra] es un pequeño libro digno de admiración. Las secciones sobre vacunación en el ejército y la armada son en sí mismas absolutamente concluyentes en cuanto a la inutilidad y nocividad de la vacunación, si los hechos en ellas expuestos son correctos».[37]

Pero esto no era más que el principio: el año 1885 vio la publicación de un folleto en contra de la vacunación antivariólica que Wallace dirigía a los miembros del Parlamento y había distribuido como un panfleto: «A los miembros del Parlamento y otros interesados. Cuarenta y cinco años de registro estadístico demuestran que la vacunación es inútil y peligrosa». Lanzaba el guante con la frase de apertura: «Tras verme animado a investigar por mi cuenta los efectos de la vacunación en la prevención o disminución de la viruela, he llegado a conclusiones tan inesperadas como concluyentes, a mi parecer». Al tratarse de una cuestión que afectaba no solo a la libertad personal, sino a la salud y a las mismísimas vidas de miles de personas, decía, era un deber «dar a conocer la verdad a todos, y especialmente a aquellos que, confiando en declaraciones falsas o engañosas, han cumplido con la práctica de la vacunación con arreglo a las leyes penales». El panfleto se dividía en dos partes, la primera trataba la mortalidad de la viruela y las vacunas, y la segunda, la mortalidad comparada de los que se habían vacunado y los que no. En la primera parte, comenzaba con cuatro «exposiciones de los hechos» que en su conjunto socavaban los argumentos a favor de la vacunación: la mortalidad de la viruela se ha reducido tan solo muy ligeramente en cuarenta y cinco años, pero, sostenía, no hay pruebas que indiquen que este descenso se deba a la vacunación, ni ha mitigado la misma la gravedad de la enfermedad. Por el contrario, arremetía en su exposición final, la vacunación obligada ha provocado un *aumento* de la enfermedad. Wallace pasaba luego a los datos de mortalidad comparada y deshacía las afirmaciones generales de que la vacunación conducía a una mortalidad menor señalando un aspecto importante del análisis de datos epidemiológicos: en vez de agrupar en amplias categorías de «vacunados» y «no vacunados», el análisis comparativo tiene que hilar más fino, por ejemplo, con un desglose demográfico. Era una actuación magistral característicamente wallaceana de lúcidos argumentos que concluían con una súplica urgente y en mayúsculas:

POR LO TANTO, ROGAMOS SOLEMNEMENTE LA DERO-GACIÓN INMEDIATA DE LAS PERVERSAS LEYES PENALES MEDIANTE LAS QUE SE NOS OBLIGA A SOMETERNOS A UNA OPERACIÓN PELIGROSA E INÚTIL, UNA OPERACIÓN QUE ESTÁ COMPROBADO QUE HA PRODUCIDO MUCHAS MUERTES, QUE SEGURAMENTE SEA LA CAUSA DE UNA MORTALIDAD MAYOR QUE LA DE LA PROPIA VIRUELA, Y QUE NO PUEDE DEMOSTRARSE QUE HAYA SALVADO NUNCA UNA SOLA VIDA HUMANA.[38]

Sí, Wallace era un tipo atareado en materia literaria —jaleado por unos, vapuleado por otros— y en esta fase su producción tomó principalmente la forma de cartas, panfletos, reseñas y artículos en vez de libros (con la excepción de su crítica a la política económica, *Bad Times*). Cartas y artículos salían a raudales de su estudio en Nutwood Cottage, entre los que había muchos diagnósticos y útiles recetas para los males de la sociedad: «Los fondos de la Iglesia: Cómo utilizarlos», «Cómo hacer que la riqueza se distribuya de manera más igualitaria», «Cerramientos ilegales en carreteras», «Tres acres y una vaca», «Arrendatarios del Estado versus propietarios privados» y suma y sigue. Llegados a este punto, la opinión política de Wallace se desplazaba indudablemente más a la izquierda, pero él seguía considerándose miembro del Partido Liberal. Lo sabemos porque lo dijo: escribió «Por qué soy liberal» para una colección de breves testimonios, «Definiciones y confesiones personales de fe de las mejores mentes del Partido Liberal». Lo fundamental para él, visto que el mundo estaba «lleno de opresión e injusticia», era que el Partido Liberal reconocía la necesidad de reformas; puede que la rueda gire despacio, pero gira: «En la creencia de que los terribles males sociales que hoy nos afligen solo pueden remediarse reconociendo a todos el mismo derecho a beneficiarse de los regalos que la naturaleza ofrece al hombre, *tengo la confianza puesta en el liberalismo del futuro para el reconocimiento de este derecho fundamental y su materialización en nuestra constitución y legislación*».[39] Pero como veremos, Wallace no tardaría mucho, después de escribir estas palabras, en perder la paciencia con el Partido Liberal. Aunque ya se deslizaba sin prisa pero sin pausa hacia el socialismo, el cambio se aceleró por una oportunidad única que se le presentaría pronto: un viaje por América del Norte.

———

Todo comenzó, en realidad, con una invitación a dar una conferencia en Sídney, Australia; una invitación que bien podría haber estado motivada por su impresionante volumen *Australasia*, en el Compendio de Geografía y Viajes de Stanford, un estudio de gran autoridad y extensión, seiscientas páginas de historia natural, geología y etnografía de esa enorme región que va desde el Pacífico Sur hasta el este del archipiélago malayo.[40] Publicado por primera vez en 1879, este popular trabajo alcanzaba su cuarta edición para 1884. Pero otro viaje alrededor del mundo era lo último que tenía en mente, y no estaba seguro de querer ir. Era un honor, desde luego, y siempre estaba abierto a la aventura, pero era un viaje *largo*; supondría estar mucho tiempo alejado de su querida familia y su jardín. Y estaba su edad, también; tenía más de sesenta años ya. Por otra parte, la cosa se acababa: pasaba de los sesenta… si no lo hacía ahora, ¿cuándo? Nunca sería más joven. Aunque el factor irresistible fue el económico: quizás pudiera ganar una buena cantidad de dinero, carencia crónica en la casa Wallace. «Si tuviera la posibilidad de sacar mil libras limpias con una campaña de conferencias, iría, aunque requiriese un gran esfuerzo», le escribía a su amigo A. C. Swinton, tesorero de la Sociedad por la Nacionalización de la Tierra.[41] Le propusieron ir dando conferencias por Estados Unidos de camino a Australia, una idea atractiva en diversos sentidos: podría estar bien pagado y darle la oportunidad de ver a su hermano John, en California, a quien no había visto en casi cuarenta años, además de los grandes paisajes, la flora y la fauna de América del Norte. Un mes después de escribir a Swinton, pidió consejo a Othniel Charles Marsh, el famoso (algunos dirían que para mal)[42] paleontólogo de Yale, que había conocido a Wallace en una visita a Londres. ¿Creía Marsh que habría interés en las conferencias de Wallace? Más al grano, ¿había posibilidades de que fuese económicamente lucrativo? Marsh hizo consultas en nombre de Wallace y escribió a Daniel Gilman, presidente fundador de la Universidad Johns Hopkins, y a Augustus Lowell, administrador del Instituto Lowell de Boston. Wallace también se puso en contacto con Carl Ernst, editor del periódico semanal de Boston *The Beacon*, que luego también escribiría a Gilman y a Lowell.[43] Lowell respondió de inmediato, con una carta a Wallace en la que le proponía un curso de «seis u ocho conferencias y sesiones de espiritismo» (¿sesiones de espiritismo?) en el Instituto Lowell el siguiente mes de noviembre.[44] El venerable Instituto Lowell había sido fundado en 1836 gracias al legado del industrial textil John Lowell Jr., vástago de una de las primeras familias de Boston. Simpatizante del movimiento de los liceos —la versión estadounidense de los institutos de mecánica— y de la Sociedad de Boston para la Difusión del Conocimiento Útil, Lowell, de mentalidad filantrópica, había creado su instituto con el mismo ánimo de autosuperación, y ofrecía conferencias públicas gratuitas sobre artes y ciencias, filosofía e historia natural.[45] A Lowell, segundo administrador del instituto, también le interesaba mucho la ciencia, y era miembro de la Corporación del Instituto Tecnológico de Massachusetts (MIT) y vicepresidente de la Academia Estadounidense de Artes y Ciencias. Siguiendo el ejemplo de su predecesor, el administrador fundador John Amory Lowell, se aseguraba de que las eminencias científicas de los Estados Unidos y el Reino Unido estuvieran bien representadas entre los conferenciantes del Instituto Lowell.[46] Gilman fue menos receptivo, sobre todo porque estaba ocupado, y cuando sus compañeros de la Johns Hopkins se pusieron en contacto con Huxley para pedirle su opinión acerca de Wallace como conferenciante, la respuesta no inspiraba confianza: «La esencia de lo que tiene que contar es digna de escucharse, seguro, aunque sea sobre espíritus dando golpecitos y escribiendo», reconocía Huxley, «pero tengo serias dudas de que su estilo de oratoria atrape a un gran público general». Aunque luego suavizaba un poco el golpe con su habitual humor autocrítico: Solo hago conjeturas, decía, y al fin y al cabo, «odio asistir a conferencias y siempre he dicho que no iría ni a las mías si pudiera evitarlo».[47] Pero era verdad: Wallace no era ningún Huxley hablando en público. Algunas personas —Huxley, desde luego, y el desaparecido Stephen Jay Gould en épocas más modernas— tenían el don de hablar con la misma elocuencia con la que escribían. Wallace no: su escritura era lúcida, penetrante, a ratos con un humor sutil, pero hay que decir que le exigía un gran esfuerzo captar la atención de un público presente.[48] Sin embargo, Gilman y sus compañeros de la Johns Hopkins al final lo invitaron y plantearon que el cercano Instituto Peabody sería el mejor local y pagaría mejor. Esa institución había sido fundada en 1857 por el filántropo George Peabody como otro tipo de liceo para el enriquecimiento público, y tenía renombre entonces, como ahora, por su magnífica biblioteca de cinco pisos, muy apropiadamente llamada «la catedral de los libros». Las cinco plantas rodean una sala de lectura en el atrio central, con tragaluces de cristal en los altísimos techos que inundan el espacio de luz natural.[49]

Entretanto, Wallace seguía sin estar seguro de que tuviese ganas. Lowell le propuso consultárselo al poeta y crítico de arte Edmund William Gosse, que había dado una conferencia en el Instituto Lowell en 1884. Wallace interrogó a Gosse y a otros que, con entusiasmo, le contaron todo y le recomendaron buscarse un agente. No tardó en contratar a la Agencia Williams de Músicos y Conferenciantes («B. W. Williams, Empresario») por recomendación del «clérigo naturalista» reverendo John George Wood, autor de las populares *Common Objects of...*, libros e ilustraciones de historias naturales del campo de la botánica y la entomología, entre otras especialidades, que también había dado conferencias en el Instituto Lowell en 1883 y 1884. Aquel invierno terminó aceptando la oferta del Instituto Lowell y acordaron un curso de ocho conferencias que se darían dos días a la semana en noviembre y diciembre de 1886. La idea era ofrecer una exposición de los grandes temas evolutivos y geológicos, desde «La teoría darwiniana: qué es y cómo ha sido demostrada» (como siempre, seguía concediéndole todo el mérito a su amigo Darwin) hasta la coloración y el mimetismo, la biogeografía de islas y la permanencia de continentes y cuencas oceánicas. *Mucho* antes del Powerpoint, las comunicaciones audiovisuales entonces consistían en la voz de uno para la parte del «audio» y carteles y diagramas hechos a mano y diapositivas para linterna mágica o estereoptición, cuyo diseño y ejecución llevaban su trabajo, para la parte del «visual».[50] Pero las conferencias científicas solo eran parte de la agenda de Wallace. Tenía ganas de entrar en contacto con espiritistas estadounidenses y ver lo que pudiera del paisaje, la geología y la historia natural del país, especialmente de la botánica. Terminaría enviando a Inglaterra montones de plantas, no solo para su jardín y el de Annie, sino también para su amiga, la distinguida horticultora y paisajista Gertrude Jekyll, que vivía al sur del pueblo, en Busbridge.

Wallace llegó a Nueva York la tarde del sábado 23 de octubre de 1886 a bordo del vapor Tower Hill, una brusca travesía que le recordó intensamente lo mucho que se mareaba en el mar y le hizo abandonar de inmediato la idea de continuar de América del Norte a Australia. Podría haber sido peor: era la época de huracanes, al fin y al cabo. Pero los almuerzos que pudiera haber, ejem, perdido en el viaje hasta allí se vieron más que compensados a su llegada: «Como tenía bastante hambre, disfruté de mi primera cena en Estados Unidos. Tomé un bacalao con salsa de ostras que estaba delicioso, luego pollo con batatas y tomates, después carne de venado con gelatina de grosellas y puré de patatas y para terminar pastel de manzana con crema italiana, ¡¡suculento!! El pastel de manzana era de lo más exquisito y delicioso. Seguidamente, uvas catawba y plátanos de postre».[51] Después de semejante cena digna de un leñador, tenía bien de fuerzas para los extraordinarios diez meses que pasó viajando por el continente norteamericano.[52]

Su itinerario era ambicioso. Acotado por Massachusetts y California —los extremos este y oeste más apartados en su viaje—, visitó docenas de ciudades y pueblos en un total de diecinueve estados, más dos provincias canadienses, contando solo las paradas. Está claro que no es comparable con los más de veintidós mil kilómetros que recorrió en el archipiélago malayo —ni con su nivel de peligrosidad—, pero era ambicioso, igualmente. Pasó los dos primeros meses (noviembre y diciembre de 1886) afincado en el área de Boston, y los siguientes tres, de enero a marzo de 1887, en Washington D. C. Se dirigió al interior del país a principios de abril de aquel año, e hizo paradas en al menos diez estados de camino a California, con conferencias y excursiones en Virginia, Virginia Occidental, Ohio, Indiana, Misuri, Iowa, Kansas, Colorado, Wyoming y Utah. Tras casi dos meses en California, donde tuvo la alegría de reencontrarse con John y conocer a su sobrina y sobrinos por primera vez, se dirigió de nuevo al este, con una parada botánica de unas semanas en Colorado, y continuó hacia Chicago, Michigan, Kingston, Ontario y Montreal, en Quebec, donde se subió a otro vapor, el Vancouver, con destino a Liverpool.

Analicemos sus primeras semanas para hacernos una buena idea de su agenda en general: una ajetreada mezcla de conferencias, compromisos sociales y turismo, en proporciones que variaban de un lugar a otro. Nada más llegar a Nueva York, a una semana de su primera conferencia en Lowell, invitaron a Wallace a una visita rápida por la ciudad, con un paseo por Central Park y una excursión por el valle del Hudson hasta West Point, en la que pudieron admirar los célebres Palisades, el gran afloramiento del Triásico: un acantilado formado por columnas de basalto de noventa metros, a lo largo de unos ochenta kilómetros en la orilla oeste del río Hudson. Los comparó con la famosa formación de la Calzada del Gigante en Irlanda del Norte y, en efecto, geológicamente son el mismo fenómeno. Luego cogió el tren a Boston, donde le esperaba su agente, y enseguida lo acomodaron en el Quincy House Hotel, donde se sintió como en casa durante los siguientes dos meses. Precioso en su día, pero demolido en 1935, el Quincy estaba ubicado donde hoy se encuentra la City Hall Plaza del ayuntamiento de Boston. Tuvo un par de días para montar sus diagramas en el auditorio (Huntington Hall, en el edificio Rogers del campus del MIT) y después... ¡su gran debut! Ante un público de entre ochocientas y novecientas personas, fue todo un éxito: «El primer darwiniano, Wallace, no había dejado títere antidarwinista con cabeza cuando terminó su primera conferencia en Lowell ayer por la tarde», declaraba un reportero del *Boston Evening Transcript*.[53] Wallace estaba encantado, adjuntaba recortes de periódico en una carta a su hija, Violet, al día siguiente y describía la recepción de un público atento y entusiasta, así como las atracciones que había visto hasta entonces. Y la comida: «¡Tendrías que ver los menús del hotel!».[54]

El primer darwiniano británico no tardó en conocer al primer darwiniano estadounidense: Asa Gray, de Harvard, el botánico más destacado y el más destacado defensor de Darwin en Estados Unidos. A sus setenta y seis años, Gray estaba ya retirado a esas alturas —al menos, de sus obligaciones profesionales—, pero trataba de avanzar en su ambicioso libro *Synoptical Flora of North America*. Seguro que Wallace y Gray tenían un montón de cosas de las que hablar dada su amistad mutua con Darwin y su entusiasmo por la biogeografía, aunque ambos fuesen darwinistas bastante poco ortodoxos: Wallace, espiritista, y Gray, devoto presbiteriano que ejercía de diácono en la Primera Iglesia de Cambridge. Gray era un entregado evolucionista teísta, una postura hacia la que Wallace transitaría en los años venideros. Sin embargo, se sabe poco de sus conversaciones, aunque no cabe duda de que tuvieron una relación muy cordial. Se reunieron varias veces mientras Wallace estuvo en Boston, y en una ocasión Wallace se quedó en casa de los Gray, que celebraron una cena en su honor e invitaron a la *crème de la crème* de la facultad de ciencias de Harvard. En la sobremesa, Gray le pidió a Wallace que contara a los congregados la historia, para entonces famosa, de cómo llegó a descubrir la selección natural. «A lo cual le siguió una conversación muy interesante»; ¡ay, quién hubiese podido mirar por un agujerito la casa de los Gray aquella noche![55]

Cuando las conferencias científicas de Wallace eran solo eso —sin espiritismo mezclado—, no dudaba en subrayar su desacuerdo con Darwin acerca de la evolución de la mente y, por extensión, su concepto de evolución teleológica, finalista, en los humanos. Había muchos entre el público que estaban totalmente de acuerdo y otros que pensaban que no tenía sentido, un contraste que a veces se reflejaba en los informes que puntualmente salían en la prensa del día siguiente, que elogiaban la ciencia de Wallace y bien omitían, esquivaban con educación o criticaban su pequeña herejía. Entre las personas interesantes que le presentó Gray y que estaban más de parte de su herejía que en contra, estaba

THE FIRST DARWINIAN, Wallace, did not leave a leg for anti-Darwinism to stand on when he had got through his first Lowell lecture last evening. It was a masterpiece of condensed—and as clear and simple as compact—statement, a most beautiful specimen of scientific work. Mr. Wallace, though not an orator, is likely to become a favorite as a lecturer, his manner is so genuinely modest and straightforward.

Recorte de prensa de la exitosa conferencia inaugural de Wallace en su gira norteamericana, *Boston Evening Transcript*, 2 de noviembre, 1886:

[EL PRIMER DARWINIANO, Wallace, no dejó títere antidarwinista con cabeza una vez pronunciada su primera conferencia Lowell ayer por la tarde. Fue una obra maestra de síntesis —con afirmaciones tan claras y sencillas como compactas—, una muestra de trabajo científico de lo más hermoso. Mr. Wallace, sin ser orador, puede convertirse en un conferenciante muy popular, por lo genuinamente modesto y directo de su estilo.]

William James, filósofo, historiador y de los primeros psicólogos, y el filósofo y matemático Charles Sanders Peirce, ambos cofundadores de la escuela pragmática de la filosofía. Ninguno de los dos filósofos estaba conforme con el naturalismo científico entonces en ascenso, con su rechazo casi combativo a los aspectos inmateriales. Admiraban a Wallace, que los tenía fascinados; a James, con su compromiso con la filosofía de empirismo radical, como después lo llamaría —un empirismo que tiene en cuenta la diversidad de experiencia, incluida la psicológica, a la hora de entender la causalidad y el significado—, y a Peirce, quien, como evolucionista metafísico, calificaba la evolución por selección natural darwiniana y wallaceana (en sus comienzos) de «pseudoevolucionismo», demasiado mecánico para su gusto.[56] James también tenía una mentalidad bastante abierta para lo paranormal y, aunque era escéptico, asistió a varias sesiones de espiritismo con Wallace. Gray, James y Peirce representaban un evolucionismo teísta académico estadounidense que se reconocía en la teleología evolutiva de Wallace, y no eran los únicos: entre los distinguidos científicos que conoció Wallace, los geólogos James Dwight Dana, de Yale, y Joseph LeConte, de Berkeley, también eran de la misma convicción, e indudablemente también era el caso de muchos de los espiritistas estadounidenses que llegó a conocer, entre los que destacan la afamada conferenciante y sufragista Isabella Beecher Hooker (hermana de la novelista Harriet Beecher Stowe), el senador Leland Stanford y su mujer, Jane, fundadores de la Universidad Stanford (y que, igual que Wallace, habían sufrido la angustiosa pérdida de un hijo, algo que el bálsamo del espiritismo podría haber aliviado un poco). Insisto, la posibilidad de un mundo espiritual, una especie de universo paralelo con el que podríamos comunicarnos, estaba ampliamente aceptada en aquella época en todos los estratos sociales. De hecho, es interesante señalar que la conferencia más numerosa y económicamente lucrativa que dio Wallace en toda su gira versaba sobre espiritismo, no sobre ciencia: «Si un hombre muere, ¿puede volver a vivir?» se impartió en San Francisco el 5 de junio de 1887 y fue tan popular que enseguida se publicó como un panfleto y posteriormente llegaría a tener más reimpresiones que ningún otro de sus trabajos.[57]

———

A Wallace le fue bastante bien en el recorrido de conferencias a pesar de los altibajos habituales. Cualquiera al que se le haya fundido la bombilla del proyector durante una presentación puede entender por lo que pasó: «¡Ha fallado la linterna!», registró en su diario cuando daba la conferencia sobre «Colores de animales» en el Williams College de Massachusetts; en otra ocasión tuvo un revés doble: «El operador de la linterna era nefasto y la bombilla estaba mal ¡y ha dejado de funcionar!».[58] Luego estaban los dolores de cabeza con sus carteles y gráficas. Enrollados en un paquete poco manejable de un metro ochenta, la mayoría de ferrocarriles insistían en que se enviaran como mercancía, lo que a menudo significaba en otro tren, la receta del desastre. En unas cuantas ocasiones su soporte visual no llegó a tiempo y tuvo que ponerse a dibujar ilustraciones nuevas de memoria, como aquella vez en la que se presentó pronto en Bloomington, Indiana, para disfrutar antes de su conferencia de unas jornadas geológicas por la zona con el profesor John Branner y, al volver al campus, se enteró de que sus diagramas no habían aparecido. ¡Qué estrés! Branner y un estudiante ayudaron a Wallace a recrear más o menos sus ilustraciones, y para su alivio, funcionó: «Ha salido bien, a pesar de los malos diagramas».[59] Pero estos contratiempos eran escasos, por fortuna. En total, incluidas sus presentaciones en el Instituto Lowell, Wallace impartió cuarenta y una conferencias en su gira; treinta y ocho fueron científicas, dos sobre espiritismo y una sobre la tierra y la reforma económica, y la gran mayoría se desarrollaron sin ningún problema. Habría dado más conferencias, de no ser porque su agente metió la pata y no tenía nada programado para Wallace en Washington D. C., después de su compromiso con el Instituto Peabody. Hubo algún otro contratiempo, sin embargo. En una ocasión se equivocó de tren en Clifton Forge, en Virginia, de camino a Virginia Occidental para visitar a William Edwards, el autor de *A Voyage up the River Amazon* que había inspirado y animado a los jóvenes Wallace y Bates en su ambición sudamericana hacía ya tantos años. Se dio cuenta de su error al cabo de un par de kilómetros y tuvo que volver andando, lo que le hizo perder el tren bueno. Afortunadamente, no supuso un problema: envió un telegrama a Edwards para informarle de que llegaría un día después y aprovechó la ocasión al máximo para explorar los parajes de la zona, como a él le gustaba. Siguiendo el río Jackson hacia el este desde el pueblo, donde gira al sur en Rainbow Gap, dibujó en su diario los «grandes estratos arqueados» que se veían a cada lado del río: areniscas paleozoicas de la provincia Valley and Ridge plegadas en un pronunciado anticlinal que se sigue viendo bien hoy en día desde la carretera estadounidense 220.

La geología figura de modo destacado en su diario de viaje estadounidense: prácticamente allá donde iba, Wallace realizaba observaciones geológicas generales, pendiente sobre todo de pruebas que indicasen acción glacial, por la que tenía un interés especial. Pasó un día maravillado con las espectaculares formaciones de las cavernas de Luray, en el centro de Virginia, descubiertas hacía tan solo una década, y admiró los impresionantes fósiles que se exhibían en la multitud de museos que visitó. Los museos, de hecho, se convirtieron para Wallace en objeto especial de estudio en sí mismos. Recordemos su convicción en los «museos para el pueblo»: las muestras y exposiciones debían de ser tanto instructivas como visualmente atractivas, para la formación de los visitantes. Encontró su especie tipo en el primer museo estadounidense que visitó: el Museo de Zoología Comparada de Harvard (MCZ), fundado en 1859 por el famoso paleontólogo y anatomista comparado suizoestadounidense Louis Agassiz. A pesar de que Agassiz era un grano creacionista en el culo de los primeros darwinianos, bajo su mando, el MCZ había estado a la vanguardia de la pedagogía museística. Su hijo Alexander, que había empezado como conservador y había terminado sucediendo a su padre como director, estuvo encantado de recibir a Wallace y enseñarle el museo. No tenía ninguno de los escrúpulos de su padre con la evolución, pero sí que habían saltado chispas con Darwin por la teoría de los arrecifes de coral y la formación de atolones. Darwin salió victorioso de esas lides también.[60] Alexander coincidía con las ideas de su padre en cuanto a la organización museística —hoy en día, las exposiciones zoológicas siguen organizándose según sus principios—, es decir, según la biogeografía. Salas de espléndidas vitrinas de madera y cristal presentaban agrupaciones de animales típicas de cada reino biogeográfico — casi como recreaciones tridimensionales de aquellos preciosos grabados que Wallace había realizado para su libro *Geographical Distribution of Animals* en 1876—, instantáneas de la fauna y la flora típicas de cada región. Wallace estaba eufórico y después escribiría un artículo cantando las alabanzas del MCZ: «Pasemos ahora a la característica especial del museo, digna de todos los elogios, la presentación al público de los hechos principales de la distribución geográfica de animales. Lo hace por medio de siete salas, cada una de ellas dedicada a los animales característicos de una gran división de la Tierra o del océano». Publicado en el número de septiembre de 1887 de *Fortnightly Review*, el artículo no solo presentaba el MCZ como modelo para los museos de Inglaterra, sino que, al más puro estilo Wallace, ofrecía una visión aún más ambiciosa. Anunciando que «una gran oportunidad está ahora al alcance de un hombre adinerado que desee hacer algo para el desarrollo intelectual de las masas», proponía un Museo de *Paleontología* Comparada, diseñado con los mismos principios biogeográficos y con una dimensión temporal añadida, ¡un museo de especies en el espacio y el tiempo![61]

Prosiguió con otro artículo museístico en *Fortnightly*, este con elogios y felicitaciones a los museos arqueológicos y antropológicos de Estados Unidos, en particular al Museo Peabody de Arqueología y Etnología Americanas de Harvard y a las Exposiciones de Antropología y Arqueología Prehistóricas de la Smithsonian Institution.[62] En este caso, no era tanto la organización como la riqueza de las colecciones la que le había impresionado, algo que hoy bien podría considerarse un problema. La entusiasta recolección —muchos dirían ahora expoliación— de antiguos túmulos, poblados y enterramientos de nativos americanos ha ayudado a comprender mucho mejor las primeras culturas indígenas de las Américas, es cierto, pero con demasiada frecuencia se hizo con poca o ninguna consideración hacia los derechos y las sensibilidades —y la humanidad, incluso— de los pueblos indígenas *vivos*, y mucho menos hacia el honor de los muertos. Durante sus viajes por Estados Unidos, Wallace tuvo la oportunidad de visitar varios túmulos antiguos de nativos americanos. Estos montículos, que salpican a cientos el paisaje del sureste y el medio oeste, son testimonio mudo y melancólico de culturas perdidas. Como recuerdan en cierta manera a las ruinas de la Antigüedad europea, solían (mal)interpretarse en los siglos XIX y XX como vestigios de una civilización antigua derrocada por los antecesores «salvajes» directos de los pueblos nativos actuales, como versiones del Nuevo Mundo de los godos y visigodos que derrocaron a Roma. Su artículo para *Fortnightly Review* concluye con una mención del debate entonces vigente de las relaciones de grupos indígenas actuales con aquellos del pasado remoto, los constructores de montículos y otros cúmulos de tierra que los arqueólogos excavaban con tanta diligencia.[63] Por muy respetuoso y admirador que fuese Wallace (normalmente) de las culturas no europeas, no dejaba de pertenecer a su época y no veía ningún problema en las colecciones de puntas de flechas y otros artilugios ni en las investigaciones arqueológicas que algunos considerarían irrespetuosas hoy. Pero si antes no había sido consciente de las injusticias en el trato a los nativos americanos, desde luego lo fue después de conocer a Thomas Bland en Washington D. C. Era el cofundador de la Asociación Nacional en Defensa de los Indios y editor de *Council Fire and Arbitrator*, una destacada publicación que abogaba por reformar las relaciones entre los indios y el Gobierno, y fue quien pidió a Wallace una alocución ante un grupo de personas sobre el tema de la reforma agraria en el contexto de la relación entre la especulación desenfrenada del suelo y el robo de tierras supuestamente garantizadas a los indios. Wallace le hizo el favor, pues estaba totalmente de acuerdo en cuál era la raíz del problema, pero lamentaba que, dada la fiebre especulativa del país en aquella época, la mayoría de sus oyentes se limitaran a encogerse de hombros.[64]

Aunque Wallace no estuviese totalmente al corriente del trato que recibían los nativos americanos, no cabe duda de que tenía mentalidad progresista en temas relacionados. Lo hemos visto en su defensa de la justicia social, pero además quedó impresionado con las tendencias educativas estadounidenses, especialmente con la enseñanza mixta y la educación superior para las mujeres en facultades femeninas, tendencias que justo empezaban a tomar impulso en el Reino Unido por aquella época.[65] Las facultades para mujeres en Estados Unidos precedieron a la mayoría de sus equivalentes al otro lado del charco y otorgaron títulos desde el principio mismo; Elmira College fue la primera, fundada en 1855, seguida de Vassar en 1861. Wallace dió una conferencia sobre islas oceánicas en Vassar en noviembre de 1886 ante un público atento y quedó impresionado con el recorrido por el campus, anotó en su diario el rigor del currículum impartido por «Señoritas Profesoras», hizo una lista de los cursos, los requisitos de acceso y las instalaciones, admiró el museo de historia natural, la galería de arte y el observatorio, el cual le enseñó Maria Mitchell, nada menos, la reconocida astrónoma de Nantucket que se había incorporado a la facultad de Vassar en 1865.[66] Más adelante, en Washington D. C., le invitaron a hablar en el Instituto Antropológico de la Mujer y elaboró una conferencia sobre «Los grandes problemas de la antropología», centrándose en la definición de «raza» y los orígenes del lenguaje.

Aún más impresionante para él era la educación reglada mixta: le llamó la atención en varios pueblos que visitó en el Medio Oeste. Los enfoques eran variados: a veces chicos y chicas asistían al mismo instituto pero seguían clases distintas, mientras que en otros casos realmente aprendían juntos en las mismas aulas; Wallace no solía extenderse en los detalles. En Bloomington, Indiana, apuntó que «todas las escuelas públicas tienen educación mixta de sexos. Funciona bien. Los chicos y chicas se hospedan fuera, pero coinciden en perfecta igualdad en las clases. También coinciden en debates y actividades similares. Funciona bien». En Sioux City, en Iowa: «En todas las escuelas y universidades hay educación mixta. Las señoritas conforman un porcentaje considerable del profesorado (…). En estas escuelas y universidades las chicas se defienden bastante bien frente a los chicos, e incluso los superan en idiomas». En la Universidad de Kansas, señalaba que la educación mixta era la norma y observaba que «una señorita es profesora de griego, otra enseña latín, francés y alemán», mientras que en Manhattan, la Facultad Agrícola de Kansas (hoy, la Universidad Estatal de Kansas) ofrecía educación gratuita a ambos sexos, aunque, como era costumbre, diferían en los programas para hombres y mujeres: teoría agrícola, química, matemáticas y demás para los hombres, mientras que las mujeres estudiaban «economía doméstica», cocina y horticultura.[67] El hecho de que Wallace anotara repetidamente esas tendencias educativas estadounidenses en su diario es significativo: seguro que sus observaciones estaban a tono con su creciente interés en los derechos de las mujeres, una extensión natural de su sentido de la justicia social que alcanzaría su máxima expresión en los años posteriores a su regreso de los Estados Unidos.

Pero entre tanto, ¡había un enorme y vasto continente que explorar! Incluso más que la geología, el aspecto que más disfrutaba Wallace en los paisajes era la botánica. He mencionado que estaba constantemente enviando especímenes a Inglaterra para su mujer, Annie, y su amiga Gertrude Jekyll; también le mandó unos cuantos a su suegro, William Mitten. De hecho, se mostraba casi frenético en su admiración por las flores silvestres y no daba abasto recogiéndolas. Llegó incluso a confesar que salía corriendo del tren cada vez que paraba en las estaciones más pequeñas para sacar rápidamente de la tierra cualquier flor que hubiese cerca, «muy pendiente de la llamada del conductor de "¡Viajeros al tren!"».[68] Solo se vio derrotado una vez, que sepamos, cuando le reconoció a su suegro que había estado intentado recoger el precioso lirio sego, *Calochortus nuttallii*, en Sierra Nevada. Esta delicada planta, que es la elegancia botánica materializada, produce sobre un esbelto tallo grandes flores individuales, con cada uno de sus tres pétalos, blancos como la nieve, pintados de un vivo amarillo y bermellón en la base. Las encontró creciendo a cientos en laderas rocosas, y ese era precisamente el problema: los bulbos estaban bien protegidos, entre las fastidiosas piedras, y los delicados tallos se rompían al más mínimo tirón. «¡Absolutamente in-sa-ca-bles!», dijo Wallace, frustrado. «Lo he intentado hasta aburrirme y me doy por vencido».[69]

El interés botánico de Wallace era un elemento importante de su creciente ética de la tierra: allá donde iba comentaba las cualidades del paisaje, la naturaleza de la vegetación. Tenía ojo para la belleza en cualquier estación. En una ocasión, una población de preciosos abedules papiríferos y sauces le sorprendió en una excursión botánica a finales de noviembre en el oeste de Massachusetts: «Lo primero que noté allí fue el efecto tan llamativo de las cortezas blancas de los abedules y las cortezas amarillas de los sauces en el paisaje invernal».[70] Los helechos navideños (*Polystichum acrostichoides*) que recogió allí vivieron muchos años en su jardín de Inglaterra. Igual que innumerables plantas más: en su diario de viajes estadounidenses menciona casi cuatrocientas plantas (!), muchas de las cuales recogió y envió a casa.[71] Nutwood Cottage se estaba convirtiendo en un verdadero jardín botánico y vivero. Llegó al este en mala época del año para ver muchas plantas silvestres en flor, por lo que primero tuvo que superar el invierno glacial del este de Estados Unidos, el cual pasó principalmente por los alrededores de Washington D. C. Pero al fin llegó: «Nuestra primera salida botánica primaveral buena de verdad», comentaba a finales de marzo. Junto al paleobotánico y sociólogo Lester Ward, agnóstico declarado y monista —creyente en una base física de la mente—, hicieron una larga caminata hasta High Island, en el río Potomac, donde Wallace pudo observar por primera vez tales maravillas como el podofilo (*Podophyllum peltatum*, en inglés, manzana de mayo), la belleza de primavera (*Claytonia virginica*), la doble hoja (*Jeffersonia diphylla*) y muchas flores silvestres más en todo su esplendor. Wallace posteriormente reconocería que Ward era un progresista (y socialista) más avanzado que él; entablaron multitud de largas conversaciones metafísicas en sus paseos botánicos de los domingos por los alrededores de Washington, pero Ward no llegó a convencer del monismo a Wallace, comprometido espiritista, aunque el socialismo estaba al caer.[72] La salida botánica más espectacular estaba también por llegar, y se adelantaría a su cambio de ideas políticas.

La estancia de Wallace en la capital llegó a su fin; había sido muy interesante que le enseñaran los alrededores y lo agasajaran por la ciudad. Se había entregado al turismo entre salidas botánicas, conferencias y sesiones de espiritismo, y había visitado la Oficina de Patentes, el Congreso, el Tesoro, la Oficina de Grabados e Impresión, la Casa Blanca y otros lugares, pero él no era un mero turista. Para hacernos una idea de la fama de Wallace, diré que además de con profesores y naturalistas, pasó tiempo en Washington con una destacable selección de personalidades: el explorador y geólogo Wesley Powell, que había dirigido varias reconocidas expediciones al oeste a finales de la década de 1860 y era entonces director del Servicio Geológico de EE.UU. (Wallace era un invitado habitual del Cosmos Club de Powell); el senador Stanford, a quien volvería a visitar en California; James Brooks, director de los Servicios Secretos; Spencer Fullerton Baird, director del Smithsonian, y hasta el mismísimo presidente, Grover Cleveland, entonces en el primero de sus dos mandatos no consecutivos en el poder. Wallace, que no estaba hecho para formalidades, vivió el encuentro como algo que aguantar más que disfrutar, sentimiento que sin duda fue mutuo, pues Cleveland no tenía mucho interés en temas científicos: «Yo no tenía nada especial que contarle a él y él no tenía nada especial que contarme a mí, así que estábamos los dos bastante aburridos y encantados de acabar con aquello tan pronto como fuese posible».[73] Conocer a una figura tan eminente como un presidente en ejercicio distaría mucho de ser lo más memorable de la visita de Wallace a Washington, pero en general estaba satisfecho: «Conocí a más personas interesantes allí que en ninguna otra parte de Estados Unidos y llegué a intimar, incluso a entablar amistad, con muchos de ellos (…). Por muchos motivos, me fui de Washington con gran pesar».[74]

Wallace puso rumbo al oeste, hacia California, el 6 de abril de 1887, y tardó alrededor de un mes y medio en llegar allí en una gira relámpago por diez estados, absorbiendo la transición de los bosques caducifolios del este a las praderas ondulantes, las llanuras, el desierto alto y las montañas, la geología local se hacía más visible a medida que el clima se volvía más árido y disminuía la vegetación. El tren se adentró en Oakland, en California, el 23 de mayo, y John estaba allí esperándole. Los hermanos no se habían visto desde 1848, cuando Wallace partió hacia el Amazonas; John, uno de los *forty-niners* originales, se fue a California al año siguiente. Wallace no cuenta mucho del reencuentro, era bastante reservado con los asuntos familiares, como siempre, pero tuvo que ser un acontecimiento muy feliz. John se había hecho ingeniero y alternaba los trabajos de ingeniero y presidente en la Compañía de Aguas del Condado de Tuolumne, de topógrafo del condado de San Joaquín y de ingeniero jefe del Ferrocarril de San Joaquín y Sierra Nevada. El pueblecito Wallace, en el oeste del condado de Calaveras, California, se llama así en su honor, y se encuentra a medio camino de la nueva línea de ferrocarril tendida por John en la década de 1880 y que cruzaba San Joaquín y el condado de Calaveras, conectando Valley Springs, en Sierra Nevada, al sur del lago Tahoe, con Woodbridge y Lodi, en el Valle Central, para enlazar fácilmente por algún vapor con los mercados de San Francisco. El hijo mayor de John y Mary, John Herbert, era topógrafo siguiendo la tradición familiar y, de hecho, cartografió el término municipal de Wallace.[75] Para entonces John y Mary tenían cinco hijos, el segundo en edad, William, casado y con hijos propios.

Pero Wallace (Alfred, quiero decir) no conocería al resto de la familia hasta pasada otra semana: primero, John y él se dirigieron a San Francisco, donde el precioso hotel Baldwin y compromisos de conferencias los esperaban. Gracias al esfuerzo de John —él había organizado las charlas de su hermano—, la noticia salió en cuatro periódicos, y Wallace fue presentado en sus conferencias por el distinguido geólogo Joseph LeConte, de Berkeley, que «aludió a la evolución como la mejor idea de la edad moderna, y al conferenciante como el mejor defensor vivo de la teoría».[76] Las conferencias fueron todo un éxito, y ese fin de semana invitaron a los hermanos Wallace a una excursión: William Gibbons, doctor, naturalista aficionado y fundador de la Academia de Ciencias de California, organizó una escapada de un día a las montañas en compañía del renombrado naturalista, escritor y filósofo medioambiental, John Muir. La zona que visitaron era conocida por Gibbons, Muir y su círculo como «el cementerio de secuoyas»: un paisaje salpicado de enormes tocones de majestuosas secuoyas rojas (*Sequoia sempervirens*), imponentes árboles que antaño habían cubierto las colinas de los condados de Alameda y Contra Costa, tan altos que servían de guía para los barcos que entraban navegando en la bahía de San Francisco, pero que para entonces se habían talado en su mayoría para expansión urbana.[77] Gibbons les enseñó el tocón más grande que había encontrado: tenía la friolera de diez metros de diámetro. Ese ejemplar, por lo visto, había muerto en un incendio antes de que lo talasen, pero el cementerio de secuoyas, en su conjunto, era una demostración gráfica y macabra del aspecto más destructivo de la sociedad estadounidense, con su voraz explotación de recursos naturales.

Quince años más joven que Wallace, Muir, emigrado escocés, aún no se había convertido en la supernova icónica de la conservación de la naturaleza, pero ya era una estrella con bastante luz propia que lideraba un movimiento en defensa de la conservación del valle Yosemite y sus alrededores; tan solo unos años después de la visita de Wallace, los inspirados artículos de Muir en *Century Magazine* desempeñarían un papel clave en la designación de Yosemite como el primer parque nacional del país. Wallace visitó el glorioso escenario con su hermano y su sobrina May, el coche de caballos en el que viajaban atravesó el gran túnel del árbol Wawona, en Mariposa Grove (que lamentablemente cayó en una tormenta en 1969); contemplaron El Capitán, el lago Mirror (espejo) y las cascadas Bridal Veil (velo de novia), él sin duda mareado de mirar a cada rato hacia abajo para admirar las flores silvestres y hacia arriba a los enormes árboles; se recrearon con los grandes valles y sus altísimos domos, y «reflexionamos sobre su extraña belleza, salvaje, majestuosa, y sobre cómo se formó».[78] La mandíbula apenas se le habría reencajado cuando al fin experimentó en persona la magnificencia de los bosques vivos de secuoyas rojas y, unos días después, secuoyas gigantes en un peregrinaje a Calaveras Big Trees (hoy, parque estatal). Durante tres días seguidos, se dedicó a trepar, escalar, observar y medir las asombrosas secuoyas gigantes (*Sequoiadendron giganteum*), sobrecogido: «De todas las maravillas naturales que vi en Estados Unidos, nada me impresionó tanto como estos gloriosos árboles».[79]

Seguro que el *espiritual* Muir y el *espiritista* Wallace coincidían en cuanto a la ética de la tierra, pero también tenían en común otros intereses relacionados: la geología, la acción glacial, la botánica, el paisaje, la biogeografía y demás. Seguro que Wallace admiraba el estudio de Muir de la historia postglacial de *Sequoia gigantea*, un intento por comprender la distribución geográfica de los grandes árboles a la luz de su historia pasada y de lo que hoy llamamos ecología, y asentiría con la cabeza en señal de aprobación ante la alerta de Muir de confundir causa y efecto al identificar la relación entre estos árboles y su entorno. Es un error suponer que las secuoyas necesitan lugares húmedos para crecer, afirmaba Muir. «Por el contrario, la arboleda es la verdadera causa de que el agua esté allí. Si se drena el agua, los árboles permanecerán en su lugar, pero si se talan los árboles, los arroyos desaparecen (...). Nunca se había confundido tan completamente una causa con el efecto como en el caso de estos fenómenos relacionados de bosques de secuoyas y arroyos perennes».[80] Los grandes bosques moldean su entorno, son una fuerza de la naturaleza: precisamente un argumento de Wallace en *Tropical Nature*. Muir fue una inspiración para Wallace, a quien ayudó a concretar aún más la ética de conservación, por utilizar un término moderno, como una parte integral de su visión cada vez más global, e idealista, del progreso humano. Y Wallace inspiró a Muir a su vez, en más de un aspecto. Años después, Muir se embarcaría en una expedición de ocho meses a Sudamérica y África, cumpliendo un sueño inspirado por Wallace: «Conocí a Wallace», contaría después en una entrevista, «y he disfrutado de su amistad desde entonces. Le he escuchado muchas veces hablar de sus viajes por el Amazonas, y me provocó las ganas de explorarlo por mí mismo».[81] Pero la influencia de Wallace iba aún más allá: cuando Muir leyó las teorías de Wallace sobre la naturaleza tropical, su gran visión de la distribución geográfica global en el espacio y el tiempo y muy probablemente sus ideas sobre la conservación y la gestión del bosque de Epping, todo ello ayudó a pulir las propias ideas de Muir, conformando, como lo definió un escritor a la más pura usanza wallaceana, su «búsqueda incesante de patrones», un concepto clave en su influyente visión conservacionista.[82]

Tras una visita a Menlo Park, donde recorrió la propiedad con los Stanford y admiró los planes de la universidad que estaban construyendo en la vecina Palo Alto en memoria de su hijo Leland Jr., Wallace impartió una última conferencia (sobre espiritismo) y poco después se despidió de su hermano y su familia, regalando a su sobrina May un broche de ámbar y un escritorio como recuerdo. Dejó un paquete con sus diagramas para que lo enviasen a Míchigan, donde tenía programadas sus siguientes conferencias, y se dirigió a Colorado el 7 de julio de 1887. Subió y cruzó Sierra Nevada y se adentró en las Rocosas: Sacramento, el lago Tahoe, Reno, Salt Lake, Cimarron, Gunnison, Salida, Colorado Springs... Denver. Sabía que estaba cruzando fronteras de tiempo profundo, pasando de las altas montañas al alto desierto y de nuevo a las montañas, sobre todo por la llamativa transición de la Cordillera Frontal de las Rocosas hacia la relativamente plana Cuenca de Denver, en Colorado Springs y Denver: el abrupto filo de las Grandes Llanuras. Allí, exploró primero el espectacular Jardín de los Dioses, cerca de Colorado Springs, hoy Monumento Natural Nacional, en el que la convergencia de dos fallas geológicas disecciona las areniscas inclinadas y caprichosamente erosionadas de los mares superficiales del Paleozoico.[83]

En Denver volvió a encontrarse con la prodigiosa botánica Alice Eastwood, que en su primer encuentro en California se había ofrecido amablemente a hacerle de guía botánica en una prolongada excursión por las Rocosas en su camino de vuelta al este.[84] Qué oportuno que estudiaran plantas en el pico Grays (4352 m), nombrado así en honor del estimado botánico de Harvard, y en el vecino pico Torreys (4348 m), que lleva el nombre del mentor de Gray, el botánico John Torrey; y dice mucho del vigor de Wallace a sus sesenta y tantos que subiera picos de tal altitud, y sin ninguna aclimatación, además. La actividad botánica, como no podía ser de otra manera, fue sencillamente espectacular: «El valle más rico y florido que he visto», declaraba con un atrevido subrayado. Mediados de julio era ideal para las joyas florales de las praderas en las Montañas Rocosas, y apuntó docenas en su diario, sembradas de exclamaciones: «¡*Castilleja integra*!», «¡*Parnassia fimbriata*!», «¡*Aquilegia coerulea*!» (y añadía «¡Espléndido ejemplar!»), «*Polemonium humile*, ¡una joya!» y así sucesivamente… «¡hay flores por todas partes! (…) ¡magnífico!».[85]

———

La verdad es que todo fue cuesta abajo a partir de ahí, literal y figuradamente: Wallace puso rumbo al este el 26 de julio, descendiendo a los paisajes cada vez más llanos (y mucho más antiguos) de Illinois, Míchigan (dos conferencias más, en la Universidad Estatal de Míchigan, donde todo salió bien) y, por último, el este de Canadá, al nivel del mar. Sus pensamientos se dirigían a casa, a Annie y a los niños, y empezaba a reflexionar sobre todo lo que había visto y hecho en los últimos diez meses. Tenía sublimes paisajes vívidos en la memoria, aunque personalmente su paisaje favorito seguía siendo su «verde y grato suelo» nativo, como tan memorablemente lo describiera Blake; simplemente, no se veía viviendo sin el precioso *verde* y sus jardines todo el año. Todos los aspectos de la historia natural, la geología, las flores silvestres y los grandes árboles le encantaban, sin duda, pero estaba decepcionado con la zoología: «En más de diez meses en Estados Unidos (…) no he visto un solo colibrí, ni una serpiente de cascabel, ni ninguna otra serpiente viva», lamentaba. Era verdad, ni un solo reptil y un único anfibio se mencionan en su diario, aves casi ninguna y, al parecer, tampoco hubo ni rastro de osos, bisontes, uapitíes, ciervos, lobos, linces ni pumas en el campo, por lo que a su diario se refiere. Sí que vio el raro berrendo. A lo mejor estaba tan absorto en la botánica que no tenía ojos para la zoología, pero por otro lado, los avistamientos de algunos mamíferos merecieron exclamaciones, lo que indica cierta carencia animal: «¡He visto una ardilla listada!», «¡Por la tarde vi una mofeta!».[86]

Pero ¿qué lecciones sacaba de Estados Unidos? Estaba lo bueno, lo feo y lo malo. En la columna de «lo bueno» estaba el espíritu estadounidense de optimismo, curiosidad (en la ciencia especialmente, según él) e ingenio, desde los maravillosos museos hasta los útiles inventos: le encandilaron los tranvías y los cobertizos contra la nieve para el ferrocarril, y la novedad de los tendederos cuadrados y rotatorios que vio en los jardines domésticos se ganó un dibujo en su diario. Pero su invento favorito, y su souvenir preferido del viaje entero, fue una regla plegable de sesenta centímetros que compró en una tienda de Sacramento, «me ha sido muy útil desde entonces», escribiría después. «Nunca he visto nada así en ninguna tienda de herramientas inglesa, y aunque fue un poco cara [tres chelines], me ha servido de agradable y útil recuerdo de mi gira estadounidense».[87] ¿Y lo malo? Bueno, no le gustó nada en absoluto el chicle: «En el tren había una señorita mascando chicle. La he estado mirando a intervalos durante una hora y sus mandíbulas no han parado de moverse, como las de una vaca rumiando». Además, ciertas formas de hablar estadounidenses le chirriaban («La gente aquí "se entusiasma" mucho»).[88] Pero lo malo *de verdad* era lo feo: paisajes devastados, sobreexplotados, ciudades caóticas en las que los suburbios lindaban incongruentemente con altísimos edificios nuevos y fábricas y trenes que escupían columnas de humo. Un pasaje en un artículo del *Century Magazine* casi al final de su viaje resumía bien lo feo para él, y lo copió en su diario:

> Un inmenso continente entero ha sido tan manoseado por el ser humano que se ha visto reducido a un estado de fealdad sórdida y descuidada en buena parte de su superficie; y solo puede restaurarse un estado de belleza mediante más tocamientos de las mismas manos aplicados de manera más inteligente.[89]

En este pasaje yace la receta además del diagnóstico, lo que recuerda profundamente a Wallace. Puede que su viaje estadounidense no fuera la bendición económica que esperaba, pero encontró la experiencia profundamente gratificante en otros sentidos: en sentidos profundos, de hecho, que determinarían en gran medida el curso que tomaría el resto de su vida. Darwinismo, progreso humano, justicia social, reforma agraria, conservación… sus ideas se fusionaban, se materializaban. Tenía sesenta y cuatro años y, de alguna manera, acababa de empezar.

El vapor Vancouver zarpó de la ciudad de Quebec una mañana de nubes y viento el 12 de agosto de 1887 y enfiló la gran vía marítima de San Lorenzo rumbo a Liverpool. Afortunadamente, tuvo una travesía de ocho días sin incidentes: afortunado, teniendo en cuenta que en esas fechas exactamente treinta y cinco años antes, al término de su primer gran viaje, estaba a la deriva en un bote salvavidas, sin saber si iba a sobrevivir. El 17 de agosto, el Vancouver había cruzado el Atlántico Norte y hacía escala en Portrush, en la costa norte de Irlanda, para intercambiar correo y pasajeros, luego pasaba por la gran Calzada del Gigante y viraba al sur hacia la isla de Man. Llegaron a Liverpool a última hora de la tarde. ¡Por fin en casa! Bueno, casi. Fortalecido por un buen desayuno a la mañana siguiente, cruzó la aduana con tiempo suficiente y subió pronto al tren expreso a Londres, luego otro a Godalming y luego un carruaje hasta Frith Hill, ¡donde Annie y los niños esperaban con impaciencia su llegada! Todo iba como un reloj salvo por un retraso de lo más curioso que le recordó a su viaje de vuelta a casa interrumpido por el fuego en el Helen hacía treinta y cinco años. «De repente me di cuenta de que el abrigo del conductor estaba ardiendo por detrás, ¡literalmente en llamas!». Wallace le gritó al cochero, que se giró y apagó las llamas con las manos: «Todo arreglado, caballero». Fiu, qué susto; al parecer, se había metido en el bolsillo una pipa encendida o algo por el estilo. Al rato, las llamas volvieron a prender: «El abrigo, los pantalones y el cojín ardían», había humo por todas partes. Esta vez el conductor se detuvo, se quitó el abrigo y lo pisoteó reiteradamente. ¡Mecachis…!, había estado *muy* cerca esta vez. Volvieron a emprender viaje, hasta que salió en llamas una tercera vez. De nuevo, Wallace gritó, y ahora los viandantes se paraban, señalaban… Con su ayuda, el desventurado pero impertérrito cochero consiguió al fin extinguir las llamas de una vez por todas. «¡Un cochero ardiendo! No me había pasado nada más curioso en mis diez mil kilómetros de viaje por los Estados Unidos».[90]

14

Siempre adelante

V IOLET ESTABA ENFADADA con su padre. Era malísimo manteniendo correspondencia, le reñía, sus cartas languidecían durante semanas sin contestar. «Mi querida Violet», escribía él en su defensa,

> Si tú recibieras cartas casi a diario sobre darwinismo, espiritismo, vacunación, socialismo, viajes, colas de perros, bigotes de gatos, glaciares, orquídeas, etcétera; y te mandasen libros sobre todos esos temas que tuvieses que agradecer y leer, y te pidieran información sobre otros temas y otros temas y más temas; y tuvieras un libro que escribir y un jardín que mantener y cuatro invernaderos de orquídeas y tuvieses que jugar al ajedrez e ir a ver a amigos y hacer llamadas y ponerles nombres a las plantas… y… y… y… y etc., etc., etc., etc., etc., ¡a lo mejor tú también serías malísima manteniendo correspondencia! A lo mejor también, ¿o no?[1]

Era verdad: corría el final de 1896 y el sabio de Dorset estaba más ocupado que nunca a sus casi setenta y cuatro años; le pedían consejo y opinión sobre todo tipo de temas, de muchos de los cuales, comentaba, «no sé *nada*, salvo principios generales, que dan para mucho con los *ignorantes*». Sí, estaba empantanado, imploraba dispensa especial por parte de Violet y firmaba: «Con mucho cariño, tu papá, del que tanto abusan».

¿He dicho el sabio de Dorset? ¿No debería ser de Godalming? No, no ha sido ninguna equivocación: en línea con el espíritu inquieto de Wallace, y dado que el vecindario se estaba abarrotando un poco demasiado para su gusto, en 1889 Annie y él abandonaron Nutwood Cottage y se fueron a vivir a la encantadora Parkstone, en el extremo este del condado costero de Dorset, a ciento veinte kilómetros largos al suroeste de Godalming. Allí encontraron «una casa pequeña, muy bonita y poco común, con unas vistas preciosas», en la calle Sandringham Road: se llamaba Corfe View y gozaba de unas vistas espectaculares del puerto de Poole y (publicidad verídica) de las pintorescas ruinas del castillo de Corfe, de época normanda, en las colinas Purbeck, justo al otro lado. Sin embargo, era peculiar: «Creo que a mamá le gusta», escribía Wallace a Violet, a pesar de la inconveniencia de que no tuviera armarios y contara con un dormitorio en el sótano, que hoy en día no es raro pero entonces era inaudito. «Pero eso la hace todavía más única».[2]

Puede que también les atrajera el tamaño modesto de Corfe View; con Will y Violet independizados, redujeron espacio, y se quedaron con un jardín lo bastante pequeño como para ellos dos. Vieron de inmediato el potencial hortícola: alfombras de *Veronica* de flores moradas y orquídeas silvestres ya adornaban el lugar, y el suelo arenoso tenía la turba suficiente para el bienestar de sus preciados rododendros y otras plantas de gustos ácidos. Como era costumbre siempre que se mudaban de casa, los amantes de las plantas se organizaban para saquear el jardín que dejaban detrás y trasplantar todo lo posible: las maravillas botánicas que cultivaban de todo el mundo eran irremplazables. Enseguida construyeron un pequeño estanque para cultivar nenúfares y otras plantas acuáticas y, además, un invernadero de orquídeas muy elaborado, con tres secciones para mantener diferentes temperaturas.[3] Parecía la ubicación ideal: clima templado, con bosques y privacidad, y aún así a tiro de piedra de la estación de tren y a un paseo de un parque precioso (hoy, el Ashley Cross Green), genial para la jardinería. Idílico, sí, mientras duró... Para mediados de la década de 1890 estaba *otra vez* buscando casa: «Estamos pensando en mudarnos», informaba a su amigo Raphael Meldola, «nos están construyendo por todo alrededor y el lugar ya no nos va a ninguno de los dos».[4] A lo mejor estaba un poquito *demasiado* cerca de esa estación de tren: ¿En qué estaba pensando? Era un barrio destinado a crecer, a fin de cuentas.

Pasaron una barbaridad de cosas en la década posterior a su regreso de Estados Unidos, en particular, un rosario de pérdidas a principios de la década de 1890, cuando familia y amigos iban sucumbiendo a los estragos del tiempo uno tras otro: su primer compañero de viajes, Bates, murió en 1892, seguido de su hermana Fanny y su querido amigo Spruce en 1893, luego su hermano John y T. H. Huxley, ese incondicional del círculo Darwin-Wallace, ambos en 1895. Sobrellevó las tristes pérdidas con serenidad, convencido de que el espíritu pervive; esa era una frontera que seguía frecuentando con asiduidad, con la oreja pegada a una pared invisible en busca de mensajes del más allá. El jardín y el trabajo seguro que lo ayudaron a no derrumbarse también, pues continuó tan creativo, y productivo, como nunca en materia de escritura. El éxito de sus conferencias en Estados Unidos le había hecho darse cuenta de que

Alfred Russel Wallace con su mujer, Annie, y su hija Violet, hacia 1905.

faltaba una exposición general del pensamiento evolutivo, y no había nadie mejor que él para escribirla. Además, habían pasado ya unos treinta años desde que se leyeran los artículos de Darwin y Wallace sobre transmutación mediante selección natural, seguidos un año después por *El origen de las especies,* y en ese tiempo se habían ido acumulando sin cesar nuevos conocimientos y hallazgos, nuevas pruebas y nuevos datos. Ni poco a poco ni gradualmente al estilo lyelliano, sino todo, en realidad, de manera bastante catastrófica para los antievolucionistas.

Se metió de lleno en la escritura y convirtió las innovadoras gráficas y diagramas que había desarrollado para la gira de conferencias en figuras para el libro. El producto final, *Darwinism,* lo publicó la editorial Macmillan en mayo de 1889. Era otra obra maestra wallaceana (¿cuántas de esas había escrito ya?), aunque el título tal vez fuese desacertado, pues sirvió para eclipsar aún más el descubrimiento independiente de Wallace de la selección natural, algo que Herbert Spencer señaló en el momento: «Es una pena que hayáis utilizado el título "Darwinismo", pues a pesar de lo que signifique para usted, usándolo confirmáis en gran medida la errónea concepción que hoy es casi universal».[5] Los quince capítulos del libro estaban introducidos por una secuencia que exponía metódicamente cómo funciona la selección natural. Con ello, emulaba los primeros capítulos de *El origen de las especies*, con una diferencia clave que, para Wallace, tenía más sentido pedagógico.[6] Darwin comenzaba con un capítulo sobre la domesticación, que para él representaba una analogía convincente de la descendencia con modificaciones en la naturaleza, luego pasaba a la variación de las especies en estado natural, seguida de la lucha por la existencia; estos tres primeros capítulos eran las patas del banco deductivo que sostenían el cuarto y crucial capítulo, «Selección natural».[7] Wallace decidió comenzar con los principios básicos y definir claramente qué es una especie en el inicio, pues una de las antiguas críticas a Darwin había sido que no ofrecía una definición de especie cuando pretendía explicar su origen. Mientras que Darwin había comenzado con dos capítulos sobre variación, empezando con el estado doméstico, y luego había pasado a la lucha, Wallace lo hizo al revés: «Comienzo con la lucha por la existencia, que es realmente el fenómeno fundamental del que depende la selección natural, mientras que los hechos particulares que la ilustran son, en comparación, bastante conocidos, y muy interesantes».[8] Explicaba la lucha en el contexto de la presión poblacional y concluía el capítulo con una observación que da una idea de su, digamos, visión evolutiva «en evolución». Uno de los impedimentos para muchos a la hora de aceptar la evolución gira en torno a la «lucha», porque produce rechazo una concepción de la naturaleza que parece dominada por el dolor y el sufrimiento, y la muerte violenta y repentina (pensemos en el depredador y la presa). Es algo que, comprensiblemente, la gente encuentra desgarrador, afirma Wallace, porque piensan en términos humanos: «Una vida llena de promesas interrumpida, de esperanzas y expectativas sin cumplir, y de duelo, llorando a los allegados». Pero esto es un error. El sentimiento, afirma, que yace en el meollo de la «Naturaleza con colmillos y garras» de Tennyson es algo que nuestra imaginación proyecta en la naturaleza. Con una argumentación que no dista mucho de la de los antiguos teólogos naturales, señala por qué es erróneo este punto de vista. Analicémoslo: una muerte violenta y repentina en el mundo animal es «en todos los sentidos lo mejor», no *hay* pena ni dolor (o no mucho), sino un máximo de vida y disfrute de la misma con un *mínimo* de sufrimiento y dolor. De esta manera, la lucha y la selección son acordes a su teleología evolutiva: sin la necesidad de muerte y reproducción, el *desarrollo progresivo* del mundo orgánico sería imposible; «cuesta incluso imaginar un sistema mediante el cual pudiera asegurarse mayor equilibrio de felicidad».[9]

Tratar en primer lugar la lucha, seguía afirmando Wallace, tenía la ventaja añadida de que permitía abordar la variación como la mejor forma de introducir la selección natural. Dio la vuelta a los capítulos de Darwin sobre variación, discutiendo primero la variación en la naturaleza y luego la variación en estado doméstico. Su tratamiento de las variedades domésticas ha sido durante mucho tiempo fuente de malentendidos y críticas, bajo la acusación de que, a diferencia de Darwin, él de algún modo no se daba cuenta de la importancia de la domesticación para comprender la evolución mediante selección natural. Tal crítica se debe tanto a una mala interpretación de las primeras frases en su artículo de Ternate de 1858 (en las que rechazaba las afirmaciones de Lyell en aquella época, a saber, que las variedades domésticas socavan los argumentos de cambio evolutivo) como al comentario en *Darwinism* acerca de que a él siempre le había parecido un punto débil en el argumento de Darwin que su estimado amigo hiciera tanto hincapié en la domesticación. Sin embargo, lejos de indicar que no captaba las lecciones ofrecidas por las variedades domésticas (como demuestra su Cuaderno de Especies, que data de sus viajes por el archipiélago malayo; véase capítulo 9), lo que pensaba era que no era *necesario* enfatizar la domesticación como analogía de la selección en la naturaleza, cuando había tan gran cantidad de pruebas de selección en la naturaleza como para poder empezar por ellas. «He tratado de garantizar unos cimientos sólidos para la teoría de la variación de los organismos en su estado natural», explicaba, básicamente unos cimientos sólidos de *datos* sobre variación, presentados en los extensos gráficos y diagramas a los que se remitía a lo largo de todo el libro, «igual que Darwin acostumbraba a recurrir a las variaciones en los perros y las palomas».[10]

Sin embargo, el *Darwinismo* de Wallace hizo mucho más que simplemente explicar la teoría, suya y de Darwin, de la selección natural. También tenía nuevos hallazgos importantes, de los que el más destacado era su lúcida elaboración del proceso que posteriormente se denominaría *el efecto Wallace* en especiación (hoy más conocido como *refuerzo*): la selección de rasgos comportamentales o psicológicos que reducen la probabilidad de hibridación cuando, en una especiación incipiente, los híbridos padecen menor adecuación biológica. En realidad, Wallace mataba aquí dos pájaros de un tiro pues, mientras articulaba el mecanismo del refuerzo, torpedeaba a la vez los argumentos de un tal George John Romanes, biólogo evolutivo y fisiólogo canadiense que, para indignación de Wallace, se hacía pasar por heredero de Darwin y se jactaba de aportar una pieza crucial que faltaba en la teoría de Darwin y Wallace, a la que llamaba «selección fisiológica». Romanes, cuya familia se había mudado a Londres cuando él era muy pequeño, era efectivamente amigo y protegido de Darwin y realizó importantes contribuciones al campo que hoy se denomina psicología evolutiva. También le interesaban los problemas sin resolver de la evolución de Darwin y Wallace, uno de los cuales versaba sobre cómo eran posibles la divergencia y la especiación cuando los individuos pueden cruzarse o hibridar. En el meollo de la cuestión estaba la esterilidad del híbrido: sin ella, ¿no se mezclarían simplemente las dos entidades en lugar de divergir? Y si la esterilidad del híbrido es importante, también lo es la cuestión de cómo surge exactamente. El primero en plantearle a Darwin el asunto hacía mucho tiempo había sido Huxley, refiriéndose a los grupos de individuos que mostraban esterilidad en los híbridos como «especies fisiológicas».[11]

Wallace también lo había abordado en su momento, en 1868, y le envió a Darwin un esquema de su teoría de «la esterilidad de los híbridos producida por selección natural», un complejo argumento que a Darwin le costó digerir, por lo que se lo pasó para que lo evaluaran sus hijos, especialmente el segundo, George, el astrónomo, que tenía inclinación por las matemáticas.[12] George le presentó una crítica, pero a Wallace no le parecieron insalvables sus observaciones. Para él, si existen grados de esterilidad entre variedades basados en algo heredable, «¿no es probable que la selección natural pueda acumular estas variaciones? (…) Si la selección natural no lo hace, ¿cómo llegan a surgir las especies, cuando las variedades no están geográficamente aisladas?».[13] A Darwin no terminaba de convencerle que la esterilidad de los híbridos surgiera mediante selección natural, implicaba la idea ilógica de que el propio grado de esterilidad podría ser hereditario. Prefería pensar que la esterilidad de los híbridos derivaba de otras cosas que ocurrían en el proceso de divergencia, incapaz de superar su analogía con los injertos en la arboricultura: la capacidad de injertar varía, y por lo general el éxito depende de la mayor o menor proximidad taxonómica entre las especies que se injertan, pero nadie diría que la capacidad de injerto sea *en sí misma* una adaptación. Es secundaria frente a otras características que son las que definen el grado de relación taxonómica. Asimismo, la capacidad de cruzarse y producir descendencia fértil variaba y por lo general estaba relacionada con la mayor o menor proximidad de las dos especies en cuestión. La esterilidad de los híbridos o la interfertilidad, pues, no era en sí misma una adaptación, sino que surgía de forma secundaria.[14] Wallace, que no lo tenía tan claro, había decidido aparcar su argumento.

Ahora, casi veinte años después, poco antes de que Wallace partiera a los Estados Unidos, ahí estaba Romanes con un artículo sobre selección fisiológica (el nombre, sacado de las especies fisiológicas de Huxley) que pretendía aportar una «añadidura» a la selección natural y, por ende, una explicación más completa del origen de las especies.[15] En realidad, Romanes estaba presentando básicamente un argumento de selección a un nivel superior, en el que algunos subgrupos de individuos en una población quedan de algún modo aislados reproductivamente de la población mayor mientras siguen siendo todavía compatibles reproductivamente (o «fisiológicamente») entre ellos. Son favorecidos como grupo debido a su compatibilidad reproductiva. El proceso que proponía se ha equiparado a las aberraciones cromosómicas que, cuando surgen, hacen estériles los cruces entre individuos con y sin la aberración, mientras que los cruces *intra-aberraciones*, por así decirlo, son fértiles. Una vez así aislados, con el tiempo los dos conjuntos tenderían a hacerse más y más divergentes, en simpatría. Era un escenario del tipo «monstruo prometedor», una especiación prácticamente instantánea.[16]

Wallace distaba mucho de estar impresionado: Romanes había expuesto un argumento puramente verbal, sin ejemplos ni pruebas en la naturaleza, y hacía agua. Wallace estaba convencido de que la selección natural era el único mecanismo que había para la especiación y le consternaba no solo encontrar poca resistencia crítica, sino ver que las reseñas elogiaban a Romanes. Despachó una extensa crítica a *Fortnightly Review*, en la que desempolvaba las ideas que había desarrollado anteriormente sobre cómo la selección podía acumular grados de esterilidad. Raphael Meldola también escribió una reseña crítica en *Nature*, pero aún no era suficiente para Wallace. «He escrito el artículo», le decía este a su amigo, «en buena medida para exponer la gran *arrogancia* e ignorancia de Romanes al declarar que la *selección natural no* es una teoría del origen de las especies, porque lo ha calculado para hacer mucho daño (...). Romanes se hace pasar por el sucesor de Darwin. Hay que detener esto antes de que la prensa y el público terminen adoptándolo como tal, por eso he escrito el artículo».[17] Wallace exponía los defectos de lógica, las conjeturas y la falta de datos en apoyo del argumento de Romanes; Francis Darwin respaldó a Wallace y otros hicieron lo propio con la misma desaprobación del modelo. Romanes no se tomó bien la crítica y su respuesta estableció el tono de un intercambio cada vez más amargo que se prolongaría durante los siguientes años y no terminaría hasta la muerte prematura de Romanes en 1894, con cuarenta y seis años.[18] Pero para entonces, Wallace ya había echado por tierra la idea de la selección fisiológica, por su opacidad. Su análisis en *Darwinism* marcó el punto final de esta teoría mal planteada.

Como no estaba hecho para limitarse a derribar y no volver a levantar, en *Darwinism* Wallace también actualizaba su propia teoría compartida con Darwin años antes y la presentaba bajo el título «¿Puede la selección natural haber producido la esterilidad de los híbridos?».[19] En esencia, él pensaba que la selección conduce a la esterilidad de los híbridos en un proceso en dos fases, basándose en los datos que indican que los híbridos suelen tener menor adecuación biológica (fertilidad, viabilidad) que las formas parentales. En tal caso, las poblaciones parentales no solo aumentan siempre más rápido, sino que, como la descendencia híbrida impone un coste de adecuación biológica en los progenitores —las formas parentales pierden, en cierto sentido, energía y recursos produciendo descendencia de calidad inferior—, la selección favorecerá la evolución de mecanismos para reducir la probabilidad de hibridación, para empezar. Evitar el apareamiento podría conseguirse de diversas maneras, puede ser por cambios en el reconocimiento de especies o en las señales de cortejo, visuales o feromonales, e incluso por comportamientos alterados que resulten en diferencias temporales o espaciales entre individuos de distintos subgrupos. Así, de modo gradual y escalonado, la selección *reforzaría* cualquier ligera tendencia a reducir las pérdidas que impone la hibridación hasta que el aislamiento reproductivo de los dos grupos, se base esto en lo que se base, sea total. Así pues, el punto de vista moderno del refuerzo es esencialmente de Wallace y debería llevar el nombre que se acuñó en 1966 en honor a quien tuvo esta idea: el efecto Wallace.[20]

Otro avance en *Darwinism* fue la defensa de Wallace de un nuevo y emocionante hallazgo relacionado con la herencia: la teoría del plasma germinal de August Weismann. Weismann, profesor en la Universidad de Friburgo, Alemania, tenía un interés especial en la investigación de la naturaleza de la variación, y también había estado durante varios años en comunicación con Darwin acerca de esta cuestión. Darwin, muy impresionado con su joven colega alemán, se mostraba alentador e incluso aceptó escribir el prólogo de la traducción inglesa de la obra de Weismann, *Studies in the Theory of Descent*, publicada en 1882.[21] En él, Darwin declaraba que «actualmente, no hay ninguna cuestión en biología de mayor importancia que esta de la naturaleza y las causas de la variabilidad»: la esencia del cambio evolutivo, al fin y al cabo.[22] Fue la última vez que se pronunció sobre el tema, pues 1882 fue el año de la muerte de Darwin. Hasta el mismísimo final, conservó la esperanza de que se confirmase su «hipótesis provisional de pangénesis», publicada por primera vez en *La variación de los animales y las plantas bajo domesticación* (1868) . La pangénesis era el modelo de herencia de Darwin, una teoría basada en el supuesto de que la herencia era algo así como una mezcla, una idea muy antigua e intuitiva que refleja, claro está, el principio hereditario de la combinación de los caracteres de los dos progenitores en su descendencia. En el modelo de Darwin, todas las partes del cuerpo, todas las células, desprenden partículas inefables a las que llamó «gémulas» y que básicamente contienen información genética de ese tipo de célula, tejido u órgano. Imaginaba que estas circulaban por el cuerpo y se acumulaban en los órganos reproductores, tras lo cual se mezclaban con las gémulas de la pareja en el proceso de reproducción.

Sí, era una bonita teoría que a todas luces era acorde a los fenómenos observables de herencia, y también a la herencia lamarckiana de caracteres adquiridos, de la que Darwin nunca se alejó mucho. Pero la situación no pintaba bien para la pangénesis. Su primo Francis Galton había llevado a cabo experimentos para probar la hipótesis, transfundiendo sangre entre conejos con pelajes de color diferente. La mezcla de sangre no tuvo ningún efecto en absoluto en el color de la descendencia posterior de los conejos.[23] Los experimentos de Galton le llevaron a desarrollar una variante (como era de esperar) de la teoría de su primo que, en esencia, postulaba dos tipos de gémulas, uno de las cuales se asocia con células somáticas (las del cuerpo) y el otro se limita a las células germinales. Con ello se anticipaba a Weismann, cuyas observaciones y experimentos con los factores hereditarios tras la muerte de Darwin llevaron a su teoría de la «continuidad del plasma germinal», que postulaba que la línea germinal está *totalmente* aislada del soma a través de las generaciones, de manera que no se puede comunicar ninguna alteración de las células somáticas a las células germinales y, por lo tanto, no son hereditarias.[24] A Darwin le habría parecido fascinante, aunque la idea de la continuidad del plasma germinal supusiese la puntilla tanto para la pangénesis como para la herencia de caracteres adquiridos.[25] Las ideas de Weismann se publicaron en una colección de artículos traducidos al inglés en 1889, y Wallace, que ya apreciaba la importancia del trabajo de Weismann, pudo ir consiguiendo versiones preliminares de los capítulos a medida que trabajaba en *Darwinism*.[26] Según Wallace, las ideas de Weismann de la continuidad del plasma germinal y la inheredabilidad de los caracteres adquiridos coincidían perfectamente con los hechos de herencia y desarrollo, y subrayaban la importancia de la selección natural «como el único factor invariable y constante en todo cambio orgánico»: *el* factor, de hecho, tras el cambio en las especies.[27]

Era lo que Wallace estaba buscando, con esto vencía a un tipo diferente de enemigo del darwinismo: el enemigo de dentro, como él lo veía, que trataba de comprometer la integridad de la visión purista. Wallace era consciente de que incluso algunos dentro del círculo íntimo de los primeros darwinianos no habían estado del todo seguros de que la selección natural pudiera conseguir todo lo que Darwin y Wallace pensaban que podía. Hasta el propio Darwin había tenido siempre una vena lamarckiana, pero es que ahora, algunos de la nueva generación insinuaban un papel secundario de la selección natural, como cambios evolutivos no graduales y otras modificaciones de la teoría original. Esto no estaba dispuesto a aceptarlo. Puede que discrepara con Darwin sobre la evolución de la mente humana, pero aparte de eso, estaba totalmente comprometido con el cambio evolutivo gradual y escalonado por selección natural. En efecto, con *Darwinism*, su última gran obra evolutiva, Wallace buscaba consolidar el papel central del «gran principio» de la selección natural (según sus palabras) ampliándolo y fortaleciéndolo. Los hilos de sus argumentos multifacéticos se entretejían en un tapiz narrativo precioso y magistral; todo encajaba, desde su teoría unificada de la coloración y el mimetismo hasta el principio de *utilidad* (adaptación) y la teoría de la esterilidad de los híbridos, todo explicable bajo el paraguas «considerablemente ampliado» de la selección natural: «De ahí que algunos de mis críticos declaren que soy más darwiniano que el propio Darwin», reconocía. «Y en ese aspecto, admito que no van muy desencaminados».[28]

————

Sí, *Darwinism* era magistral: Wallace todavía blandía una pluma formidable y seguía siendo formidable razonando en asuntos científicos y defendiendo la fe darwiniana. Introdujo también ideas innovadoras y ambiciosas que estaban algo adelantadas a su época. Por ejemplo, reflexionando sobre los procesos de herencia y evolución mientras trabajaba en *Darwinism*, Wallace concluyó que se necesitaba una buena cantidad de datos fácticos para resolver las cuestiones pendientes de una vez por todas y propuso fundar una especie de granja experimental, un «Instituto de Investigación Experimental» al estilo de las estaciones biológicas de campo y los laboratorios marinos que se estaban creando entonces en el Reino Unido y en el extranjero. En aquella época, tales instituciones se dedicaban principalmente a los aspectos más prácticos en taxonomía, embriología, anatomía y fisiología. Lo que hacía falta, según él, era una institución dedicada a «una labor combinada y sistemática para llevar a cabo experimentos con el objetivo de determinar los dos grandes puntos, fundamentales y muy discutidos, de la evolución orgánica», es decir, la herencia de los caracteres adquiridos y la selección en la esterilidad de los híbridos. Se lo solicitó a la única persona que sabía a ciencia cierta que se había dedicado personalmente a investigaciones en esta línea: Francis Galton, cuyos experimentos de transfusión refutadores de la pangénesis gozaban de amplia admiración. A principios de 1891, Wallace instó a Galton a proponer, en la siguiente reunión de la Asociación Británica para el Avance de la Ciencia, la creación de un comité permanente dedicado a supervisar tales experimentos. Sugería que tal vez pudieran financiarse con una beca de la Royal Society, o por algún donante con medios económicos. Podrían colaborar con la Sociedad Zoológica y trabajar con algunos de los animales en la casa de fieras del Regent's Park, quizás, o, mejor aún, adquirir un terreno (una pequeña granja sin arrendatario sería perfecta) para crear una granja experimental propia. Galton y otras personalidades se mostraron entusiasmados con la idea, pero la iniciativa quedó estancada, por desgracia.[29]

Más o menos por esa época, Wallace también publicó, en dos partes en el *Fortnightly Review*, un notable estudio florístico basado en sus actividades botánicas durante su viaje por los Estados Unidos, de un lado al otro y vuelta. Era a la vez científico y artístico, con imágenes evocadoras de plantas y ambientes, una lección magistral de lo que hoy llamamos biogeografía ecológica e histórica: la interacción de procesos históricos como la tectónica y la glaciación con condicionantes ecológicos más inmediatos determinados por factores como la altitud, la precipitación y la temperatura. El artículo traslucía el agudo sentido de Wallace para la dinámica del cambio biogeográfico en el tiempo y en el espacio y presentaba una estampa de las relaciones entre las floras norteamericana y europea (especialmente alpina) entendidas en el contexto de los ciclos glaciales. Con esa perspectiva, los conjuntos de especies con afinidades nórdicas, hoy restringidos a las regiones polares y alpinas, migran regularmente al sur en periodos glaciales, siguiendo el clima ártico que se desplaza en esa dirección. En aquellas latitudes más bajas encuentran un hábitat apropiado extenso y continuo y se propagan ampliamente, con distribución circumboreal, es decir, por el hemisferio norte en toda su amplitud. Cuando el clima vuelve a templarse, el mundo boreal se contrae, hacia el norte en latitud y hacia mayores altitudes en las montañas, donde estas especies vegetales se refugian en islas montanas (especies alpinas) y presentan el aparente rompecabezas de cómo pueden las mismas plantas terminar en las partes más altas de las Rocosas y también de los Alpes.

Era un análisis grandioso, una imagen muy amplia, pero concluía con una visión aún más grandiosa y una imagen aún más amplia, expresión del ambientalismo que iba creciendo en él a partir de haber conocido los Big Trees de California. Había sido testigo de impresionantes y exquisitas vistas por toda Norteamérica, pero «ni las atronadoras aguas del Niágara, ni los sublimes precipicios y cascadas en Yosemite, ni la vasta extensión de las llanuras, ni el exquisito deleite de la flora alpina de las Montañas Rocosas» le impresionaron más que aquellos majestuosos árboles y sus gloriosos y preciosos bosques. «Lamentablemente», advertía, «están solos ante el poder del hombre de destruirlos por completo». Ojalá la educación nos lleve a un amor y una admiración tan profundos por la naturaleza que estos árboles increíbles «se consideren patrimonio de todas las generaciones futuras, y que se tomen medidas, antes de que sea demasiado tarde, para conservar no solo una o dos pequeñas manchas, sino extensiones más amplias de bosque, en las que puedan seguir creciendo, con toda su perfección y belleza, durante miles de años en el futuro, como han crecido en el pasado, con toda probabilidad durante millones de años».[30]

Era profundamente esclarecedor, no es de extrañar que empezasen a colmarlo de honores… un poquito tarde, se podría decir, pero más vale tarde que nunca. No es que él los quisiera, de hecho, Wallace hacía todo lo posible por rechazar premios y honores, y solo transigía cuando sus amigos y su familia le insistían mucho. Fue el caso, por ejemplo, de su doctorado honorífico en Oxford en 1889. Edward Poulton, profesor de zoología en esa augusta universidad, era un gran defensor de Darwin y Wallace. Tenía especial interés en la coloración animal y fue él quien acuñó el término «aposematismo» para la idea de Wallace de los colores de advertencia, así como el término «simpátrico» para el concepto de especiación en un área común. También había sido Poulton quien, al editar la traducción al inglés de Weismann, le había ido pasando a Wallace copias anticipadas de los artículos del sabio alemán, y estuvo encantado de ofrecerle útiles comentarios editoriales sobre *Darwinism*. Era consciente del trabajo monumental que representaba y bien la reconocía ya como la última de una serie de obras monumentales de Wallace, lo que impulsaba la nominación del naturalista para el título de Oxford. No fue coincidencia que la noticia de este prestigioso premio llamara a la puerta de Wallace el mismo mes en que se publicó *Darwinism*. Seguramente, Poulton previera su respuesta, también:

> Acabo de recibir (…) la propuesta totalmente inesperada del Título Honorario de D. C. L. [Doctor of Civil Law] en la próxima Conmemoración, y seguramente te sorprenda y *disguste* saber que la he rechazado (…). La verdad es que siempre he sentido una profunda aversión por *toda* ceremonia pública, y en este momento en concreto, la aversión es más fuerte que nunca.[31]

Daba las gracias a Poulton, apreciaba el gesto, pero estaba ocupado, en el fondo… tenía que corregir exámenes, embalar sus libros (por no hablar del jardín) para mudarse, prepararse para la reunión anual de la Sociedad por la Nacionalización de la Tierra, que estaba a punto de celebrarse. No, en cualquier momento una ceremonia habría sido un sufrimiento, pero de verdad, en las circunstancias presentes, sería «un castigo en toda regla». Poulton no iba a aceptar un no por respuesta. ¿Mal momento? Ningún problema: aplazó la fecha del galardón al otoño, y Wallace cedió a regañadientes, aunque protestó porque en realidad se sentía «demasiado novato en Historia Natural y, en general, demasiado ignorante» para un honor como aquel. Seguramente se alegró de haber aceptado: el recién nombrado Dr. Wallace se lo pasó mejor de lo que esperaba.[32]

«Toleró» recibir la Medalla Darwin de la Royal Society al año siguiente, también, el primer galardonado con este honor, aunque no era exactamente un galardonado agradecido: «Me van a arrastrar a Londres otra vez porque los cretinos de la Royal Society son tan necios que me han otorgado otra medalla», le espetaba a su hija Violet. «Espero que sea una de *latón* esta vez, pero todavía no lo sé».[33] Su sarcasmo refleja el hecho de que se sentía menospreciado por la Royal Society, pues sus socios estaban entre los críticos más severos (y, según él, injustos) con sus intereses «extracientíficos». Pero claudicó. Luego hubo una ofensiva doble un par de años después: dos medallas consecutivas otorgadas por la Real Sociedad Geográfica y la Sociedad Linneana de Londres. Puf. «¡Qué horror!», le escribió a Violet, solo medio en broma. «*Dos* medallas que recibir, *dos* discursos que dar, corresponderles con elegancia y esmero y decirles con educación que estoy muy agradecido, ¡pero aburrido ya!». Recibiría primero la Medalla del Fundador de la Real Sociedad Geográfica, el 23 de mayo («3:30: Medalla, discurso, sucumbir con gracia, felicitaciones de viejos amigos y un montón de gente más», le decía a Violet), y la Medalla de Oro (hoy, la Medalla Linneana) de la Sociedad Linneana al mismísimo día siguiente. Pero antes de presentarse en la Sociedad Linneana, se permitió una distracción más placentera: la gran Exposición Internacional de Horticultura en Earl's Court, en el centro de Londres, la primera que se celebraba en veintiséis años. «Una auténtica serie de jardines dignos de los dioses», proclamaba un periódico londinense, y se deshacía en elogios con la cautivadora «armonía de dulzura, fragancia, plantas, flores y follaje».[34] Luego se dirigió al famoso invernadero de orquídeas de William Bull, en Chelsea, para perderse entre las exquisitas rarezas: la exposición de Bull la describió un comentarista como «un ensueño de belleza».[35] Como estaba especializado en orquídeas de los trópicos sudamericanos, es probable que Wallace viera en el invernadero de Bull algunos rostros vegetales conocidos y seguramente comprase unas cuantas, también: ¡Annie y él tenían por lo menos cuatro invernaderos de orquídeas en Corfe View! Se habría quedado todo el día si hubiera podido, pero tenía una reunión con los examinadores a la que asistir —un mal necesario—, después de la cual, al fin, planeaba ir en un carruaje a las salas de la Sociedad Linneana en Burlington House. ¿O no? Le confió su fantasía de huída a Violet: «¡Llego tarde! ¡¡Roban la medalla!! ¡¡Carta falsa al Consejo informando de que estoy enfermo!! ¡¡¡No puedo ir!!! ¡¡¡¡Un representante la recibe por mí!!!! ¡¡¡¡Qué emoción!!!! ¡¡¡¡¡¡¡Colapso universal!!!!!!!!».[36] Esta la haría reír y poner los ojos en blanco, sin duda.

Aguantó toda la pompa y parafernalia de títulos y medallas, pero había trazado un límite en cuanto a ser miembro de la Royal Society. Recibir medallas de ellos ya era suficientemente malo y, repito, no albergaba sentimientos demasiado cálidos hacia aquella venerable sociedad, de la que pensaba que podía haber reconocido sus considerables contribuciones científicas eligiéndolo miembro mucho antes.[37] Ahora era su amigo William Thiselton-Dyer quien quería proponer su nombre y preguntó a Wallace si tendría alguna objeción en ser miembro. Ninguna, dijo Wallace. Genial, contestó Thiselton-Dyer, quizás un poco sorprendido, yo me encargo. Un momento, dijo Wallace: «Me habéis preguntado, creo, si tendría alguna objeción a ser miembro, y por supuesto he dicho "ninguna en absoluto", pero eso no quiere decir que *desee* convertirme en tal». A estas alturas ya no merecía mucho la pena, continuó. «Por lo tanto, aunque agradezco mucho vuestro amable interés en el tema, creo realmente que lo mejor es que no deis más pasos en esa dirección». Hizo falta un poquito de malabarismo engatusador, con viaje a Eastbourne para consultar a Huxley en su retiro (convertido ahora en ávido jardinero), y allí, aquellos dos concibieron el plan de ataque: al fin y al cabo, rechazar la pertenencia a la Royal Society supondría una mácula no solo para la organización, sino para la ciencia británica. La situación de la ciencia en el Reino Unido era precaria, y la Society estaba en el disparadero por contar con tanto científico del gran mundo, en vez de descubridores. Le adularon diciéndole que era su deber formar parte de ella, ¡para demostrar que las mejores mentes científicas del país estaban detrás de la Royal Society! Funcionó; Wallace cedió y fue elegido miembro, como tenía que ser, aunque a él no le hiciera mucha gracia, el 1 de junio de 1893.[38]

Que tales honores tardaran tanto en llegar se debió, en buena parte, a las actividades menos científicas de Wallace, especialmente las que parecían contradecir el pensamiento científico predominante, como aquel follón de las vacunas. Claro que el espiritismo y, cada vez más, el socialismo también formaban parte del personaje único, talentoso y a veces irascible que era Alfred Russel Wallace. Los círculos científicos británicos habían aprendido hacía mucho a ignorar el espiritismo, pero el socialismo era otra faceta que, en cierta medida, ponía a Wallace en conflicto con sus colegas científicos. Era socialista desde siempre, visto en retrospectiva, si nos remontamos a su época owenista pero es que, además, Wallace había tenido una especie de epifanía en los meses posteriores a la publicación de *Darwinism*. En el verano de 1889 leyó la novela *Mirando atrás: desde el 2000 a 1887*, de un tal Edward Bellamy, otrora abogado y periodista de Massachusetts. El libro dejó a Wallace atónito: para alguien ya entregado a anhelos utópicos, *Mirando atrás* era una revelación. Se había publicado en Estados Unidos tan solo un año antes, en 1888, y el libro ya era toda una sensación a ambos lados del Atlántico. En Estados Unidos fue fácilmente el libro más leído y más comentado de su época, con más de trescientos mil ejemplares en sus dos primeros años desde su publicación. También inspiró un acalorado debate cultural, y se publicaron docenas de libros a favor y en contra en la década siguiente: críticas, sátiras, ataques de plano, parodias distópicas, imitaciones y secuelas extraoficiales (muchas) y, una de ellas, oficial (*Igualdad*, de Bellamy, en 1897), por no mencionar los cientos de «clubs nacionalistas» bellamitas por todo el país, asociaciones socialistas que presionaban a favor de la nacionalización de la industria.

Sí, *Mirando atrás* tocó una fibra sensible, no cabe duda. Para entender por qué, es importante tener en cuenta el tenso ambiente social, político y económico del último cuarto del siglo XIX: la lucha constante y a menudo violenta entre los trabajadores y el capital, la nula protección para los trabajadores, que se deslomaban en jornadas de más de doce horas, los espantosos suburbios de las ciudades, que se industrializaban rápidamente, la absoluta pobreza rural y la astronómica disparidad entre la clase rica y privilegiada y la clase pobre, que sobrevivía a duras penas. Todos estos problemas se vieron tremendamente exacerbados por tensiones económicas como la depresión de 1873-1879, las recesiones posteriores y otras crisis financieras, y el estancamiento salarial. La metáfora más famosa de *Mirando atrás*, que aparece en las primeras páginas, captura bien la situación: cuenta Bellamy que la sociedad es como «un carruaje prodigioso», un carruaje en el que los privilegiados viajan en lo más alto, «al que estuvieran enganchadas las masas de la humanidad que lo arrastraban penosamente por un camino accidentado y pedregoso».[39] En efecto, estos eran los Estados Unidos de la Edad Dorada; dorada para unos pocos, claro, a costa de muchos otros, una época y un lugar en los que el *laissez faire* bien podría haber sido un *laissez-nous exploiter*: «déjennos explotar». Fue una época de conflictos y huelgas: los Caballeros del Trabajo, organización fundada en 1869 y que contaba con cientos de miles de miembros para la década de 1880, organizaba frecuentes huelgas para exigir una jornada laboral de ocho horas (algo por lo que Robert Owen había estado luchando desde la década de 1810), salarios más altos y una mejora en las condiciones de trabajo. Unas triunfaron y otras no, unas fueron pacíficas y muchas terminaron en violencia, como los trágicos disturbios de la plaza de Haymarket en 1886, en Chicago.

Así estaba la sociedad a mediados de la década de 1880, pero en el año 2000, cuando, al más puro estilo Rip van Winkle, el protagonista de la novela de Bellamy despierta tras un sueño de ciento trece años, han desaparecido los disturbios y las huelgas, la lucha de clases, la profunda división entre ricos y pobres. Lo mejor de todo es que se ha conseguido de forma natural, sin violencia. Tendrán que leer el libro de Bellamy para saber exactamente cómo ocurre y los entresijos de su sociedad ideal del futuro. Merece mucho la pena leerlo, no como una gran obra literaria ni como un apasionante libro que atrapa al lector (no es ninguna de las dos cosas), sino como un fascinante documento histórico: una fábula que curiosamente prevé algunos aspectos de la modernidad como las «cooperativas de consumidores», bastante parecidas a los actuales Costco y otros grandes almacenes de clubs de socios, tarjetas de «crédito» bastante parecidas a las tarjetas de débito de hoy en día, entretenimiento por cable en casa y demás, un libro de su época, una utopía socialista que cautivó la imaginación de millones de personas durante un tiempo, entre ellas, la de Alfred Russel Wallace.

«¡Me tiene francamente encantado!», escribió Wallace al poeta, antaño vicario, y socialista Edward Girdlestone. «Es más, *¡me ha conver-*

tido al socialismo!». Estaba emocionado con el «gran libro»: era una genialidad, precioso, ¡admirable! Había leído muchísimos libros en defensa del socialismo antes, afirmaba, pero este era diferente: no solo era posible, sino practicable, y deseable. «Creo que nunca había *deseado* vivir en el mundo socialista de otro escritor. Había muy poca individualidad, muy poca libertad, muy poca privacidad y muy poca variedad en ellos. Sin embargo, *anhelo* el mundo de Bellamy y siento que podría ser feliz en él». No podía dejarlo. A esta carta le siguió otra dos semanas después, tras haber leído *Mirando atrás* por tercera vez, y su admiración no había hecho más que aumentar: era maravillosamente realista, convincente, parecía que estaba al alcance; prácticamente podía *verlo* y *tocarlo*. «Por eso, ahora soy socialista a conciencia, y no me importa quién lo sepa», proclamaba.[40] Pero en su entusiasmo por la visión del libro de una sociedad de justicia, igualdad, salud y felicidad para todos, puede que Wallace no entendiera bien, o pasara por alto, las implicaciones en la obra de la individualidad, la libertad, la privacidad y la variedad que le parecía que faltaban en otros planes socialistas. Si leemos detenidamente, esas virtudes precisas en realidad escasean en la sociedad futura de Bellamy. Como muy bien indicó un historiador, «puede que *Mirando atrás* no sea tanto la predicción de una utopía, sino una versión previa del *1984* de Orwell (…). Parece que el mundo futuro de Bellamy no deja espacio al individualismo, ni a la diferencia, ni a la discrepancia».[41] Se trataba más de un modelo de socialismo autoritario que del aparente comunitarismo armonioso que quizás desprendía a primera vista, pero el hecho de que tantos lo vieran como algo liberador, un sueño hecho realidad, dice mucho de la inestabilidad, la tensión y la desigualdad de la época.

Era, indudablemente, la opinión de Wallace, inspirado como nunca antes por la posibilidad de una mejoría social. Sus recelos acerca de la practicabilidad de otros experimentos sociales anteriores inspirados en el socialismo puede que expliquen por qué nunca había expresado ningún interés en formar parte de ellos. Por mucho que admirase el punto de vista de Robert Owen, no hizo ningún ademán de unirse a ninguna de las comunidades owenistas que brotaron en el Reino Unido y los Estados Unidos.[42] Unos años después, no obstante, presentó su propia versión de una comunidad utópica del estilo, y la describía como «una especie de colonia familiar para personas afines».[43] La idea era que un grupo de gente que congeniara adquiriese de manera conjunta una gran extensión no muy lejos de Londres, una antigua hacienda, por ejemplo. Cada uno recibiría una parcela de entre una y cuatro hectáreas o más, según la inversión que hubiera hecho. Habría espacio suficiente para jardines y medianerías entre las casas, y el resto se mantendría como terrenos rurales comunes, bosques, campos y praderas abiertos para todos. Estuvo encantado con una propiedad llamada The Grange (La granja), cerca de la ciudad de mercado de Amersham, al noroeste de Londres. Aunque varios socios potenciales fueron a ver el sitio, el proyecto al final se vino abajo, pues las quince mil libras que pedían quedaban en todo caso fuera de su alcance.[44]

————

Con «colonia familiar» o sin ella, Wallace se metió de lleno en su recién descubierta pasión socialista con su energía habitual. Definitivamente, combinaba con su espiritismo, pero lo más interesante es la manera en que el socialismo de Wallace afiló aún más su sentido de justicia social. De hecho, lo señala en su autobiografía. ¿Por qué es socialista?, podría uno preguntarse. «Porque creo firmemente que la ley suprema de la humanidad es la justicia», es la respuesta de Wallace. Lejos de defender un socialismo autoritario, y mucho menos la incitación revolucionaria a la violencia, Wallace adoptó como lema la frase jurídica latina *Fiat justitia, ruat coelum* —«Hágase justicia aunque se caigan los cielos»— y definía el socialismo como la libertad de alcanzar el potencial de uno mismo y de contribuir al bien común. «Eso es la justicia social absoluta; eso es el socialismo ideal. Es, por lo tanto, la estrella guía de toda verdadera reforma social».[45] Quizás no haya mejor ejemplo del compromiso de Wallace con la libertad individual, la independencia y la oportunidad de desarrollar por completo las propias facultades que su encumbramiento de los derechos de la mujer a un papel absolutamente central en su pensamiento social.[46]

A ello le inspiró *Mirando atrás*. Ya hemos visto el interés que mostró Wallace en la educación femenina durante su gira norteamericana. Ahora, Edward Bellamy presentaba una deslumbrante idea que iba más allá de la mera educación igualitaria: la mejora progresiva no solo de la sociedad, sino de las propias personas, evolutivamente, gracias a «la selección sexual sin obstáculos». La absoluta libertad de elección de matrimonio propicia relaciones sanas, aparejadas al derecho a no verse amenazadas por la penuria que tan a menudo obligaba a las mujeres a casarse por necesidad (y, por lo tanto, con parejas que solían distar mucho de su ideal). Si se permite a las mujeres seguir «el impulso natural de buscar en el matrimonio al mejor y más noble del otro sexo», el resultado es la mejora del ser humano, mental, moral e incluso, potencialmente, física, por selección sexual.[47]

¡Un momento! *Aquí* tenemos una forma de elección femenina que Wallace podría aceptar, y algo más. Recordemos su discrepancia con Darwin acerca de la selección sexual, y en particular sobre la cuestión de que es la hembra la que elige: Wallace no compartía la creencia de Darwin en que las hembras de aves e insectos tuvieran sentido estético, y mucho menos que este fuera capaz de distinguir minúsculas diferencias en tonos o longitudes de cola. Propuso la opción alternativa de que, en los animales, la elección de pareja por parte de la hembra se debía más a la perspicacia que a lo estético: la selección basada en rasgos obvios de coloración y cortejo que indican una salud robusta, un individuo vigoroso. En cuanto a los humanos, rechazaba por completo la elección femenina. Pero Bellamy le abrió los ojos a otro tipo de selección sexual que podría operar en los humanos, no muy lejana de su hipótesis de «vigor» para los animales: la elección femenina de matrimonio como medio de seleccionar rasgos ventajosos en sus maridos, y así mejorar la especie en su conjunto con el tiempo. Por mucho que Wallace defendiera la mejora en las condiciones de vida, esas ventajas recaían solo en los individuos, puesto que rechazaba la herencia lamarckiana de rasgos adquiridos. Los beneficios para la salud que derivaban simplemente de ofrecer a la gente comida de mejor calidad y mucho aire fresco y ejercicio no podían transmitirse a la descendencia. Pero la elección femenina de matrimonio podría llevar a una reproducción selectiva de individuos con rasgos superiores, incluidos los mentales y morales. Nótese, por cierto, que «matrimonio» no era un simple eufemismo para Wallace: no estaba tan adelantado a su tiempo como para que el sexo y la maternidad fuera del matrimonio, y no digamos los anticonceptivos aun dentro del mismo, fuesen algo tolerable. Por supuesto, era bastante ingenuo suponer que la elección de marido por parte de las mujeres, una vez liberadas de preocupaciones económicas, fuese a tender de inmediato hacia características de nobleza y brillantez. En cualquier caso, hoy no consideraríamos hereditarios tales rasgos, y por lo tanto, serían inmunes a la selección.

Sin embargo, en la época de Wallace, suponía una solución bastante innovadora a lo que muchos comentaristas veían como un serio problema para el futuro evolutivo de la humanidad. Lo que lamentaban era el supuesto retroceso (o al menos la falta de progreso) en la «raza» o la especie debido a que los menos cualificados parecían ser los que más se reproducían. Hasta Darwin expresó cierto pesimismo ante la idea de una futura mejora del ser humano por este motivo, y lamentaba en *El origen del hombre* que en la sociedad occidental —la cúspide de la civilización según la idea ampliamente compartida en la época—, los pobres e iletrados, obviamente inadecuados, parecieran procrear como conejos, mientras que los grandes, talentosos y buenos no suelen casarse o lo hacen tarde y terminan teniendo relativamente pocos hijos. Así, los rasgos supuestamente «inferiores» de los primeros se expanden a costa de los rasgos «superiores» de los últimos. (Al parecer se le escapaba a Darwin y a otros simpatizantes de la selección natural que comparten este punto de vista que los que más se reproducen son por definición los más cualificados… una idea demasiado espantosa para tener en cuenta,

WOMEN'S SUFFRAGE.

A

GREAT DEMONSTRATION

OF

WOMEN

IN THE

COLSTON HALL,

ON

THURSDAY, Nov. 4th, 1880,

Wallace estuvo entre los primeros defensores del sufragio femenino
y de otros derechos de las mujeres.

[**Sufragio femenino** | gran manifestación de **mujeres** |
en el Colston Hall | el jueves, 4 de Nov. 1880]

sin duda). Wallace, basándose en las ideas de Owen y de Bellamy sobre igualdad entre los sexos, estaba convencido de que la emancipación legal de las mujeres, con plena independencia, derechos políticos y seguridad económica, tenía que conducir a la mejora social. Esta comenzaba con la igualdad de oportunidades para todos.[48]

Cogió papel y pluma y escribió un extraordinario artículo al más puro estilo wallaceano: «Selección humana», publicado en el número de septiembre de 1890 del *Fortnightly Review*, un texto al que se referiría posteriormente como «la contribución más importante que he hecho a la ciencia de la sociología y la causa del progreso humano». Profundizó en el tema dos años después, en «Progreso humano: pasado y futuro», publicado en el número de enero de 1892 de la revista *Arena*, además de en un aluvión de entrevistas.[49] Wallace apuntaba primero a las propuestas entonces en boga para solucionar el supuesto estancamiento social: propuestas que no le parecían ninguna solución en absoluto, sino recetas para el desastre. Por un lado, estaban las estrategias «eugenésicas» inspiradas en Francis Galton, el polímata medio primo de Darwin al que hoy conocemos mejor como pionero de la estadística, psicología y eugenesia con una vena indudablemente «darwinista social».[50] Galton, que comenzó publicando en

1865 un artículo titulado «Talento y carácter hereditarios» y continuó con sus libros *Hereditary Genius* (1869) e *Inquiries into Human Faculty and Its Development* (1883) —donde acuñó el término «eugenesia»—, hablaba constantemente del problema de que los (supuestamente) «de menor adecuación biológica» se reprodujeran más que los miembros «más adecuados» de la sociedad. Su solución *no* era limitar la reproducción de los primeros, sino introducir incentivos para aumentar la reproducción entre los segundos: crear una dotación, por ejemplo, para animar y recompensar el matrimonio temprano de señoritas y caballeros jóvenes y con talento (con bonificaciones económicas por cada hijo), basándose tal vez en un sistema de puntos por cualidades de salud familiar, logros intelectuales y moralidad («Calificación por mérito familiar»).[51] A Wallace le parecía que la idea de Galton de *eugenesia positiva*, como se denomina hoy en día, estaba entre las estrategias «menos objetables», pero decía que también estaba entre las «menos efectivas». No obstante, le preocupaban mucho más otros que, tomando el testigo de Galton, proponían formas intrusivas de una especie de selección artificial autorizada por el Estado, con agentes estatales que permitieran el matrimonio a los que se considerara que tenían rasgos convenientes y se lo impidieran a los que no: una forma de *eugenesia negativa* que posteriormente se llevaría a espantosos extremos en el siglo XX, desde esterilizaciones forzadas hasta campos de exterminio fascistas. «No hay nada más objetable», escribía Wallace. Totalmente comprometido con la libertad individual y la dignidad, cualquier estrategia de manipulación coercitiva, y no digamos ya punitiva o socialmente invasiva, le enfurecía. Sin embargo, una propuesta casi igual de mala en sus efectos, según él, venía de los que podemos llamar defensores del «amor libre», que se decantaban por abolir el matrimonio por completo y permitir a las mujeres no solo elegir a las parejas más deseables que pudieran, sino cambiarlas cada pocos años si así lo deseaban; todo por hacer mejores bebés. «Detestable», declaraba Wallace: perjudicial para la vida familiar y el afecto parental y conducente sin ninguna duda a un aumento del mero «sensualismo».

No, su solución era infinitamente preferible a todas estas propuestas, estaba seguro. Había que limpiar el sucio «establo de Augías en nuestra organización social actual»: si se posibilita la plena igualdad y se permite a todas las personas contribuir con lo mejor de su capacidad física o mental *y* recoger todos los frutos de su trabajo, nuestro futuro estará asegurado por las leyes de desarrollo humano, los vientos de mejora humana y social. Claro está, admitía, que en nuestra sociedad se protege a los débiles y enfermos de las «limitaciones» de las que serían objeto en la naturaleza, y se les permite sobrevivir y hasta tener hijos. Pero esto solo refleja los «atributos superiores» de nuestra naturaleza: empatía, compasión y generosidad, que son la esencia de la humanidad.[52] En el futuro, todo este problema se remediará no mediante la reducción de estas cualidades —tratando con crueldad a la gente, impidiéndoles casarse o tener niños—, sino mediante la anulación del problema abordando las injusticias sociales, para empezar. «Cuando nos permitimos guiarnos por la razón, la justicia y el espíritu público», concluía Wallace en su trabajo de 1890, «y decidimos abolir la pobreza mediante el reconocimiento a todos los ciudadanos de nuestra tierra común de los mismos derechos a participar de manera igualitaria de la riqueza que todos juntos producimos», en ese momento, una vez asegurado el bienestar de todos, podemos tener la certeza de que hemos preparado el escenario para la mejora evolutiva natural de la humanidad, comprometiéndonos con «la mente cultivada y los instintos puros de las Mujeres del Futuro».[53]

El compromiso de Wallace con la evolución, el espiritismo y la justicia social —desde la nacionalización del suelo hasta el movimiento antivacunas y los derechos de las mujeres— cristalizó en una singular visión del mundo que nació en él en la década de 1890 y mantendría después. «Igualdad de oportunidades» se convirtió en su lema y guía. No era ningún socialista determinista, ningún ideólogo; rechazaba la dialéctica marxista, el pensamiento del «fin de la historia» y la eugenesia. Su filosofía era hacer el bien a la gente y preparar el camino para la dignidad individual y la cooperación; el socialismo vendría detrás de manera natural.[54] Los derechos de las mujeres eran fundamentales en su pensamiento sobre mejora social: garanticémoslos y ello llevará a incalculables ventajas sociales evolutivas y, por supuesto, humanas; este era su mantra.

A su hija, Violet, por supuesto, le dejaron elegir lo que quería, y ya fuese por elección propia o no, se quedó soltera. Alrededor de la época de los artículos de su padre sobre selección humana, Violet tenía veintipocos años y era profesora de preescolar en Liverpool. No podía negar que era hija de su padre, y las cartas que él le enviaba llenas de noticias están plagadas de referencias a bichos que le encantaban: «El sábado, Miss Heaton, de Natal, llamó y te trajo una araña trampilla y una trampa, y preguntó si querrías otro camaleón. ¡Le dije que sí, por supuesto!». Sería para hacerle compañía o reemplazar al primero: el año anterior le comentaba a su suegro William Mitten que le acababan de dar a Violet un camaleón, «un compañero estupendo».[55] Y Will tampoco podía negar que era hijo de su padre en muchos sentidos. Era socialista y a veces asistía a sesiones de espiritismo, y para mediados de la década de 1890 trabajaba de aprendiz de ingeniero eléctrico en Newcastle. También era un ávido ciclista y recorría los preciosos campos de Northumberland los fines de semana.

La labor científica de Wallace continuaba sin tregua, aun mientras se deslomaba trabajando en, bueno, pues, en los trabajadores… y en la tierra y en las vacunas y en el espiritismo… ¡hasta en la política monetaria![56] Sus escritos científicos versaban en aquella época cada vez más sobre geología, especialmente sobre glaciación y climatología, cautivado como estaba con el trabajo del astrónomo y climatólogo escocés James Croll, a quien recordarán del capítulo 12, que afirmaba que las variaciones regulares en la órbita de la Tierra y su inclinación axial crean los ciclos climáticos a los que se deben los periodos glaciales.[57] Wallace admiraba a Croll y mantuvo una amplia correspondencia con el escocés en las décadas de 1870 y 1880, de la que una docena de cartas se incluyeron en la autobiografía póstuma de Croll; fiel a su costumbre, a la vez que ensalzaba las virtudes de la teoría del climatólogo, Wallace también ofrecía sus propias modificaciones originales.[58] La teoría astronómica de las glaciaciones provocó, me atrevería a decir, enardecidas críticas y, si bien las ideas de Croll sufrieron ataques desde diversos frentes, Wallace nunca abandonaba un buen argumento si creía que tenía razón. Que se enfrentase sin reparos a astrónomos en este tema dice mucho del descaro de Wallace: incluso en 1896, seis años después de la muerte de Croll, Wallace seguía interviniendo en el debate que aún estaba vivo, y escribía a *Nature* en respuesta a una carta de George Darwin, el segundo hijo de su viejo amigo Charles Darwin, que era entonces Catedrático Plumiano de Astronomía en Cambridge. Darwin y Edward Culverwell, que había escrito una carta anterior, exponían un argumento que apuntaba a que la teoría de Croll no se sostenía. Wallace se permitía discrepar: «Considero oportuno, por lo tanto, exponer ante sus lectores las consideraciones generales que me han llevado a la conclusión de que el argumento entero sobre el que se apoyan es incorrecto».[59]

Y después asestó su último golpe a George Romanes. Invitado por la Sociedad Linneana para impartir una conferencia en la primavera de 1896, eligió como tema «El problema de la utilidad: ¿son las características específicas siempre, o en general, útiles?».[60] Aquí Wallace enfrentaba abiertamente los argumentos de Romanes en contra de la idea de «utilidad»: el megaseleccionista Wallace estaba convencido, contra lo que defendía Romanes, de que todos los rasgos son o han sido alguna vez útiles a su portador o, de otro modo, la selección no habría permitido que se propagasen. Al menos, Romanes tenía razón en una cosa: en su nada positiva reseña del libro de Wallace, *Darwinism*, publicada en el *Contemporary Review*, alegaba que la insistencia de Wallace en que la selección natural es el único, y no meramente el principal, medio de cambio evolutivo no era en absoluto darwinismo, en tanto que Darwin no compartía esta opinión. Más bien, según Romanes, «es con toda seguridad, y siempre ha sido, puro *wallaceísmo*».[61] Pretendía ser una pulla, pero seguro que a Wallace no le importó: siempre decía que él era más darwinista que Darwin y, en lo que atañe a la selección natural, siempre estaba preparado para luchar hasta el final. En este caso tuvo la última palabra, pues Romanes había muerto en 1894. Sí, Wallace seguía siendo el mayor defensor de la fe darwiniana, pero su dedicación a Darwin tenía sus límites. Ese mismo año, cuando Poulton le pidió a Wallace dar una conferencia en la inauguración de una estatua de Darwin en Oxford, de manera educada pero contundente, lo rechazó: a Poulton, le decía Wallace a Violet, «tengo que escribirle una negativa amable, cautelosa pero *clara*, lo que requiere pensar mucho y añadir un par de canas más a mi cabeza ¡ya *totalmente* gris!».[62] A Darwin le habría horrorizado, no el rechazo de Wallace, sino la mismísima idea de una estatua.[63]

Cómo encontraba tiempo Wallace para su infinita correspondencia personal, artículos, cartas a los periódicos, discursos, entrevistas y libros es un ejemplo de consumada gestión del tiempo, a lo que contribuía su habilidad en el manejo de la pluma. Además de todo esto, estaba su incesante actividad jardinera, ¿o no sería la tranquilidad de la jardinería la que hacía posible todo lo demás? Annie y él tenían cada uno su propio jardín dentro del jardín y sus ejemplares botánicos favoritos: despampanantes orquídeas para Wallace, frondosos helechos y prímulas para Annie. Ella estaba hecha toda una experta hibridadora de prímulas y blandía con destreza sus pinceles de artista para transferir polen entre los curiosos morfos *pin* y *thrum*: uno de los temas experimentales favoritos de Darwin, que habría admirado su habilidad. Difundiendo su amor por la botánica, mantenían también a Violet bien surtida de plantas para su jardín en Liverpool, incluidos tres helechos raros que recogieron cerca de Miller's Dale, en lo que es hoy el parque nacional de Peak District. «¿Te acuerdas de que los encontramos en lo alto de aquel valle desamparado donde no van los turistas?», le recordaba Wallace, siempre dispuesto a salirse del sendero marcado y a sacar plantas a la primera de cambio.[64] La botánica, de hecho, era un tema habitual de las vacaciones en familia, ahora que su economía era lo bastante estable para permitirse viajes anuales dentro y fuera del país. En una excursión al fabuloso Distrito de los Lagos, recorrieron un día una senda de unos veinte kilómetros. «El descenso ha sido bastante duro, empinado y agotador», le comentaba a Mitten. Tras subir y bajar unos novecientos metros, después de estar «más de nueve horas andando sin parar, estábamos bien cansados».[65] Seguramente influyera el hecho de que transportaban un cargamento de plantas que habían ido recogiendo por el camino, algo no muy distinto a las colecciones en sus viajes tropicales hacía tantos años, con especímenes que se iban acumulando ¡casi exponencialmente! En otra ocasión fueron a Devonshire: «Los helechos superaron todo lo que habíamos imaginado ¡y mamá los disfrutó de lo lindo!», le escribió a Violet. En efecto, Annie disfrutó tanto de los helechos, que en una senda de seis kilómetros en la que se encontraron en una auténtica jungla de estas plantas, «había que ir tirando de ella». Wallace no estaba quejándose, en realidad: nunca habían visto un helechal natural tan frondoso en ninguna parte de Gales, Escocia ni en los Lagos, estaba asombrado.[66] ¿Se imaginan hacer una excursión con estos dos? Entre la botánica, la geología, la entomología y cualquier otra -logía que se cruzase en su camino, es un milagro que avanzasen mucho más allá del punto de partida.

Suiza era uno de sus destinos favoritos, también, con su magnífica combinación de impresionantes paisajes esculpidos tectónica y glacialmente y su epónima flora alpina. Wallace siempre se había sentido atraído por esas fronteras en el espacio y el tiempo —habría gozado con el conocimiento geológico actual— y allí estaba ante la mismísima especie tipo de la orogenia alpina, montañas escabrosas nacidas de la colisión lenta pero inexorable de las placas tectónicas, la africana desplazándose hacia el norte contra la euroasiática. La propia escarpadura refleja su juventud; son un gran «prisma acrecional» de lo que fueron sedimentos marinos de un antiguo mar mesozoico hoy emplazado como un acordeón en lo alto del extremo sur de la placa europea, un cinturón de montañas altísimas, laderas empinadas y crestas afiladas entre abruptos y húmedos valles .[67] Había ido allí muchas veces a lo largo de los años, anteriormente con amigos como George Silk y ahora con su familia. Por aquella época, Violet iba allí todos los años con sus amigos, y se había convertido en toda una senderista, como sus padres. En agosto de 1896, su madre, ella y cinco amigos se dirigieron al pueblo alpino de Adelboden, donde «papá» se reuniría con ellas tras una semana en Davos en la que iba a impartir una conferencia organizada por Henry Lunn, el prolífico defensor del ecumenismo y la cooperación internacional y fundador de una compañía de viajes especializada en excursiones didácticas.[68] Wallace se temía lo peor: «Presiento que va a ser un sitio horroroso», le confesaba a Annie, abarrotado de hoteles e infinitas villas y *pensiones*, una auténtica ciudad apretujada en un estrecho valle. «Estaré encantado de escapar en cuanto pueda al retiro rural de Adelboden».[69] Wallace, el socialista, hoy en día encontraría Davos todavía más «horroroso», en su calidad de escenario del anual Foro Económico Mundial, una organización de corporaciones multinacionales y políticos. Disfrutó de la compañía de Lunn, con cuya familia había pasado Violet el verano el año anterior, y de los demás conferenciantes, pero le alegró unirse a Annie, Violet y sus amigos en su recién descubierto paraíso alpino. Adelboden era una especie de frontera dentro de la mayor frontera alpina: al norte de la línea Ródano-Simplon, en términos geológicos actuales, la extensa zona de falla por la que discurre el Ródano, Adelboden descansa en un gran valle rodeado de altas cumbres de roca metasedimentaria mesozoica del dominio helvético y que se abre al lago Thunersee, al noreste. Allí pasaron las siguientes dos semanas haciendo senderismo y estudiando hasta cansarse la botánica y la geología.

Will no pudo unirse, por desgracia; estaba trabajando en Southampton desde hacía poco, lo que, por otra parte, le permitía estar lo bastante cerca de Parkstone como para ir a casa con regularidad. Desde que se graduara, había estado trabajando en una serie de empleos eléctricos en Newcastle y alrededores, luego en Escocia, donde pasó casi todo el año 1895 en Inverkeithing, cerca de Edimburgo, y Govan, en Glasgow. Ahora, a su amigo Mac (diminutivo de McAlpine) y a él les había entrado una especie de gusanillo explorador y planeaban un largo viaje a los Estados Unidos, donde esperaban trabajar en puestos de telégrafos y líneas eléctricas mientras recorrían el país, principalmente en bicicleta. Zarparon hacia Boston en marzo de 1897, luego se abrieron camino hacia el oeste hasta las montañas Adirondack, al norte hasta el Niágara, al oeste de nuevo hasta Chicago y siguieron hasta Denver. Siempre dispuesto a dar consejos de padre, Wallace le dio a Will instrucciones para atrapar mamíferos y preparar pieles y esqueletos para sacarse un dinero extra («¡Puedes llegar a sacar tanto o más que subiéndote a postes de telégrafos!»). El mastozoólogo Oldfield Thomas del British Museum creía que su departamento adquiriría los especímenes y amablemente les recomendó a un agente londinense.[70] Como padre entregado a la igualdad de oportunidades, Wallace también animó a Violet a hacer lo mismo en su inminente viaje a Alemania, aunque no está claro qué le pareció a ella la idea de atrapar y preparar pequeños mamíferos en sus vacaciones en el continente.

El viaje de Will, que duró varios años, fue toda una aventura. Disfrutó mucho de sus «rudos» compañeros: «Su lenguaje es espantoso», le contaba a su padre, «su moralidad brilla por la ausencia, pero en realidad no son ni la mitad de malos de lo que aparentan», sin contar alguna que otra pelea a puñetazos y algún que otro esgrimir de hachas. Fue un trabajo duro pero estimulante, sobre todo los inviernos en las montañas Rocosas, cuando el termómetro se desplomaba hasta un solo dígito y del bigote y la barba le colgaban carámbanos.[71] Personalmente, a Wallace le alegraba que Will disfrutase de su aventura, pero le preocupaba su seguridad económica. «Ha recibido la mejor educación que podía darle en Ingeniería Eléctrica: tres años en la universidad y tres años en talleres y en varios empleos», le confiaba a Lester Ward, del Smithsonian; y aún así, le inquietaba que «de momento, en Estados Unidos, lo único que ha conseguido han sido trabajos de peón o de operario con salarios moderados, pero los jefes siempre los tienen bajo enorme presión nueve horas al día, tras las cuales, claro está, no tienen cuerpo para mucho más que comer y dormir». A Wallace le parecía terrible que la mayoría de trabajadores no contaran con una oportunidad por muy buena formación que tuvieran: lo único que podían esperar era una vida de duro trabajo seguida de una vejez de pobreza o peor. «¡Sin duda, el siglo que

From a photo by London Stereoscope Co.

Wallace, el eterno optimista, hizo campaña incansablemente por la justicia social:

[Le deseo el mayor de los éxitos a usted y a la causa del socialismo, Créame.
Su más sincero servidor …]

entra tiene que ser testigo del final del sistema reinante de competencia despiadada y producción de riqueza basada en la miseria y el hambre de millones de personas!».[72]

Cada vez más, sus pensamientos se dirigían a ese nuevo siglo que estaba a punto de comenzar; al reflexionar sobre lo lejos que habían llegado en lo social, el eterno optimista tenía grandes esperanzas puestas en mayores progresos. Depositaba su confianza en la bondad intrínseca de las personas y creía, tal vez con ingenuidad, que estarían a la altura si se les enseñaba cómo hacerlo. En junio de 1898 leyó un discurso que ayuda a comprender el camino hacia el que remaba con pasión: «Espiritismo y deber social», pronunciado en Londres, en el Congreso Internacional de Espiritistas, el 23 de junio de 1898, publicado el mes siguiente. En este discurso crucial, Wallace vinculaba explícitamente su espiritismo y socialismo con el avance social, y sostenía que las enseñanzas éticas del espiritismo, con su énfasis en una «ley superior», eran lecciones de igualdad y justicia social. Erramos al enfatizar la vida después de la muerte, argumentaba; más bien, hemos de esforzarnos por elevar la humanidad en *esta* vida. Creía que las enseñanzas del espiritismo señalaban un camino a seguir: «Sacar al grueso de nuestro pueblo del terrible abismo de indigencia, moledores trabajos de por vida a cambio de mera subsistencia, y vidas acortadas» desprovistas de las estimulantes «sutilezas del arte o los placeres de la Naturaleza», tan esenciales para el desarrollo de nuestras mejores versiones. «Situémonos los Espiritistas en un plano superior. Demandemos Justicia Social», declaraba, nada menos que igualdad de oportunidades. Era su deber social: «Será una labor merecedora de nuestra causa, a la que dará dignidad e importancia (…). Nuestra fe, fundada en el conocimiento, tiene una influencia directa en nuestras vidas; (…) nos enseña a trabajar afanosamente por la elevación y el permanente bienestar de todos nuestros congéneres».[73]

El asunto tenía gran peso para Wallace en aquellos días. No es casualidad que en su discurso Wallace apuntara a «un trabajo publicado hace unas semanas» que subrayaba la paradoja de constante injusticia y miseria en medio de la abundancia, es decir, su último libro *The Wonderful Century; Its Successes and Its Failures* [El siglo maravilloso: sus éxitos y sus fracasos]. Era una retrospectiva del siglo XIX con un giro inequívocamente wallaceano. Seleccionaba como uno de sus epígrafes un poema de Thomas Lake Harris, poeta, predicador, escritor de proto ciencia ficción y autoproclamado profeta espiritista angloestadounidense:

Si hicieras de tu pensamiento, oh hombre, la casa
donde otras mentes puedan habitar, hazla grande.
Haz su vasto techo traslúcido a los cielos
y deja que la gloria superior la ilumine,
hasta que la mañana y la tarde, en su eterno circular, suelten
su enjoyada exhalación de llamaradas de sol y de estrellas.

Es una visión preciosa, evocadora del pensamiento integral del propio Wallace. La premisa de *The Wonderful Century* era revisar lo que Wallace consideraba los éxitos y fracasos más notables del siglo, y dice mucho de su optimismo que la sección de «éxitos» conste de quince capítulos mientras que la de «fracasos», solo de seis. Los éxitos iban desde lo práctico (medios de transporte, maquinaria que ahorraba esfuerzo, fotografía) hasta los grandes avances intelectuales: evolución, desde luego, pero también los últimos y mayores hallazgos en geología, física, astronomía… hasta un curioso capítulo sobre la importancia del polvo («fuente de belleza y esencial para la vida»). Los fracasos de la sociedad, intelectuales, morales y sociales, según él, iban desde puntos ciegos —la oposición a «la investigación psíquica» y el abandono de la frenología— hasta los males sociales de la vacunación, el «demonio de la avaricia», el «expolio de la Tierra» y un peligro que empezaba a acechar en la época: «el militarismo, la maldición de la civilización».[74]

El «vampiro de la guerra» es como llamaba Wallace al militarismo en una enérgica acusación a los gobiernos, el suyo incluido, «armados hasta los dientes y esperando con sigilo la ocasión de usar sus vastos armamentos para su propio engrandecimiento y para hacer daño a sus vecinos». Suena todo siniestramente (y deprimentemente) familiar, cuando denunciaba la «carrera demente entre todas las Grandes Potencias (…) para aumentar el poder mortífero de sus armas», empleando «los recursos de la ciencia moderna (…) para incrementar el poder de destrucción», y el abrumador desembolso en un armamento cada vez más caro y en *ejércitos* de ejércitos, unos fondos a los que, de lo contrario, se les podría haber dado un uso verdaderamente bueno para hacer avanzar a la sociedad y mejorar las vidas de la gente. Otra vez está Wallace a punto de dar en el clavo en lo que hoy se llama el complejo industrial-militar: en efecto, la suya era una versión victoriana tardía del complejo *congresual*-industrial-militar del que el presidente de Estados Unidos Dwight D. Eisenhower advitió con tanta urgencia en su discurso de despedida en enero de 1961. Wallace señalaba a «las clases dirigentes: reyes y káiseres, ministros y generales, nobles y millonarios (…) son los auténticos vampiros de nuestra civilización», que fomentan y financian y se benefician de la guerra. «El mundo entero no es ahora más que la mesa de apuestas» de las Grandes Potencias, escribía. Se diría que hay cosas que no cambian.

Mientras Wallace escribía estas palabras, estaba oyendo cómo aumentaba el ritmo de los últimos tambores de guerra a medida que se caldeaba la situación en el sur de África. El Reino Unido había intentado sin éxito anexarse la República de Transvaal y el Estado libre de Orange en la primera guerra bóer de 1880-1881; el objetivo era el control de las minas de oro y diamantes, por supuesto. Algo más tarde, en 1895, Leander Starr Jameson dirigió un asalto de *uitlanders* —extranjeros, sobre todo británicos— que trataron (de nuevo sin éxito) de hacerse con el control del Transvaal. A continuación, siguieron unas tensas negociaciones sobre el estatus y los derechos de los *uitlanders*, pero estaban básicamente en punto muerto cuando Wallace escribía *The Wonderful Century*. Aumentaban las voces nacionalistas dentro del Reino Unido que clamaban agravio contra sus compatriotas emigrados y exigían acción para «protegerlos»: una versión anterior de la estrategia utilizada por Rusia para invadir las regiones ucranianas de Crimea y el Donbás unos ciento veinte años después. Como era de esperar, para junio de 1899, un año y un mes después de que se publicara el libro de Wallace, se rompieron las negociaciones, lo que desencadenó el estallido de la segunda guerra bóer el siguiente mes de octubre, cuando las repúblicas bóeres lanzaron ataques preventivos contra los británicos. La guerra se prolongó con furia hasta 1902, cuando las repúblicas terminaron por caer bajo el control británico tras una larga y sangrienta guerra de guerrillas por parte de los bóeres, que los británicos respondieron con una política de tierra quemada y acciones que hoy se calificarían de crímenes de guerra. Wallace lo vio venir todo y escribió una docena de cartas y comentarios a lo largo de los siguientes años condenando las acciones británicas en los términos más categóricos.[75] Esa fue la conclusión mucho menos que maravillosa del «siglo maravilloso».

————

Wallace no aminoró mucho en el nuevo siglo, ni en el plano intelectual ni en ningún otro. La rueda de su cerebro siempre estaba girando, ¡aún sacaría otros siete libros más! Según comenzaba el valiente y nuevo siglo, publicó una especie de retrospectiva: *Studies Scientific and Social*, una colección de artículos en dos volúmenes. Era algo así como un «grandes éxitos II» en el que volvía a publicar sus artículos clave desde 1865 hasta 1899, el primer volumen dedicado a escritos científicos y el segundo a una serie de temas sociales, políticos y educativos. En otra manifestación, ya familiar, de su inquietud, volvieron a mudarse, Parkstone empezaba a estar demasiado llena de gente para ellos. La pequeña utopía de su «colonia familiar para personas afines» puede que se hubiera quedado en nada, pero una cosa buena de aquel proyecto, la de visitar potenciales propiedades, todavía les rondaba. Era vital quedarse en el sur de Inglaterra para mantener el máximo potencial en jardinería, y encontraron el sitio que buscaban no muy lejos de su último domicilio. Era una hondonada herbosa orientada al sur, tres acres rodeados de bosque, en una ladera de la vecina Broadstone. Igual que Corfe View, estaba bastante cerca de una estación de tren, pero esta vez no había miedo a que el lugar se llenara de nuevos vecinos, como le contó a Violet, pues estaba estratégicamente situado para que no les obstruyeran las vistas, y bien amortiguado por los bosques. Estaba contento consigo mismo por la exitosa negociación con el agente de lord Wimborne para hacerse con la propiedad: «¡Por fin hemos hecho las escrituras! "He conocido a los Douglas en sus salones, ¡al león en su guarida!"[76] ¡y he salido ileso! ¡Su rugido era aterrador!, ¡pero terminó arrullando como un polluelo de tórtola!».[77] El principal encanto del lugar, señalaría después, era un antiguo vergel abandonado de retorcidos manzanos, perales y ciruelos, resistentes como él. Y útiles. Otra de las muchas ventajas del lugar era la proximidad a su residencia de Parkstone, que les permitió saquear el jardín que tenían allí y trasplantar todas las plantas que quisieron a su nueva morada. Luego tendrían una bonanza botánica porque un vivero en Poole liquidaba todas sus existencias a precios de ganga: Annie y él aprovecharon para llevarse en carretillas miles de árboles y arbustos. Hizo de su propio contratista para la casa y no reparó en gastos: un precioso friso en dado en la sala de estar, panelado y estanterías de teca, espaciosas verandas, lo último en chimeneas cerámicas vidriadas de Doulton («Creo que va a ser bastante característica de la casa», le dijo a Will). Calculaba que la casa había costado la espléndida suma de mil quinientas libras, «pero va a merecer mucho la pena».[78] Wallace construyó también una casa contigua, Tulgey Wood, que pretendía ser para Annie cuando él faltase, pero mientras tanto la utilizaba Violet como una especie de guardería.[79] Había regresado a casa por aquel entonces, quizás para ayudar a sus padres. Su padre cumplió ochenta poco después de mudarse a la preciosa casa de ladrillo rojo a la que apodaron Old Orchard, y su madre, aunque era mucho más joven (cincuenta y seis, entonces), tenía regularmente problemas de salud.

Old Orchard estaba más o menos terminada para finales de 1902, aunque se habían mudado allí antes, acampados en el estudio para sacarle el mayor provecho.[80] Mientras los carpinteros completaban los detalles dentro, Wallace y Annie trabajaban fuera, dedicados de lleno a su jardín, lo que siempre hacía de la casa un verdadero *hogar* para ellos. Un periodista, Ernest Rann, les hizo una visita unos años después y comentaba el encantador «orden desordenado» del jardín, una Arcadia medio salvaje, medio cultivada, «helechos silvestres a montones, innumerables árboles de hoja perenne y plantas subtropicales y, de repente, un estanque de borde irregular que aporta un espejo de naturaleza a la rústica escena». Señalaba también los mapas y los grabados de orquídeas enmarcados que adornaban las paredes de la casa y el estudio de Wallace, con su considerable y manoseada «biblioteca de trabajo», que lindaba con un invernadero repleto de maravillas tropicales. Cabría pensar que sería difícil para Wallace trabajar mucho en ese estudio, siempre atraído por el invernadero y el jardín, pero tenía una rutina bastante disciplinada: por lo menos dos horas seguidas de escritura todas las mañanas, lectura y tal vez una siesta corta a mediodía, trastear en el jardín o el invernadero y luego más lectura y escritura por la tarde. Imagínenlo también dando largos paseos de vez en cuando con Annie y con Violet por los prados, campos y bosques de alrededor y por la amable costa de Dorset. Seguro que contemplaba los Pinnacles y las Old Harry Rocks, brillantes pilares de creta blanca que surgen del mar y que podía ver a lo lejos desde Old Orchard. Esas impresionantes formaciones marcan el extremo oriental de la fabulosa costa jurásica, que hizo famosa la prodigiosa buscadora de fósiles Mary Anning; Wallace habría aplaudido su actual calificación como Patrimonio de la Humanidad por parte de la UNESCO. Sospecho que los caprichosos nódulos de sílex que caen por la erosión de los acantilados y cubren esas playas no le aburrían nunca, y ¿cómo resistirse a recoger fósiles de corales, conchas, madera y magníficos belemnites, los «rayos» de su juventud? Las largas y rectas *Belemnitella mucronata* abundan en esa formación de creta. Allí se encontraría en otra frontera del tiempo geológico. El camino hacia el sur a lo largo de la costa de la bahía de Studland en dirección a las Old Harry Rocks es un paseo geológico en el tiempo, cruzando desde las arenas y arcillas eocenas de lo que él conocía como los lechos de Bagshot (hoy, la formación de Poole) hasta la más antigua arcilla de Londres, de repente la estrecha franja de la formación de Reading con sus magníficos afloramientos rocosos de arenisca roja y, más adelante (y más antigua todavía), la franja de creta del Cretácico Superior.[81]

Era un lugar inspirador, la casa, el jardín y el paisaje. El biogeógrafo ya no viajaba por el mundo, pero había llevado el mundo a su casa, poblando su jardín con bellezas botánicas de todos los reinos biogeográficos del planeta y disfrutando indirectamente de los encantos de los Alpes en excursiones habituales con Will y Violet. No es difícil imaginarlo allí, en Old Orchard, rodeado de su jardín mundial al borde de aquella gran isla, mirando al horizonte desde su estudio, más allá de la línea de costa cretácica y las aguas centelleantes del canal de la Mancha, y oteando la lejanía con su telescopio (y quizás regocijándose en el hecho de que no podía verse más allá, solamente hasta la península de Normandía, que se estiraba hacia él desde el continente como una mano que lo llamaba a tan solo ciento cincuenta kilómetros de distancia, otra prueba más de la curvatura de la Tierra, aunque Hampden no la hubiera admitido). También le gustaba dirigir el telescopio al cielo, y, en cierto modo, parece apropiado que el espacio exterior se convirtiese en la frontera final de las vastas exploraciones mentales de Wallace.

Todo empezó, y nadie se sorprendería, con dificultades económicas. El precio ya de por sí elevado de Old Orchard se había ido elevando cada vez más con sobrecostes y gastos que se iban acumulando, amenazando con quebrar la banca familiar. Empezaba a alarmarse un poco, pero tenía una solución: «He comenzado a escribir un artículo para un periódico estadounidense para ganar algo de dinero y evitar la bancarrota», le anunciaba a Will.[82] Quiso la suerte que el *New York Independent* le hubiera ofrecido hacía poco veinte libras por un artículo de entre dos mil quinientas y tres mil quinientas palabras de extensión. Como el hambre aguza el ingenio, él propuso escribir un artículo más largo (y aún más lucrativo), y desarrolló una idea que se le había ocurrido últimamente, mientras trabajaba en la quinta y ampliamente revisada edición de *The Wonderful Century*. Era una visión característicamente global, algo en lo que ya llevaba un tiempo pensando: nada menos que una defensa de la posición central en el universo de nuestro sistema solar, y por lo tanto de la humanidad; en otras palabras, ¡que la humanidad era el objeto central y el propósito del universo! He aquí la extensión y culminación lógica de la teleología evolutiva de Wallace, pero hay que señalar que la parte astronómica de su análisis estaba basada en las últimas y mayores reflexiones científicas de la época. Llevaba un tiempo siguiendo los emocionantes avances en astronomía y había destacado la invención del espectroscopio y el análisis espectral en la primera edición de *The Wonderful Century*: la «Nueva Astronomía», un logro revolucionario que brindaba por primera vez información sobre las propiedades físicas y químicas de las estrellas y los planetas. Ahora, para la quinta edición, había decidido ampliar su tratamiento de la astronomía a cuatro capítulos para analizar los últimos descubrimientos en el sistema solar, el sol y las estrellas y culminar la sección con un fascinante capítulo sobre la mismísima «Estructura de los Cielos». Este, le decía a Will, iba a ser el tema de su artículo para el *Independent*. Aspiraba a la friolera de sesenta libras por el artículo (que al final consiguió), pero lo mejor de todo es que su agente, en vista de lo emocionante del tema, le propuso desarrollarlo en un libro. Con suerte, terminaba esperanzado la carta, «quizás pueda saldar toda la deuda antes de mediados de verano».[83]

«El lugar del hombre en el universo» apareció como estaba previsto en el número del 26 de febrero de 1903 del *The Independent*, y mientras seguía trabajando duro en la nueva edición de *The Wonderful Century* (que se publicaría aquel mes de septiembre), se zambulló de lleno en las últimas investigaciones astronómicas. Le ayudaron en su curso acelerado varios atentos correspondientes, entre ellos Agnes Mary Clerke, astrónoma irlandesa y autora de libros muy admirados sobre astronomía y su historia, que amablemente le explicó una serie de principios astronómicos a Wallace y le brindó comentarios y correcciones de algunos borradores de sus capítulos.[84] Su nuevo libro, *Man's Place in the Universe; A Study of the Results of Scientific Research in Relation to the Unity or Plurality of Worlds* [El lugar del hombre en el universo; estudio de los resultados de la investigación científica relativos a la unidad o pluralidad de mundos], se publicó aquel mes de octubre y recibió tanto críticas como alabanzas, algo a lo que estaba acostumbrado y, llegados a este punto, lo regocijaba, aunque le sorprendió el rechazo casi violento que recibió de algunos círculos de la comunidad astronómica. Valiéndose de los últimos datos astronómicos para defender lo que parecía ser una ubicación central de nuestro sistema solar en la galaxia (una idea muy extendida por entonces, pero que hoy sabemos completamente errada), Wallace pasaba después a considerar lo que *parecía* una larga lista de coincidencias, si no circunstancias fortuitas, que hacían posible la vida en la Tierra, desde la composición elemental hasta las condiciones físicas. Por ejemplo, nuestra distancia al sol es justo la perfecta para el rango de temperaturas que se necesita, y tenemos una atmósfera y océanos que hacen que circule la energía (y, por lo tanto, que se equilibre la temperatura) por todo el planeta; un práctico satélite, la luna, que lo facilita mediante la acción de las mareas; inmensas cantidades de vapor de agua en la atmósfera; polvo que proporciona la nucleación para que llueva, etcétera. En resumen, las condiciones favorables para la vida parecían mucho pedir y, sin

La última casa de Wallace: Old Orchard, construida
en 1902 en Broadstone, Dorset.

embargo, allí estaban. ¿Podría deberse a algún designio?, se preguntaba.
Básicamente, era el precursor de la idea que se conocería como *principio
antrópico* más avanzado el siglo.

¿Qué quiere decir todo esto? Todo podría ser el resultado de «una
casualidad entre mil millones» en la infinidad del tiempo, decía Wallace,
o —y aquí es donde coquetea con lo místico— tal vez estén en lo cierto
los que afirman que el universo es una «manifestación de la Mente», y el
«desarrollo organizado de las Almas Vivas» sea razón suficiente para la
existencia de este universo, que funciona como un reloj, y nuestra posición central dentro del mismo sea la única opción *posible*.[85] Concluía
el libro argumentando que, aunque los extraordinarios descubrimientos
astronómicos que presentaba «no tienen ninguna relevancia en los dogmas teológicos especiales del cristianismo ni de ninguna otra religión»,
sí que parecen señalar la singularidad de nuestro lugar en la naturaleza y
«que el fin supremo y el propósito de este vasto universo es la producción
y el desarrollo del alma viva en el cuerpo perecedero del hombre».[86] El
libro fue un éxito, y en las ediciones que inmediatamente lo siguieron,
llevó su argumentación aún más lejos, vinculando explícitamente su
argumentación astronómica con su visión evolutiva de la humanidad. En
resumidas cuentas, en tanto que el ser humano es, físicamente, el producto final de una larga serie evolutiva de modificaciones, cada una de las
cuales ha ocurrido en circunstancias específicas, las probabilidades de que
eso se repitiera en algún otro planeta resultarían *sumamente* remotas: la

humanidad, la vida inteligente, es un producto único no solo del proceso evolutivo terrestre, sino del mismísimo universo.

Huelga decir que recibió grandes aplausos de los que eran de mentalidad teísta y el rechazo de los comprometidos con una concepción materialista del universo (humanos incluidos); pero él no abandonaba un buen argumento, ni siquiera (¿o especialmente?) con la comunidad científica. Wallace admitía sin reparos que estaba equivocado si se encontraban fundamentos; de lo contrario, se deleitaba en defender su postura a ultranza. Con este ánimo, dirigió su atención al debate que entonces hacía furor en Estados Unidos y Europa: la posibilidad de que hubiera vida en Marte. En parte, era un debate científico, pero había captado también la imaginación del público. ¡¿Marcianos?! Todo había empezado con las observaciones de Marte realizadas por el astrónomo italiano Giovanni Schiaparelli durante su oposición en 1877. En oposición astronómica, un planeta se alinea más o menos con la Tierra y el sol, en el mismo lado que la Tierra y, por tanto, *opuesto* al sol. Como la luna llena, el planeta en oposición se encuentra totalmente iluminado y alto en el cielo nocturno y, en consecuencia, bien ubicado para su observación. En momentos así, los astrónomos, profesionales y aficionados por igual, se lanzan emocionados a sus telescopios; Wallace, viejo entusiasta de la astronomía, no era una excepción, y tampoco lo era su hija, Violet: «Supongo que estuviste levantada ayer hasta medianoche observando la capa de nieve de Marte, que está ahora muy grande, y el planeta está lo más próximo a la Tierra», le había escrito durante la oposición de 1892. «Saturno también puede verse pronto al atardecer con un anillo muy estrecho», añadía instructivo. «Venus también se ve espléndidamente justo antes del amanecer, así que ahí tienes mucha tarea con el telescopio». Y, por supuesto, no desaprovechaba la ocasión de maldecir la pesadilla de los observadores de estrellas en todo el mundo: las nubes. «Desgraciadamente, se nubló ¡justo cuando iba a observar *Marte* en oposición!», se lamentaba con Violet en 1894.[87]

Schiaparelli había observado en la superficie de Marte, durante la oposición de 1877, lo que parecía ser una red de líneas a las que llamó *canali* (cauces), y que inmediatamente se tradujo mal como «canales», palabra que implicaba que no eran características naturales, sino algo construido por seres inteligentes en Marte. El astrónomo estadounidense Percival Lowell, vástago de la distinguida familia Lowell de Boston, se nombró abanderado. Fascinado desde hacía mucho tiempo con la astronomía, decidió entonces estudiar esta emocionante posibilidad. Aprovechando la fortuna de la familia, construyó un observatorio de última generación en Flagstaff, Arizona, donde el aire seco del desierto era especialmente favorable para la astronomía. Obviamente, durante las oposiciones marcianas de 1893 y 1894 realizó minuciosas observaciones y cartografió los cauces de Schiaparelli, entre otras cosas: el crecimiento y disminución de los casquetes polares de Marte y los cambios estacionales de coloración, que interpretó como el reverdecimiento estacional de la vegetación de las zonas templadas en la Tierra. A la mayoría le habría costado horrores encontrarle sentido a estos cambios, con tantos borrones cambiantes, pero Lowell, cautivado por la idea de los canales construidos por marcianos, llegó —a escala astronómica— a conclusiones sensacionales, que publicó en su libro de 1906 *Mars and Its Canals* [Marte y sus canales]. La civilización de Marte estaba muriendo, afirmaba, y se estaba convirtiendo en un planeta desértico, los canales eran un último recurso desesperado para encauzar agua estacionalmente desde las regiones polares a zonas agrícolas en latitudes más bajas. Tenía una imaginación prodigiosa, pero su perspectiva, en realidad, era algo utópica: el pacifista Lowell veía una cooperación planetaria en un intento desesperado por impedir el colapso de su civilización.

Por mucho que Wallace hubiera aplaudido ese sentimiento, no le convencían en absoluto los argumentos de Lowell y le sorprendía que, aunque la comunidad astronómica en su mayoría también los miraba con recelo, nadie parecía dar el paso de manifestarlo. La existencia de marcianos inteligentes, por supuesto, habría torpedeado los propios argumentos de Wallace sobre la singularidad del ser humano como forma de vida inteligente en el universo. Tal vez, en parte, para corregir lo que consideraba un razonamiento poco científico, y en parte para asegurarse de que los cimientos de sus propias ideas se mantuviesen sólidos, se enfrentó a Lowell, como era su costumbre. En la edición revisada de *The Wonderful Century*, en 1903, ofrecía un buen resumen de las observaciones de Schiaparelli y Lowell, y reconocía con generosidad que «las ilusiones ópticas no engañan durante meses consecutivos a los astrónomos con experiencia», si bien él creía que tal interpretación era «errónea casi con total seguridad». También señalaba por qué pensaba que Marte no podía albergar vida: su masa relativamente baja implicaba una atmósfera relativamente pequeña. «La cantidad de atmósfera depende en gran medida de la masa del planeta», explicaba, «y esta condición por sí sola, casi seguro, hace que Marte no sea adecuado, pues su masa es menor que una octava parte de la de la Tierra».[88] Poco después amplió estos argumentos y presentó más pruebas para refutar a Lowell, con educación pero con firmeza, en un libro publicado a finales de 1907: *Is Mars Habitable? A Critical Examination of Professor Percival Lowell's Book «Mars and Its Canals», with an Alternative Explanation* [¿Es habitable Marte? Análisis crítico del libro del profesor Percival Lowell «Marte y sus canales», con una explicación alternativa]. Se podría decir mucho más de este episodio fascinante, pero lo vamos a considerar otra batalla luchada y ganada y lo dejaremos ahí.[89]

Is Mars Habitable? se publicó poco antes de que Wallace cumplie-
ra ochenta y cinco años; por supuesto, no mostraba signos de aflojar.
Como siempre, estaba en varias cosas a la vez y, mientras trabajaba con
ahínco en estos proyectos, seguía produciendo una cantidad ingente de
cartas, discursos, editoriales, ensayos y artículos sobre temas científicos
y sociales. Además, no se sabe cómo, encontraba tiempo para investigar y escribir su autobiografía en dos volúmenes considerables que,
según decía, eran más que nada para Will y Violet. Es más una crónica
que una autobiografía clásica y, consciente de ello, la tituló *My Life; A
Record of Events and Opinions* [Mi vida; registro de acontecimientos y
opiniones], ¡y vaya si contenía acontecimientos y opiniones! Alrededor
de esta época, también se ocupó de su viejo amigo Spruce, que había
muerto hacía una docena de años, enfermo crónico desde que regresara
de sus quince años de exploraciones en Sudamérica. Wallace hizo justicia al amigo, editó sus diarios y correspondencia y en 1908 publicó las
memorias *Notas de un botánico en el Amazonas y en los Andes*, un bonito
homenaje. El año 1908, en efecto, fue de gran trascendencia: un año de
remembranzas y altos honores. En el lapso de dos semanas, le invitaron
a dar la conferencia de Año Nuevo en la Royal Institution, le otorgaron
la Medalla Copley de la Royal Society («Su carta tan amable me alcanzó como un rayo …»)[90] y —lo más prestigioso de todo— le informaron
de que el rey iba a concederle el mayor honor civil de la nación: la
Orden del Mérito, una distinción restringida a no más de veinticuatro
galardonados vivos de toda la Commonwealth. Estaba profundamente
agradecido, pero siendo Wallace como era, no se sentía con el valor
de asistir a la ceremonia en el palacio de Buckingham para recibir la
medalla, sobre todo teniendo en cuenta el «traje de corte» obligatorio.
Afortunadamente, no hizo falta: uno de los oficiales asistentes del rey
bajó a Londres de inmediato y le entregó personalmente la magnífica
medalla, una impresionante cruz de oro con incrustaciones esmaltadas
en rojo y azul y una corona de oro en lo alto sujeta con un sofisticado
lazo de seda azul y carmesí. Sintió que «el deber» le obligaba a llevarla
puesta en su conferencia ante la Royal Institution.[91]

Aquel año el deber también le obligaba a asistir en la Sociedad Linneana al quincuagésimo aniversario de la lectura de su artículo y el de
Darwin, que habían marcado un antes y un después aquel histórico día
de julio de 1858. Del augusto grupo que había participado en tal presentación, solo quedaban Hooker y él. Con motivo de la ocasión, hubo
todavía otro alto honor más: fue el primer condecorado con la muy especial Medalla Darwin-Wallace, de oro macizo, otorgada con gran ostentación… y hasta el momento la única que se ha hecho nunca de oro, todas
las demás han sido de plata.[92] Su discurso de aceptación estuvo repleto

Darwin-Wallace Celebration, 1908.

WEDNESDAY, JULY 1st 1908.

Seat 17

Row C

Darwin-Wallace Celebration,
1908.
·· ·· ·· ·· ··

THE PRESIDENT AND COUNCIL
.. *of the* ..

LINNEAN · SOCIETY · OF · LONDON
request the pleasure of the Company of

Mr. Wallace

At a SPECIAL MEETING, to be held
On WEDNESDAY, JULY 1st, 1908, at the
Institution of Civil Engineers, Great George Street,
Westminster, at 2.30 p.m.

Invitación de Wallace al 50° aniversario de las lecturas de los artículos de Darwin y Wallace en la Linnean Society de Londres el 1 de julio de 1858.

de la misma magnanimidad que siempre había marcado su relación con Darwin, con la deferencia a la prioridad de su difunto amigo en el descubrimiento de la selección natural. Pero lo que a él le parecía lo más importante era plantear la interesante pregunta de ¿por qué ellos?, «¿Por qué tantos de los mayores intelectos fracasaron, y Darwin y yo dimos con la solución al problema?». Lo atribuyó, tras considerarlo detenidamente, a una «curiosa serie de paralelismos, tanto de mente como de ambiente», entre los que había uno especialmente destacado: ¡escarabajos! Según decía, los dos, Darwin y él, habían sido de jóvenes apasionados coleccionistas de escarabajos, un grupo que en toda su desconcertante y gloriosa diversidad ofrece un ejemplo práctico en lo que parecen infinitas y diminutas variaciones, adaptaciones y distribución. Súmenle a eso una mente reflexiva, ojo para la observación, cierta tenacidad... y *voilà!* Pero todo había comenzado con los escarabajos. Era el típico comedimiento wallaceano, pero tenía razón.[93]

Dice mucho que los dos últimos libros de Wallace, ambos publicados cuando ya tenía noventa años, reflejen sus intereses humanitarios. Había ido orientando sus energías cada vez más hacia la reforma social, siguiendo su propia exhortación a sus compañeros espiritistas de trabajar para la mejora de *esta* vida. A principios de su nonagésimo año, disparó su penúltima salva: *Social Environment and Moral Progress* [Medio social y progreso moral]. «Es muy herético, por supuesto», le escribió a su amiga botánica estadounidense Alice Eastwood.[94] Y más adentrado el año, la última: *The Revolt of Democracy* [La revuelta de la democracia], un libro delgado y más incisivo dirigido a los políticos, en el que trataba los constantes problemas de empleo y sueldo de la época con propuestas de solución. El «venerable anciano» de la ciencia estuvo trabajando hasta su última y breve enfermedad, a principios de noviembre de 1913.[95] Murió el 7 de noviembre, a tan solo dos meses de cumplir noventa y uno. Los amigos propusieron enterrarlo en la abadía de Westminster, pero Will y Violet sabían que ni su madre ni, especialmente, su padre lo querrían así.[96] Wallace fue enterrado en el cementerio de Broadstone sin mucha ceremonia, como él había preferido; su monumento, un magnífico tronco de árbol fosilizado de 2,1 metros que probablemente recogiera él mismo en el bosque fósil de la cercana Lulworth Cove: *Protocupressinoxylon purbeckensis*, una conífera del Jurásico Superior descrita de la Formación Inferior de Purbeck, en Dorset.[97] La enfermedad y la muerte llegaron tan de repente que todos —familia, amigos, sus muchos admiradores en todo el mundo— se quedaron de piedra, huérfanos. Estaban desconsolados, pero sabían instintivamente que él seguía con ellos, de una manera u otra. De haber escuchado las consoladoras declaraciones de Thomas Jefferson tras la muerte del naturalista estadounidense William Bartram, les habría parecido que encajaban con él:

> «No se ha ido», insistía. «Sigue estando por todo vuestro alrededor. Cuando queráis encontrarlo, no tenéis más que buscar en su jardín, y en su obra, y en su mundo verde».

Y ahí seguimos encontrando a Alfred Russel Wallace.

Coda

Agosto de 2010. Iba a Londres en autobús —el Oxford Tube, para ser exactos, que circula por la M40— cuando tuve una epifanía sobre Alfred Russel Wallace. Fue una especie de momento «camino a Damasco», mientras leía un artículo publicado en 1966 del difunto historiador de ciencia H. Lewis McKinney, de la Universidad de Kansas: un artículo que me abrió los ojos a un Wallace de impresionante profundidad y amplitud, un Wallace al que, la verdad sea dicha, desconocía en gran medida. Digo que fue *una especie de* momento camino a Damasco porque no hubo conversión, exactamente; no, yo ya era biólogo y conocía y admiraba a Alfred Russel Wallace: uno de los grandes naturalistas exploradores victorianos, el de la línea de Wallace, astuto observador que casualmente descubrió el principio de la selección natural, autor perspicaz del artículo de la Ley de Sarawak, recolector infatigable que accidentalmente se adelantó a Darwin y le hizo escribir *El origen de las especies*. ¿O no? En la M40 aquella mañana de agosto, me di cuenta no solo de lo poco que sabía en realidad de la vida y pensamiento de Wallace, sino de que este relato común que lo presenta como un ferviente recolector que tuvo la suerte de tropezar con la evolución por selección natural era en realidad una auténtica caricatura, y como tal, engañoso.

Las caricaturas exageran rasgos para entretener, y entonces me di cuenta de que el recolector en Wallace era ese rasgo exagerado. Pero no era cómico; era parte de un mito que se había formado alrededor de Wallace: que era un mero recolector de bichos que por casualidad hizo algunos descubrimientos importantes, un héroe fortuito cuyo servicio real a la biología evolutiva fue sacarle ese libro trascendental a Darwin como resultado de su descubrimiento de chiripa. Los mitos y las leyendas adquieren vida propia, que se repite en un libro de texto tras otro. El brillante artículo de McKinney, «Alfred Russel Wallace y el descubrimiento de la selección natural», desmentía ese punto de vista, y me descubrió un documento extraordinario llamado Cuaderno de Especies, el diario más importante de los que Wallace había escrito en sus viajes por el archipiélago malayo.[1] Era un diario de trabajo, por lo que el Cuaderno de Especies estaba repleto de apuntes y dibujos, observaciones y memorandos, cómputos de recolectas y todo tipo de notas personales. Pero también encerraba un secreto: ¡Wallace tenía un plan! El cuaderno revelaba el plan de escribir un libro que defendiera la realidad de la transmutación, como se llamaba entonces a la evolución.

No se trataba de una nota al margen a la ligera sobre un plan, sino de un plan bastante claro con pasajes ya redactados, una estructura trazada, argumentaciones descritas… un despliegue asombroso de argumentaciones a favor de la transmutación: islas, domesticación, el registro fósil, la morfología y demás. Estaban construidas alrededor de las secciones en contra de la transmutación en la obra de referencia de Charles Lyell *Principles of Geology*. En efecto, enfrentarse frontalmente a Lyell —intrépido como era para un recolector de campo humilde y autodidacta— era un aspecto central del plan para su libro. Un David evolucionista contra el gran Goliat geológico. McKinney ponía este extraordinario cuaderno en contexto: el encuentro fortuito de Wallace con Bates, el loco de los escarabajos; su correspondencia, que revelaba un enorme interés en la cuestión del origen de las especies; el nacimiento de una idea audaz de viajar y explorar, y recoger especímenes, sí, pero como medio de suministrar material para su propio estudio y vender otros para financiar sus exploraciones. Me di cuenta de que Wallace recogía especímenes para viajar; no viajaba para recoger especímenes. En otras palabras, Wallace aspiraba a ser un naturalista filosófico, en términos actuales un científico, y quería contribuir a una de las cuestiones científicas más profundas de la época: la naturaleza y el origen de las especies. La recolección de especímenes era un medio para tal fin en dos sentidos, pues suministraba fondos y material de estudio y análisis. ¡¿Cómo es que nunca había oído hablar de este cuaderno?! ¿Qué *era* este cuaderno, en definitiva, y *dónde* estaba? Rebusqué los detalles en el artículo de McKinney. Una nota al pie decía que se encontraba en las colecciones de la venerable Sociedad Linneana de Londres. ¿De verdad? Ese era exactamente el destino de mi autobús en dirección a Londres en ese preciso momento.

———

Tuve el privilegio de estudiar y publicar aquel cuaderno espectacular unos años después, con un montón de ayuda, he de añadir, desde los ánimos de mi amigo Andrew Berry hasta la inmensa ayuda que mi mujer, Leslie, me brindó con la transcripción, pasando por la generosidad de la propia Sociedad Linneana. Era mi homenaje a Wallace y también a

Wallace recostado en su jardín de Old Orchard.

McKinney, que fue el primero en cavilar que el libro sobre evolución que Wallace no escribió podría haberse titulado *La ley orgánica del cambio*.[2] El cuaderno es un portal no solo a otro tiempo y lugar, sino a una mente extraordinaria. Para mí, también fue el camino a una literatura fascinante a la que había hecho poco caso hasta entonces, y me incitó a sumergirme por completo en ella. Aún sigo nadando; ¿qué he aprendido de mi profunda zambullida unos doce años después? Que Alfred Russel Wallace era un ser humano asombroso.

Como espero que este libro deje claro, la vida de Wallace es nada menos que un drama épico —una historia de las aspiraciones de un hombre, su inspiración, determinación, coraje, suerte, generosidad y genialidad— y no poca obstinación en el camino. La suya es una de las mentes más originales del siglo XIX. Una de las manifestaciones de ello es la voluminosa producción científica de Wallace, un flujo casi constante de perspicaces observaciones, cartas, informes, artículos científicos y libros, muchos aclamados entonces y aún considerados hoy en día obras de referencia. En ciertas áreas, Wallace realizó contribuciones sorprendentemente originales; en otras, fue un gran sintetizador, elocuente presentando sus hipótesis y puntos de vista. Su gran metedura de pata en biología, desde el punto de vista actual, fue su insistencia en que la selección natural no podía explicar el cerebro humano. Pero tengamos en cuenta la variedad de sus intereses científicos, la cantidad de áreas en las que creemos que acertó, los campos en los que hizo auténticas contribuciones o que incluso fundó o a los que dio forma. Los hallazgos científicos de Wallace daban en el clavo con más frecuencia de la que erraban: además de ser honrado como codescubridor de la selección natural y creador de la biogeografía evolutiva moderna (que, claro está, bien podríamos descomprimir en un sinfín de hilos de investigación individuales a los que se dedicó), también está el hecho de que las ideas actuales acerca de cómo funciona la selección sexual, la evolución del mimetismo y la coloración de protección, así como ciertos aspectos del proceso de especiación (alopatría, refuerzo y el efecto Wallace), se acercan mucho más al pensamiento de Wallace que al de Darwin. Tengamos en cuenta, también, que Wallace realizó contribuciones a la antropología, la geología, la geografía física, la climatología, la arqueología, la taxonomía, la sistemática y demás. Tan ingente labor científica despertaría nuestra admiración por sí sola: ¿hubo *algún* otro científico victoriano que contribuyera a un mayor abanico de campos? Pero además hay otra manifestación de la mente maravillosa y original de Wallace: su absoluto compromiso con la mejora de la condición humana.

Puede decirse que Wallace fue el primero y el más grande de los científicos verdaderamente humanitarios. En los dos últimos siglos, diversos científicos eminentes han destacado por su labor en mitigar o prevenir el sufrimiento humano. Heroicos fueron los esfuerzos en materia médica debidos a personas como Jenner en el siglo XVIII y Pasteur en el XIX, entre otros. En el siglo XX, nos viene a la cabeza el bioquímico Linus Pauling, galardonado con el Premio Nobel de la Paz en 1962 por sus intentos de detener la carrera armamentística nuclear, así como el premio Nobel de la Paz de 1970 Norman Borlaug, por su papel clave en la revolución verde y en la reducción de la hambruna. Hay innumerables científicos más, por supuesto, que han llevado a cabo labores humanitarias, para su honor. Pero ¿hay alguno de la envergadura de Wallace, que se haya lanzado a defender con pasión semejante diversidad de causas sociales, tratando empecinadamente de mejorar la condición humana en múltiples frentes, aguantando largos años ante la crítica constante, incluso el ostracismo? Se tiende a subestimar a Wallace en este aspecto porque algunas de sus causas no fueron —y en ciertos casos siguen sin ser— del agrado de los que controlan las palancas del poder, y resultaba sencillo pintarlo como un excéntrico cualquiera dada su intensa (ciega, incluso) devoción por causas tan peregrinas como el espiritismo o la nacionalización del suelo. Sin embargo, Wallace fue un eterno optimista que creía en el progreso humano y en el potencial de continua mejora del cuerpo, la mente y el espíritu, e hizo campaña sin descanso en contra de las fuerzas sociales y políticas que creía, con o sin razón, que reprimían al pueblo.

Wallace tomó partido por la reforma agraria, la reforma monetaria, los derechos de las mujeres y la conservación ambiental, y luchó para frenar los excesos del capitalismo, el militarismo, el imperialismo y la eugenesia, que corrían desbocados; incluso su postura en contra de la vacunación, por mucho que discrepemos ahora de sus críticas (basadas como estaban en el deficiente conocimiento científico de la época), venía de una causa noble: la preocupación por los derechos y la dignidad humanos. *Fiat justicia ruat coelum.* En el plano humano, Wallace nunca vio a los pueblos «incivilizados» ni moral ni intelectualmente inferiores a los «civilizados» y, de hecho, creía que tienen más de unas cuantas cosas que enseñar a estos últimos, y consideraba que las mujeres han de gozar de plenos derechos: en educación, matrimonio, voto, herencia e implicación en la sociedad intelectual. Y no nos olvidemos de su carácter dulce como esposo, padre y amigo, ni de su generosidad sin límites, que era

Último lugar de descanso de Alfred Russel Wallace,
muy apropiadamente marcado con un árbol fósil:
ambos son viajeros por el tiempo y el espacio.

una extensión del absoluto compromiso de caballero con lo que para él es justo. Lo que vino después de que se leyeran los artículos de Darwin y Wallace en la Sociedad Linneana de Londres podría haber sido muy feo si alguien menos generoso le hubiera tomado la delantera a Darwin. Pero no: para Wallace, lo importante era la búsqueda de verdades científicas, y se quitaba el sombrero ante Darwin como primer creador de la teoría de la selección natural a pesar de su propio trabajo prodigioso y descubrimiento independiente, incluso a pesar de los planes privados que tenía desde hacía tanto tiempo de escribir su propio libro en defensa de la transmutación. La «fuerza de admiración» que declaraba Wallace por Darwin y sus logros era tan ilimitada como genuina: el mismísimo modelo de magnanimidad. En efecto, nunca buscó la gloria para sí mismo, y hasta se resistía, prácticamente pataleando y berreando, a los honores que al final *sí* le concedieron.

De modo que ¿le arrebataron a Wallace de alguna manera el lugar que se merecía en el mundo? No. A pesar de las declaraciones que han afirmado lo contrario desde diversos círculos a lo largo de los años, no hay *ninguna* prueba de que Darwin se apropiara de ideas de Wallace ni tratara de acallarlo y acaparar la atención, como he defendido basándome en el análisis de las circunstancias que rodearon la trascendental llegada del artículo de Ternate de Wallace a la puerta de Darwin y todo lo que ocurrió a continuación.[3] Para honrar a Wallace desde luego que no es necesario hacerlo a expensas de Darwin, alabado legítimamente por sus propios logros prodigiosos en el descubrimiento de los principios que hay detrás del cambio de las especies y la elocuente presentación de «una única y extensa argumentación» de la evolución por selección natural que conocemos como *El origen de las especies*, un libro para el que Wallace no tenía más que elogios. Pero los dos naturalistas fueron extraordinariamente coherentes en las líneas de indicios que ambos vieron y siguieron para desarrollar sus ideas evolutivas, y ambos fueron *juntos* nuestros primeros guías en el gran proceso de desarrollo del Árbol de la Vida. ¿Por qué, entonces, habría de ser Darwin un nombre familiar, y no Wallace? Bueno, como he comentado anteriormente, lo más probable es que se deba a una combinación de factores, pero tal vez entre los más importantes puedan nombrarse tres: primero, el nombre de Darwin *ya* era conocido a mediados del siglo XIX, en principio gracias a su abuelo Erasmus, reconocido médico, inventor y poeta superventas, si bien el propio Charles no le iba a la zaga, y era una estrella emergente ante la opinión pública desde su famoso libro *El viaje del Beagle*. Segundo, Darwin publicó enseguida *El origen de las especies*, tras el cual tanto él *como* Wallace tendían a referirse a la teoría como una criatura más propia del naturalista de mayor edad. Y tercero, la negativa de Wallace durante años a llevarse parte del crédito, llegando incluso a titular *Darwinismo* su revisión a fondo del tema, reforzó la impresión equivocada de que el mérito era principalmente de Darwin. No obstante, que el nombre de Darwin esté en el candelero mientras que el de Wallace queda en buena medida relegado a la oscuridad es una injusticia que ha de remediarse: Wallace se merece más.

———

La línea de Wallace es una buena metáfora de todas las exploraciones de fronteras y zonas limítrofes que hemos visto cruzar por la extraordinaria vida de este hombre: es una línea biogeográfica y geológica, desde luego, pero también hay una línea de Wallace entre la ciencia y la sociedad, el ser humano y la naturaleza, los mundos físico y espiritual (según lo veía él), entre ricos y pobres, civilizados y salvajes, privilegiados y desamparados, entre la época de Wallace y la nuestra. El subtítulo del estudio biográfico de Wallace que publicó el historiador Ted Benton en 2013 es esta pregunta retórica: «¿Un pensador para nuestra propia época?».[4] Efectivamente, Alfred Russel Wallace es un pensador y un modelo a seguir para nuestra época y más allá, para la eternidad, pues su vida de curiosidad, aventura, genialidad, descubrimiento y compromiso fue inspirada e inspiradora a partes iguales. Como Walt Whitman, él contenía multitudes, con una grandeza de espíritu y una diversidad tal de perspectivas y experiencias que a veces dejaban espacio para las contradicciones. Y eso está bien. Como Whitman, también, Wallace nos sigue llamando desde el más allá de alguna frontera del ser, metamorfoseado de una manera que le habría gustado a Ovidio:

A mí mismo me doy al barro para renacer de la hierba que amo,
si me necesitas de nuevo búscame bajo la suela de tus zapatos.

A duras penas sabrás quién soy o qué signifíco,
pero no obstante seré saludable para ti
y purificaré y vigorizaré tu sangre.

Si no consigues alcanzarme a la primera, mantén el ánimo,
si no me encuentras en un lugar búscame en otro,
estoy parado en alguna parte, y te espero.[5]

Haríamos bien en seguir buscando a Alfred Russel Wallace: por todo el mundo, desde luego, pero sobre todo dentro de nosotros mismos.

Agradecimientos

Ofrezco este libro como modesto tributo al incomparable Alfred Russel Wallace con motivo del bicentenario de su nacimiento, siendo muy consciente de que no habría sido posible sin la inestimable ayuda y ánimos de un círculo extraordinario de familia, amigos y todo tipo de apoyos próximos y lejanos. En primer lugar, doy las gracias a Leslie Callaham Costa, mi polifacética esposa desde hace unos treinta años, constante colaboradora, ilustradora y ocasional transcriptora e investigadora en el The Wallace Correspondence Project (WCP). Leslie ha desempeñado una labor triple, no solo haciendo posible que me perdiera durante días seguidos en el nirvana wallaceano mientras escribía el libro, sino también con su trabajo como editora incisiva (literalmente…) y directora artística cuyo buen ojo ha ayudado a dar con muchas de las ilustraciones y a editarlas. Este libro es tan suyo como mío.

Estoy profundamente agradecido a mi editor en Princeton University Press, Eric Crahan, por apoyar este proyecto desde el primer día con tanto entusiasmo, y por sus ánimos, consejos, apoyo y paciencia durante su desarrollo. Mis más sinceras gracias, también, a los asistentes editoriales de la PUP Barbara Shi y James Collier, al director de ilustraciones Dimitri Karetnikov y a la directora de producción editorial Elizabeth Byrd, siempre dispuesta a ayudar y aconsejar; a la diseñadora jefa Heather Hansen por su hermoso diseño de cubierta; a la supervisora de producción Melody Negron de Westchester Publishing Services por su habilidad para controlar la progresión del libro desde la corrección hasta su publicación, y a la correctora Wendy Lawrence por su trabajo esmerado y minucioso.

Varios amigos y compañeros tuvieron la amabilidad de leer los primeros borradores del manuscrito con ojo crítico: muchas gracias a Jonathan Hodge, a David Collard, a un revisor anónimo y especialmente a George Beccaloni, Charles Smith y Andrew Berry, todos ellos me brindaron prácticos comentarios, correcciones y sugerencias que mejoraron notablemente el manuscrito. Un agradecimiento especial a E. J. Tarbox por leer el manuscrito y por tantas conversaciones reveladoras sobre la historia de las ideas. Cualquier error u omisión, por no mencionar mi estilo de escritura, que reconozco que a veces es idiosincrático, y mi escasa inclinación a contener ciertos entusiasmos, son, por supuesto, responsabilidad únicamente mía. Wallace lo entendería.

Me he beneficiado tremendamente de la amabilidad y generosidad de otros wallaceófilos, empezando por mis amigos Andrew Berry y George Beccaloni, de los que he aprendido muchísimo: les agradezco profundamente todas nuestras discusiones así como sus ánimos y apoyo a lo largo de los años. Estoy agradecido a George Beccaloni, Clay Bolt, Andrea Deneau e Isabelle Charmantier, de la Sociedad Linneana de Londres, y a Tracy Murphy, de la Oficina de Administración de Tierras, encargada del museo y centro de visitantes del monumento nacional Canyons of the Ancients, por tener la amabilidad de facilitarnos imágenes para el libro, y a Victor Rafael Limeira da Silva y George Beccaloni por su cuidadosa revisión de los mapas de la Amazonía y el archipiélago malayo, respectivamente.

Gracias de corazón a David y Stella Collard por su cálida hospitalidad —fue un auténtico placer caminar sobre los pasos del joven Wallace con unos anfitriones tan atentos e informados— en una memorable visita a Usk, donde Clive y Theresa Jones fueron tan amables de abrirnos Kensington Cottage, donde nació Wallace —y es ahora su casa—, y donde Clive y Ken Wann tuvieron la gentileza de dejarnos echar un vistazo a la casa de huéspedes Alfred Russel Wallace cuando aún estaba en desarrollo, ¡qué ganas de alojarme allí algún día! Felicidades y aplausos a Charles Smith por su indispensable página web The Alfred Russel Wallace Page —un auténtico tesoro de escritos de Wallace y sobre Wallace y más recursos—, así como a la Sociedad Linneana de Londres por hacer que los cuadernos de Wallace y otros recursos estén disponibles con facilidad, y a George Beccaloni por responder siempre con tanto gusto a mis incesantes peticiones de información y por poner los maravillosos recursos del The Wallace Correspondence Project a mi disposición. Y hablando de recursos maravillosos, la Biodiversity Heritage Library, el Hathi Trust y Google Books son el sueño del académico. Estoy profundamente agradecido a estas instituciones y a todas sus instituciones colaboradoras por el servicio incomparable que ofrecen a los académicos de todo el mundo.

Sería un descuido, también, no reconocer a los gigantes sobre cuyos hombros estoy: gracias a todos los estudiosos de Wallace y de Darwin y a los biógrafos de Wallace cuyos trabajos he devorado, analizado y a veces debatido con entusiasmo, en particular (para este libro) la obra de George

Beccaloni, Barbara Beddall, Ted Benton, Andrew Berry, Janet Browne, Jane Camerini, David Collard, Martin Fichman, Wilma George, Jonathan Hodge, Sandy Knapp, Malcolm Kottler, H. Lewis McKinney, Jim Moore, Penny van Oosterzee, Peter Raby, Michael Shermer, Ross Slotten, Charles Smith y John van Wyhe. Hay muchos más, demasiado numerosos para nombrarlos aquí (pero se citan en este y en otros libros míos), cuyos artículos reveladores han ayudado a iluminar mi conocimiento sobre Wallace, Darwin, sus vidas y su época.

Más cerca de casa, debo muchísimo a mis mentores y amigos del Museo de Zoología Comparada (MCZ) de la Universidad de Harvard, donde tengo el privilegio de contar con un puesto de investigador asociado en el departamento de Entomología; un especial agradecimiento a Naomi Pierce, Andrew Berry, Kathy Horton y al desaparecido Ed Wilson. Quisiera agradecer especial y públicamente a los bibliotecarios de la Hunter Library (Universidad de Carolina Occidental), la Ernst Mayr Library (MCZ) y la LuEsther T. Mertz Library (Jardín Botánico de Nueva York). Todos ellos, con su talento y atención constante, han facilitado notablemente mis estudios sobre Wallace y Darwin. Por último, pero no por ello menos importante, agradezco a mis compañeros de mis propias instituciones, la Universidad de Carolina Occidental y la Estación Biológica de las Highlands, ambas profundamente arraigadas en su tierra y a la vez abiertas al exterior, cuya misión didáctica, de preparación y de investigación se caracteriza por el apoyo a la exploración y la inspiración: nobles y loables objetivos que Wallace seguro que agradecería.

Notas

Correspondencia

DCP (*Darwin Correspondence Project*). Las cartas de Darwin se citan en las notas al pie por su número de carta del Proyecto de Correspondencia de Darwin (DCP-LETT). Se puede acceder a ellas a través de Epsilon o de la página web del proyecto en las bibliotecas de la Universidad de Cambridge (https://www.darwinproject.ac.uk/).

WCP (*Wallace Correspondence Project*). Las cartas de Wallace se citan en las notas al pie por su número WCP. Se puede acceder a ellas a través de la base de datos de Wallace con capacidad de búsqueda Epsilon y otras recopilaciones de correspondencia en las bibliotecas de la Universidad de Cambridge (https://epsilon.ac.uk/).

Manuscritos

Los cuadernos de apuntes y diarios de Wallace que se encuentran en la Sociedad Linneana de Londres se citan por su número de manuscrito como se indica a continuación:

DIARIOS

Los Diarios Malayos (*Malay Journals*) de Wallace comprenden cuatro cuadernos de apuntes con entradas numeradas consecutivamente:

MS-178a: primer Diario Malayo, junio de 1856 - marzo de 1857; entradas 1-68.

MS-178b: segundo Diario Malayo, marzo de 1857 - marzo de 1858; entradas 69-128.

MS-178c: tercer Diario Malayo, marzo de 1858 - agosto de 1859; entradas 129-192.

MS-178d: cuarto Diario Malayo, octubre de 1859 - mayo de 1861; entradas 193-245.

CUADERNOS DE CAMPO

MS-177: Diario Norteamericano (*North American Journal*), 1886-1887. Existe transcripción con anotaciones de Charles H. Smith y Megan Derr (2013), *Alfred Russel Wallace's 1886-1887 Travel Diary: The North American Lecture Tour* (Manchester, Reino Unido: Siri Scientific Press).

MS-179: Cuaderno de Historia Natural (*Natural History Notebook*), 1854.

MS-180: Cuaderno de Especies (*Species Notebook*), 1855-1859. Edición facsímil, transcripción y anotaciones de J. T. Costa (2013), *On the Organic Law of Change* (Cambridge, Massachusetts: Harvard University Press).

MS-182: Cuaderno de Palmeras Amazónicas (*Palms of the Amazon Notebook*), c.1848-c.1852.

Los manuscritos y otros documentos de Darwin, conservados en la Biblioteca de la Universidad de Cambridge, se identifican por sus números CUL-DAR; se puede acceder a estos documentos a través de:

Biblioteca de la Universidad de Cambridge:
https://cudl.lib.cam.ac.uk/collections/darwin_mss/1;
https://www.lib.cam.ac.uk/collections/departments/manuscripts-university-archives/significant-archival-collections/darwin.

Darwin Online:
http://darwin-online.org.uk/contents.html.

Obras publicadas
(los números de página que se citan corresponden a las siguientes ediciones, citadas con frecuencia en el presente texto)

CONTRIBUTIONS
A. R. Wallace (1870), *Contributions to the Theory of Natural Selection. A Series of Essays* (Londres: Macmillan).

DARWINISM
A. R. Wallace (1889), *Darwinism: An Exposition of the Theory of Natural Selection, with Some of Its Applications* (Londres: Macmillan).

GEOGRAPHICAL DISTRIBUTION OF ANIMALS
A. R. Wallace (1876), *The Geographical Distribution of Animals; With a Study of the Relations of Living and Extinct Faunas as Elucidating the Past Changes of the Earth's Surface*. 2 vols. (Londres: Macmillan).

ISLAND LIFE
A. R. Wallace (1880, 2013), *Island Life, or, the Phenomena and Causes of Insular Faunas and Floras, including a Revision and Attempted Solution of the Problem of Geological Climates* (Chicago: University of Chicago Press).

MALAY ARCHIPELAGO
A. R. Wallace (1869), *The Malay Archipelago; The Land of the Orang-utan and the Bird of Paradise* (New York: Harper and Brothers).
Existe traducción (incompleta) al español, publicada en diversas editoriales.

MY LIFE
A. R. Wallace (1905), *My Life: A Record of Events and Opinions*. 2 vols. (Londres: Chapman and Hall).

EL ORIGEN DE LAS ESPECIES
C. R. Darwin (1859), *El origen de las especies*, traducción de José Pérez Marco (Barcelona: Penguin Random House, 2019).

TRAVEL DIARY

C. H. Smith y M. Derr (2013), *Alfred Russel Wallace's 1886-1887 Travel Diary: The North American Lecture Tour* (Manchester, Reino Unido: Siri Scientific Press).

VIAJES POR EL AMAZONAS

A. R. Wallace (1853), *A Narrative of Travels on the Amazon and Rio Negro, with an Account of the Native Tribes, and Observations on the Climate, Geology, and Natural History of the Amazon Valley* (London: Reeve).
Existe traducción al castellano, de Rafael Lassaletta y José Álvarez (Iquitos, Perú: IIAP - CETA, 1992).

TROPICAL NATURE

A. R. Wallace (1878), *Tropical Nature and Other Essays* (Londres: Macmillan).

Prefacio

1. Walt Whitman (1855), *Canto de mí mismo* (Madrid: EDAF, 1982), trad. de Mauro Armiño, p. 182.

2. El Wallace «revolucionario» del subtítulo del presente libro es el Wallace iconoclasta, el pensador que se salía de lo establecido y era capaz de ver y conectar puntos que a nadie antes se le había ocurrido conectar, por no decir percibir siquiera, y que disponía de los recursos para oponerse a los sistemas, científicos y sociales, que se resistían al cambio. La curiosa personalidad y otros factores que se esconden tras las inclinaciones «revolucionarias» o heréticas de Wallace se tratan en detalle en el fascinante libro de Michael Shermer de 2002 *In Darwin's Shadow: The Life and Science of Alfred Russel Wallace* (Oxford: Oxford University Press). Véase también R. Elwyn Hughes (1991), «Alfred Russel Wallace (1823-1913): The making of a scientific non-conformist», *Proceedings of the Royal Institution* 63:175-83.

Capítulo 1 Una familia feliz, pero cada vez más pobre

1. V. G. Walmsley (1959), «The geology of the Usk Inlier (Monmouthshire)», *Quarterly Journal of the Geological Society of London* 114:483-521.

2. *My Life*, 1:23.

3. *My Life*, 1:20-21.

4. *My Life*, 1:24.

5. «The Alfred Russel Wallace Page», Western Kentucky University, http://people.wku.edu/charles.smith/wallace/FAQ.htm#Welsh.

6. Daniel Defoe (1734), *Curious and Diverting Journies, thro' the Whole Island of Great-Britain* (G. Parker), p. 246.

7. William Blake (1804), «Milton: poema en dos libros», en *Libros proféticos*, vol. II (Girona: Atlanta, 2014), p. 17, trad. de Bernardo Santano.

8. Otro roble fue plantado en sustitución en el mismo lugar por la reina Isabel II en 1985.

9. *My Life*, 1:87.

10. A. R. Wallace a G. Silk, 7 de octubre de 1903, WCP6588.

11. Lewis Turnor (1830), *History of the Ancient Town and Borough of Hertford* (Hertford: St. Austin and Sons), p. 286.

12. Un caso notorio fue el del pueblo deshabitado de Old Sarum, en Wiltshire, que sin embargo tenía representación parlamentaria de sus terratenientes (miembros de la familia Pitt).

13. Siendo más mayor, Wallace mencionaba el conservadurismo de su padre en relación con la aprobación de la Ley de Reforma de 1832: «Mis primeros recuerdos de un acontecimiento político son los relacionados con la primera Ley de Reforma de 1832. Me acuerdo de mi padre —un auténtico tory— sacudiendo la cabeza porque cedía de manera lamentable al clamor ignorante del populacho y muy probablemente terminaría desembocando en algún desastre impreciso pero espantoso. Luego llegaron las celebraciones populares cuando se aprobó la ley, que en nuestro pueblo, Hertford, como supongo que en muchos otros, tomaron la forma de un almuerzo público y gratuito al aire libre, con la calle Fore Street llena en toda su amplitud de filas de mesas en las que todos los trabajadores y sus familias que optaron por unirse se dieron un banquete hasta hartarse». Alfred R. Wallace (1907), «Personal suffrage: A rational system of representation and election», *Fortnightly Review*, 1 de enero.

13. *The Boy's Own Book: A Complete Encyclopedia of All the Diversions, Athletic, Scientific, and Recreative, of Boyhood and Youth* [El libro de los chicos: Una enciclopedia completa de todos los entretenimientos, deportivos, científicos y recreativos, de la infancia y la juventud] de William Clarke, fue publicado por primera vez en 1828 en Londres por Vizetelly, Branston and Co. Al año siguiente lo sacó Munroe and Francis en Boston. Fue un éxito instantáneo y *The Boy's Own Book* se convirtió en el manual de referencia para generaciones de chavales. La novelista, abolicionista y defensora de los derechos de las mujeres estadounidense Lydia Maria Child, consciente de la legítima necesidad de que las jovencitas dispusieran de un libro parecido, escribió *The Girl's Own Book* [El libro de las chicas] en 1833.

14. M. A. Wallace a T. Wilson, 5 de julio de 1835, WCP1654.

15. M. A. Wallace a L. Draper, 12 de agosto de 1835, WCP1655.

16. Darwin se mudó al número 36 de Great Marlborough Street el martes 15 de marzo de 1837, la misma calle donde vivía su hermano Erasmus, en el número 43. «Es muy agradable que seamos vecinos tan próximos», le escribió a su primo (C. Darwin a W. D. Darwin Fox, 12 de marzo de 1837, DCP-LETT-348).

Capítulo 2 Tomando medidas en la frontera

1. Inaugurada el 16 de octubre de 1821, la Escuela de Artes de Edimburgo (conocida hoy como Heriot-Watt University) fue la primera de estas nuevas organizaciones que se dieron a conocer como institutos de mecánica, dedicadas al ideal de la Ilustración Escocesa de superación personal mediante la educación: «Para la instrucción de la mecánica en las ramas de las ciencias físicas que son de aplicación práctica en sus diversos oficios».

2. Se ha discutido mucho si los institutos de mecánica estaban motivados originalmente por los principios del Utilitarismo y la Ilustración o por la creencia de que

la educación científica ayudaría al sistema a preparar trabajadores para la sociedad industrial, una forma de control social (véase, por ejemplo, Steven Shapin y Barry Barnes [1977], «Science, nature and control: Interpreting mechanics' institutes», *Social Studies of Science* 7[1]:31-74). Fuera la que fuese su motivación fundacional, en cualquier caso el movimiento había adoptado en gran medida el programa utilitario e incluso utópicosocialista para mediados de la década de 1830, lo que ayudó a la rápida propagación de los institutos de mecánica por todo el Reino Unido y hasta en el extranjero, en Estados Unidos, Irlanda, Canadá y Australia.

3. *My Life*, 1:104.

4. Robert Owen (1825), *Textos del socialista utópico* (Madrid: Editorial CSIC, 2015), trad. de José Ramón Álvarez Layna, p. 369.

5. Daniel Feller (1998), «"The spirit of improvement": The America of William Maclure and Robert Owen», *Indiana Magazine of History* 94:89-98. Véase también Arthur Bestor (1971), *Backwoods Utopias: The Sectarian Origins and the Owenite Phase of Communitarian Socialism in America, 1663-1829* (Filadelfia: University of Pennsylvania Press), cap. 5.

6. Al llegar a New Harmony por el río Ohio en el invierno de 1825-1826 a bordo de la barcaza Philanthropist, el distinguido grupo (la «Dotación del Conocimiento») contaba con el entomólogo y conquiliólogo estadounidense Thomas Say, el artista y naturalista francés Charles-Alexandre Lesueur, los educadores franceses Marie Fretageot y William S. Phiquepal y varios de sus estudiantes, el artista suizo Balthazar Abernasser, la artista y música Virginia DuPalais, el médico William Price y su familia y multitud de eminencias más. Véase Donald E. Pitzer (1989), «The original boatload of knowledge down the Ohio River: William Maclure's and Robert Owen's transfer of science and education to the midwest, 1825-1826», *Ohio Journal of Science* 89(5): 128-42. El pueblo es hoy en día Distrito Histórico Nacional.

7. D. Thomson (1955), «Queenwood College, Hampshire: A mid-19th century experiment in science teaching», *Annals of Science* 11(3): 246-54.

8. Edward Royle (1974), *Victorian Infidels: The Origins of the British Secularist Movement, 1791-1866* (Manchester: Manchester University Press), aps. 1 y 2, pp. 294-301; *My Life* 1:87.

9. *The Age of Reason* de Paine se ha reimprimido muchas veces; existen dos ediciones disponibles actualmente en versión original que se pueden encontrar en *Thomas Paine: Collected Writings*, recopilación y edición de Eric Foner (1995, Library of America) y *The Life and Major Writings of Thomas Paine*, recopilación y edición de Philip S. Foner, tío de Eric Foner (1993, Citadel Press).

La cita proviene de la sección introductoria del cap. 1, «La profesión de Fe del Autor», en Thomas Paine (1794), *La edad de la razón: Una investigación sobre la verdadera y fabulosa teología* (México D. F.: Consejo Nacional para la Cultura y las Artes, 1990), trad. de Bertha Ruiz de la Concha. [N. de la T.].

10. Paine (1792), *Los derechos del hombre* (Buenos Aires: Aguilar, 1962), trad. de J. A. Fontanilla, pte. 2, p. 310.

11. *My Life*, 1:89.

12. V. Robinson a A. R. Wallace, enero de 1907, WCP1407; A. R. Wallace a V. Robinson, 14 de enero de 1907, WCP4293.

13. Greta Jones (2002), «Alfred Russel Wallace, Robert Owen and the theory of natural selection», *British Journal for the History of Science* 35:73-96.

14. *My Life*, 1:104.

15. Legislación del Parlamento de Gran Bretaña, Ley de Cerramientos de 1773, sec. 1, Cómo se han de cercar los terrenos cultivables:

https://www.legislation.gov.uk/apgb/Geo3/13/81/contents.

16. Gordon E. Mingay (2014), *Parliamentary Enclosure in England: An Introduction to Its Causes, Incidence and Impact, 1750-1850* (Londres: Routledge).

17. Legislación del Parlamento de Gran Bretaña, Ley de Diezmos de 1836, sec. 12, Significado de los términos «persona», «tierras», «diezmo», «parroquia», «parroquial», «terrateniente» y «propietario de diezmo» en la citada Ley, https://www.legislation.gov.uk/ukpga/Will4/6-7/71/section/12; H. C. Prince (1959), «The tithe surveys of the mid-nineteenth century», *Agricultural History Review* 7(1):14-26; Roger J. P. Kain y Hugh C. Prince (2006), *The Tithe Surveys of England and Wales* (Cambridge: Cambridge University Press), caps. 1 y 2.

18. *My Life*, 1:152.

19. *My Life*, 1:106, 115.

20. Véase pp. 15-17 en George Beccaloni (2008), «Homes sweet homes: A biographical tour of Wallace's many places of residence», pp. 7-43 en Charles H. Smith y George Beccaloni, eds., *Natural Selection and Beyond: The Intellectual Legacy of Alfred Russel Wallace* (Oxford: Oxford University Press).

21. *My Life*, 1:106-7.

22. Véase James A. Secord (2000), *Visions of Science: Books and Readers at the Dawn of the Victorian Age* (Chicago: University of Chicago Press), cap. 2.

23. A esta Soulbury Stone (la Piedra de Soulbury), como se la conoce, se la acusó en 2016 de suponer una amenaza para los conductores. A continuación, las palabras de un comentarista: «Soulbury Stone lleva ahí plantada tan contenta, sin meterse con nadie, unos once mil años, cuando fue depositada en su lugar de reposo, desde Derbyshire, en la última glaciación. No tiene nada de extraordinario, claro está, salvo el hecho de que esta gran piedra se encuentra justo en medio de una carretera moderna. (…) Todo ha ido de maravilla durante once mil años hasta que un conductor aletargado chocó contra ella a principios de año e intentó demandar a las autoridades locales por unos daños que ascienden a mil ochocientas libras». Hubo quienes pidieron que se retirara la piedra, lo que provocó una protesta. Afortunadamente, el ayuntamiento decidió pintar unas franjas en el pavimento, alrededor de la piedra, en vez de reubicarla: el menor de los males. Véase Stephen Liddell (página web), «The Soulbury Stone»:

https://stephenliddell.co.uk/2016/04/18/the-soulbury-stone/.

24. En los años anteriores a que los naturalistas suizos Louis Agassiz y Jean de Charpentier promulgaran la teoría de las glaciaciones y las vastas extensiones de hielo glacial, el modelo imperante era el de una Tierra marcada por la lenta oscilación tanto del nivel del mar como del clima; se postulaba que los bloques erráticos —algunos del tamaño de una casa— habían sido transportados en icebergs en tiempos remotos, en una época más fría, cuando la mayor parte de Europa

estaba bajo el mar (como demostraban los fósiles y formaciones marinas tierra adentro), y los icebergs flotaban más al sur de lo que flotan hoy, depositando su carga a medida que se iban deshaciendo. Un año después de que Wallace se fijara en la piedra de Soulbury, Charles Darwin publicó un breve artículo titulado «Note on a rock seen on an iceberg in 61° south latitude» [Apunte sobre una roca vista en un iceberg a 61° de latitud sur], en el *Journal of the Royal Geographical Society* (9 de marzo de 1839, pp. 528-29), en el que describía el fenómeno bien adentrado en el hemisferio sur, durante su travesía en el Beagle. «Todo dato sobre el transporte de fragmentos rocosos en el hielo es importante, pues arroja luz al problema de los "bloques erráticos", que lleva tanto tiempo desconcertando a los geólogos», señalaba. Por cierto, el pueblo de Darwin, Shrewsbury, acoge su propio bloque errático, una piedra más bien pequeña y lisa conocida como Bellstone.

25. A. R. Wallace a J. Wallace, 11 de enero de 1840, WCP337; A. R. Wallace a G. Silk, 12 de enero de 1840, WCP338; A. R. Wallace a G. Silk, 15 de enero de 1840, WCP336.

26. *My Life*, 1:170.

27. M. S. Rosenbaum (2007), «The building stones of Ludlow: A walk through the town», *Proceedings of the Shropshire Geological Society* 12:5-38.

28. El geólogo inglés Roderick Impey Murchison fue el primero en reconocer las peculiaridades de ciertos estratos sedimentarios de Gales del Sur a comienzos de la década de 1830 y propuso el nombre de «Silúrico» en homenaje a la antigua tribu de los siluros en 1835 («On the Silurian system of rocks», *Philosophical Magazine*, serie 3, 7:46-52), inspirado por el también geólogo Adam Sedgwick, que había denominado una serie de rocas galesas anteriores como periodo Cámbrico, por Cambria, el nombre en latín de Gales. En Neath, Wallace habría tenido acceso al tratado de 1839 de tres volúmenes de Murchison *The Silurian System* (Londres: John Murray).

29. *My Life*, 1:167.

30. A. R. Wallace a H. E. Wallace, marzo de 1842, WCP339. Los versos forman parte de una larga misiva rimada que Alfred le escribe a su hermano pequeño Herbert («Edward»), entonces internado en un colegio de Essex. La carta comienza así: «Querido Herbert: Como puedo comprobar | por tu última carta a mí dirigida | que te has aficionado a la poesía | voy a intentar poner mi pluma a trabajar | y escribir para ti una página o un par» (véase también *My Life* 1:178).

31. *My Life*, 1:196.

32. *My Life*, 1:192.

33. Los ejemplares de Wallace del *Elements* de Lindley (4.ª edición, 1841) y el *Treatise* de Swainson (1835) se encuentran en la Sociedad Linneana de Londres. La anotación que se cita de su ejemplar de Swainson aparece en la página 5. Wallace modificó ligeramente la cita de Darwin (1839), *Journal of Researches into the Geology and Natural History of the Various Countries Visited by H.M.S. Beagle* (Londres: Colburn), p. 604 (énfasis en el original).

34. A. R. Wallace a F. Wallace, escrita seguramente en 1842-1843, WCP6671.

35. Transcripción de Thomas Vere Wallace en las pp. 98-99, WCP5531. Escrito seguramente entre mayo de 1836 y abril de 1843.

36. Charles William Sutton (1810-1875), s. v. «Jones, Thomas», *Dictionary of National Biography, 1885-1900* (Londres: Elder), 30:170.

37. R. E. Hughes (1989), «Alfred Russel Wallace; some notes on the Welsh connection», *British Journal for the History of Science* 22:401-18.

38. *My Life*, 1:199.

39. Una circunstancia similar —un desencanto con otro naturalista— motivó posteriormente a Wallace a escribir lo que se daría a conocer como el artículo de la ley de Sarawak en 1855, en este caso provocado por Edward Forbes y su «teoría de la polaridad». Véase p. 192 en Alfred R. Wallace (1855), «On the law which has regulated the introduction of new species», *Annals and Magazine of Natural History*, 2.ª serie, 16:184-96.

40. «On a probable means of procuring plane and curved specula of great size, with a few remarks on fixed telescopes», A. R. Wallace a W. H. Fox Talbot, 12 de abril de 1843, WCP1792.1680. El artículo de Wallace no se leyó en la siguiente reunión de la British Association ni se conoce correspondencia posterior con Talbot. En la década de 1850, los procesos tanto de deposición química como de galvanizado para depositar una capa ultrafina de plata sobre la superficie de un espejo de vidrio esmerilado fueron presentados por Karl August von Steinheil en Alemania y Léon Foucault en Francia, tras lo cual se abandonó el metal de espejos y se revolucionó la producción de grandes espejos para telescopios. Luego se desarrolló un proceso de deposición en vacío sobre vidrio usando plata y, más frecuentemente, aluminio. Los telescopios de espejo líquido giratorio tienen espejos hechos con un líquido reflexivo que gira a una velocidad constante alrededor de un eje vertical, lo que provoca que la superficie del líquido adopte una forma parabólica. La idea la formuló por primera vez Isaac Newton y después la desarrolló en un artículo en 1850 Ernesto Capocci, del Observatorio de Nápoles (quizá con contribución indirecta de Talbot, a través de su colega italiano el óptico Giovanne Battista Amici; véase Charles H. Smith [2006], «Reflections on Wallace», *Nature* 443:33-34). El primer telescopio de espejo líquido operativo en laboratorio lo construyó el inventor neozelandés Henry Skey en 1872; hay varios en funcionamiento hoy en día y, hoy por hoy, todos son cenitales.

41. «The South-Wales Farmer», en *My Life* 1:206-22.

42. Trad. de Francisco Cantera Burgos y Manuel Iglesias González (La Editorial Católica. Madrid: 1975).

43. David Williams (1955), *The Rebecca Riots: A Study in Agrarian Discontent* (Cardiff: University of Wales Press); David Howell (1988), «The Rebecca riots», pp. 113-38, en Trevor Herbert y Gareth Elwyn Jones, eds., *People and Protest: Wales, 1815-1880* (Cardiff: University of Wales Press); David J. V. Jones (1989), *Rebecca's Children: A Study of Rural Society, Crime and Protest* (Oxford: Oxford Univ. Press).

44. Charles H. Smith, especialista en Wallace, cita la siguiente reseña publicada en el número del *Hereford Times* del 19 de octubre de 1844: «Kington. Instituto de Mecánica. Hace un tiempo concedieron un premio a Mr. A. R. Wallace, uno de

sus miembros, por un ensayo sobre "el mejor método para dirigir el Instituto de Mecánica de Kington". Nos comunican que hace gala de enorme mérito». Luego señala que «el número del 2 de noviembre del mismo rotativo incluye una carta anónima al editor que coincide en la calidad del ensayo pero apunta que ¡había sido el único ensayo presentado al premio! El número del *Hereford Journal* del 22 de octubre volvía a publicar la primera carta, aunque se refería a Wallace como "Mr. A. Wallace"». Véase The Alfred Russel Wallace Page: http://people.wku.edu/charles.smith/wallace/misc.htm, ítem 4.

45. «An essay, on the best method of conducting the Kington Mechanic's Institution», pp. 66-70, en Richard Parry, ed. (1845), *The History of Kington* (Kington, Reino Unido).

46. Wallace usaba un lenguaje muy parecido en un contexto diferente unos veinte años después, en un texto que criticaba la hipocresía de esgrimir las especies como prueba de la obra del Creador y aun así permitir su destrucción sin sentido, a pesar de lo fácil que era no hacerlo: «Sin embargo, con extraña incoherencia, ven a muchas de ellas desaparecer irremediablemente de la faz de la Tierra, sin que les importen ni las conozcan». Del artículo de Wallace de 1863 «On the physical geography of the Malay Archipelago», *Journal of the Royal Geographical Society* 33:217-34. Véase capítulo 12.

47. Alfred R. Wallace (1843/1905), «The advantages of varied knowledge», conferencia; véase *My Life* 1:201-5. Merece la pena señalar que los argumentos posteriores de Wallace en contra de un origen evolutivo de la mente humana se basan en algunas de las mismas preocupaciones aquí expresadas, concretamente, en que nuestro «enorme cúmulo de riqueza mental» quede desperdiciado. Véanse capítulos 11 y 12.

Capítulo 3 De escarabajos y grandes preguntas

1. Alfred R. Wallace (1845), [Carta al editor acerca de los primeros experimentos de Wallace con el mesmerismo en Leicester; columna «Journal of Mesmerism»], *Critic* (Londres) 2(19):45 (10 de mayo).

2. *My Life*, 1:236.

3. *My Life*, 1:237.

4. A Bates le publicaron tres artículos cortos sobre insectos en *Zoologist* en 1843, el año inaugural de la revista, a saber: «Notes on Coleopterous insects frequenting damp places» (pp. 114-15), «Notes on the seasons of appearance of *Polyommatus argiolus*» (p. 199) y «Note on the occurrence of *Colias edusa* in Leicestershire» (pp. 330-31). También publicó un cuarto artículo fascinante (p. 156) en el que preguntaba si el editor «admitiría comunicaciones de naturaleza crítica general sobre ordenaciones, sistemas naturales, etc., que su lector piensa que impulsarían significativamente la importancia creciente de su revista». El editor señaló en su respuesta que estaría «complacido en recibir las opiniones de nuestros lectores sobre el tema». La consulta de Bates es reseñable porque demuestra que el entonces muchacho de dieciocho años no era un mero coleccionista, sino que estaba interesado en los principios de clasificación y relación, lo que quizá supuso una inspiración añadida para Wallace.

5. No es de extrañar que Leicestershire tenga una larga y venerable tradición de ir a buscar escarabajos. El condado ha producido un número impresionante de especialistas en coleópteros, profesionales y aficionados, a lo largo de los dos últimos siglos; véase Derek Lott (2009), *The Leicestershire Coleopterists: 200 Years of Beetle-Hunting* (Loughborough, Reino Unido: Loughborough Naturalists' Club).

6. La información sobre el Instituto de Mecánica y la Sociedad Filosófica y Literaria de Leicester proviene de los relatos fascinantes de Gerald T. Rimmington (1975), «Education, politics and society in Leicester, 1833-1940» (Tesis doctoral, Universidad de Nottingham, cap. 1) y Patrick Boylan, ed. (2010), *Exchanging Ideas Dispassionately and without Animosity: The Leicester Literary and Philosophical Society. 1835-2010* (Leicester, Reino Unido: Leicester Literary and Philosophical Society).

7. Boylan, *Exchanging Ideas Dispassionately*, pp. 3, 8.

8. Rimmington, «Education, Politics and Society in Leicester», pp. 13, 14.

9. *My Life*, 1:232.

10. *My Life*, 1:232.

11. Véase James Moore (1997), «Wallace's Malthusian moment: The common context revisited», pp. 290-311, en B. Lightman, ed., *Victorian Science in Context* (Chicago: University of Chicago Press), un estudio exhaustivo de los factores geográficos, económicos y sociales que componen el «contexto común», como lo denomina Moore, para el posterior descubrimiento de Wallace del principio de la selección natural.

12. Juego fonético con el apellido del personaje histórico Guy Fawkes y el adjetivo *faux* ('falso, de imitación'), que suenan parecido. [N. de la T.].

13. El condado de Neath Port Talbot ha creado una serie de magníficos recorridos a pie para seguir los pasos de sus hijos más famosos, incluidos, entre otros, el actor Richard Burton, el artista romántico Joseph Mallord William Turner y, por supuesto, Alfred Russel Wallace. El recorrido Wallace tiene una versión de entre ocho y nueve kilómetros y otra de entre dieciséis y diecisiete: «Comience en el castillo de Neath, una fortaleza normanda que todavía exhibe un impresionante cuerpo de guardia de dos torres. Pasará por el Instituto de Mecánica y el ayuntamiento de Neath, donde Wallace asistía a conferencias, antes de dirigirse a la abadía de Neath. La abadía, fundada en 1130, es una de las ruinas monásticas más imponentes de Gales del Sur. Tras explorar la fundición de Neath Abbey diríjase hacia los canales de Neath y Tenant; el recorrido termina en la iglesia de St Illtyd, a orillas del río Neath». Véase «In Their Footsteps»: https://dramaticheart.wales/home-2/plan-your-visit/in-their-footsteps/.

14. F. Wallace a M. A. Greenell Wallace, 11 de septiembre de 1844, WCP1257; 19 de octubre de 1844, WCP1260, y 14 de mayo de 1845, WCP1267; F. Wallace a W. Wallace, 26 de septiembre de 1844, WCP1259.

15. Véanse las cartas de Fanny Wallace del 14 de mayo de 1845, WCP1267; del 22 de mayo de 1845, WCP1268; del 1 de junio de 1845, WCP1269, y del 7 de julio de 1845, WCP1270; el relato de Fanny de los esclavos a los que llevaban al mercado aparece en la carta del 29 de noviembre de 1845 a su madre. Véase WCP1263.

16. F. Wallace a M. A. Greenell Wallace, 10 de octubre de 1845, WCP1273.

17. Mark Casson (2009), *The World's First Railway System: Enterprise, Competition, and Regulation on the Railway Network in Victorian Britain* (Oxford: Oxford University Press), pp. 29, 289, 298, 320; *My Life*, 1:243.

18. Véanse, por ejemplo, las audiencias de delimitación de conmutaciones anunciadas en los números del 13 de marzo y del 5 de junio de 1846 de *The Cambrian* en la página de Charles Smith The Alfred Russel Wallace Page:
   http://people.wku.edu/charles.smith/wallace/bib1.htm, artículos S1bb y S1bc.

19. Gordon Roderick (1993), «Technical instruction committees in South Wales, United Kingdom, 1889-1903 (part 1)», *Vocational Aspect of Education* 45(1):59-70, 62.

20. History Points, «Former Mechanics' Institute, Neath»:
   http://historypoints.org/index.php?page=former-mechanics-institute-neath.

21. M. Jones a A. R. Wallace, 5 de julio de 1895, WCP3159.

22. Louise Miskell (2006), *Intelligent Town: An Urban History of Swansea, 1780-1855* (Cardiff: University of Wales Press).

23. Extractos de las siguientes cartas: A. R. Wallace a H. W. Bates, 26 de junio de 1845, WCP342; 3 de octubre de 1845, WCP343; 13 de octubre de 1845, WCP344; 11 de abril de 1846, WCP340; 3 de mayo de 1846, WCP341.

24. A. R. Wallace a H. W. Bates, agosto de 1846, WCP347.

25. *My Life*, 1:248.

26. A. R. Wallace a H. W. Bates, 26 de junio de 1845, WCP342.

27. Alfred R. Wallace (1847), «Capture of *Trichius fasciatus* near Neath [excerpt from a letter sent from Neath, Wales]», *Zoologist* 5:1676.

28. Tony Ramsay (2017), «Fforest Fawr Geopark—a UNESCO Global Geopark distinguished by its geological, industrial and cultural heritage», *Proceedings of the Geologists' Association* 128:500-509.

29. Charles Davidson (1906), «The earthquake in South Wales», *Nature* 74:225-26.

30. A. R. Wallace a H. W. Bates, 26 de junio de 1845, WCP342.

31. A. R. Wallace a H. W. Bates, 9 de noviembre de 1845, WCP345.

32. Charles Darwin, recién convertido a la idea herética de transmutación en 1837, captó de inmediato estas implicaciones: si admitimos el cambio en las especies, confesaba en un cuaderno particular, «todo el tejido se tambalea y se desploma... ¡el tejido se desploma!». Cuaderno C, pp. 76-77, http://darwin-online.org.uk/content/frameset?itemID=CUL-DAR122.-&viewtype=text&pageseq=1.

33. Véanse Adrian Desmond (1989), *The Politics of Evolution: Morphology, Medicine, and Reform in Radical London* (Chicago: University of Chicago Press); James A. Secord (2000), *Victorian Sensation: The Extraordinary Publication, Reception, and Secret Authorship of* Vestiges of the Natural History of Creation (Chicago: University of Chicago Press).

34. Véase Richard Holmes (2010), *La edad de los prodigios: terror y belleza en la ciencia del romanticismo*, trad. de Miguel Martínez-Lage y Cristina Núñez Pereira (Madrid: Turner Publicaciones, 2012).

35. El astrónomo Nicolas-Louis Lacaille, que realizaba observaciones en el cabo de Buena Esperanza entre 1750 y 1754, dio a conocer catorce constelaciones nuevas, de las que todas menos una (Mensa, en homenaje a la Montaña de la Mesa desde la que hizo sus observaciones) simbolizan instrumentos de las artes y las ciencias de la Ilustración: Antlia (la bomba neumática), Caelum (el cincel), Circinus (el compás), Fornax (el horno), Horologium (el reloj), Microscopium (el microscopio), Norma (la escuadra), Octans (el octante), Pictor (el caballete de pintor), Pyxis (la brújula), Reticulum (el retículo del telescopio), Sculptor (el escultor) y Telescopium (el telescopio).

36. Robert Chambers (1844), *Vestiges of the Natural History of Creation* (Londres: W. y R. Chambers), pp. 154, 156 [La autoría de la obra quedó definitivamente aclarada en 1884, 12ª edición, ya fallecido el autor. N. de la T.]. Cabe señalar también que, al presentar su propia teoría transmutacional en *El origen de las especies*, Darwin eligió de epígrafes citas de dos filósofos que trataban esta cuestión: una de William Whewell sobre la manera en que lo Divino obra a través de la ley natural y otra de Francis Bacon sobre la misma importancia que tiene dominar el estudio de las obras de Dios (la naturaleza) y de la palabra de Dios (las escrituras). Véase la reflexión preliminar en James T. Costa (2009), *The Annotated Origin* (Cambridge: Harvard University Press).

37. Chambers, *Vestiges of the Natural History of Creation*, pp. 235, 296.

38. Secord, *Victorian Sensation*, pp. 168-69.

39. El que había sido profesor de geología de Darwin, el reverendo Adam Sedgwick, condenaba enérgicamente *Vestiges* en una extensa reseña publicada en el *Edinburgh Review* de julio de 1845. En abril de aquel año, compartía su menosprecio por el «libro injurioso» y sus sospechas de que lo había escrito una mujer en una carta a su compañero geólogo Charles Lyell·

> [*Vestiges*] me provocó una repulsa tan indescriptible que lo tiré (…). No puedo evitar pensar que el libro es obra de una mujer, por lo bien adornado que está y lo grácil de sus apariencias. No creo que «la bestia del hombre» lo hubiera hecho así de bien. Además, la lectura, aunque extensa, es muy superficial; y el autor continuamente se adelanta a los hechos y saca conclusiones apresuradas, como si el arduo ascenso del monte de la Verdad se pudiera acometer con los ligeros saltitos de una bailarina clásica. Es un error femenino de principiante. A. Sedgwick a C. Lyell, 9 de abril de 1845, en John Willis Clark (1890), *The Life and Letters of the Rev. Adam Sedgwick*, 2 vols. (Cambridge: Cambridge University Press), 2:84-85.

40. A. R. Wallace a H. W. Bates, 28 de diciembre de 1845, WCP346.

41. A. R. Wallace a H. W. Bates, 28 de diciembre de 1845, WCP346.

42. A. R. Wallace a H. W. Bates, 11 de abril de 1846, WCP340.

43. A. R. Wallace a H. W. Bates, 11 de octubre de 1847, WCP348.

Capítulo 4 Paraíso ganado…

1. William H. Edwards (1847), *A Voyage up the River Amazon: Including a Residence at Pará* (Londres: John Murray), p. iii.

2. Ross A. Slotten (2004), *The Heretic in Darwin's Court: The Life of Alfred Russel Wallace* (Nueva York: Columbia University Press), pp. 42-43.

3. A. R. Wallace a W. J. Hooker, 30 de marzo de 1848, WCP3802.

4. Existe una vasta literatura sobre el contexto colonial del coleccionismo de historia natural de los siglos XVIII y XIX, con especial atención en Wallace y Bates. Véanse, por ejemplo, Janet Browne (1992), «A science of empire: British biogeography before Darwin», *Revue d'Histoire des Sciences* 45:453-75; Jane Camerini (1996), «Wallace in the field», *Osiris*, ser. 2.ª, 11:44-65; Martin Fichman (2004), *An Elusive Victorian: The Evolution of Alfred Russel Wallace* (Chicago: University of Chicago Press), pp. 22-24, y Melinda B. Fagan (2008), «Theory and practice in the field: Wallace's work in natural history (1844-1858)», pp. 66-90, en Charles H. Smith y G. Beccaloni, eds., *Natural History and Beyond: The Intellectual Legacy of Alfred Russel Wallace* (Oxford: Oxford University Press). Véase también la excelente discusión introductoria en Victor Rafael Limeira-DaSilva (2022), «The itinerary of Alfred Russel Wallace's Amazonian journey (1848-1852): A source for researchers and readers», *Notes and Records of the Royal Society* 76:633-52.

5. J. Wallace a F. Wallace, 5 de mayo de 1849, WCP5572; H. E. Wallace a F. Wallace, 7 de mayo de 1849, WCP392; septiembre de 1849, WCP393.

6. A. R. Wallace a G. Silk, 16 de junio de 1848, WCP406.

7. *Travels on the Amazon*, p. 3.

8. *Travels on the Amazon*, p. 4.

9. *Travels on the Amazon*, p. 16.

10. Slotten, *Heretic in Darwin's Court*, p. 52, ofrece el desglose de insectos en el primer envío de Wallace y Bates: 553 especies de mariposas y polillas, 450 especies de escarabajos y unas 400 especies de otros órdenes de insectos. Véase también A. R. Wallace a W. J. Hooker, 20 de agosto de 1848, WCP3798.

11. J. Augusto Correio a J. Antonio Correio Seixus, septiembre de 1848, WCP7080.

12. Henry Walter Bates (1863), *El naturalista por el Amazonas* (Barcelona: Laertes, 1984), vol. II, p. 27, trad. de Marta Pérez.

13. *Travels on the Amazon*, p. 83-4.

14. R. Spruce a W. J. Hooker, 3 de agosto de 1849, WCP4899.

15. Samuel Stevens (1849), «Journey to explore the province of Pará», *Annals and Magazine of Natural History*, ser. 2.ª, 3(13):74-75; A. R. Wallace y H. W. Bates a S. Stevens, 23 de octubre de 1848, WCP3744.

16. *Travels on the Amazon*, p. 103.

17. A. R. Wallace al Instituto de Mecánica de Neath, febrero de 1849, WCP829.

18. H. E. Wallace a F. Sims, 7 de mayo de 1849, WCP392.

19. Joanna Klein, «This week surfers will ride a wave in the Amazon», *New York Times*, 14 de marzo de 2016.

20. *Travels on the Amazon*, p. 116.

21. *Travels on the Amazon*, p. 130-2.

22. *Travels on the Amazon*, p. 121-2.

23. Véase Heras, P. y M. Infante, 2022, *Richard Spruce, un botánico inglés por el Pirineo romántico*. Bilbao: Libros del Jata [N. del E.].

24. R. Spruce a W. J. Hooker, 3 de agosto de 1849, WCP4899.

25. Bates, *El naturalista por el Amazonas*, vol. II, p. 93.

26. *Travels on the Amazon*, p. 136.

27. H. E. Wallace a F. Sims, septiembre de 1849, WCP393.

28. De hecho, la carta apenas se estaba redactando en Londres para cuando Wallace llegó a Santarém, el 21 de agosto de 1849. Se envió «con saludos» a Stevens, y al final le llegó a Wallace en Manaos a finales de diciembre de 1849; véase WCP5492.

29. *Travels on the Amazon*, p. 143.

30. A. C. Roosevelt *et al.* (1996), «Paleoindian cave dwellers in the Amazon: The peopling of the Americas», *Science* 272:373-84.

31. H. E. Wallace a M. A. Wallace, 12 de noviembre de 1849, WCP3534.

32. *My Life*, 1:279.

33. Walter F. Cannon (1961), «The impact of uniformitarianism: Two letters from John Herschel to Charles Lyell, 1836-1837», *Proceedings of the American Philosophical Society* 105(3):301-14.

34. Samuel Stevens (1850), «Journey to explore the natural history of the Amazon River», *Annals and Magazine of Natural History*, 2.ª ser. 6(36):494-95; véase también WCP4268. La cursiva en la publicación original puede que la añadiera Stevens.

35. Richard Spruce (1908), *Notes of a Botanist on the Amazon and Andes*, ed. Alfred R. Wallace (London: Macmillan), 1: 202, 291.

36. *Travels on the Amazon*, p. 167.

37. J. Podos y M. Cohn-Haft (2019), «Extremely loud mating songs at close range in white bellbirds», *Current Biology* 29(20):R1068-69.

38. Se ha insinuado que la amistad entre Wallace y Bates siguió siendo brutalmente tirante. Puede que así fuera, pero en su libro *El naturalista por el Amazonas* (1863), Bates escribe con cariño sobre el breve tiempo que pasaron juntos en Manaos mientras esperaban a que amainaran las lluvias. Bates menciona la «agradable compañía» de Wallace y de toda la pandilla de expatriados, las caminatas por la selva y los planes con Wallace: «pronto quedaron olvidadas las miserias de nuestras largas travesías por los ríos y, transcurridas dos o tres semanas, empezamos a hablar de nuevas exploraciones. Mientras tanto dábamos largos paseos casi a diario por la selva circundante» (Bates, *El naturalista por el Amazonas*, vol. II, p. 181). Al final, acordaron dividirse y vencer, y Bates continuó remontando el río Solimões y Wallace el río Negro (vol. II, p. 185), como Bates le contaría a su agente Samuel Stevens. John Hemming adopta una perspectiva parecida en su libro de 2015 *Naturalists in Paradise: Wallace, Bates, and Spruce in the Amazon* (Londres: Thames and Hudson): «Por lo tanto, no es acertado pensar que hubiesen discutido acaloradamente. Tan solo tenían enfoques diferentes en cuanto al viaje y la recolección, y prefirieron continuar por separado» (p. 117).

39. Stevens, «Journey to explore the natural history», pp. 495-96; véase también WCP4269.

40. Alfred R. Wallace (1850), «On the umbrella bird (*Cephalopterus ornatus*), "Ueramimbé", L. G.» [Extracto de una carta con fecha del 10 de marzo de 1850, desde Barra do Rio Negro (Manaos); remitido por Samuel Stevens para la reunión de la Sociedad Zoológica de Londres del 23 de julio de 1850], *Proceedings of the Zoological Society of London* 18:206-7.

41. *Travels on the Amazon*, p. 176-8, 419-20.

42. Véanse, por ejemplo, M. H. Horn, S. B. Correa, P. Parolin, *et al.* (2011), «Seed dispersal by fishes in tropical and temperate fresh waters: The growing evidence», *Acta Oecologica* 37:561-77; S. B. Correa, R. Costa-Pereira, T. Fleming, *et al.* (2015), «Neotropical fish-fruit interactions: Eco-evolutionary dynamics and conservation», *Biological Reviews* 90:1263-78; Mauricio Camargo Zorro (2018), «The fishes and the Igapó forest 30 years after Goulding», pp. 209-27, en Randall W. Myster, ed., *Igapó (Black-Water Flooded Forests) of the Amazon Basin* (Berlín: Springer).

43. *Travels on the Amazon*, p. 178-9.

44. *Travels on the Amazon*, p. 180.

45. J. Wallace a M. A. Wallace, 22 de junio de 1851, WCP1629.

46. No existen pruebas de que Wallace tuviera nada con ninguna de las damas de la zona, indígenas o no, como sí existen, por ejemplo, de Spruce. En una sugerente misiva, escrita desde San Carlos de Río Negro, en Venezuela, Spruce confesaba sentirse acosado por las «traviesas» *moças* (chicas) del pueblo, entre ellas dos prostitutas: «Mi castidad se veía seriamente atacada, y resulta estremecedor pensar que escapé por los pelos (si es que escapé de verdad, lo que dejo enteramente a tu juicio)». Y continúa relatando con franqueza que invitó a una «viuda pechugona» que había contratado de sirvienta a mudarse y dormir con él (ella rechazó la oferta) y da a entender que sus hermanas pequeñas «proporcionaban otras "exquisiteces" que a un *soltero* le cuesta obtener, y las *muchachas* se hacen útiles de diversas maneras». R. Spruce a A. R. Wallace, 2 de julio de 1853, WCP351.

47. Referencia a Shakespeare (1603), *Otelo* (Murcia: Universidad de Murcia, 1989), trad. de Ángel Luis Pujante, p. 81. [N. de la T.].

48. H. E. Wallace a F. Sims y M. A. Wallace, 30 de agosto de 1850, WCP394.

49. *My Life*, 1:278.

Capítulo 5 ...y paraíso perdido

1. *Travels on the Amazon*, p. 194.

2. *Travels on the Amazon*, p. 195.

3. Raoni Valle (2009), «Petroglyphs in the Lower Negro River Basin, NW Brazilian Amazon-a Preliminary View», Congresso Internacional da IFRAO 2009, Piauí, Brasil.

4. *My Life*, 1:316; Alfred R. Wallace (1853), «On the Rio Negro» [artículo leído en la reunión de la Real Sociedad Geográfica celebrada el 13 de junio de 1853], *Journal of the Royal Geographical Society* 23:212-17.

5. *Travels on the Amazon*, p. 207.

6. *Travels on the Amazon*, p. 213.

7. Véase, por ejemplo, A. A. de Oliveira y S. A. Mori (1999), «A central Amazonian terra firme forest. I. High tree species richness on poor soils», *Biodiv. & Cons.* 8:1219-44.

8. *Travels on the Amazon*, p. 227.

9. H. E. Wallace a R. Spruce, 29 de diciembre de 1850, WCP1656.

10. *Travels on the Amazon*, p. 229; la cursiva es del original.

11. A. R. Wallace a T. Sims, 20 de enero de 1851, WCP390.

12. Para una excelente exposición de la historia y cartografía del canal del Casiquiare, véase A. Hamilton Rice (1921), «The Rio Negro, the Casiquiare Canal, and the upper Orinoco, September 1919-April 1920», *Geographical Journal* 58(5):321-43.

13. Alexander von Humboldt (1819-1829), *Viaje a las regiones equinocciales del Nuevo Continente* (Caracas, Venezuela: Monte Ávila Editores, 1991), tomo 4, trad. de Lisandro Alvarado y Eduardo Röhl, pp. 12, 139 y 200.

14. La «pantera» negra es la forma melánica del jaguar [N. del E.].

15. *Travels on the Amazon*, p. 241.

16. *Travels on the Amazon*, p. 264.

17. *Travels on the Amazon*, p. 253.

18. Primo Eso, Tío Cosa en Latinoamérica: personaje secundario de la serie televisiva «La familia Addams» [N. de la T.].

19. En su libro sobre palmeras, p. 21, Wallace señala que «la mayor parte, si no toda, la piassaba que se importa ahora, procede, sin embargo, del río Negro, donde varios centenares de toneladas se cortan todos los años y se envían a Pará, lugar desde el que apenas ningún navío parte en dirección a Inglaterra sin que esta planta forme parte de su cargamento».

20. *Travels on the Amazon*, p. 255.

21. Rousseau (1762), *El contrato social* (Barcelona: Altaya, 1988), trad. de Mª José Villaverde, p. 4.

22. Una práctica presentación de la vida y pensamiento de Rousseau puede encontrarse en la página web *Stanford Encyclopedia of Philosophy* (https://plato.stanford.edu/entries/rousseau/). Las secciones 2 y 3, «Conjectural history and moral psychology» y «Political philosophy», ofrecen un resumen del pensamiento de Rousseau sobre los orígenes de la desigualdad.

23. *Travels on the Amazon*, p. 257-61.

24. R. Spruce a G. Bentham, 1 de abril de 1851, WCP6719; véase también Richard Spruce (1908), *Notas de un botánico en el Amazonas y en los Andes*, tomo I (Quito, Ecuador: Abya-Yala, 1996), trad. de Jorge Gómez Rendón, pp. 134-36.

25. *Travels on the Amazon*, p. 275.

26. *Travels on the Amazon*, p. 277.

27. *Travels on the Amazon*, p. 279.

28. H. W. Bates a M. A. Wallace, 13 de junio de 1851, WCP1658. En *Viajes por el Amazonas* (p. 261), Wallace comenta que, con el tiempo, recibió la carta que había escrito Miller para informarle de la enfermedad de su hermano y que, en ese mismo

montón de cartas, le contaban que Miller había muerto. No tuvo ni idea del destino de su hermano hasta que regresó a Manaos el siguiente mes de abril.

29. H. W. Bates a M. A. Wallace, 18 de octubre de 1851, WCP1659; si Bates escribió esa carta, al parecer Wallace no la recibió nunca.

30. El *caapí*, o ayahuasca, que los pueblos indígenas a lo largo de toda la cuenca amazónica siguen utilizando de forma ritual, se prepara con la liana leñosa caapí (*Banisteriopsis caapi*, Malpighiaceae) junto con *Psychotria viridis* (Rubiaceae) y otras plantas. Véase J. C. Callaway *et al.* (2005), «Phyto-chemical analyses of *Banisteriopsis caapi* y *Psychotria viridis*», *Journal of Psychoactive Drugs* 37(2):145-50. *B. caapi* fue descrita a partir de ejemplares recogidos por Spruce en 1854.

31. *Travels on the Amazon*, p. 299; John Heming (2015), *Naturalists in Paradise: Wallace, Bates, and Spruce in the Amazon* (Londres: Thames and Hudson), p. 165, aclara que Wallace fue el primer extranjero «no brasileño» en presenciar y describir una ceremonia como esta porque el gobierno portugués había cerrado las puertas de Brasil a otros europeos durante el periodo colonial. Spix, Martius y Natterer fueron de los primeros a los que se permitió viajar Amazonas arriba tras la independencia brasileña. Solo Natterer remontó el Uaupés, pero como todos sus documentos se perdieron posteriormente en un incendio, no hay registro de las costumbres que pudiera haber presenciado allí.

32. *Travels on the Amazon*, p. 308.

33. *Travels on the Amazon*, p. 300-1, 312.

34. *Travels on the Amazon*, p. 306.

35. *Travels on the Amazon*, p. 307-8.

36. *Travels on the Amazon*, p. 318.

37. Richard Spruce (1908), *Notes of a Botanist on the Amazon and Andes*, ed. Alfred R. Wallace (London: Macmillan), p. 267; R. Spruce a J. Smith, 28 de diciembre de 1851, WCP6721.

38. Por lo visto, la noticia de la muerte de H. Edward Wallace le llegó a Spruce después de que Alfred Wallace saliera de Manaos, pues lo menciona en su carta del 28 de diciembre de 1851 a Smith (WCP6721): «El hermano pequeño de Wallace, que partió de Liverpool conmigo, murió el pasado mes de mayo. Había ido allí, el pobre, para embarcar a Inglaterra, cogió la fiebre amarilla y murió en unos días». La siguiente vez que vio Spruce a Alfred fue en São Joaquim, en febrero de 1852, cuando fue a visitarlo todavía enfermo pero recuperándose. Las últimas palabras de Edward se las comunicó Bates a Mary Ann Wallace (18 de octubre de 1851, WCP1659); véase también *My Life*, 1:282. Wallace dedicó el capítulo 19 del volumen 1 de *My Life* a conmemorar a su hermano.

39. *Travels on the Amazon*, p. 346.

40. *Travels on the Amazon*, p. 352. El legendario botánico de Harvard y explorador del siglo XX Richard E. Schultes recomendaba el árbol del ocoquí como excelente candidato a la domesticación, y le reconocía a Wallace el mérito de aportar el primer registro del preciado fruto a la ciencia occidental; véase Richard E. Schultes (1989), «*Pouteria ucuqui* (Sapotaceae), a little-known Amazonian fruit tree worthy of domestication», *Economic Botany* 43(1):125-27.

41. *Travels on the Amazon*, p. 356.

42. Wallace, «On the Rio Negro», *Journal of the Royal Geographical Society* 23:212-17.

43. *Travels on the Amazon*, p. 382.

44. *Travels on the Amazon*, p. 375.

45. R. Spruce a A. R. Wallace, 21 de noviembre de 1863, WCP380.

46. Spruce escribió a Wallace en octubre de 1852 desde São Jeronimo (WCP350), contándole su viaje de dieciocho días desde São Gabriel y sus planes de viajar a la cuenca alta del Uaupés.

Capítulo 6 Una batalla, pero no la guerra

1. *Travels on the Amazon*, p. 396; *My Life*, 1: 305; Dante Alighieri, *La Divina Comedia: El Infierno*, canto XII, (Barcelona: Acantilado, 2018), trad. de José María Micó Juan.

2. *Travels on the Amazon*, p. 398.

3. La zona de fractura de Atlantis lleva el nombre del célebre buque de investigación de Woods Hole, la institución oceanográfica que ofreció los primeros datos batimétricos pormenorizados del Atlántico Norte. Marie Tharp y Bruce Heezen utilizaron estos datos en Columbia para su cartografía y análisis pioneros de la dorsal mesoatlántica y el valle central en la década de 1950, sentando las bases para comprender la extensión del lecho marino y las placas tectónicas. Véanse Marie Tharp (1999), «Connect the dots: Mapping the seafloor and discovering the mid-ocean ridge», en L. Lippensett, ed., *Lamont-Doherty Earth Observatory of Columbia: Twelve Perspectives on the First Fifty Years, 1949-1999* (Nueva York: Lamont-Doherty Earth Observatory), y Betsy Mason (2021), «Marie Tharp's groundbreaking maps brought the seafloor to the world», *Science News*, https://www.sciencenews.org/article/marie-tharp-maps-plate-tectonics-seafloor-cartography. Wallace se interesaría más tarde por los contornos del lecho oceánico en cuanto al nivel de elevaciones y depresiones oceánicas y su efecto en la distribución geográfica de especies. Como casi todos los naturalistas de la época, se atenía a un modelo de continentes y cuencas oceánicas prácticamente estáticos, con un movimiento continental restringido a la elevación y el hundimiento que, junto con otros factores, podía crear puentes terrestres y otros corredores de migración; véase C. H. Smith, J. T. Costa y M. Glaubrecht (2019), «Alfred Russel Wallace's "Die Permanenz der Continente und Oceane"», *Archives of Natural History* 46(2):265-82.

4. Samuel Taylor Coleridge (1797), «Balada del viejo marinero» en *Poemas sobrenaturales* (Madrid: Sial, 2021), trad. de Pedro Pérez Prieto, pp. 43 y 45.

5. *Travels on the Amazon*, p. 401.

6. *My Life*, 1:310.

7. *My Life*, 1:310.

8. A. R. Wallace a R. Spruce, 19 de septiembre de 1852, WCP349; reeditada en *My Life*, 1:302-9.

9. *Travels on the Amazon*, p. 403; A. R. Wallace a R. Spruce, 19 de septiembre de 1852, WCP349.

10. Stevens publicó tres series de extractos epistolares en *Annals and Magazine of Natural History*: «Journey to explore the province of Pará», de una carta de Wallace y Bates con fecha del 23 de octubre de 1848, desde Belém (Pará), publicado en el número de enero de 1849 (ser. 2.ª, 3:74-5); «Journey to explore the natural history of South America», de una carta de Wallace con fecha del 12 de septiembre de 1849, desde Santarém, publicado en el número de febrero de 1850 (ser. 2.ª, 5:156-7), y «Journey to explore the natural history of the Amazon River», de cartas con fecha del 15 de noviembre de 1849, desde Santarém, y del 20 de marzo de 1850, desde Manaos (Barra), publicado en el número de diciembre de 1850 (ser. 2.ª, 6:494-6).

11. *Transactions of the Entomological Society of London*, reunión del 4 de octubre de 1852, n. s., 2:29.

12. Alfred R. Wallace (1852), carta al editor en la sección de «Proceedings of Natural-History Collectors in Foreign Countries» de *Zoologist* 10:3641-43.

13. Unos años más tarde, quizás con la vista puesta en estas bibliotecas tan dispares y distantes entre sí, Wallace anotó en su cuaderno una de sus propuestas prácticas: «Formación de una Biblioteca Completa de Historia Natural», donde planteaba que las bibliotecas de las sociedades Linneana, Entomológica y Zoológica, entre otras, podrían albergarse bajo un mismo techo y que los miembros de cualquiera de estas sociedades tuvieran libertad de acceso a todos los volúmenes de la colección conjunta. Según señalaba, uno de los beneficios era que sería más probable recibir donaciones de costosas obras de historia natural en una única biblioteca compartida en lugar de tener que enviar múltiples ejemplares a varias bibliotecas diferentes. Sin embargo, no queda claro que llegase a presentar el plan. Véase J. T. Costa (2013), *On the Organic Law of Change: A Facsimile Edition and Annotated Transcription of Alfred Russel Wallace's Species Notebook of 1855-1859* (Cambridge, Massachusetts: Harvard University Press), p. 168.

14. J. Wallace a M. A. Wallace, 10 de enero de 1853, WCP1637.

15. Alfred R. Wallace (1852), «On the Monkeys of the Amazon», *Proceedings of the Zoological Society of London* 20:107-10, reeditado en el número de diciembre de 1854 de *Annals and Magazine of Natural History*, ser. 2.ª, 14:451-4.

16. Véase una breve reseña en J. T. Costa (2019), «Historical and ecological biogeography», pp. 305-7, en C. Smith, J. T. Costa y D. Collard, eds. (2019), *An Alfred Russel Wallace Companion* (Chicago: University of Chicago Press).

17. Wallace, «On the monkeys of the Amazon», pp. 109-10.

18. A. R. Wallace a H. W. Bates, 11 de octubre de 1847, WCP348.

19. A. R. Wallace a T. Sims, 20 de enero de 1851, WCP390.

20. Alfred R. Wallace (1854), «On the habits of the butterflies of the Amazon Valley» [Artículo leído en las reuniones de la Sociedad Entomológica de Londres del 7 de noviembre y 5 de diciembre de 1853], *Transactions of the Entomological Society of London*, n. s., pt. 8:253-64.

21. Véanse Heliconiini en The Tree of Life, http://tolweb.org/Heliconiini/70208, y recursos asociados, y C. D. Jiggins (2016), *The Ecology and Evolution of* Heliconius *Butterflies* (Oxford: Oxford University Press). El consumo de polen en heliconinas adultas fue descrito por primera vez por L. E. Gilbert (1972), «Pol-

len feeding and reproductive biology of *Heliconius* butterflies», *Proceedings of the National Academy of Sciences USA* 69:1403-7; véase también Fletcher J. Young y Stephen H. Montgomery (2020), «Pollen feeding in *Heliconius* butterflies: The singular evolution of an adaptive suite», *Proceedings of the Royal Society of London B* 2020:28720201304.

22. Wallace, «Butterflies of the Amazon Valley», p. 258.

23. En el análisis más completo hasta la fecha, la lepidopteróloga Marianne Espeland y un equipo de catorce colegas en laboratorios de todo el mundo mostraron que la familia Nymphalidae es probable que surgiera en el Cretácico, hace unos noventa y dos millones de años; la subfamilia Heliconiinae, hace unos cincuenta millones de años (a mediados del Eoceno), y la tribu Heliconiini, hace unos treinta y seis millones de años (Eoceno/Oligoceno). Véase Marianne Espeland *et al.* (2018), «A comprehensive and dated phylogenomic analysis of butterflies», *Current Biology* 28:770-78.

24. C. Hoorn, F. P. Wesselingh, H. ter Steege, *et al.* (2010), «Amazonia through time: Andean uplift, climate change, landscape evolution, and biodiversity», *Science* 330:927-31.

25. Como es bien sabido, Bates trató este fenómeno en un artículo ya clásico de 1862, «Contributions to an insect fauna of the Amazon Valley. Lepidoptera: Heliconidae», *Transactions of the Linnean Society of London* 23(3):495-566. Fue la primera explicación del fenómeno que luego se llamaría mimetismo batesiano, en el que una especie comestible (la mimética) evoluciona para parecerse mucho a una incomible o peligrosa (el modelo). Bates identificó la función de la selección natural en esta técnica, y este artículo magistral, que llegaba tan solo tres años después de *El origen de las especies*, fue una de las primeras aplicaciones de las ideas de Darwin (y de Wallace). El naturalista germanobrasileño Fritz Müller describió posteriormente una forma relacionada de mimetismo en la que dos (o más) especies de sabor desagradable coinciden en color y patrón, lo que refuerza la señal de alarma de la coloración. Hoy en día, los complejos miméticos de las heliconinas se consideran principalmente de naturaleza mülleriana.

26. Henry Walter Bates (1864), *El naturalista por el Amazonas*, cita omitida en la versión española, traducción propia.

27. A. R. Wallace a H. Bates, 10 de diciembre de 1861, WCP377.

28. Desde entonces, las heliconinas se han convertido en un importante sistema modelo en ecología y evolución, el foco de un programa de investigación variado y muy activo, con trabajos sobre selección, mimetismo, hibridación, especiación, interacciones entre plantas e insectos, y mucho más. A modo de resumen, véanse Jiggins, *Ecology and Evolution of* Heliconius *Butterflies*; el análisis anticuado pero todavía útil de K. S. Brown Jr. (1981), «The biology of *Heliconius* and related genera», *Annual Review of Entomology* 26:427-56, y R. M. Merrill, K. K. Dasmahapatra, J. W. Davey, *et al.* (2015), «The diversification of *Heliconius* butterflies: What have we learned in 150 years?», *Journal of Evolutionary Biology* 28(8):1417-38. En cuanto a análisis genéticos recientes, véanse K. K. Dasmahapatra, J. R. Walters, A. D. Briscoe, *et al.* [*Heliconius* Genome Consortium] (2012), «Butterfly genome reveals promiscuous exchange of mimicry adaptations among species», *Nature* 487:94-98; I. J. Garzón-Orduña y A. V. Z. Brower (2018), «Quantified

reproductive isolation in *Heliconius* butterflies: Implications for introgression and hybrid speciation», *Ecology and Evolution* 8:1186-95, y W. O. McMillan, L. Livraghi, C. Concha y J. J. Hanly (2020), «From patterning genes to process: Unraveling the gene regulatory networks that pattern *Heliconius* wings», *Frontiers in Ecology and Evolution* 8:221, doi:10.3389/fevo.2020.00221.

29. C. F. P. von Martius (1823-1853), *Historia Naturalis Palmarum*, 3 vols., Múnich.

30. Alfred R. Wallace (1853), *Palm Trees of the Amazon and Their Uses* (Londres: John Van Voorst), p. vi.

31. R. Spruce a W. J. Hooker, 5 de enero de 1855, WCP5527.

32. En un análisis de la obra de Wallace sobre palmeras realizado en 2002, los botánicos Sandra Knapp, Lynn Sanders y William Baker llegan a la conclusión de que las contribuciones de Wallace pueden considerarse sustanciales en dos aspectos principales: identificó y puso nombre a varias especies de palmera nuevas para la ciencia, y su libro constituye la primera guía de campo de palmeras tropicales. El Museo de Botánica Económica de Kew conserva nueve ejemplares de palmeras de Wallace y Bates. De las catorce palmeras que Wallace en su libro consideraba nuevas para la ciencia, cuatro especies todavía se conocen por los nombres que él les dio: *Leopoldina major*, *L. piassaba*, *Euterpe catinga* y *Mauritia carana*. Véase S. Knapp, L. Sanders y W. Baker (2002), «Alfred Russel Wallace and the palms of the Amazon», *Palms* 46(3):109-19.

33. El original lleva por subtítulo: «Con explicaciones sobre las tribus nativas y observaciones sobre el clima, la geología y la historia natural del valle del Amazonas» [N. de la T.].

34. C. R. Darwin a H. W. Bates, 3 de diciembre de 1861, DCP-LETT-3338; C. R. Darwin a J. D. Hooker, 15 y 22 de mayo de 1863, DCP-LETT-4167; J. D. Hooker a C. R. Darwin, 24 de mayo de 1863, DCP-LETT-4169.

Adviértase que, mientras que Spruce se cartea con William Jackson Hooker (director de Kew y quien le financiaba), Darwin se escribe con su amigo Joseph Dalton Hooker, hijo del anterior, a quien sucedería en 1865 en la dirección de Kew. J. D. Hooker fue un botánico importante, también viajero y explorador [N. del E.].

35. El historiador y explorador John Hemming, antiguo director de la Real Sociedad Geográfica y autor del espléndido libro publicado en 2015 *Naturalists in Paradise* (Naturalistas en el paraíso), resume bien los *Viajes por el Amazonas* de Wallace: a pesar de los errores, es «un libro de viajes animado, una lectura maravillosa y un buen logro (…) totalmente verídico, sin exageraciones, a veces humorístico y en su mayor parte carente de los prejuicios que cabría esperar de un joven inglés en aquella época». John Hemming (2015), *Naturalists in Paradise: Wallace, Spruce, and Bates on the Amazon* (Londres: Thames and Hudson), p. 298.

36. Bates regresó de la Amazonía en 1859, y desde 1864 hasta su muerte en 1892 ejerció de secretario adjunto de la Real Sociedad Geográfica. Entre sus obras más conocidas se encuentran su artículo «Contributions to an insect fauna of the Amazon Valley» [Contribuciones a la fauna entomológica del valle del Amazonas], que marcó un antes y un después, y sus memorias de viaje *El naturalista por el Amazonas* (1863). Posteriormente, Bates también colaboró con varios volúmenes sobre escarabajos en la serie de *Biologia Centrali-Americana*. Wallace

escribió un obituario para Bates, elogiando las contribuciones de su amigo pero lamentando que la «reclusión y la constante presión» y «la pura monotonía» de su puesto en la Real Sociedad Geográfica le hubieran apartado de ocupaciones más agradables y científicamente valiosas y que «sin lugar a dudas (…) debilitara su complexión y acortara una vida valiosa». Alfred R. Wallace (1892), «H. W. Bates, the naturalist of the Amazons», *Nature* 45:398-9.

37. H. W. Bates a S. Stevens, 23 y 31 de diciembre de 1850 (datada erróneamente en 1851 en *Zoologist* 9:3142-4).

38. A. R. Wallace a R. Spruce, 19 de septiembre de 1852, WCP349; *My Life*, 1:309.

39. Latham, uno de los fundadores del campo de la etnología, sostenía que todas las razas y etnicidades humanas, las «variedades del hombre», como él las llamaba, constituían una única especie diversa (monogenismo). La presentación de grupos culturales humanos en el contexto de la historia natural, su «museo del hombre», fue revolucionaria en algunos aspectos, pero también reflejaba la opinión dominante de jerarquía cultural. La disposición biogeográfica de los pueblos del mundo era novedosa, presentada de oeste a este como un mapa con representaciones del entorno en el que vivían los pueblos, lo que subrayaba la opinión de Latham de que la etnología era una rama de la zoología y su creencia en que una disposición así sería «tan instructiva como entretenida, y [permitiría] formarse una idea de la distribución de las variedades del hombre, animales y plantas por el globo de forma más clara que por otros medios». Samuel Philips y F. K. J. Shenton (1859), *Guide to the Crystal Palace and Its Park and Gardens*, ed. revisada (Sydenham: Crystal Palace Library), p. 91. Otra innovación fue omitir pueblos europeos en la exposición, lo que puede parecer una rareza, o quizás una manera sutil de animar a los visitantes a mirar a su alrededor y observarse a sí mismos y a los demás visitantes en relación a los que estaban expuestos, como sugería la revista satírica *Punch*: los conservadores, obviamente, no habían considerado necesario incluir una colección de europeos quizá porque «siempre puede encontrarse entre los propios visitantes una colección de curiosidades vivientes de las distintas poblaciones de Europa». *Punch's Handbooks to the Crystal Palace* 27(678):8 [1854]. La presentación también era bastante predecible en cuanto a que las exposiciones pretendían representar la marcha del progreso, desde los modelos de dinosaurios en los jardines hasta la terraza superior, en la que se alineaban veinticuatro estatuas que personificaban países y centros de comercio importantes para el imperio británico. Véanse Sadiah Qureshi (2011), «Robert Gordon Latham, displayed peoples, and the natural history of race, 1854-1866», *Historical Journal* 54(1):143-66; Jeffrey Auerbach (2015), «Empire under glass: The British Empire and the Crystal Palace, 1851-1911», pp. 111-41, en John McAleer y John M. MacKenzie, eds., *Exhibiting the Empire: Cultures of Display and the British Empire* (Manchester, Reino Unido: Manchester University Press), y Tulse Hill Terry (2007), «Statues and Fountains in Crystal Palace Park», Foro ciudadano de Sydenham, 12 de diciembre de 2007, https://sydenham.org.uk/forum/viewtopic.php?t=1538.

40. En la guía publicada para la exposición etnológica, Latham citaba largo y tendido los relatos de Wallace de los pueblos indígenas amazónicos en su *Viajes por el Amazonas* y lo elogiaba por ser «uno de los mejores que tenemos»; véase pp. 64-71 en Robert Latham (1854), *The Natural History Department of the Crystal Palace Described*, pt. 1, Etnología, Biblioteca del Palacio de Cristal, Sydenham. En *My*

Life (1:322-3), Wallace recuerda los problemas con la exposición amerindia en el «museo del hombre» de Latham y, como era típico de él, ofrece una solución:

Para que salga bien y sea realista, cada uno de esos grupos debería estar completamente aislado en un profundo recoveco, con tres lados que representaran casas o cabañas, o la selva, o la orilla del río, y que el frente abierto estuviera tapado con una lámina de vidrio, y debería observarse al grupo desde una distancia de al menos tres o cuatro metros. De esta manera, con una iluminación cuidadosamente dispuesta desde arriba y un artístico colorido de las figuras y accesorios, podría conseguirse que los grupos parecieran tan realistas como algunas de las mejores figuras del Madame Tussaud, o como los imponentes interiores de catedrales que estaban entonces expuestos en el Diorama.

Pensó mucho acerca de las exposiciones efectivas y didácticas de los museos y escribió varios artículos y reseñas sobre el tema; véanse pp. 90-1 en James T. Costa (2019), «Field study, collecting, and systematic representation»; pp. 67-95 en Smith, Costa y Collard (2019), *An Alfred Russel Wallace Companion*, y pp. 351-6 en Andrew Berry (2002), *Infinite Tropics: An Alfred Russel Wallace Anthology* (Londres: Verso).

41. A. R. Wallace a R. I. Murchison, junio de 1853, WCP4308; véase también J. Brooke a A. R. Wallace, 1 de abril de 1853, WCP3072.

42. H. U. Addington a H. N. Shaw, 19 de agosto de 1853, WCP3640; A. R. Wallace a H. N. Shaw, 27 de agosto de 1853, WCP3559; H. U. Addington a H. N. Shaw, 6 de septiembre de 1853, WCP3639.

43. De hecho, Fremantle capitaneó el Juno hasta 1857, cuando, acusado de «disciplina excesivamente estricta», fue retirado y relevado del mando; véase Royal Museums Greenwich, https://collections.rmg.co.uk/archive/objects/491758.html.

44. Edward Newman, discurso presidencial, Sociedad Entomológica de Londres, 23 de enero de 1854; véase *Transactions of the Entomological Society of London*, n. s., 2(1852-1853):147.

45. A. R. Wallace a H. N. Shaw, 8 de febrero de 1854, WCP3558; J. Wodehouse a H. N. Shaw, 9 de febrero de 1854, WCP3644; J. Wodehouse a H. N. Shaw, 14 de febrero de 1854, WCP3647.

46. H. N. Shaw a J. Wodehouse, 16 de febrero de 1854, WCP4310; J. Wodehouse a A. R. Wallace, 24 de febrero de 1854, WCP3648; J. Wodehouse a A. R. Wallace, 1 de marzo de 1854, WCP3643.

47. *My Life*, 1:340; Kees Rookmaaker y John van Wyhe (2012), «In Alfred Russel Wallace's shadow: His forgotten assistant, Charles Allen (1839-1892)», *Journal of the Malaysian Branch of the Royal Asiatic Society* 85(2):17-54.

48. Véase George Beccaloni (2020), «Portraits of Alfred Russel Wallace», vol. 3, doi:10.13140/RG.2.2.16414.69447.

49. A. R. Wallace a G. Silk, 19 y 26 de marzo de 1854, WCP352.

50. También conocida como Columna de Pompeyo (nombre incorrecto), la columna de Diocleciano antaño soportaba una gran estatua del emperador romano Diocleciano. La inscripción que se conserva en su base reza: «Publio, gobernador de

Egipto, [erigió esta columna para] el emperador más venerado, dios y guardián de Alejandría, Diocleciano el invencible (…)». Véase la base de datos de LSA, Univ. de Oxford, http://laststatues.classics.ox.ac.uk/database/discussion.php?id=1246.

51. A. R. Wallace a G. Silk, 19 y 26 de marzo de 1854, WCP352; *My Life*, 1:334.

52. *My Life*, 1: 336.

Capítulo 7 Sarawak y la ley

1. *Malay archipelago*, p. 32.

2. Peter G. Rowe y Limin Hee (2019), *A City in Blue and Green: The Singapore Story* (Singapur: Springer Nature Singapore), cap. 2, «Early Days».

3. Las Colonias del Estrecho (en esa época Penang, Dinding, Malaca y Singapur) las creó la Compañía Británica de las Indias Occidentales en 1826. En 1867 pasaron a estar bajo el control gubernamental británico [N. del E.].

4. El crecimiento y la prosperidad de Singapur se han atribuido a la visión de Raffles de libertad y libre empresa, como se refleja en la inscripción de su monumento conmemorativo en la abadía de Westminster: «Fundó un emporio en Singapur, donde, al establecer la libertad personal como el derecho del suelo y la libertad comercial como el derecho del puerto, garantizó a la bandera británica la superioridad marítima de los mares orientales» (véase Westminster Abbey, «Stamford Raffles», https://www.westminster-abbey.org/abbey-commemorations/comme-morations/stamford-raffles). Como consumado naturalista, además de estadista, el monumento también recuerda que Raffles ejerció de primer presidente de la Sociedad Zoológica de Londres. Casualmente, el primer mamífero que capturó Wallace en la isla de Borneo fue un macaco, *Macaca fascicularis*, que Raffles describió por primera vez en 1821.

5. Véanse, por ejemplo, Lucille H. Brockway (2002), *Science and Colonial Expansion: The Role of the British Royal Botanic Gardens* (New Haven, Connecticut: Yale University Press), y Patricia Fara (2003), *Sex, Botany, and Empire: The Story of Carl Linnaeus and Joseph Banks* (Londres: Icon Books).

6. Casi una década después de que Wallace se marchara de Sudamérica, el geógrafo Clements Markham le encargó a su amigo Richard Spruce obtener árboles de *Cinchona* para cultivar en la India británica. Spruce estudió el quino rojo, *Cinchona pubescens*, en Ecuador durante varios años en condiciones rigurosas y exportó una buena cantidad de semillas y plantones a la India británica, donde se cultivó con éxito para la producción de quinina. A Spruce le concederían después una pensión de jubilación fundamentalmente en reconocimiento de esta labor, como mencionaba Wallace en el obituario que escribió para su amigo. Alfred R. Wallace [1894], «Richard Spruce, Ph.D., F.R.G.S.», *Nature* 49:317-19.

El papel de Spruce en el envío de semillas y plantones de *Cinchona* a las colonias británicas se resume bien en el libro de P. Heras y M. Infante (2022), *Richard Spruce, un botánico inglés en el Pirineo romántico*, Bilbao: Libros del Jata [N. del E.].

7. Tras la marcha de Raffles de Singapur y su muerte en 1826, disminuyó el apoyo para su jardín botánico y experimental. Cerró en 1829 y fue recuperado durante un breve espacio de tiempo a mediados de la década de 1830, pero cerraría de

forma definitiva a los diez años. Paradójicamente, la falta de apoyo se debió en gran medida al constante declive del valor de la nuez moscada, del que los propios británicos, que comenzaron con aquellas plantas saqueadas de Pulau Rhun, eran los últimos responsables. En 1859 se creó un nuevo jardín botánico en el distrito de Tanglin, a tan solo unos kilómetros de Fort Canning Hill Park. Fundado desde un principio más en el modelo de jardín de recreo paisajístico que de jardín experimental, el Jardín Botánico de Singapur se involucraría posteriormente en importantes investigaciones botánicas científicas y económicas, además de en horticultura ornamental. Nombrado Patrimonio Mundial de la UNESCO, entre los muchos atractivos del Jardín Botánico de Singapur se encuentra actualmente un jardín de la evolución: un paseo botánico a través del tiempo que seguramente habría encantado a Wallace. Véase Tin Seng Lim (2005), «Singapore Botanic Gardens», en *Singapore Infopedia*: https://eresources.nlb.gov.sg/infopedia/articles/SIP_545_2005-01-24.html.

8. Alfred R. Wallace (1854), «Letters from the eastern archipelago», *Literary Gazette and Journal of the Belles Lettres, Science, and Art* 1961:739.

9. A. R. Wallace a S. Stevens, 9 de mayo de 1854, WCP4259; Alfred R. Wallace (1854), [Carta de Alfred R. Wallace con fecha del 9 de mayo de 1854, Singapur], *Zoologist* 12(142):4395-7.

10. El impresionante Centro de Educación Wallace, que incluye el Laboratorio de Aprendizaje Medioambiental Wallace (WELL, por sus siglas en inglés), un «centro de aprendizaje integral dedicado a la investigación científica, la educación nacional, el servicio a la comunidad, la formación docente y el intercambio internacional», también se encuentra en el sendero Wallace, en un establo restaurado de la antigua vaquería.

11. Alfred R. Wallace (1854), [Carta de Alfred R. Wallace con fecha del 9 de mayo de 1854, Singapur], *Zoologist* 12(142):4395-7.

12. Aunque los primeros informes de muertes por ataques de tigre en Singapur a menudo se exageraban, con tan solo unas 159 víctimas mortales atribuidas oficialmente al tigre entre 1831 y 1890 (de manera desproporcionada, trabajadores chinos), los historiadores creen que se trata de una subestimación considerable. El último tigre salvaje registrado en Singapur fue abatido en octubre de 1930. Véase Miles A. Powell (2016), «People in peril, environments at risk: Coolies, tigers, and colonial Singapore's ecology of poverty», *Environment and History* 22(3):455-82.

13. William Blake, *Canciones de inocencia y de experiencia* (Madrid: Cátedra, 1999), trad. de José Luis Caramés y Santiago González Corugedo, p. 133.

14. A. R. Wallace a M. A. Wallace, 28 de mayo de 1854, WCP354; *My Life*, 1:338.

15. Charles Smith (2008), «Alfred Russel Wallace, journalist», *Archives of Natural History* 35(2):203-8. Wallace terminó publicando cuatro textos en la *Literary Gazette*, dos en 1854 («Letters from the Eastern Archipelago», 1961: 739, 19 de agosto, y «Letters from Singapore», 1978: 1077-8, 16 de diciembre) y dos en 1855 («Letter from Sarawak», 2003: 366, 9 de junio, y «Borneo», 2023: 683-4, 27 de octubre).

16. Grahame J. H. Oliver y Avijit Gupta (2019), *A Field Guide to the Geology of Singapore*, 2.ª ed. (Singapur: Museo de Historia Natural Lee Kong Chian), pp. 6-7.

17. *Malay Archipelago*, pp. 39-40.

18. W. C. Hewitson (1862-1866), *Illustrations of New Species of Exotic Butterflies Selected Chiefly from the Collections of W. Wilson Saunders and William C. Hewitson* [Agrias and Nymphalis], vol. 3 (Londres: John van Voorst).

19. *Malay Archipelago*, p. 41.

20. *Malay Archipelago*, p. 43.

21: El «magnífico» ejemplar de Wallace es muy probable que fuera *Papilio palinurus*, la cola de golondrina esmeralda. Alfred R. Wallace (1855), «The entomology of Malacca», *Zoologist* 13 (149): 4636-9; enviado a Samuel Stevens, 25 de noviembre de 1854, WCP4260.

La coloración verde-azul de esta mariposa, con sus puntos amarillos brillantes, es un ejemplo espectacular de coloración estructural (debida a la estructura de las alas y no a pigmentos) de los insectos. [N. del E.].

22. Los intrincados ocelos del argos real presentan un trampantojo sensacional a base de globos y cuencas que, con sutiles sombreados, dan la impresión de tener tres dimensiones. Los citó el duque de Argyll, en contra del transmutacionismo, que manifestó que los ocelos eran «un caso en la Naturaleza (y, que yo sepa, el único) en el que la ornamentación toma la forma de representación pictórica». Darwin argumentaría posteriormente que la evolución gradual y escalonada de este y otros ornamentos complejos y hermosos se debe a la elección de las hembras, una forma de selección sexual. En *El origen del hombre*, dedicaba un espacio considerable al caso del pavo real y el argos; véase Charles Darwin (1871), *El origen del hombre*, vol. 1 (Madrid: Edaf, 2011), trad. de Julián Aguirre, cap. 14. Aunque coincidía en que los patrones de coloración como esos ocelos surgían mediante selección, Wallace discrepaba de Darwin acerca del mecanismo y era más partidario de la selección natural que de la elección de las hembras. Para un estudio excelente de la discrepancia entre Darwin y Wallace acerca de la selección sexual, véase Helena Cronin (1991), *La hormiga y el pavo real: el altruismo y la selección sexual desde Darwin hasta hoy* (Bogotá: Editorial Norma, 1995), trad. de Eva Zimerman de Aguirre, especialmente los capítulos 5-9.

23. No está claro cuándo desaparecieron los rinocerontes de *Gunung* Ledang, pero se sabe que el elefante indio (*Elephas maximus indicus*) subsistió en el parque hasta finales del siglo XX. Recientes estudios de mamíferos que usan fototrampeo y otras técnicas han documentado treinta y siete especies de mamíferos, entre ellas el raro serau común (*Capricornis sumatraensis*), una especie de primo selvático de la cabra de las Rocosas. Véase la reseña de Ain Ahmad Bakri Faiznur *et al.* (2020), «The first record of Sumatran serow, *Capricornis sumatraensis* (Bovidae, Cetartiodactyla), in Gunung Ledang Johor National Park, a tropical forest remnant on the southern Malay Peninsula», *Mammal Study* 45 (3): 259-64.

24. Al contrario que en la época de Wallace, hoy solo se reconocen dos especies extintas de rinoceronte; el que se encontraba en la península malaya es el rinoceronte de Java, *R. sondaicus*, ahora en peligro crítico y reducido a menos de cien individuos que viven en una diminuta zona de Java. A los elefantes de Malasia les ha ido un poquito mejor, pero también están en peligro. La población de elefante indio (*Elephas maximus indicus*) en la península malasia ronda hoy los mil doscientos individuos, más o menos.

25. A. R. Wallace a M. A. Wallace, julio de 1854, WCP355; 30 de septiembre de 1854, WCP357.

26. Bob Reece (1982), *The Name of Brooke: The End of White Rajah Rule in Sarawak* (Nueva York: Oxford University Press); (2004), *The White Rajahs of Sarawak: A Borneo Dynasty* (Singapur: Archipelago Press).

27. A. R. Wallace a M. A. Wallace, julio de 1854, WCP355; 30 de septiembre de 1854, WCP357.

28. Spenser St. John (1879), *The Life of Sir James Brooke: Rajah of Sarawak: From His Personal Papers and Correspondence* (Edimburgo: William Blackwood and Sons), p. 274.

29. El Centro Wallace será otro de los lugares de un parque arqueológico que se está desarrollando en la península de Santubong. Véanse Hafizuddin Tajuddin, Faridatul Akma Abd Latif y Salina Mohamed Ali (2018), «Preserving and enhancing the cultural landscape of Kampung Santubong, through eco-village approach», *Built Environment Journal* 15(1): 33-40; Sarawak Heritage Society, *Misc. Heritage News*, marzo de 2016, «Sarawak Minister of Tourism Restates Plans for Wallace Point, Santubong», https://sarawakheritagesociety.com/misc-heritage-news-march-2016/, y «Exploring Santubong Archaeological Sites», https://sites.google.com/view/ssf2193/theme-3-sites/exploring-santubong-archaeological-sites.

30. Robert Hall y H. Tim Breitfield (2017), «Nature and demise of the Proto-South China Sea», *Bulletin of the Geological Society of Malaysia* 63: 61-76; H. Tim Breitfield *et al.* (2018), «Unravelling the stratigraphy and sedimentation history of the uppermost Cretaceous to Eocene sediments of the Kuching Zone in west Sarawak (Malaysia), Borneo», *Journal of Asian Earth Sciences* 160:200-223. Véanse también Ramlah Zainudin *et al.* (2010), «Genetic structure of *Hylarana erythraea* (Amphibia: Anura: Ranidae) from Malaysia», *Zoological Studies* 49 (5): 688-702, y K. M. Wong y L. Neo (2019), «Species richness, lineages, geography, and the forest matrix: Borneo's "Middle Sarawak" phenomenon», *Garden's Bulletin Singapore* 71 (suppl. 2): 463-96.

31. Es posible que Wallace visitara la Biblioteca de Singapur, que abrió en enero de 1845, pero como esta biblioteca no contaba con mucho material de historia natural ni obras científicas en aquella época, le resultaría de escaso interés. Véanse Porscha Fermanis (2017), «The Singapore Library, 1845-1873», https://southhem.org/2017/04/19/the-singapore-library-1845-1873/, y Lara Atkin, Sarah Comyn, Porscha Fermanis y Nathan Garvey (2019), *Early Public Libraries and Colonial Citizenship in the British Southern Hemisphere* (Cham, Suiza: Palgrave Macmillan).

32. Hasta los amigos y colegas geólogos de Lyell encontraban la idea de los grupos de mismas especies repitiéndose en ciclos demasiado exagerada, incompatible con las pruebas marcadamente direccionales del registro fósil; esta idea de Lyell fue caricaturizada por Henry de la Beche en una famosa viñeta cómica titulada «Awful Changes. Man found only in a fossil state—Reappearance of Ichthyosaur!» [Terribles cambios. El hombre, encontrado únicamente en estado fósil. ¡Reaparición del ictiosaurio!), en la que el profesor Ictiosaurio (el mismísimo Lyell, con toga de letrado) perora ante los atentos jóvenes ictiosaurios acerca de la calavera de una criatura —el ser humano— extinguida hace mucho tiempo,

y señala que sus insignificantes dientes y mandíbula enclenque le hacen a uno preguntarse cómo podía alimentarse la criatura. Véanse Martin J. S. Rudwick (1975), «Caricature as a source for the history of science: De la Beche's anti-Lyellian sketches of 1831», *Isis* 66: 534-60, y Dov Ospovat (1977), «Lyell's theory of climate», *Journal of the History of Biology* 10 (2): 317-39.

33. Pietro Corsi (1978), «The importance of French transformist ideas for the second volume of Lyell's *Principles of Geology*», *British Journal for the History of Science* 11 (3): 221-44.

34. Véase J. T. Costa (2013), «Engaging with Lyell: Alfred Russel Wallace's Sarawak law and Ternate papers as reactions to Charles Lyell's *Principles of Geology*», *Theory in Biosciences* 132 (4): 225-37.

35. Véanse Frances Darwin, ed. (1909), *The Foundations of the Origin of Species* (Cambridge: Cambridge University Press) [1969; Nueva York: Kraus Reprint], y James T. Costa (2017), *Darwin's Backyard: How Small Experiments Led to a Big Theory* (Nueva York: W. W. Norton).

36. Natural History Notebook (MS-179): https://linnean-online.org/wallace_notes.html.

37. William Whewell (1837), *History of the Inductive Sciences from the Earliest to the Present* (Londres: John W. Parker), 3: 579-80.

38. C. R. Darwin a C. J. F. Bunbury, 21 de abril de 1856, DCP-LETT-1856.

39. R. C. Tytler (1854), «Miscellaneous notes on the fauna of Dacca, including remarks made on the line of march from Barrackpore to that station», *Annals and Magazine of Natural History* 14 (ser. 2): 168-77; F. J. Pictet (1853-1854), *Traité de Paléontologie*, 4 vols. (París: J.-B. Bailliére).

40. *My Life*, 1:354.

41. El historiador H. Lewis McKinney fue el primero en señalar la importancia de los apuntes de Wallace sobre Pictet en la formulación del artículo sobre la Ley de Sarawak, demostrando que Wallace había incorporado varios puntos de Pictet a su análisis; véase H. Lewis McKinney (1972), *Wallace and Natural Selection* (New Haven, Connecticut: Yale University Press), pp. 46-49.

42. Edward Forbes (1854), «On the manifestation of polarity in the distribution of organized beings in time», *Notices of the Proceedings of the Meetings of the Members of the Royal Institution* 1: 428-33.

43. El Cuaderno de Especies (MS-180) se conserva en la Sociedad Linneana de Londres. Para acceder a un facsímil con comentarios de este cuaderno excepcional, véase J. T. Costa (2013), *Wallace, Darwin, and the Origin of Species* (Cambridge, Massachusetts: Harvard University Press).

44. Se ha insinuado que, como Wallace no indicó explícitamente que su «ley» implica derivación material de una especie en otra, no se puede afirmar que estuviera hablando de evolución. A lo mejor, dicen, estaba hablando de creación especial de una especie modelada a partir de una preexistente estrechamente relacionada. Vale, pero insinuar que Wallace no tenía la transmutación en mente al escribir esto es ignorar su consistente rechazo a los argumentos de creación o diseño y su interés por acumular pruebas de la realidad de la transmutación, como vemos en su Cuaderno de Especies; véase Costa, *On the Organic Law of Change*.

45. Las divagaciones de Wallace acerca de las dificultades de lograr una clasificación natural y su metáfora del árbol ramificado se encuentran en la p. 187 de Alfred R. Wallace (1855), «On the law which has regulated the introduction of new species», *Annals and Magazine of Natural History*, serie 2.ª, 16: 184-96. De manera independiente, Darwin llegó a las mismas conclusiones; por ejemplo: «Empleado con total sinceridad, el sistema natural debería ser genealógico» (1842) y «Así, al final, vemos que todos los hechos destacados en las afinidades y clasificación de los seres orgánicos pueden explicarse según la teoría de que el sistema natural es sencillamente genealógico» (1844), pp. 36 y 212 en F. Darwin, *Foundations of the Origin of Species*. También explica el concepto en *El origen de las especies* (pp. 591-92): «toda clasificación verdadera es genealógica; (…) la comunidad de descendencia es el vínculo oculto que los naturalistas han estado buscando inconscientemente».

46. Para un análisis detallado del artículo de la Ley de Sarawak, incluido un facsímil anotado del mismo, véase pp. 144-73 en Costa, *Wallace, Darwin, and the Origin of Species*.

47. Wallace, «On the law which has regulated the introduction of new species», pp. 184-96.

48. Véase Alex Shoumatoff (2017), *The Wasting of Borneo: Dispatches from a Vanishing World* (Boston: Beacon Press).

49. Existen recordatorios de los tiempos mineros en forma de máquinas de vapor que se oxidan en la selva, pozos de cemento y túneles aún accesibles (aunque peligrosos, así que ¡no entren!) con canteras en la parte noroeste del *bukit*, no muy lejos del moderno sendero del Guning Ngeli que discurre por las galerías llenas de maleza más o menos paralelas a la carretera actual.

50. Cuaderno de Especies (MS-180); véase Costa, *On the Organic Law of Change*, una edición anotada de este cuaderno.

51. A. R. Wallace a F. Sims, 25 de junio de 1855, WCP359.

52. Mel Sunquist y Fiona Sunquist (2017), *Wild Cats of the World* (Chicago: University of Chicago Press), pp. 48-51.

53. Alexander Nater, Maja P. Mattle-Greminger, Anton Nurcahyo, *et al.* (2017), «Morphometric, behavioral, and genomic evidence for a new orangutan species», *Current Biology* 27:3487-98; April Reece (2017), «New orangutan species identified», *Nature* 551:151. Esta especie se incluyó en las listas de en peligro crítico inmediatamente después de ser identificada formalmente. Es el gran simio más escaso del mundo: se calcula que quedan menos de ochocientos individuos en su tierra de origen, la selva de Batang Toru, en el oeste de Sumatra, de apenas mil cuatrocientos kilómetros cuadrados. En 2018, el artista lituano Ernest Zacharevic, cuyos murales de alegres orangutanes adornan las paredes de Kuching, trabajó con el Centro de Información del Orangután (OIC, por sus siglas en inglés) y la Sociedad de Orangutanes de Sumatra (SOS) para llamar la atención sobre la catastrófica magnitud de la destrucción de la selva en la región, y creó mediante la tala de palmeras una enorme llamada de auxilio, «SOS», en una plantación abandonada de aceite de palma de veinte hectáreas en Bukit Mas, en Sumatra. Véase Splash and Burn, «Art for Change», https://www.splashandburn.org/.

54. Los relatos de Wallace cazando orangutanes, así como sus observaciones acerca de su biología, se encuentran en el capítulo 4 de *Malay Archipelago* (1869).

55. Wallace publicó tres artículos sobre orangutanes en 1856: «Some account of an infant Orang-utan», *Annals and Magazine of Natural History*, ser. 2.ª, 17: 386-90; «On the Orang-utan or Mias of Borneo», *Annals and Magazine of Natural History*, ser. 2.ª, 17: 471-76, y «On the habits of the Orang-utan of Borneo», *Annals and Magazine of Natural History*, ser. 2.ª, 18: 26-32. Véase también la carta de A. R. Wallace a G. Waterhouse, 8 de mayo de 1855, WCP781.

56. Cuaderno sobre Transmutación C, p. C79; P. H. Barrett, P. J. Gautrey, S. Herbert, D. Kohn y S. Smith, eds. (1987), *Charles Darwin's Notebooks, 1836-1844* (Ítaca, Nueva York: Cornell University Press), p. 264; véanse más entradas sobre el orangután en las pp. 545, 551 y 554.

57. Para una comparación de las opiniones de Wallace y Darwin sobre la relación entre humanos y primates en general y sus estudios de orangutanes en particular, véanse pp. 125-29 en Costa, *Wallace, Darwin, and the Origin of Species* (Cambridge, Massachusetts: Harvard University Press), y John Van Wyhe y Peter C. Kjaergaard (2015), «Going the whole orang: Darwin, Wallace and the natural history of orangutans», *Studies in History and Philosophy of Biological and Biomedical Sciences* 51:53-63. Un análisis de los informes de Wallace y de otros naturalistas sobre orangutanes en el contexto de los debates sociales y científicos del siglo XIX acerca de la naturaleza humana puede verse en Ted Benton (1997), «Where to draw the line? Alfred Russel Wallace in Borneo», *Studies in Travel Writing* 1: 96-116, y en Tiffany Tsao (2013), «The multiplicity of humanity in the orangutan adoption accounts of Alfred Russel Wallace and William Temple Hornaday», *Clio* 43: 1-31.

58. A. R. Wallace a F. Sims, 25 de junio de 1855, WCP359. Véanse también Alfred R. Wallace (1856), «Some account of an infant "Orang-utan"», *Annals and Magazine of Natural History*, ser. 2.ª, 17: 386-90, y «A new kind of baby», *Chambers's Journal*, ser. 3.ª, 6: 325-27.

59. Un análisis interesante de la tensión inherente en la dicotomía entre ver a los orangutanes como semejantes a los humanos o mascotas, además de especímenes científicos, se encuentra en Shira Shmuely (2020), «Alfred Wallace's baby Orangutan: Game, pet, specimen», *Journal of the History of Biology* 53 (3): 321-43.

60. A. R. Wallace a J. Wallace, 20 de abril de 1855, WCP1829; A. R. Wallace a F. Sims, 25 de junio de 1855, WCP359; A. R. Wallace a F. Sims, 28 de septiembre y 17 de octubre de 1855, WCP360.

61. Alfred R. Wallace (1855), «Proceedings of natural-history collectors in foreign countries», *Zoologist* 13: 4803-7; WCP4261.

62. Alfred R. Wallace (1855), «Borneo», *Literary Gazette and Journal of the Belles Lettres, Science, and Art* 2023: 683-4; WCP612. Véanse también A. R. Wallace a M. A. Wallace, 25 de diciembre de 1855, WCP361 y *My Life*, 1: 345-47.

63. Véase el esclarecedor estudio de Jeremy Vetter (2015), «Politics, paternalism, and progressive social evolution: Observations on colonial policy in the scientific travels of Alfred Russel Wallace», *Victorian Review* 41 (2): 113-31.

64. H. Tim Breitfeld y Robert Hall (2018), «The eastern Sundaland margin in the latest Cretaceous to late Eocene: Sediment provenance and depositional setting of the Kuching and Sibu zones of Borneo», *Gondwana Research* 63: 34-64; Hans

Hazebroek, «Geology and Geomorphology», cap. 2 en Jayasilan Mohd-Azlan *et al.*, eds. (2016), *Life from Headwaters to the Coast: Gunung Penrissen Roof of Western Borneo* (Sarawak: Universiti Malaysia Sarawak).

65. A continuación, el maravilloso panegírico que Wallace hizo del durián en toda su extensión:

> El durián crece en un magnífico y elevado árbol de la selva que, en líneas generales, tiene cierto parecido con el olmo pero con una corteza más lisa y escamosa. El fruto es redondeado o ligeramente ovalado, más o menos del tamaño de un coco grande, de color verde, y está completamente cubierto de espinas cortas y gruesas cuyas bases se tocan entre sí, por lo que tienen cierta forma hexagonal, mientras que las puntas son muy duras y afiladas. Está tan absolutamente armado que si a uno se le rompe el pedúnculo, es complicado recogerlo del suelo. La cáscara exterior es tan gruesa y dura que da igual la altura de la que caiga el fruto, no se rompe nunca. En el fruto se detectan cinco líneas muy leves desde la base hasta el ápice, sobre las cuales se arquean un poco las espinas: son las suturas de los carpelos e indican por dónde se puede partir el fruto con un cuchillo contundente y una mano fuerte. Las cinco celdas son blancas satinadas por el interior y contienen una masa ovalada de pulpa color crema, en la que hay dos o tres semillas del tamaño aproximado de una castaña. Esta pulpa es la parte comestible, y su consistencia y sabor son indescriptibles. Una intensa crema mantecosa muy aderezada con almendras es la mejor idea general que uno puede hacerse, pero entre medias llegan bocanadas de sabor que recuerdan al queso crema, a la salsa de cebolla, al jerez dulce y a otras incongruencias. Hay una intensa suavidad pegajosa en la pulpa que ningún otro alimento tiene, pero que incrementa su exquisitez. No es ni ácido, ni dulce, ni jugoso, y sin embargo no se echan en falta estas cualidades, pues es perfecto tal cual es. No produce náuseas ni ningún otro efecto adverso, y cuanto más se come, menores son los deseos de parar. De hecho, comer durianes es una nueva sensación que bien merece un viaje al Este para experimentarla. (Alfred R. Wallace [1856], «On the bamboo and durian of Borneo» [en una carta a Sir W. J. Hooker], *Hooker's Journal of Botany and Kew Garden Miscellany* 8: 225-30; véase también *Malay Archipelago*, pp. 85-86).

66. «sermones en las piedras»: Shakespeare, *Como gustéis*, acto II, escena primera, p. 210, trad. de Manuel Ángel Conejero Dionís-Bayer, Madrid: Cátedra, 2000. [N. de la T.]

67. *Malay Archipelago*, pp. 86-87.

68. Actualmente, los excursionistas aventureros con inclinación científica o histórica pueden realizar el «sendero Wallace» para subir al Serumbu, hasta el lugar en el que se encontraba la modesta casita en la montaña del rajá Brooke, hoy reconstruida gracias a una campaña encabezada por el Brooke Heritage Committee y el Brooke Trust (https://www.brooketrust.org/). Véase también «Retracing Brooke's and Wallace's Footsteps», vídeo de YouTube, https://youtu.be/7PgwGseoeCA.

69. *Malay Archipelago*, pp. 95-97.

70. Alfred R. Wallace (1856), «Notes of a journey up the Sadong River, in northwest Borneo» [Leído en la reunión de la Real Sociedad Geográfica del 10 de noviembre de 1856], *Proceedings of the Royal Geographical Society of London* 1 (6):

193-205. Incluido en *Malay Archipelago*, caps. 5 y 6: «Journey in the interior» y «Borneo—the Dyaks».

71. Alfred R. Wallace (1856), «Observations on the zoology of Borneo» [con fecha del 10 de marzo de 1856, Singapur], *Zoologist* 14:5113-17.

72. James Brooke escribió a su sobrino John Brooke Johnson Brooke que le daba pena que Wallace, su «grata e intelectual compañía», se marchara; 27 de enero - 7 de febrero de 1856, WCP3791.

73. A. R. Wallace a F. Sims, 20 de febrero de 1856, WCP362.

74. El rajá Brooke informaba a Wallace en una carta que Charley, que empezaba a presentarse con su segundo nombre, Martin, no estaba contento: «Dicen que no tiene aptitud para los libros, y cuando estuvo aquí parecía apagado y desanimado». En otra, informaba de que Charley estaba «triste en la misión» y había cambiado de empleo; J. Brooke a A. R. Wallace, 4 de julio de 1856, WCP3073 y 5 de noviembre de 1856, WCP3074. Véase también Kees Rookmaaker y John van Wyhe (2012), «In Alfred Russel Wallace's shadow: His forgotten assistant, Charles Allen (1839-1892)», *Journal of the Malaysian Branch of the Royal Asiatic Society* 85 (2): 17-54.

75. John van Wyhe y Gerrell Drawhorn (2015), «"I am Ali Wallace": The Malay assistant of Alfred Russel Wallace», *Journal of the Malaysian Branch of the Royal Asiatic Society* 88 (1): 3-31.

76. A. R. Wallace a F. Sims, 20/febr./1856, WCP362; 21/abr./1856, WCP363.

77. Alfred R. Wallace (1856), «Attempts at a natural arrangement of birds», *Annals and Magazine of Natural History*, ser. 2.ª, 18: 193-216.

78. J. Brooke a A. R. Wallace, 4 de julio de 1856, WCP3073.

79. Leonard G. Wilson, ed. (1970), *Sir Charles Lyell's Scientific Journals on the Species Question* (New Haven, Connecticut: Yale University Press), pp. 6, 66.

80. C. Lyell a C. R. Darwin, 1-2 de mayo de 1856, DCP-LETT-1862; C. R. Darwin a J. D. Hooker, 9 de mayo de 1856, DCP-LETT-1870.

81. C. R. Darwin, Diario de 1839-1881 (CUL-DAR158.1-76), p. 34v; véase http://darwin-online.org.uk/content/frameset?itemID=CUL-DAR158.1-76&viewtype=text&pageseq=1.

82. A. R. Wallace a S. Stevens, 12 de mayo de 1856, WCP1702.

Capítulo 8 Cruzando la(s) línea(s)

1. Diarios malayos del primero al cuarto (MS-178a-d), entradas 1-245: las memorias de viaje de Wallace más vendidas, *The Malay Archipelago* (1869), están extraídas de estos cuatro diarios supervivientes que recogen su viaje.

2. La VOC —la primera compañía verdaderamente pública en emitir, en 1602, la primera oferta pública inicial conocida en la primera bolsa mundial de valores a gran escala, en Ámsterdam— sentó las bases de las empresas multinacionales modernas y mercados de capitales que dominan el sistema económico global hoy en día. Hay cierta ironía en que Wallace se beneficiara del aparato colonial holandés establecido por la VOC y lo apoyara a la vez que condenaba el sistema

capitalista en el que se basaba; véase Femme S. Gaastra (2003), *The Dutch East India Company: Expansion and Decline* (Zutphen, Países Bajos: Walburg Pers).

3. Hoy en día se reconocen tres subespecies de banteng: *B. javanicus javanicus* (en Java y Bali), *B. j. lowi* (en Borneo) y *B. j. birmanicus* (en el sudeste asiático continental); véanse, por ejemplo, H. Matsubayashi *et al.* (2015), «First molecular data on Bornean banteng *Bos javanicus lowi* (Cetartiodactyla, Bovidae) from Sabah, Malaysian Borneo», *Mammalia* 78 (4): 523-31, y M. Qiptiyah *et al.* (2019), «Phylogenetic position of Javan banteng (*Bos javanicus javanicus*) from conservation area in Java base on mtDNA analysism», *Biodiversitas* 20: 3352-57.

4. Charles Lyell, *Principles of Geology* (1835, 4.ª ed.), 2: 226.

5. Estas medidas son posibles gracias a una extraordinaria red de cuarenta y dos marcadores GPS geoestacionarios a lo largo de la región, monitorizados por satélite en el proyecto Geodinámica del Sur y el Sudeste Asiático (GEODYS-SEA), que cubre una zona de unos cuatro mil kilómetros cuadrados; véanse W. Simons *et al.* (1999), «Observing plate motions in S.E. Asia: Geodetic results of the GEODYSSEA project», *Geophysical Research Letters* 26 (15): 2081-84, y W. Simons *et al.* (2007), «A decade of GPS in Southeast Asia: Resolving Sundaland motion and boundaries», *Journal of Geophysical Research* 112: B06420, doi: 10.1029/2005JB003868.

6. Simon Winchester (2003), *Krakatoa: The Day the World Exploded: August 27, 1883* (Nueva York: HarperCollins). Véase también la entrada del observatorio de Krakatau en el programa de Vulcanismo Global de la Smithsonian Institution en https://volcano.si.edu/volcano.cfm?vn=262000.

7. Federación Internacional de las Sociedades de la Cruz Roja y la Media Luna Roja, *Situation Report*, https://reliefweb.int/report/indonesia/indonesia-earth-quakes-and-tsunamis-sunda-straits-tsunami-emergency-plan-action-0.

8. Observatorio de la Tierra de la NASA, «Tectonic Uplift near Sumatra», https://earthobservatory.nasa.gov/images/5449/tectonic-uplift-near-sumatra; véase también Suyarso (2008), «Topographic changes after 2004 and 2005 earthquakes at Simeulue and Nias Islands identified using uplifted reefs», *Journal of Coastal Development* 12 (1): 20-29.

9. Darwin posteriormente escribiría en *Journal of Researches* (1839, p. 379): «El efecto más destacable (o en términos quizás más correctos, la causa) de este terremoto fue la elevación permanente de la tierra. El capitán FitzRoy, que ya había estado dos veces en la isla de Santa María para examinar todas las circunstancias con extrema precisión, ha reunido gran cantidad de pruebas para demostrar tal elevación, mucho más concluyentes que aquellas en las que depositan implícitamente su fe los geólogos la mayor parte de las veces». Las publicaciones posteriores del *Journal of Researches* se dieron a conocer como *El viaje del Beagle*.

10. *Malay Archipelago*, pp. 17, 18.

11. *Malay Archipelago*, p. 178.

12. Para cuando Wallace visitó la isla en 1856, los sasaks y los balineses llevaban una coexistencia larga y más o menos estable, aunque incómoda, bajo dominio balinés, pero las rebeliones periódicas de los sasaks (incluida una hacía tan solo un año, en 1855) subrayaban las eternas tensiones que alcanzaron un punto crítico

unos treinta años después de que Wallace se marchara del este, cuando los jefes sasaks convencieron a los holandeses en Bali, que sabían reconocer una oportunidad cuando la tenían delante, de que interviniesen y derrocasen al gobernante balinés. Hecho que culminó en una serie de sangrientas batallas en 1894. Véanse J. Stephen Lansing (2009), *Priests and Programmers: Technologies of Power in the Engineered Landscape of Bali* (Princeton, Nueva Jersey: Princeton University Press), pp. 19-22, y Robert Pringle (2004), *A Short History of Bali: Indonesia's Hindu Realm* (Sídney: Allen & Unwin), cap. 5.

13. UNESCO, «Rinjani-Lombok UNESCO Global Geopark», https://en.unesco.org/global-geoparks/rinjani-lombok.

14. *Malay Archipelago*, p. 163.

15. Primer Diario Malayo (MS-178a), entrada 3.

16. Primer Diario Malayo (MS-178a), entradas 15, 16.

17. Cuaderno de especies (MS-180), portada interior; véase J. T. Costa (2013), *On the Organic Law of Change* (Cambridge, Massachusetts: Harvard University Press), p. 18. Véanse también el primer Diario Malayo (MS-178a), entrada 13, y *Malay Archipelago*, p. 171.

18. Primer Diario Malayo (MS-178a), entrada 17.

19. Wallace describió por primera vez este fenómeno en un artículo de 1863 («List of birds collected in the island of Bouru (one of the Moluccas), with descriptions of the new species», *Proceedings of the Zoological Society of London* 1863: 18-28, 26-28) y después en *Malay Archipelago* (pp. 403-5). Véase también Jared M. Diamond (1982), «Mimicry of friarbirds by orioles», *Auk* 99 (2): 187-96.

20. Cuaderno de Especies (MS-180), p. 55; véase Costa, *On the Organic Law of Change*, p. 138.

21. Primer Diario Malayo (MS-178a), p. 9, entrada 8a.

22. Este espécimen de *Gallus*, junto con un espécimen del pato de Bali, de postura erguida, fueron para Charles Darwin, que justo entonces estaba estudiando las variaciones de especies domesticadas. Wallace, como es obvio, tenía noticias de que Darwin solicitaba especímenes domésticos, presumiblemente por mediación de Stevens; véanse el memorando de Darwin con fecha de diciembre de 1855, DCP-LETT-1812 y WCP4758, y A. R. Wallace a S. Stevens, 21 de agosto de 1856, WCP1703.

23. George Robert Gray, del British Museum, describió el *Megapodius gouldii* a partir de un espécimen capturado por Wallace en Lombok: G. R. Gray (1861), «List of species composing the family Megapodiidae, with descriptions of new species and some account of the habits of the species», *Proceedings of the Zoological Society of London* (25 de junio): 288-96, láminas 32-34.

24. *Malay Archipelago*, p. 165.

25. Véanse C. Barry Cox y Peter D. Moore (2010), *Biogeography: An Ecological and Evolutionary Approach* (Nueva York: John Wiley and Sons), pp. 6-8, y Peter J. Bowler (2003), *Evolution: The History of an Idea*, 3.ª ed. (Berkeley: University of California Press), pp. 76-79.

26. Gray publicó sus descubrimientos en un largo artículo titulado «Statistics of the flora of the Northern United States», que salió en dos partes en el *American*

Journal of Science and Arts de 1856 (ser. 2.ª, 22: 204-32) y 1857 (ser. 2.ª, 23: 62-84, 369-403). Véase también C. R. Darwin a A. Gray, 12 de octubre de 1856, DCP-LETT-1973.

27. Mr. Ross muy probablemente fuera hijo del escocés John Clunies-Ross, que se instaló con su familia en el diminuto archipiélago de Cocos o Keeling en la decada de 1820 junto con el inglés Alexander Hare y un grupo que a veces se ha calificado de harén y a veces de esclavos huidos. El HMS Beagle se detuvo allí en abril de 1836, y Darwin observó que vivían «nominalmente en estado de libertad, y no cabe duda de que son libres, al menos en lo que respecta al trato personal; pero en la mayoría de otros aspectos, se consideran esclavos». Véase C. R. Darwin (1839), *Narrative of the Surveying Voyages of His Majesty's Ships* Adventure *and* Beagle *between the Years 1826 and 1836.* Vol. 3, *Journal and Remarks, 1832-1836* (Londres: Henry Colburn), p. 540.

28. Esta remesa fue enviada a Singapur y luego a Londres en el City of Bristol; Cuaderno de Historia Natural (MS-179), al dorso, p. 113. Véase también A. R. Wallace a S. Stevens, 21 de agosto de 1856, WCP1703.

29. El detallado estudio que terminó escribiendo Wallace acerca de la discontinuidad faunística, «On the zoological geography of the Malay Archipelago», no se leyó hasta 1859, y se publicó al año siguiente en el *Journal of the Proceedings of the Linnean Society* (4: 172-84). Stevens había publicado mientras tanto parte de esta carta en el número de enero de 1857 del *Zoologist*, que incluía el anuncio de Wallace del descubrimiento: Alfred R. Wallace (1857), «Proceedings of natural-history collectors in foreign countries, from a letter dated 21 Aug. 1856, Ampanam, Lombok; communicated by Samuel Stevens», *Zoologist* 15: 5414-16. Véase también A. R. Wallace a S. Stevens, 21 de agosto de 1856, WCP1703.

30. Lord Byron (1819), *Don Juan* (Madrid: Cátedra, 2009), trad. de Pedro Ugalde, p. 119.

31. Wallace se alojó en este distrito cuando llegó, en la Societeit De Harmonie, en lo que es ahora la concurrida Jalan Riburane, subiendo la calle desde el fuerte. Hoy en día alberga un centro de artes escénicas, Gedung Kesenian Sulsel (Centro de arte del sur de Célebes), y puede que sea el único alojamiento de Wallace en el archipiélago que sigue en pie.

32. A. R. Wallace a S. Stevens, 27 de septiembre de 1856, WCP1704.

33. *Malay Archipelago,* p. 225.

34. Antes de que se aceptaran internacionalmente unas normas comunes para nombrar especies, la *sinonimia* de taxones —cuando diferentes naturalistas, consciente o inconscientemente, otorgaban nombres distintos a una misma especie— generaba una confusión monumental con la que todavía vivimos. La corrección de nombres duplicados a lo largo de los años es uno de los motivos por los que muchos nombres de géneros y especies reconocidos actualmente difieren de los que tenían en la época de Wallace, como se observa en este libro. Una de las primeras reglas adoptadas para remediar el problema de la sinonimia es la de la *prioridad*, por la que el primer nombre y descripción de una especie publicados es prioritario a otros posteriores. A algunos naturalistas, sin embargo, esta regla no les parecía práctica por el motivo que fuese (a veces, motivos muy personales) y preferían usar un nombre que no tenía prioridad. Este fue el caso con la mariposa alas de

pájaro que capturó Wallace, cuando se dio cuenta de que el entomólogo británico Edward Doubleday le había cambiado el nombre de *Ornithoptera remus*, aceptado desde que Linneo se lo otorgara erróneamente. Como a muchos taxónomos, a Linneo le confundió el aspecto tan diferente de los machos y las hembras de esta especie y, creyendo que eran especies distintas, les otorgó nombres distintos. Wallace llamó la atención sobre «la interpretación eradísima, además de inoportuna, [de Doubleday] de la ley de prioridad» en un artículo leído en la reunión de la Sociedad Entomológica de Londres del 3 de mayo de 1858 y señalaba que el nombre de Cramer debería tener prioridad por ser el primero en diagnosticar correctamente los dos sexos. El artículo de Wallace se publicaría posteriormente ese mismo año: Alfred R. Wallace (1858), «A disputed case of priority in nomenclature», *Proceedings of the Entomological Society of London* (1858-1859): 23-24. El nombre de Cramer es el que se reconoce hoy en día, con la subespecie *T. hypolitus cellularis* descrita en Célebes en 1895.

35. *Malay Archipelago*, pp. 231-32; primer Diario Malayo (MS-178a), entrada 41.

36. *Malay Archipelago*, p. 230; primer Diario Malayo (MS-178a), entrada 39.

37. Véanse Hans Hägerdal (2010), «The slaves of Timor: Life and death on the fringes of early colonial society», *Itinerario* 34 (2): 19-44; (2020), y «Slaves and slave trade in the Timor area: Between indigenous structures and external impact», *Journal of Social History*, Número especial: Slave Trade and Slavery in Asia—New Perspectives. 54 (1): 15-33.

38. M. A. Wallace a J. y M. Wallace, 16 de septiembre de 1856, WCP5579; A. R. Wallace a J. y M. Wallace, 6 de diciembre de 1856, WCP5580; A. R. Wallace a F. Sims, 10 de diciembre de 1856, WCP365.

39. Alfred R. Wallace (1857), [Carta sobre capturas, con fecha del 1 de dic. de 1856, Macasar; remitida por Samuel Stevens], *Zoologist* 15: 5652-57.

40. Esta remesa se mandó a Batavia (Yakarta) y luego se envió a Londres en el Margaret West; Cuaderno de Historia Natural (MS-179), pp. 109-12. Véase también A. R. Wallace a S. Stevens, 1 de diciembre de 1856, WCP4262.

41. Primer Diario Malayo (MS-178a), p. 9, entrada 49.

42. *Malay Archipelago*, pp. 420-21; primer Diario Malayo (MS-178a), entrada 41.

43. La distinción aquí está un poco simplificada; algunos monogenistas apoyaban no obstante la esclavitud, basándose en la condena bíblica de ciertos pueblos «malditos». Otro ejemplo destacado es el del clérigo y naturalista estadounidense John Bachman, de Charleston, en Carolina del Sur, un esclavista que atacaba los argumentos poligenistas en publicaciones como *The Doctrine of the Unity of the Human Race Examined on the Principles of Science* (1850, Charleston, Carolina del Sur: C. Canning); véase Lester D. Stephens (2000), *Science, Race, and Religion in the American South: John Bachman and the Charleston Circle of Naturalists, 1815-1895* (Chapel Hill: University of North Carolina Press).

44. Es más, desde un enfoque metodológico y perspectiva nuevos, que minaban la práctica tácita pero aceptada de una «división del trabajo» entre los que trabajaban en el campo recopilando datos y los intelectuales de sillón, y mayor estatus, en los salones de Londres, que sacaban conclusiones de esos datos. Que Wallace se atreviese, como mero naturalista de campo, a sacar sus propias conclusiones

y a generar nuevo conocimiento basado en sus observaciones de primera mano es otro ejemplo de su vena independiente y su naturaleza inconformista. Véanse Henrika Kuklick (1991), *The Savage Within: The Social History of British Anthropology, 1885-1914* (Nueva York: Cambridge University Press), y Jeremy Vetter (2006), «Wallace's *other* line: Human biogeography and field practice in the eastern colonial tropics», *Journal of the History of Biology* 39: 89-123

45. Para unos estudios excelentes de la investigación de Wallace de la «biogeografía humana» y su contexto más amplio, véanse Georges W. Stocking (1987), *Victorian Anthropology* (Nueva York: Free Press), y Vetter (2006), «Wallace's *other* line», pp. 89-123.

46. Holger Warnk (2020), «From trading post to town: Some notes on the history of urbanisation in far eastern Indonesia c. 1800-1940», pp. 273-88, en Sandra Kurfüst y Stefanie Wehner, eds., *Southeast Asian Transformations: Urban and Rural Developments in the 21st Century* (Bielefeld, Alemania: Transcript Verlag).

47. *Malay Archipelago*, p. 444; primer Diario Malayo (MS-178a), entrada 66.

48. Las plumas de las aves del paraíso, y a veces hasta las aves enteras, estaban muy demandadas por la industria de la sombrerería (véase *Fashioning Feathers: Dead Birds, Millinery Crafts and the Plumage Trade*, exposición comisariada por las Dras. Merle Patchett y Liz Gomez en asociación con el Instituto Cultura Material de la Universidad de Alberta, FAB Gallery, University of Alberta, https://fashioningfeathers.info/about/), cuyo coste podía llegar a alcanzar hasta los veinticuatro dólares por pluma en el mercado mayorista de Londres a principios del siglo XX, época durante la cual se calcula que ochenta mil pieles de aves del paraíso fueron subastadas en Londres, París y Ámsterdam. Véase también Pamela Swadling (2019), *Plumes from Paradise: Trade Cycles in Outer Southeast Asia and Their Impact on New Guinea and Nearby Islands until 1920* (Sídney, Australia: Sydney University Press).

49. Solía haber cierta sinergia, por no decir tensión, entre los intereses de Wallace como naturalista filosófico y la realidad económica de cómo se financiaban sus viajes. Tenía que centrarse en gran medida en los grupos de aves e insectos más vendibles, pero tenía la esperanza de que grandes colecciones de estos aportasen también amplio material para sus estudios biogeográficos y transmutacionales. Véase Melinda Bonnie Fagan (2008), «Theory and practice in the field: Wallace's work in natural history, 1844-1858», pp. 66-90, en Charles H. Smith y George Beccaloni, eds., *Natural Selection and Beyond: The Intellectual Legacy of Alfred Russel Wallace* (Oxford: Oxford University Press).

50. *Malay Archipelago*, p. 440.

51. Los nombres de dos de estas rarezas se deben al distinguido lepidopterólogo francés Jean Baptiste Alphonse Déchauffour Boisduval en honor a su compatriota el explorador Jules Dumont d'Urville, comandante de las expediciones a bordo de La Coquille y Astrolabe, que aportaron amplias colecciones zoológicas y botánicas.

52. *Malay Archipelago*, p. 434; primer Diario Malayo (MS-178a), entrada 59.

53. Wallace incluyó la ilustración de los cazadores de aves del paraíso de Aru en sus escondites (aquí en la pg. 237) en el frontispicio del segundo volumen de la edición de Londres (Macmillan) de *The Malay Archipelago*.

54. *Malay Archipelago*, p. 449. La cita entera dice así: «Esta consideración nos indica con total seguridad que todos los seres vivos *no* se hicieron para el hombre. Muchos de ellos no tienen relación con él. El ciclo de su existencia ha sido independiente de la del hombre y se ve perturbado o roto con cada avance en el desarrollo intelectual de este; y su felicidad y disfrute, sus gustos y aversiones, su lucha por existir, su enérgica vida y muerte temprana, parecen estar directamente relacionados con su propio bienestar y su perpetuación únicamente, tan solo limitados por el mismo bienestar y perpetuación de los innumerables organismos con los que están más o menos íntimamente conectados».

55. Mucho después, Wallace y otros personajes especularon con que estas aves del paraíso y sus estridentes llamadas ofrecían una lección interesante en biogeografía cultural y habían inspirado las islas de Wák-Wák en *Las mil y una noches*. Wallace hablaba de ello en un extenso artículo en dos partes publicado en 1904: Alfred R. Wallace (1904), «The birds of paradise in the Arabian Nights», pt. 1 y 2, *Independent Review* 2 (7): 379-91 (abril) y 2 (8): 561-71 (mayo). Véase también el capítulo V, «Sobre el traslado de los mitos entre el Viejo y el Nuevo Mundo», en Charles Gould (1886), *Monstruos mitológicos* (Madrid: M. E. Editores, 1997), trad. de Mª Teresa Díez Martínez.

56. Wallace tomó exhaustivos apuntes sobre el comportamiento y la morfología de las aves del paraíso reales y esmeraldas grandes en su Cuaderno de Especies, incluyendo dibujos; véase Costa, *On the Organic Law of Change*, pp. 170-177, 198-207. Estas entradas del cuaderno le sirvieron a Wallace de borrador para su artículo posterior sobre el ave del paraíso esmeralda grande publicado en el número de diciembre de 1857 de *Annals and Magazine of Natural History*: Alfred R. Wallace (1857), «On the Great Bird of Paradise, *Paradisea apoda*, Linn.; "Burong mati" (dead bird) of the Malays; "Fanéhan" of the natives of Aru», *Annals and Magazine of Natural History*, ser. 2.ª, 20: 411-16.

57. «Las picaduras y mordeduras e irritación constante provocadas por estas plagas de la selva tropical se llevan sin queja», escribía Wallace, «pero ser su prisionero en una tierra tan abundante e inexplorada, donde uno se encuentra con criaturas raras y hermosas en todos sus paseos —una tierra que ha costado una travesía tan larga y tediosa alcanzar y que probablemente no vuelva a visitarse en el presente siglo con el mismo objetivo— es un castigo demasiado severo para que un naturalista lo sufra en silencio». *Malay Archipelago*, p. 466.

58. Así les sonaba la pronunciación inglesa de *England*, Inglaterra. [N. de la T.].

59. Segundo Diario Malayo (MS-178b), entradas 71, 81, 84.

60. Primer Diario Malayo (MS-178a), entrada 63.

61. Segundo Diario Malayo (MS-178b), entrada 71.

62. Segundo Diario Malayo (MS-178b), entrada 71.

63. Segundo Diario Malayo (MS-178b), entrada 83.

64. Segundo Diario Malayo (MS-178b), entrada 93; Alfred R. Wallace (1858), «On the Arru Islands» [Comunicado en la reunión de la Real Sociedad Geográfica del 22 de febrero de 1858], *Proceedings of the Royal Geographical Society of London* 2 (3): 163-70.

65. A. R. Wallace a S. Stevens, 10 de marzo y 15 de mayo de 1857, WCP4746; publicada como Alfred R. Wallace (1857), [Carta y posdata sobre captura de

especímenes con fechas del 10 de marzo de 1857, Dobo, islas Aru, y 15 de mayo, Dobo; a Samuel Stevens y remitidas por él a la reunión de la Sociedad Entomológica de Londres del 5 de oct. de 1857], *Proceedings of the Entomological Society of London* 1856-1857: 91-93.

66. Hay treinta y nueve especies de aves del paraíso (familia Paradisaeidae) reconocidas actualmente, entre ellas cuervos del paraíso (género *Lycocorax*), manucodias (*Manucodia* y *Phonygammus*), paradigallas (*Paradigalla*), astrapias (*Astrapia*), parotias (*Parotia*), pico corvos (*Epimachus* y *Drepanornis*), fusiles (*Ptiloris*) y un montón de especies denominadas propiamente aves del paraíso, en los géneros *Paradisaea, Cicinnurus, Semioptera, Paradisornis, Seleucidis* y *Lophorina*. La mayoría de especies se encuentran en Nueva Guinea, con algunas especies en islas periféricas y por el sur hasta la costa este de Australia. Un estudio fidedigno y visualmente impresionante es el de Tim Laman y Edwin Scholes (2013), *Birds of Paradise: Revealing the World's Most Extraordinary Birds* (Washington, DC: National Geographic y Cornell Laboratory of Ornithology).

67. J. Brooke a A. R. Wallace, 5 de noviembre de 1856, WCP3074. Aunque algunos historiadores defiendan que Wallace no fue a Oriente con la vista puesta en el tema de la transmutación, este comentario de James Brooke demuestra que Wallace en efecto discutía activamente el tema por aquella época.

68. H. W. Bates a A. R. Wallace, 19 y 23 de noviembre de 1856, WCP824.

69. C. R. Darwin a A. R. Wallace, 1 de mayo de 1857, WCP1839; A. R. Wallace a C. R. Darwin, 27 de septiembre de 1857, WCP4080.

70. A. R. Wallace a H. W. Bates, 4 de enero de 1858, WCP366.

71. Cuaderno de Especies (MS-180), pp. 34-53; véase Costa, *On the Organic Law of Change*, pp. 96-134. El libro que planeaba Wallace se trata exhaustivamente en J. T. Costa (2013), «Engaging with Lyell: Alfred Russel Wallace's Sarawak Law and Ternate papers as reactions to Charles Lyell's *Principles of Geology*», *Theory in Biosciences* 132 (4): 225-37, y (2014), *Wallace, Darwin, and the Origin of Species* (Cambridge, Massachusetts: Harvard University Press).

72. Cuaderno de Especies (MS-180), p. 51; Costa, *On the Organic Law of Change*, p. 130.

73. El historiador H. Lewis McKinney fue el primero en indicar que el libro de Wallace podría haberse titulado *La ley orgánica del cambio*, basándose en el encabezamiento de Wallace para la extensa sección del Cuaderno de Especies (MS-180) en la que refuta los argumentos antitransmutacionistas de Lyell: «Apuntes para la ley orgánica del cambio». En homenaje a McKinney, lo adopté como título para mi transcripción anotada del Cuaderno de Especies (MS-180): Costa, *On the Organic Law of Change*. Véase p. 98 para la sección «Note for organic law of change».

74. C. R. Darwin a A. R. Wallace, 22 de diciembre de 1857, WCP1840. Para cuando Wallace recibió esta carta, ya había descubierto el principio que se conocería como selección natural y había escrito su artículo de Ternate.

75. E. Blyth a C. R. Darwin, 8 de diciembre de 1855, DCP-LETT-1792.

Capítulo 9 Eureka: Wallace, exultante

1. A. R. Wallace a H. W. Bates, 4 de enero de 1858, WCP366.

2. C. R. Darwin a A. R. Wallace, 1 de mayo de 1857, WCP1839.

3. Véanse el Cuaderno de Especies (MS-180) y J. T. Costa (2013), *On the Organic Law of Change* (Cambridge, Massachusetts: Harvard University Press) para acceder a sus observaciones de campo originales y sus dibujos del ave del paraíso esmeralda grande (pp. 170-77, 198-207) y de las mariposas *Ornithoptera priamus poseidon* y *Papilio euchenor* (pp. 458-65).

4. Alfred R. Wallace (1857), «On the natural history of the Aru Islands», *Annals and Magazine of Natural History*, ser. 2.ª, 20 (supl.): 473-85; (1858), «On the Arru Islands», *Proceedings of the Royal Geographical Society of London* 2 (3): 163-70; (1858), «Note on the theory of permanent and geographical varieties», *Zoologist* 16: 5887-88.

5. El pasaje clave de *Principles of Geology* (1835, 4.ª ed., 3: 152-56) aparece citado en la p. 480 de Wallace, «On the natural history of the Aru Islands», pp. 473-85, y en la p. 50 del Cuaderno de Especies (MS-180); Costa, *On the Organic Law of Change*, pp. 128-29.

6. Cuaderno de Especies (MS-180), pp. 50-51; Costa, *On the Organic Law of Change*, pp. 128, 130.

7. A. R. Wallace a S. Stevens, 10 de marzo de 1857, WCP4746; leída en la reunión del 5 de octubre de 1857 de la Sociedad Entomológica de Londres y posteriormente publicada en el *Proceedings* de aquel año: Alfred R. Wallace (1857), [Carta y postdata sobre capturas de especímenes con fecha del 10 de marzo de 1857, Dobo, islas Aru, y del 15 de mayo, Dobo; a Samuel Stevens], *Proceedings of the Entomological Society of London* 1856-1857: 91-93.

8. Cuaderno de Historia Natural (MS-179), pp. 109-10, al dorso.

9. Las citas de este párrafo provienen del segundo Diario Malayo (MS-178b), entradas 107-11.

10. Adam Brumm, Adhi Agus Oktaviana, Basran Burhan, *et al.* (2021), «Oldest cave art found in Sulawesi», *Science Advances* 7:eabd4648.

11. Cuaderno de Historia Natural (MS-179), p. 108, al dorso.

12. Segundo Diario Malayo (MS-178b), entrada 112.

13. Segundo Diario Malayo (MS-178b), entrada 116.

14. Segundo Diario Malayo (MS-178b), entrada 116.

15. El incidente de la serpiente quedó inmortalizado en *The Malay Archipelago*, en la ilustración titulada «Expulsando a un intruso» que recogemos en p. 257. La piel de la desafortunada serpiente se encuentra actualmente en la colección de la Sociedad Linneana de Londres, donada en 1958 por el nieto de Wallace, A. J. R. Wallace; véase p. 87 en Leonie Berwick e Isabelle Charmantier, eds. (2020), *L: 50 Objects, Stories and Discoveries from the Linnean Society of London* (Londres: Linnean Society of London).

16. Eli A. Silver y Casey Moore (1978), «The Molucca Sea Collision Zone, Indonesia», *Journal of Geophysical Research: Solid Earth* 83 (B4): 1681-91; R. Hall, M. G.

Audley-Charles, F. T. Banner *et al.* (1988), «Late Palaeogene-Quaternary geology of Halmahera, eastern Indonesia: Initiation of a volcanic island arc», *Journal of the Geological Society of London* 145: 577-90; R. Hall (2000), «Neogene history of collision in the Halmahera region, Indonesia», *Proceedings of the Indonesian Petroleum Association 27th Annual Convention*, pp. 487-93.

17. La ubicación de la casa de Wallace en Ternate se identificaba antes con la Casa Santiong, hasta que el entomólogo y especialista en Wallace George Beccaloni señaló que el lugar no coincidía bien con la descripción de Wallace. Para conocer las indagaciones que revelaron la ubicación real (la más probable), véanse George Beccaloni y Paul Whincup (2019), «The location of Alfred Russel Wallace's legendary house on Ternate Island, Indonesia», doi: 10.13140/RG.2.2.11813.86242, y Paul Whincup (2020), «The quest for Alfred Russel Wallace's house on Ternate, Maluku Islands, Indonesia», *Journal of the Royal Society of Western Australia* 103: 530-40.

18. El estrecho callejón que va de norte a sur entre Jalal Pipit y Jl. Juma Puasa, justo al oeste de la mezquita que linda con el emplazamiento de la casa de Wallace, fue renombrado Lorong Alfred Russel Wallace en 2010.

19. Cuaderno de Especies (MS-180), pp. 108-9; Costa, *On the Organic Law of Change*, pp. 244-47.

20. Alfred R. Wallace (1891), *Natural Selection and Tropical Nature* (Londres: Macmillan).

21. Véanse, por ejemplo, James P. Huzel (1969), «Malthus, the Poor Law, and population in early nineteenth-century England», *Economic History Review* 22 (3): 430-52; Russell Dean (1995), «Owenism and the Malthusian population question, 1815-1835», *History of Political Economy* 27 (3): 579-97, y E. A. Wrigley y Richard Smith (2020), «Malthus and the poor law», *Historical Journal* 63 (Número especial 1: Malthusian Moments): 33-62. Se ofrece un estudio exhaustivo de los debates sobre la Ley de Pobres en Georges R. Boyer (1990), *An Economic History of the English Poor Law, 1750-1850* (Cambridge: Cambridge University Press).

22. Por ejemplo, Wallace dedicaría posteriormente varias páginas a discutir los «controles de población» de los dayaks de las colinas de Borneo y los pueblos de Java, Célebes y otras zonas; p. ej. *Malay Archipelago*, pp. 100-102, 108-9, 264-65, 597.

23. Costa, *On the Organic Law of Change*, p. 430.

24. C. Darwin a A. R. Wallace, 6 de abril de 1859, WCP1842.

25. Cita de «La dispersión de las semillas», uno de los últimos ensayos de Thoreau, escrito alrededor de 1860-1861, antes de su muerte prematura por tuberculosis en 1862. Los diarios de Thoreau demuestran que su estudio sobre la dispersión de semillas y la migración vegetal estaba influido por las ideas de Darwin y Wallace, pues había leído *El origen de las especies*. Es relevante que la percepción de Wallace de la transmutación, inspirada en parte por la dispersión de semillas, desempeñara a su vez un papel importante a la hora de inspirar la percepción de Thoreau de la dispersión de semillas y lo que ahora denominamos el proceso ecológico de sucesión. Véanse Henry David Thoreau y Bradley P. Deans (ed.) (1993), *La dispersión de las semillas y otros escritos tardíos de historia natural* (Logroño: Pepitas de calabaza, 2024), trad. de Esther Cruz, p. 7, y capítulo 3 en Michael Benjamin Berger (2000), *Thoreau's Late Career and* The Dispersion of Seeds: *The Saunterer's Synoptic Vision* (Rochester, Nueva York: Camden House).

26. Véase J. T. Costa (2013), «Engaging with Lyell: Alfred Russel Wallace's Sarawak Law and Ternate papers as reactions to Charles Lyell's *Principles of Geology*», *Theory in Biosciences* 132 (4): 225-37. Para un estudio detallado del artículo, incluido un facsímil anotado, véase pp. 195-213 en J. T. Costa (2014), *Wallace, Darwin, and the Origin of Species* (Cambridge, Massachusetts: Harvard University Press).

27. Y así surgió el común malentendido de que Wallace pensaba que las variedades domésticas no nos enseñaban nada sobre transmutación (al contrario que Darwin, que hizo de la domesticación y la selección artificial una analogía clave en su argumento de la selección natural). No es cierto que Wallace no entendiera ni aceptara las lecciones que nos brinda la domesticación: el apartado con el que abría su artículo de Ternate era retórico, un recurso para socavar el argumento de Lyell. Las variedades domésticas no son naturales, señalaba Wallace, por lo que no podemos usarlas para pronunciarnos sobre especies en la naturaleza *per se*. Pero entendía bien que la mera existencia de variedades domésticas, el cambio profundo generado por reproducción selectiva, es una prueba de transmutación. Queda claro en su experimento mental sobre divergencia progresiva de razas de perro en el Cuaderno de Especies, donde el desarrollo de variedades caninas es fundamental en uno de sus argumentos a favor de la transmutación. Estas razas representan una divergencia continua del tipo parental: «¿Acaso no es el cambio de un animal original en dos animales tan diferentes como un galgo y un bulldog una transmutación?», se preguntaba en el Cuaderno de Especies (MS-180), p. 41. Véanse Costa, *On the Organic Law of Change*, pp. 106-11, y *Wallace, Darwin, and the Origin of Species*, pp. 95-96, 136-37 para un análisis del argumento de Wallace sobre variedades caninas a favor de la transmutación. Véase también el estudio del historiador Jonathan Hodge (2023), «On revisiting Wallace's 1858 theory of natural selection», en Pierre-Olivier Méthot, ed., *Philosophy, History and Biology: Essays in Honor of Jean Gayon*. History, Philosophy and Theory of the Life Sciences Series (Cham, Suiza: Springer Nature).

28. Citas tomadas de las pp. 58, 59 y 62 en Alfred R. Wallace (1858), «On the tendency of varieties to depart indefinitely from the original type» [con fecha de feb. 1858, Ternate; tercera parte de «On the tendency of species to form varieties»; y «On the perpetuation of varieties and species by natural means of selection», de Charles Darwin y Alfred Wallace; remitidos por Sir Charles Lyell y Joseph D. Hooker a la reunión de la Sociedad Linneana de Londres del 1 de julio de 1858], *Journal of the Proceedings of the Linnean Society* (Zoology) 3 (9): 53-62.

29. Wallace firmó el artículo con un «Ternate, febrero de 1858», pero como ya se ha mencionado, lo más probable es que lo escribiera en Dodinga, en Halmahera. Que redactara una versión «en limpio» más clara y adjuntara una carta en Ternate quizás sea el motivo por el que lo firmó así. El momento exacto del envío del artículo se ha convertido en un tema de gran interés para estudiosos y entusiastas de Darwin y Wallace, algunos de los cuales acusan a Darwin de mentir sobre la fecha y circunstancias en las que recibió el texto. Aunque es posible que Darwin recibiera el manuscrito de Wallace algo antes de lo que insinuaba, en el fondo hizo lo correcto y se lo reenvió a Lyell, como Wallace le había pedido, y no hay absolutamente ninguna prueba de que robara ideas del trabajo de Wallace: no había nada en el texto que no fuera parte ya de la propia formulación de Darwin de su teoría. Véanse los siguientes artículos, en orden cronológico de publicación:

John van Wyhe y Kees Rookmaaker (2012), «A new theory to explain the receipt of Wallace's Ternate essay by Darwin in 1858», *Biological Journal of the Linnean Society of London* 105: 249-52; R. Davies (2012), «How Charles Darwin received Wallace's Ternate paper 15 days earlier than he claimed: A comment on van Wyhe and Rookmaaker (2012)», *Biological Journal of the Linnean Society of London* 105: 472-77; Charles H. Smith (2013), «A further look at the 1858 Wallace-Darwin mail delivery question», *Biological Journal of the Linnean Society of London* 108 (3): 715-18; Charles H. Smith (2014), «Wallace, Darwin and Ternate 1858», *Notes and Records* 68: 165-70. Véase también el estudio detallado de este tema en Costa, *Darwin, Wallace, and the Origin of Species*.

30. C. Darwin a C. Lyell, 18 de junio de 1858, WCP5647.

31. C. Darwin a C. Lyell, 25 de junio de 1858, WCP5648; 26 de junio de 1858, WCP5649.

32. J. D. Hooker y C. Lyell a la Sociedad Linneana de Londres, 30 de junio de 1858, DCP-LETT-2299; Charles Darwin y Alfred R. Wallace (1858), «On the tendency of species to form varieties; and on the perpetuation of varieties and species by natural means of selection», *Journal of the Proceedings of the Linnean Society of London* (Zoology) 3: 45-62.

Una traducción al español de este artículo se encuentra en C. Darwin y A. R. Wallace, *La teoría de la evolución de las especies*, Barcelona: Crítica, 2006, pp. 367-91. Trad. Joan Lluís Riera. El libro incluye también traducción de los anteriores resúmenes de Darwin (1842, 1844) y una introducción de Fernando Pardos que describe el episodio de la lectura en la Linnean Society y contextualiza el trabajo de ambos naturalistas en la ciencia de la época [N. del E.].

33. El flotador de madera tallado está ahora en la colección del British Museum (artículo n.º Oc1935,1014.9), uno de la docena de artículos de Wallace en la colección, la mayoría de Nueva Guinea, donados en 1935 por los hijos de Wallace. Véase https://www.britishmuseum.org/collection/term/BIOG129344. Véase también https://wallacefund.myspecies.info/wallace-artifacts-institutions.

34. Tercer Diario Malayo (MS-178c), entrada 134.

35. Tercer Diario Malayo (MS-178c), entrada 130.

36. Tercer Diario Malayo (MS-178c), entrada 135.

37. Alfred R. Wallace (1860), «Notes of a voyage to New Guinea» [remitido a la reunión de la Real Sociedad Geográfica del 27 de junio de 1859], *Journal of the Royal Geographical Society* 30: 172-77.

38. Tras la marcha del barco del príncipe, Wallace escribió: «Así que volvíamos a estar un poco tranquilos y conseguimos algo de comer; porque mientras estuvieron aquí los navíos, todo pedacito de pescado o de verdura se llevaba a bordo, y a menudo tenía que hacer que una pequeña cotorra me sirviera para dos comidas». *Malay Archipelago*, p. 509.

39. Tercer Diario Malayo (MS-178c), entrada 139.

40. Tercer Diario Malayo (MS-178c), entrada 146.

41. En *The Malay Archipelago* (pp. 505-6), Wallace declaraba que estas moscas eran los insectos «más curiosos y novedosos» de todos los que había capturado en Nueva Guinea. El entomólogo británico W. W. Saunders nombró las novedo-

sas moscas de Wallace *Elaphomia*, «moscas ciervo» (del griego antiguo élaphos, «ciervo») en un artículo que se leyó en la Sociedad Entomológica de Londres el 2 de mayo de 1859. Sin embargo, debido a un largo retraso de publicación, la descripción no apareció en prensa hasta finales de 1861, para cuando el entomólogo alemán Adolf Gerstaecker ya había publicado otra descripción nombrándolas *Phytalmia*, el género que se utiliza actualmente según las normas de prioridad de publicaciones para los nombres científicos. Puede verse una discusión fascinante sobre estas moscas en el contexto de recolección, transporte y publicaciones científicas del siglo XIX en Matthias Glaubrecht y Marion Kotrba (2004), «Alfred Russel Wallace's discovery of "curious horned flies" and the aftermath», *Archives of Natural History* 31 (2): 275-99.

42. Actualmente, el término «alfur» suele utilizarse de manera genérica para referirse a los pueblos indígenas de las islas Maluku (Molucas).

43. Robert Chambers (1844), *Vestiges of the Natural History of Creation* (Londres: John Churchill), p. 296.

44. Chambers, *Vestiges of the Natural History of Creation*, p. 222.

45. Los conceptos tipológicos (¡y problemáticos!) de «malayo» y «papuano» surgieron en las ciencias de la raza del siglo XIX; para una historia fascinante de estos términos, véase Chris Ballard (2008), «"Oceanic Negroes": British anthropology of Papuans, 1820-1869», pp. 157-201, en Bronwen Douglas y Chris Ballard, eds., *Foreign Bodies: Oceania and the Science of Race, 1750-1940* (Camberra: ANU E Press). Wallace registró observaciones «raciales» de malayos, papuanos, «alfuros» y otros pueblos en su Cuaderno de Especies (MS-180), pp. 65-66, 104-6, 134; véase Costa, *On the Organic Law of Change*, pp. 158-61, 236-41, 296-97.

46. En su diario, Wallace escribió por entonces: «Me interesan mucho los indígenas o alfuros de esta parte de Gilolo, muchos de los cuales habitan en zonas colindantes del interior y se dejan ver a diario en el pueblo, bien para vender sus producciones agrícolas o empleados por los comerciantes chinos o de Ternate. Un minucioso examen ha reforzado mi idea anterior de que son una raza mestiza»; tercer Diario Malayo (MS-178c), entrada 154.

47. A. R. Wallace a G. Silk, 30 de noviembre de 1858, WCP370; *Malay Archipelago*, p. 323.

48. Wallace, junto con sus coetáneos el médico, administrador colonial y filólogo escocés John Crawfurd y el navegante y escritor inglés George Windsor Earl (que acuñó el término «Indu-nesia», predecesor del nombre moderno de Indonesia), contribuyeron significativamente a una clasificación racial de los pueblos de la región del archipiélago malayo, especialmente los papuanos, que sigue teniendo ecos sociopolíticos hoy en día. También elevó el prestigio del trabajo de campo sobre la mera teorización de sillón en el área emergente de la antropología. Véanse Jeremy Vetter (2006), «Wallace's *other* line: Human biogeography and field practice in the eastern colonial tropics», *Journal of the History of Biology* 39: 89-123, y Ballard, «"Oceanic Negroes"», pp. 157-201.

49. C. R. Darwin a A. Gray, 4 de julio de 1858, WCP5650.

50. C. R. Darwin a J. D. Hooker, 5 de julio de 1858, WCP5299.

51. C. R. Darwin a J. D. Hooker, 13 de julio de 1858, WCP5298.

52. C. R. Darwin a C. Lyell, 18 de julio de 1858, WCP5651.

53. Francis Darwin, ed. (1887-1888), *Autobiografía y cartas escogidas* (Madrid: Alianza, 1997), p. 375, trad. de María Luisa de la Torre.

54. Darwin y Wallace, «On the tendency of species to form varieties», pp. 45-62. [V. tb. Nota 32, pág. anterior].

55. A. R. Wallace a J. D. Hooker, 6 de octubre de 1858, WCP1454.

56. A. R. Wallace a M. A. Wallace, 6 de octubre de 1858, WCP369.

57. A. R. Wallace a G. Silk, 30 de noviembre de 1858, WCP370.

58. C. R. Darwin a J. D. Hooker, 23 de enero de 1859, WCP5329.

Capítulo 10 De isla en isla

1. A. R. Wallace a S. Smith, 29 de octubre de 1858, WCP1705; extractos publicados en *Proceedings of the Zoological Society of London* 27 (1859): 129-30.

2. Wallace dice que estas plumas (los estandartes que dan nombre al ave) nacen «del hombro». Ahora bien, en las magníficas fotografías disponibles en la página de ebird (v. Nota sig.) se ve claramente que el punto de inserción en el ala no es el hombro, sino la muñeca, es decir, el extremo del antebrazo, muy próximo al álula [N. del E.].

3. Véanse la ficha de especie y las fotos de *S. wallacii* en e-bird, https//ebird.org/species/walsta2, y la ilustración de Wallace en *Malay Archipelago*, cap. 24.

4. En un principio, Gray ubicó a la nueva especie en el género *Paradisaea*, subgénero *Semioptera*, y el ornitólogo John Gould poco después elevó el subgénero, haciendo de *Semioptera* un género monotípico. Véanse George R. Gray (1859), (Notes of Mr. G. R. Gray on the sketch of a new form of Paradise Bird), *Proceedings of the Zoological Society of London* 27 (2): 130, y Alfred R. Wallace (1860), «Notes on *Semioptera wallacii*, Gray» (Extracto de una carta a John Gould con fecha del 30 de septiembre de 1859, en Amboyna; comunicada en la reunión de la Sociedad Zoológica de Londres del 24 de enero de 1860), *Proceedings of the Zoological Society of London* 28: 61. Varios elementos de la descripción que Wallace le dio a Gray en esta carta también se encuentran en su Cuaderno de Especies, tal vez un posible borrador; véanse Cuaderno de Especies (MS-180), p. 135; J. T. Costa (2013), *On the Organic Law of Change* (Cambridge, Massachusetts: Harvard University Press), pp. 298-99.

5. La estatua de Wallace y Alí fue inaugurada el 30 de agosto de 2019; véase el Museo de Historia Natural Lee Kong Chian de la Universidad Nacional de Singapur, https://lkcnhm.nus.edu.sg/wallace-ali-statue-launch/.

6. Alfred R. Wallace (1859), (Extractos de una carta de Alfred R. Wallace a Samuel Stevens con fecha del 28 de enero de 1859, en Batchian; comunicados por Stevens en la reunión de la Sociedad Entomológica de Londres del 6 de junio de 1859), *Transactions of the Entomological Society of London*, n.s., 5: 70-71. El nombre que Wallace propuso para la nueva mariposa alas de pájaro, *O. croesus*, lo adoptó Gray en su descripción posterior: G. R. Gray (1859), «On a new species of the Family Papilionidae from Batchian», *Proceedings of the Zoological Society of London* 27: 424-25; Cuaderno de Historia Natural (MS-179), p. 105, al dorso.

7. Hoy en día, esta mariposa se considera una subespecie de la ampliamente distribuida montaña azul: *Papilio ulysses telemachus*.

8. C. R. Darwin a A. R. Wallace, 25 de enero de 1859, WCP1841.

9. Cuaderno de Especies (MS-180), p. 14, al dorso; Costa, *On the Organic Law of Change*, pp. 430-31.

10. Ofrezco un análisis comparativo detallado de las respectivas líneas de razonamiento de Darwin y de Wallace en James T. Costa (2014), *Wallace, Darwin, and the Origin of Species* (Cambridge, Massachussetts: Harvard University Press). El libro de Wallace *Darwinism* (1889) es de alguna manera el complemento de Wallace a *El origen de las especies*; aunque se publicaría mucho después, es un enfoque lúcido del tema y está estructurado de la manera que Wallace consideró más útil desde el punto de vista pedagógico para explicar los principios de la evolución mediante selección natural. Véase el capítulo 14 de este volumen para una discusión más extensa sobre *Darwinism*.

11. Wallace describe su colección de Bacan en *Malay Archipelago*, capítulo 24.

12. Aunque es probable que hubiesen sido introducidos por el ser humano, según se piensa en la actualidad.

13. Cuaderno de Historia Natural (MS-179), pp. 104-5, al dorso.

14. Frederick Smith (1860), «Catalogue of hymenopterous insects collected by Mr. A. R. Wallace in the islands of Bachian, Kaisaa, Amboyna, Gilolo, and at Dory in New Guinea», *Journal of the Proceedings of the Linnean Society of London* 5: 93-143. La abeja gigante de Wallace, la especie de abeja más grande del mundo, llevaba más de un siglo sin observarse y se pensaba que estaba extinguida hasta que, en 1981, el entomólogo estadounidense Adam Messer las encontró viviendo dentro de nidos de termitas arbóreas. Al cabo de otros treinta y siete años, un par de especímenes aparecieron en Ebay. Un año después, en 2019, el conservacionista y fotógrafo estadounidense Clay Bolt y sus compañeros redescubrieron estas abejas una vez más en Bacan y consiguieron el primer vídeo y fotografías de esta especie en el campo. Resulta que la abeja de Wallace, una abeja de la resina, es una inquilina obligada de los nidos de la termita arbórea *Microcerotermes amboinensis* y recoge resina de árboles como el altísimo dipterocarpo *Anisoptera thurifera* para forrar sus galerías y presumiblemente aislar sus propios nidos de las termitas cuyo hogar invaden. Véanse A. C. Messer (1984), «*Chalicodoma pluto*: The world's largest bee rediscovered living communally in termite nests (Hymenoptera: Megachilidae)», *Journal of the Kansas Entomological Society* 57 (1): 165-68, y Clay Bolt (2019), «Rediscovering Wallace's giant bee», Re:wild, https://www.rewild.org/news/rediscovering-wallaces-giant-bee-in-search-of-raja-ofu-the-king-of-bees.

15. *Malay Archipelago*, p. 349.

16. A. R. Wallace a T. Sims, 25 de abril de 1859, WCP371.

17. A. R. Wallace a P. L. Sclater, marzo de 1859, WCP4275; Alfred R. Wallace (1859), «Letter from Mr. Wallace concerning the geographical distribution of birds» [con fecha de marzo de 1859, Batchian], *Ibis* 1: 449-54.

18. A. R. Wallace a F. P. Pascoe, 20 de julio de 1859, WCP1463; el énfasis es del original.

19. Darwin se sintió consternado cuando Hooker aplicó el extensionismo continental para explicar la flora de las islas circumantárticas y Charles Lyell pareció animar la idea con las pruebas más inconsistentes. Le objetó a Lyell:

> Se me enciende la sangre con ardor y se me hiela por momentos ante los avances geológicos, que muchos de tus discípulos están dando. Ahora, el pobre Forbes ha hecho un continente hasta Norteamérica y otro (o el mismo) hasta los Sargazos; Hooker hace uno de Nueva Zelanda a Sudamérica que da la vuelta al mundo hasta las islas Kerguelen. Luego tenemos a Wollaston hablando de Madeira y P. Santo «como los testigos seguros e incuestionables de un antiguo continente». He aquí que llega Woodward y me escribe que si se le concede a un continente más de trescientos o cuatrocientos kilómetros de profundidades oceánicas (como si eso no fuera nada), ¿por qué no extenderlo a todas las islas en los océanos Pacífico y Atlántico? ¡Y todo esto en el marco de la existencia de especies recientes! Si no lo detenéis, y existe una sección inferior para el castigo de los geólogos, creo, mi gran maestro, ¡que terminaréis allí! (C. R. Darwin a C. Lyell, 16 de junio de 1856, DCP-LETT-1902).

A continuación de esta carta envió otra que detallaba su refutación del extensionismo continental; véase C. R. Darwin a C. Lyell, 25 de junio de 1856, DCP-LETT-1910. La hipótesis que prefería Darwin de la colonización casual de islas oceánicas y su defensa de dicha opinión frente a una oposición generalizada se aborda en el capítulo 5 de James T. Costa (2017), *Darwin's Backyard: How Small Experiments Led to a Big Theory* (Nueva York: W. W. Norton).

20. C. R. Darwin (1842), *La estructura y distribución de los arrecifes de coral* (Madrid y México: CSIC, UNAM, Los Libros de la Catarata, 2006), trad. de Armando García González; véase también el excelente libro de Alistair Sponsel de 2018 *Darwin's Evolving Identity: Adventure, Ambition, and the Sin of Speculation* (Chicago: University of Chicago Press).

21. Como veremos en el capítulo 12 de este volumen, Wallace terminaría escribiendo un texto fundacional sobre la naturaleza de islas oceánicas y los migradores casuales que las pueblan: Alfred R. Wallace (1880), *Island Life: Or, the Phenomena and Causes of Insular Faunas and Floras, including a Revision and Attempted Solution of the Problem of Geological Climates* (Londres: Macmillan).

22. C. R. Darwin a A. R. Wallace, 9 de agosto de 1859, DCP-LETT-2480 y WCP1843; véase Alfred R. Wallace (1860), «On the zoological geography of the Malay Archipelago», *Journal of the Proceedings of the Linnean Society: Zoology* 4: 172-84.

23. Tercer Diario Malayo (MS-178c), entrada 180.

24. La intensa coloración de esta preciada mariposa es el resultado de estructuras únicas a escala micro y nanométrica que combinan el efecto óptico de la interferencia de muchas capas, redes de difracción y cristales fotónicos; véase Mathias Kolle, Pedro M. Salgard-Cunha, Maik R. J. Scherer, *et al.* (2010), «Mimicking the colourful wing scale structure of the *Papilio blumei* butterfly», *Nature Nanotechnology* 5: 511-15.

25. Actualmente se reconocen dos especies de anoas: *Bubalus depressicornis*, hoy denominada anoa de la llanura, y la anoa de la montaña, *B. quarlesi*, descrita en 1910; véase J. A. Burton, S. Hedges y A. H. Mustari (2005), «The taxonomic status, distribution and conservation of the lowland anoa *Bubalus depressicornis* and mountain anoa *Bubalus quarlesi*», *Mammal Review* 35 (1): 25-50. En el noreste de Célebes se encuentra hoy en día la Reserva Natural Tangkoko, que alberga el que actualmente es el mayor monumento del mundo a Wallace: un busto de un metro y medio del naturalista en lo alto de un pedestal de dos metros y medio. El primero en proponer la conservación del lugar fue el botánico Sijfert Koorders, de Java, y la Sociedad de las Indias Holandesas para la Protección de la Naturaleza (que Koorders presidía) en 1913, no por casualidad el año de la muerte de Wallace. Gran admirador de Wallace, Koorders posteriormente nombraría el género de árboles monotípico *Wallaceodendron* en su honor, cuya única especie es *W. celebicum*, endémica de Célebes. La asociación de Wallace con el norte de Célebes también la reconocería el viajero y naturalista Francis Henry Hill Guillemard, que, al explorar la zona en 1883, nombró al golfo en el que se ubica Tangkoko bahía de Wallace. Véase el informe del especialista en Wallace George Beccaloni en la página web de la Alfred Russel Wallace Memorial Fund: https://wallacefund.myspecies.info/content/impressive-new-monument-alfred-russel-wallace-sulawesi-indonesia.

26. Tercer Diario Malayo (MS-178c), entrada 191.

27. C. R. Darwin a A. R. Wallace, 6 / abr./ 1859, DCP-LETT-2449 y WCP1842.

28. El párrafo dice así:

> Mi trabajo está ahora (1859) casi terminado; pero, como acabarlo me llevará aún muchos años y mi salud dista de ser buena, me han propuesto que publique este resumen. Me ha impulsado sobre todo a hacerlo el que Wallace, que está en la actualidad estudiando la historia natural del archipiélago malayo, ha llegado casi exactamente a las mismas conclusiones generales a las que he llegado yo sobre el origen de las especies. En 1858 me envió una memoria sobre este asunto, con el ruego de que la transmitiese a sir Charles Lyell, quien la mandó a la Sociedad Linneana y está publicada en el tercer tomo del *Journal* de dicha sociedad. Sir C. Lyell y el doctor Hooker, que tenían conocimiento de mi trabajo, pues este último había leído mi bosquejo de 1844, me honraron juzgando prudente publicar, junto con la excelente memoria de Wallace, algunos breves extractos de mis manuscritos. (*El origen de las especies*, pp. 63-64).

29. Cuaderno de Historia Natural (MS-179), p. 103, al dorso.

30. A. R. Wallace a S. Stevens, 22 de octubre de 1859, WCP4276; Alfred R. Wallace (1869), [Extractos de una carta sobre captura de especímenes con fecha del 22 de oct. de 1859, Amboyna], *Ibis* 2: 197-99.

31. Alfred R. Wallace (1860), «The ornithology of Northern Celebes», *Ibis* 2: 140-47.

32. Alfred R. Wallace (1861), «On the ornithology of Ceram and Waigiou», *Ibis* 3: 283-91.

33. A. R. Wallace a S. Stevens, 26 de noviembre de 1859, WCP4277; Alfred R. Wallace (1860), [Extractos de cartas a Samuel Stevens sobre captura de especímenes

con fecha del 26 de noviembre de 1859, Awaiya, Ceram; 31 de diciembre de 1859, Passo, Amboyna, y 14 de febrero de 1860, Passo], *Ibis* 2: 305-6.

34. A. R. Wallace a S. Stevens, 31 de diciembre de 1859, WCP4278; Alfred R. Wallace (1860), [Extractos de cartas a Samuel Stevens sobre captura de especímenes con fecha del 26 de noviembre de 1859, Awaiya, Ceram; 31 de diciembre de 1859, Passo, Amboyna, y 14 de febrero de 1860, Passo], *Ibis* 2: 305-6.

35. C. R. Darwin a: J. S. Henslow, 11 de noviembre de 1859, DCP-LETT-2522; T. C. Eyton, 24 de noviembre de 1859, DCP-LETT-2546; T. H. Huxley, 15 de octubre de 1859, DCP-LETT-2505; H. Falconer, 11 de noviembre de 1859, DCP-LETT-2524.

36. C. R. Darwin a A. R. Wallace, 13 de noviembre de 1859, DCP-LETT-2529 y WCP1844.

37. C. R. Darwin a A. R. Wallace, 18 de mayo de 1860, DCP-LETT-2807 y WCP1846.

38. Cuando Wallace se marchó de Sarawak en febrero de 1856, Charles se quedó para formarse como profesor en la misión, pero, infeliz allí, pronto se pasó a la Borneo Company Ltd., una empresa minera, y seguramente estuviera trabajando para ellos cuando Wallace le invitó a irse a recolectar para él; véase Kees Rookmaaker y John van Wyhe (2012), «In Alfred Russel Wallace's shadow: His forgotten assistant, Charles Allen (1839-1892)», *Journal of the Malaysian Branch of the Royal Asiatic Society* 85 (2): 17-54. Planeando su regreso a Nueva Guinea, Wallace escribió a Stevens desde Paso, en Ambon, vía Marsella, para pedirle que le enviara tres escopetas asequibles por la ruta rápida terrestre lo antes posible, «para estar preparado para la campaña del año que viene en Nueva Guinea», puesto que ahora tenía a Charles trabajando para él y necesitaba otro juego de equipo de recolección. A. R. Wallace a S. Stevens, 14 de febrero de 1860, WCP4279.

39. *Malay Archipelago*, p. 367; cuarto Diario Malayo (MS-178d), entrada 204.

40. Una nota breve en el número de enero de 1861 de *Ibis*, p. 118, enviada en junio de 1860 desde Ceram, menciona los pocos especímenes notables que Wallace capturó allí y su decepción con el lugar:

> Las colecciones de Mr. Wallace de Amboyna y Ceram han llegado a Inglaterra. La mayor novedad entre ellas es un hermoso y nuevo *Basilornis* de erecta cresta, el segundo en su género. Otras especies de interés son *Lorius domicella*, *Eos rubra*, *Trichophorus flavicaudus* y *Tanysiptera dea* (?). Las últimas cartas de Mr. Wallace, fechadas en Ceram el pasado mes de junio, hablan de la probabilidad de regresar a Inglaterra a no mucho tardar. Se mostraba muy decepcionado con los resultados de una expedición a la parte norte de la isla, y trataba entonces de ir a Mysol, con la esperanza de que resultase una buena zona.

41. *Malay Archipelago*, p. 382; cuarto Diario Malayo (MS-178d), entrada 215.

42. El calvario del viaje desde Ceram hasta Waigeo se relata en el capítulo 35 de *Malay Archipelago* y en el cuarto Diario Malayo (MS-178d), entradas 214-29.

43. *Malay Archipelago*, p. 520.

44. *Malay Archipelago*, p. 523.

45. Véanse Cuaderno de Especies (MS-180) y Costa, *On the Organic Law of Change*, pp. 350-58, para las observaciones de campo originales de Wallace y sus dibujos del ave del paraíso roja, que sirvieron de base para su estudio en *Malay Archipelago* (pp. 529-31, 558-60). Véase también Tim Laman y Edwin Scholes (2013), *Birds of Paradise: Revealing the World's Most Extraordinary Birds* (Washington, DC: National Geographic y Cornell Laboratory of Ornithology), pp. 12-13, 217.

46. Véanse, por ejemplo, Russell D. Gray, Quentin D. Atkinson y Simon J. Greenhill (2011), «Language evolution and human history: What a difference a date makes», *Philosophical Transactions of the Royal Society B* 366: 1090-100, y Pavel Duda y Jan Zrzavý (2016), «Human population history revealed by a supertree approach», *Nature Scientific Reports* 6: 29890.

47. *Malay Archipelago*, p. 538.

48. El ancla malaya aparece ilustrada en el capítulo 37 de *Malay Archipelago*, p. 546.

49. Wallace se extendía un poco más:

> Mi primera tripulación huyó; dos hombres estuvieron un mes perdidos en una isla desierta; encallamos diez veces en arrecifes de coral; perdimos cuatro anclas; las ratas devoraron las velas; perdimos el pequeño bote que remolcábamos a popa; tardamos treinta y ocho días en regresar a casa, cuando no deberían haber sido ni doce; estuvimos muchas veces faltos de comida y agua; no teníamos aceite para la brújula, pues no había ni una gota en Waigiou cuando zarpamos, y para rematarlo todo, en la totalidad de nuestras travesías, de Goram a Waigiou pasando por Ceram, y de Waigiou a Ternate, que llevaron en total setenta y ocho días, o tan solo doce días menos de tres meses (todo eso en lo que se supone que es la temporada favorable), ¡no tuvimos ni un solo día de viento a favor! Estábamos siempre alerta, siempre luchando contra el viento, la marea y la deriva, y en una embarcación que apenas navegaba a menos de ocho cuartas del viento. Cualquier marinero reconocerá que mi primer viaje en mi propio barco fue de lo más desafortunado. (*Malay Archipelago*, p. 550).

50. A. R. Wallace a G. Silk, 1 de septiembre de 1860 y 2 de enero de 1861, WCP373.

51. A. R. Wallace a H. W. Bates, 24 de diciembre de 1860, WCP374.

52. A. R. Wallace a G. Silk, 1 de septiembre de 1860 y 2 de enero de 1861, WCP373.

53. A. R. Wallace a S. Stevens, 7 de diciembre de 1860, WCP4751; Alfred R. Wallace (1861), [Extractos de una carta a Samuel Stevens sobre captura de especímenes con fecha del 7 de diciembre de 1860, Ternate], *Ibis* 3: 211-12.

54. Wallace, «On the ornithology of Ceram and Waigiou», pp. 283-91.

55. Véanse los capítulos 3-5 en Katherine G. Davidson (1994), «The Portuguese colonisation of Timor: The final stage, 1850-1912» (Tesis doctoral, Universidad de Nueva Gales del Sur, Australia), y cuarto Diario Malayo (MS-178d), entradas 239-40.

56. Alfred R. Wallace (1861), «Notes on the ornithology of Timor» [Con fecha del 20 de abril de 1861, Delli, Timor], *Ibis* 3: 347-51. Wallace describió varias de sus especies de aves de Timor en un artículo que envió a la Sociedad Zoológica de Londres: Alfred R. Wallace (1863), «A list of the birds inhabiting the islands of Timor, Flores, and Lombock, with descriptions of the new species» [El artículo

se leyó en la reunión de la Sociedad Zoológica de Londres del 24 de noviembre de 1863], *Proceedings of the Zoological Society of London* 1863: 480-97.

57. Alfred R. Wallace, Cuaderno 5, Registro de Especies (1858-1861), Museo de Historia Natural, Londres, citado en Rookmaaker y Wyhe, «In Alfred Russel Wallace's shadow», pp. 17-54.

58. Wallace describió estas y otras especies de aves en un artículo que entregó a la Sociedad Zoológica de Londres: Alfred R. Wallace (1863), «List of birds collected in the island of Bouru (one of the Moluccas), with descriptions of the new species» [El artículo se leyó en la reunión de la Sociedad Zoológica de Londres del 13 de enero de 1863], *Proceedings of the Zoological Society of London* 1863: 18-36. Véase también Kees Rookmaaker y John van Wyhe (2018), «A price list of birds collected by Alfred Russel Wallace inserted in *The Ibis* of 1863», *Bulletin of the British Ornithologists' Club* 138 (4): 335-45.

59. Wallace describió esta especie en 1862: Alfred R. Wallace (1862), «Descriptions of three new species of *Pitta* from the Moluccas» [El artículo se leyó en la reunión de la Sociedad Zoológica de Londres del 24 de junio de 1862], *Proceedings of the Zoological Society of London* 1862: 187-88. En este artículo Wallace la nombraba *Pitta* (hoy, *Erythropitta*) *rubrinucha*. Optó por un epíteto específico descriptivo, en referencia al parche rojo en la nuca, pero hubiera sido un bonito homenaje al infatigable Alí, que no cejó hasta capturar la especie, que la hubiese nombrado en su honor: ¿*Erythropitta aliae*?

60. *Malay Archipelago*, p. 395.

61. *El origen de las especies*, p. 677.

62. Walt Whitman (1855), *Canto de mí mismo* (Madrid: EDAF, 1982), trad. de Mauro Armiño, cantos 3, 44.

Capítulo 11 El primer darwiniano

1. «Como verás, comienzo mi retirada hacia el occidente, he abandonado las salvajes e indómitas Molucas y Nueva Guinea por Java, el jardín de Oriente». A. R. Wallace a M. A. Wallace, 20 de julio de 1861, WCP375.

2. «La próxima vez que visites a mi madre, ¿podrías hacerme un pequeño plano de su casa que muestre las habitaciones y sus dimensiones, para que vea si hay espacio suficiente para mí cuando regrese? Me gustaría contar con una buena habitación grande para mis colecciones, y una vez que se decida exactamente cuándo vuelvo, a lo mejor no estaría de más hacerse con una casa un poquito más grande de antemano si fuera necesario». A. R. Wallace a T. Sims, 15 de marzo de 1861, WCP3351.

3. A. R. Wallace a M. A. Wallace, 20 de julio de 1861, WCP375.

4. Moyokerto es el lugar donde se descubrió al Niño de Moyokerto, el fósil de la parte superior de un cráneo humano primitivo encontrado en febrero de 1936 por un equipo liderado por el paleontólogo germanoneerlandés Ralph von Koenigswald. Aunque originalmente se nombró *Pithecanthropus modjokertensis*, ahora se cree que el fósil pertenece a un individuo joven de *Homo erectus*, con una edad máxima de alrededor de 1,5 millones de años. Véase Michael J. Morwood *et al.*

(2003), «Revised age for Mojokerto, an early *Homo erectus* cranium from East Java, Indonesia», *Australian Archaeology* 57: 1-4. Cuarenta y cinco años antes del descubrimiento, los primeros fósiles humanos primitivos que se encontraban en Asia también fueron hallados en Java, a unos ochenta kilómetros al oeste de Moyokerto: el Hombre de Java, también llamado *Homo erectus* actualmente, fue descubierto por el paleoantropólogo neerlandés Eugène Dubois en Trinil, en un amplio recodo del río Solo. Es interesante señalar que Dubois emprendió su búsqueda de humanos primitivos en el archipiélago malayo porque Lyell y Wallace sostenían que el sudeste asiático era la cuna de la humanidad, en discrepancia con Darwin, que apuntaba a África como el continente del origen humano. Véase Carl C. Swisher, Garniss H. Curtis y Roger Lewin (2000), *Java Man: How Two Geologists Changed Our Understanding of Human Evolution* (Chicago: University of Chicago Press), pp. 58-59.

5. Wallace posteriormente donaría el bajorrelieve, que data del periodo mayapajit, al museo de la escuela Charterhouse en Godalming, Surrey, cerca de donde vivió de 1881 a 1889. En 2002, sin embargo, la escuela subastó muchas de sus preciadas antigüedades, entre ellas el bajorrelieve de Wallace, para enorme indignación de los arqueólogos (*The Guardian*, «Charterhouse treasures go to auction as academics rail», https://www.theguardian.com/uk/2002/jul/27/arts.schools). Alcanzó las 2629 libras, y puede que el comprador no fuese consciente de su conexión con el cofundador de la biología evolutiva. Véase el artículo de George Beccaloni «Who bought Wallace's Javanese carving?» en la Alfred Russel Wallace Memorial Fund, https://wallacefund.myspecies.info/who-bought-wallaces-javanese-carving; véase también *Malay Archipelago*, pp. 111-13, para una descripción de Wallace de la talla.

6. El artículo de Darwin, «On the two forms, or dimorphic condition, in the species of *Primula*, and on their remarkable sexual relations», se leyó el 21 de noviembre de 1861 y se publicó al año siguiente (*Journal of the Proceedings of the Linnean Society of London (Botany)* 6: 77-96). El descubrimiento de Darwin, y su importancia se tratan en el capítulo 6 de James T. Costa (2017), *Darwin's Backyard: How Small Experiments Led to a Big Theory* (Nueva York: W. W. Norton). Curiosamente, en la misma reunión en la que se leyó el artículo de Darwin sobre *Primula*, Henry Walter Bates también presentó su artículo sobre mimetismo en mariposas de la Amazonía: otro fenómeno fascinante más que solo se explica a la luz de la teoría de Darwin y Wallace.

7. *El origen de las especies*, pp. 536-54, «Dispersión durante el periodo glacial».

8. *Malay Archipelago*, p. 130.

9. A. R. Wallace a F. Sims, 10 de octubre de 1861, WCP376.

10. Cuaderno de Historia Natural (MS-179), p. 99, al dorso.

11. El inmenso terremoto de Sumatra del 16 de febrero de 1861 golpeó justo la costa oeste y provocó varios miles de muertos. Este terremoto, que se calcula que tuvo una magnitud de 8,5, ha sido identificado recientemente como la culminación de un deslizamiento lento de larga duración (treinta y dos años), lo que ha llevado a afinar la comprensión de los terremotos en los límites de las placas tectónicas. Véanse Rishav Mallick *et al.* (2021), «Long-lived shallow slow-slip events on the Sunda megathrust», *Nature Geoscience* 14: 327-33, y Maya Wei-Haas (2021), «An

earthquake lasted 32 years. Scientists want to know how», *National Geographic*, https://www.nationalgeographic.co.uk/science-and-technology/2021/06/an-earthquake-lasted-32-years-and-scientists-want-to-know-how.

12. Wallace se alojó en una *passangrahan*, casas de invitados del gobierno holandés construidas cada veinte kilómetros más o menos a lo largo de las carreteras principales (*Malay Archipelago*, pp. 134-35). El antropólogo Gerrell Drawhorn ha identificado una buena candidata a ser la *passangrahan* de Wallace en Lubuk Rahman: https://wallacefund.myspecies.info/visit-wallace-s-sumatran-collection-site-lobo-raman-june-2012. Wallace describe el pueblo en *Malay Archipelago*, pp. 135-36. Aunque admiraba las bonitas casas nativas, le sorprendía la práctica antihigiénica de eliminar los excrementos en pozos negros abiertos y malolientes justo debajo. Imaginaba que la desacertada práctica fuese un vestigio de su pasado marítimo, cuando las casas estaban construidas encima del agua y eliminaban los desechos con las mareas. En la transición de las casas en la costa a ríos y arroyos y luego a las tierras altas, Wallace pensaba que estos sumatrinos mantuvieron la práctica de eliminación de excrementos que ahora se antojaba inútil. Si bien no lo menciona, quizá se le ocurriera que podía tratarse de un curioso ejemplo cultural de «estructura» (morfología) y «costumbre» (comportamiento o instinto) incompatibles, indicativo de transiciones evolutivas en un entorno cambiante: en este caso, mantener el diseño de las casas a pesar del cambio en las condiciones de vida, lo que genera una incompatibilidad que no se adapta bien (por lo menos, que no huele bien) y que puede terminar desembocando en algún cambio adaptativo en uno u otro. En su Cuaderno de Especies (MS-180, p. 53), Wallace comenta el cambio en las costumbres (comportamiento) y la estructura constante como argumento en contra del diseño, y señala que, primero, la estructura animal no está divinamente diseñada para ninguna función óptima y, segundo, que el comportamiento cambia de manera adaptativa más rápido que la estructura. En *El origen de las especies* (p. 268) Darwin adoptaba un punto de vista más abiertamente evolutivo en casos en los que «costumbres y conformación no se hallan en concordancia», los cuales cita como indicio de transición en la que las costumbres cambian primero y la forma quizá cambie después. Véase James T. Costa (2013), *On the Organic Law of Change* (Cambridge, Massachusetts: Harvard University Press), pp. 134-35.

13. A. R. Wallace a G. Silk, 22 de diciembre de 1861, WCP378.

14. A. R. Wallace a C. R. Darwin, 30 de noviembre de 1861, WCP4109 y DCP-LETT-3334.

15. A. R. Wallace a H. W. Bates, 10 de diciembre de 1861, WCP377; Henry W. Bates (1860), «Contributions to an insect fauna of the Amazon valley. Diurnal Lepidoptera», *Transactions of the Entomological Society of London* 5: 223-28, 335-61.

16. *Malay Archipelago*, pp. 138-40. Para resaltar lo extraordinario de este fenómeno, Wallace ofrece una analogía absolutamente memorable: imaginen a un inglés con dos esposas, una, por ejemplo, malaya y la otra papuana. En vez de tener hijos con cada una de las mujeres que reflejen la mezcla de características de sus padres, comentaba, imaginen que todos los chicos fueran exactamente igual que su padre y las chicas, que su madre. Eso ya sería bastante raro, pero el caso de las mariposas es aún más raro: «Cada una de las madres es capaz no solo de producir descen-

dencia masculina como el padre y femenina como ella misma, sino también otras hembras como la otra esposa, ¡totalmente diferentes de ella!».

17. *Galeopterus*, erróneamente identificado como lemur en la época de Wallace, contribuyó a alimentar las especulaciones de un antiguo puente terrestre entre África y el sudeste asiático, con consecuencias casi cómicas.

18. *Malay Archipelago*, pp. 146-47.

19. *My Life*, 1: 382-83; Thomas Barbour (1943), *Naturalist at Large* (Boston: Little, Brown), p. 42. Véase también John van Wyhe y Gerrell M. Drawhorn (2015), «"I am Ali Wallace": The Malay assistant of Alfred Russel Wallace», *Journal of the Malaysian Branch of the Royal Asiatic Society* 88 (1): 3-31.

20. A. R. Wallace a P. L. Sclater, 18 de marzo de 1862, WCP1722.

21. A. R. Wallace a P. L. Sclater, 31 de marzo de 1862, WCP1723.

22. A. R. Wallace a C. R. Darwin, 7 de abril de 1862, WCP1847 y DCP-LETT-3496. En la carta del 25/enero/1859 (v. pp. 284-5), Darwin le hablaba de su interés por los panales de abeja, y le pedía alguno «si no resultaba muy caro» [N. del E.].

23. *My Life*, 1: 385.

24. Alfred R. Wallace (1847), «Capture of *Trichius fasciatus* near Neath» [extracto de una carta enviada desde Neath, en Gales], *Zoologist* 5: 1676.

25. A. R. Wallace a A. Newton, 12 de agosto de 1862, WCP4000.

26. Philip Edgerton, «Monkeyana», *Punch*, 18 de mayo de 1861.

27. Charles Kingsley (1863), *Los niños del agua* (Barcelona: Debolsillo, 2011), trad. de Berta Roda, p. 148. Para acceder a estudios detallados del debate sobre el hipocampo entre Huxley y Owen y su contexto cultural, véanse Charles G. Gross (1993), «Huxley versus Owen: The hippocampus minor and evolution», *Trends in Neuroscience* 16 (12): 493-98; C. M. Owen, A. Howard y D. K. Binder (2009), «Hippocampus minor, *calcar avis*, and the Huxley-Owen debate», *Neurosurgery* 65 (6): 1098-104, y Piers J. Hale (2013), «Monkeys into men and men into monkeys: Chance and contingency in the evolution of man, mind and morals in Charles Kingsley's *Water Babies*», *Journal of the History of Biology* 46 (4): 551-97.

28. Las cartas de Huxley y de Owen en las que discutían la anatomía del cerebro de humanos y monos se publicaron en el *Athenaeum*, marzo y abril de 1861; véase L. G. Wilson (1996), «The gorilla and the question of human origins: The brain controversy», *Journal of the History of Medicine and Allied Sciences* 51: 184-207.

29. A. R. Wallace a C. R. Darwin, 30 de noviembre de 1861, WCP4109; el énfasis es del original.

30. Alfred R. Wallace (1863), «On the physical geography of the Malay Archipelago» [artículo que se leyó en la reunión de la Real Sociedad Geográfica del 8 de junio de 1863], *Journal of the Royal Geographical Society* 33: 217-34.

31. Roderick I. Murchison (1863), [Acotaciones a la «Discusión del artículo de Mr. Wallace»], *Proceedings of the Royal Geographical Society* 7: 210-12.

32. Earl (también escrito Earle) describió el contorno general de lo que hoy se conoce como las plataformas de Sahul y de la Sonda, y señaló que «se descubrirá que todas las tierras [islas] que se encuentran en estas orillas comparten el carácter de

los continentes a los que están conectadas». Véase p. 359 en G. Windsor Earle (1845), «On the physical structure and arrangement of the islands of the Indian Archipelago», *Journal of the Royal Geographical Society* 15: 358-65.

33. Philip L. Sclater (1858), «On the general geographical distribution of the members of the class Aves», *Journal of the Proceedings of the Linnean Society of London: Zoology* 2 (7): 130-45.

34. Jane R. Camerini (1993), «Evolution, biogeography, and maps: An early history of Wallace's Line», *Isis* 84: 700-727.

35. Huxley acuñó el término «línea de Wallace» en un artículo sobre gallináceas que se leyó en la reunión del 14 de mayo de 1868 de la Sociedad Zoológica de Londres: p. 313 en Thomas H. Huxley (1868), «On the classification and distribution of the Alectoromorphae and Heteromorphae», *Proceedings of the Zoological Society of London* 1868: 294-319.

36. Para conocer los primeros análisis de la línea de Wallace y los esfuerzos por pulirla, véanse Ernst Mayr (1944), «Wallace's Line in the light of recent zoogeographic studies», *Quarterly Review of Biology* 19 (1): 1-14, y George Gaylord Simpson (1977), «Too many lines: The limits of the Oriental and Australian zoogeographic regions», *Proceedings of the American Philosophical Society* 121 (2): 107-20. Un breve resumen de «El problema de Wallacea» puede verse en cap. 10, pp. 323-25, en Charles H. Smith, James T. Costa y David Collard, eds. (2019), *An Alfred Russel Wallace Companion* (Chicago: University of Chicago Press). Y un excelente estudio de Wallacea en el contexto de la historia tectónica y medioambiental, en Penny van Oosterzee (1997), *Where Worlds Collide: The Wallace Line* (Ithaca, Nueva York: Cornell University Press).

37. El artículo de Wallace «On the geographical distribution of animal life» se leyó en la reunión del 31 de agosto de 1863 de la sección D, Zoología y Botánica, de la BAAS en Newcastle-upon-Tyne y después se publicó como «On some anomalies in zoological and botanical geography» en el *Edinburgh New Philosophical Journal* (19: 1-5) del 7 de enero de 1864 y el *Natural History Review* (4: 111-23) de enero de 1864. Aunque la idea original de Sclater de las seis «divisiones ontológicas de la superficie de la Tierra» se sigue utilizando hoy en día, se han propuesto muchas alternativas a lo largo de los años, algunas específicas de taxones (plantas, peces de agua dulce), algunas ambientales (marina vs. terrestre) y algunas basadas en nuevos enfoques cuantitativos para evaluar la distribución geográfica de la diversidad. Véanse, por ejemplo: Miklos D. F. Udvardy (1975), «A classification of the biogeographical provinces of the world» [preparado como contribución al Programa sobre el Hombre y la Biosfera de la UNESCO, proyecto n.º 8], publicación periódica n.º 18 de la Unión Internacional para la Conservación de la Naturaleza; C. Barry Cox (2001), «The biogeographic regions reconsidered», *Journal of Biogeography* 28: 511-23; R. Abell *et al.* (2008), «Freshwater ecoregions of the world: A new map of biogeographic units for freshwater biodiversity conservation», *BioScience* 58: 403-14; Holger Kreft y Walter Jetz (2010), «A framework for delineating biogeographical regions based on species distributions», *Journal of Biogeography* 37: 2029-2053; D. M. Olson *et al.* (2001), «Terrestrial ecoregions of the world: A new map of life on Earth», *Bioscience* 51 (11): 933-38; Ben G. Holt *et al.* (2013), «An update of Wallace's zoogeographic regions of the world»,

Science 339: 74-78, y J. J. Morrone (2015), «Biogeographical regionalisation of the world: A reappraisal», *Australian Systematic Botany* 28: 81-90.

38. Alfred R. Wallace (1865), «On the phenomena of variation and geographical distribution as illustrated by the Papilionidae of the Malayan region» [Artículo leído en la reunión de la Sociedad Linneana de Londres del 17 de marzo de 1864], *Transactions of the Linnean Society of London* 25 (pt. 1): 1-71. La limitación de espacio impide hacer una exposición completa de este extraordinario artículo. Mi breve discusión se ha beneficiado mucho de los lúcidos análisis del biólogo evolutivo James Mallet: véanse, especialmente, los artículos de Mallet de 2004, «Poulton, Wallace and Jordan: How discoveries in *Papilio* butterflies led to a new species concept 100 years ago», *Systematics and Biodiversity* 1 (4): 441-52; 2008, «Wallace and the species concept of the early Darwinians», pp. 102-13, en C. H. Smith y G. Beccaloni, eds., *Natural Selection and Beyond: The Intellectual Legacy of Alfred Russel Wallace* (Oxford: Oxford University Press), y 2009, «Alfred Russel Wallace and the Darwinian species concept: His paper on the swallowtail butterflies (Papilionidae) of 1865», *Gayana* 73 (supl.): 37-43.

39. Merece la pena señalar que, aunque el moderno *concepto de especie biológica*, con su criterio diagnóstico de compatibilidad reproductiva para la especie, suele atribuirse al zoólogo de Harvard del siglo XX Ernst Mayr, en realidad tiene su origen en el siglo XIX y es atribuible principalmente a Wallace, como señala el biólogo evolucionista James Mallet. A principios del siglo XX, el biólogo de Oxford Edward B. Poulton articuló claramente el concepto moderno de especie (basado en lo que él llamaba *singamia*) en su discurso presidencial a la Sociedad Entomológica de Londres en enero de 1904, «What is a species?» (*Proceedings of the Entomological Society of London* 1903: 77-116). En el mismo, Poulton acuñó, entre otros, los términos *simpatría* y *asimpatría*, el primero de los cuales se sigue utilizando y el segundo ha pasado a ser *alopatría*. Mallet señala que el discurso de Poulton probablemente estuviera inspirado por un regalo que Wallace le hizo poco antes de pronunciarlo: una colección encuadernada de tres artículos trascendentales sobre mimetismo, el de Bates de 1862, el de Wallace de 1865 y el artículo de 1869 del entomólogo sudafricano nacido en el Reino Unido Roland Trimen. Sorprendentemente, el regalo de Wallace incluía una copia *personal* del artículo de Bates de 1862 que llevaba la inscripción «para Mr. A. R. Wallace de su antiguo compañero de viaje: el autor». Mayr y otros científicos se basarían después en el concepto de Poulton, y Mayr revisó el tema magistralmente y consolidó el concepto de especie como comunidad reproductiva en su importante libro de 1942 *Systematics and Origin of Species* (Nueva York: Columbia University Press). Véanse Mallet, «Poulton, Wallace and Jordan», pp. 441-52, y Mallet, «Wallace and the species concept», pp. 102-13.

40. Alfred R. Wallace (1864), «Mr. Wallace on the phenomena of variation and geographical distribution as illustrated by the Malayan Papilionidae», *Reader* 3: 491b-493b. Publicada por primera vez en 1863, el *Reader* fue una revista informativa semanal que no duró mucho y trataba temas de arte, religión, historia y ciencia. Huxley y el físico John Tyndall hacían de editores de la sección de ciencias, y Wallace fue un colaborador habitual. Dejó de publicarse en 1867, no obstante, en gran medida víctima de la relación cada vez más antagónica entre religión y ciencia en aquellos años posteriores a *El origen de las especies* en el Reino

Unido, buena parte de todo ello exacerbado por el estilo incendiario de Huxley. Tras dejar de publicarse, Huxley y otros colaboradores científicos decidieron crear su propia revista científica; así nació la famosa publicación *Nature* en 1869.

41. C. R. Darwin a A. R. Wallace, 28 de mayo de 1864, WCP1858 y DCP-LE-TT-4510.

42. *El origen de las especies*, p. 675.

43. Cuaderno C sobre Transmutación (1838), pp. 76-77; Paul H. Barrett *et al.*, eds. (1987), *Charles Darwin's Notebooks, 1836-1844* (Ithaca, Nueva York: Cornell University Press).

44. Era evidente ya en el primer artículo presentado ante la nueva sociedad, por el propio Hunt: «On the Negro's place in nature» [El lugar del negro en la naturaleza], *Memoirs of the Anthropological Society of London* 1 (1863-1864): 1-64, pp. 54-55. Paradójicamente, cuando Hunt insiste en que los argumentos de los abolicionistas «caerán, y serán reemplazados por una nueva estructura levantada sobre unos cimientos más sólidos» (p. 60), utiliza un lenguaje que recuerda al de Darwin en su cuaderno. Un breve resumen de la aparición de la Sociedad Antropológica en oposición a la Sociedad Etnológica en el contexto del ambiente social y político del Reino Unido en aquella época, y la respuesta de la escuela Darwin-Wallace, puede verse en George W. Stocking (1987), *Victorian Anthropology* (Nueva York: Free Press), pp. 245-62. Véase también el esclarecedor análisis de Efram Sera-Shriar sobre James Hunt y Thomas Henry Huxley en el contexto del cisma entre las Sociedades Etnológica y Antropológica: Efram Sera-Shriar (2013), «Observing human difference: James Hunt, Thomas Huxley and competing disciplinary strategies in the 1860s», *Annals of Science* 70 (4): 461-91.

45. Thomas H. Huxley (1863), *Evidence as to Man's Place in Nature* (Londres: Williams and Norgate); Charles Lyell (1863), *Geological Evidences of the Antiquity of Man* (Londres: John Murray).

46. «On the varieties of man in the Malay Archipelago» se presentó originalmente en la reunión de la BAAS del 1 de septiembre de 1863 en Newcastle-upon-Tyne, y se publicó un resumen del mismo en la sección «Notices and abstracts of miscellaneous communications to the sections» de *Report of the British Association for the Advancement of Science* 33 (1863): 147-48 (y se volvió a publicar en *Reader* 2 (43): 483a-c [24 de octubre de 1863] y *Anthropological Review* 1 (3): 441-44 [noviembre de 1863]). El artículo se presentó después como «On the varieties of man in the Malay Archipelago» en la reunión de la Sociedad Etnológica de Londres del 26 de enero de 1864 y se publicó en *Transactions of the Ethnological Society of London*, n.s., 3: 196-215 (1865). Buena parte del artículo se incluyó en el capítulo 40 de *The Malay Archipelago*.

47. Wallace presentó este artículo varios meses antes en la reunión de 1863 de la Asociación Británica en Newcastle.

48. *Malay Archipelago*, p. 323.

49. Jeremy Vetter (2015), «Politics, paternalism, and progressive social evolution: Observations on colonial policy in the scientific travels of Alfred Russel Wallace», *Victorian Review* 41 (2): 113-31, especialmente pp. 121-22 con respecto a Menado.

50. El artículo de Wallace «The origin of human races and the antiquity of man deduced from the theory of natural selection» se leyó en la reunión de la Sociedad Antropológica de Londres del 1 de marzo de 1864 y se publicó en *Journal of the Anthropological Society of London* (2: clviii-clxx) (1864), seguido en las pp. clxx-clxxxvii de una serie de discusiones relacionadas. El artículo se volvió a publicar con el título «"Natural selection" applied to man» en *Natural History Review*, n.s., n.º 15: 328-36 (julio de 1864). Wallace consideraba que era uno de sus artículos más importantes, por lo que incluyó una versión revisada con el título «The development of human races under the law of natural selection» en su colección de 1870 *Contributions to the Theory of Natural Selection*, pp. 303-31.

51. Wallace aportó comentarios a una discusión sobre «Linga puja, or phallic worship in India», un artículo de E. Sellon que se leyó en la reunión de la Sociedad Antropológica de Londres del 17 de enero de 1865. *Journal of the Anthropological Society of London* 3 (9): cxviii-cxix (cxiv-cxxi).

52. A. R. Wallace a T. H. Huxley, 26 de febrero de 1864, WCP3751. El historiador Efram Sera-Shriar ha demostrado que por mucho desagrado que sintiera Huxley por Hunt, no eran tan diferentes en aspectos clave de su pensamiento, incluido el asunto de admitir mujeres en las reuniones científicas (quizás motivado por Wallace en el tema). Cuando en 1868-1869 Huxley se convirtió en presidente de la Sociedad Etnológica, revirtió la decisión de admitir a mujeres, ante las vehementes protestas de los miembros femeninos. Luego intentó calmar las aguas con la creación de dos tipos de reuniones, las «ordinarias», en las que las mujeres estaban vetadas, y las «especiales», sobre temas populares y a las que se les permitía acudir; véase Sera-Shriar, «Observing human difference», pp. 461-91, 471-73.

53. En su artículo de 1864 en *Journal of the Anthropological Society of London* (p. clviii), Wallace escribió:

> Así, el hombre, por la mera capacidad de vestirse a sí mismo y hacer armas y herramientas, ha quitado a la naturaleza aquel poder de cambiar la forma exterior y la estructura que ella misma ejerce sobre todos los demás animales. A medida que los competidores que los rodean, el clima, la vegetación o los animales que les sirven de comida, cambian lentamente, tienen que sufrir los correspondientes cambios en su estructura, costumbres y constitución, para seguir estando en armonía con las nuevas condiciones, para poder vivir y mantener sus poblaciones. Pero el hombre hace esto únicamente mediante su intelecto, lo que le permite, aun con el cuerpo inalterado, mantenerse en armonía con el universo cambiante. (Wallace [1864], *Journal of the Anthropological Society of London* 2: clviii-clxx)

54. C. R. Darwin a A. R. Wallace, 28 de mayo de 1864, WCP1858 y DCP-LETT-4510; J. D. Hooker a C. R. Darwin, 14 de mayo de 1864, WCP5296; C. Lyell a A. R. Wallace, 22 de mayo de 1864, WCP2074.

55. C. R. Darwin a A. R. Wallace, 26/ene./1870, WCP1931 y DCP-LETT-7086.

56. A James Hunt, poligenista y despiadado racista, le horrorizaba la idea de que las razas humanas se homogeneizaran en una y atacaba a Wallace en este aspecto en las páginas de *Anthropological Review*. Wallace defendía su opinión: véase Alfred R. Wallace (1867), [Mr. Wallace habla de la selección natural aplicada a la antropología], *Anthropological Review* 5: 103-5.

57. Véase la interesante discusión del sociólogo Ted Benton sobre el artículo de Wallace del «origen de las razas humanas»: pp. 29-32 en Ted Benton (2009), «Race, sex and the "earthly paradise": Wallace versus Darwin on human evolution and prospects», *Sociological Review* 57 (2 supl.): 23-46.

58. Alfred R. Wallace (1863), «Remarks on the Rev. S. Haughton's paper on the bee's cell, and on the "Origin of Species"», *Annals and Magazine of Natural History*, ser. 3.ª, 12: 303-9.

59. Los títulos publicados de estos cuatro artículos son «Philosophy of birds' nests», «Theory of birds' nests», «Mimicry, and other protective resemblances among animals» y «Disguises of insects». [N. de la T.].

60. C. R. Darwin a A. R. Wallace, 23 de febrero de 1867, WCP609; C. R. Darwin a A. R. Wallace, 26 de febrero de 1867, WCP1875; A. R. Wallace a C. R. Darwin, 2 de marzo de 1867, WCP4081; véase también Alfred R. Wallace (1867), [Explicación de Wallace de los colores brillantes en orugas y comentarios de otras personalidades sobre el tema, presentado en la reunión de la Sociedad Entomológica de Londres del 4 de marzo de 1867], *Proceedings of the Entomological Society of London* 1867: 80-81, publicado de nuevo en *Zoologist*, ser. 2.ª, 2: 717-18 (abril de 1867).

61. Wallace, [Explicación de Wallace de los colores brillantes en orugas], pp. 717-18 y «Caterpillars and Birds», *Field* 29: 206a-b; John Jenner Weir (1869), «On insects and insectivorous birds; and especially on the relation between the colour and the edibility of Lepidoptera and their larvae», *Transactions of the Entomological Society of London* 1869: 21-26; (1870), «Further observations on the relation between the colour and the edibility of Lepidoptera and their larvae», *Transactions of the Entomological Society of London* 1870: 337-39. Véase también A. R. Wallace a C. R. Darwin, 10 de marzo de 1869, WCP6651.

62. Puede verse la historia de Spruce en el libro *Richard Spruce, un botánico inglés en el Pirineo romántico*, de Patxi Heras y Marta Infante, ed. Libros del Jata, 2022 [N. del E.].

63. *My Life*, 1: 410; A. R. Wallace a C. R. Darwin, 20 de enero de 1865, WCP4101; A. R. Wallace a A. Newton, 19 de febrero de 1865, WCP4006.

64. Alfred R. Wallace (1865), «The *British Quarterly* and Darwin», *Reader* 5: 77c-78a, y (1865), «The *British Quarterly* Reviewer and Darwin», *Reader* 5: 173a-b.

65. Barbara Weisberg (2004), *Talking to the Dead: Kate and Maggie Fox and the Rise of Spiritualism* (Nueva York: Harper Collins). Para más información sobre la psicología tras la tendencia de creer a estafadores aun con pruebas en la mano, véase el esclarecedor discurso de Carl Sagan sobre «detectar camelos» en su libro de 1996 *El mundo y sus demonios: la ciencia como una luz en la oscuridad* (Barcelona: Editorial Planeta, 1997), trad. de Dolors Udina. Los «golpecitos» se tratan en la p. 267.

66. Alfred R. Wallace (1865), «How to civilize savages», *Reader* 5: 671-72.

67. A. R. Wallace a G. Rolleston, 23 de septiembre de 1865, WCP6656.

68. Véase el excelente estudio de Michael Shermer de Wallace como «científico herético» en su libro de 2002 *In Darwin's Shadow: The Life and Science of Alfred Russel Wallace* (Oxford: Oxford University Press).

69. T. H. Huxley a A. R. Wallace, 27 de noviembre de 1866, WCP2544.

70. Huxley, que también era agnóstico autodeclarado (término que él mismo acuñó), ponía el espiritismo a la par de otras «supersticiones» y le comentaría al primer ministro que las creencias de Wallace «no son peores que las supersticiones imperantes en el país». C. R. Darwin a T. H. Huxley, 27/nov./1880, WCP6655.

71. A. R. Wallace a C. R. Darwin, 30 de septiembre de 1862, WCP1852.

72. C. R. Darwin a A. R. Wallace, 12 y 13 de octubre de 1867, WCP1883.

73. Alfred R. Wallace (1867), «Creation by law» [Reseña ensayística de *The Reign of Law*, del duque de Argyll, 1867], *Quarterly Journal of Science* 4: 471-88.

74. «The Scientific Aspect of the Supernatural», en The Alfred Russel Wallace Page, de Charles H. Smith, http://people.wku.edu/charles.smith/wallace/S118A.htm.

75. Huxley, *Evidence as to Man's Place*, pp. 24-25.

76. Edward Sabine (1869), «Anniversary Meeting», *Proceedings of the Royal Society of London* 17: 133-54, 148.

77. A. R. Wallace a C. R. Darwin, 2 de oct. de 1865, WCP4906 y DCP-LETT-4906.

78. C. R. Darwin a A. R. Wallace, 5 de marzo de 1869, WCP6642 y DCP-LETT-6642.

79. La exposición completa de su conclusión dice así:

> Creemos que esta es la dirección en la que encontraremos la auténtica reconciliación de la Ciencia con la Teología en este problema de tanta trascendencia. Admitamos sin miedo que la mente del hombre (en sí misma la prueba viviente de una mente superior) es capaz de trazar, como lo ha hecho en muy buena medida, las leyes mediante las cuales se han desarrollado el mundo orgánico y el inorgánico. Pero no cerremos los ojos a la evidencia de que una Inteligencia Dominante ha supervisado la acción de dichas leyes, dirigiendo las variaciones y determinando su acumulación, para producir finalmente una organización lo bastante perfecta para poder admitir, e incluso ayudar en, el avance indefinido de nuestra naturaleza mental y moral. (Alfred R. Wallace [1869], «Sir Charles Lyell on geological climates and the origin of species» [A. R. Wallace, reseña de *Principles of Geology* (10.ª ed.), 1867-1868, y *Elementos de geología* (6.ª ed.), 1865 (ambos de sir Charles Lyell)], *Quarterly Review* 126: 359-94).

80. C. R. Darwin a A. R. Wallace, 14/abr./1869, WCP1920 y DCP-LETT-6706.

81. C. R. Darwin a A. R. Wallace, 27/mar./1869, WCP6684 y DCP-LETT-6684.

Capítulo 12 ¿Historia de dos Wallace?

1. Véanse las esclarecedoras discusiones de Charles Smith sobre este tema en Charles H. Smith (1992, 1999), «Alfred Russel Wallace on Spiritualism, Man, and Evolution: An Analytical Essay», https://people.wku.edu/charles.smith/essays/AR-WPAMPH.htm; Charles H. Smith (2008), «Wallace, spiritualism, and beyond: "Change" or "no change"?», pp. 391-423, en Charles H. Smith y George Beccaloni, eds., *Natural Selection and Beyond: The Intellectual Legacy of Alfred Russel Wallace* (Oxford: Oxford University Press), y Charles H. Smith (2019), «Wallace and the "preternormal"», pp. 41-66, en Charles H. Smith, James T. Costa y David Collard, eds., *An Alfred Russel Wallace Companion* (Chicago: University of Chicago Press).

2. Darwin analiza el origen de órganos complejos (incluidos los de la vista y el vuelo), las transiciones evolutivas y la ausencia de formas transicionales en el registro fósil en el capítulo 6 de *El origen de las especies*, «Dificultades de la teoría». La evolución de las celdillas de las abejas se trata en el capítulo 8, «El instinto». Para acceder a notas aclaratorias sobre los aspectos clave que aborda Darwin en estos capítulos, véase James T. Costa (2009), *The Annotated Origin: A Facsimile of the First Edition of «On the Origin of Species»* (Cambridge, Massachusetts: Harvard University Press).

3. La cita aparece en la p. 392 del artículo de Wallace en el número de abril de 1869 de *Quarterly Review*, que publicó de forma anónima pero al que hace referencia en *My Life*, 1: 406: Alfred R. Wallace (1869), «Sir Charles Lyell on geological climates and the "Origin of Species"» [reseña del libro], *Quarterly Review* 126: 359-94. En cuanto a la marcación del pasaje por parte de Darwin en su ejemplar del artículo, véase James Marchant, ed. (1916), *Alfred Russel Wallace: Letters and Reminiscences* (Londres: Cassell), 1: 240.

4. A. R. Wallace a C. R. Darwin, 18 de abril de 1869, WCP1921 y DCP-LETT-6703. En cuanto al argumento de Wallace sobre figuras respetadas que daban crédito al espiritismo, el historiador Malcolm Jay Kottler lo explica mejor en la frase inicial de su estupendo artículo de 1974 «Alfred Russel Wallace, the origin of man, and spiritualism»: «Los historiadores de la ciencia olvidaron hace mucho, ignoran o quizás nunca llegaron a saber que en la segunda mitad del siglo XIX un número considerable de científicos de renombre mostraban una predisposición favorable hacia fenómenos psíquicos como la telepatía, la clarividencia, la precognición, la levitación, la escritura automática, la comunicación con los espíritus, la materialización de los espíritus y la fotografía de espíritus», *Isis* 65 (2): 145. Véase también el excelente análisis de Richard J. Noakes (2004), «Spiritualism, science, and the supernatural in mid-Victorian Britain», pp. 23-43, en Nicola Brown, Carolyn Burdett y Pamela Thurschwell, eds., *The Victorian Supernatural* (Cambridge: Cambridge University Press).

5. C. Lyell a C. R. Darwin, 5 de mayo de 1869, DCP-LETT-6728.

6. Disto mucho de ser el primero en retratar estas caras en apariencia contradictorias de Wallace como «los dos Wallace»; de hecho, puede que los primeros fueran los editores de *The Lancet*, en el número del 23 de septiembre de 1876 (n.º 2769, pp. 431 33): «Codo con codo con la agudeza encontramos obtusidad; un juicio rotundo y riguroso combinado con impresionabilidad que se convierte en una crédula abnegación de la inteligencia». El zoólogo George Romanes también expresó esta dualidad wallaceana en un golpe asestado al libro de Wallace de 1889 *Darwinism*. Véase Gareth Nelson (2008), «The two Wallaces then and now», *Linnean* número especial n.º 9 (Survival of the Fittest): 25-34. Pero como señalara el experto en Wallace Charles Smith, nunca hubo «dos Wallace», sino dos maneras de entenderle.

7. Alfred R. Wallace (1870), *Contributions to the Theory of Natural Selection. A Series of Essays* (Londres: Macmillan), p. 359.

8. H. W. Bates a C. R. Darwin, 20 de mayo de 1870, DCP-LETT-7197.

9. Alfred R. Wallace (1870), «Government aid to science» [Cartas], *Nature* 1: 288-89 (13 de enero de 1870) y 1: 315 (20 de enero de 1870).

10. Véanse, por ejemplo, Richard H. Grove (1996), *Green Imperialism: Colonial Expansion, Tropical Island Edens and the Origins of Environmentalism, 1600-1860* (Cambridge: Cambridge University Press), y Lucile H. Brockway (2002), *Science and Colonial Expansion: The Role of the British Royal Botanic Gardens* (New Haven, Connecticut: Yale University Press).

Acerca del papel de R. Spruce en la introducción del cultivo del quino en las colonias asiáticas, puede verse el libro ya citado de P. Heras y M. Infante, 2022, *Richard Spruce, un botánico inglés en el Pirineo romántico,* Bilbao: Libros del Jata [N. del E.].

11. Un revelador caso sobre la profesionalización de la ciencia en el siglo XIX puede verse en Soraya de Chadarevian (1996), «Laboratory science versus country-house experiments: The controversy between Julius Sachs and Charles Darwin», *British Journal for the History of Science* 29 (1): 17-41.

12. Entre los miembros del X Club estaban, además de Huxley, el cirujano George Busk, el químico sir Edward Frankland, el matemático Thomas Archer Hirst, el botánico y director de Kew Gardens Joseph Dalton Hooker, el naturalista, arqueólogo y futuro miembro del Parlamento John Lubbock, el filósofo Herbert Spencer, el matemático y lingüista William Spottiswoode y el físico irlandés John Tyndall. La auténtica historia del X Club se expone en Ruth Barton (1998), *The X Club: Power and Authority in Victorian Science* (Chicago: University of Chicago Press).

13. Entre los ejemplos destacados se encuentran los casos de John William Colenso, obispo de Natal, que fue destituido en 1863 por sus obras de crítica bíblica contrarias a la doctrina de la Iglesia, y los teólogos anglicanos liberales Henry Bristow y Rowland Williams, juzgados por herejía por participar en el libro de 1860 *Essays and Reviews,* una colección de artículos que desafiaban la autoridad de la Iglesia y la interpretación conservadora de la historia bíblica. Que se publicase tan solo cuatro meses después de *El origen de las especies* resultaba peligroso, por lo que las autoridades eclesiásticas no iban a tolerar aquel volumen. El obispo Samuel Wilberforce estuvo a la altura de las circunstancias con una reseña mordaz que se publicó de forma anónima en 1861 («[Reseña de] *Essays and Reviews*», *Quarterly Review* 109: 248-301). Se ofrece un resumen de la polémica de *Essays and Reviews* y la implicación del X Club en su defensa en el vol. 9, ap. 6 de *Correspondence of Charles Darwin* (F. Burkhardt, J. A. Secord *et al.,* eds. [Cambridge: Cambridge University Press]). Véanse también W. H. Brock y R. M. Macleod (1976), «The scientists' declaration: Reflexions on science and belief in the wake of *Essays and Reviews,* 1864-5», *British Journal for the History of Science* 9: 39-66; Ieuan Ellis (1980), *Seven against Christ: A Study of* Essays and Reviews, *Studies in the History of Christian Thought,* n.º 23 (Leiden, Países Bajos: E. J. Brill), y Jeff Guy (1983), *The Heretic: A Study of the Life of John William Colenso, 1814-1883* (Pietermaritzburgo, Sudáfrica: University of Natal Press; Johannesburgo, Sudáfrica: Ravan Press).

14. Alfred R. Wallace (1870), [Cartas sobre las ayudas del Gobierno a la ciencia], *Nature* 1 (11, 13): 288-89 (enero) y 12 (20): 315 (enero); véase también el editorial «Government aid to science», *Nature* 1 (11, 13): 279-80 (enero).

15. Alfred R. Wallace (1872), «The last attack on Darwinism», *Nature* 6: 237-39 (25 de julio de 1872). La respuesta de Bree se publicó en el número del 1 de

agosto de 1872 de *Nature*: Charles R. Bree (1872), «Bree on Darwinism», *Nature* 6: 260, dando pie a la carta de Darwin: Charles R. Darwin (1872), «Bree on Darwinism», *Nature* 6: 279 (8 de agosto). Véanse también C. R. Darwin a A. R. Wallace, 27 de julio de 1872, WCP1952, y 3 de agosto de 1872, WCP4645; A. R. Wallace a C. R. Darwin, 4 de agosto de 1872, WCP1953 y DCP-LE-TT-8450.

16. Mientras preparaba su reseña del libro de Bastian, Wallace escribió a Darwin: «Estoy ahora reseñando un libro mucho más importante, uno que, si no me equivoco, os va a obligar antes o después a modificar alguna de vuestras opiniones, aunque no afecta en absoluto a la doctrina principal de la Selección Natural aplicada a los animales superiores. Me refiero, por supuesto, al "Beginnings of Life" de Bastian (…). Mi primera crítica del libro saldrá, creo, en "Nature" la semana que viene» (A. R. Wallace a C. R. Darwin, 4 de agosto de 1872, WCP1953). La larga reseña de Wallace se publicó en dos partes: Alfred R. Wallace (1872), [Reseña de *The Beginnings of Life: Being Some Account of the Nature, Modes of Origin, and Transformations of Lower Organisms*, de H. Charlton Bastian, 1872], pt. 1, *Nature* 6: 284-87 (8 de agosto); pt. 2, *Nature* 6: 299-303 (15 de agosto).

17. A. Dohrn a C. R. Darwin, 21 de agosto de 1872, DCP-LETT-8481.

18. *My Life*, 2: 365.

19. Alfred R. Wallace (1871), «Reply to Mr. Hampden's charges against Mr. Wallace» [Panfleto autopublicado en respuesta a John Hampden], The Alfred Russel Wallace Page, https://people.wku.edu/charles.smith/wallace/S202.htm.

20. La versión de Wallace de la debacle de «Hampden y el terraplanismo» aparece en *My Life*, 2: 365-76. Para un estudio exhaustivo del movimiento terraplanista y el asunto con Hampden, véase Christine Garwood (2007), *Flat Earth: The History of an Infamous Idea* (Londres: Macmillan). Un breve resumen aparece en Christine Garwood (2001), «Alfred Russel Wallace and the flat earth controversy», *Endeavour* 25 (4): 139-43. Véase también la primera carta de Wallace a Hampden: A. R. Wallace a J. Hampden, 15 de enero de 1870, WCP4989. Esta y otras cartas de Wallace las publicó Hampden en un panfleto titulado *Is Water Level or Convex After All? The Bedford Canal Swindle Detected and Exposed, Etc.* [¿Está el agua a nivel o es convexa, al final? El fraude del canal de Bedford descubierto y revelado] (Swindon: Alfred Bull, 1870). Más cartas de Wallace en relación con el experimento del canal de Bedford y Hampden también pueden encontrarse en la página de Charles Smith sobre Alfred Russel Wallace, https://people.wku.edu/charles.smith/index1.htm, documentos S162, S163, S163a, S179aa, S220a, S220b, S228a, S248a, S248b, S248ab, S248ad y S252c.

21. Wallace continuaba así: «El bebé pesa más de lo que pesó Bertie, parece que es dos o tres centímetros más alto y sin lugar a dudas más guapo de lo que era Bertie a su edad». A. R. Wallace a F. Sims, 31 de diciembre de 1871, WCP397.

22. En su excelente crónica *On Exhibit: Victorians and Their Museums* (2000, Charlottesville: University of Virginia Press), escribe la historiadora Barbara J. Black:

> En ningún otro momento se ha parecido más la museología a la filantropía que cuando las continuas renovaciones de South Kensington literalmente enviaban sus descartes para rearmarlos en los distritos más pobres de Londres (…). El 24 de junio de 1872, el South Kensington abrió en el

este de Londres, rebautizado como la filial de Bethnal Green. En su nuevo entorno de clase trabajadora, el museo competía directamente con el bar del barrio ofreciendo visitas vespertinas y exposiciones dirigidas a un público específico que suponían «un antídoto excelente» a las «peculiares tentaciones» de los días de fiesta. Con la curiosidad de conocer el efecto de la institución, un periódico envió [a un observador] (…) para estudiar a los pobres en su museo y brindar informes como el siguiente: «Habría esperanza para el trabajador británico si se aficionase a las colecciones». Como indican las guías del museo, el foco se ponía tanto en lo relevante como en la mejoría. Por lo tanto, las exposiciones presentaban los oficios locales principales de fabricación textil y de mobiliario, y el objetivo de la Colección Alimentaria, la exposición más popular del museo, era «mostrar la naturaleza y las fuentes de los alimentos que consumimos a diario» y responder a la pregunta «¿cuáles son las sustancias o elementos que, en combinación, constituyen mi cuerpo?» (p. 33).

23. A. R. Wallace a C. R. Darwin, 31 de agosto de 1872, WCP1955 y DCP-LETT-8498; véase también H. Cole a C. Lyell, 3 de julio de 1872, WCP2286.

24. A. R. Wallace a F. Galton, 15 de diciembre de 1868, WCP4664; véase también Alfred R. Wallace (1870), «Report to the council, by the examiner in physical geography for 1870», *Proceedings of the Royal Geographical Society of London* 14 (3): 255-56.

25. *My Life*, 2: 407.

26. Véase *My Life*, 2: 407-16, para conocer los ejemplos de Wallace de las respuestas absurdas en exámenes de los alumnos, y 2: 417 para leer su crítica al sistema educativo.

27. George Beccaloni señala con razón la ironía que supone que este edificio esté protegido por cuestiones arquitectónicas sin tener en cuenta lo más mínimo a su ilustre constructor y propietario. En 2002 la Fundación Wallace, en cooperación con la Sociedad Histórica Local de Thurrock, el Foro Patrimonial y el ayuntamiento de Thurrock, colocó una placa en la casa para conmemorar a Wallace. Para más información sobre The Dell, véase la publicación en el blog de Beccaloni disponible en https://wallacefund.myspecies.info/node/1292/revisions/3912/view; el relato de Wallace se encuentra en *My Life* (2: 91-93) y en pp. 30-33 en George Beccaloni (2008), «Homes sweet homes: A biographical tour of Wallace's many places of residence», pp. 7-43, en Smith y Beccaloni, *Natural Selection and Beyond*.

28. A. R. Wallace a C. R. Darwin, 24/ nov./ 1870, WCP1937 y DCP-LETT-7382.

29. A. R. Wallace a C. R. Darwin, 24/ nov./ 1870, WCP1937 y DCP-LETT-7382.

30. En 1873 se quejaba en una carta a Darwin de que «llevo los últimos tres meses viviendo en un huracán perpetuo, pues mi casa está totalmente expuesta al suroeste y el viento ruge a su alrededor por la noche de forma terrorífica». Posdata de A. R. Wallace a C. R. Darwin, 14 de enero de 1873, WCP4108 y DCP-LETT-8736.

31. Alfred R. Wallace (1874), «A defence of modern spiritualism», pts. 1 y 2, *Fortnightly Review* 15 (n.s.): 630-57 (1 de mayo de 1874) y 785-807 (1 de junio de 1874). [Existe una traducción al español disponible en formato libro: *Defensa del espiritismo moderno* (Barcelona: Mauci, 1925), trad. anónima].

32. Por ejemplo, Wallace describe el plan para la estructura del libro en una carta a Newton y le mandaba una copia del manuscrito para que lo revisara. Newton estaba encantado de ayudar y repasar la «gran obra» de Wallace. A. R. Wallace a A. Newton, 14 de febrero de 1875, WCP4036; A. Newton a A. R. Wallace, 15 de marzo de 1875, WCP2312.

33. A. R. Wallace a C. R. Darwin, 7 / nov./ 1875, WCP1965 y DCP-LETT-10247.

34. C. R. Darwin a A. R. Wallace, 5 de junio de 1876, WCP1966 y DCP-LE-TT-10531; T. H. Huxley a A. R. Wallace, 4 de octubre de 1876, WCP2342.

35. A. R. Wallace a C. R. Darwin, 7 de junio de 1876, WCP1967 y DCP-LE-TT-10535.

36. A. R. Wallace a H. W. Bates, 10 de noviembre de 1876, WCP3565; este importante artículo se leyó en la reunión del 25 de junio de 1877 de la Real Sociedad Geográfica, la última reunión antes del descanso estival, y se publicó posteriormente aquel mismo año: Alfred R. Wallace (1877), «The comparative antiquity of continents, as indicated by the distribution of living and extinct animals», *Proceedings of the Royal Geographical Society* 21 (6): 505-34.

37. Alfred R. Wallace (1876), [Carta con fecha del 18 de septiembre de 1876, Glasgow; una de varias publicadas como «A Spirit Medium»], *Times* (Londres), n.º 28738: 4f (19 de septiembre).

38. Un estudio detallado del juicio de Slade y la implicación de Wallace en el mismo, en Ross Slotten (2004), *The Heretic in Darwin's Court: The Life of Alfred Russel Wallace* (Nueva York: Columbia University Press), pp. 337-47. Véase también pp. 98-105 en Richard Milner (2008), «Charles Darwin: Ghostbuster, muse and magistrate», *Linnean*, número especial n.º 9 (Survival of the Fittest): 97-117.

39. Legislation.gov.uk, «Vagrancy Act 1824»:

https://www.legislation.gov.uk/ukpga/Geo4/5/83/made.

40. Se publicó una transcripción del testimonio de Wallace en el *Spiritualist* del 3 de noviembre de 1876: «Evidence of Mr. A. R. Wallace, President of the Biological Section of the British Association for the Advancement of Science», parte de un artículo titulado «Evidence in defence of Dr. Slade», *Spiritualist* 9 (14): 161, 164 (160-161, 164-165).

41. Lankester reveló el papel de Darwin en unas memorias de 1896: E. R. Lankester (1896), «Charles Robert Darwin», pp. 4835-93, en C. D. Warner, ed., *Library of the World's Best Literature Ancient and Modern* (Nueva York: R. S. Peale y J. A. Hill), 2: 4391.

42. La primera sesión de espiritismo de Huxley fue por incitación de Darwin. Erasmus, hermano de Darwin, era el anfitrión de una sesión en Londres en enero de 1874. Charles tuvo que irse pronto, pero entre los que se quedaron estaban su mujer, Emma, y su hijo George Darwin; su cuñado Hensleigh Wedgwood y su mujer, la novelista George Eliot (Mary Anne Evans); George Henry Lewes, y Huxley, que después le ofrecería a Charles un informe detallado («Report of Séance», 27 de enero de 1874, DCP-LETT-9256). Hensleigh se convertiría posteriormente en un espiritista comprometido y firmaría varios artículos para *Journal of the Society for Psychical Research*. Para conocer algunos relatos de la sesión de espiritismo de enero de 1874 y del interés de Hensleigh Wedgwood y

otros miembros de la familia por el espiritismo, véanse 2: 216-17 en Henrietta E. Litchfield, ed. (1915), *Emma Darwin: A Century of Family Letters, 1792-1896*, 2 vols. (Londres: John Murray); pp. 520-4 en Janet Browne (2002), *Charles Darwin: el poder del lugar. Una biografía* (Valencia: Publicacions de la Universitat de València, 2009), trad. de Julio Hermoso, y pp. 305, 324-25 en Barbara Wedgwood y Hensleigh Wedgwood (1980), *The Wedgwood Circle, 1730-1897: Four Generations of a Family and Their Friends* (Londres: Studio Vista).

43. Ross Slotten fue el primero en indicarlo en su excelente biografía de Wallace de 2004, *Alfred Russel Wallace: The Heretic in Darwin's Court*, pp. 348-49, en la que citaba cartas de William Barrett, *Spectator*, 28 de octubre de 1876, pp. 1343-44, y William Crookes, *Nature*, 1 de noviembre de 1877, pp. 7-8.

La referencia shakespeariana es a un conocido comentario de la reina en *Hamlet*, trad. de José María Valverde, p. 86 (Barcelona: Planeta, 1982) [N. de la T.].

44. Alfred R. Wallace (1877), [Carta al editor: «Mr. Wallace and Reichenbach's Odyle»], *Nature* 17: 8 (1 de noviembre de 1877).

45. Paul Sowan y Jean Byatt, en su artículo de 1974 sobre la pertenencia de Wallace al Club de Historia Natural y Microscópica de Croydon, cuentan que Wallace se alió con el reverendo E. M. Geldart y el doctor Alfred Carpenter para modificar las normas de afiliación y permitir la asistencia de mujeres. Como la primera moción de Geldart había sido rechazada, en la reunión del 18 de febrero de 1880 Wallace propuso añadir una cláusula de conciliación a las normas: «Que el lector de un artículo tenga el privilegio de admitir visitantes femeninas para la ocasión en que se lea su trabajo, anunciando su deseo en la reunión anterior». Carpenter secundó la idea. Se debatió mucho la moción, pero al final salió denegada por una mayoría aplastante de votos. «Así, Wallace el socialista, Carpenter el liberal y Geldart fracasaron en su primer intento de introducir mujeres en la Sociedad, ni siquiera como visitantes» (p. 90). Se concedió la afiliación de mujeres por primera vez diecisiete años después, en 1897, y la primera mujer que fue elegida miembro del consejo ocupó su cargo en 1913, el año del fallecimiento de Wallace. Véase P. W. Sowan y J. I. Byatt (1974), «Alfred Russel Wallace [1823-1913]: His residence in Croydon [1878-1881] and his membership of the Croyden Microscopical and Natural History Club», *Proceedings of the Croydon Natural History and Scientific Society* 15: 83-97.

46. La versión en español de este documento trascendental no indica la autoría de la traducción (2016), *Ensayo sobre la geografía de las plantas* (México: Siglo XXI, 1997).

47. A. R. Wallace a H. W. Bates, 28 de diciembre de 1845, WCP346.

48. Alexander von Humboldt (1849), *Cosmos: Ensayo de una descripción física del mundo* (Madrid: Los libros de la catarata y CSIC, 2011), trad. de Bernardo Giner y José de Fuentes, p. 28. Para conocer estudios de la influencia de Humboldt en Wallace, véanse Charles H. Smith (2013), «Early Humboldtian influences on Alfred Russel Wallace's scheme of nature», presentado en «Alfred Russel Wallace and His Legacy», reunión de la Royal Society de Londres del 21 de octubre de 2013 (DLPS Faculty Publications, Paper 73, https://digitalcommons.wku.edu/dlps_fac_pub/73/), y «The early evolution of Wallace as a thinker», pp. 11-40, en Smith, Costa y Collard, *An Alfred Russel Wallace Companion*. Pueden encontrarse estudios de la visión holística medioambiental de Humboldt en Anne Buttimer (2004), «Poetics, aesthetics and Humboldtean science», pp. 63-78, en W.

Gamerith, P. Messerli, P. Mausberger y H. Wanner, eds., *Alpenwelt—Geburgswel-ten, Inseln, Brucken, Grenzen: Tagungsbericht und Wissenchaftsliche Abhandlungen, 54* (Berna, Suiza: Geographisches Institut, Universidad de Berna); Aaron Sachs (2006), *The Humboldt Current: Nineteenth-Century Exploration and the Roots of American Environmentalism* (Nueva York: Viking); Laura Dassow Walls (2009), *The Passage to Cosmos: Alexander von Humboldt and the Shaping of America* (Chicago: University of Chicago Press), y Andrea Wulf (2015), *La invención de la naturaleza: el nuevo mundo de Alexander von Humboldt* (Barcelona: Debolsillo, 2019), trad. de María Luisa Rodríguez Tapia.

49. *Geographical Distribution of Animals*, 1: 44.

50. Las citas son de Alexander von Humboldt y Aimé Bonpland (1825), *Viaje a las regiones equinocciales del Nuevo Continente* (Caracas, Venezuela: Monte Ávila Editores, 1991), tomo 3, trad. de Lisandro Alvarado, pp. 105-6, y Wallace, *Geographical Distribution of Animals*, 1: 200. Humboldt también comentaba la «triple influencia» de los bosques para moderar la temperatura (la frescura de la sombra, la evaporación y la radiación) en *Cuadros de la Naturaleza* (1849; Madrid: Los Libros de la Catarata, 2003, p. 125, trad. de Bernardo Giner de los Ríos).

51. *Tropical Nature*, pp. 19-21.

52. Véase la incisiva discusión que Mark Lomolino plantea sobre Wallace como pensador fundacional de la biología conservacionista moderna: Mark Lomolino (2019), «Wallace at the foundations of biogeography and the frontiers of conservation biology», pp. 341-55, en Smith, Costa y Collard, *An Alfred Russel Wallace Companion*.

53. La expansión humana impulsada por la tecnología y el impacto medioambiental que conlleva han tenido lugar desde tiempos inmemoriales, pero el alcance y la magnitud del impacto, y su trayectoria, ya saltaban a la vista para mediados del siglo XIX, lo que llevó a personajes como Marsh y Wallace a dar la voz de alarma ya por entonces. Al contrario que Wallace, Darwin no se implicaba en temas sociales, pero una de las pocas excepciones que hizo fue prestar su apoyo a campañas por ciertas medidas de conservación. Un ejemplo destacado es la firma por Darwin de una petición al gobernador de Mauricio para proteger las últimas tortugas gigantes que quedaban en el océano Índico. Estas tortugas, que antaño se encontraban en varias islas de las Seychelles, para mediados de la década de 1870 estaban restringidas al atolón de Aldabra, cerca de Mauricio, y estaban amenazadas por la continua destrucción de hábitat. La petición surtió el efecto deseado, y la tortuga gigante de Aldabra (*Aldabrachelys gigantea*) fue rescatada al borde de la extinción. Véase C. R. Darwin *et al.* (1875), [Memorial a A. H. Gordon, gobernador de Mauricio, en el que se le solicita la protección de la tortuga gigante de Aldabra], *Transactions of the Royal Society of Arts and Sciences of Mauritius*, n.s., 8: 106-9.

54. Véase el excelente estudio del debate de años entre Wallace y Darwin sobre la selección sexual que hace Malcolm J. Kottler (1980), «Darwin, Wallace, and the origin of sexual dimorphism», *Proceedings of the American Philosophical Society* 124 (3): 203-26.

55. Tabla 1 en R. L. Layton (1985), «Recreation, management and landscape in Epping Forest: c. 1800-1984», *Field Studies* 6: 269-90.

56. Layton, «Recreation, management and landscape», pp. 269-90.

57. Por ejemplo: A. R. Wallace a J. D. Hooker, 27 de agosto de 1878, WCP3812; A. R. Wallace a C. R. Darwin, 14 de septiembre de 1878, WCP1977 y DCP-LETT-11693; C. R. Darwin a A. R. Wallace, 16 de septiembre de 1878, WCP1978 y DCP-LETT-11695; A. R. Wallace a A. Macmillan, 27 de septiembre de 1878, WCP3374; W. Caruthers a A. R. Wallace, 18 de octubre de 1878, WCP2382.

58. Alfred R. Wallace (1878), «Epping Forest», *Fortnightly Review*, n. s., 24, a. s., 30: 628-45.

59. A. R. Wallace a W. Caruthers, 9 de diciembre de 1879, WCP644.

El chopo negro que menciona Wallace debe de referirse al híbrido con el chopo americano (*Populus* x *canadensis*), puesto que el chopo *Populus nigra*, a diferencia del lombardo (var. *italica*), sí es nativo en el Reino Unido e Irlanda [N. del E.].

60. El arboreto de Kew Gardens cuenta con colecciones biogeográficas que incluyen el este asiático templado (China central y occidental, Corea del Sur, Japón y Taiwán), Europa (incluido el Mediterráneo), América del Norte, Vietnam y el Cáucaso. Véase https://www.kew.org/kew-gardens/plants/arboretum. Muchos jardines botánicos en la actualidad aprovechan el potencial educativo de sus colecciones y suelen contar con jardines didácticos o agrupaciones de plantas con enfoques que van desde lo taxonómico o biogeográfico hasta lo climático o temático (como la polinización o la evolución).

61. Para conocer una explicación detallada del asunto de la pensión de Wallace y el papel de Darwin en que la obtuviese, véase Ralph Colp Jr. (1992), «"I will gladly do my best": How Charles Darwin obtained a Civil List pension for Alfred Russel Wallace», *Isis* 83 (1): 2-26.

62. A. B. Buckley a C. R. Darwin, 16 de diciembre de 1879, WCP6777 y DCP-LETT-12358; C. R. Darwin a A. B. Buckley, 17 de diciembre de 1879, DCP-LETT-12361; C. R. Darwin a J. D. Hooker, 17 de diciembre de 1879, DCP-LETT-12360; J. D. Hooker a C. R. Darwin, 18 de diciembre de 1879, WCP5307 y DCP-LETT-12362; C. R. Darwin a J. D. Hooker, 19 de diciembre de 1879, DCP-LETT-12363.

63. Roy MacLeod (1970), «Science and the Civil List, 1824-1914», *Technology and Society* 6: 47-55; véase también «Civil List pensions» en los *Quarterly Review* de enero y abril de 1871, 130: 407-31.

64. C. R. Darwin a A. R. Wallace, 5 de enero de 1880, WCP1980 y DCP-LETT-12401.

65. Véase el exquisito resumen del mastozoólogo Lawrence R. Heaney en su introducción a la reimpresión de la University of Chicago Press: Lawrence R. Heaney (2013), «Introduction and Commentary», pp. xi-lxxi, en Alfred R. Wallace (1880, 2013), *Island Life, or, the Phenomena and Causes of Insular Faunas and Floras, including a Revision and Attempted Solution of the Problem of Geological Climates* (Chicago: University of Chicago Press).

66. Véase la sección «How new species arise from a variable species», pp. 59-60, en Wallace, *Island Life*.

67. A. R. Wallace a C. R. Darwin, 18 de abril de 1869, WCP1921.

68. Como muy bien señala Heaney (p. xxix): «El ejemplo que dio Wallace de extensa y rigurosa síntesis en la parte I de *Island Life* llegaba a algunas conclusiones incorrectas, pero las cuestiones que planteaba y el marco que estableció siguen siendo en buena medida los cimientos de la biogeografía evolutiva hoy en día».

69. Heaney indica en su introducción y comentario (v. nota 65), que hay una tercera clase de islas de la que Wallace y Darwin no eran conscientes: los arcos de islas que se desarrollan en conexión con la subducción de las placas y múltiples plumas volcánicas, y que tienen una historia mucho más compleja que las islas oceánicas y los puentes de tierra. Wallace, sin saberlo, estaba muy familiarizado con este tipo de islas, pues son harto comunes en el tectónicamente dinámico archipiélago malayo.

70. Para un estudio insuperable del desarrollo en la opinión de Wallace sobre los puentes de tierra y la dispersión, véase Martin Fichman (1977), «Wallace, zoogeography, and the problem of land bridges», *Journal of the History of Biology* 10 (1): 45-63.

71. El propio Wallace resumía la enorme envergadura de su análisis (*Island Life*, pp. 511-12):

> Confío en que el lector que me ha seguido de principio a fin se haya imbuido de la convicción que tanto me apremia, de la absoluta interdependencia de las naturalezas orgánica e inorgánica. La maravillosa estructura de todo ser organizado no solo abarca toda la historia pasada de la Tierra, sino que ahora se demuestra que los hechos aparentemente sin importancia, como la presencia de ciertos tipos de plantas o animales en una isla en vez de otra dependen de la larga serie de cambios geológicos pasados, de las maravillosas revoluciones astronómicas que causan una variación periódica de climas terrestres, de la acción aparentemente fortuita de tormentas y corrientes en el transporte de gérmenes y de las acciones y reacciones infinitamente variadas de los seres organizados entre ellos. Y aunque estas variadas causas son demasiado complejas en su acción combinada para permitirnos seguirlas en el caso de una especie en concreto, sus resultados generales son claramente reconocibles.

72. C. R. Darwin a A. R. Wallace, 3 de noviembre de 1880, WCP1651 y DCP-LETT-12791; J. D. Hooker a C. R. Darwin, 22 de noviembre de 1880, WCP5297 y DCP-LETT-12838; C. R. Darwin a J. D. Hooker, 23 de noviembre de 1880, WCP5294 y DCP-LETT-12841.

73. J. D. Hooker a A. R. Wallace, 24 de agosto de 1880, WCP1511.

74. C. R. Darwin (1880), [Memorial de A. R. Wallace para una pensión de la Lista Civil], CUL-DAR91.95-98, Darwin Online, http://darwin-online.org.uk/manuscripts.html. Además de Darwin, también firmaron el memorial George James Allman, Henry Walter Bates, Henry Austin Bruce (ministro del Interior), William Henry Flower, Albert Günther, Joseph Dalton Hooker, Thomas Henry Huxley, John Lubbock (naturalista y miembro del Parlamento), Andrew Crombie Ramsay, Philip Lutley Sclater y William Spottiswoode.

75. Véase C. R. Darwin a A. B. Buckley, 31 de octubre de 1880, WCP7141 y DCP-LETT-12785; C. R. Darwin a W. E. Gladstone, 4 de enero de 1881, DCP-LETT-12975 (carta de presentación y memorial); C. R. Darwin a A. B.

Buckley, 4 de enero de 1881, WCP7155 y DCP-LETT-12977; C. R. Darwin a A. R. Wallace, 7 de enero de 1881, WCP1988 y DCP-LETT-12985; W. Gladstone a C. R. Darwin, 6 de enero de 1881, WCP7156 y DCP-LETT-12981; C. R. Darwin a T. H. Huxley, 7 de enero de 1881, WCP3769 y DCP-LETT-12986; A. R. Wallace a C. R. Darwin, 8 de enero de 1881, WCP1989 y 29 de enero de 1881, WCP1991 y DCP-LETT-13033.

Capítulo 13 Un científico comprometido con lo social

1. A. R. Wallace a R. Meldola, 5 de mayo de 1881, WCP4605.

2. Nutwood Cottage fue demolido en 1970 y poco después se construyó una hilera de casas de ladrillo adosadas bastante anodinas a la que también llamaron Nutwood, aunque se hubieran eliminado casi todos los árboles que daban frutos secos.

3. *My Life*, 2: 103.

4. Alfred R. Wallace (1880), «How to nationalize the land: A radical solution of the Irish land problem», *Contemporary Review* 38: 716-36.

5. *Malay Archipelago*, pp. 596-98.

6. John Stuart Mill (1871), *Programme of the Land Tenure Reform Association, with an Explanatory Statement* (Londres: Longmans, Green, Reader y Dyer). Un resumen de la implicación de Mill en la reforma agraria puede verse en David E. Martin (1981), *John Stuart Mill and the Land Question*, Occasional Papers in Economic and Social History, n.º 9 (Hull, Reino Unido: University of Hull).

7. J. S. Mill a A. R. Wallace: julio de 1870, WCP6311; abril de 1871, WCP6314; 30 de abril de 1871, WCP6807; la propuesta de Wallace fue adoptada como el artículo X de la plataforma de la Asociación por la Reforma de la Tenencia de la Tierra: «Conseguir para el Estado el poder de tomar posesión (con vistas a su conservación) de todo Objeto Natural o Construcción Artificial unida al suelo, que sea de interés histórico, científico o artístico, junto con tanto terreno circundante como se crea necesario; previa compensación a los propietarios por el valor de la tierra así adquirida». Con ello, Wallace se adelantaba veinticuatro años al establecimiento del National Trust, fundado en enero de 1895 «para fomentar la conservación permanente en beneficio de la Nación de tierras y propiedades (incluidos edificios) de belleza o interés histórico».

8. Tan solo un pequeño porcentaje de agricultores irlandeses eran propietarios de su propia tierra, la mayoría eran arrendatarios. En 1870, por ejemplo, estas cifras eran del 3 y el 97 por ciento, respectivamente; Paul Bew (2007), *Ireland: The Politics of Enmity, 1789-2006* (Oxford: Oxford University Press), p. 568.

9. Wallace, «How to nationalize the land», p. 718.

10. Henry George (1886), *Progreso y pobreza* (Barcelona: Casa editorial Maucci, 1929), trad. de J. C.

    La cita se encuentra en el prefacio de la cuarta edición original, pp. ix-x, que falta en la versión española, por lo que la traducción es propia. [N. de la T.]

11. *Progreso y pobreza* inspiró el movimiento del impuesto único que posteriormente se denominaría georgismo o geoísmo, uno de cuyos principios centrales es la idea

de un impuesto basado en el valor de la tierra en vez de en el salario, dirigido a los ingresos ajenos al trabajo (las rentas de terrenos) monopolizados por los terratenientes. Todo lo que se diga sobre la influencia de George y de *Progreso y pobreza* a finales del siglo XIX es poco: inspiró una infinidad de grupos defensores del impuesto único, partidos políticos y hasta comunidades experimentales basadas en sus principios, como la de Fairhope, en Alabama, y Arden, en Delaware. Para un estudio especialmente iluminador de George y su vida y pensamiento, véase Christopher England (2015), «Land and liberty: Henry George, the single tax movement, and the origins of 20th century liberalism» (tesis doctoral, Universidad de Georgetown).

12. A. R. Wallace a C. R. Darwin, 9 de julio de 1881, WCP1992 y DCP-LETT-13238; C. R. Darwin a A. R. Wallace, 12 de julio de 1881, WCP1993 y DCP-LETT-13243.

13. Los ejemplos son de Wallace: véase Alfred R. Wallace (1881), [Reseña de *Anthropology: an Introduction to the Study of Man and Civilization*, de Edward B. Tylor], *Nature* 24: 242-45. Wallace desarrollaría posteriormente la teoría en un artículo en *Fortnightly Review* (1895): «The expressiveness of Speech, Or Mouth-gesture as a Factor in the Origin of Language» (n. s., 58, a. s., 64: 528-43). Wallace creía que los conceptos eran una extensión importante de la onomatopeya y la teoría mimética del origen vocal del lenguaje. La mayoría de lingüistas modernos coinciden en que muchas *palabras* surgen de las onomatopeyas y la imitación sonora, pero no el lenguaje en sí mismo. Como curiosidad: Wallace, que conocía el interés académico de William Gladstone por el lenguaje de las epopeyas de Homero, le envió una copia de su artículo de 1895. Gladstone le contestó dándole las gracias y con ejemplos de sus propias conexiones entre sonidos y sentidos en el lenguaje; véanse W. E. Gladstone a A. R. Wallace, 18 de octubre de 1895, WCP5630, y A. R. Wallace a W. E. Gladstone, 22 de octubre de 1895, WCP1435.

14. A. R. Wallace a C. R. Darwin, 18 de octubre de 1881, WCP1994. El libro de Darwin, *La formación del mantillo vegetal, por la acción de las lombrices, con observaciones sobre sus hábitos*, lo publicó John Murray en octubre de 1881. [Traducción al español por Carlos Enrique Fragoso, Madrid: Los Libros de la Catarata y CSIC, 2011].

15. Activo miembro de la escena científica británica, el enérgico y polivalente Meldola era amigo de Wallace y de Darwin y mantenía correspondencia con los dos. Igual que Wallace, que cuenta con numerosos premios con su nombre, es lógico que uno sea otorgado anualmente en su honor: la Medalla Meldola (desde 2008, el Premio Conmemorativo Harrison-Meldola) de la Real Sociedad de Química. Véase el excelente estudio que Anthony Travis hace de la vida y las numerosas contribuciones científicas de Meldola: Anthony S. Travis (2010), «Raphael Meldola and the nineteenth-century neo-Darwinians», *Journal for General Philosophy of Science* 41 (1): 143-72.

16. Alfred R. Wallace (1882), «Dr. Fritz Müller on some difficult cases of mimicry», *Nature* 26: 86-87 (25 de mayo). Las reseñas de libros firmadas por Wallace que se publicaron en los números de mayo de 1882 de *Nature* son [Reseña de *Rhopalocera Malayana: A Description of the Butterflies of the Malay Peninsula*, de William L. Distant], *Nature* 26: 6-7 (4 de mayo), y [Reseña de *Studies in the Theory of Descent*, pt. III, de August Weismann], *Nature* 26: 52-53 (18 de mayo).

17. La distinguida historiadora y biógrafa de Darwin Janet Browne ofrece un relato conmovedor de los últimos días de Darwin y sus consecuencias en su maravillosa biografía de 2002 *Charles Darwin: el poder del lugar* (Valencia: Universitat de València, 2009), trad. de Julio Hermoso, pp. 626-639.

18. G. Darwin a T. H. Huxley, [?] 22 de abril de 1882, WCP3757.

19. A. R. Wallace a G. Silk, 1 de septiembre de 1860, WCP373.

20. *My Life*, 2: 89.

21. Alfred R. Wallace (1882), *Land Nationalisation; Its Necessity and Its Aims; Being a Comparison of the System of Landlord and Tenant with That of Occupying Owner-ship in Their Influence on the Well-Being of the People* (Londres: Trübner); Wallace cita a Hugh Miller sobre los desalojos de Sutherland en las pp. 60-61 de *Land Nationalisation*. Véanse las acreditadas obras de sir Thomas Martin Devine sobre este capítulo de la historia escocesa: *Clanship to Crofter's War: The Social Transformation of the Scottish Highlands* (2013, Manchester: Manchester University Press) y *The Scottish Clearances: A History of the Dispossessed, 1600-1900* (2018, Londres: Allen Lane/Penguin).

22. Véase ap. 7, «Correspondence with Mr. A. Russel Wallace», pp. 77-92, en Thomas Sellar (1883), *The Sutherland Evictions of 1814: Former and Recent Statements Respecting Them Examined* (Londres: Longmans, Green). La parte de la correspondencia de Wallace también la brinda Charles Smith, S368b, «Correspondence with Thomas Sellars», The Alfred Russel Wallace Page, http://people.wku. edu/charles.smith/wallace/S368B.htm.

23. Alfred R. Wallace (1883), «The "why" and the "how" of land nationalisation», partes 1 y 2, *Macmillan's Magazine* 48: 357-68 (septiembre de 1883: n.º 287) y 48: 485-93 (octubre de 1883: n.º 288).

24. Wallace (1883), «The "why" and the "how" of land nationalisation», p. 490. El artículo de Fawcett, «State socialism and the nationalisation of the land», se escribió como un capítulo para la nueva edición de su *Manual of Political Economy* (Macmillan, 1883) y fue publicado en formato panfleto por Macmillan ese mismo año.

25. Alfred R. Wallace (1885), *Bad Times: An Essay on the Present Depression of Trade, Tracing It to Its Sources in Enormous Foreign Loans, Excessive War Expenditure, the Increase of Speculation and of Millionaires, and the Depopulation of the Rural Districts; with Suggested Remedies* (Nueva York: Macmillan).

26. Alfred R. Wallace (1884), «*Sutherlandia spectabilis*», *Garden* 25: 441b (24 de mayo); «*Datura meteloides*», *Garden* 26: 352a (25 de octubre).

27. El poema de Allingham, que hoy en día se conoce como «The Eviction», cuenta la historia del desalojo nocturno de cuarenta y siete familias (244 hombres, mujeres y niños) por orden de John George «Black Jack» Adair en Derryveagh, en el condado de Donegal, en Irlanda, en 1861. En su origen formaba parte de «Tenants at Will», un poema que constituía el capítulo 7 (pp. 137-52) del libro de Allingham *Laurence Bloomfield in Ireland: A Modern Poem* (1864, Macmillan).

28. Este relato aparece en H. Allingham y D. Radford, eds. (1907), *William Allingham: A Diary* (Londres: Macmillan), pp. 329-35.

29. El famoso poema de Tennyson de 1850 *In memoriam*, una elegía para Arthur Hallam, incluye los versos inmortales «Sé que es mejor perder y haber amado |

que nunca haber amado en absoluto» (canto 27) y estos versos desesperados que cargan contra la naturaleza en el canto 56: «"¿Le importa la persona?". Pues ya no. | De riscos escarpados y piedra de cantera, | ella grita: "Mil tipos ya se han ido: | mil formas se han marchado y no me importa, | porque todas se irán"». Luego pregunta por el destino de la humanidad: el hombre, «quien vio en Dios al amor más verdadero | y pensó que el amor es la última ley | de toda Creación, | aunque Naturaleza, con colmillos y garras, | aferrada a un barranco, gritó contra su credo, | contra el credo del hombre, que amó y que sufrió | innumerables males, quien luchó | por Verdad y Justicia, ¿y así el hombre | dispersado será en polvo del desierto, | o quedará sellado bajo colinas férreas?», no terminará siendo más que polvo o fósil. [Trad. de José Luis Rey, «In memoriam» y otros poemas (Madrid: Cátedra, 2022)].

30. Allingham y Radford, *William Allingham*, p. 339.

31. Donald R. Hopkins (2002), *The Greatest Killer: Smallpox in History* (Chicago: University of Chicago Press); véase también Los Centros para el Control y la Prevención de Enfermedades de los EE.UU.:

https://www.cdc.gov/smallpox/history/history.html.

32. Al amparo de la Ley de Vacunación de 1867, había que presentar pruebas de vacunación en la primera semana tras el nacimiento de un niño. Si no se administraba vacunación dentro de los tres primeros meses, los padres o tutores eran objeto de multas acumulativas que partían de veinte chelines (una libra, que en 1870 equivalía a unas 109 libras actuales).

33. Para conocer estudios fidedignos de la implicación de Wallace en el movimiento antivacunas, véanse el capítulo 4 en Charles H. Smith (1991), *Alfred Russel Wallace: An Anthology of His Shorter Writings* (Oxford: Oxford University Press); Martin Fichman y Jennifer E. Keelan (2007), «Resister's logic: The anti-vaccination arguments of Alfred Russel Wallace and their role in the debates over compulsory vaccination in England, 1870-1907», *Studies in History and Philosophy of Biological and Biomedical Sciences* 38: 585-607; Martin Fichman (2008), «Alfred Russel Wallace and anti-vaccinationism in the late Victorian cultural context, 1870-1907», pp. 305-319, en Charles H. Smith y George Beccaloni, eds. (2010), *Natural Selection and Beyond: The Intellectual Legacy of Alfred Russel Wallace* (Oxford: Oxford University Press), y pp. 215-27 en Martin Fichman (2019), «Wallace as social critic, sociologist, and societal "prophet"», pp. 191-233 en Charles H. Smith, James T. Costa y David Collard, eds., *An Alfred Russel Wallace Companion* (Chicago: University of Chicago Press). Para un breve resumen, véase Thomas P. Weber (2010), «Alfred Russel Wallace and the antivaccination movement in Victorian England», *Emerging Infectious Diseases* 16 (4): 664-68.

34. Las ligas antivacunas tomaron impulso a pesar de las epidemias periódicas de viruela que seguían matando o mutilando a miles de personas en el Reino Unido. El asunto alcanzó su punto crítico en 1885 en Leicester, el escenario de una gran manifestación conjunta de organizaciones antivacunas de muchos pueblos y ciudades de todo el país. La manifestación dio lugar a una Comisión Real sobre la orden de vacunación, que terminó recomendando abandonar la obligatoriedad legal y permitir la exención para objetores de conciencia. Para una excelente historia integral sobre el tema, véase Nadja Durbach (2004), *Bodily Matters: The*

Anti-vaccination Movement in England, 1853-1907 (Durham, Carolina del Norte: Duke University Press). Se ofrecen estudios más concisos en Stanley Williamson (1984), «Anti-vaccination leagues», *Archives of Disease in Childhood* 59: 1195-96; Dorothy Porter y Roy Porter (1988), «The politics of prevention: Anti-vaccinationism and public health in nineteenth-century England», *Medical History* 32: 231-52; J. D. Swales (1992), «The Leicester anti-vaccination movement», *Lancet* 340: 1019-21, y Robert M. Wolfe y Lisa K. Sharp (2002), «Anti-vaccinationists past and present», *British Medical Journal* 325 (7361): 430-32.

35. *My Life*, 2: 351.

36. Alfred R. Wallace (1883), [Carta en apoyo al Congreso Internacional Antivacunación de Berna celebrado el 28 de septiembre de 1883 y días posteriores], *Vaccination Inquirer and Health Review* 5: 160.

37. Alfred R. Wallace (1884), [Promoción de *Compulsory Vaccination in England*, de William Tebb], *Vaccination Inquirer and Health Review* 5: 235.

38. Alfred R. Wallace (1885), *[To Members of Parliament and Others] Forty-Five Years of Registration Statistics, Proving Vaccination to Be Both Useless and Dangerous* (Londres: E. W. Allen); las citas están sacadas de las pp. 3 y 36. Véase también el artículo de Wallace «Vaccination judged by its results», *Pall Mall Gazette*, n.º 6250: 1-2 (24 de marzo de 1885).

39. Este artículo aparece como «Alfred Russel Wallace, LL.D.» en las pp. 103-4 en Andrew Reid, ed. (1885), *Why I Am a Liberal: Being Definitions and Personal Confessions of Faith by the Best Minds of the Liberal Party* (Londres: Cassell); la cursiva es del original.

40. En su autobiografía (*My Life*, 2: 105), Wallace afirma que a finales de 1885 le invitaron a dar una serie de conferencias en el Instituto Lowell de Boston. Sin embargo, queda claro en su correspondencia que la invitación de finales de 1885 venía de Australia. Véanse A. R. Wallace a A. C. Swinton, 23 de diciembre de 1885, WCP5714, y a O. C. Marsh, 23 de enero de 1886, WCP5360; Alfred R. Wallace (1879), *Australasia*, vol. 1, Stanford's Compendium of Geography and Travel (Londres: Edward Stanford, 2.ª ed. de 1880, 3.ª ed. de 1883, 4.ª ed. de 1884, 5.ª ed. de 1888).

41. A. R. Wallace a A. C. Swinton, 23 de diciembre de 1885, WCP5714.

42. Marsh estuvo años envuelto en una rivalidad amarga y pública con el paleontólogo Edward Drinker Cope, de la Academia de Ciencias Naturales de Filadelfia, en la que ambos llegaron demasiado lejos humillando y desautorizando al otro, y lo que es peor, recurriendo a sobornos, robos y hasta a la destrucción malintencionada de fósiles *in situ* para que no los encontrara el otro. Este vergonzoso episodio en la historia de la paleontología se conoce como la guerra de los Huesos. Véanse David Rains Wallace (1999), *The Bonehunter's Revenge: Dinosaurs, Greed, and the Greatest Scientific Feud of the Gilded Age* (Nueva York: Houghton Mifflin), y Mark Jaffe (2000), *The Gilded Dinosaur: The Fossil War between E. D. Cope and O. C. Marsh and the Rise of American Science* (Nueva York: Crown).

43. A. R. Wallace a O. C. Marsh, 23 de enero de 1886, WCP5360; C. W. Ernst a D. C. Gilman, 2 de febrero de 1886, WCP4853; O. C. Marsh a D. C. Gilman, 12 de febrero de 1886, WCP4854.

44. Se menciona en A. R. Wallace a E. W. Gosse, 4 de marzo de 1886, WCP4855; aunque por lo visto él no era espiritista, Lowell conocía a mucha gente que sí lo era y probablemente pensara que la participación en sesiones de espiritismo sería un atractivo añadido para Wallace.

45. El Instituto Lowell sigue ofreciendo una carta variada y trepidante de conferencias y programas sobre las artes y las ciencias, muchas en colaboración con instituciones culturales públicas y privadas de Boston y alrededores; véase su página web en http://www.lowellinstitute.org/.

46. «En la larga lista de hombres ilustres que han dado conferencias en sus diversas especialidades para el Instituto Lowell pueden destacarse, en ciencia, los nombres de Silliman, Lyell, Agassiz, Gray, Levering, Rogers, Cooke, Wyman, Peirce, Tyndall, Whitney, Newcomb, Ball, Proctor, Young, Langley, Gould, Wallace, Geikie, Dawson, Cross, G. H. Darwin, Farlow y Goodale». Harriet Knight Smith (1898), *The History of The Lowell Institute* (Boston: Lamson, Wolffe), pp. 30-31.

47. T. H. Huxley a H. N. Martin, 4 de marzo de 1886, WCP4855.

48. Véase el esclarecedor artículo de James Wood sobre Wallace como escritor, en el que describe «la mirada fresca y omnisciente de Wallace, ese instinto para la narrativa, el frecuente humor negro... tan refrescante y delicioso como un sancerre bien frío»: «Wallace as writer», *Current Biology* 23 (24):R1072-73.

49. Franklin Parker (1997), *George Peabody: A Biography* (Vanderbilt Univ. Press), p. 197.

50. «Todo esto llevaba muchísimo tiempo, y los mapas y diagramas, que conformaban un paquete enorme, de alrededor de un metro ochenta en una funda de lona impermeable, me causaron muchos problemas, pues algunos de los ferrocarriles se negaban a transportarlos en trenes de pasajeros y tenía que enviarlos como mercancía; y en una ocasión llegaron con casi una semana de retraso y tuve que dar las conferencias con copias hechas deprisa y corriendo y de memoria» (*My Life*, 2: 106). Nótese que en su autobiografía Wallace omite mencionar la invitación inicial, de Sídney, en Australia, y afirma erróneamente que la invitación a dar conferencias llegó del Instituto Lowell a finales de 1885.

51. A. R. Wallace a A. Wallace, 23 de octubre de 1886, WCP422.

52. Los viajes norteamericanos de Wallace quedaron registrados en un cuaderno que ahora se encuentra en la biblioteca de la Sociedad Linneana de Londres. Véase el Diario Norteamericano (MS-177), http://linnean-online.org/54016/. Este cuaderno fue convenientemente transcrito y anotado en *Travel Diary*.

53. *Boston Evening Transcript*, 2 de noviembre de 1886, p. 4.

54. A. R. Wallace a V. I. Wallace, 2 de noviembre de 1886, WCP424.

55. *Travel Diary*, p. 22; A. Gray a A. R. Wallace, 13 de noviembre de 1886, WCP2194.

56. James se mostraba escéptico ante el espiritismo pero fascinado por sus posibilidades, y llevó a cabo investigaciones sobre médiums, transferencia de pensamiento y cosas por el estilo. Era cofundador de la Sociedad Estadounidense para la Investigación Psíquica, inspirada por William Barrett, el investigador británico cuyo artículo para la reunión de la Asociación Británica para el Avance de la Ciencia en Glasgow había provocado tantos dolores de cabeza a Wallace en la década de 1870. Como la academia británica era hostil a sus ideas de fenómenos psíquicos, Barrett y un grupo de compañeros se trasladaron a Estados Unidos en

1884; Philip P. Wiener (1946), «The evolutionism and pragmaticism of Peirce», *Journal of the History of Ideas* 7 (3): 321-50, p. 331n26.

57. *Travel Diary*, p. 109; *My Life*, 2: 160; véase la extensa lista de reimpresiones para esta conferencia en la página de Charles Smith, The Alfred Russel Wallace Page, documento S398, http://people.wku.edu/charles.smith/wallace/bib2.htm.

58. *Travel Diary*, pp. 23, 85.

59. *Travel Diary*, pp. 87-88.

60. Se podría decir mucho más de este fascinante asunto, pero queda fuera de nuestro ámbito aquí. Véase, no obstante, el magnífico estudio de David Dobbs (2005), *Reef Madness: Charles Darwin, Alexander Agassiz, and the Meaning of Coral* (Nueva York: Pantheon).

61. Alfred R. Wallace (1887), «American museums. The Museum of Comparative Zoology, Harvard University», *Fortnightly Review*, n. s., 42, a. s., 48: 347-59. En el artículo, Wallace también reprendía a los museos ingleses por sus «interminables series de vitrinas murales abarrotadas» y «la organización anticuada y sobreexplotada» de especímenes, «a menudo contraria al conocimiento actual de las afinidades de los distintos grupos». Como cabría esperar, algunos conservadores se opusieron a sus comentarios. William Flower, director del Museo de Historia Natural, se lo tomó como un ataque injusto hacia él y los conservadores. Wallace se disculpó por haber herido involuntariamente los sentimientos de nadie en un par de cartas, una de ellas en el número de noviembre de 1887 de *Fortnightly Review* y la otra en el número del 6 de octubre de 1887 de *Nature*.

62. Alfred R. Wallace (1887), «American museums. Museums of American pre-historic archaeology», *Fortnightly Review*, n. s., 42, a. s., 48: 665-75.

63. En parte porque los pueblos nativos llevaban mucho tiempo desposeídos y desplazados, en parte porque, incluso donde no habían sido desplazados, ellos mismos a menudo no tenían conocimiento de los antiguos constructores de montículos (toda continuidad cultural llevaba tiempo interrumpida) y en parte debido a una forma de racismo —un anglocentrismo que daba por sentado que los pueblos nativos actuales no tenían la capacidad ni los conocimientos para construir los antiguos túmulos—, los arqueólogos que excavaban con alegría eran participantes, consciente o inconscientemente, de una gran injusticia contra los pueblos nativos, una injusticia que no ha empezado a repararse hasta hace muy pocos años.

64. *Travel Diary*, p. 55; en *My Life* (2: 129-30) Wallace recordaba este episodio:

> Una tarde, el Dr. T. A. Bland, editor de *The Council Fire* y amigo de los indios, que había visto cómo los males de la especulación del suelo llevaban al robo de tierras que se les habían concedido a los indios como reservas, me pidió que pronunciara para algunos amigos suyos un breve discurso y explicara mi punto de vista sobre la reforma agraria. Anoté en mi diario «he predicado con la "Nacionalización de la Tierra", se ha entablado un debate después». Por entonces, sin embargo, el único tema de interés privado por todas partes en Estados Unidos era la especulación del suelo y nadie veía nada de malo en ello. Mis ideas, por lo tanto, parecían descabelladas, y no creo que hiciera a nadie cambiar de opinión.

65. En el Reino Unido, el Cheltenham Ladies' College, que abrió en 1853, fue la primera escuela que ofrecía una rigurosa educación académica para señoritas, y el University College London, la primera institución británica de educación superior en otorgar títulos a mujeres. Girton College, la primera facultad femenina en Cambridge, fue creada en 1869, mientras que en Oxford, Somerville College y Lady Margaret Hall fueron creadas una década después, en 1879, seguidas de St. Hugh's en 1886. Otras las seguirían, pero iban a pasar décadas hasta que las jóvenes de Oxford y Cambridge pudieran recibir títulos por sus esfuerzos (1920 en Oxford, 1948 en Cambridge).

66. *Travel Diary*, pp. 26-27.

67. *Travel Diary*, pp. 87, 93, 95.

68. *My Life*, 2: 176.

69. A. R. Wallace a W. Mitten, 10 de julio de 1887, WCP454.

70. *Travel Diary*, p. 24; *My Life*, 2: 111.

71. *Travel Diary*, ap. 6, «List of plants observed/collected», pp. 255-58.

72. *Travel Diary*, pp. 69-70; *My Life*, 2: 117-18.

73. *My Life*, 2: 134.

74. *My Life*, 2: 135.

75. Salvatore John Manna escribe: «La primera vía se tendió en Brack's Landing, en el río Mokelumne, cerca de Woodbridge, en abril de 1882 y se dirigió hacia el este, hasta llegar al condado de Calaveras en octubre. John tendió la vía y su hijo John Herbert, el topógrafo más reciente de la familia Wallace, cartografió el término municipal que el ferrocarril había creado en Calaveras justo pasada la frontera del condado de San Joaquín. "Se ubicará una estación y se formará un núcleo urbano que dará en llamarse Wallace", informaba el *Lodi Sentinel*, "en honor de Mr. Wallace, el ingeniero cuyo eficiente trabajo como topógrafo para la compañía merece esta 'muestra de honor'"». Véase p. 12n20 en Salvatore John Manna (2008), «A brothers' reunion: Evolution's champion Alfred Russel Wallace and Forty-Niner John Wallace», *California History* 85 (4): 4-25, 70-71.

76. Noticia en el *Daily Alta California*, citado en *Travel Diary*, p. 105n2.

77. W. P. Gibbons a J. Muir, 23 de mayo de 1887; Online Archive of California, Pacific Library Holt-Atherton Special Collections, John Muir Correspondence, 1856-1914, carta muir05_0827-md-1:

https://oac.cdlib.org/ark:/13030/kt987038p4/?brand=oac4.

78. *My Life*, 2: 162.

79. *My Life*, 2: 163.

80. John Muir (1876), «On the post-glacial history of *Sequoia gigantea*», *Proceedings of the American Association for the Advancement of Science* 25: 242-52.

81. Citado en las pp. 17 y 21 de Manna, «Brothers' reunion», pp. 4-25, 70-71, citando a Michael P. Branch, ed. (2001), *John Muir's Last Journey. South to the Amazon and East to Africa: Unpublished Journals and Selected Correspondence* (Washington D. C.: Island Press), p. 275; *New York Times*, 21 de abril de 1912.

82. Wallace no fue la única inspiración de Muir entre los grandes naturalistas de la época, desde luego: Muir pasó tiempo en el campo con Gray y Hooker, leyó a Darwin además de a Wallace y estaba íntimamente familiarizado con otros destacados naturalistas estadounidenses de su época, aparte de Gray (por ejemplo, con John Torrey, Henry Fairfield Osborn y Joseph LeConte, entre otros). Véanse R. M. McDowell (2010), «Biogeography in the life and literature of John Muir: A ceaseless search for pattern», *Journal of Biogeography* 37: 1629-36, y C. Michael Hall (1993), «John Muir's travels in Australasia, 1903-1904: Their significance for conservation and environmental thought», cap. 13, en Sally M. Miller, ed., *John Muir: Life and Work* (Albuquerque: University of New Mexico Press).

83. Marcus R. Ross *et al.* (2010), «Garden of the Gods at Colorado Springs: Paleozoic and Mesozoic sedimentation and tectonics», GSA Field Guide, vol. 18, en Lisa A. Morgan y Steven L. Quane, eds., *Through the Generations: Geological and Anthropogenic Field Excursions in the Rocky Mountains from Modern to Ancient* (Boulder: Geological Society of America).

84. Eastwood se dirigiría después a California, y terminaría (en 1894) convirtiéndose en directora del Departamento de Botánica de la Academia de Ciencias de California, puesto que ostentó hasta 1949; *Travel Diary*, p. 233.

85. *Travel Diary*, pp. 140-44.

86. *Travel Diary*, p. 152; 25 de abril de 1887, Greencastle Junction, IN, p. 87; 9 de julio de 1887, Donner Lake, CA, p. 129.

87. *My Life*, 2: 171.

88. *Travel Diary*, pp. 83, 100. Wallace se refiere al uso del verbo *enthuse*, una creación a partir del sustantivo *enthusiasm*, aparentemente de moda en los Estados Unidos en la época [N. de la T.].

89. Cita extraída de *Century Magazine* de junio de 1887; *Travel Diary*, p. 147.

90. *My Life*, 2: 200-201.

Capítulo 14 Siempre adelante

1. A. R. Wallace a V. I. Wallace, 27 de noviembre de 1896, WCP278.

2. A. R. Wallace a V. I. Wallace, 16 de mayo de 1889, WCP202.

3. En pocos años, en 1899, Wallace se mostraba exultante con sus orquídeas y nenúfares ante Violet: «Mamá te habrá contado todas las noticias y te habrá hablado de mis labores sobrehumanas (lejos de terminar aún) con una caja inmensa —¡mucho más grande que tu baúl!— llena de orquídeas indias, *y* ¡otra caja de nenúfares azules! Te habrá dicho que trasplantar las orquídeas me lleva diez horas al día, además de ir a buscar fanegas de esfagno, que hemos hecho un estanque de agua tibia y ahora tenemos que agrandarlo para que quepan *más* nenúfares azules, para que en tus próximas vacaciones puedas sentarte en el cobertizo y admirar las flores cerúleas del nenúfar sudafricano». A. R. Wallace a V. I. Wallace, 22 de mayo de 1899, WCP323.

4. Véanse pp. 35-37 en George Beccaloni (2008), «Homes sweet homes: A biographical tour of Wallace's many places of residence», pp. 7-43, en Charles H. Smith y George Beccaloni, eds., *Natural Selection and Beyond: The Intellectual Legacy of*

Alfred Russel Wallace (Oxford: Oxford University Press), y pp. 27-28 en Ahren Lester (2014), «Homing In: Alfred Russel Wallace's homes in Britain (1852 to 1913)», *Linnean* 30 (2): 22-32.

5. H. Spencer a A. R. Wallace, 18 de mayo de 1889, WCP2017.

6. A Wallace le costó un poco decidir cómo enfocar mejor su *Esquema popular del darwinismo*, que era el título original de *Darwinism*. A Arabella Fisher (de soltera, Buckley) le escribió: «Creo de verdad que seré capaz de organizar todo el tema de un modo más inteligible del que lo hizo Darwin, y simplificarlo enormemente dejando a un lado la interminable discusión de detalles colaterales y dificultades que en *El origen de las especies* confunden la cuestión principal». A. R. Wallace a A. Fisher, 16 de febrero de 1888, WCP5623.

7. Para conocer discusiones sobre cómo y por qué estructuró Darwin *El origen de las especies* como lo hizo, véanse James T. Costa (2009), *The Annotated Origin: A Facsimile of the First Edition of* On the Origin of Species (Cambridge, Massachusetts: Harvard University Press), y (2009), «Darwinian revelation: Tracing the origin and evolution of an idea», *BioScience* 59: 886-94.

8. *Darwinism*, p. vii.

9. *Darwinism*, pp. 39-40.

10. *Darwinism*, p. vi.

11. Por ejemplo, en el libro de Huxley de 1863 *Evidence as to Man's Place in Nature* (Nueva York: Appleton), pp. 127-28.

12. A. R. Wallace a C. R. Darwin, 1 de marzo de 1868, WCP1889 y DCP-LETT-5966. En realidad, a los hijos de Darwin les costó lo mismo que a su padre tratar de entender los argumentos de Wallace, como Darwin le hizo saber: «No creo que pueda tratar de resolver el argumento de la esterilidad todavía (…). Lo he intentado un par de veces y me ha puesto la cabeza como un bombo… Vuestro artículo ha vuelto medio locos a tres de mis hijos… Uno ha estado dándole vueltas hasta las doce de la noche»; C. R. Darwin a A. R. Wallace, 17 de marzo de 1868, WCP1891 y DCP-LETT-6018.

13. A. R. Wallace a C. R. Darwin, 24 de marzo de 1868, WCP1894 y DCP-LETT-6045. El comentario de Wallace sobre aislamiento es pertinente: en su momento, Darwin y Wallace subestimaron la necesidad de aislamiento, o lo que se denomina hoy especiación *alopátrica*, en favor de lo que llamamos especiación *simpátrica* (producida en líneas generales por competencia). Wallace también coqueteó con la idea del «bien de las especies» en sus argumentos aquí, algo que Darwin rechazaba de plano. Ambos terminarían cambiando de opinión y viendo la importancia del aislamiento en la especiación, pero Wallace también apelaría al papel de la selección en el aumento de la esterilidad de los híbridos cuando las poblaciones divergentes sí que entran en contacto: el efecto Wallace o refuerzo.

14. Darwin trataba este tema detenidamente en el capítulo 8 de *El origen de las especies*; para conocer anotaciones del argumento de Darwin, incluída su analogía de los injertos, véase Costa, *Annotated Origin*.

15. George J. Romanes (1886), «Physiological selection; an additional suggestion on the origin of species», *Zoological Journal of the Linnean Society* 19: 337-411.

Esto forma parte de un problema mayor que señaló por primera vez el ingeniero escocés Fleeming Jenkin: según él, la mezcla durante la reproducción anegaría las nuevas variaciones favorables e impediría su propagación por selección natural. Por lo tanto, el cruce (la hibridación) de potenciales variedades incipientes mezcla y también impide la divergencia (o especiación) continuada. Darwin reconocía la dificultad y le comentaba a Hooker que, aunque Jenkin le había dado muchos dolores de cabeza, su crítica había sido «de más verdadera utilidad para mí que ningún otro artículo ni reseña». (C. R. Darwin a J. D. Hooker, 16 de enero de 1869, DCP-LETT-6557). Darwin trató de abordar la crítica de Jenkin en la quinta edición de *El origen de las especies*. En parte, su solución fue apelar al aislamiento geográfico de subpoblaciones.

16. Véase, por ejemplo, Donald R. Fordyke (2020), «Revisiting George Romanes' "physiological selection" (1886)», *Biological Theory* 15: 143-47. Fordyke propone una distinción entre selección «cromosómica» y «génica» como expresión moderna de lo que argumentaba Romanes: variantes que presuntamente surgen por inversión, duplicación o deleción de alguna región cromosómica. El desafío de tales «monstruos prometedores» cromosómicos (término originado por el genetista germanoestadounidense del siglo XX Richard Goldschmidt para describir grandes mutaciones) es su rareza, pues tan solo se dan de una en una. En principio, a veces pueden surgir nuevos linajes (subespecies, especies) de esta manera, pero se considera de importancia secundaria o terciaria en relación con otros procesos evolutivos.

17. A. R. Wallace a R. Meldola, 28 de agosto de 1886, WCP4496.

18. La acritud se vio exacerbada por los dardos indecorosos que Romanes lanzaba sobre Wallace. Del capítulo de Wallace sobre «darwinismo aplicado al hombre» en *Darwinism*, Romanes escribió con condescendencia en una reseña que en él «encontramos al Wallace del espiritismo y la astrología, el Wallace de las vacunas y la cuestión agraria, el Wallace de la incapacidad y el absurdo». Véase p. 831 en George J. Romanes (1890), «Darwin's latest critics», *Nineteenth Century* 27: 823-32. Wallace estaba escandalizado: no solo porque nunca hubiera sido adepto de la astrología, sino también porque, en cualquier caso, el ataque entero le parecía un golpe bajo. Romanes no sabía que estando en Canadá, en su gira norteamericana, le enseñaron a Wallace y le permitieron tomar notas de cartas que Romanes había escrito años antes a Darwin y a otras personas en las que decía apoyar el espiritismo. A Wallace le pareció el mismísimo colmo de la hipocresía, después de un ataque personal tan rotundo. Wallace informó a Romanes de que conocía en detalle sus escarceos «secretos» con el espiritismo, y lo animaba (¿lo retaba?) a sincerarse con la comunidad científica. Wallace rememora el episodio en *My Life*, 2: 309-26.

19. *Darwinism*, pp. 179-80. Para ser justos con Romanes, este había alterado con el tiempo su teoría de selección fisiológica, enfatizando más el papel del aislamiento en la creación del escenario para la divergencia. Aunque incluso en este caso puede que exagerara las cosas, insinuando que la *propia* selección es aislamiento, sus opiniones sobre aislamiento en general están en mayor consonancia con la biología evolutiva moderna; véase John E. Lesch (1975), «The role of isolation in evolution: George J. Romanes and John T. Gulick», *Isis* 66 (4): 483-503.

20. El término «efecto Wallace» lo acuñó el botánico y biólogo evolutivo Verne Grant en un artículo de 1966, «The selective origin of incompatibility barriers in the genus *Gilia*», *American Naturalist* 100: 99-118. Los conceptos de *refuerzo* y el moderno *concepto de especie biológica* suelen atribuirse a biólogos evolutivos del siglo XX: el genetista rusoestadounidense Theodosius Dobzhanzky para el primero, y el biólogo evolutivo estadounidense de origen alemán Ernst Mayr para el segundo. *Ambos* conceptos los articuló primero Wallace. Véanse Norman A. Johnson (2008), «Direct selection for reproductive isolation: The Wallace Effect and reinforcement», pp. 114-24, y James Mallet (2008), «Wallace and the species concept of the early Darwinians», pp. 102-13, ambos en Smith y Beccaloni, *Natural Selection and Beyond*.

21. August Weismann (trad. de R. Meldola) (1882), *Studies in the Theory of Descent*, 2 vols. (Londres: Sampson, Low, Marston, Searle y Rivington).

22. Puede encontrarse un resumen de los primeros esfuerzos por entender la naturaleza de la variación genética en James T. Costa (2021), «There is hardly any question in biology of more importance: Charles Darwin and the nature of variation», pp. 25-54, en D. Pfennig, ed., *Phenotypic Plasticity and Evolution: Causes, Consequences, Controversies* (Boca Raton: CRC Press).

23. Darwin no estaba seguro de cómo se transmitían las gémulas que postulaba, pero su lenguaje en *La variación de los animales y las plantas bajo domesticación* apuntaba firmemente a que se difundían por el sistema circulatorio. Cuando Galton expuso que sus experimentos con transfusiones de sangre refutaban la teoría de las gémulas de transmisión sanguínea, Darwin insistió en que él nunca había afirmado eso *per se*, lo que llevó a Galton a reprenderle por haberlo embarcado en una «búsqueda falsa» (véanse F. Galton [1871], «Experiments in pangenesis, by breeding from rabbits of a pure variety, into whose circulation blood taken from other varieties had previously been largely transfused», *Proceedings of the Royal Society of London* 19: 393-410; [1871b], «Pangenesis», *Nature* 4: 5-6, y C. R. Darwin [1871], «Pangenesis», *Nature* 3: 502-3). Galton experimentó después con ratas «siamesadas», conectando quirúrgicamente a los roedores para permitir un intercambio más completo de fluidos. Este experimento tampoco respaldó la pangénesis, e hizo que Galton abandonara la teoría de su primo. Luego desarrollaría su propia teoría de herencia basada en lo que denominó «estirpes» (del latín *stirps*, 'raíz'), en la que las gémulas hereditarias, o «gérmenes», se acumulan en las células en vez de circular por el cuerpo.

24. De manera complementaria al crucial hallazgo del aislamiento y la continuidad de la línea germinal, en 1887 Weismann reconoció la importancia de la *división reduccional* de cromosomas en la producción de gametos y su papel en la mezcla de material genético generación tras generación. El trabajo de Weismann encajaba y se apoyaba en una emocionante constelación de descubrimientos contemporáneos de biología celular en las décadas de 1870 y 1880, incluidas las investigaciones de Friedrich Miescher del núcleo celular con sus nucleoproteínas ricas en fósforo (denominadas *nucleínas* y descritas por primera vez en 1871), estudios de la naturaleza de los cromosomas e investigaciones del proceso de mitosis y meiosis por parte de Walther Flemming, Edouard van Benden, Eduard Strasburger y otros. Para un resumen sucinto de los comienzos

de esta historia, véase Ernst Mayr (1982), *The Growth of Biological Thought: Diversity, Evolution, and Inheritance* (Cambridge, Massachusetts: Harvard Univ. Press).

25. Dice mucho acerca de los sesgos humanos en la percepción de la naturaleza el hecho de que ningún investigador se percatara hasta mucho después de que esta teoría del plasma germinal es inaplicable a los vegetales, pues en las plantas no hay una separación neta entre línea somática y línea germinal. Puede verse una discusión en F. Hallé (2019), *Elogio de la planta*, Libros del Jata, pp. 192 ss. [N. del E.].

26. August Weismann (trad. de E. B. Poulton, S. Schönland y A. E. Shipley) (1889), *Essays upon Heredity and Kindred Biological Problems* (Oxford: Clarendon Press); A. R. Wallace a E. B. Poulton, 24 de octubre de 1888, WCP4354.

27. *Darwinism*, p. 444.

28. *My Life*, 2: 22.

29. A. R. Wallace a F. Galton, 3 de febrero de 1891, WCP1434; F. Galton a A. R. Wallace, 5 de febrero de 1891, WCP1515; F. Galton a A. R. Wallace, 12 de febrero de 1891, WCP2442; A. R. Wallace a F. Galton, 7 de febrero de 1891, WCP4137.

30. Alfred R. Wallace (1891), «English and American flowers. I», *Fortnightly Review*, n. s. 50, a. s. 56: 525-34 (1 de octubre), e «English and American flowers. II. Flowers and forests of the Far West», *Fortnightly Review*, n. s. 50, a. s. 56: 796-810 (1 de diciembre).

31. A. R. Wallace a E. B. Poulton, 28 de mayo de 1889, WCP4366.

32. Poulton recordaba la hazaña de haber conseguido que Wallace aceptara el título honorario en las pp. 31-32 de su obituario a Wallace escrito para la Royal Society de Londres; véase Edward B. Poulton (1924), «Alfred Russel Wallace, 1823-1913», *Proceedings of the Royal Society of London* B 95: 1-35.

33. A. R. Wallace a V. I. Wallace, 22 de noviembre de 1890, WCP215.

34. Anónimo (1892), «The International Horticultural Exhibition, Earl's Court», *London Society*, 14 de mayo de 1892.

35. Anónimo (1892), «Notes», *Nature* 46: 61 (19 de mayo).

36. A. R. Wallace a V. I. Wallace, 20 de mayo de 1892, WCP228.

37. Obviamente, había más gente en la comunidad científica que también pensaba que Wallace debería haber sido elegido Miembro de la Royal Society mucho antes, y la institución recibía críticas por lo que se consideraba una omisión flagrante. Sin embargo, puede que el propio Wallace hubiera obstaculizado anteriores intentos de nominación: George Darwin, erigiéndose en defensa de la Sociedad en el asunto, escribió al *Times* de Londres: «Caballero: La elección de Mr. Alfred Russel Wallace en la Royal Society la semana pasada ha sido comentada en los periódicos públicos como muestra de la ineficacia del método mediante el cual se elige a los miembros. Por eso creo que lo justo para la Royal Society es exponer lo que ya todos saben, que Mr. Wallace habría sido elegido en cualquier momento de los últimos treinta y cinco años si alguna vez hubiera permitido salir nominado». G. H. Darwin (1893), *Times* (Londres), n.º 33971, 7 de junio de 1893.

38. W. T. Thiselton-Dyer a A. R. Wallace, 23 de octubre de 1892, WCP2457; A. R. Wallace a W. T. Thiselton-Dyer, 25 de octubre de 1892, WCP3829; W. T. Thiselton-Dyer a A. R. Wallace, 12 de enero de 1893, WCP2458; M. Foster a A. R. Wallace, 8 de junio de 1893, WCP1498.

39. Edward Bellamy (1887), *Mirando atrás* (Tres Cantos, Madrid: Akal, 2014), trad. de Alicia Cotarelo, p. 11.

40. A. R. Wallace a E. D. Girdlestone, 11 de agosto de 1889, WCP7018; 24 de agosto de 1889, WCP3699; véase también el relato de Wallace de su conversión a (y su apología de) el socialismo en *My Life*, 2: 266-74.

41. Michael Robertson (2018), *The Last Utopians: Four Late Nineteenth-Century Visionaries and Their Legacy* (Princeton, Nueva Jersey: Princeton University Press), p. 54. Véase especialmente el capítulo 2, «Edward Bellamy's orderly utopia», para acceder a una minibiografía excelente de Bellamy y a un análisis de *Mirando atrás* en su contexto cultural.

42. En una carta a su amigo Richard Ely, de la Universidad Johns Hopkins, posteriormente publicada, Wallace comentaba que «desde niño, cuando era un apasionado admirador de Robert Owen, me ha interesado el socialismo, pero a mi pesar llegué a la conclusión de que era impracticable y también, hasta cierto punto, contradictorio con mis ideas de libertad individual y privacidad en el hogar. Sin embargo, Mr. Bellamy ha alterado por completo mi punto de vista en este asunto». A. R. Wallace a R. T. Ely, c. 1890, WCP5125. La carta se publicó en *The New York Times* el siguiente mes de febrero: Anónimo (1891), «An English nationalist», *New York Times*, n.º 12303, 1 de febrero, p. 9.

43. *My Life*, 2: 399.

44. Wallace describe en detalle The Grange y su potencial en una carta a su hijo Will: A. R. Wallace a W. G. Wallace, 28 de noviembre de 1900, WCP31.

45. *My Life*, 2: 274.

46. Un ejemplo especialmente claro de la dedicación de Wallace a los derechos de las mujeres es la siguiente carta de apoyo que escribió y se leyó en una reunión a favor del sufragio femenino en Godalming, además de publicarse en el número de *Times (London)* del 11 de febrero de 1909, p. 10. Véase WCP5205:

> El Dr. Wallace escribe lo siguiente: «Siempre que he pensado o he escrito sobre cualquier asunto político, me he mostrado a favor del sufragio femenino. Ninguno de los argumentos a favor o en contra tienen peso alguno para mí, excepto el general, que dice así: Todos los habitantes humanos de cualquier país deberían tener los mismos derechos y libertades ante la ley; la mujeres son seres humanos; por lo tanto, deberían tener voto igual que los hombres. Nada me importa que lo reclamen diez millones o solo diez personas: el derecho y la libertad han de existir, aunque no hagan uso de ellos. El término "liberal" no es aplicable a aquellos que rechazan este derecho natural e inalienable. *Fiat justitia, ruat coelum*».

47. Bellamy, *Mirando atrás*, p. 246 y 247.

48. Véase el excelente estudio en profundidad de las ideas interrelacionadas de Wallace sobre socialismo, reforma social, mujeres y eugenesia, en el capítulo 5 de Martin Fichman (2004), *An Elusive Victorian: The Evolution of Alfred Russel Wallace* (Chi-

cago: University of Chicago Press), y los capítulos 6 (Sherrie Lyons) y 7 (Martin Fichman) de Charles H. Smith, James T. Costa y David Collard, eds. (2019), *An Alfred Russel Wallace Companion* (Chicago: University of Chicago Press), y el capítulo 14 (Diane Paul) en Smith y Beccaloni, *Natural Selection and Beyond* (Oxford: Oxford University Press).

49. *My Life*, 2: 209; Alfred R. Wallace (1890), «Human selection», *Fortnightly Review*, n. s., 48, a. s., 54: 325-37; (1892), «Human progress: Past and future», *Arena* 5: 145-59.

50. Para una sucinta introducción a Galton, véase Nicholas W. Gillham (2001), «Sir Francis Galton and the birth of eugenics», *Annual Review of Genetics* 35: 83-101.

51. En «Talento y carácter hereditarios», Galton imaginaba una «Utopía (…) en la que se hubiera desarrollado un sistema de examinación competitiva para las chicas, así como para los jóvenes, que abarcara todas las cualidades importantes de la mente y el cuerpo, y en la que se adjudicara anualmente una suma considerable para la dotación de tales matrimonios como promesa de engendrar hijos que crecieran y se convirtieran en eminentes servidores del Estado». Francis Galton (1865), «Hereditary talent and character», *Macmillan's Magazine* 12: 157-66, 165.

52. Darwin también sostenía que la empatía, la compasión y el cuidado de los débiles, enfermos y vulnerables son los atributos superiores del ser humano y hablaba de la evolución de la empatía y otros atributos morales en *El origen del hombre*, primera parte, caps. 4 y 5. Por ejemplo: «La ayuda que nos sentimos impelidos a dar a los desvalidos es sobre todo un resultado incidental del instinto de simpatía, que originalmente se adquirió como parte de los instintos sociales, pero que posteriormente se volvió, de la manera que se indicó antes, más tierno y más ampliamente difundido. Tampoco podríamos detener nuestra simpatía, incluso si lo reclamara la razón pura, sin el deterioro en la parte más noble de nuestra naturaleza. (…) si intencionadamente abandonáramos a los débiles y desvalidos, sólo podría ser por un beneficio contingente, con un mal abrumadoramente presente». *El origen del hombre*, p. 174, trad. de Joandomèmec Ros (Barcelona: Crítica, 2009).

53. Wallace, «Human selection», pp. 325-37, 337. Veinte años después, Wallace se mostraba mucho más vehemente en su denuncia de la eugenesia, y afirmaba lo siguiente en una de las últimas entrevistas que concedió: «¡Claro que es una segregación de los inadaptados! Es una mera excusa para establecer una tiranía médica. Y ya tenemos suficiente de ese tipo de tiranía (…). El mundo no quiere que el eugenista lo corrija. Dad a las personas unas buenas condiciones, mejorad su entorno, y todos tenderán al tipo superior. La eugenesia no es más que la interferencia entrometida de una arrogante superchería científica». Frederick Rockell (1912), «The last of the great Victorians: Special interview with Dr. Alfred Russel Wallace», *Millgate Monthly* 7, pt. 2 (83): 657-63.

54. En un artículo en *Clarion*, Wallace afirmaba que el «gran principio» de la igualdad de oportunidades «no tendría por qué conducir al socialismo, sino más bien a un *individualismo* perfecto en condiciones igualitarias y justas, lo que daría lugar casi con toda seguridad, como he insistido en otros sitios, a la *cooperación* universal, que podría conducir al socialismo o no». Alfred R. Wallace (1905), «If there were a Socialist government—how should it begin?», *Clarion* (Londres), n.º 715: 5a-f (18 de agosto).

55. A. R. Wallace a W. Mitten, 13 de agosto de 1893, WCP624; A. R. Wallace a V. I. Wallace, 29 de octubre de 1894, WCP255.

56. A finales de la década de 1890, Wallace escribió varias cartas y artículos sobre la reforma monetaria. Defendía la eliminación del patrón oro y había ideado una especie de índice de valores para estabilizar la moneda. El gran economista, estadístico y teórico monetario estadounidense Irving Fisher dedicó su libro *Stabilizing the Dollar* (Nueva York: Macmillan) en 1920 a tres personas «que, antes que yo, propusieron planes para estabilizar las unidades monetarias», y nombraba a Wallace en primer lugar. David Collard, economista e historiador de la Universidad de Bath, analiza las contribuciones de Wallace a la teoría del papel moneda, así como su pensamiento sobre recesiones, reciprocidad comercial, mercados de capitales e impuestos; véanse pp. 253-66 en David Collard (2019), «Land and economics», pp. 235-73, en Smith, Costa y Collard, *An Alfred Russel Wallace Companion*, y (2009), «Alfred Russel Wallace and the political economists», *History of Political Economy* 41 (4): 605-44. Véanse también Alfred R. Wallace (1898), «Is there scarcity or monopoly of money?» [carta al columnista «Dangle»], *Clarion*, n.º 365: 389e-f (3 de diciembre de 1898), y «Paper money as a standard of value», *Academy* 55: 549-50 (31 de diciembre de 1898).

57. La investigación pionera de Croll sentó las bases para el trabajo de Milutin Milankovitch sobre el *forzado orbital* en la década de 1920. Basándose en Croll y en otros estudios, Milankovitch demostró que la excentricidad orbital de la Tierra, la inclinación axial y la precesión de los equinoccios se combinan para producir variaciones cíclicas en el clima de la Tierra; véase James Rodger Fleming (2006), «James Croll in context: The encounter between climate dynamics and geology in the second half of the nineteenth century», *History of Meteorology* 3: 43-54.

58. Véase capítulo 29 en James Campbell Irons, ed. (1896), *Autobiographical Sketch of James Croll LL.D., F.R.S., Etc. With Memoir of His Life and Work* (Londres: Edward Stanford). Véase también «Correspondence with James Croll», S531a, en The Alfred Russel Wallace Page:

http://people.wku.edu/charles.smith/wallace/S531A.htm.

59. George H. Darwin (1896), «The astronomical theory of the glacial period», *Nature* 53: 196-97 (2 de enero); Alfred R. Wallace (1896), «The cause of an ice age», *Nature* 53: 220-21 (9 de enero).

60. Alfred R. Wallace (1896), «The problem of utility: Are specific characters always or generally useful?» [Leído en la reunión de la Sociedad Linneana de Londres del 18 de junio de 1896], *Journal of the Linnean Society: Zoology* 25: 481-96.

61. George J. Romanes (1889), «Mr. Wallace on Darwinism», *Contemporary Review* 56: 244-58.

62. A. R. Wallace a V. I. Wallace, 27 de noviembre de 1896, WCP278.

63. La estatua de Darwin la realizó Henry Hope Pinker y Poulton la inauguró en el Museo de la Universidad de Oxford el 14 de junio de 1899;

véase https://oumnh.ox.ac.uk/learn-art-0.

64. A. R. Wallace a V. I. Wallace, 1 de octubre de 1893, WCP239.

65. A. R. Wallace a W. Mitten, 13 de agosto de 1893, WCP624.

66. A. R. Wallace a V. I. Wallace, 14 de julio de 1894, WCP253; A. R. Wallace a V. I. Wallace, 8 de julio de 1894, WCP252.

67. Gérard M. Stampfli, ed. (2001), *Geology of the Western Swiss Alps: A Guide-Book* (Lausana: Mémoires de Géologie), n.º 36, sec. 1.1 y 1.2, pp. 2-9.

68. Las compañías de Lunn, la Polytechnic Touring Association y Sir Henry Lunn Travel, se fusionaron en la década de 1960 y formaron Lunn Poly, una de las principales agencias de viajes británicas (hoy, Thomson/TUI).

69. A. R. Wallace a A. Wallace, 9 de agosto de 1896, WCP416.

70. A. R. Wallace a W. G. Wallace, 15 de julio de 1898, WCP158.

71. W. G. Wallace a A. R. Wallace, 5 de diciembre de 1897, WCP1324.
«…un solo dígito» (en grados Fahrenheit): 9 °F = -12,78 °C [N. del E.].

72. A. R. Wallace a L. F. Ward, 12 de octubre de 1898, WCP3781.

73. Alfred R. Wallace (1898), «Spiritualism and social duty» [Discurso ofrecido en el Congreso Internacional de Espiritistas el 23 de junio de 1898, en St. James Hall, Londres], *Light* 18: 334-36.

74. Alfred R. Wallace (1898), *The Wonderful Century: Its Successes and Failures* (Londres: Swan Sonnenschein).

75. Los enérgicos escritos de Wallace en contra de la guerra se publicaron con títulos como «Las causas de la guerra y los remedios», «Protestas contra la guerra», «La guerra de Transvaal. Se buscan hechos» y «Poder imperial y derecho humano». Wallace también respaldó un número especial de *Review of Reviews* titulado «¿Hemos de desatar el infierno en África? Un catecismo sudafricano» facilitando la propaganda de un anuncio que apareció en *War against War in South Africa*, 20 de octubre de 1899, p. 15. Véanse S567, S569, S571, S572, S574, S576, S579, S581 y S595 en la bibliografía de los escritos de Wallace en The Alfred Russel Wallace Page de Charles Smith, http://people.wku.edu/charles.smith/wallace/bibintro.htm.

76. La cita es del poema *Marmion*, de Walter Scott. Actualmente no existe traducción al español publicada [N. de la T.].

77. A. R. Wallace a V. I. Wallace, 25 de octubre de 1901, WCP328.

78. A. R. Wallace a W. G. Wallace, 2 de noviembre de 1902, WCP65; 15 de noviembre de 1902, WCP66.

79. Ernest H. Rann (1909), «Dr. Alfred Russel Wallace at Home» [Entrevista], *Pall Mall Magazine* 43: 274-84 (marzo de 1909). En cuanto a Tulgey Wood, véase pp. 41-42 en George Beccaloni (2008), «Homes sweet homes: A biographical tour of Wallace's many places of residence», pp. 7-43, en Smith y Beccaloni, *Natural Selection and Beyond*; G. Beccaloni, comunicación personal.

80. *My Life*, 2: 227-28; pp. 28-29 en Lester, «Homing In», 22-32.

81. Gracias al geólogo Dr. Ian West por sus páginas web extraordinariamente informativas sobre la geología del sur de Inglaterra; véase Geology of the Wessex Coast of Southern England:
https://wessexcoastgeology.soton.ac.uk/index.htm.

82. A. R. Wallace a W. G. Wallace, 30 de noviembre de 1902, WCP67.

83. A. R. Wallace a W. G. Wallace, 19 de diciembre de 1902, WCP68. El artículo de Wallace del *Independent* se publicó el siguiente mes de febrero y volvió a salir al mes siguiente en *Fortnightly Review*: Alfred R. Wallace (1903), «Man's place in the universe», *Independent* (Nueva York) 55: 473-83 (26 de febrero), y «Man's place in the universe: As indicated by the new astronomy», *Fortnightly Review*, n. s., 73: 395-411 (1 de marzo).

84. Véase, por ejemplo, A. M. Clerke a A. R. Wallace, 17 de abril de 1903, WCP2821; 21 de abril de 1903, WCP2822; 29 de abril de 1903, WCP2824. En 2017, la Real Sociedad Astronómica creó la Medalla Agnes Clerke, otorgada a individuos que han hecho contribuciones extraordinarias en la historia de la astronomía o la geofísica.

85. Wallace, «Man's place in the universe», pp. 473-83, 483.

86. Alfred R. Wallace (1903), *Man's Place in the Universe: A Study of the Results of Scientific Research in Relation to the Unity of Plurality of Worlds* (Londres: Chapman and Hall), p. 474.

87. A. R. Wallace a V. I. Wallace, 7 de agosto de 1892, WCP1254; 25 de noviembre de 1894, WCP257.

88. Wallace, *The Wonderful Century*, pp. 237-39, 327-28.

89. Baste decir que, aunque Lowell no renunció fácilmente a su preciada idea y publicó una respuesta, *Mars as the Abode of Life*, en 1908, el tema enseguida se volvió irrelevante por las observaciones realizadas justo al año siguiente con el gran telescopio de metro y medio del Observatorio del Monte Wilson, en California, un telescopio suficientemente grande para desvelar los supuestos «canales» y sus características geomorfológicas naturales nada regulares. Pueden encontrarse estudios detallados y reveladores de Wallace en relación con la cuestión de la vida extraterrestre y el episodio de Marte, en Robert W. Smith (2015), «Alfred Russel Wallace, extraterrestrial life, Mars, and the nature of the universe», *Victorian Review* 41 (2): 151-75, y (2019), «Wallace and extraterrestrial life», pp. 357-380 en Smith, Costa y Collard, *An Alfred Russel Wallace Companion*. A Wallace seguramente le habrían exasperado los continuos intentos del siglo XX de confirmar la posibilidad de vida (microbiana) en Marte, pasada o presente, aunque seguro que la tecnología y las labores actuales de exploración, dirigidas por la NASA y otras agencias espaciales, le habrían parecido absolutamente impresionantes.

90. Alfred R. Wallace (1908), [Agradecimiento de Wallace por haberle sido otorgada la Medalla Copley; carta leída en la reunión anual de la Royal Society del 30 de nov. de 1908], *Times* (Londres) 38818: 9; véase también WCP5518.

91. A. R. Wallace a F. Birch, 30 de diciembre de 1908, WCP1672.

92. En julio de 2022 las medallas de Wallace y su cruz de la Orden del Mérito se vendieron en subasta. La puja ganadora para la Medalla Darwin-Wallace de la Sociedad Linneana fue de 75 000 £, a cargo de un comprador anónimo. Las otras ocho medallas y la Orden del Mérito fueron adquiridas por unas 198 000 £ por Roan Hackney, especialista británico en antigüedades militares y exploración ártica, con la esperanza de que un museo termine recaudando los fondos para comprar el conjunto. Efectivamente, sería una pena que las medallas y

condecoraciones de Wallace acabaran separadas y desperdigadas. Véanse Laura Chesters (2022), «Eight Wallace medals stay together as one bidder buys them all», *Antiques Trade Gazette*, n.º 2553 (6 de agosto de 2022), y el llamamiento de G. Beccaloni a conservar juntas las medallas en http://wallacefund.myspecies.info/content/please-save-alfred-russel-wallaces-scientific-medals-or-least-one-them.

93. Alfred R. Wallace (1908/1909), [Discurso de aceptación al recibir la Medalla Darwin-Wallace el 1 de julio de 1908] en *The Darwin-Wallace Celebration Held on Thursday, 1st July 1908*, de la Sociedad Linneana de Londres (Londres: Burlington House, Longmans, Green), pp. 5-11.

94. A. R. Wallace a A. Eastwood, 26 de febrero de 1913, WCP3971.

95. En efecto, ya tenía otro proyecto de libro en proceso: James Marchant iba a escribir un libro titulado *Darwin and Wallace* con la ayuda de Wallace, ya habían desarrollado un esquema y tenían un contrato con John Murray cuando Wallace murió. Marchant pasó a escribir las *Letters and Reminiscences* (Cartas y recuerdos) de Wallace, publicado en dos volúmenes, que dedicó a Annie Wallace. Describe los planes para *Darwin and Wallace* en la introducción de *Letters and Reminiscences*, 1: 3-4:

> Cabe señalar aquí que Wallace había propuesto al presente escritor emprender una nueva obra, que habría de llamarse «Darwin y Wallace», y que iba a ser un estudio comparativo de sus escritos literarios y científicos, con una valoración del estado actual de la teoría de Selección Natural así como la debida explicación del proceso de evolución orgánica. Wallace había prometido ofrecer toda la ayuda posible en la selección del material sin la cual una tarea de semejante envergadura sería obviamente imposible. Por desgracia, poco después de que se firmara el acuerdo con los editores y justo el mismo mes en que se le iba a enseñar el plan de trabajo a Wallace, la muerte detuvo inesperadamente su mano; y el libro quedó sin escribir.

Véase también A. R. Wallace a J. Marchant, 27 de marzo de 1913, WCP6575.

96. W. G. Wallace a J. Marchant, 5 de noviembre de 1913, WCP6553. El 1 de noviembre de 1915 se inauguró un medallón de Wallace junto al lugar donde descansa eternamente Darwin en la abadía de Westminster. Hay una fotografía del medallón insertada entre las pp. 254 y 255 en Wallace, *Letters and Reminiscences*, vol. 2.

97. A Wallace le habría encantado saber que esta especie se encontró posteriormente en Suiza, uno de sus paisajes favoritos, y que este y otros descubrimientos de la especie en Europa están ayudando a reconstruir el paleoambiente de la región; véase, por ejemplo, Marc Philippe, Jean-Paul Billon-Bruyat, *et al.* (2010), «New occurrences of the wood *Protocupressinoxylon purbeckensis* Francis: Implications for terrestrial biomes in southwestern Europe at the Jurassic/Cretaceous boundary», *Paleontology* 53 (1): 201-14. Véanse también Ian West (2016), «The Fossil Forest Exposure», pts. 1 y 2, https://wessexcoastgeology.soton.ac.uk/Fossil-Forest.htm y https://wessexcoastgeology.soton.ac.uk/Fossil-Forest-Purbeck-Trees.htm, y https://wallacefund.myspecies.info/fossil-tree.

Coda

1. H. Lewis McKinney (1966), «Alfred Russel Wallace and the discovery of natural selection», *Journal of the History of Medicine and Allied Sciences* 21: 333-57.

2. James T. Costa (2013), *On the Organic Law of Change: A Facsimile Edition and Annotated Transcription of Alfred Russel Wallace's Species Notebook of 1855-1859* (Cambridge, Massachusetts: Harvard University Press).

3. James T. Costa (2014), *Wallace, Darwin, and the Origin of Species* (Cambridge, Massachusetts: Harvard University Press).

4. Ted Benton (2013), *Alfred Russel Wallace: Explorer, Evolutionist, Public Intellectual—a Thinker for Our Own Times?* (Manchester, Reino Unido: Siri Scientific Press).

5. Walt Whitman (1855), *Canto de mí mismo*, canto 52, trad. de Mauro Armiño (Madrid: EDAF, 1982).

Nota a la ilustración 28 en las láminas en color

La especie representada es la asiática *Papilio polytes*, cuyas hembras pueden presentarse bajo varias formas. En cada dibujo la parte izquierda corresponde a la cara superior de las alas y la derecha a la inferior. La mariposa nº 1 es el macho, siempre invariable, y todas las demás son hembras de diversas procedencia y apariencia. Las numeradas 2 y 3 son hembras con un aspecto similar al del macho. Las nº 6 y 7 (fª *romulus*) son miméticas de *Pachliopta hector*, mientras que las nº 4 y 5 (fª *stichius*) mimetizan a *Pachliopta aristolochiae*. La coloración aposemática de ambas especies de *Pachliopta* señala que contienen compuestos tóxicos y desagradables que las vuelven incomestibles y los predadores las evitan generalmente, lo que explica el mimetismo batesiano de las hembras de *Papilio* [N. del E.].

Créditos de las ilustraciones

Ilustraciones en blanco y negro

Láminas en color

5 – Cortesía de Llyfrgell Genedlaethol Cymru | The National Library of Wales
6 – Cortesía de la Royal Entomological Society
7 – Cortesía de las Bibliotecas de la Smithsonian Institution / Biodiversity Heritage Library
8 – Cortesía de las Bibliotecas de la Smithsonian Institution / Biodiversity Heritage Library
9 – Cortesía de la Biblioteca Pública de Nueva York Public / Rare Book Division
10 – Cortesía de la Wellcome Collection
11 – Copyright Wallace Memorial Fund & G – W – Beccaloni
12 – Cortesía de la Biblioteca del Seminario de Teología de Princeton / Biodiversity Heritage Library
13 – Cortesía de la Biblioteca LuEsther T – Mertz, Jardín Botánico de Nueva York / Biodiversity Heritage Library
14 – Copyright Wallace Memorial Fund & G – W – Beccaloni
15 – Cortesía de las Bibliotecas de la Smithsonian Institution / Biodiversity Heritage Library
16 – Cortesía de la Biblioteca del Ernst Mayr Institution, Harvard University / Biodiversity Heritage Library
17 – Cortesía de las Bibliotecas de la Smithsonian Institution / Biodiversity Heritage Library, composición de Leslie Costa
18 – Cortesía de las Bibliotecas de la Smithsonian Institution / Biodiversity Heritage Library
19 – Colección de Leslie Costa, con agradecimiento a la Linnean Society de Londres
20 – Reproducida con el amable permiso de Clay Bolt
21 – Cortesía de las Bibliotecas de la Smithsonian Institution / Biodiversity Heritage Library
22 – Cortesía de la Biblioteca Ernst Mayr, Harvard University / Biodiversity Heritage Library
23 – Cortesía de las Bibliotecas de la Smithsonian Institution / Biodiversity Heritage Library
24 Reproducida con el amable permiso de la Linnean Society de Londres
25 – Cortesía de las Bibliotecas de la Smithsonian Institution / Biodiversity Heritage Library
26 – Cortesía de Captain Occam / Wikimedia
27 – Cortesía de la Universidad de Pennsylvania, Schoenberg Center for Electronic Text & Image
28 – Cortesía de la Biblioteca Peter H – Raven, Missouri Botanical Garden / Biodiversity Heritage Library
29 – Cortesía del Museo de Historia Natural, Londres
30 – Colección de J – T – Costa Collection / A – R – Wallace, *Geographical Distribution of Animals* (1876)
31 – Copyright Wallace Memorial Fund & G – W – Beccaloni
32 – Cortesía de la Biblioteca Wellcome
33 – Cortesía de los Royal Botanic Gardens, Kew / Wikimedia Commons
34 – Cortesía del BLM-Canyons of the Ancients Visitor Center and Museum
35 – Copyright Wallace Memorial Fund & G – W – Beccaloni
36 – Copyright Wallace Memorial Fund & G – W – Beccaloni

Índice analítico general

V. tb. Exposición Universal (1862)

Gran Invernadero de Chatsworth, Derbyshire, Inglaterra, 89, 106; Paxton, Joseph, su diseñador, 89

Gran Ley de Reforma de 1832. *V.* Leyes de Reforma

Gray, Asa, 221, 266, 277, 409-10, 420, 548n82; pico Grays, 420

Gray, George Robert, 283

Gray, John Edward, 327

Greenell, Mary Ann, madre de W. *Véase* Wallace, Mary Ann

Greenell, Rebecca (abuela de W.), 38

Groby (Inglaterra), falla inversa, 67

Guerras de los Bóer, 450

Guia, Nossa Senhora da (Brasil), 114, 118, 120, 128, 131, 136-7

Guyana (ant. Guayana Británica), 56

Hale, Richard, 35; la escuela de Wallace, 34-5

Hall of Science, 42-3, 45, 47

Halmahera (Gilolo), Molucas, 243, 258-9, 265, 272, 273-4, 276, 277, 296, 309, 310, 321; descubrimiento de la selección natural, 261-2, 512n29; el tsunami, 309; límite entre malayos y papuanos, 276, 337; recolecciones en, 272, 296, 321

Hampden, John, 360-3, 364, 351, 453

V. terraplanista

Hanover, plaza en Londres, 156, 343

Haughton, Samuel, 341, 396

Helen (bergantín), 146, *149*, 150, 152, 158, 422; incendio en el mar, 148-50; material salvado por Wallace, 148, 158, 162; rescate por el Jordeson, 151-2

Henslow, John Stevens, 299

Herschel, John, 59, 105, 347

Hertford, Inglaterra, 26, 30-3, 34, 36, 40, 52, 474n13

Hertfordshire, 28; escuela Richard Hale, 34-5

Hewitson, William, 164, 181

Hill, Abraham, 64

Hislop, capitán, 103

Hoddesdon, 38, 39, 40, 49, 60, 61

Hooker, Isabella Beecher, 410-1

Hooker (hijo), Joseph Dalton, 162-3, 188, 210-1, 266, 276-9, 284-5, 296, 298, 339-40, 341, 367, 380-1, 384, 386, 396, 491n14, 517n19, 532n12; cortejo fúnebre en el funeral de Darwin, 395-6; dedicatoria en *Island Life*, 384; su papel en la lectura de los artículos de Darwin y Wallace, 266, 277-9, 296, 458-9, 518n28; y la pensión de la Lista Civil para W., 380-1, 384-5, 539n74

Hooker (padre), William Jackson, 88, 93, 97, 101, 162, 205

Humboldt, Alexander von, 58, 70, 86, 92, 93, 109, 117, 122-4, 136, 142, 146, 157, 261, 278, 320; exploración del canal Casiquiare, 123-4; inspiración de W., 70, 83, 85, 86, 98-9, 145, 375-7

Hunt, James, 336, 337, 338, 527n44, 528n56

Hurstpierpoint, 346, 349

Huxley, Thomas Henry, 299, 327-30, 331, 335, 336, 337, 338-9, 341, 344, 345, 347, 350, 364, 366, 372, 373, 384-5, 396, 406, 424, 428, 436, 528n52, 530n70, 535n42, 539n74; debate con Owen sobre el hipocampo, 328-9; línea de Wallace, 331; X club, 357-8, 360, 532n12

Iauarité (Jauarité), 132, 134, 137, 139, 143

igarapés, 102, 135

Iglesia de Inglaterra (anglicana), 36, 80, 358, 532n13

inclosures. V. cerramientos

indígenas amazónicos: *V.* arahuacos; baré; carapanos; cubeos (Kubéwa); cuuretú; desanos o umukomasá; kotirias; macus, manaós; tariana

V. tb. mapa en pp. *170-1*

indígenas malayos y novoguineanos. *V.* alfur, alfuros; arfakis (papuanos montañeses); bugis (Célebes); dayak; papuanos; sasaks (Bali)

V. tb. frontera entre etnias malayas y papuanas

Orinoco. *V.* ríos amazónicos

Ornithoptera. V. mariposas alas de pájaro

Owen, Robert, 43-6, 437, 438; influencia en W., 45-6

Owen, Robert Dale (hijo de Robert O.), 46

Owen, Sir Richard, 299, 328-9, 358; su mordaz reseña del *Origen de las especies*, 299

owenismo, owenistas, 43-7, 57, 58, 59, 82, 126, 201, 261, 341, 356, 361, 387, 436, 438; Instituto Metropolitano de John Street, 45
V. tb. comunidades owenistas

Oxford: Doctorado Honorífico a W., 433-44; estatua de Darwin, 445; reunión de la BAAS en 1860, 328;
V. tb. Museo de Hist. Nat., Oxford

Padang (vapor), 254

Paine, Thomas, 46, 82, 121; *La edad de la razón*, 46, 121

Palacio de Cristal, Sydenham, Inglaterra, 89, 164; museo del hombre, 164, 492n39 y n40

Palembang, Sumatra, 321, *322*, 323

pangénesis, teoría de Darwin, 430, 431, 432, 551n23
V. tb. Galton, Francis

papuanos, indígenas novoguineanos, 229, 244, 268-9, 275-6
V. tb. arfakis

Pará, *v.* Belém

pardos, 95, 104

Parintins (ant. Vila Nova da Rainha), Brasil, 106

Parque Estatal Calaveras Big Trees (EE. UU.), 418

P. Estatal de Monte Alegre, Brasil, 104

P. Nacional de Anavilhanas, Brasil, 115

P. Nac. de Brecon Beacons, Gales, 29, 78

P. Nac. de Gunung Ledang, Sarawak, 181

P. Nac. del Jaú, Brasil, 88.

P. Nac. Yosemite, EE. UU., 418

P. Natural Dairy Farm, Singapur, 177

Pascoe, Francis Polkinghorne, 289, 330

Penang, península de Malasia, 173, 175, 325; Penang Hill, 173

península arábiga, 173

Peninsular & Oriental (actual P&O), naviera, 166, 172, 324, 325

petroglifos, 115, *116*, 122, 141, 163

Philanthropist, barcaza owenista, 45, 475n6

Pictet, François Jules, 190, 498n41

piratas, 174, 184, 229, 235-6, 2239, 287, 303; Moro, Sulu, Mindanao, 236

poligenismo, poligenistas, 231, 275-6, 336, 339, 506n43, 528n56
V. tb. monogenismo

pororoca, macareo (ola de marea en ríos), 99-100

Pottinger (vapor), 174

Powell, Baden, 244

Powell, Wesley, 416

praderas, 94, 260, 417, 420; hipótesis de la competencia de W., 260

prados, 32, 33, 36, 51, 68, 374, 378

principio antrópico, 455

Principles of Geology (C. Lyell), 58, 83, 187, 191, 215, 217, 246, 250-1, 262, 263, 349-50; crítica de W., 187-8, 191, 246, 250-1, 263-5, 462

Pritchard, James Cowles, 83, 86, 275

Raffles, Sir Stamford, 175-6, 494n4

Raja Ampat, archipiélago (Papúa Occidental), 304

rápidos (*cachoeiras*), 94-5, 118, 124, 129, 132, 135, 136, 137, 139, 140, 141, 142, 143, 153, 205; Baccaba, 140; Carurú, 140, 141, 143; Guaribas, 95; Macaco, 140; Mucurá, 140; Tapaiunaquára, 95; Tyeassu, 140; Uacará, 140; Uacú, 140; Yuruparí, 136, 142

Rappa, George, 181, 182

Real Sociedad, *v.* Royal Society

Real Sociedad Geográfica, 154, 165, 166, 168, 322, 339, 365; conferencia de W., 370; medalla a W., 435; apoyo a W., 165, 166; lectura de artículos de W., 207, 242, 330

Serpa. *V.* Itacoatiara

serras. V. montañas y *serras* amazónicas

Shaw, Henry Norton, 165, 166

Silk, George, amigo de la infancia de W., 32, 39, 52, 165, 169, 172, 276, 279, 301-1, 322, 446

Sims (de soltera Wallace), Frances, «Fanny» (hermana de W.), 23, 28, 40, 55, 99, 131, 155, *168*, 209, 321; actitud antiesclavista, 73; directora de colegio, 72; docente en Montpelier Springs, Georgia, 72; institutriz, 38, 39; interés por el espiritismo, 344, 345; fallecimiento, 424; matrimonio, 90, 167; negocio de fotografía, 199, 342, 364; reencuentro con Alfred, 155, 167, 168; residencia en EE. UU., 60, 72-4; residencia en Londres, 155; viaje a Lille, Francia, 39; viaje a Londres y París, 83-4, 87

Sims, Thomas (cuñado de W.), 72, 90, 121, 155, 158, 167, 287, 288, 327

Singapur, 174, *175*, 176, 177, 178; ataques de tigre, 178; Bukit Timah, 177; jardín experimental, 176; fundación, 175; geología, 179-80

Sioux City, Iowa, educación mixta, 415

Sistema Silúrico, 24, 50, 53, 47/n28

Slade, Henry, proceso judicial, 372-3

Smith, Adam, 389, 392

Smith, Frederick, 286, 516n14

Smithsonian Institution, 45, 413, 416, 447

socialismo: conversión de W., 438-8, 553n42; Robert Owen como fundador, 43-4, 45; relación con el espiritismo de W., 43, 436, 439, 443, 448-9 *V. tb.* owenismo, owenista

Sociedad Antropológica de Londres, 231, 336-7, 338; cisma con la Soc. Etnológica, 231, 236-7

Sociedad Entomológica de Londres, 88, 154, 155, 158, 161, 166, 252, 342; W. elegido presidente, 359

Sociedad Etnológica de Londres, 231, 336-7, 338; cisma con la Soc. Antropológica, 231, 336-7, 597n44

Sociedad Filosófica y Literaria, 56, 69, 70

Sociedad Linneana de Londres, 57, 154, 189, 212, 295, 320, 334, 444, 462; lectura de los artículos de Darwin y W., 266, 284, 295, 296, 298, 458, *459*, 465; medallas otorgadas a W., 435, 458

Sociedad Literaria y para la Superación de los Trabajadores, 76

Sociedad Londinense para la Abolición de la Vacunación Obligatoria. *V.* Tebb

Sociedad de Boston para la Difusión de los Conocimientos Útiles, 406

Sociedad para la Difusión de los Conocimientos Útiles (británica), 49, 54

Sociedad Zoológica de Londres, 41, 42, 88, 108, 154, 324, 325, 330, 343, 432; biblioteca, 156; casa de fieras (Jardín Zoológico), 41, *42*, 154, 198, 432; elección de W. como miembro, 327; orangután, 198

Sorby, Henry Clifton, y los cocolitos, 366

Southampton, 169, 447

Spencer, Herbert, 346, 387, 403, 425

Spix, Johann, 157

Spruce, Richard, 106, 107, 121, 137-9, 145, 154, 164, 359; amistad con W., 105, 137, 138-9, 143, 342, 373, 458; carta a George Bentham, 128; carta de Edward W., 121; cartas de W. desde el *Jordeson*, 152; crítica al libro de palmeras de W., 162; en Manaos, 106, 137; en Santarém, 102, 105; enfermedad de Edward W., 138-9, 487n38; llegada a la Amazonía, 97, 101; fallecimiento, 424; *Notas de un Botánico en el Amazonas y los Andes*, 458; papel en la «botánica imperial», 357, 494n6; presenta a W. a Mittens, 346; recolector para Kew, 97, 101-2; trompeta de Yuruparí, 141

Stanford, Jane Lathrop, 411, 419

Stanford, Leland, 411, 416, 419

Stevens, Samuel: agente de W., 88, 121, 153-5, 163, 181, 183, 187, 195-6, 208, 210, 225, 243, 252, 265, 284, 297, 312, 329, 363; carta del Ministerio británico de Exteriores, 103; colecciones aseguradas, 153; miembro del consejo de la Sociedad Entomológica, 155; envíos de W., 93, 97, 105-6, 108, 114, 138, 178-9, 188, 193, 199, 207, 222-3, 229, 296, 318, 321

Índice analítico
de organismos

Fósiles

belemnites, 31, 49, 452;
  Belemnitella mucronata, 452
bivalvos, 49, 180
  Gryphaea, 49; otros géneros, 180
braquiópodos, 24
briozoos, 24

corales, 24, 180, 217, 241, 307, 452; explicación de Darwin de la formación de atolones, 291, 301, 383, 412
Protocupressinoxylon purbeckensis (conífera del Jurásico superior), 460, **465**
Teichichnus (icnofósil) 67

Plantas

Aeschynanthus sp. Gesneriáceas, 200
Anisoptera thurifera, Dipterocarpáceas, 516n14
árbol de caparrapí, cascarillo, *Ocotea cymbarum*, Lauráceas 124
árbol del pan, *Artocarpus altilis*, moráceas, 176, 253, 268, 269
árbol del ocoquí, *Pouteria ucuqui*, Sapotáceas, 141, 487n40
ayahuasca (*caapí, Banisteriopsis caapi*), Malpigiáceas, 133, 487n30
belleza de primavera, *Claytonia virginica*, Montiáceas, 416
betel, hoja de (tb. *sirih*), *Piper betle*, Piperáceas, 177, 233
betel, nuez de, *Areca catechu* (semilla), Arecáceas (palmeras), 176, 182, 233
caapí. V. ayahuasca
cajeput, *Melaleuca cajuputi*, Mirtáceas, 314
capivi o copaiba (*Copaifera sp.*, Fabáceas), inflamabilidad del bálsamo, 147, 150
carurú, Podostemáceas, 140
cascarillo. *V.* árbol de caparrapí

cedro americano, *Cedrela odorata*, Meliáceas, 93
clavo, clavero, árbol del clavo, *Syzygium aromaticum*, Mirtáceas, 176, 224, 256
Datura meteloides, Solanáceas, 399
Deguelia utilis (*Lonchocarpus u.*), Fabáceas, fuente del *timbó* (o *cubé*), 119, 125
Dipterocarpus sp., Dipterocarpáceas, 182
  V. tb. Anisoptera
doble hoja, *Jeffersonia diphylla*, Berberidáceas, 416
durián, *Durio zibethinus*, Malváceas, 197, 205-6, 205, 208, panegírico de W., 501n65
espiga de agua, *Pontederia cordata*, Pontederiáceas, 110
Fernandezia. V. orquídeas
gambir, *Uncaria gambir*, Rubiáceas, 177; plantaciones, 180
helechos, clase Polypodiopsida, 207, 234, 253, 308, 446, 452: la afición de Annie, 445; h. arborescentes, 120, 234, 286, helecho de navidad (*Polystichum acrostichoides*) recogidos en EE. UU., 416; *Dipteris conjugata*, 182; *Matonia pectinata*, 182

Invertebrados: insectos, moluscos y otros grupos

Vertebrados: peces, anfibios, reptiles

Vertebrados: aves

Vertebrados: mamíferos

RADICAL POR NATURALEZA,
LA VIDA REVOLUCIONARIA DE ALFRED RUSSEL WALLACE
de James T. Costa, salió de la imprenta
en su primera edición en español,
en Basauri, Bizkaia, en
el mes de julio
de 2025

Colección **Los trabajos y los días**

Richard Spruce, un botánico inglés en el Pirineo romántico

Patxi Heras y Marta Infante

La primera expedición de quien alcanzaría la fama por sus exploraciones amazónicas, y llegaría a ser una autoridad de primera fila en el estudio de los musgos y las hepáticas.

ISBN: 9788416443185
PVP: 28,60 €

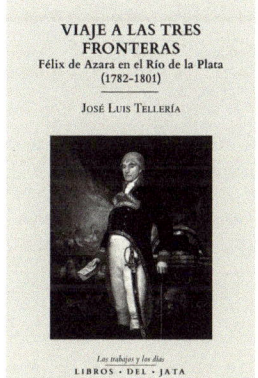

Viaje a las tres fronteras

José Luis Tellería

Un relato muy ameno de los viajes por las regiones del Río de la Plata que hicieron del militar Félix de Azara un naturalista de primera fila, muy valorado por Charles Darwin, entre otros.

ISBN: 9788416443147
PVP: 23,40 €

Colección **La mirada atenta**

Los compañeros ocultos de los árboles
La vida desde lo alto de las copas
hasta las puntas de las raíces

James B. Nardi

Una ventana para asomarse al increíblemente variado mundo de las criaturas que viven, y hacen posible la vida, en torno a los árboles. ¡Con los magníficos dibujos de James Nardi!

ISBN: 9788416443239
PVP: 30,00 €

La mirada atenta (continuación)

EN BUSCA DE LOS CABALLOS SALVAJES

STEFAN SCHOMANN

Traducción: Paula Aguiriano Aizpurua

La búsqueda del caballo de Przewalski, desde las costas atlánticas hasta el Asia Interior… un viaje fascinante por la geografía y la historia.

ISBN: 9788416443215
PVP: 32,50 €

EL ARTE DE LA DOMESTICACIÓN
DE LOS FRUTALES

BERND BRUNNER

Traducción: Ana González Hortelano

El significado cultural de los huertos a través de la historia. Una narración ilustrada.

ISBN: 9788416443192
PVP: 31,20 €

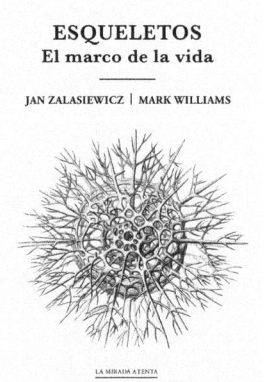

ESQUELETOS, EL MARCO DE LA VIDA

JAN ZALASIEWICZ Y MARK WILLIAMS
Traducción: Lander Renteria

Ver la vida vista a través de los esqueletos nos ayuda a responder muchas preguntas, incluso acerca de la creación de los relieves actuales y la regulación de los ciclos biogeoquímicos.

ISBN: 9788416443154
PVP: 27,00 €

Pedidos: jata@librosdeljata.com
www.librosdeljata.com